Heiko Mell

Erfolgreiche Karriereplanung

Heiko Mell

Erfolgreiche Karriereplanung

Praxistipps und Antworten
auf brennende Fragen aus der
„Karriereberatung" der VDI nachrichten

Dr.-Ing. E.h. Heiko Mell
Heiko Mell & Co GmbH
Birkenweg 33
51503 Rösrath
info@heiko-mell.de

**Eine Sonderpublikation von
www.ingenieurkarriere.de –
das Karriereportal der VDI nachrichten.**

Bibliografische Information der Deutschen Bibliothek
Die Deutsche Bibliothek verzeichnet diese Publikation in der Deutschen Nationalbibliografie;
detaillierte bibliografische Daten sind im Internet über http://dnb.ddb.de abrufbar.

ISBN–10 3-540-33329-0 Berlin Heidelberg New York
ISBN–13 978-3-540-33329-6 Berlin Heidelberg New York

Springer ist ein Unternehmen von Springer Science+Business Media
springer.de

Printed in Germany

Satz: Digitale Druckvorkage des Autors

Gedruckt auf säurefreiem Papier 68/3020/m - 5 4 3 2 1 0

Vorwort

Dieses Buch – ist eigentlich keines! Sie werden es beim Lesen ebenso merken wie bei der gezielten Suche nach einer bestimmten Information.

Formuliert wurden die einzelnen Beiträge jeweils als Teil der Zeitungsserie „Karriereberatung", die ich in dieser Form mit geringfügigen Veränderungen seit 1984 in jeder der wöchentlichen Ausgaben der VDI nachrichten gestalte. Jeder Beitrag ist in sich abgeschlossen, enthält in der Regel mehrere Artikel zu unterschiedlichen Themen, baut nicht gezielt auf denen der Vorwochen auf und schließt nicht zwangsläufig an die der nächsten Ausgabe an. Wir arbeiten mit insgesamt 23 Rubriken von „Arbeitgeberwechsel" bis „Zusatzstudium".

Kern dieser „Karriereberatung" sind an uns gerichtete, ausnahmslos echte, allerdings mitunter gekürzte und stets zum Schutz der Einsender vollständig anonymisierte Leserfragen. Zur Ergänzung von Frage + Antwort schreibe ich zusätzlich regelmäßig innerhalb der Serie noch „Notizen aus der Praxis" mit Beobachtungen, Erläuterungen und Ratschlägen, die ich für wichtig halte, für deren Thema aber gerade keine Leserfrage vorliegt.

Wir haben für dieses Buch gezielt Beiträge aus den Rubriken „Berufswegplanung" und „Karriere" aus den Jahren 2001 bis 2005 ausgewählt, geringfügig überarbeitet und thematisch geordnet.

Die Zeitungsbeiträge waren nie dazu gedacht, eines Tages im Zusammenhang nacheinander gelesen zu werden, seien Sie also gnädig mit mir (wer mehr Systematik sucht, dem sei aus diesem Verlag empfohlen: Heiko Mell, Spielregeln für Beruf und Karriere, ISBN 3-540-23495-0).

Das Ziel meiner „Karriereberatung" ist übrigens die möglichst weitgehende und ungeschminkte Information der studentischen, der schon berufstätigen und der karriereinteressierten Leser darüber, wie das System funktioniert, in und von dem wir leben. Und bei dem eigentlich etwas trockenen Thema ist mitunter eine Prise Unterhaltungswert unbedingt beabsichtigt.

Es gibt gelegentlich Leser, die der „Karriereberatung" in den VDI nachrichten inzwischen Kultstatus zusprechen. Vermutlich übertreiben sie. Oft jedoch wurde der Wunsch an Verlag und Autor herangetragen, Beiträge in Buchform zusammenzufassen und so besser zugänglich zu machen. Vielleicht auch, um die „geballten" Informationen vor allem dem Nachwuchs in die Hand drücken zu können. Dem tragen wir jetzt hier Rechnung.

Noch etwas sollten Sie wissen: Nicht immer waren und sind ausnahmslos alle Leser mit jeder meiner Formulierungen und kritischen Anmerkungen einverstanden. Aber dass ich generell die Haltung der Praxis, also der betrieblichen Entscheidungsträger, überwiegend richtig wiedergebe und dass es „da draußen" tatsächlich so ist, wird eigentlich nie bestritten.

Ob es noch weitere Bücher aus anderen Rubriken der Serie geben wird? Verlag und Autor können sich das vorstellen. Letztlich entscheidet Ihr Interesse darüber.

Rösrath, im Januar 2006 *Heiko Mell*

Inhalt

Grundlagen

Die Einführung ins Thema

Ausgesuchte Einzelbeiträge umreißen die Thematik, beleuchten die Karriereplanung aus unterschiedlicher Sicht.

Dazu muss man wissen: Neben den vielen Akademikern, für die „Karriere“ in irgendeiner Form eine selbstverständliche Zielsetzung ist, gibt es auch solche, die jeden Gedanken daran ablehnen – vor allem, wenn sie noch jung sind. Bei einigen davon kommt erfahrungsgemäß „der Appetit beim Essen“: Einige Jahre nach dem Berufseintritt, wenn die ersten Beförderungen im Kollegenkreis gefeiert werden oder wenn ehemalige Kommilitonen stolz über ihren Aufstieg berichten, ändern sich die Maßstäbe schon einmal. Auch die Gesamtpersönlichkeit der ehemaligen Studenten entwickelt sich weiter, Partner nehmen ihren Einfluss, das Umfeld verändert sich.

Daher diskutiere ich im Rahmen der Serie in den VDI nachrichten sowohl Themen wie „Soll man überhaupt Karriere ...“ oder „Wie macht man denn nun generell ...“ als auch Fragen, die mehr mit allgemeiner Berufstätigkeit zu tun haben. Denn wenn eines späteren Tages doch noch der Ehrgeiz erwacht, darf der bisherige Berufsweg keinesfalls nach „verbrannter Erde“ aussehen und die Realisierung nachgeschobener Planungen unmöglich machen.

Leser fragen, der Autor antwortet

Was amerikanische Topmanager Einsteigern empfehlen, um vorwärts zu kommen

Frage: *Zu Ihrer Stärkung eine Anerkennung: Ich kann im Rückblick feststellen, dass sich im Berufsleben, insbesondere in den Kreisen, aus denen Sie angeschrieben werden, alles so abspielt, wie Sie es beschreiben und Ihren Antworten zugrunde legen. Ich habe mehrfach gegen Ihre Regeln verstoßen, muss aber entweder großzügige Vorgesetzte gehabt oder das durch Leistung ausgeglichen haben. Meine berufliche Position: Als Dipl.-Ingenieur Leitender Angestellter, Angehöriger des sogenannten Oberen Führungskreises eines, besser* **des** *deutschen Elektrokonzerns. Inzwischen Vater eines Sohnes, der es zum Dr.-Ingenieur brachte und dem ich versuche, Ihre und meine Erfahrungen zu vermitteln.*

Hier nun aus dem Februar-Heft von „Readers Digest" ein Beitrag eines amerikanischen Topmanagers (Stanley Bing). Im Wesentlichen decken sich dessen Ratschläge mit den Ihren.

Machen Sie weiter zum Nutzen Ihrer Fragesteller, auch wenn denen Ihre Antworten manchmal nicht gefallen.

Antwort: Zitieren wir einmal aus dem Beitrag („14 todsichere Tipps für Ihre Karriere, gedacht speziell für den Einsteiger, der den Grundstein für seinen beruflichen Erfolg legen will"). Ich konzentriere mich hier auf die Aspekte, die mir besonders bemerkenswert erscheinen.

Aus Tipp Nr. 1: „Einen Ziegenbart sollten Sie nur dann stehen lassen, wenn Sie es darauf anlegen, Ihre Chefs vor den Kopf zu stoßen."

Aus Nr. 2: „Sagen Sie nie, was Sie denken. Sagen Sie, was die Leute hören wollen, und lassen Sie persönliche Ansichten nur in winzigen Dosen einfließen."

Aus Nr. 3: „Seien Sie nach Möglichkeit nett zu jedermann. Wenn Sie die Wahl haben, jemanden fertig zu machen oder ihm zu helfen, tun Sie Letzteres."

Aus Nr. 4: „Opfern Sie nie Ihre Familie und Freunde auf dem Altar des Geldes. Geschäft ist Geschäft – und bleibt nur Geschäft."

Aus Nr. 5: „Üben Sie sich in Nachsicht mit älteren Kollegen. ... Seien Sie nicht allzu sehr enttäuscht, wenn sie Ihnen und Ihrem Ehrgeiz nicht rasch genug weichen."

Aus Nr. 6: „Üben Sie sich darin, Ihre Möglichkeiten und Ihre Grenzen zu erkennen."

Aus Nr. 7: „Was immer Sie selbst tun können: Tun Sie es (die Zeit zum Delegieren kommt später)."

Aus Nr. 8: „Neiden Sie anderen nicht ihre Erfolge; deren Aufstieg hat für Sie keine Bedeutung."

Aus Nr. 9: „Setzen Sie nie eine Besprechung an, wenn es auch ein Anruf tut. Telefonieren Sie nicht, wenn eine E-Mail genügt. Und schicken Sie keine E-Mail, wenn ein paar Worte im Fahrstuhl den gleichen Zweck erfüllen."

Aus Nr. 10: „Seien Sie stets loyal, auch wenn es im Moment zu Ihrem Nachteil sein sollte. Ein derartiges Verhalten wird aus höherer Sicht bemerkt und geschätzt."

Aus Nr. 11: „Schieben Sie nie anderen Ihre Fehler in die Schuhe. Und machen Sie anderen nicht einmal für deren Fehler Vorwürfe.

Und vor allen Dingen: Entschuldigen Sie sich nie, auch wenn Sie noch so gute Gründe hätten. Diejenigen, die das Sagen haben, mögen keine Entschuldigungen – gute noch weniger als schlechte. Jeder macht mal einen Fehler. Doch nur Verlierer suchen nach Ausflüchten." (Achtung: Lesen Sie bitte dazu meinen Kommentar, d. Autor.)

Aus Nr. 12: „Bleiben Sie in der Firma, in der Sie sind, bis es gar nicht mehr geht. Halten Sie durch. Das Innenleben eines Unternehmens ist vielschichtig, es dauert lange, bis Sie es verinnerlicht haben. Denken Sie daran: Die Menschen sind überall gleich. Wer alle zwei, drei Jahre die Stelle wechselt, tut das womöglich bis ans Ende des Berufslebens. Er wird benutzt, aber nicht geschätzt."

Nr. 13: „Seien Sie nicht geldgierig. Sie sind noch zu jung für Reichtum und Wohlleben. Oder glauben Sie etwa, zum Millionär geboren zu sein? Viel wahrscheinlicher ist es doch, dass Sie hart arbeiten müssen, und das bis ans Ende Ihrer Berufstage. Verstanden?"

Nr. 14: „Haben Sie Spaß. Und wenn Ihnen das nicht gelingt, dann eben nicht. Wer sagt denn, dass Arbeit Spaß machen muss? Schließlich geht es hier ums Geschäft und nicht um Windsurfing."

Soviel an Zitaten. Ich finde diese Darstellung sehr interessant. Schön, hier geht es um ein anderes Land mit anderer Kultur und anderen Details, soweit das Berufsleben betroffen ist. Aber die Übereinstimmung mit dem, was beispielsweise ich seit vielen Jahren hier als abgeleitet aus dem deutschen Wirtschaftssystem präsentiere, ist doch sehr groß. Einige Punkte sollen nicht unkommentiert bleiben:

Zu Nr. 1: Hm! (Ein triumphierendes Hm!)

Zu Nr. 2: Das ist die Geschichte mit der Wahrheit, die sich für Verkaufsgespräche so schlecht eignet. Und das Vorstellungsgespräch ist ein verkäuferischer Akt – ebenso wie das tägliche Tun am Arbeitsplatz (mittels dessen Sie sich dem Chef als Beförderungskandidat verkaufen).

Aber ganz so weit wie der amerikanische Autor würde ich in dieser Frage nicht gehen.

Zu Nr. 4: Recht hat er. Es bleibt am Schluss so wenig von einem jahrzehntelangen beruflichen Streben und – mitunter – so viel von einem harmonischen Familienleben. Aber dieser Autor hat nicht gesagt: „Familie geht vor" – den Primat des existenzerhaltenden Erwerbslebens stellt er nicht in Frage; „opfern Sie nicht ..." ist etwas anderes als „suchen Sie stets nur Jobs in der Nähe des zufälligen Wohnortes Ihrer Familie"!

Zu Nr. 6: Ein ganz zentrales Thema: Es gilt vor allem herauszufinden, was man nicht kann. Andere (Kommilitonen, Kollegen, Vorgesetzte) sind der Maßstab. Wer nicht reden kann, soll keine Vorträge halten, beispielsweise. Und wer nicht hoffen darf, andere Menschen kraft seiner Persönlichkeit steuern und motivieren zu können, sollte seine Karrierepläne nicht über Gruppen- oder Abteilungsleiter hinaustreiben.

Zu Nr. 10: Das bedeutet: Stehen Sie zu Ihrem Chef, auch wenn der höheren Ortes gerade in Ungnade gefallen ist. Die Geschichte ist zweischneidig: Es hat auch schon loyale Untergebene gegeben, die wurden dann auch hinausgedrückt, nachdem man ihren Chef gefeuert hatte. Aber grundsätzlich stimme ich dem zu, Loyalität ist einfach auch ein Stück Lebensphilosophie (um die Letztere ist es schlecht bestellt, wenn sie ausschließlich aus persönlicher Vorteilsmaximierung besteht).

Zu 11/II: Damit ist absolut nicht gemeint, dass man sich nie entschuldigen soll, beispielsweise wenn man jemandem auf den Fuß tritt, eine unbedachte oder sogar falsche Aussage gemacht hat! Vermutlich sind hier Feinheiten bei der Übersetzung verloren gegangen. Im Deutschen meint man hier die „Ausreden" für Fehlleistungen, für Versäumnisse etc.: „Ich kann nichts dafür, mich trifft keine Schuld, weil ..." Aus der Sicht eines Chefs nervt es sehr, wenn ein Mitarbeiter jeder denkbaren Kritik immer nur mit „Entschuldigungen" begegnet. Nicht er sei es gewesen, sondern der Computer, beispielsweise.

Zu 12: Dieselben Maßstäbe wie hier bei uns. Wichtig ist der Hinweis, die Menschen seien überall gleich. Ich würde vorsichtshalber sagen „ähnlich", komme aber auch zu der Aussage: Wer ein (großes) Unternehmen kennt, kennt alle.

Zu 13: Das ist sehr deutlich, aber in der Sache argumentieren wir völlig deckungsgleich. Da ein Angestellter ohnehin nur begrenzt Geld verdienen kann, ist der extrem einkommensbewusste Mensch als selbständiger Geschäftsmann besser aufgehoben (wobei er allerdings auch Pleite gehen kann).

Zu 14: Ein interessanter Kernsatz: „Wer sagt denn, dass Arbeit Spaß machen muss? Schließlich geht es hier ums Geschäft ..." Also auch hier: Die tägliche Arbeit ist der Weg. Und Wege geht man nicht um ihrer selbst willen (vom Wandern oder Spaziergang abgesehen), sondern um auf ihnen zu einem Ziel zu kommen. Das „Geschäft", also der nächste berufliche Fortschritt, die spätere Traumposition oder schlicht der wirtschaftliche Existenzerhalt ist das Ziel. Der Weg wird grundsätzlich genommen wie er nun einmal ist. Und: Je anspruchsvoller das Ziel, desto steiniger der Weg. Vom zwangsläufigen Spaß ist keine Rede!

„Das Berufsleben ist kein Windsurfing", kürzer kann man es nicht sagen (wobei Surfen nur ein Beispiel nennt – hier könnte auch etwas anderes stehen).

Wer will eigentlich Karriere machen?

Frage: *Als im Ruhestand befindlicher Hochschullehrer interessieren mich folgende Fragen:*

1. Wie hoch ist zur Zeit der Anteil an Hochschulabsolventen, die wirkliche Karriereambitionen hinsichtlich ihrer beruflichen Entwicklung haben? Aus der Antwort ergibt sich dann der Anteil derer, die alles dem „normalen Gang" überlassen.

2. Wie hoch ist der Anteil derjenigen, die ihre Karriereabsichten auch realisieren?

Für mich würden Ihre Antworten einige Argumente liefern für Diskussionen mit jungen Leuten.

Antwort: Die Antworten kenne ich nicht – ich weiß nicht einmal, ob sie überhaupt jemand kennt.

Das Problem beginnt mit der Studienrichtung des von Ihnen so allgemein benannten „Hochschulabsolventen". Zwischen Ingenieuren, Politologen, Geologen, Juristen und Lehramtsanwärtern dürfte es fundamentale Unterschiede geben.

Dann wäre noch zu definieren, was „Karriere" überhaupt ist bzw. wie die Betroffenen auf der einen und die Umwelt auf der anderen Seite den Begriff definieren.

Ich glaube daher, dass sich Ihre Fragen gar nicht hinreichend exakt beantworten lassen.

Konzentrieren wir uns auf die im Leserkreis dieser Zeitung dominierenden Ingenieure, dann würde ich das Pferd gern von hinten aufzäumen:

Ingenieure werden überwiegend in der Industrie eingesetzt. Dort finden sie eine hierarchisch gegliederte Organisation vor. Bei aller Würdigung moderner Strukturen, flacher Hierarchien, kooperativer Führungsstile, Projektorganisationen etc.: Der junge Ingenieur lernt schnell, dass es Unterschiede gibt. „Unten" gibt es zwar interessante, fachlich anspruchsvolle Aufgaben, aber man ist extrem weisungsgebunden. Richtige Entscheidungen werden von den höheren Dienstgraden getroffen. Und – nicht zu vergessen – „richtiges Geld" wird auch erst weiter oben verdient. Die Industrie gibt damit offen zu, dass ein Angestellter, der andere Angestellte führt, für sie einen höheren (Geld-)Wert hat als einer, der nur still vor sich hinarbeitet – und sei er noch so gut in seinem Tun.

Hinzu kommen noch drei Aspekte:

1. So gut wie nie werden von der Industrie rein ausführend tätige Akademiker mit mehr als fünf Jahren Praxis gezielt gesucht.

2. Es werden gerade ausführend tätige Ingenieure in der überwältigenden Mehrheit der Fälle im jüngeren Alter so bis Mitte 30 gesucht (für all die „jungen Teams"). Das korrespondiert mit 1.

3. Wer ausführend alt wird, bekommt ständig jüngere Chefs, die „von nichts keine Ahnung haben" und an deren – fachlichen – Unvollkommenheiten er sich mehr und mehr reibt. Für die wiederum ist er zunehmend lästig.

Daraus folgt: Ingenieuren mit Einsatzwunsch „Industrie" rate ich dringend, sich im Zweifelsfall so weit wie möglich einer Karriereplanung zu öffnen und sich danach auszurichten. Wer sagt: „Ich kann nicht führen", hat mein Verständnis und muss sich seinen individuellen Ausweg suchen, den es irgendwie auch gibt. Wer aber nur von sich gibt: „Ich will überhaupt keine Karriere machen", wird sich früher oder später an den „Leitplanken" des Systems (analog einer Autobahn) reiben. Und Probleme bekommen.

Karriere in diesem Sinne ist eine erfolgreiche Berufslaufbahn mit steigender Übernahme von Sach- und Personalverantwortung. Und für Zweifler: Möchte nicht jeder halbwegs gute Fußballspieler „höher" aufsteigen, möchte nicht jeder engagierte Läufer Vereins-, Kreis-, Landes- und deutscher Meister werden? Sagt einer davon am Laufbahnanfang, er wolle stets nur so vor sich hin laufen? Geht jemand als Berufsoffizier zur Bundeswehr und hofft, als Leutnant in Pension gehen zu dürfen, um bloß nicht Karriere machen zu müssen?

Wobei für Fußballer ebenso gilt wie für Ingenieure: Man muss „viel" wollen, um hinterher „etwas" zu erreichen. Das Leben zwingt dann schon zu Abstrichen von ursprünglichen (Maximal-)Plänen.

Notizen aus der Praxis

„Antworten", die dem Autor wichtig sind, auch wenn gerade keine passenden Fragen vorliegen

Zu kurz gesprungen

Ich bin als Flüchtlingskind in einem kleinen Bauerndorf im nördlichen Deutschland aufgewachsen. Die Winter waren kalt, Flüsse und Teiche regelmäßig zugefroren, wir liefen Schlittschuh darauf.

Auf einem dieser Teiche spielte die Dorfjugend im beginnenden Vorfrühling ein interessantes Spiel: Die noch recht dicke Eisdecke wurde mit der Axt in Schollen zerschlagen, diese wurden jeweils unter eine andere Scholle gestoßen, so dass am Schluss insgesamt die Hälfte der Wasserfläche frei und der Rest von doppelt starken Eisstücken bedeckt war, die frei im Teich herumtrieben. Diese „Doppelschollen" trugen einen kräftigen Jungen – aber nur eine Weile. Sie gingen, blieb er zu lange darauf stehen, langsam unter.

Jetzt wurden zwei Mannschaften aufgestellt, die auf zwei gegenüberliegenden Ufern postiert wurden. Es galt, durch gezieltes Springen von Scholle zu Scholle das jenseitige Ufer zu erreichen. Jeder, der sprang, brachte durch Ab- und Aufsprung Bewegung in die treibenden Eisstücke.

Schnell bildeten sich kluge und weniger kluge Springer heraus. Die weniger klugen sprangen auf jede erreichbare treibende „Insel", wenn sie nur in Richtung auf das zu erreichende Ufer lag: wieder ein Stück näher ans Ziel gekommen. Aber dann folgten oft zwei, drei Meter offenes Wasser. Zu weit zum Springen. Die alte Absprungscholle war durch den eigenen Stoß längst abgetrieben – und die neue ging unter ihrer Last nun langsam unter. Ertrunken ist niemand, das Wasser reichte nur bis zur Brust. Aber bei Temperaturen um den Gefrierpunkt genügte das; Elternschelte ob der triefnassen Kleidung gab den Rest.

Die klügeren Springer hingegen bewiesen Weitblick: Sie sprangen nur auf solche Schollen, von denen aus es weiterging – notfalls kamen sie auf Umwegen ans Ziel, aber sie gingen nicht unter.

Sie, liebe Leser, ahnen natürlich längst, worauf ich hinauswill: Viele Lebensläufe zeigen, dass die Kandidaten beim letzten Wechsel unüberlegt gesprungen sind, nicht die ganze Strecke bis zum Ziel im Auge, sondern nur „kurzsichtig" auf die vermeintlich interessante nächste Position geschaut hatten. Jetzt, wo es langsam weitergehen soll oder schnell weitergehen muss, zeigt es sich, dass von dieser „Scholle" kein weiterer Weg nach vorn führt – überall nur „freies Wasser".

Die Regel, die wir als Kind lernten, gilt noch heute: Bevor ich auf eine Scholle trete, muss klar sein, welcher Sprung als nächster kommt. Und wenn sich mir eine scheinbar interessante Chance bietet, schaue ich erst einmal, wie es danach weitergehen könnte. Ist das nicht absehbar, lasse ich die Füße von diesem „Angebot" und springe auf diese Scholle lieber nicht.

Werdegang ohne Ziel

Bei vielen Werdegängen findet auch der brillanteste Analytiker keine Antwort auf die Frage: Was sollte dabei herauskommen, wo geht diese „Reise" eigentlich hin? In einem wirren Durcheinander verschiedener Positionen, Tätigkeiten, Branchen und Arbeitgebertypen wird überhaupt kein „roter Faden" mehr deutlich. Fragt man die betroffenen Verursacher beim direkten Kontakt, bestätigt sich der Verdacht: „Nein, ein Ziel hatte ich nie dabei."

Das ist erlaubt, aber in mehrfacher Hinsicht kritisch:

1. Für anspruchsvolle Positionen werden selbstverständlich Menschen gesucht, die sich und anderen ständig Ziele setzen und diese dann konsequent verfolgen. Wer aber schon in eigener Sache ziellos operiert, wird das, so die Standardmeinung, auch beim Tun für seinen Arbeitgeber nicht besser hinbekommen.

2. Wer sich um eine bestimmte, definierte Position bewirbt, hat gute Karten, wenn der bisherige Werdegang genau auf diese Aufgabe hinzuzielen scheint. Wenn von den Studienschwerpunkten über das Thema der Diplomarbeit, Praktika, Ausrichtung der ersten und zweiten bisherigen Position alles zueinander und zur jetzt angestrebten Stelle passt, bekommt der Bewerbungsleser den allerbesten Eindruck (keine Angst, hundertprozentige Übereinstimmung wird nicht verlangt, nur die „große Linie" sollte stimmen).

Nun gibt es Menschen, denen hilft das alles nichts, sie haben einfach – derzeit – kein Ziel. Denen ist eine der folgenden Möglichkeiten anzuraten:

a) Wenn Sie selbst nicht wissen, was Sie wollen – dann ist es ja auch ziemlich gleichgültig, in welche Richtung Sie gehen. Da Sie nicht wissen, welcher Weg „richtig" wäre, kann auch keiner „falsch" sein. Also suchen Sie sich ein Hilfsziel, eine irgendwie ausgewählte Richtung und Laufbahn – und verfolgen Sie zumindest die konsequent. Dann bleiben Sie auf dem Markt begehrt und kommen vorwärts. Oft, sehr oft sogar, kommt auch der „Appetit beim Essen", aus dem Hilfs- wird ein echtes Ziel.

b) Wenn Sie schon Festlegungen getroffen hatten, also schon eine beruflich relevante Vergangenheit haben, dann konstruieren Sie aus der eine Zielsetzung, die vielleicht noch nicht Ihre ist, aber wenigstens in etwa zu Ihrem Lebenslauf passt – und dann verfolgen Sie diese Richtung. Dabei hat die jüngere Vergangenheit immer ein stärkeres Gewicht als die frühere.

Und noch zwei bewährte Grundsätze fallen mir ein:

I. Durch zielloses Herumprobieren finden Sie Ihre passende Richtung nie. Damit hat die „Versuch und Irrtum"-Methode keine Chance.

II. Auch die beste Zieldefinition muss in gewissen Abständen überprüft, veränderten Gegebenheiten und auch neuen eigenen Wertvorstellungen angepasst werden. Es ist dabei empfehlenswert, ein Ziel neu zu definieren, bevor man bereits unkorrigierbare Festlegungen in Richtung auf das alte im Lebenslauf verankert hat. Unternehmen gehen übrigens ähnlich vor. Nur geht es ihnen nicht um das Vermeiden von Auffälligkeiten im Lebenslauf, sondern von Fehlinvestitionen und existenzbedrohend falschen Marktausrichtungen.

Die 10 größten Fehler bei der Gestaltung eines erfolgreichen Berufswegs

Wie man konkret Karriere macht, ist recht schwer zu sagen, auch für mich. Wie so oft im Leben, lässt sich einfacher beschreiben, welche Fehler im beeinflussbaren Bereich sich besonders schnell als „tödlich" erweisen – nicht zwangsläufig jeder einzelne davon, aber die Wahrscheinlichkeit steigt, je mehr Sie miteinander kombinieren. Als Warnung: Die Möglichkeiten, alle Träume und Hoffnungen wirksam zu ruinieren, sind mit dieser Aufzählung nicht erschöpft. Und von „Begabung/Talent" und „Siegeswillen" ist noch gar nicht die Rede:

1. Studium: Zu lange Dauer, zu schlechte Noten, Abbrüche, nicht gefragte Fachrichtungen, exotische Kombinationen ruinieren die Chance auf einen Top-Einstieg ins Berufsleben – und reduzieren noch zehn Jahre später die Erfolgsaussichten von Bewerbungen.

2. Zielsetzung: Sie fehlt oft im beruflichen Bereich ganz oder geht an den eigenen Fähigkeiten völlig vorbei. Wer nicht weiß, wohin er überhaupt will, kann an keiner Weggabelung eine Variante als „richtig" oder „falsch" erkennen.

3. Startposition: Sie zeichnet eine Richtung vor, die später nicht mehr ohne Aufwand und Zeitverlust korrigiert werden kann – oder sie verbaut den Weg zu bestimmten Zielen ganz. Entscheidend sind Branche, Firmenart und -größe, Tätigkeitsbereich (nicht Ort und Gehalt!)

4. Werdegang allgemein: Ihr Lebenslauf zeigt Lücken zwischen einzelnen Beschäftigungsverhältnissen, Aufstiege/Beförderungen kommen für die Zielsetzung zu spät oder in zu großen Abständen (optimal bei weiterem Ehrgeiz: ca. alle fünf Jahre), Rückschritte werden deutlich, Auslandsbezug ist nicht zu erkennen oder zu extrem ausgebaut, die arbeitgebenden Firmen passen nicht zum Karriereziel.

5. „Roter Faden": Die einzelnen Tätigkeiten, Branchen und Arbeitgeber eines Werdeganges bauen nicht systematisch aufeinander auf, lassen im Zusammenhang kein System erkennen. Achtung: Maßstab sind nicht eigene Gedanken dazu, sondern Anforderungen des Marktes.

6. Wechselhäufigkeit/Dienstzeiten pro Arbeitgeber: Zu viele Wechsel, die zu kurzen Dienstzeiten pro Firma führen, sind besonders gefährlich (fünf Jahre pro Arbeitgeber sind anzustreben, deutlich mehr als zehn reduzieren ebenfalls die Akzeptanz bei späteren Bewerbungsempfängern).

7. Arbeitszeugnisse: Trotz einschränkender Vorschriften dringen kritische Urteile früherer Arbeitgeber durch die Formulierungen. Besonders gefährlich: Schwache Bewertungen durch Top-Arbeitgeber, fehlende Kündigung auf eigenen Wunsch, mehrere „schlechte" Dokumente nacheinander.

8. Privatbereich: Der falsche (Ehe-)Partner kann alles ruinieren und viel gefährden. Eine ungesunde Dominanz privater Interessen gegenüber beruflichen (Arbeitszeit, Dienstreisen, fehlende Mobilität/Umzugsbereitschaft) gehört ebenfalls in diese Rubrik. Wer ein hohes Ziel hat, muss bereit sein, den Preis zu zahlen, der gefordert wird.

9. Zusatzqualifikationen: Dass die überzeugende Fachqualifikation für eine Karriere unumgänglich ist, gilt als selbstverständlich. Mehr und mehr gefragt (Stellenanzeigen) sind zusätzliche Qualifikationen wie fließendes Englisch, die zweite Fremdsprache, Kenntnis fremder Kulturen, Sozialkompetenz, IT-Qualifikationen. Viele Lebensläufe zeigen hier Schwachstellen.

10. Regeln: Jedes „Spiel" hat seine Regeln, gewinnen lässt sich ohne deren Beherrschung niemals. Auch das Berufsleben hat seine „Spielregeln", allerdings ist der Wille eher unterentwickelt, sich damit auseinander zu setzen. Darin steht z. B. auch, dass ohne die Bereitschaft zur Anpassung (an Menschen, organisatorische und sachliche Gegebenheiten), nichts zu gewinnen ist. Denn geplant ist schließlich eine Laufbahn als „abhängig Beschäftigter". Das ist beispielsweise mit der Suche nach optimaler Entfaltung der eigenen Persönlichkeit nur schwer vereinbar.

Laufbahnplanung in 10 Schritten

Man kann zwar nie wissen, auf welch krummen Wegen Menschen denken, aber dennoch wage ich die Aussage: Sehr (sehr!) viele Lebensläufe sehen so aus, als hätte ihnen nicht der geringste ordnende Gedanke zugrundegelegen. Und so, lehrt die Lebenserfahrung, wird es denn wohl auch gewesen sein.

Eines meiner ältesten, sehr bewährten Beispiele vergleicht den zurückgelegten Berufsweg mit dem Bild, das ein Auto auf der Landkarte hinterließe, wenn man seine Route mit einem Filzstift nachzöge.

Und nun stellen Sie sich vor, ein Auto führe siebzehn lange Jahre (zwischen Ende des Studiums und beginnendem Ende der Beweglichkeit auf dem Arbeitsmarkt) ungeplant in der Gegend herum. Getrieben nur von den Intentionen, jeweils dorthin zu streben, wo es „interessant" zu sein scheint oder – noch besser – „wie es sich gerade so ergeben hat".

Klar ist: Weder während dieser Fahrt noch an ihrem Ende darf man erwarten, irgendeinen Punkt erreicht zu haben, der den ganzen Aufwand gelohnt hätte. Das Fazit eines solchen Bildes auf der Landkarte könnte nur lauten: „Die Hauptsache war und ist für mich, ich fahre irgendwohin." Das kann man machen, aber man wird ein solches Bild niemals als Musterbeispiel für Systematik, konzeptionelle Stärke und Zielstrebigkeit verkaufen können – anlässlich von Bewerbungen, beispielsweise.

Halten wir also bis hierher fest:

1. Ohne Planung geht es nicht – statt eines eindrucksvollen Fahrtbildes ergibt sich ungeplant nur eine „Fahrt ins Blaue".

Dann können wir auch gleich den nächsten Grundsatz anschließen:

2. Fahrt-Planung ohne Zielsetzung ist nicht möglich (sehen wir einmal von dem theoretisch denkbaren Ziel einer „Fahrt ins Blaue" ab).

Bleiben wir für die Laufbahnplanung bei dem Autofahrt-Beispiel. Die Details beginnen mit dem nächsten Grundsatz:

3. Zunächst müssen Sie Ihren Standort definieren.

Dazu gehört: Wer bin ich, was habe ich bisher erreicht, was kann ich, wo sind meine Schwächen, wie stehe ich im Verhältnis zu anderen (Schülern, Studenten, Berufsanfängern)? Diesen Punkt definieren Sie auf einer „Landkarte" beispielsweise als „München". Dort stecken Sie eine Stecknadel ein, dort geht die Reise los.

4. Dann kommt die überaus wichtige Definition des Ziels: „Wo will ich hin?"

Vergessen Sie nicht: Ohne geht es keinesfalls! Am Ende des Studiums muss das klar sein – so wie am Ende der Schulzeit klar sein musste, was Sie studieren wollten. Natürlich ist das schwer: Aber wofür haben Sie studiert, wenn Sie noch nicht einmal ein Ziel für die nächsten siebzehn Jahre Ihrer „Fahrt" haben? Also keine Ausrede: Es ist zwingend!

Als Trost a: Sie können in gewissem Rahmen auch während der Fahrt noch etwas umplanen – am Anfang der Reise besser als in der Mitte. Aber dann ergeben sich Umwege. Und diese kosten Kraft und Zeit – insbesondere letztere ist knapp. Aber Kurskorrekturen so um 10 bis 20° sind eigentlich immer möglich.

Als Trost b: Sie können Ihr Ziel, wenn Sie einmal unterwegs sind, ziemlich problemlos bescheidener fassen, wenn Sie nur Ihrer Richtung treu bleiben. So lässt sich eine Laufbahn, die mit dem Ziel „Entwicklungsvorstand eines Automobilherstellers" gestartet wurde, ziemlich einfach beim „Abteilungsleiter in der Entwicklung eines Automobilherstellers" abstoppen oder in Richtung „Entwicklungsleiter eines Zulieferers" problemarm abwandeln.

Je präziser Sie Ihr Ziel (das bei siebzehn Jahren Fahrt stets nur ein vorläufiges sein kann, siehe auch 8.) fixieren, desto einfacher wird die Geschichte. Sie sollten dabei die Tätigkeitsrichtung, über die Sie vorstoßen wollen (z. B. Vertrieb, Entwicklung, Produktion, Qualität) ebenso berücksichtigen wie Art, Größe und Branche des Arbeitgebers (aber nicht den Namen!) und die Hierarchieebene, die Sie ungefähr erreichen wollen. Das klingt schwieriger als es ist.

Hilfsweise erkennen Sie wenigstens an, dass dies hätte sein müssen, dass Sie aber diese wichtige Voraussetzung wegen versäumten Nachdenkens nicht erfüllen können. Dann beginnen Sie wenigstens so, dass mit dem Start noch keine wichtige Tür zugeschlagen wird. Aber auch dazu müssen Sie die Regeln kennen (siehe 7.).

Dann definieren Sie Ihr Ziel auf der Landkarte z. B. als „Hamburg", stecken auch dort eine Stecknadel ein und sind einen Schritt weiter.

5. Jetzt verbinden Sie Ihre beiden Stecknadeln mit einer geraden Linie – das wäre Ihr idealer Weg zwischen Start und Ziel. Wie das im Leben so ist, bleibt dieses Ideal reine Theorie.

6. Sie suchen sich jetzt Straßen (Autobahnen), die wenigstens in der Nähe Ihrer Ideallinie laufen und auf denen Sie zielorientiert fahren könnten.

7. Dann kommt ein weiterer zentraler Grundsatz: Sie informieren sich über die „Regeln", die für eine solche Fahrt gelten. Sie lernen, dass man auf Autobahnen weder parken noch wenden darf, ja eigentlich nicht einmal anhalten, dass man rechtzeitig tanken muss, dass es immer Mindest- und oft Höchstgeschwindigkeiten gibt, dass man langsame Linksfahrer zwar leise verfluchen, aber (sie könnten sonst aufwachen und sich erschrecken) nicht anhupen darf etc. etc. Das steht im Berufsleben für „Dienstzeiten pro Arbeitgeber, Beförderungsintervalle, Branchenwechsel, Zeugnisfragen, Verhältnis zum Chef und zu Kollegen", für „den Weg vom großen zum kleinen und vom kleinen zum großen Unternehmen" (und ebenfalls etc. etc.).

Ohne Regelkenntnisse (und die Bereitschaft, sie auch anzuwenden) geht es nicht!

8. Und dann erreichen Sie „Hamburg" und alles ist gut! Nein, ganz sicher nicht. Das ist der Tribut, den Sie wegen der siebzehn Jahre entrichten, die Ihre Fahrt andauert. Inzwischen sind neue Autobahnen entstanden, die Ihre alten Karten noch gar nicht verzeichnet hatten. „Hamburg" ist umbenannt und ein Stadtteil von Atlanta/Georgia geworden (ich habe bewusst so übertrieben, dass mir niemand böse sein muss). Man hat die Verkehrsregeln geändert, die Benzinkosten dramatisch erhöht und Ihren Autotyp verboten. Sie wissen ja: Stillstand ist Rückschritt – und die wenigsten Veränderungen bringen gerade Ihnen Verbesserungen.

Sie müssen da durch! Also ist alle paar Jahre eine „Fortschreibung" Ihrer Planung angesagt. Eine wesentliche Informationsquelle für Sie sind veröffentlichte Stellenangebote. Sie müssen die Entwicklung in den einzelnen Branchen verfolgen und vielleicht von Ihrer Ursprungsrichtung abweichen. Und auch Sie, Ihre Persönlichkeit, Ihre Wünsche und Vorstellungen, Ihre Partner und deren Ideen(!) verändern sich. Fortschreibung heißt, Sie sind auf der Höhe von Erfurt und wollen jetzt doch lieber nach „Berlin" als nach „Hamburg" – das geht. Oder Sie sind auf der Höhe von „Hildesheim" und erklären, nun sei es genug, die „Reise" wird beendet. Auch gut.

Aber auf der Höhe von „Hannover" nun doch lieber nach „Paris" zu wollen, das endet irgendwo in einer Irrfahrt in den belgischen Ardennen. Aber genau so sehen entsetzlich viele schwer verkäufliche Lebensläufe aus.

9. Und noch ein Hilfsinstrument habe ich, wenn Ihnen das bisher Gesagte als „viel zu kompliziert" vorkommt: Planen Sie wenigstens bei jedem beruflichen Schritt die beiden nächsten mit, beantworten Sie die Fragen: Was mache ich danach – und was dann?

Damit Sie meine Verzweiflung nachempfinden können: Ich wäre ja schon froh, hätte die Hälfte der Bevölkerung wenigstens eine Antwort auf die simple Frage: „Was haben Sie sich bei diesem Schritt überhaupt gedacht?" Sie kennen die Antwort: „Nichts."

Sehen Sie doch nur einmal, wie die Leute Auto fahren, dann wissen Sie, wie sie ihre Laufbahn planen und realisieren.

10. Und am Schluss die Warnung: Vorsicht vor der Suche nach einer „interessanten Tätigkeit". Suchen Sie lieber eine „für meine Zielsetzung interessante Position". Und wenn Sie wieder einmal einen Vorstandsvorsitzenden treffen, fragen Sie ihn: „Ist das eigentlich interessant, was Sie da machen?" Und versäumen Sie nicht, mir zu sagen, was er geantwortet hat. Ich lache auch gern (er hat eine interessante Position, das reicht ihm).

PS: Ich werde oft gefragt, ob denn auch ich so zielstrebig vorgegangen sei damals. Mit der Ausrede, dass es seinerzeit keine „Karriereberatung" in den VDI nachrichten gab und in der Hoffnung, Sie damit erheitern zu können:

Mit 21 hatte ich mein Examen und durchaus den Traum vom Konzernvorstand. Und ich wusste, dass ich in ein großes deutsches Unternehmen wollte. Als Wirtschaftsingenieur bewarb ich mich in der Arbeitsvorbereitung der XY AG (weil ich das für eine „Schnittstelle“ hielt), erhielt eine Einladung aus diesem Haus für den Motorenvertrieb Inland, bekam stattdessen einen Job in Org./EDV und landete nach 1,5 Jahren im Personalwesen. Und Konzernvorstand bin ich noch immer nicht. Ich hatte dennoch sehr viel Glück, dafür bin ich dankbar. Aber darauf allein können Sie nicht bauen. Und es können auch nicht alle Berater werden ...

Die letzte Phase vor dem Start

Noch prägt das Studium die Sicht der Dinge

Studenten sind aus der Sicht des berufserfahrenen Karrierespezialisten durch Besonderheiten geprägt, die sich dann später im Berufsleben wieder verlieren (wohl weil sie „da draußen" keine Überlebenschancen haben – die Besonderheiten, nicht die Studenten):

Ein Know-how-Transfer zur Seite findet gelegentlich, einer nach unten findet niemals statt: Mitunter geben Studenten ihr Wissen in begrenztem Maße an Kommilitonen ihres Jahrgangs weiter, jedoch niemals an jüngere. Also kommt zuverlässig jeder neue Jahrgang wieder ebenso „unbeleckt" an wie der davor. In der betrieblichen Praxis sind wir es hingegen gewohnt, dass die jüngeren Kollegen von den älteren lernen.

Studenten denken in festen Einzelkategorien, dabei niemals in mehreren davon gleichzeitig, sondern stets nur säuberlich nacheinander. „Jetzt ist Examenszeit – über alles andere denke ich später nach" oder, ganz besonders beliebt, „jetzt schreibe ich meine Diplomarbeit, irgendwelche Gedanken an irgendwelche Bewerbungen wünsche ich mir jetzt nicht zu machen". Dabei besteht das praktische (Berufs-)Leben nicht aus hübsch zeitlich geordneten Einzelaufgaben, sondern aus diversen teils miteinander vernetzten, in jedem Fall einander auf der Zeitachse überlappenden Aufgaben, Problemen und Tätigkeiten: Auf dem Schreibtisch auch schon des jungen Mitarbeiters liegen in Kürze drei, fünf oder mehr verschiedene Vorgänge, die praktisch gleichzeitig bearbeitet werden müssen.

Folgerichtig reicht bei den Studenten oft während des ganzen Studiums der Blick nicht weiter als bis zum Examen. „Mit Fragen des Berufslebens beschäftige ich mich, wenn ich mit dem Studium fertig bin." Das ist falsch: Viele Weichen sind dann schon gestellt, Korrekturen sind teils sehr aufwändig, teils kaum noch möglich.

So wie der Oberstufenschüler seine Fächerkombinationen nicht vorrangig an den Gegebenheiten des Gymnasiums, sondern an den Anforderungen der Hochschule als der nächsten Stufe ausrichten soll, so muss auch der Student bei allen wesentlichen Studiendetails auf die Anforderungen der beruflichen Praxis (also späterer Arbeitgeber) Rücksicht nehmen. Eigentlich banale Aussagen wie diese verblüffen junge Menschen nur allzu oft – allein wären sie darauf kaum gekommen.

Im Umgang mit dem Inhalt der nachfolgenden Kapitel und meiner anderen Serien-Beiträge, die sich mit dem praktischen Berufsleben beschäftigen, haben viele Studenten eine besondere Technik entwickelt: Sie weigern sich, das zu glauben. „Ich dachte, das sei eine Glosse, was Sie da schreiben", höre ich oft. Und nach drei bis vier Jahren in der Praxis sagen sie dann: „Ich bin völlig überrascht, aber das ist hier tatsächlich so, wie Sie es darstellen."

Sie haben dann mühsam und schmerzhaft etwas herausgefunden, das schon lange bekannt war – und das ihnen schon vor Jahren kostenlos zur Lektüre angeboten wurde. Wie viele – unnötige – Reibungsverluste es bis dahin gegeben haben mag, kann man nur vermuten.

Leser fragen, der Autor antwortet

Wie wird mein Ausbildungsgang eingestuft?

Frage: *Ich bin noch Student und schreibe an meiner Diplomarbeit.*

Nach Abschluss der Mittleren Reife habe ich zunächst das Technische Gymnasium besucht und dieses ohne Abschluss abgebrochen. Danach folgten ein fünfmonatiges Praktikum und eine abgeschlossene Ausbildung zum Werkzeugmechaniker.

Im Anschluss daran habe ich die allgemeine Hochschulreife nachgeholt (2,8), ein Studium des Umweltingenieurwesens an der TU ... aufgenommen und bin nach bestandenem Vordiplom an die Uni ... gewechselt. Dort habe ich meine Diplomprüfungen mit 1,9 bestanden. Ich werde bei Studienabschluss 33 Jahre alt sein.

1. Wie werde ich von Personalentscheidern aufgrund meines Ausbildungsganges eingestuft? Welche Chancen habe ich derzeit auf dem Arbeitsmarkt?

2. Welche Zusatzqualifikationen sollte ich mitbringen, um meine Chancen zu erhöhen?

3. Was bedeuten bei Fremdsprachen die Bezeichnungen „verhandlungssicher", „Schulkenntnisse" etc.?

Antwort: Ihr bisheriger Ausbildungsgang wird beim Fachmann den Eindruck hervorrufen: Der Mann ist tüchtig, begabt, zielstrebig, zäh – aber kein Überflieger, kein Mann, der jede Hürde im Sturm nimmt, dessen Begabung ihn von Erfolg zu Erfolg trägt.

Konsequenz bis dahin: kein Mann für das klassische Führungsnachwuchs- oder Traineeprogramm, sondern für den Direkteinstieg in eine sachbearbeitende Funktion. Auch das Alter stützt diese Empfehlung – es schließt Sie von vielen Traineeprogrammen bereits aus.

Der Universitätswechsel ist grundsätzlich harmlos.

Uni-Absolventen mit „Lehre" vor dem Studium sind selten, werden aber von manchen Entscheidungsträgern wegen des Praxisbezugs besonders geschätzt. Nur wird man älter dabei – mit Ihren 33 Jahren müssen Sie in Einzelfällen schon mit zurückhaltenden Reaktionen rechnen. Es ist denkbar, dass größere Mittelstandsunternehmen an provinziellen Standorten hier toleranter sind als die „Perlen" der Großkonzerne (letztere können wählen, erstere weniger).

Die Begeisterung der Unternehmen für speziell umweltorientierte Ausbildungsgänge scheint seit einiger Zeit stark rückläufig zu sein.

Sie haben aus meiner Sicht zwei Möglichkeiten (die Sie gleichzeitig bei verschiedenen Bewerbungsempfängern ausprobieren können):

a) Sie konzentrieren sich auf Ihr Umwelt-Fachgebiet, betonen es in der Bewerbung und zielen auf speziell daran interessierte Arbeitgeber und speziell darauf zugeschnittene Positionen.

b) Sie betonen Ihre Basis als Werkzeugmechaniker und das Studium zum Dipl.-Ingenieur (univ.). Die Umwelttechnik „hängen Sie tief", spielen Sie herunter. Sie heben hervor, dass Sie diese Fachrichtung lediglich als einen besonders breit angelegten Einstieg in die Ingenieurwissenschaften ansähen und jetzt durchaus offen seien für Tätigkeiten, die keine spezielle Umweltbezogenheit erkennen ließen.

Zu 2: Sprachen sind immer gut, Englisch ist fast unverzichtbar. Betriebswirtschaftliche Kenntnisse sind eine gute Empfehlung. Aber hängen Sie zu deren Erwerb kein Semester mehr an, Sie sind wahrlich alt genug. Positiv ist jede Art von Praxisorientierung, z. B. – neben Ihrer gewerblichen Ausbildung – praktische Tätigkeiten während des Studiums. Sehr hilfreich ist oft auch ein Auslandsbezug, z. B. einige Studiensemester bzw. Praktika im Ausland.

Mit stark steigender Tendenz gefragt ist „soziale Kompetenz", die schwer zu definieren ist. Gemeint ist damit die Fähigkeit, gut mit anderen Menschen umgehen zu können. Mitarbeit in studentischen Gremien, Partei-Jugendorganisationen, sozial engagierten Institutionen gelten z. B. als Indiz für solche Talente. Im fachlichen Bereich ist IT-Kompetenz hilfreich – für alle Positionen. Sehr „flüssiger" Umgang mit PC und Internet sowie vielfältige entsprechende Anwendererfahrungen sind gefragt bzw. werden als selbstverständlich vorausgesetzt.

Zu 3: „Perfekt" gibt es eigentlich gar nicht, nicht einmal in der Muttersprache. Es meint: „spricht und schreibt die fremde Sprache wie ein Muttersprachler". Wird von Anfängern fast nie verlangt.

„Verhandlungssicher" meint, man sei in Wort und Schrift so gut, dass man in der Sprache nahezu alles machen kann, auch das Führen von geschäftlichen Verhandlungen. Das wird von Anfängern selten verlangt.

„Fundierte Kenntnisse", „sicheres/flüssiges Englisch", „Englisch in Wort und Schrift" heißt, man versteht im Gespräch, im Brief und am Telefon alles und kann im Gegenzug alles ausdrücken, wird dabei auch problemlos verstanden, unbedeutendere Fehler im Vokabular, in Grammatik und Rechtschreibung inbegriffen. Solch einen Menschen kann man ins Ausland schicken und ausländischen Partnern „vorsetzen".

„Schulkenntnisse" bedeutet: Basis vorhanden, Übung fehlt, vor beruflicher Anwendung ist intensive Schulung erforderlich.

Als Tipp: Geben Sie Ihre Sprachkenntnisse so an, dass der Leser weiß, was Sie können. Beispiel: „Englisch: 5 Jahre Schulenglisch + ein sechswöchiges Praktikum während des Studiums in GB", sagt hinreichend viel. „Englisch: gut" sagt nichts.

Soll ich promovieren oder soll ich nicht?

Frage: *Ich studiere zur Zeit Maschinenbau mit der Fachrichtung Konstruktionstechnik und werde mein Studium in Kürze erfolgreich abschließen. Während meines Studiums habe ich mich mit Problemen der Strukturmechanik unter Verwendung der FE-Methode beschäftigt und möchte auch später in diesem Bereich tätig werden. Nachdem mir mein Professor eine Stelle als wissenschaftlicher Mitarbeiter angeboten hat, stellt sich für mich die Frage:*

Soll ich das Angebot annehmen und einen Abschluss als Dr.-Ing. anstreben oder soll ich die günstige Arbeitsmarktsituation nutzen, um eine gute Anstellung in der freien Wirtschaft zu finden?

Antwort: Ich halte es für absolut möglich, ein komplettes Buch zu diesem Thema zu schreiben. Mit Auflistung aller denkbaren Vor- und Nachteile, Abwägung aller Eventualitäten, mit Beiträgen von Professoren und Fallbeispielen von Leuten, die diesen Weg gegangen sind. Darunter solchen, die dabei gescheitert sind und solchen, die damit glücklich wurden. Mit Darstellung von Werdegängen, die sich ergaben, als plötzlich mitten im Vorhaben der Professor starb oder bei Eintritt ins Berufsleben unvermutet die größte Wirtschaftskrise der Nachkriegszeit herrschte. Da kämen auch solche Leute zu Wort, die später in Laufbahnen einschwenkten, bei denen ein FH-Abschluss genügt hätte. Und solche, die Ärger mit einem Chef bekamen, der einen Bildungskomplex hatte und unterstellte Promovierte mehr quälte als andere. Dann stünde noch etwas da über promovierte Akademiker, die schließlich beruflich in Ländern arbeiteten, in denen man gar nicht wusste, was ein Dr.-Ing. ist. Und dann läsen Sie das Buch und wüssten immer noch nicht, ob ...

Meine Tipps für Ihre Entscheidung für oder gegen eine Promotion:

1. In Ihrem Fachgebiet scheint eine weitere wissenschaftliche Qualifizierung durchaus sinnvoll zu sein. Das spricht dafür.

2. Streben Sie eine Laufbahn im Entwicklungsbereich an? Ein „Ja“ spräche dafür.

3. Stellen Sie sich vor den Spiegel und fragen Sie sich, ob Sie – unabhängig von anderen Argumenten – letztlich gern „Doktor“ wären. Ein „Ja“ spräche dafür.

4. Sind Sie ein wirtschaftlich knallhart kalkulierender Mensch – der stets nur tut, was sich „rechnet“ und nur kauft, was gerade billig angeboten wird? Ein „Ja“ spräche dagegen.

5. Sind Sie bereit, wegen eines persönlichen Zieles ein Risiko auf sich zu nehmen, z. B. das, in fünf Jahren schlechtere Einstiegschancen zu finden als heute? Ein „Ja“ spräche dafür.

6. Ist es ausgeschlossen, dass Sie eines fernen Tages eine FH- oder TH/Uni-Professur anstreben? Ein „Ja“ spräche dagegen.

Nun gewichten Sie Ihre „Punkte“, dann handeln Sie entsprechend.

PS: Ich glaube nicht, dass man Methoden **ver**wendet (eher „an“).

Wenn man nach der Promotion zu alt wäre

Frage: *Ich war als Anwendungstechniker und später als Produktmanager in der chemischen und Kunststoffindustrie tätig. Dabei habe ich meine Promotion stets als sehr nützlich empfunden, da ich vielfach mit Kollegen und Chefs zusammengearbeitet habe, die alle promoviert hatten.*

Mein Sohn studiert nun Wirtschaftsingenieurwesen an der TU. Bedingt durch diverse sachlich und persönlich bedingte Umstände dauert dieses Studium länger als wir dachten. Er wird mit 29 Jahren abschließen.

Nun taucht aber die Frage einer Tätigkeit als Assistent verbunden mit einer Promotion auf. Mein Sohn dürfte nach deren Abschluss 32 Jahre alt sein. Wird das noch akzeptiert oder gilt man dann schon als zu alt? Lohnt sich der Einsatz? Was ist besser: Sich mit 29 Jahren als Dipl.-Wirtschaftsing. oder mit 32 Jahren als Dr.-Ing. zu bewerben?

Eine wissenschaftliche Laufbahn ist übrigens nicht geplant, es geht um den Weg in die Industrie.

Antwort: In einem so konkreten Fall gibt es keine „richtige“ Antwort; bestenfalls gibt es sie zehn Jahre nach der Entscheidung, aber nicht davor. Als Beispiel: Welche Arbeitsmarktsituation haben wir etwa in drei Jahren? Niemand weiß das.

Dann unterstellen Sie den Dr.-Ing. in drei Jahren. Ich kenne sehr viele Fälle, in denen fünf, mitunter sechs Jahre dafür im Lebenslauf auftauchen. Das wäre dann mit einem viel zu hohen Risiko verbunden, ein Berufseinstiegsalter (nach der Promotion) von 35 wäre ganz entschieden zu hoch; 31 wird bei promovierten Ingenieuren noch akzeptiert, dann wird es „dünn".

Hinzu kommt: Es gibt – siehe Stellenanzeigen – kaum je Positionen für Wirtschaftsingenieure, in denen die Promotion gefordert oder auch nur gewünscht wird. Anders sieht es bei Studiengängen aus, die auf F + E zielen, was aber hier nicht der Fall ist. Warnend sei gesagt, dass gerade beim Berufseinstieg eine nicht geforderte Promotion auch als Zeichen einer Über- oder besser einer falschen Qualifikation gewertet werden kann.

Ich glaube also, dass Ihrem Sohn geraten werden muss, lieber jetzt den direkten Praxiseinstieg zu suchen. Als Generalregel kann gelten: Wenn überhaupt Promotion, dann nach einem kurzen, mit gutem Ergebnis abgeschlossenen Studium in Verbindung mit einem eher niedrigen Alter beim Beginn dieses Vorhabens.

Bitte erlauben Sie mir noch einen abschließenden Hinweis, den ich einfach geben muss, um meinen selbstauferlegten Verpflichtungen nachzukommen: Irgendwann endet für uns Väter die Zeit, in der wir aufgerufen sind, uns derart „offiziell" um den beruflichen Weg unserer Kinder zu kümmern – irgendwann müssen sie das allein tun. Uns bleibt dann nichts als der Rat im Gespräch und ein nachdenkliches Kopfschütteln, wenn die Kinder unsere Empfehlung entweder nicht wollen oder sie souverän ignorieren. Und es beginnt für unsere Söhne die Zeit, sich selbst um Antworten zu bemühen, wenn sie Fragen haben.

Besser kurz oder gut?

Frage: *Was schätzen Sie in der Prioritätensetzung als wichtiger ein:*

a) ein längeres (vielleicht auch ein umfassenderes) Studium mit guten Abschlussnoten oder

b) ein strammes Durchziehen – auch wenn dabei die Noten vielleicht etwas „unter die Räder" kommen?

Ich weiß: Kurz und mit guten Noten wäre optimal, aber so leicht werden Sie es sich nicht machen.

Antwort: Ich gebe ganz eindeutig im Zweifelsfall der guten Note den Vorzug. Begründung:

Noch in zwanzig Jahren hat das Studium insgesamt seinen Wert in Bewerbungen (wenn auch dann die inzwischen erworbene berufliche Praxis dominiert). Es bleibt also Beurteilungsbestandteil. Und niemand kann sicher sein, dass nicht nach einer schwachen Examensnote ein nur befriedigendes Arbeitgeberzeugnis folgt – und dann ist man schnell als „Durchschnitt ohne

Brillanz" abgestempelt. Auf der Basis sind Top-Positionen (oder Einstiege in Top-Laufbahnen) nicht mehr zu erringen.

Mein Hauptargument aber ist ein anderes: Eine schwache Examensnote erkennt jedermann zu jeder Zeit auf Anhieb. Wer aber will heute noch sagen, was 1986 an der Uni X ein langes Studium war? Oder wer will das 2017 über einen Abschluss von heute sagen, wenn es inzwischen fünf Studienreformen gegeben haben wird?

Ich kenne einen Dipl.-Ing., der hat sein Examen 1964 nach sechs Semestern erfolgreich abgeschlossen. War der ein Genie oder war das damals ganz normal? Die Antwort auf meine Frage ist unwichtig, aber das Beispiel überzeugt hoffentlich ebenso wie der Hinweis, dass Sie seine Examensnote noch heute einordnen könnten.

Natürlich gilt auch: Extreme sind in jedem Fall zu vermeiden; nach dreißig Semestern hilft auch die „1" nicht mehr.

Ich habe ein „erklärungsbedürftiges" Vorleben

Frage: *Mit nun 27 Jahren werde ich im nächsten Semester mein Maschinenbaustudium abschließen.*

Nach einem schlechten Abitur (3,6), welches ich mehr auf meine Faulheit als auf mangelndes Talent zurückführe, hatte ich ein Studium an der Universität aufgenommen. Nach vier Semestern habe ich diese verlassen, da ich mit der „freizügigen" Zeiteinteilung nicht klar kam; kurzum ich habe mehr meinen Freizeitaktivitäten nachgehangen als studiert.

Anschließend bin ich an eine Fachhochschule gewechselt und habe dort das Studium innerhalb der Regelstudienzeit beendet. Diese Phase habe ich als letzte Chance angesehen, mein Können doch noch unter Beweis zu stellen. Ich habe gelernt, was zielgerichtetes Arbeiten und Motivation bedeuten. Der Lohn war eine Diplomnote von 1,8!

Derart motiviert habe ich noch ein Masterstudium im Ausland drangehängt, um den verpassten Uniabschluss sozusagen auf dem zweiten Bildungsweg nachzuholen. Da noch ein Semester ansteht, liegt die Endnote hier noch nicht fest (voraussichtlich A oder B).

Mein berufliches Ziel ist es, in der Automobilbranche im F + E-Bereich zu arbeiten. Während meines Studiums habe ich bereits ein Praxissemester bei einem führenden deutschen Automobilhersteller absolviert.

1. Wie reagiere ich im Vorstellungsgespräch, wenn meine Abiturnote oder der „Ausflug" an die Uni zur Sprache kommen?
2. Wie schwer wiegen diese Verfehlungen?
3. Ist mein Alter ein Problem?

4. Ist es ratsam, sich auf eine Promotionsstelle in der Industrie zu bewerben bzw. habe ich bei meiner Vorgeschichte überhaupt eine realistische Chance?

Antwort: Jugendlichen wird für Fehler dieser Art (mieser Schulabschluss) ziemlich problemlos eine Art „Rabatt" eingeräumt – sofern sie inzwischen Leistung gezeigt sowie Erfolge vorzuweisen haben und ebenso ehrlich wie Sie über die Ursachen („Faulheit") sprechen. Es gibt Spätentwickler im Leistungsbereich – die dann häufig mit dem übergroßen Ehrgeiz aller Konvertierten lostoben. Also: Es gibt viele Bewerber mit Lebensläufen wie dem Ihren.

Das Eingeständnis mit der Uni als Freizeitveranstaltungsträger kann ich Ihnen ersparen: Sie hatten mit Ihrem Abi nahe am negativen Maximum ohnehin an einer Uni statistisch keine Chance! Das gilt auch, wenn Sie es tapfer versucht hätten. Machen Sie kein Drama daraus, so etwas sieht ein Bewerbungsanalytiker jeden Tag. Aber für ein Abi, das an der Schmerzgrenze liegt, dürfen Sie sich durchaus schämen!

Zu 1: Die Abiturnote sollte Ihnen peinlich sein; das Resultat an der Uni ist fast Standard – Sie haben herausgefunden, was allgemein bekannt war. Stehen Sie dazu.

Zu 2: Es sind keine – für viele junge Menschen gehört so etwas zum Erwachsenwerden. „Spätentwickler" gilt nicht als Schimpfwort.

Zu 3: Nein, im Normalfall nicht. Viele Uni-Absolventen starten erst mit 28 in die Praxis. Dass ein geringeres Alter besser wäre, ist eine andere Frage.

Zu 4: Vorsicht mit der Promotion. Es besteht der Verdacht, dass Sie – typisch für „Konvertierte" – jetzt übertreiben. Da die klassische Promotion fünf Jahre dauert, wären Sie dafür mit 32 am Ende ziemlich alt! Reden Sie einmal mit der Personalabteilung des Weltkonzerns (Praxissemester) über Ihre Chancen dort, über die Notwendigkeit einer Promotion für einen Job in F + E und über eine nebenberufliche Promotion. Aber Sie haben keinen Grund, Asche auf Ihr Haupt zu streuen.

FH + Promotion?

Frage: *Ich habe einen Studiengang gewählt, der als Einschreibungsvoraussetzung eine abgeschlossene Handwerksausbildung im medizinisch-technischen Bereich vorsieht. Danach habe ich also jetzt sechs Jahre an einer Fachhochschule studiert und bin nun bereits 33 Jahre alt.*

Ich würde gern noch eine Doktorarbeit im Bereich FEA anschließen lassen, soweit dies von meinen Noten möglich ist. Wenn ich mich also auf diese Weise noch weitere drei bis vier Jahre weiterbilde, bin ich mit 36 oder 37 Jahren fertig. Habe ich in diesem Alter dann noch eine Chance auf dem außeruniversitären Arbeitmarkt?

Oder zählt eine Doktorandenstelle in der Industrie wie eine Stellung in einem privaten Unternehmen, also als Berufserfahrung?

Antwort: Ich will hier bewusst auch allgemein auf das Thema eingehen, mich also keinesfalls auf die spezielle Fachrichtung beschränken.

Also rechnen wir einmal: Abitur (da sind wir schon großzügig, die FH verlangt keins) mit 19, dann ein Jahr Bundeswehr/Zivildienst, macht 20, drei Jahre Lehre (für Abiturienten schon unverschämt lang) macht 23, dann neun Semester FH (nicht zwölf!) macht 27,5 Jahre. Und Sie sind 5,5 Jahre älter. Punkt.

Ich habe das nicht zu kritisieren. Ich stelle nur fest.

Auf der anderen Seite ist die Promotion doch etwas für die Leistungselite unter den Akademikern. Zu diesem Gedanken passt ein Studienende mit 33 Jahren nach zwölf Semestern an einer FH nicht so recht.

Dass Sie an der FH gar nicht promovieren können, wissen Sie. Und Sie wissen auch, dass Sie einen Universitätsprofessor brauchen, der Sie „nimmt" für ein solches Vorhaben. Ich nehme an, das haben Sie geprüft und Sie haben einen Weg gefunden.

Ferner müssen Sie bedenken, dass zum klassischen „Dr." im intuitiven Denken der Umwelt wie beispielsweise der Bewerbungsempfänger ein Universitätsstudium gehört. Auf dieser Basis sind auch alle Aufgaben und Positionen „konstruiert" worden, für die jemals ein Dr.-Ing. gefordert wird. Die Universitätspromotion mit dem FH-Studium kann(!) dabei durch mehrere Raster fallen, kann aber auch akzeptiert werden. Sie würden stets eine Ausnahme sein und bleiben und bei Bewerbungen und ähnlichen Situationen immer wieder Erklärungen abgeben müssen. Denn: Ein „richtiger" FH-Absolvent wären Sie nicht mehr und ein „richtiger" Uni-Absolvent wären Sie noch immer nicht.

Der von manchen Universitäten angebotene, grundsolide Weg ist es, nach der FH in einem speziellen verkürzten Aufbaustudium erst den Uni-/TH-Abschluss zu machen und dann (wenn man will) noch zu promovieren.

Hat ein Student ein Abitur und ist zur FH gegangen, ist das seine freie Entscheidung, obwohl ja die Fachhochschulreife genügt hätte. Aber später an der Uni zu promovieren, das sieht doch arg nach holperigem Umweg aus – schließlich hätte er ja mit seinem Abitur von Anfang an eine Uni besuchen und dann (bei guten Leistungen) dort problemarm promovieren können. Nur der FH-Absolvent ohne Abitur hatte damals keine Alternative zu seinem Studium.

Nun zum letzten Teil der Frage: Zunächst habe ich Ihren letzten Satz erst einmal fehlinterpretiert und konnte nichts damit anfangen: Ich las „Doktorandenstelle in der Industrie“ als einen Begriff, als Beschreibung eines Angestellten, der schon in der Industrie arbeitet, aber mit Unterstützung des Arbeitgebers nebenberuflich promoviert. Dies würde später als Berufspraxis gewertet, es ist aber schwer, an solche Stellen heranzukommen.

Dann aber habe ich entschieden, dass Sie meinen (Ihr Ausdruck ist absolut nicht falsch, nur eben mehrdeutig): Wertet die Industrie eine der üblichen Hochschul-Doktorandenstellen bereits als Berufserfahrung?

Und da lautet die Antwort grundsätzlich nein! Ein solcher frischpromovierter Kandidat ist aus der Sicht der Praxis eine Art „Edel-Anfänger“ – mit wenig „Edel“, wenn er überwiegend nur in der Lehre mitgeholfen hat und mit viel davon, wenn er z. B. in industrienahen Instituten viel an Industrieaufträgen gearbeitet hat.

Für eine typische Hochschul-Doktorandenstelle sind Sie nun kommentarlos zu alt! Sie wären ja bei Praxisantritt fünf bis sechs Jahre älter als der Standard-Dr.-Ingenieur. So etwas soll man nicht tun, es erschwert Bewerbungserfolge sehr! Sie hatten Ihre Chance im Leben: mit dem Abi auf die Uni und dort(!) nach zwölf Semestern abschließen. Das wäre es gewesen. Demgegenüber ist Ihr Projekt Flickwerk.

Früherkennung von „Graugänsen“: Über das Potenzial von Studenten

Frage: *Ich bin Professor an einer Fachhochschule in einer Ingenieurdisziplin und übe den Beruf mit Begeisterung aus.*

Immer wenn ich ein neues Semester bekomme, dann schaue ich mir die Gesichter zuerst einmal an (wie im Personalbüro beim Einstellungsgespräch auch) und versuche, die Student(inn)en einzuschätzen. Und dann sehe ich manchmal so ein „Frühchen“, bei dem ich mir insgeheim denke „na, ob der/die hier wohl richtig ist ...“

Wenn ich Heiko Mell hieße, würde ich jetzt schreiben: Gemach, gemach – bevor die Gutmenschen mich jetzt steinigen – es geht ja noch weiter.

Also dieses Menschlein – oftmals auch nicht von allzu attraktiver Erscheinung – sitzt immer in der Vorlesung (meist weiter hinten), sagt nie was, fragt nie was, ist oftmals etwas linkisch – so, und jetzt kommt's: legt in der abschließenden schriftlichen Prüfung die beste Arbeit hin! (Natürlich gibt es auch jede Menge Beispiele, wo sich meine erste Einschätzung dann im Ergebnis auch so bewahrheitet ...)

Aber es geht um diese wenigen eklatanten Fehleinschätzungen. Ich frage mich, welche Möglichkeiten, Tricks, Schulungen etc. haben die Mitarbeiter in den Personalbüros, solche „verborgenen Schätze" zu erkennen und zu heben? Wie erkennt man (schnell) das teilweise gewaltige Potenzial, das in solchen „Graugänsen" steckt?

Ähnliche Fragestellungen werden sicherlich auch schon in der Grundschule auftreten. Wie erkennt man (schnell) eine Hochbegabung, die zuweilen von eher nachteiligen äußeren Begleitumständen verdeckt ist? Doch jetzt gleiten wir ab in Richtung Begabtenförderung, Elite – ein offiziell eher ungeliebtes Terrain.

PS. Und bleiben Sie hoffentlich den VDI nachrichten erhalten!

Antwort: Ich will einmal die eleganteste Methode versuchen, über die ein Berater verfügt, der ein Problem lösen soll: Ich leugne die Existenz desselben! Hier geht es nicht um Hochbegabung, also auch nicht um die Notwendigkeit für Personalabteilungen, diese zu erkennen. (Man darf das als Berater nur nicht zu oft machen – je mehr man nämlich die Komplexität eines Problems unterstreicht, desto größer die Bereitschaft des Kunden zur Akzeptanz höchster Honorare.) Also hier ausnahmsweise eine sonst eher selten zu sehende „Lösung":

1. Graugänse mit Hochbegabung: Das beobachtete Phänomen kenne ich aus eigenen Erlebnissen auch. Ich bestreite nur, dass sich so Hochbegabung zeigt oder sonstige „verborgenen Schätze". Ich behaupte, dass man mit mittlerer Begabung und folgendem Vorgehen diese erstklassigen Klausuren hinbekommt: Man hört in der Vorlesung aufmerksam zu (wichtig: vom ersten Tag an), schreibt alles mit. Zu Hause bereitet man noch am selben Tag die Notizen sorgfältig auf, übt die vom Professor vorgetragenen Beispiele noch einmal durch (notfalls mehrmals) und tritt dergestalt optimal präpariert zur nächsten Vorlesung an. Geht der Professor nach einem Buch vor, kann man sich sogar das jeweils anstehende Kapitel vorbereitend vorher durchlesen. So ist man optimal präpariert, versteht in der folgenden Vorlesung alles – und verfährt täglich neu wie eben beschrieben.

Ich muss zusätzlich gestehen, dass ich mir eine passive Hochbegabung, die sich mit der Wiedergabe vor- und durchgekauten Wissens zufrieden gibt, gar nicht vorstellen kann. Hochbegabte sind neugierig, bezogen auf ihr Fach. Sie fragen, sie haben Spaß daran, bei der Lösung konkreter Aufgaben neue Wege zu beschreiten, sie diskutieren, machen Vorschläge, zeigen neue Ansätze auf. Täten sie es nicht, erstickten sie.

Aus der Schule kennt man das Problem der (durch den auf Durchschnittsschüler zugeschnittenen Stoff) krass unterforderten wirklichen

Hochbegabten. Sie werden verhaltensauffällig, verweigern die Mitarbeit, fallen im Leistungsniveau ab. Diese Symptome fehlen in Ihrem Beispiel.

Nein, Ihre „Graugänse" sind „bloß" bienenfleißig. Eine nützliche Eigenschaft, aber damit allein ist in der späteren Praxis kein Blumentopf zu gewinnen.

2. Nun zu den Entscheidungsträgern aus der Praxis: Für nahezu alle wirklich wichtigen Funktionen im Unternehmen wie solche im Management, im Führungsnachwuchs, in Projekten, im Abteilungsteam (also für fast alle!) brauchen sie intelligente, kreative, kommunizierende, andere überzeugende, sich durchsetzende Mitarbeiter. Für „graue Mäuse" (ich glaube fast, so heißt diese Gruppe), die da extrem introvertiert, aber bienenfleißig sind, gibt es allenfalls noch Beschäftigungsnischen, also fehlt auch der Bedarf an „Erkennungsprogrammen".

Schön, irgendwo in einer zentralen Forschungsabteilung könnte sich solch ein Plätzchen finden. Aber schon der normale Entwicklungsingenieur muss heute rein in ein Projekt mit Kollegen aus der Fertigung, dem Marketing, dem Einkauf, wenn es gilt, ein neues Produkt zu gestalten. Und dort muss er sich behaupten! Oder, schlimmer noch, er kommt in direkten Kontakt mit dem Kunden. Dort braucht man sehr viel mehr als Bienenfleiß.

3. Lassen Sie mich einen versöhnlichen Schluss versuchen. Ich wende mich direkt an betroffene Studenten (und indirekt an ihre Professoren): In der Praxis kommen Sie mit diesem Verhaltensbild nicht weit. Nutzen Sie das Studium, das dazu fantastische Chancen bietet, zur Entwicklung Ihrer Persönlichkeit in der unter 2. skizzierten Idealrichtung. Arbeiten Sie aktiv mit, präsentieren Sie sich und produzieren Sie sich. Beginnen Sie damit, Fragen zu stellen, selbst wenn Sie das nur tun, um Sicherheit zu gewinnen. Als nächstes geben Sie Antworten! Und wenn die einmal falsch sind – was macht das schon! Der Professor wird es verzeihen, und was die anderen von Ihnen halten, ist nicht so wichtig. Als Warnung: Von Einser-Schreibern, die nie einen Beitrag leisten, halten die Kommilitonen ohnehin nichts – schlimmer kann es durch aktives Mitarbeiten kaum kommen.

Gehen Sie zusätzlich in Vereine, arbeiten Sie im Hochschulparlament mit, was auch immer. Aber kommen Sie raus aus Ihrer Ecke, dort haben Sie auf Dauer keine Chance. Und wenn Ihr Leistungsstand wegen anderweitiger Aktivitäten auf „gut" absackt – zum Teufel damit. Ein bisschen Schulung/Prägung in Sachen Persönlichkeit ist viel mehr wert. Sie werden es im ersten Vorstellungsgespräch merken.

Und Sie, geehrte Professoren, könnten das fördern. Lassen Sie sich die Kombination von sehr guten Klausuren und der Verweigerung jeglicher Beteiligung nicht gefallen. Fordern Sie die grauen Gänse oder Mäuse zu Stellungnahmen oder Referaten auf – aber vermitteln Sie ihnen nicht das Gefühl, es sei alles gut, wenn sie bloß Einsen schrieben. Das allein bringt es heute nicht mehr!

... hat mich nicht interessiert

Frage: *Ich werde jetzt bei Bewerbungen um meine Startposition öfter mit Fragen nach Auslandsbezug und Praktika konfrontiert. Letztere wollte ich nach dem Studium absolvieren, Auslandssemester haben mich nie interessiert. Wie gehe ich damit um?*

Antwort: Die Sache ist ganz einfach: Sie sind Anbieter (Verkäufer) einer Leistung auf einem (Arbeits-)Markt. Die anspruchsvollen Käufer (Arbeitgeber) wollen Auslandsbezug im Studium. Dann bekommen sie den letztlich auch – beispielsweise von anderen Bewerbern. Sie hat Auslandsbezug nie interessiert? Ich beispielsweise bin gegen schlechtes Wetter. Beide Einstellungen, Ihre wie meine, sind gleichermaßen aufregend – niemand zuckt auch nur die Schultern, wenn er das hört. Das bedeutet: Ihr fehlendes Interesse berührt die einstellenden Firmen nur insofern, als sie dann eben andere Kandidaten einstellen. Vielleicht also hätten Sie sich dennoch um einen Auslandsbezug kümmern sollen. Man kann auch später im Beruf nicht ständig zwischen Anforderungen und Aufträgen unterscheiden, an denen man Interesse hat und solchen, bei denen das nicht der Fall ist.

Und Praktika? Viele sind gut, mehr sind besser, solche in Firmen, die der späteren Zielgruppe nahe kommen, sind am besten. Aber: Die Zeit für Praktika ist das Studium. Jetzt brauchen Sie einen „richtigen" Job, kein Praktikum. Nur wenn Sie arbeitslos sind, ist ein Praktikum besser als nichts zu tun.

PS. Was hier steht, muss(!) Standardwissen jedes Studenten sein.

In etwa zehn Jahren möchte ich ...

Frage: *Ich beabsichtige, nach meinem Diplom zu promovieren. Nach der Promotion strebe ich eine Position als Mitarbeiter in der Forschung in einem Konzern an. Nach ungefähr fünf bis sechs Jahren dort würde ich gern in eine Unternehmensberatung wechseln.*

Nun ist meine Frage, ob dies überhaupt möglich ist oder ob diese Möglichkeit nur direkt nach der Promotion möglich ist.

Antwort: Mögliche Möglichkeiten sind immer möglich, möglicherweise sind einige Möglichkeiten aber möglicher als andere (siehe Ihr letzter Satz).

Mein wichtigster Rat: Gewöhnen Sie sich – im Hinblick auf Ihr künftiges Berufsleben – unbedingt an, Geschriebenes immer noch einmal durchzulesen. Am besten laut. Es muss ein eiserner Grundsatz werden: „Wenn mein Name darunter steht, ist das Qualitätsarbeit." Und: „Es gibt keine Flüchtigkeitsfehler, es gibt nur Fehler."

Mein zweitwichtigster Rat: Überfordern Sie das Leben nicht, jedenfalls nicht mit detaillierten beruflichen Planungen über extreme Zeiträume hinweg.

Wenn Sie promovieren möchten, tun Sie das erst einmal (5 Jahre).

Wenn Sie nach dieser Zeit (einen glückhaften Verlauf des Vorhabens unterstellt) bei einem Konzern forschen möchten, tun Sie auch das (5–6 Jahre).

Warten Sie aber erst einmal ab, wie es dort läuft, welche Erfolge Sie haben und welche Niederlagen Sie erleiden. Vielleicht ändern Sie ja Ihre Zielsetzung und streben die Position des Forschungsleiters dort oder anderswo an.

Was Sie in zehn Jahren konkret tun und vor allem, wie Ihre Chancen dann bei einem bestimmten Arbeitgebertyp sein werden, das weiß heute kein Mensch. Außerdem werden die Promotionsphase (ein bisschen) und die Konzernphase (stark) Einfluss auf Ihre Persönlichkeitsentwicklung nehmen. Sie werden dann neue Wünsche haben, andere Wertmaßstäbe - und Ziele entwickeln. Und dann planen Sie noch einmal neu.

Aber das ist noch nicht alles: So konzipiert man Werdegänge nicht! Nicht der Weg ist das Ziel, sondern – banal genug – das Ziel ist das Ziel. So jedenfalls denkt man hierzulande. Also steht am Anfang der Berufswegplanung das Ziel, jedenfalls eine erste vage Vorstellung davon. Dann legt man den ungefähren Weg zwischen derzeitigem eigenen Standort (Start) und jenem Ziel fest.

Und der Weg ist bei kritischer Betrachtung nur Mittel zum Zweck, nicht Selbstzweck. Diese Einstellung hat sehr viele Vorteile. So reduziert sie die Mühen während der Wegbeschreitung zu Nebensächlichkeiten, die hinzunehmen sind. So wie der Marathonläufer auch den plötzlichen Regenschauer während des Rennens hinnimmt: ärgerlich zwar (vielleicht ja sogar erfrischend), aber letztlich unerheblich. Er läuft, um am Ende zu gewinnen oder wenigstens eine „gute Zeit" herauszuholen und sich am Erfolg zu freuen. Nicht jedoch, um während der 42195 m besonders viel Spaß zu haben (dafür wären Bier und Skat besser geeignet, beispielsweise).

Folgt man dieser Theorie, dass der Weg bloß Mittel zum Zweck ist (auf dem man sich, sofern möglich, durchaus auch nach Kräften amüsieren darf, der aber nicht wegen des maximalen Spaßfaktors gewählt wird), dann wird auch klar: Man will besser nicht mitten auf der Strecke zwischen Start und

Ziel irgendeinen bestimmten Weg gehen. Einfach weil man das toll findet. Man kann das, gefährdet aber damit sein Ziel bzw. das Erreichen desselben.

Konkret heißt das: Der Start im Konzern ist, welches Ziel auch immer besteht, so gut wie nie falsch (nicht zwangsläufig auch stets allein richtig). Aber der schon jetzt geplante Wechsel in die Beratung muss einen Grund haben, er muss zu einem Ziel passen. Und das kennen wir in Ihrem Fall nicht. Ich hoffe, Sie haben eines, das diesen Weg aus der Industrie in die Beratung sinnvoll erscheinen lässt.

PS: Unternehmensberatungen sind sehr gut beraten, auch praxiserfahrene hochqualifizierte Bewerber einzustellen und sich nicht nur auf unerfahrene Anfänger zu konzentrieren. Dass der junge Einsteiger leichter zu formen ist – und besser mit den teilweise extrem hohen Belastungen fertig wird als der 40-jährige Familienvater, steht auf einem anderen Blatt. Also von daher hätten Sie auch in zehn Jahren noch eine Chance (falls es dann noch Berater gibt, falls es dann Sie noch gibt und falls alles geklappt hat, was Sie bis dahin angefangen haben). Aber es ist nur die Chance, einen bestimmten Wegabschnitt gehen zu dürfen – anzustreben sind jedoch Chancen, ein konkretes Ziel zu erreichen.

Ich will Geschäftsführer werden

Frage: *1. Ich habe mit 19 Jahren Abitur gemacht, anschließend Zivildienst, dann Studium der Mikroelektronik an einer FH. Mein Studium werde ich Ende dieses Jahres mit einem Schnitt um die 2,5 nach 8,5 Semestern beenden. Während meines Studiums habe ich ein achtmonatiges Auslandspraktikum in Frankreich absolviert und noch weitere Praxiserfahrungen gemacht. Meine Diplomarbeit werde ich in einem anderen Unternehmen schreiben. Ich werde versuchen, dort dann auch anzufangen.*

2. Warum ich den Berufswunsch „Geschäftsführer" habe? Zu erwartendes Gehalt, soziale und finanzielle Verantwortung, weitreichende Entscheidungen treffen.

3. Ich bin mir bewusst, dass dies nicht in zwei bis drei Jahren zu erreichen ist, ich bis dahin einem zielgerichteten Berufsweg folgen sollte, ich ein gewisses Alter dazu benötige (35 +), ich mit meinem FH-Diplom allein dort nicht hinkommen werde, es Ausnahmen zu diesen Feststellungen gibt, ich aber nicht darauf hoffen werde.

4. Nur was ist ein zielgerichteter Berufsweg? Ist der Einstieg in die Entwicklung nahezu obligatorisch, um das im Studium Erlernte zumindest einmal im Leben professionell angewandt zu haben? Denn ich bin zwar technisch begabt und auch sehr interessiert, trotzdem fehlt mir aber eine gewisse Passion für die Entwicklung, die ich bei meinen Kommilitonen oft erkennen konnte. Ich mach's halt, aber nicht aus ganzem Herzen heraus, was sich auf kurz oder lang in der Qualität meiner Arbeit sicherlich bemerkbar machen würde. Zwei bis drei Jahre könnte ich dies durch Ehrgeiz kompensieren, länger jedoch nicht.

5. Liest man Stellenanzeigen, so bemerkt man, dass Führungskräfte oft aus dem Vertrieb kommen (sollten). Ist dies die sicherste Ausgangsbasis oder gibt es weitere typische Ausgangspositionen für Führungskräfte?

6. Selbstverständlich benötige ich zusätzliche betriebswirtschaftliche Kenntnisse. Ich habe mich daher für ein Fernstudium der BWL an der Fernuni Hagen entschieden. Geplant habe ich das Vordiplom zum ersten Arbeitgeberwechsel, das Diplom pünktlich zum dritten Arbeitgeber.

7. Ich könnte mit 32 Jahren über sieben Jahre Berufspraxis und zwei miteinander harmonierende Studienabschlüsse verfügen. Ist dies das von Ihnen oft genannte „Holz, aus dem man Führungskräfte schnitzt"?

8. Helfen Sie uns bitte auch weiterhin, Fehler im Voraus zu vermeiden und es besser zu machen.

Antwort: Ihre Aussagen und Fragen habe ich nummeriert, dann ist die Zuordnung der Antworten einfacher.

Zu 1: Die Ausgangsbasis, die Sie schildern, ist durchschnittlich, aber noch nicht elitär. Geschäftsführer jedoch sind die Elite der Angestellten. Das bedeutet schlicht: Noch ist nichts verloren, aber irgendetwas muss von Ihnen noch „kommen" in den nächsten Jahren. Beispielsweise: überdurchschnittlich klug ausgesuchte Arbeitgeber (kann nicht schaden), überdurchschnittlich erfolgreich weiter nach vorn getriebene Laufbahn (wichtig; aber: alle fünf Jahre eine Beförderung reicht, „Himmelsstürmer" oder „Überflieger" zu sein, ist nicht erforderlich), vorhandene überdurchschnittliche Talente in Sachen Führung, Durchsetzung, Erfolgsorientierung, unternehmerisches Denken (sehr wichtig). Dann sollten Sie Ihr Ziel auf Nr. 1 der Prioritätenliste setzen und bereit sein, den Preis zu zahlen, den das System dafür fordert (z. B. räumliche Flexibilität, Beruf rangiert eher vor als nach dem Privatleben). Und Sie brauchen Ehrgeiz, besonderes Stehvermögen – und „Machtinstinkt". Oh, und Glück! Am besten das der Tüchtigen.

Zu 2: Werfen Sie das Gehalt aus Ihrer Aufzählung, es taugt an der Stelle nichts. Die Bezüge gehören zum Job, dürfen aber nicht Motiv für den Aufstieg sein. Der richtige Geschäftsführer-Kandidat fühlt sich begabt, berufen, herausgefordert, befriedigt seinen Ehrgeiz, genießt das Gefühl, den Kopf aus der Masse zu stecken, etwas bewegen zu können. Aber er strebt das Amt nicht wegen des Gehaltes an. Das tut, so viel ist sicher, auch ein Bundeskanzlerkandidat nicht.

Im Übrigen ist es absolut legitim, dass ein junger Mensch das Ziel hat, eines Tages Geschäftsführer zu werden. Viele müssen sehr viel wollen, damit später einige etwas erreichen . Es gilt, einer von den „Einigen“ zu sein.

Klug ist es jedoch, nach außen hin immer nur die nächste Stufe als Ziel anzugeben, sonst klingt man leicht großspurig (gilt ausdrücklich nicht für Fragestellungen in dieser Serie).

Zu 3: Auch „Geschäftsführer mit 35“ ist nicht ohne Tücken: Es bedeutet, die nächsten 32 Berufsjahre ohne echte Aufstiegschancen durchlaufen zu müssen. Als Faustregel: Examen + Dienstantritt mit 28, Gruppen-/Teamleiter mit 33, Abteilungsleiter mit 38, Bereichsleiter, Spartenleiter mit 43, Geschäftsführer irgendwann zwischen 45 und 50 geht auch noch. Die Basis dafür: Leistung, Leistung, Leistung – und Fortune.

GF „nur“ mit FH-Diplom geht übrigens grundsätzlich durchaus, es gibt genug Beispiele. Aber dem „reinen“ Ingenieur ist betriebswirtschaftliches Zusatzwissen sehr zu empfehlen. Man kann das auch „im Job“ auf der jeweiligen Hierarchieebene erwerben. Ein zusätzlicher MBA-Abschluss z. B. hilft – verbessert aber allein Ihre Beförderungschancen nicht. **Entscheidend ist, wie so oft, Ihre Persönlichkeit** (das ist der Kernsatz dieser Antwort!).

Zu 4: Ein Einstieg in die Entwicklung ist niemals zwingend erforderlich (es sei denn, Ihr Berufsziel ist Entwicklungsleiter). Andererseits ist Entwicklung eine gute Basis, um dann – als Zwischenstation – Entwicklungsleiter, technischer Leiter und schließlich technischer Geschäftsführer zu werden. Voraussetzung: Man will und kann entwickeln.

Wichtig ist, dass Sie von Anfang an eine Laufbahn anstreben, die „durchgängig“ bis in die GF ist. Negativbeispiele (immer nur pauschal betrachtet): Qualitätswesen, Normabteilung, technischer Einkauf, Auftragsabwicklung, Vertriebsinnendienst.

Zu 5: Vertrieb, für den man begabt sein muss, führt bei Erfolg sehr zielsicher in die GF. Interessante typische Zwischenstationen für einen späteren Aufstieg sind „Leiter Profitcenter“, „Geschäftsbereichsleiter“ u. ä. Aber sie sind frühestens nach etwa zehn Berufsjahren zu haben.

Zu 6: Übertreiben Sie es nicht mit der Präzisionsplanung: „Der Mensch denkt und Gott lenkt“ – Sie werden schon sehen. Übrigens: Betriebswirte gibt es haufenweise, GF sind davon nur wenige. Das Studium allein bringt etwa so viel wie die Fahrschule für das Ziel „Formel 1-Weltmeister“. Aber auch der sollte gelernt haben, wie man Auto fährt.

Zu 7: Kann sein, kann auch nicht sein. Jedenfalls schadet es nichts. Mit sieben Jahren Berufspraxis sollten Sie z. B. in Ihrem Metier sehr renommierte Arbeitgeber vorweisen können, von denen der erste Ihnen brillante Leistungen bescheinigt (beim zweiten sind Sie noch) – und die Sie beide schneller als andere Mitarbeiter befördert haben. Mit 35 nur seine sieben Jahre Praxis + zwei Studien vorweisen zu können, das allein hat auch mancher gehabt, der später als Sachbearbeiter in Pension geht.

Zu 8: Sie beschreiben die Ziele, die ich mit dieser Serie verfolge, sehr treffend. Genau das will ich erreichen.

Mit dem Examen allein ist noch nichts „geschafft“

Frage: *Im Rückblick habe ich womöglich den Fehler gemacht, beim Studienabschluss zu glauben, „es geschafft zu haben“ und der Rest käme von selbst. Dabei habe ich sehr schmerzhaft erfahren, dass es dann erst beginnt. Möglicherweise sind mir die für eine erfolgreiche Karriere notwendigen Verhaltensmuster nicht in ausreichendem Maße vom Elternhaus mitgegeben worden.*

Antwort: Sie sprechen zwei „goldene Regeln“ an. Sagen wir es einmal so: Meine Arbeit hier dient dem Ziel, solche Briefe überflüssig zu machen. Wobei es nicht um die Briefe geht, sondern um die schmerzhaften Erfahrungen, die ihnen zugrunde liegen.

1. Wenn die Eltern nichts vom industriellen oder auch nur kommerziellen Umfeld verstehen und/oder keine Management-Erfahrung haben, dann besteht tatsächlich die Gefahr, dass der junge Mensch Weg und Ziel verwechselt. Er glaubt dann leicht, das Examen („der Titel“) sei das Ziel aller berufsrelevanten Bemühungen, der Rest ergäbe sich irgendwie „von selbst“. Es mag ja irgendwo Laufbahnen geben, in denen das so „läuft“ – im Bereich der freien Wirtschaft und insbesondere der Industrie gilt das absolut nicht!

Die Ansicht, mit dem Examen sei „es erreicht“, ist also völlig falsch, das Gegenteil ist richtig! Ich will das durch einige Kernaussagen untermauern:

- Die Anforderungen im Studium verhalten sich zu den Anforderungen des Berufslebens (es geht wie so oft dabei nicht um Fachliches, sondern um Anpassungen, Belastungen, Druck + Stress, Anforderungen an taktisches und „verkäuferisches“ Talent, an Sozialkompetenz, Mut und Tapferkeit, Risikobereitschaft und „Augen-zu-und-durch“-Mentalität) wie ein lauer Frühlingsabend zu einem Schneesturm im Februar.
- Das Examen ist eine Art Eintrittskarte ins Berufsleben. Wenn man „drin“ ist in dieser „Veranstaltung“, geht es erst richtig los. Die Eintrittskarte garantiert weder Spaß noch Erfolg bei dem, was sich dann abspielt – wie

im „richtigen Leben“ auch. Sie berechtigt nur zur Teilnahme am „Event“.
- Studium und Examen sind erste kleine Schritte auf dem Weg zu einem weit entfernten, anspruchsvollen Ziel. Das gilt auch dann, wenn Sie sagen sollten: „Ich will gar nichts ‚werden‘, ich will nur arbeiten, Geld verdienen und bis zum 65. Geburtstag im Beruf bleiben dürfen“ – selbst das ist schon ein noch weit entferntes, anspruchsvolles Ziel!
- Misstrauen Sie jedem, der Ihnen in unserem Kulturkreis kommt mit „der Weg ist das Ziel“. Das gilt zwar durchaus für Abendspaziergänge im Urlaub oder so, kann aber nie generelle Maxime sein. Dann könnten Sie auch sagen, die Füße seien der Kopf oder in der Armut liege der Reichtum. Dieses Feld überlassen wir der Philosophie. Wir bleiben schön „auf dem Teppich“: Der Weg ist der Weg und das Ziel ist das Ziel. Und der Studienabschluss ist demnach nur Teil des Weges, nicht Ziel.

2. Ach ja, nun kommt dann noch das „dicke Ende“ nach: Alles was hier steht, weiß man als heranwachsender junger Mensch so ab der 10. Klasse. Nichts als die reine Logik führt zu der Erkenntnis: „Was will ich eines fernen Tages studieren, wohin führt dieser Weg – verstehen meine Eltern etwas davon oder nicht? Falls nicht, muss ich mich selbst darum kümmern, nicht vorrangig in der 10. Klasse, aber doch in den etwa zehn Jahren danach.“ Dann recherchiert man, von mir aus auch im Internet, stößt auf diese Serie und bekommt alles mundgerecht serviert (man wird ja wohl noch Träume haben dürfen als Autor).

Das Prinzip, das insbesondere für Sie, geehrter Einsender, gilt: Das Versäumnis liegt nicht bei Ihren Eltern, sondern – wie so oft – allein beim Betroffenen, also bei Ihnen. Demnach wäre Ihr letzter abgedruckter Satz in der „Frage“ wie folgt umzuformulieren:

„Obwohl ich natürlich wusste, dass meine Eltern aus einer völlig anderen beruflichen Welt kamen und mir daher kaum die zu meinen speziellen Zielen passenden Verhaltensmuster vermitteln konnten, habe ich es versäumt, die offensichtlichen Wissenslücken bei mir rechtzeitig und in eigener Initiative zu stopfen.“ Da ich einige jüngere Leser förmlich ungläubig um sich schauend vor mir sehe: Das ist mein voller Ernst.

Fragen Sie sich bei allem, was nicht erwartungsgemäß läuft, zuallererst: „Was habe **ICH** falsch gemacht?“ Glauben Sie mir (und Klügeren, die es vor mir wussten): Wer suchet, findet auch (frei nach Matthäus 7,7).

Der Einstieg in den Beruf

Die Auswahl der Startposition erzwingt ungewohnte Entscheidungen; hier werden zentrale Weichen gestellt

Mit der Unterschrift unter dem ersten „richtigen" Arbeitsvertrag nach dem Studium wird es ernst: Die Startposition prägt meist den ganzen weiteren Berufsweg; Tätigkeit, Branche und Firmentyp stehen ab jetzt als Fakten im Lebenslauf. Und sind später nur mit viel Aufwand und unter Inkaufnahme erheblicher Risiken zu ändern.

Konkret: Mit jeder jetzt getroffenen Festlegung stellt der junge Akademiker eine wichtige Weiche – er muss wissen, welche Konsequenzen das hat. Dieses Wissen ist jedoch nicht sehr groß, das Studium bereitet darauf nicht vor.

Zwar gilt in diesem Bereich keine Aussage je in 100 % aller Fälle, schließlich ist dies keine exakte Wissenschaft, aber ein paar Beispiele sollen die Komplexität des Themas beleuchten:

Ein Einstieg in den öffentlichen Dienst erschwert eine spätere Karriere in der freien Wirtschaft extrem.

Spätere Arbeitgeberwechsel (mit denen unbedingt zu rechnen ist) sind vom größeren zum kleineren Unternehmen verhältnismäßig leicht, im umgekehrten Fall nur sehr schwer möglich.

Der Wechsel von der Entwicklung in den Vertrieb ist auch nach Jahren noch möglich, der umgekehrte Schritt fast niemals (dies ist nur ein Beispiel).

Bestimmte Branchen sind für Wechsler aus manchen anderen offen, sträuben sich aber gegen Kandidaten aus bestimmten Richtungen (Negativbeispiel: aus dem Sondermaschinenbau in den Kfz-Zulieferbereich).

Spätere Wechsel z. B. vom internationalen Großkonzern zum inhabergeführten Privatunternehmen scheitern weniger an Vorbehalten der einstellenden Betriebe als an Eingewöhnungsschwierigkeiten in der Praxis.

Fest steht: Der junge Berufsanfänger geht in eine Welt hinein, die ihm weitgehend fremd ist und deren Regeln er nur höchst unvollkommen kennt. Die jetzt beginnende Berufstätigkeit soll ihm nicht nur Erfüllung geben, sie soll auch seine Existenz sichern. Das alles ergibt einen „Berg", der erstiegen sein will. Leider zeigt die spätere Lebenslaufanalyse, dass dieses Problem nur zu oft nach der „Versuch-und-Irrtum-Methode" angegangen wird. Genau so sehen die Weichenstellungen am Start dann in fünf oder zehn Jahren aus, wenn man sie in Relation zum weiteren Weg und vor allem zu den dann geäußerten Karrierezielen sieht.

Am häufigsten wird der Fehler begangen, dem Kurzfristaspekt „die fachlich interessante Aufgabe jetzt" gegenüber dem Langfristziel „der aussichtsreichen Laufbahn" den Vorzug zu geben. Schon in wenigen Jahren, wenn konkrete Beförderungswünsche realisiert werden sollen, rächt sich das.

Leser fragen, der Autor antwortet

Nach dem Diplom: arbeiten oder durch Asien trampen?

Frage: *Ich schildere Ihnen eine kurze Anekdote mit direktem Bezug auf Ihre Karriereberatung. Sie gibt einen teils komischen, teils erschreckenden Einblick in den Realitätsbezug einiger Absolventen.*

Ich hatte vor einiger Zeit Gelegenheit, an einem Fortbildungsangebot eines Kompetenznetzes teilzunehmen, das sich an Studenten im Hauptstudium und an Doktoranden richtete. Dabei gab es einen Abend, den die beteiligten Industrieunternehmen ausrichteten.

Die Teilnehmer wurden zum Essen eingeladen, später gab es einen Vortrag mit anschließender Diskussion. Der – exzellente – Vortrag wurde vom Leiter F & E eines Chemiekonzerns gehalten. Der Vortragende ist der maßgebliche Entscheider bei ALLEN Einstellungen von Ingenieuren für diesen Konzern. Hinzu kam als weiterer Industrievertreter ein ranghoher Mitarbeiter eines zweiten, noch größeren Konzerns.

Nach dem guten Essen auf Firmenkosten und dem exzellenten Vortrag ging es in der Diskussion um Berufschancen, Berufseinstieg usw. Ein Student berichtete, er habe gerade sein Diplom abgeschlossen. Der F & E-Leiter gratulierte dem frischgebackenen Diplomingenieur. Dieser wollte aber nun wissen, warum er jetzt solche Schwierigkeiten habe, einen Praktikumsplatz in der Industrie zu bekommen. Das verwirrte den F & E-Leiter etwas, da er nicht verstand, warum der frischgebackene Ingenieur jetzt nicht gleich „richtig Geld verdienen" wolle.

Als erste Antwort erhielt er auf seine entsprechende Frage: „Ich möchte mir den neuen Arbeitgeber auf diese Weise gern vorher ansehen, ob er mir zusagt." Auf diese – wenigstens im Ansatz verständliche – Antwort meinte der F & E-Leiter nur, der Kandidat solle sich doch einfach eine „richtige" Position suchen – die Arbeitgeber würden sich in der Großchemie nicht so sonderlich unterscheiden und als Anfänger dürfe man ja ausnahmsweise auch einmal früher den Arbeitgeber wechseln (etwa nach zwei Jahren).

So um sein Argument für den Praktikumsplatz gebracht, rückte der Kandidat nun mit seiner eigentlichen Motivation für die Suche nach dem Praktikumsplatz heraus: Er sei zwar gerade mit seinem Diplom fertig ge-

worden, habe aber einem Kumpel versprochen, mit ihm nach Abschluss von dessen Diplom, also in etwa sechs Monaten, für etwa ein Jahr durch Asien zu trampen. Er suche jetzt eine Möglichkeit, diese Wartefrist zu überbrücken.

Der F & E-Leiter wurde über diese Offenbarung ziemlich ungehalten – wie Sie sich denken können. Er verwies den Kandidaten dringend auf Ihre Karriereberatung, die dem Kandidaten offensichtlich unbekannt war, und vertrat heftigst die Ansicht, dass sich ein solches Verhalten für einen Studienabgänger nicht zieme. Dieser solle seiner Meinung nach schnellstmöglich eine möglichst unbefristete Anstellung anstreben. Dies sah der Kandidat jedoch gar nicht ein, was zu einer heftigen Diskussion (Streit) führte. Der Kandidat hat sich dabei, ohne es zu wissen, vermutlich um zwei potenzielle große Arbeitgeber gebracht.

Ich habe diese Anekdote gerne und wiederholt in meinem Kollegenkreis erzählt und bin dabei auf sehr unterschiedliche Reaktionen gestoßen. Es gibt durchaus Kollegen, die trotz des extremen Beispiels der Meinung sind, dass das Jahr Trampen doch wohl die Privatsache des Kandidaten sei und deshalb durchaus legitim.

Ich hoffe, Ihnen hat die Geschichte zugesagt. Bleiben Sie bei Ihrer sehr aufschlussreichen Art der „Berichterstattung“, die ich immer mit Interesse lese. Vielleicht finden Sie ja noch einen Weg, Ihre Leserschaft um die verbleibenden Planlosen zu erweitern. Zu wünschen wäre es ihnen (mit kleinem „i“!).

Antwort: Die Geschichte gefällt mir sehr, vielen Dank dafür. Unterstreicht sie doch, dass ich in weiten Bereichen die bestehenden Regeln recht gut wiedergebe – wer diese Serie liest, hätte die Reaktion des F & E-Leiters vorhersagen können.

Die besondere Tragik des Falles liegt darin, dass mein Ziel eigentlich darin besteht, genau so etwas zu vermeiden. Aber wenn dieser junge Absolvent (der „Kandidat“ in Ihrer Anekdote) diese Beiträge nicht liest, dann kann ich ihm auch nicht helfen.

Setzen wir uns aber vorsichtshalber (denken Sie an Teile Ihres Kollegenkreises) auch mit der angesprochenen Sachfrage auseinander: Darf ein frischgebackener Jungakademiker ein Jahr durch Asien trampen (oder etwas Ähnliches auf anderem Gebiet unternehmen), statt mit der beruflichen Arbeit zu beginnen?

Die Antwort ist kurz, präzise und zweifelsfrei nur so möglich: Klar, er darf. Er ist ein freier Mann in einem freien Land und darf vor oder nach dem Examen ein Jahr oder zehn Jahre trampen oder meditieren – was immer er will. Niemand wird ihm daraus einen Vorwurf machen.

Es sei denn, er will etwas von anderen Leuten, was nur diese ihm geben können. Beispielsweise eine Anstellung. Dann wirkt sich das „Freiheitsprinzip“ ebenso auf der anderen Seite aus: Die können nun ihrerseits einstellen, wen sie wollen. Und solange sie eine Auswahl treffen können, nehmen sie solche Kandidaten, die ihren Vorstellungen so nahe wie möglich kommen.

Und anspruchsvolle Arbeitgeber bevorzugen in der Regel (nichts gilt je in 100 % aller Fälle, dazu sind Menschen zu verschieden im Denken und Handeln) einen Berufseinsteiger, der erst „schnell und gut“ studiert hat – und nach dreizehn Jahren Schule sowie sechs Jahren Studium jetzt darauf brennt, sich endlich einmal in der beruflichen Praxis bewähren zu dürfen. Oder der, anders ausgedrückt, nicht so überdeutlich Privates vor Berufliches stellt. Und bei dem man nicht zittern muss, was bei ihm als Nächstes kommt. Wer seinen ganzen Berufsweg gefährdet, um einem Hobby nachzugehen, wird wohl – das dürfen Arbeitgeber denken – auch sonst im beruflichen Alltag die falschen Prioritäten setzen („Nein, Chef, heute Abend kann ich nicht an der Besprechung teilnehmen, ich gehe zum Kegeln.“).

Dies ist eine der – wenn man so will – „Beschränkungen“, denen man unterworfen ist, wenn man vom Entgelt eines „abhängig Beschäftigten“ leben will (offizielle Definition des Angestellten). Und es ist, dies als Warnung, noch keinesfalls die schlimmste!

Um allzu emotionalen Meinungsäußerungen von Lesern vorzubeugen, noch diese Klarstellungen:

1. Es ist durchaus möglich, auf einen Entscheidungsträger zu stoßen, der keinen Anstoß an diesem einen Jahr im Lebenslauf nimmt. Vielleicht hat er früher selbst „so etwas“ gemacht oder sein Sohn/seine Tochter ist gerade in der entsprechenden Planung. Aber bauen kann man auf diesen speziellen Effekt nicht.

2. Wir könnten uns darüber unterhalten, ob denn nicht die Ablehnung eines solchen Vorhabens durch Arbeitgebervertreter völlig falsch ist. Ob nicht tatsächlich die „Jahres-Tramper“ a) die besseren Menschen sind und b) danach so viele positive Eindrücke gesammelt haben, dass ihre Chefs noch jahrelang davon profitieren. Diese Diskussion wäre müßig, darum geht es in dieser Serie nicht. Ich will zeigen, wie es in der Praxis tatsächlich ist bzw. gesehen wird – und das steht in der Geschichte unseres Einsenders.

3. Es geht nicht um die Sache (um die geht es eigentlich nie), es geht um den Eindruck, den bestimmte Handlungen bei bestimmten (maßgeblichen) Entscheidungsträgern hinterlassen. Das geht Firmen, die auf Märkten Produkte verkaufen wollen, ganz genau so. Mit Argumenten wie „die müssten

doch einsehen ...", ist „am Markt" nichts zu gewinnen – und der Arbeitsmarkt heißt nicht nur so, er ist einer.

4. „Darf man sich denn niemals einen Traum erfüllen, wann sollte ich dann ein solches Projekt angehen?", könnte man fragen. Nun, es ist das Schicksal von Träumen, dass viele davon unerfüllt bleiben. Aber es geht z. B. nach der Berufstätigkeit sowie vor Abschluss des Studiums (Studenten bekommen einen gewissen „Rabatt" für ungewöhnliche Handlungen; eine Verlängerung des Studiums würde weniger kritisch gesehen als die „Arbeitsverweigerung" eines fertigen Akademikers).

5. Sollten Sie den Beruf des Selbstständigen oder freien Künstlers ergreifen, spielen diese Dinge überhaupt keine Rolle. Nur wenn Sie gezielt von anderen abhängig sein wollen, müssen Sie sich fatalerweise nach denen richten. Aber, seien Sie ehrlich, das steckt eigentlich in dem Begriff der Abhängigkeit schon drin.

Exotische Werdegänge mit zum Teil sehr(!) bewegter(!) Jugend, passen offenbar gut zum Berufsbild von Politikern, mitunter von solchen in sehr hohen Ämtern. Aber möchten Sie von Wählern abhängig sein? Das scheint auch seine Tücken zu haben. Obwohl die imstande sind, den merkwürdigsten Typen ihre Stimme zu geben.

Die richtige Entscheidung beim Berufseintritt

Frage: *Ich bin Student des Maschinenbaus und zur Zeit mit der Diplomarbeit beschäftigt. Ich stelle mir einen recht schnellen Einstieg in den Beruf des Konstrukteurs vor und habe deshalb auch schon einige Bewerbungen verschickt. Es laufen auch schon die ersten Gespräche.*

Doch nun werde ich langsam unsicher. Ich weiß nicht, auf welche Kriterien ich mehr Wert legen sollte: Auf der einen Seite steht das Gehalt und zum anderen natürlich das, was vom Unternehmen nach meinem Dienstantritt dort in mich investiert wird. Können Sie mir Ratschläge für die richtige Entscheidung geben?

Antwort: Als erstes ein Lob für Sie: Bewerbungen noch vor Studienende sind zwar guter alter Standard, aber leider denken viel zu viele Studenten in falschen Kategorien: Sie machen immer erst ein Projekt komplett fertig, bevor sie das nächste angehen. Also erst die Diplomarbeit abgeben, dann erst Bewerbungen schreiben, lautet ihre Devise. Das ist unklug und vor allem praxisfremd. Später wird der angestellte Akademiker auch stets mehrere Probleme überlappend bearbeiten müssen, vielleicht fünf, mitunter auch sehr viel mehr.

Zum „Was investiert die Firma in mich?“:

Unternehmen stellen keine Mitarbeiter ein, um dann mit Freude in die „investieren“ zu dürfen. Sie leisten sich hingegen Angestellte, weil sie sich von denen einen Gegenwert versprechen, der die Kosten für diese Mitarbeiter möglichst übersteigt. Diese Kosten sind auch bei einer „einfachen“ Anstellung ohne weitere „Investitionen“ sehr hoch.

Die Beschäftigung von Mitarbeitern ist für das Unternehmen also „teuer“ – selbst wenn der neue Angestellte am ersten Tag schon so richtig in seinem Job lostoben könnte. Genau das aber kann der akademische Berufseinsteiger noch nicht einmal! Zwar ist er gerade erst unter erheblichem Aufwand an öffentlichen Mitteln ausgebildet worden – aber sehr viel von dem, was er für sein hohes Gehalt + noch höherer Zusatzkosten eigentlich tun müsste, kann er (noch) nicht. Trotz einer Lernphase von im Durchschnitt etwa einundzwanzig Jahren seit Einschulung. Also gehen die Unternehmen hin und vermitteln nun auf ihre Kosten praxistauglich machende Fähigkeiten und Kenntnisse. Durch Einarbeitung, durch Seminare und Kurse oder durch die Methode „Versuch und Irrtum“. Das kostet zusätzliches Geld, das Sie – betriebswirtschaftlich völlig richtig – „in mich investieren“ nennen. Eigentlich sind aber alle Kosten, die der Anfänger verursacht, beim Gehalt angefangen, Investitionen – die sich später auszahlen (sollen).

Die Arbeitgeber machen das nicht, um Ihnen einen Gefallen zu erweisen, sondern aus Eigeninteresse. Weil sie morgen und übermorgen leistungsstarke Angestellte brauchen, bezahlen sie heute Anfänger, obwohl die noch „nichts“ können, und stecken zusätzlichen Aufwand in sie hinein.

Sie als Einsteiger brauchen den Unternehmen nun nicht auf Knien zu danken. Aber die Firmen würden das Geld für die Zusatzausbildung gerade frisch ausgebildeter Einsteiger natürlich lieber nicht auch noch ausgeben. Und daher wäre die Frage „Was investieren Sie in mich?“ im Vorstellungsgespräch eher unglücklich. „Wie werde ich eingearbeitet oder auf die Erfüllung meiner Aufgaben vorbereitet?“, ist hingegen erlaubt und angemessen.

In diesen „Investitionen“ liegt übrigens der Grund dafür, dass alle Unternehmen so engagiert „junge Akademiker mit erster Praxis“ suchen. Die kosten zwar insgesamt noch mehr Geld (wegen des etwas höheren Gehalts, an dem prozentual wieder die Sozialkosten hängen), können aber ohne weiteres Investieren sofort mit der Arbeit anfangen.

Ein ganz spezieller Aspekt: Weitere Ausbildung im Unternehmen gefällt den gerade erst langjährig ausgebildeten Jungeinsteigern ungemein. Mit nichts begeistert man dieselben mehr als mit Versprechungen wie: „Wir bilden Sie aus!“ Was wiederum berufserfahrene Mitarbeiter kopfschüttelnd registrieren. „Die sind doch gerade erst ausgebildet worden, haben Schulen und Hochschulen besucht. Wollen die denn nicht endlich einmal die Ärmel hochkrempeln und ihr Wissen in Arbeit umsetzen?" Gute Frage. Die Antwort lautet: Wenn jemand Jungakademiker sucht und in die Anzeige schreibt, dass er dieselben schulen und ausbilden und weiter schulen und ausbilden will, dann bekommt er hundert Bewerbungen. Schreibt er hingegen, bei ihm könnte man sofort mit dem richtigen Arbeiten anfangen, dann bewerben sich vielleicht noch zehn Interessenten. Also argumentieren die Firmen entsprechend, so dass hundert kommen.

Zum Gehalt an sich:

Welchen Wert hat ein akademischer Berufsanfänger für ein Unternehmen, sagen wir einmal in den ersten sechs Monaten (Probezeit)? Nun, das lässt sich leicht ausrechnen: überhaupt keinen, der Mitarbeiter verursacht nur Kosten, sonst nichts. Eigentlich müsste er noch Geld mitbringen in dieser Zeit, so wie früher einmal die Lehrlinge. Dennoch zahlen die Firmen an reinem Gehalt schon um die 3.000,- EUR und nehmen die viel höheren anderen Kosten noch zusätzlich in Kauf.

Warum? Weil sie den jungen Anfänger einschließlich des ganzen Rattenschwanzes an Kosten zähneknirschend eben doch als „Investition in die Zukunft des Hauses" ansehen. Und hoffen, dass der neue Mitarbeiter so nach sechs bis zwölf Monaten langsam anfängt, sich zu „rentieren". Und da sehr viele junge Berufseinsteiger nach nur zwei Jahren Beschäftigung wieder gehen, wobei sie ja nach nur 1,5 Jahren bereits mit den Bewerbungen dafür anfangen und „automatisch" nicht mehr voll bei der Sache sind, bleibt oft nur ein Jahr, in dem sich das alles auszahlen müsste.

Also zahlen die Firmen Einsteigern Gehälter nicht wegen dieses kurzfristigen Gegenwerts, sondern nach dem „Prinzip Hoffnung" (für in den nächsten fünf Jahren erhoffte Leistungen). Von daher ist es verständlich, dass Personalchefs immer so säuerlich dreinblicken, wenn ein solcher Anfänger auch noch das große Gehaltspoker anfängt. Auch diese Hintergrundinformation müssen Sie haben, wenn Sie die Antwort auf Ihre Frage suchen.

Auf dieser Basis kann man einem Jungakademiker, der Probleme mit dem Finden einer guten Einstiegsposition hat, in Vorstellungsgesprächen durchaus einmal zu folgender Argumentation raten (abgeschwächt und sinngemäß auch schon im Anschreiben):

„Sie fragen nach meinem Gehaltswunsch. Selbstverständlich verdiene ich gern viel, vor allem jetzt mit dem Nachholbedarf nach den Jahren des Studiums. Da ist die Versuchung schon groß, mit dem Wunsch weit nach oben zu greifen. Aber ich muss im eigenen Interesse ja auch realistisch denken und handeln. Und dazu gehört die Einsicht, dass ich zumindest in den ersten Monaten der Einarbeitung mehr koste als bringe und dass Ihnen auch für die Zeit danach nur die Hoffnung bleibt, aber die Gewissheit noch fehlt, Ihre Investition in mich könnte sich lohnen. Die von Ihnen geschilderte Aufgabe und ebenso das Firmenumfeld sprechen mich sehr an, ja begeistern mich. Hier würde ich gern mit der beruflichen Arbeit beginnen. Aber es ist jetzt nicht der Zeitpunkt, Forderungen zu stellen – bevor ich zeigen kann, was ich wert bin. Machen Sie mir ein Angebot, ich werde dem sicher zustimmen können."

Keine Angst, niemand bietet einem Hoffnungsträger „Dreimarkfuffzig" an, außerdem entscheiden immer noch Sie, ob Sie letztlich unterschreiben. Aber die moralische Wirkung einer solchen Geisteshaltung ist ungeheuer (positiv).

Das bedeutet: Selbst wenn die Unternehmen um jeden (guten) Absolventen kämpfen und mit allem winken, auch mit Einstiegsgehältern, denken sie doch so wie hier beschrieben. Und wer das einbezieht in seine Strategie, kann durchaus einen Vorteil gegenüber anderen herausarbeiten.

Konkret zur Frage:

Wichtig beim Einstieg sind

- **die Aufgabe/Tätigkeit**

Hier sind nicht die Details gemeint, sondern die Grundrichtung ist von zentraler Bedeutung: Ob Sie als Konstrukteur, Versuchsingenieur, im Vertrieb, in der Fertigung oder im Qualitätswesen einsteigen, ist schon Überlegungen wert. Als Prinzip gilt: Die Einstiegsposition prägt die Richtung, später ist davon nur schwer wieder wegzukommen.

- **das Unternehmen**

Der erste Arbeitgeber prägt den noch ungeformten, aufnahmefähigen jungen Menschen mehr als spätere. Außerdem legt es ihn zwar nicht endgültig, aber doch etwas fest auf die Branche und die Größe bzw. Struktur. Bei der Größe gilt: Sich später in gleicher Kategorie zu verändern, geht; später in kleinere Firmen zu wechseln, geht besonders gut; beim späteren Wechsel aufzusteigen und sich gleichzeitig in größere Firmen zu verändern, geht kaum. Bei Bewerbungen ist der Name des jeweiligen Arbeitgebers, von dem man kommt, von sehr großer Bedeutung: Im positiven Falle gibt er der Bewerbung „Schubkraft". Wer also für die Zukunft Karriereambitionen hat, macht mit dem Start beim namhaften, hochrenommierten Unternehmen mit landesweitem oder internationalem Bekanntheitsgrad nichts falsch. Außerdem lernt man dort die modernsten Arbeitsmethoden kennen, so die allgemeine Erwartung.

- **der Vorgesetzte**

Er hat ganz entscheidenden Einfluss auf das weitere Berufsleben. Allerdings fehlt dem Anfänger meist die Erfahrung, im kurzen Vorstellungsgespräch gute von „gut wirkenden" Chefs zu unterscheiden. Da Vorgesetzte gerade in größeren Unternehmen auch noch oft wechseln, rate ich davon ab, nur wegen eines bestimmten Chefs und gegen alle sonstigen Argumente irgendwo zu beginnen. Aber wenn Sie den künftigen Chef unsympathisch finden, sollten Sie dort lieber nicht hingehen (außerdem ist die Abneigung meist gegenseitig: Ihr Chef denkt über Sie wie Sie über ihn, womit Sie klar im Nachteil wären).

- **das Einstiegsgehalt**

Zwanzig Jahre später lachen Sie darüber. Mein Standardbeispiel: Ich habe nach dem Studium mit 850,- DM (brutto, aber dafür jeden Monat) angefangen. Welche Bedeutung hatte das für meine spätere berufliche Entwicklung? Keine.

Einzige Ausnahme: Wer keine beruflichen Ambitionen hat und stets auf der unteren Ebene bleiben möchte, tut sich schwer mit deutlichen Gehaltserhöhungen, ob mit oder ohne Arbeitgeberwechsel. Da ist es mühsam, nach einem schlechten Start schnell nach oben zu kommen, man sollte also am Anfang nichts unnötig verschenken. Sonst aber gilt: Geld verdient man mit hierarchischem Aufstieg, Vorstände von Konzernen werden anständig bezahlt.

Ihnen und anderen in der Situation viel Glück für den Start.

Der erste Arbeitgeber: Alles Glücksache?

Frage: *(Wegen der Komplexität des Themas spalte ich diesen Fall in Einzelfragen mit jeweils direkt gegebenen Antworten auf, d. Autor):*

Frage/1: *Ich habe im letzten Jahr mein Universitätsstudium nach relativ kurzer Studiendauer (elf statt durchschnittlich dreizehn Semester) beendet und kann mit überdurchschnittlichen Studienergebnissen (Note 2,0 gegenüber dem Durchschnitt 2,5) aufwarten.*

Nach meinem Studium sollte auch die Bewerbungsphase relativ reibungslos verlaufen. Meine Bewerbungen erfolgten stets initiativ, nachdem ich mich intensiv über die in Frage kommenden Unternehmen informiert hatte. Ich bekam wegen meiner fachlichen Qualifikation (bei gleichzeitig guter Arbeitsmarktlage) einerseits und wegen einer meiner Meinung nach guten Selbstdarstellung andererseits nicht weniger als acht(!) konkrete Anstellungsangebote von teils renommierten Unternehmen.

Zu jedem Vorstellungsgespräch bin ich mit einer selbstverfassten Liste angetreten, um wichtige Punkte (Einarbeitung, Entwicklungsmöglichkeiten etc.) abzuklären. Nach jedem Gespräch war hinter fast jedem Punkt ein Häkchen, jeder potenzielle Arbeitgeber sagte mir teamorientiertes Arbeiten, gute anfängliche Betreuung etc. zu.

Die Entscheidung, bei Unternehmen A anzufangen, fiel mir nicht leicht, da ich gleichzeitig den anderen Unternehmen mit einem tränenden Auge absagen musste.

Antwort/1: Da ist eine Menge arg zur Schau gestellten Bewusstseins eigener Fähigkeiten und Größe im Spiel. Sie müssen doch weder mir noch den anderen Lesern, die dieses Thema interessiert, so überdeutlich klar machen, wie gut Sie sind. „Kurzes Studium" und „2,0" reichen doch völlig, die Bezugsgrößen (wie träge oder weniger leistungsstark die anderen Studenten sind), haben wir doch alle im Kopf. Schön, Sie waren besser als der Durchschnitt – wenn Sie aber diesen Status und Ihren daraus abgeleiteten Anspruch in der Praxis auch so vor sich hertragen, sind Konflikte programmiert.

Konkret: Durchschnittliche Menschen lieben diese Art der Darstellung nicht und selbst ich nehme daran Anstoß (sehen Sie, das ist eine geschliffene arrogante Formulierung).

Auch der Rest Ihrer Darstellung atmet Ihre Einschätzung aus, wie toll Sie das alles vorbereitet und durchgeführt haben. Da Sie jetzt (siehe unten) erhebliche Probleme haben, muss(!) Ihr Weg falsch gewesen sein. Erfolg hat Gründe – Misserfolg auch. Also hätte eine etwas bescheidenere Darstellung Ihrer Sache gut getan. Mir geht es nicht um die Formulierung in dem Brief an mich – ich kann das ertragen. Aber Sie sollten wegen Ihrer Wirkung auf andere an sich arbeiten, denn Sie werden „es" öfter tun („Sie tun es immer wieder" – Mell über Menschen).

Zum Vorgehen und zu den Resultaten: Derzeit werden junge Ingenieure gesucht. Sie also könnten trotz – nicht wegen – Ihres Vorgehens so erfolgreich gewesen sein!

Womit nicht gesagt sein soll, dass nicht ein bisschen Vorsicht und Systematik bei der Auswahl ratsam wären. Aber sagen wir es einmal so: Auf die Fragen, die man stellen müsste, kommen Sie als Anfänger ohnehin nicht – und ein Erfahrener würde seine Fragen nicht stellen, weil er keinerlei Hoffnung auf eine ehrliche Antwort hätte.

Außerdem sind die meisten dieser Abfragebegriffe Definitionssache!

Nehmen wir den Punkt Entwicklungsmöglichkeiten: Sie meinen damit vermutlich: Wann und wie kann ich befördert werden, aufsteigen etc.? Da überall schon einmal jemand befördert wurde, wird man das grundsätzlich engagiert positiv beantworten. In Wirklichkeit gilt: Die Unternehmen arbeiten Sie irgendwie ein. Eher nicht gern und mehr zähneknirschend, da sie eigentlich erwarten, dass ein „Tischler", der langwierig zum „Tischler" ausgebildet wurde und ein Papier darüber hat (mit Stempel) nun auch als „Tischler" arbeiten kann. Kann er als „Tischler" auch, als Dipl.-Ingenieur aber nicht. Warum auch immer. Also (zähneknirschend) einarbeiten.

Danach (6–12 Monate) „schaffen" Sie dann eigenständig. Sagen wir, so drei bis vier Jahre lang erfolgreich vor sich hin. Das will die Wirtschaft, dafür werden Sie eingestellt, dann hat sich die Investition in Sie gelohnt. Spätere Veränderungen dieses Status (Beförderungen) sind von Ihrer fachlichen Leistung, von Ihrem persönlichen Potenzial und vom Bedarf an Beförderten in drei oder vier Jahren(!) abhängig. Es gibt aber gar keine funktionierende Personalplanung über einen Zeitraum von mehr als zwei Jahren (bis dahin ist das Unternehmen mehrfach umorganisiert worden). Also ist fast alles, was der Berufsempfänger auf seine konkreten Fragen nach „Perspektiven" hört, nur gut gemeint.

Natürlich soll man sich Gedanken über den künftigen Arbeitgeber machen. Aber es hilft am meisten, wenn man sich vor allem fragt, **wie** dieses Unternehmen ist: Was hat es erreicht, welche Entwicklung hat es genommen, wie sprechen mich die Branche, die Produkte, die Marketingstrategie, der Ruf in Branche und Öffentlichkeit an? Es hilft ungemein, sich auf Recruiting-Workshops, Stellenbörsen, speziellen Messen ein persönliches Bild vom Unternehmen und den Menschen darin zu machen. Wichtig ist auch die Person des Vorgesetzten. Liegt man mit dem auf einer Linie („Wellenlänge"), ist sehr viel gewonnen.

Ich halte diese Frage nach der allgemeinen Qualität des Unternehmens inklusive **seiner** Perspektiven, Entwicklungspläne, Wachstumschancen etc. für zielorientierter als die scheinbar sich anbietende nach dem „Was kann/will das Unternehmen für mich tun?" Letzteres wäre zwar interessant, man sagt Ihnen aber doch nie die „Wahrheit", weil es die so gar nicht geben kann.

Fazit: Ein „tolles" Unternehmen hat auch tolle Leute, muss in der Vergangenheit und Gegenwart interessant für tolle Bewerber gewesen sein – Sie brauchen deren Fußstapfen nur zu folgen. Und: Unternehmen sind nicht dazu da, um etwas für Berufsanfänger zu tun. Sie machen das nur als „Mittel zum Zweck", eher zähneknirschend (siehe weiter oben).

Frage/2: *Meine Entscheidung sollte ich schnell bereuen. Bei diesem mittelständischen Unternehmen bekam ich nur Arbeit für einen Tag, danach passierte nicht mehr viel. Nachdem ich ein klärendes Gespräch verlangte, gestand mir mein Vorgesetzter, dass dort aufgrund der angespannten Per-*

sonalsituation keine Einarbeitung gewährleistet sei. Er empfahl mir im Vertrauen, aufgrund meiner Ziele ein anderes Unternehmen zu wählen.

Antwort/2: Er sagte Ihnen praktisch (was auch ich glaube): „Sie, wie Sie sind und was Sie wollen, haben sich das falsche Unternehmen ausgesucht." Es gibt Menschen ohne Talent für diese Auswahl – wie sich manche ja auch immer wieder den falschen Lebenspartner aussuchen. Aber: Hätte der Vorgesetzte das wirklich gemeint, wäre er als Einstellender ja ein Versager gewesen. Vielleicht wollte er Sie bloß loswerden?

Frage/3: *Ich fragte bei zwei zuvor von mir „verschmähten" Unternehmen aus der ursprünglichen Aktion an. Wieder schweren Herzens entschied ich mich für B, obwohl C alle Anstrengungen unternahm, mich an sich zu binden. Die Pleite bei A wurde mir übrigens nicht zu meinem Nachteil ausgelegt.*

Jetzt bin ich bei B und muss leider auch hier erkennen, dass man nicht auf Neulinge eingestellt ist und die vollmundigen Versprechen nicht eingehalten werden können. Viele Kollegen meiner Abteilung (mit denen ich ansonsten gut zurecht komme) sind der Meinung, dass ich hier mein Talent und meine berufliche Zukunft verschleudere. Ihnen fehlt die Zeit, mir sinnvolle Aufgaben zu geben (was sie ja entlasten könnte). Meine Vorgesetzten reagieren auf meine Bitten nach Aufgaben mit Hilflosigkeit. Ich will nicht zu forsch agieren, da meine „Arbeitgeber" zu dem Ergebnis kommen könnten, dass meine Position auch eingespart werden könnte.

Antwort/3: Langsam bewegen Sie sich außerhalb statistischer Wahrscheinlichkeiten. So oft kann so etwas eigentlich nicht passieren. Schließlich denken sich Unternehmen und Vorgesetzte etwas bei der Einstellung.

Vermutlich sind Ihre Maßstäbe unrealistisch, Sie erwarten zu viel. Berufliche Alltagspraxis ist nun einmal mit Leerlauf und Warten verbunden. Und Kollegen, die da sagen: „Bei uns verschleuderst du dein Talent" – erstaunen mich. Ob die das ironisch meinen? Oder aber Sie berichten absolut objektiv. Dann kann ich mir einfach nicht vorstellen, dass dieses Doppelerlebnis in wohlgeordneten Großunternehmen denkbar ist. Welche Art von Firmen also wählen Sie sich als Arbeitgeber aus?

Der Fall B hätte nicht mehr passieren dürfen, Sie waren von A vorgewarnt! Offenbar haben Sie wieder denselben, nicht zu Ihnen passenden Firmentyp bevorzugt, wieder dieselben – falschen – Fragen gestellt und wieder die – nicht ernstzunehmenden – Antworten falsch bewertet. Es ist schon sehr unwahrscheinlich, dass die Leute bei B, die ja Ihre „verzweifelte Suche nach Arbeit" bei A von Ihnen gehört hatten(!), Sie einstellten, obwohl sie selbst nichts für Sie zu tun hatten. Warum sollten die ihr Geld derart verschwenden?

Nein, es muss an Ihnen liegen. Oder: Ihre Erwartungen und Ihre Fähigkeiten passen nicht zum immer wieder gewählten Unternehmenstyp. **Im Mittelstand beispielsweise wird erwartet, dass man sich Arbeit sucht, sich selbst Projekte vornimmt, Kollegen aktiv befragt, Vorgesetzten eigene Vorschläge für anzugehende Aufgaben macht!**

Sie fragen mich weiter, was Sie jetzt tun sollen: einen dritten Arbeitgeber suchen, bei diesem zweiten ausharren oder offensiv der Unternehmensleitung(!) Ihre Situation schildern. Ich rate von der ersten ebenso wie von der dritten Lösung ab und empfehle: Beißen Sie sich durch! Machen Sie aktive Vorschläge, was Sie tun könnten, bitten Sie Ihren Chef um „Zuteilung" zu einem Kollegen, dem Sie erst über die Schulter sehen, den Sie dann unterstützen und entlasten. Sie haben noch fast vierzig Berufsjahre vor sich, in denen werden Sie schon noch ans Arbeiten kommen!

Und falls Sie irgendwann doch noch einmal wechseln: Suchen Sie sich gemäß meiner Antwort am Schluss von /1 ein vom Image her einwandfrei „tolles", sehr großes Unternehmen. Und dann bleiben Sie da fünf Jahre und vergessen Sie in dieser Zeit die Frage, wie es Ihnen da gefällt. Arbeiten Sie einfach so, wie man es für Sie arrangiert.

Konzern oder Mittelstand zum Berufseinstieg?

Frage: *Soll ich als Berufseinstieg einen großen Konzern oder einen mittelständischen Betrieb wählen? Wo liegen die Unterschiede?*

Antwort: Zunächst eine „Weisheit", die auch in anderen Lebensbereichen und insbesondere auf dem Sektor Berufswegplanung gilt: Dies ist ein „offenes System". Jede offerierte Lösung muss sich im Wettbewerb mit anderen behaupten; kann sie das nicht, verschwindet sie von der Bildfläche.

Daraus folgt: Was als Variante existiert, muss auch spezifische Vorteile haben, kann also nicht pauschal „schlecht" sein. Es ist lediglich denkbar, dass Variante A den individuellen Gegebenheiten und Ansprüchen einer bestimmten Person deutlich besser entspricht als Variante B. Aber niemals wäre beispielsweise die absolute Aussage erlaubt: „Es ist generell besser, im ...-Betrieb anzufangen."

Das wiederum heißt: Wenn man jemandem einen Rat geben will, welche Variante er wählen soll, müsste man eine Menge über ihn wissen – von seinen Zielen, seinen Ansprüchen bis hin zu seiner Persönlichkeitsstruktur. Da das im vorliegenden Fall nicht gegeben ist, hier der Versuch, pauschal Besonderheiten beider Möglichkeiten als generelle Entscheidungshilfe aufzulisten.

Wobei auch gesagt werden muss: Konzerne ähneln sich untereinander, wenn es auch dabei noch so manche individuelle Besonderheit gibt (z. B. geprägt durch das Land, aus dem die Kapitaleigner kommen, durch die Branche, die Produktstruktur, die wirtschaftliche Situation des Unternehmens). Aber mittelständische Firmen sind untereinander recht verschieden – kleine Einheiten werden schneller und leichter geprägt durch die Person an der Spitze als große. Ist dieser „Präger" gar der Inhaber, gilt das doppelt und dreifach (weil seine Macht größer bis uneingeschränkt ist).

Natürlich kann der Weg eines einzelnen Menschen (z. B. eines unserer Leser) durch zufällig gegebene Details so entscheidend beeinflusst werden, dass er einen völlig atypischen Verlauf nimmt. Aber von jeweils hundert oder tausend Menschen wird ein hoher Teil doch überwiegend „Typisches" erleben. Und natürlich gibt es zu jeder Regel die bestätigenden Ausnahmen.

In diesem Sinne:

1. Bei Arbeitgeberwechseln, die im Laufe des Berufslebens geplant oder plötzlich fällig werden, funktioniert ein Abstieg in der Firmengröße sehr gut, ein deutlicher Aufstieg jedoch kaum bis gar nicht: Ein größerer Arbeitgeber im Lebenslauf „imponiert" dem kleineren Bewerbungsempfänger, umgekehrt tritt das Gegenteil ein. Außerdem stellen viele Konzerne praktisch gar keine Seiteneinsteiger mehr ein, nehmen also generell keine Abteilungsleiter von „draußen".

Wer also weiß (klare Zielsetzung), dass er eines Tages Bereichsleiter oder Vorstand im Konzern werden will, muss praktisch sofort nach Studienende in einem Konzern anfangen.

2. Der Konzern, insbesondere der mit einem Top-Image, übt einen Sog auf hochqualifizierte Berufseinsteiger aus. Er kann also wählen – und das tut er denn auch.

Folge A: Nicht jedem würde die Empfehlung nützen, im Konzern anzufangen – die nehmen dort nur eine „elitäre" (das Wort wird niemals benutzt!) Auswahl. Ein paar Jahre zu alt, ein paar Semester zu viel, ein paar Monate Auslandstouch im Studium zu wenig, ein paar Zehntelnoten im Examen unterhalb der dort geltenden Ideallinie können das Aus bedeuten. Der Mittelstand prüft individueller, vom jeweiligen Fachvorgesetzten geprägt, arbeitet weniger mit Standards, ist z. T. auch zu größerer Toleranz gezwungen.

Folge B: In denjenigen Abteilungen der Konzerne, die Anfänger einstellen, tummeln sich dann viele junge, besonders gute und ziemlich ehrgeizige Leute. Die alle muss jemand hinter sich lassen, bevor er befördert werden kann! Im Mittelstand sind zwar im einzelnen Unternehmen die Chancen zwangsläufig geringer (Anzahl möglicher Aufstiegspositionen), aber für den „guten“, ehrgeizigen, jungen Akademiker sind auch weniger hochqualifizierte Wettbewerber um eine Aufstiegsposition vorhanden.

3. Der Einstieg im Großunternehmen mag durchaus Vorteile haben, setzt aber voraus, dass man sich dort erfolgreich „schlägt“ und eines Tages mit sehr gutem Zeugnis abgeht. Eine kritische Beurteilung durch einen Konzern schwebt wie in Marmor gemeißelt über dem Mitarbeiter, sie gilt als eine absolute Aussage, kommt sie doch von der XY AG. Demgegenüber ist die schlechte Wertung der Müller & Sohn KG eventuell auf die Marotten des Herrn Müller senior zurückzuführen, der grundsätzlich keine besseren Noten als „ausreichend“ verteilt – und stolz ist, in seinem ganzen Leben noch kein Buch über Zeugnisschreibung in die Hand genommen zu haben. Jawoll! (Der aber auch einen jungen Anfänger, den er mag, über das übliche Maß hinaus fördern kann. Und auch jawoll.)

4. Der Anfänger in den ersten drei bis fünf Berufsjahren bewegt im Konzern so gut wie gar nichts, hinterlässt kaum irgendwelche Spuren, darf nichts entscheiden, ist austauschbar, sein Eintreten und Ausscheiden hinterlässt die gleiche Wirkung wie ein Stein, den Sie in den Bodensee werfen und drei Jahre später wieder herausholen.

Im Mittelstand kann(!) dieser Anfänger sich nach kurzer Zeit in enger Nähe zu hochrangigen Entscheidungsträgern wiederfinden, kann Prozesse maßgeblich gestalten, Zeichen setzen, Einfluss gewinnen.

In beiden Fällen ist er Rädchen im Getriebe. Aber im Konzern ist das Getriebe so groß, dass das „Rädchen“ nicht mehr überblickt, was seine Drehung eigentlich am Ende bewirkt und warum es sich gerade in diese Richtung bewegt. Im Mittelstand ist das Gesamtgetriebe kleiner, hat insgesamt weniger „Rädchen“ und ist dadurch überschaubarer.

5. Der Konzern ist eine Großorganisation – mit allen typischen Besonderheiten: groß, unbeweglich, bürokratisch, hierarchisch denkend, nicht immer wird „unten“ verstanden, warum „die da oben“ jetzt dieses und jenes verfügt haben etc. Wer in seinem bisherigen Werdegang bereits „Schwierigkeiten“ mit Autoritätspersonen, mit einem gewissen Bürokratismus und mit der Akzeptanz hierarchischer Strukturen hatte, ist erfahrungsgemäß zur Vorsicht aufgerufen, ob dieses Umfeld zu ihm passt. Warnsignale sind: mehrfache Probleme mit Lehrern, Professoren, Vorgesetzten, mit der Bundeswehr etc.

Sogar die Belegschaft (Mitarbeiter wie Vorgesetzte) ist im Konzern eher von einem grundsätzlich vergleichbaren Typ. Kein Wunder, alle haben bei der Einstellung denselben Normen unterlegen.

6. Das mittelständische Unternehmen ist demgegenüber keineswegs das Nirwana. Es gibt durchaus Vertreter dieser Kategorie, die in einigen Aspekten noch „schlimmere" Besonderheiten zeigen, aber hier herrscht individuelle Vielfalt gerade beim Personal auf allen Ebenen. Die Strukturen sind von Firma zu Firma anders, eben individueller. Bei Konzernen hingegen gilt grundsätzlich: Wer einen kennt, kennt alle. Beim Mittelstand gilt das absolut nicht.

7. Generell ist damit zu rechnen, dass der junge Mitarbeiter im Konzern auf einem recht engen Spezialgebiet tätig ist – und von Nachbarbereichen am besten die Finger lässt. Seit Jahren fahre ich beispielsweise Autos aus ziemlich großen Konzernen. Gelegentlich tauchen Ingenieure von dort im Vorstellungs- oder Karriereberatungsgespräch auf. Dann versuche ich, meine Kritik am bzw. meine Anregungen zum Produkt zu diskutieren. Spontan kommt: „Damit habe ich nichts zu tun, das ist Sache des ...bereichs." Und nie denkt mein Gesprächspartner daran, etwa anschließend das Gespräch mit den Zuständigen zu suchen und denen von den „Anregungen eines Kunden" zu berichten. Wer Konzerne kennt, würde nicht einmal über die Idee lächeln ...

Im Mittelstand ist jeder Mitarbeiter näher dran am Gesamtergebnis des gemeinsamen Tuns, die Kontakte sind enger, der Überblick ist besser, die Verbundenheit mit dem Produkt (nicht nur mit dem, was die eigene Abteilung dazu beiträgt) ist größer. Und das Fachwissen wird breiter, schließt schneller benachbarte und fremde Bereiche ein.

8. Dafür hat generell der Konzern stets die modernsten Methoden in Anwendung, ist meist in Sachen Schulung/Weiterbildung der Mitarbeiter engagierter. Das dort zu vermutende Detail-Fachwissen von Bewerbern gilt als gegeben, Kandidaten aus dem Mittelstand müssen beweisen, dass sie etwas können auf ihrem Gebiet – ihr (meist unbekannter) Arbeitgeber könnte ja zweitklassig sein, gerade auf diesem Sektor.

9. Wir alle sind irgendwo auch eitel. Es macht Spaß, Freunden, Ex-Kommilitonen und Schwiegermüttern zu erzählen, man sei bei der weltberühmten XY AG tätig. Der Hinweis auf Müller & Tochter in der Provinz des Voralpenlandes erweckt da deutlich weniger Bewunderung. Man unterschätze diesen Aspekt nicht.

10. Karriere im Konzern geht über viele Jahre auch ohne Arbeitgeberwechsel. Dort gibt es zahlreiche generelle Chancen, so dass nicht befördert worden zu sein (in angemessener Zeit) eine Art Erklärungsnotstand hervorruft.

Im Mittelstand gilt von vornherein: Dass im Hause eine in die Laufbahn hineinpassende Aufstiegsposition vorhanden und zum richtigen Zeitpunkt frei ist, darf nicht erwartet werden, wäre reiner Zufall: Aufstieg heißt dort meist Arbeitgeberwechsel.

Umzugsbereitschaft ist in beiden Fällen Voraussetzung: Konzerne versetzen ihre Mitarbeiter gern über Standortgrenzen hinweg, der nächste Mittelstandsarbeitgeber ist nie dort ansässig, wo man zufällig wohnt.

So, geehrter Einsender, nun wissen Sie, warum es auf Ihre – oft gestellte Frage – keine pauschale Antwort geben kann. Arbeiten Sie die Punkte durch – und treffen Sie dann Ihre individuelle Entscheidung.

Industrie oder öffentlicher Dienst?

Frage: *Als künftiger FH-Absolvent bin ich auf eine interessante Stellenanzeige einer Anstalt des öffentlichen Rechts (AöR) gestoßen.*

1. Wie werden Kandidaten von der Industrie beurteilt, nachdem diese einige Jahre bei einer Stadt beschäftigt waren?

2. Wie gestalten sich die Aufstiegschancen in einer AöR für einen Mitarbeiter mit FH-Abschluss?

3. Wie entwickelt sich die Vergütung nach BAT?

Antwort: Es gibt im Berufsleben höchst unterschiedliche „Welten“. Jede davon, so die Theorie, die durch Erfahrung gestützt wird, zieht einen bestimmten Menschentyp an, jede prägt ihre Angehörigen, drückt ihnen ihren Stempel auf. Frei nach Walter Flex soll man nicht zwischen ihnen wandern. Es gilt, sich für eine davon zu entscheiden und dann dabei zu bleiben, möglichst für immer.

Wechsel zwischen diesen „Welten“ sind ohnehin gar nicht oder erschwert oder nur in eine Richtung möglich. Es geht hier um die Bereiche „freie Wirtschaft“, „öffentlicher Dienst“ und „Selbstständigkeit“, letzterer wird von Ihrer Fragen nicht tangiert. Bei den zweien, die dann verbleiben, gilt: Legen Sie sich auf eine fest und sehen Sie das als endgültig an – so vermeiden Sie sehr viele Probleme.

Und bitte: Versuchen Sie, vor Aufnahme einer Beschäftigung so viel wie möglich über die Unterschiede z. B. zwischen freier Wirtschaft und öffentlichem Dienst herauszufinden. Sofern Sie dabei noch nicht auf fundamentale Unterschiede gestoßen sind: Suchen Sie weiter!

Es ist furchtbar schwer für mich, der ich mich einer der beiden Seiten stärker verpflichtet fühle und mit der anderen weniger vertraut bin, hier öffentlich eine faire, ausgewogene Darstellung der Unterschiede zwischen beiden herauszuarbeiten. Die entsprechende Meinungsbildung darüber ist so stark von Vorurteilen und Halbwissen geprägt, dass letztlich nur Ärger dabei herauskommen kann.

Ich will mich auf zwei Beispiele beschränken:

1. Alle Entscheidungen, wirklich alle, die für die profitorientierte Kochtopffabrik Max Müller & Sohn GmbH von Bedeutung sind, fallen innerhalb des Unternehmens. Ob man die Produktion von Kochtöpfen auf Stahlhelme oder Abgasanlagen umstellt, ob man expandiert oder schrumpft, ob man andere Firmen kauft oder sich selbst verkauft, ob Personal abgebaut oder eingestellt wird – alles wird hausintern festgelegt. Dazu gehört auch, ob man viel investiert oder wenig, ob man Preise erhöht oder senkt, ob man die Produktion nach Rumänien verlagert oder den Firmensitz nach Buxtehude.

Diese grundsätzlich unbestreitbare Tatsache führt zu einem Führungsstil (oder internen Klima) A.

Eine – nicht profitorientierte – Anstalt des öffentlichen Rechts jedoch ist in der Regel durch Gesetz und/oder Staatsvertrag begründet. Dass es sie gibt, was sie zu leisten hat (und was sie keineswegs tun darf), welche Größe sie hat, wieviele Mitarbeiter sie letztlich beschäftigt, welche Gebühren sie ggf. erheben darf, wie weit ihr regionaler Einflussbereich reicht, wie hoch ihre Spitzenmanager eingestuft werden – alles ist ihr von außen vorgegeben. Denken Sie einfach einmal an die Unterschiede im Verfahrensablauf, wenn Max Müller seine Preise um 10 % anheben will (das dauert fünf Minuten, dann hat Max Müller das entschieden) oder wenn eine Anstalt des öffentlichen Rechts ihre (z. B. Rundfunk-)Gebühren entsprechend erhöht sehen will (das kann Jahre dauern).

Diese völlig andere Grundstruktur führt zu einem Führungsstil oder internen Klima B.

Niemand hat das Recht zu sagen, A sei besser als B, aber jeweils „anders" sind sie zwangsläufig. Ziemlich „anders" sogar.

2. Sie sprechen von der Beschäftigung „bei einer Stadt": Das kann die Stadtverwaltung sein oder eine Tochtergesellschaft der Kommune. Die jeweiligen Entscheidungsträger sind entweder selbst gewählt oder von Stadträten ernannt worden. Wo Politik im Spiel ist, geht es um Parteien. Solche, die gerade an der Macht sind, sehen stets zu, dass „ihnen nahestehende" Persönlichkeiten die Spitzenpositionen der Stadtverwaltung oder der städtischen Töchter einnehmen.

Das ist die eine Sache. Die zweite kommt ans Licht, wenn nach der nächsten Wahl eine andere Partei die Macht übernimmt. Die will nun gerne auch „ihr nahestehende" Personen an die Spitze von Stadtverwaltung und städtischen Töchtern setzen. Wo aber schon die Leute sitzen, die von der vorher tonangebenden Partei dorthin gebracht wurden. Die müssen erst weg, dann kommen die Neuen. Jeder von denen zieht wieder „Menschen seines Vertrauens" für die Positionen darunter nach sich.

Damit kann man, wenn man das will, durchaus leben. Aber es führt zu einem Führungsstil und Klima C.

Max Müller (als Chef seiner GmbH) hingegen ist unkündbar und meist parteipolitisch neutral. Er kann aber seinen Sohn oder Schwager zum Geschäftsführer ernennen. Mitunter ist die Verwandtschaft dabei maßgeblicher als die Qualifikation. Jedenfalls führt das zu Führungsstil und Klima D.

Die XY AG wiederum gehört lauter freien Aktionären. Die kaufen und verkaufen ihre Anteile, dass es eine Freude ist. Die vererben sie auch – aber grundsätzlich merkt der durchschnittliche Angestellte oder die Führungskraft davon kaum etwas. Aber die Gesellschaft muss auf maximale Gewinne achten – kurzfristiger Ertrag rangiert oft vor langfristiger Existenzsicherung. Und wenn die AG fünftausend Mitarbeiter entlässt, klopfen Aktionäre, die Arbeitgebervertreter im Aufsichtsrat, die Analysten und die Wirtschaftspresse dem Vorstand auf die Schulter.

Das alles führt zu einem Führungsstil und Klima E.

Wieder gilt: Niemand kann sagen, C sei besser als D oder E, aber jeder muss akzeptieren: Sie können nicht gleich sein.

Bitte, liebe Leser, nehmen Sie meine Ausführungen hierzu mit größtmöglicher Gelassenheit auf. Ich weiß, wie empfindlich manche Menschen in dieser Frage sind. Ich habe nicht den Ehrgeiz, hier eine erschöpfende Definition der Unterschiede zu liefern. Was ich wollte ist die Aussage: Es ist jeweils anders – und dazu mag das als Denkanstoß dienen. Und vorsichtshalber setze ich hinzu: Viele Menschen arbeiten jeweils bei einem dieser Beispiel-Arbeitgeber und sind dort ziemlich glücklich. Aber viele von ihnen würden sehr unglücklich werden, müssten sie bei einem anderen Unternehmenstyp arbeiten.

Auf dieser Basis zu Ihren konkreten Fragen:

Zu 1: Äußerst skeptisch!

Zu 2: Das weiß ich nicht so genau. Aber nach meinem Kenntnisstand gibt es im öffentlichen Dienst Laufbahnen, die dem FH-Absolventen verwehrt sind und nur TH/TU/Uni-Ingenieuren offen stehen. Für manchen FH-Ingenieur dürfte das weniger erfreulich sein, für die TH-Absolventen jedoch schon eher.

Zu 3: Darüber könnte durchaus einmal jemand eine Diplomarbeit schreiben. Fest steht: Die Vergütung entwickelt sich weitgehend nach vorgegebenen Regeln – vielfach rechnen sich Mitarbeiter schon aus, was sie in zwölf Jahren verdienen werden. Besorgen Sie sich ein Regelwerk des BAT und lesen Sie selbst. Jede Personalabteilung eines öffentlichen Arbeitgebers hat so etwas. Und die zuständige Gewerkschaft auch.

Berufsstart als Führungskraft?

Frage: *Ich bin 27 Jahre alt und habe mein Studium als Wirtschaftsingenieur mit Schwerpunkt Vertrieb an der TU Kaiserslautern vor wenigen Wochen mit guten Noten abgeschlossen.*

Jetzt habe ich u. a. eine gute Chance, meinen Berufsweg bei einer internationalen Unternehmensberatung als Business Manager zu beginnen. Ich glaube, dass ich die notwendigen Fähigkeiten und die Motivation habe, diese Aufgabe erfolgreich zu absolvieren.

Kernbestandteile wäre die Akquise neuer Kunden für technische Beratungsleistungen, die von noch (u. a. durch mich) zu rekrutierenden und weiter zu entwickelnden deutschen und internationalen Beratern erbracht werden.

Ich kann mir keine spannendere, verantwortungsvollere und zum Sammeln von Erfahrungen geeignetere Tätigkeit als Berufseinsteiger vorstellen. Die meisten Manager, die unter diesen Bedingungen bei dem Unternehmen gestartet sind, führen nach wenigen Jahren bereits ein Team von mehr als zwanzig Beratern und die Perspektiven in diesem Geschäft (Maschinen- und Anlagenbau, Telekommunikation) sehen in meinen Augen gut aus. Man ließe mir bei der Ausübung meiner Arbeit weitgehenden Spielraum, entscheidend wären die Zahlen unter dem Strich.

Eine Frage bleibt für mich allerdings offen: Wie stehen meine Chancen, nach einigen Jahren erfolgreicher Tätigkeit gegebenenfalls wieder in die Industrie zu wechseln, dort in einer Führungsfunktion einzusteigen und mich auf der Karriereleiter weiter zu entwickeln? Ich möchte nur ungern für die Chance, als Berufseinsteiger umgehend erste Führungsverantwortung übernehmen zu können, meine Möglichkeiten für einen späteren Aufstieg in anderen Unternehmen schmälern.

Antwort: 1. Ich gratuliere der TU Kaiserslautern zu diesem Studiengang. Vielleicht besteht der schon länger und ich erfahre erst jetzt davon. In jedem Fall finde ich das aus der Sicht der Praxis hervorragend. Vertrieb ist eine Säule der Marktwirtschaft, am Bedarf für entsprechend vorgebildete Absolventen kann kein Zweifel bestehen.

2. Ich gratuliere Ihnen, weil Ihre Einsendung zeigt, dass Sie trotz der großen Verlockungen einen kühlen Kopf bewahrt und Fragen gestellt haben.

3. Zur Sache: Wenn ich das richtig verstehe, heuert das Unternehmen Anfänger ohne Praxis an und lässt sie – bei großen Freiheiten – a) Beratungskunden akquirieren und dann b) größere Mitarbeiterteams verantwortlich anwerben sowie c) das Risiko tragen, dass sie bei der Auftragsdurch-

führung Profit machen. Ich habe nur Ihre Aussage dazu und das als Konzept auch gar nicht zu kritisieren. Aber sagen wir es einmal so:

Sollte der große deutsche Automobilhersteller, dessen Produkte ich seit einiger Zeit fahre, auf die Idee verfallen, in Zukunft junge Entwicklungsingenieure frisch vom Studium weg anzuheuern, sie selbst ein 20 Mitarbeiter-Team anwerben und leiten zu lassen, auf dass eine dieser Gruppen vielleicht den Motor verantworte, die andere das Fahrgestell usw. – dann wechsle ich die Marke.

In meiner allerdings etwas konservativ geprägten Vorstellung sollte jemand erst einmal Berufspraxis haben, bevor er sie als verantwortlicher Berater gegen Geld an Kunden weitergibt. Mir geht es nicht um die Kunden, die können auf sich selbst aufpassen. Aber bei Ihnen sehe ich die Gefahr, dass Sie sich gegebenenfalls selbst „verheizen". Ein Lehrling sollte nicht auf einer Meisterstelle beginnen – das ist auch nicht gut für den Lehrling (die Qualität der Arbeit muss uns hier nicht interessieren).

Damit das ganz klar gesagt ist: Berufseinsteiger sind im Normalfall nicht „reif" genug, Leute anzuwerben und einzustellen und sie sind auch nicht reif genug, ein Profit-Center zu führen und nur noch das wirtschaftliche Ergebnis zu verantworten. Ach, und bevor ich das vergesse: Selbst zur „einfachen" Personalführung fehlt ihnen die Reife. Der Arbeitgeber in diesem Fall darf so vorgehen und ein Berufssteinsteiger darf das annehmen – wir sind ein freies Land. Aber Sie werden mich nicht dazu bekommen, dass ich das für einen Anfänger als empfehlenswert bezeichne.

Und: Ich teile Ihre Bedenken hinsichtlich eines späteren Wechsels aus dieser Laufbahn in eine Führungsposition in der Industrie. Ich halte aber vor allem das Risiko eines Scheiterns des überstrapazierten Anfängers in einer solchen Aufgabe für sehr hoch – und wer sollte Sie dann für was für eine Position einstellen?. Ich rate Ihnen, Ihren derzeitigen Status als Berufsanfänger zu akzeptieren und entsprechende Startpositionen zu wählen.

Promotion geplatzt, Intrigen etc.

Frage: *Nach meinem Abitur habe ich eine gewerbliche Ausbildung zum Industriemechaniker abgeschlossen und danach Physik studiert. Nach einer neunmonatigen Zwischenphase begann ich, in einer Doktorandenstelle an meiner wissenschaftlichen Karriere zu arbeiten.*

Leider konnte ich diese Arbeit nicht mit einem Abschluss beenden, wofür die Gründe zu ca. 70 % nicht bei mir lagen (nicht nur aus meiner Sicht!). Offensichtlich gab es Intrigen gegen mich, der Betreuer war mein Feind, kein Ansprechpartner (wie ich sogar jetzt noch – Monate nach Beendigung – merke). Leider habe ich dies viel zu spät gemerkt.

Nun hat es wohl keinen Sinn mehr, die wissenschaftliche Schiene weiterfahren zu wollen (ich bin 32). Daher strebe ich eine Anstellung in der Industrie – äquivalent einem Ingenieur – an. Problematisch ist ein wenig, dass das Dissertationsthema doch ein wenig „esoterisch" war. Nun ist die Frage, ob ich die abgebrochene Promotion in der Bewerbung ansprechen oder zunächst nicht erwähnen sollte (so machte ich es bisher).

Ein weiterer Punkt ist, dass ich aufgrund meiner Lage inzwischen fast jeden Job annehmen würde. Wäre es für den weiteren Berufsweg schädlich, auch Stellen anzunehmen, die für Techniker oder Facharbeiter ausgeschrieben wurden?

Falls jetzt die berühmte Mobilität ins Feld geworfen wird, so „darf" ich mich zwischen Familie und Beruf entscheiden – zwischen Pest (keine Familie mehr) und Cholera (keine/nur eine schlechte Arbeit) also.

Antwort: Es gibt Menschen, die schaffen es irgendwie, Katastrophen nur so anzuziehen. Von Ausnahmen abgesehen liegen die Ursache oft bis meist in der Persönlichkeit des Betroffenen. Dies zu erkennen, ist der erste Weg zur Lösung. Also fangen wir an:

1. Physiker mit dem Ziel, die „wissenschaftliche Schiene" zu fahren, sind Standard, solche mit dieser Absicht und einer gewerblichen Lehre hingegen nicht.

Es ist eine im gesamten Volk verbreitete Erkenntnis, dass Lehre + Promotion bei Akademikern ja eine ganz reizvolle sachliche Kombination darstellen, die aber aus Zeitgründen nicht zu realisieren ist – man wird zu alt. Dies also war ein Planungsfehler von Anfang an. Sagen Sie auch bitte nicht, der Wunsch nach einem Physikstudium sei während der Lehre entstanden; Ingenieurwissenschaften würden da schon wahrscheinlicher klingen. Die Anzahl solcher Lehrlinge, die gern ein promovierter, „esoterischen" Themen zugewandter Physiker werden möchte, wird als eher gering eingeschätzt.

Fazit: Sie haben also vermutlich zum Zeitpunkt der Ablegung des Abiturs nicht gewusst, was Sie werden wollten. Das ist ein Fehler – auch dann, wenn ihn viele begehen.

2. Niemand(!) in Ihrem ganzen weiteren Berufsleben will etwas über „Intrigen" und „Feinde" hören, weder an der Uni, noch später in der Praxis. Das ist einmal eine beliebte Ausrede für geplatzte Träume, für das eigene Scheitern, das fällt zusätzlich unter die Rubrik „man sagt nichts Schlechtes über frühere Arbeitgeber" – und es stempelt Sie zu einem Angehörigen der Gruppe „Wir sind die Getretenen und Geschlagenen". Siegertypen haben Gegner (wer hat die nicht?), reden aber bei Fehlschlägen nicht über Intrigen und übermächtige Feinde.

Als Tipp: Sie haben Ihre Promotion nicht geschafft, haben das Thema nicht zu einem vorzeigbaren Abschluss gebracht – aus. Stehen Sie dazu. Mit allen anderen Erklärungen machen Sie die ohnehin vorhandene Misere immer schlimmer. Also sagen Sie etwa: „Ich habe vorher nicht erkannt, auf welche komplexen Probleme ich mich bei diesem Thema eingelassen habe. Eine Realisierung hätte endlos gedauert, der erfolgreiche Abschluss wäre dennoch fraglich gewesen. Also habe ich abgebrochen. Dazu hat auch die Erkenntnis beigetragen, dass ich eher praxisorientiert bin."

3. Ob Vorschlag des Professors/Betreuers oder eigene Idee: Wenn Sie ein Thema annehmen, ist es Ihr Projekt, ist ein Scheitern letztlich Ihr Problem.

4. Da Sie gescheitert sind, interessiert im Bereich der schriftlichen Bewerbung das Dissertationsthema nicht – damit fällt auch sein „esoterischer" Charakter nicht auf.

5. Viele Physiker haben letztlich Positionen besetzt, die eigentlich für Ingenieure konzipiert wurden. Allerdings ist der Einstieg nicht leicht. Geht doch Physikern das Vorurteil voraus, sie seien „theoretisch überhöht", praxisfremd und könnten keinen Nagel in die Wand schlagen. In Ihrem Fall reicht der Hinweis auf die Lehre (auch im Anschreiben), um diese Bedenken zu entkräften. So verkehrt sich dieser „Planungsfehler" jetzt in ein vorteilbringendes Argument.

Machen Sie deutlich (es ist nicht wichtig, ob es exakt so war), dass Sie nach der Lehre auch das Ingenieurstudium erwogen hatten und dann mehr zufällig bei der Physik hängen blieben (Physiker aller Länder, verzeiht mir diese Aufforderung zum Hochverrat).

6. Geben Sie im obigen Sinne das Scheitern der Promotion schon in der Bewerbung zu. Ein „Physiker mit Lehre" passt besser auf eine Ingenieurstelle als ein (vermuteter) „Physiker mit Promotion über ein esoterisches Thema" gepasst hätte. Es kann(!) sogar gelten (passt auch gut ins Vorstellungsgespräch): Je deutlicher Sie an der Esoterik gescheitert sind, desto besser passen Sie auf eine praxisnahe Position.

7. Brücken verbinden feste Punkte über Abgründe hinweg. Das geht über recht große Entfernungen, aber nicht endlos. Über den Ärmelkanal wäre es wohl noch gegangen, über den Atlantik hinweg geht es nicht mehr.

Einer Ihrer festen Punkte ist „Physiker mit der ursprünglichen Absicht, über ein esoterisches Thema zu promovieren und die wissenschaftliche Schiene zu fahren". Eine Stelle für Techniker und/oder Facharbeiter wäre der andere feste Punkt. Dazwischen gibt es keine Brücke.

Also der Dipl.-Ing. TH/TU/Univ. sollte schon gesucht sein, der gewollte Dipl.-Ing. FH wäre recht weit weg, der Techniker ist uferlos entfernt, der Facharbeiter noch weiter.

8. In Ihrer Situation können Sie sich ein Kleben an einem zufällig gegebenen Punkt (Wohnort) nicht leisten. Ihr Wohnort hat zwar seine hübschen Seiten, ist aber nicht industrielle Kernlandschaft Deutschlands.

Wer ein Studium aufnimmt, sollte da schon wissen: Ich muss später mobil sein, sonst zahlt sich die Investition in meine Ausbildung nicht aus. Das ist, wenn schon kein Naturgesetz, so doch goldene Regel. Ich wünsche Ihnen eine einfühlsame Familie.

Berufseinstieg: Was die Firmen nicht mögen

Frage: *Zur Zeit schreibe ich meine Diplomarbeit und bewerbe mich parallel um einen Arbeitsplatz als Wirtschaftsingenieur (FH).*

Wie Sie meinem Lebenslauf entnehmen können, hat das Studium länger gedauert. Ich denke, aus diesem Grund habe ich bis jetzt auch nur Absagen erhalten – obwohl einige Firmen die Anzeige immer wieder in der öffentlichen Presse oder im Internet schalten, also noch keinen passenden Bewerber gefunden haben. Natürlich spielt auch mein Alter eine Rolle.

Nun möchte ich meine Bewerbung Ihrem kritischen Blick aussetzen, damit ich das Maximale herausholen kann. Ich weiß, dass Sie meine Bewerbung auseinander nehmen werden, ich bin Ihnen sehr dankbar dafür.

Antwort: Man kann Katastrophen auf verschiedene Art und Weise begegnen. Sie zu verniedlichen, ist mit Abstand die ungeeignetste! „Länger gedauert" hat Ihr Studium, schreiben Sie. Also schön, schaffen wir Maßstäbe: Acht Semester sind normal, neun sieht man häufig, zehn wären schon deutlich „länger".

Sie nun haben: erst einmal achtzehn(!) Semester Wirtschaftsingenieurwesen an einer Universität/Gesamthochschule studiert ohne vernünftige Erklärung, was daraus geworden ist. Man erfährt nicht einmal, ob das ein Uni- oder FH-Studiengang war. Es liegt eine 2,5 Jahre alte Bescheinigung bei, auf der gesagt wird, Sie hätten „folgende Prüfungsleistungen bestanden", dann folgen irgendwelche Fächer mit irgendwelchen Noten. Ende der Information zu diesem Kapitel (Anmerkung von mir für Ihre ehemaligen Professoren an der Gesamthochschule: Was immer man mit Prüfungsleistungen macht – man „besteht" sie nicht).

Dann folgen auf diese entsetzlichen achtzehn Semester fünf weitere an einer FH, wo wohl in diesen Monaten der Abschluss erwartet wird. Das sind dann dreiundzwanzig Semester Wirtschaftsingenieurwesen.

Das sprengt jede Dimension, die man mit „länger" bezeichnen könnte. Na ja und dabei sind Sie dann 34 geworden (wenn man, wie bei Bewerbungen üblich, nur in ganzen Jahren rechnet).

Sie legen mir eine konkrete Bewerbung vor, die sich auf ein „echtes" Stellenangebot bezieht. Dort geht es um einen Logistikplaner mit Schwerpunkt Materialfluss. Dieser Positionsinhaber soll u. a. Projektteams führen. Von ihm werden verlangt: ein abgeschlossenes Studium mit Schwerpunkt Logistik, Erfahrung im genannten Aufgabengebiet(!), Fachwissen in der Prozesskostenrechnung sowie weitere eher „allgemeine" Kenntnisse und Fähigkeiten.

Damit gilt für Ihre Bewerbung:

1. Dies ist eindeutig die Position für einen Menschen mit Berufserfahrung nach Studienabschluss (Erfahrung, Teams führen). Die haben Sie nicht.

2. Dieser gewünschten Erfahrung setzen Sie den Hinweis auf Studien-Schwerpunktfächer im Anschreiben entgegen (ein tapferer Versuch, der aber nicht zum Ziel führen kann); im extrem wichtigen Lebenslauf – der auch ohne die Informationen im Anschreiben überzeugen muss – gibt es nicht einmal diese Hinweise auf relevante Studienschwerpunkte.

3. Dafür heben Sie im unmittelbaren Umfeld der Rubrik „Studium" ein Praxissemester bei einer Gemeindeverwaltung hervor. Wissen Sie, was die Industrie gemeinhin von jeder Art solcher Behörden hält (ungerecht natürlich, ich weiß, ich weiß – aber sie hält nun mal nichts davon, vorsichtig ausgedrückt)?

4. Details zu Ihrem extrem schwer nachzuvollziehenden Studium gibt es nirgends. Warum der Abbruch nach achtzehn Semestern, was soll(te) das alles?

5. Einzige – völlig unbefriedigende – Erklärung für die Dauer (nicht für den Abbruch) des Studiums ist ein Satz im Anschreiben: „..., habe ich während meines Studiums umfangreiche, unter anderem ehrenamtliche, Tätigkeiten ausgeführt." Im Lebenslauf finden sich dann; eine Funktionärstätigkeit in der Landjugend, die Mitarbeit in einer örtlichen Kultur AG, Organisation und Lagerleitungen konfessioneller Jugendzeltlager, Mitgliedschaft im Gemeinderat.

Das Unternehmen, das Ihre Qualifikation „kaufen" soll, kann damit nichts anfangen. Schön, man soll sich außeruniversitär engagieren. Etwas. Nebenbei. So wie man ein paar Tropfen Zitronensaft auf den Fisch träufelt. Aber wer will eine Forelle essen, die in 10 Litern Zitronensaft schwimmt?

Als Empfehlung für andere: Was Sie nebenbei tun, darf die Studienzeit um ein, vielleicht zwei Semester über die **Regel**studienzeit hinaus (hören Sie bloß mit dem angeblichen Durchschnitt Ihrer Hochschule auf) verlängern, sonst schadet es mehr als es nützt. Es gilt, Prioritäten zu setzen, den

Blick für das Wesentliche zu entwickeln, nicht das Hobby über den Beruf zu stellen (und sich dann zu wundern).

Was Sie, geehrter Einsender, nun tun können? Ganz kleine Brötchen backen, Erklärungen ab- und Fehler zugeben, für die Zukunft weitere externe Betätigungen auf Ihren „Nebenkriegsschauplätzen" ausschließen (die Bewerbungsempfänger haben Angst, auch in Zukunft könnten Sie mehr Zeit für Hobbys als für den Beruf aufwenden).

Einstieg bei Freunden?

Frage: *Ich bin Dipl.-Ing., arbeite als wissenschaftlicher Assistent an der Uni und schließe demnächst meine Promotion ab. Durch Heirat, Familiengründung (drei Kinder) und Hausbau ist eine gewisse Immobilität gegeben.*

Zum Berufseinstieg tendiere ich zu Bewerbungen bei größeren Konzernen hier in der Großregion.

Jetzt habe ich ein Angebot von zwei guten, vertrauten Freunden(!) bekommen. Diese haben nach ihrer Promotion vor einem Jahr eine Firma gegründet (basierend auf Bank- und Privatinvestoren). Sie beschäftigt sich mit der Fertigung spezieller technischer Geräte und befindet sich noch in der Entwicklungsphase. Beide sind Gesellschafter und Geschäftsführer, einer wird jedoch eine akademische Laufbahn einschlagen. Er bleibt zwar in der Firma, wird aber seine Aktivitäten zurückschrauben müssen.

Beide sind auf mich zugekommen und haben mir angeboten, dass sie es sehr begrüßen würden, wenn ich gleichberechtigt in die Firma mit einstiege und den Part des einen Freundes je nach Verteilung mit übernehmen würde. Das Anfangsgehalt ist, auch als Geschäftsführer, in einer solchen Firma nicht sehr hoch, niedriger als mein jetziges. Wenn alles gut läuft, steigert sich das natürlich entsprechend. Ja, was scheint angebracht?

Antwort: Sie stellen in Ihrer Original-Einsendung noch mehrere komplizierte Fragen. Ich erspare mir den Abdruck und verarbeite alles in meinen Antworten. Also ich denke so darüber:

1. Ihr heutiger Status als Uni-Angestellter ist keiner, sondern eine zweckgebundene Übergangslösung. Sie sind durch die Promotion noch nicht wirklich berufserfahren, sondern jetzt eine Art „gehobener Edelanfänger mit Zukunft". In dieser Übergangsphase war eine Familiengründung durchaus sinnvoll, ein Hausbau hingegen eher nicht, er kettet Sie nur zur Unzeit an einen Platz. Ihr BAT-Gehalt taugt nicht als Maßstab für künftige Bezüge, weder so noch so gesehen.

2. Ich erkenne natürlich an, wie reizvoll einem jungen Mann das Angebot erscheinen muss.

3. Man kann durchaus Freunde bei der Arbeit gewinnen, aber man soll nicht bei (oder mit) Freunden arbeiten. Das bewährt sich in der Regel nicht.

4. Zu zweit gleichberechtigt zu sein (an der Spitze eines Unternehmens) wäre schon extrem problematisch – Dreiergruppierungen jedoch rutschen fast mit Sicherheit in ewige „2:1"-Grabenkämpfe ab. Denn: „Beim Geld hört die Freundschaft auf."

5. Wenn es auch ein kleines Unternehmen ist: Sie wären zum Start Ihres Berufslebens „geschäftsführender Gesellschafter", nähmen also die absolute Spitzenfunktion im ganzen System ein. Dafür jedoch sind Sie viel zu unerfahren. Und: Was sollte danach noch kommen?

6. Sie müssen damit rechnen, dass die Geschichte schief geht. Dann aber nimmt Sie kein Konzern, kein größerer Mittelständler. Die „stört" einmal Ihr „Geschäftsführer", aber noch mehr der „Gesellschafter". Spätere Veränderungen soll man in der Firmengröße nach unten planen, nicht nach oben! Selbstständigkeit gilt nicht als Empfehlung bei späteren Bewerbungen um Angestelltenpositionen.

7. Mein Rat: Träumen Sie ein wenig davon, wie es hätte sein können, dann sagen Sie ab und gehen zu einem großen Konzern. Nicht unbedingt, um lebenslang dort zu bleiben, sondern um zu lernen, wie das Berufsleben überhaupt „funktioniert". Geschäftsführender Gesellschafter können Sie dann als erfahrener Mann von 45 immer noch werden, beispielsweise.

Als Berater einsteigen: Und wenn ich scheitere?

Frage: *Ich habe an der TH Elektrotechnik studiert und bin jetzt an der Universität ... mit meiner nichttechnischen Promotion beschäftigt, strebe nun nach einem ingenieurwissenschaftlichen Studium eine Dissertation im betriebswirtschaftlichen Umfeld an. Es stellt sich die Frage nach einem geeigneten Berufseinstieg.*

Mit meinem Profil stellen die Unternehmensberatungen eine interessante Option dar. Ich muss auch sagen, dass mich eine Tätigkeit in diesem Umfeld sehr reizen würde (u. a. Karrieresprungbrett). Meine ersten Kontakte mit entsprechenden Firmen waren sehr positiv und man hat mir klar Interesse signalisiert (z. B. auch ein sehr namhaftes Unternehmen).

Nun ist mir sehr wohl bewusst, dass dieses Umfeld ein sehr anspruchsvolles ist. Gestandene Berater sagten mir, dass man in regelmäßigen Abständen die Entscheidung neu treffen muss, ob man das Tempo und den Druck in dieser Branche weiter mitgehen könne oder wolle. Ich halte mich für ehrgeizig und für einen durchaus auch fähigen Kandidaten. Allerdings weiß ich auch, dass mein bisheriger Werdegang immer sehr ordentlich, aber eher nicht in der Region der besten 1 bis 2 % verlaufen ist. Kurz gesagt frage ich mich, ob ich den Herausforderungen einer so anspruchsvollen Umgebung auf Dauer gewachsen sein werde.

Sollte ein solches Engagement möglicherweise nach einem Jahr vorbei sein (weil ich „gewogen und zu leicht befunden" wurde oder mir mein Leben doch anders vorstelle als im Beraterallag), dann ist meine Frage: Wäre dies ein Makel im Lebenslauf oder würde es heißen, er hat es geschafft, dort überhaupt einen Job zu bekommen und ist in diesem Umfeld ein Jahr geschliffen worden?

Darf sich ein karriereinteressierter Ingenieur überhaupt die Frage nach den Eventualitäten des Scheiterns stellen?

Antwort: Daran, wie beeindruckt Sie von jenem Metier sind, erkennen Sie, was den guten Berater ausmacht: Auftreten, positive Darstellung nach außen und die Überzeugung: Wo er ist, ist vorn oder oben oder die Elite. Das hat man Ihnen bisher vermittelt. Da ist sogar etwas dran, aber nicht so viel, wie Sie es im Augenblick sehen. Mir stellt es sich in etwa so dar:

1. Insbesondere die großen internationalen Unternehmensberatungen haben Top-Leute: intelligent, eloquent, kundenorientiert, beweglich und belastbar. Es ist eine Freude, einen solchen Berater später im Vorstellungsgespräch zu haben, er verkauft sich zumeist hervorragend.

2. Lassen Sie sich bloß nicht einreden, die 1 bis 2 % Elite der Nation sei bei den Beratungsgesellschaften tätig und die „stationären" Unternehmen müssten mit dem Rest zufrieden sein. Man kocht auch bei den Beratungen nur mit Wasser, was die rein fachlichen Aspekte angeht. Oft, so berichten deren Mitarbeiter, sei gesunder Menschenverstand in Verbindung mit überzeugendem, gewandten Auftreten die entscheidende „Waffe". Ich will niemandem zu nahe treten, aber oft wissen Berater gar nicht mehr als die Mitarbeiter in den betreuten Unternehmen, sie bereiten die Dinge nur überzeugender auf, haben den Vorteil des unbefangenen Außenstehenden, der auf keine internen „Fallen" Rücksicht nehmen muss – und sie zehren vom Nimbus des großen „Gurus", der es ja wissen muss. Häufig bewegen Berater etwas, was das hauseigene Management dem Vorstand seit Jahren vergeblich gepredigt hat oder sich bloß nicht zu predigen traut.

3. Unbestritten und unbestreitbar ist die Belastung für den jungen Einsteiger: Die ganze Woche irgendwo unterwegs, lange, sehr lange Arbeitstage, sehr hoher Leistungsdruck. Davon zeigen sich schon einmal Berater überfordert. Dass sie sich vom fachlichen Anspruch überfordert fühlen, hört man hingegen selten.

Also: Wenn Sie Studium und Promotion mit guten und sehr guten Noten abschließen, auch sonst ein „aufgeweckter Mensch" sind und die Aufnahmeformalitäten durchlaufen haben, dann scheitern Sie auch nicht an fachlicher Überforderung.

Dann schon eher an der physischen Belastung. Das aber ist eine Frage des Wollens (oder auch des Drucks von Freundin oder Ehefrau etc.). Aber ein ehrgeiziger, gesunder Mensch, der das durchhalten will, kann das auch zwei Jahre durchstehen, mehr ist nicht nötig.

4. Nach einem Jahr zu gehen, ist hingegen schlecht. Gekündigt zu werden, ist nie gut, da bleibt immer etwas hängen. Und wegen der Belastung zu gehen, erweckt den Eindruck schlechter Planung, mangelnder Stressstabilität etc. Nein, das wird nicht dadurch aufgewogen, dass Sie ein so „großer Name" überhaupt genommen hat. Es wäre eine Niederlage. In Harvard durch das Examen zu fallen, wird auch nicht dadurch ausgeglichen, dass man Sie dort überhaupt genommen hatte.

5. In der Marktwirtschaft gilt: Ohne Risiko kein Geschäft. Sie wollen den Einstieg über die in Ihren Augen strahlende Beraterwelt – dann dürfen Sie auch vor dem Risiko keine Angst haben. Es kann Ihnen auch auf dem Weg zum Vorstellungsgespräch bei einer Bundesbehörde ein tödlicher Verkehrsunfall widerfahren.

„Nur nicht ängstlich", sprach der Hahn zum Regenwurm – und fraß ihn (Volksweisheit).

Aber: Wenn Ihre Bedenken bleiben oder stärker werden, lassen Sie die Finger davon. Erstens soll man auf seinen „Bauch" hören und zweitens fürchtet der Prototyp des Top-Beraters weder „Tod noch Teufel".

Als Vorschlag: Seien Sie in einem Vorstellungsgespräch bei einem solchen Beratungsunternehmen einmal weitgehend ehrlich, deuten Sie ruhig Ihre Bedenken an und lassen Sie die Leute für Sie mit entscheiden; die wissen schon, wer vom Typ her zu ihnen passt.

6. Dass relativ viele Berater später einmal bis in höchste Managementebenen „stationärer" Unternehmen aufsteigen, liegt vor allem an den weitgehend identischen Grundanforderungen in beiden „Welten":

- gutes Studienresultat, internationaler Touch,
- fachliche Qualifikation als selbstverständliche Basis (mehr aber auch nicht, sie ist selten „kriegsentscheidend"),
- Aussehen, Auftreten, Umgangsformen, Darstellungstechnik, Überzeugungskraft und die Fähigkeit, sich optimal zu „verkaufen",
- Blick für das Wesentliche, für Zusammenhänge, für die Ansprüche höherer Entscheidungsebenen,
- hohe Belastbarkeit, Flexibilität, Mobilität – verbunden mit der Bereitschaft, den erforderlichen Preis für die Karriere zu zahlen,
- die klare Abneigung, jemals der „intime" Detailspezialist in einer Fachabteilung zu werden oder gar zu bleiben,

- „Mut vor Fürstenthronen“, also im Ton angemessen, in der verfochtenen Sache aber engagiert-entschlossenes Auftreten vor höchsten Entscheidungsebenen, „Kampfgeist“ und die Fähigkeit, andere für eigene Ideen zu begeistern,
- gekocht wird nur mit Wasser: Berater und Industriemanager wissen nicht unbedingt mehr als andere, aber sie machen mehr daraus.

Notizen aus der Praxis

„Antworten", die dem Autor wichtig sind, auch wenn gerade keine passenden Fragen vorliegen

„Ich dachte" führt schnell in die Katastrophe

Wenn Sie eine Angestellten-Laufbahn anstreben oder eine begonnene weiterführen möchten, sind Sie zweifach abhängig:

a) Überhaupt, weil ein Angestellter definitionsgemäß ein „abhängig Beschäftigter" ist; dieser Aspekt soll hier ausnahmsweise einmal keine Rolle spielen.

b) Sie müssen in möglichst jeder Phase zwischen Studium und Rente möglichst viele Unternehmen finden, die Sie und vor allem Ihre Qualifikation und Ihren Werdegang unbedingt haben wollen. Sie unterliegen deren Maßstäben – und wie auf jedem Markt können „Käufer" sehr eigensinnig sein, was ihren Geschmack, ihre Vorlieben und Abneigungen angeht.

Beim Lesen von Bewerbungen nun begegnet man so entsetzlich vielen Menschen, die dieses Prinzip gemäß b ganz offensichtlich missachtet haben. Ob absichtlich („wer bin ich denn, dass ich mir von irgendwelchen Firmen vorschreiben lasse, wie ich meinen Werdegang gestalte") oder unabsichtlich, spielt eigentlich keine Rolle. Käufer interessieren sich für Produkte, die ihnen gefallen – nicht gute Erklärungen der Produzenten, warum sie etwas gebaut haben, das den Markterwartungen nicht entspricht.

Fragt man betroffene Bewerber nach den Ursachen einer Fehlentwicklung (aus der Sicht des Marktes), kommt meist eine Erklärung, die mit „ich dachte" anfängt. Nun ist Denken für Akademiker grundsätzlich unverdächtig – aber genau hier passt es nicht hin, hier hätte man stattdessen wissen sollen.

Das fängt im Studium an. Fachrichtungen, Schwerpunktfächer, Kombinationen verschiedener Richtungen, Promotion oder nicht – hinterher (im Bewerbungsfall) ist für künftige Arbeitgeber ihr „Wir brauchen" das zentrale Argument und nicht ein schüchternes „Ich dachte" aus Bewerbermund. Auch die rein und ausschließlich neigungsgerechte Fächerauswahl hat ihre Tücken – ich kaufe später kein Auto, weil der Konstrukteur dabei seinen Neigungen nachging, sondern weil es meinen Bedürfnissen entspricht.

Natürlich setzt sich das dann im praktischen Berufsleben fort. Was der Mensch in welcher Art von Unternehmen wie lange und wie erfolgreich getan hat, entscheidet über seinen Marktwert; was er sich dabei jeweils gedacht hat, eher nicht.

Also gilt es, entsprechende Entscheidungen an den Ansprüchen späterer „Käufer“ dieses Werdeganges auszurichten. Mögen die eines Tages junge Hoffnungsträger, die nach einem internationalen Top-Studium sechs Jahre bei einer Beratungsgesellschaft blieben? Oder wären denen zwei bis drei Jahre Beratung und weitere drei bis vier Jahre Linienpraxis aus solchen Industrieunternehmen lieber gewesen, in die der Hoffnungsträger später hinein will? Betroffene sollten das wissen, vorher.

Und von der schon oft monierten Anhäufung anscheinend wild durcheinandergewürfelter Tätigkeiten und Branchen ganz zu schweigen. Niemand baut heute mehr ein Auto ohne vorherige intensive Marktforschung. Nehmen Sie sich ein Beispiel daran. Es ist schon ein guter Anfang, wenn Sie regelmäßig Stellenanzeigen lesen – und Anforderungsprofile immer einmal wieder mit Ihren Gegebenheiten vergleichen. Sicherheitshalber.

Warnung für Berufsanfänger – der Einstieg ist noch längst nicht alles!

Nehmen wir an, Sie wären fünfundzwanzig, in der Endphase Ihres Studiums oder schon junger Akademiker. Möchten Sie dann gern etwas Berufsrelevantes lesen so über die Zeit um 1962? Vermutlich könnte ich Sie kaum mehr langweilen als damit. „Unvergleichbar mit heute, ganz anderes technisches, wirtschaftliches, politisches, gesellschaftliches Umfeld, völlig andere Standards damals, ohne Bedeutung für uns heute, alles hat sich total gewandelt“, wären Ihre Argumente. Und Sie hätten Recht damit!

Das Problem ist man bloß, dass Sie bis etwa 2045 arbeiten müssen, wenn Sie heute anfangen. Und in diesen knapp vierzig Jahren wird sich mindestens so viel verändern wie in den vier Jahrzehnten, die hinter uns liegen. Eher mehr, seien Sie dessen versichert.

Was also gerade heute Ihr Denken und Handeln prägt, wird nur für einen kurzen Zeitraum Bestand haben, dann haben wir irgendeine „neue Situation“. Sind wir uns soweit einig?

Derzeit nun gilt: Berufseinsteiger bekommen ohne allzu großen Aufwand eine Position. Der schnell gezogene Schluss der Betroffenen: Was also soll das ganze Getue um einzuhaltende Regeln, langfristige Planung, sorgfältige Entscheidungsabwägung oder auch um die Mitarbeit in Organisationen und Vereinen (in denen man u. a. Kontakte zu erfahrenen Mitgliedern knüpft, die wiederum hilfreich sein könnten beim Gestalten des Werdeganges)? Es geht doch auch so!

Es geht tatsächlich. Aber ich weiß, wie lange das anhält: im Durchschnitt zwei Jahre in der ersten Anstellung. Dann scheinen der Chef unmöglich, die Aufgabe langweilig und das Umfeld unerträglich zu sein. Dann muss etwas geschehen – und das Heil wird im Arbeitgeberwechsel gesucht. Aber dann sind die eigenen Ansprüche an die nächste Position höher, die der potenziellen neuen Arbeitgeber an solche Bewerber auch; die erste Position ist unauslöschlich eingebrannt in den Lebenslauf, was den Spielraum für weitere Experimente oder radikale Neuanfänge deutlich einengt; dann muss so langsam die Grundlage für die erste Beförderung gelegt werden, die in Kürze fällig, aber schwerer zu erringen ist als ein interessant klingender Anfängerjob. Und die Marktsituation hat sich mit hoher Wahrscheinlichkeit gewandelt: Ein Unternehmen, das heute über Schwächen im berufsrelevanten Bereich des Lebenslaufs hinwegsieht, um überhaupt an Personal zu kommen, wird plötzlich wieder wählerisch.

Also in Kürze sind Sie dann doch konfrontiert mit einer Wirklichkeit, in der selektiert wird, in der Regeln zu beachten und Grenzen nicht ungestraft zu missachten sind. In zwei, spätestens aber in vier oder in sechs Jahren unterliegen Sie härteren Maßstäben als gerade heute beim – zufällig – problemarmen Einstieg. Und vielleicht rächt sich dann schon, was Sie am Beginn Ihres Weges versäumten.

„Jetzt droht der mir schon mit der Zukunft", könnten Sie sagen. Und wieder hätten Sie Recht. Denn selbst, wenn derzeit ein unbeschwerter Start winkt, hält diese Phase für Sie höchstens zwei Jahre an. Das sind von den Ihnen bevorstehenden vierzig Jahren nur lächerliche 5 %. Um die völlig unbeschwert zu genießen, lohnt es nicht, leichtsinnig zu sein und Risiken einzugehen – indem Sie unterstellen, das Ignorieren von Regeln bliebe „straffrei" bis 2045.

Ist vorrangig ein bestimmter Job oder ein bestimmter Arbeitgeber erstrebenswert?

Wer sich bewirbt, konzentriert sich dabei in jedem einzelnen Fall gleichermaßen auf ein bestimmtes Unternehmen und auf eine bestimmte Position. So spiegelt eine Bewerbung beispielsweise den Wunsch wider, Entwicklungsingenieur bei der Müller & Sohn GmbH zu werden. Der gewollte Job und die Zielfirma stehen somit scheinbar gleichberechtigt ganz oben auf der Wunschliste des Bewerbers. Das wäre keine gute Lösung, weil man stets Prioritäten setzen soll und damit die wirkliche Nr. 1 nur einmal vergeben kann.

Wer frei und ohne die Zwänge eines Vorstellungsgesprächs mit Bewerbern spricht, stellt fest, dass diese tatsächlich jeweils eines der Kriterien für wichtiger halten als das andere. Dabei kommen sie zu unterschiedlichen Resultaten: Manchen geht es um diesen Job, anderen vorrangig um dieses Unternehmen. Letztere spreche ich hier an.

Ich halte es generell für bedenklich, die Zielfirma auf die Nr. 1 der eigenen Liste zu setzen. Als Gründe dafür sehe ich:

1. Wenn die Nr. 1 vergeben ist, wird alles andere nachrangig. Damit rutscht auch die ausgeübte Position mit ihrer Bezeichnung, ihren Aufgaben und Zuständigkeiten, ihrer organisatorischen Einordnung und ihren Perspektiven auf einen nachgeordneten Platz. Das ist im Sinne der Gestaltung eines optimalen Berufsweges gefährlich.

2. Unser gesamtes berufliches System ist nicht darauf ausgerichtet, dass man vorrangig bei einem ganz bestimmten Unternehmen arbeiten will. Absolute Priorität muss der eigene Berufsweg genießen: Ich brauche den Gruppenleiter- (oder sonstigen) Status jetzt! Und wenn das vermeintliche Traumunternehmen gerade jetzt keine solche Stelle zu besetzen oder sogar Einstellstopp hat, wäre es fatal, deshalb auf eine sinnvolle Karrieregestaltung zu verzichten. Man sollte zwar einen ganz bestimmten Unternehmenstyp (Branche, Rechtsform, Größe etc.) im Auge haben, aber möglichst eben nicht eine einzige Firma zum Ziel erklären.

3. Unternehmen danken Ihnen heute generell die bedingungslose Zuneigung nicht mehr. Ob Sie nun alles getan haben, um zur XY AG zu kommen oder unter allen Umständen (viel zu lange) dort geblieben sind: Wenn bei dieser Gesellschaft eines Tages eine Neuausrichtung der Kernkompetenzen, die Abstoßung ganzer Töchter oder Geschäftsbereiche oder die üblichen Personalreduzierungen anstehen, dann sind Sie dabei. „Rabatt" dafür, dass dieses Haus Ihr Traumpartner war und Sie für eine Beschäftigung dort auf Beförderungen anderswo verzichtet haben, gibt es nicht.

Es spricht also viel dafür, die angestrebte Position auf Nr. 1 zu setzen und dabei einen bestimmten, zum eigenen Lebenslauf und zu den eigenen Zielen passenden Arbeitgebertyp im Auge zu haben. Aber grundsätzlich ist es nicht empfehlenswert, unbedingt in ein bestimmtes Unternehmen zu wollen – und diesem Ziel mit hoher Wahrscheinlichkeit berufliche Fortschritte zu opfern.

Der soziale Aufsteiger: Start und Ziel verwechselt?

Dass viele frischgebackene Akademiker aus der Tradition nichtakademischer Familien kommen, ist gesellschaftspolitisch positiv, beweist es doch die Offenheit unserer Strukturen. Und natürlich unterstreicht der nicht immer einfache Weg die besondere Leistung der sozialen Aufsteiger.

Aber diese spezielle Herkunft bringt auch die Gefahr mit sich, dass der junge Dipl.-XX seine frischerworbene Qualifikation falsch bewertet, daraus die falschen Schlüsse zieht und sein durch die Ausbildung geschaffenes Potenzial wieder verspielt.

Nehmen wir einen gerade „gekürten" jungen Dipl.-Ingenieur und schauen wir auf mögliche Unterschiede als Resultate der Herkunft a) aus einer klassischen Akademikerfamilie und b) aus einem bildungsmäßig sehr viel „tiefer" angesiedelten Umfeld (wir müssen uns hier nicht darüber unterhalten, dass dies keinen Qualitätsunterschied und schon gar keinen im menschlichen Bereich begründet). Aber jetzt hat der Junge sein Examen, und nun geschieht das hier:

a) Vater klopft dem Sohn auf die Schulter, hebt sein Glas und sagt etwa: „Gut gemacht. Wieder eine wichtige Hürde im Leben genommen. Nun hast du die Eintrittskarte für das Berufsleben. Ein interessanter, langer Weg liegt vor dir, mach das Beste daraus."

Der Sohn ist auch glücklich bis zufrieden, freut sich über den Erfolg und kann es kaum erwarten, sich jetzt – wieder einmal – in einem neuen Umfeld zu bewähren. In seinem Erfahrungsschatz sind ein ziemlich volltrotteliger vollakademischer Onkel, eine promovierte, aber eher erfolglose Tante und ein akademisch gebildeter Bruder vertreten, der gerade mühsam seine ersten beruflichen Schritte geht – der Sohn sieht sich am „Start" eines neuen Rennens, mehr nicht.

b) Die ganze Familie ist ergriffen: „Unser Sohn, der erste Akademiker in der Geschichte der Verwandtschaft." Und: „Jetzt hast du es geschafft" – der junge Dipl.-XX wähnt sich am Ziel. Nun geht alles „von selbst", die Ausbildung verheißt Karriere, das weiß man ja.

Ich, liebe Leser, bediene Klischees? Von mir aus. Vor allem aber berichte ich aus der Praxis. Ich bin zwar selten bei solchen Feiern dabei – aber ich habe die Söhne oder Töchter gemäß b (Söhne scheinen anfälliger zu sein) so fünf, zehn oder zwanzig Jahre später im Gespräch vor mir: erfolgsarm, frustriert, auf der Verliererseite. Weil sie – aus damaliger Sicht verständlich, aus späterer unverzeihlich – mit dem Examen in der Hand ein Ziel erreicht wähnten, das ihnen all die Jahre über die höhere Schule und das Studium hinweg als leuchtendes Ende eines schwierigen Weges erschien. Dabei war es gar kein Ziel – es war hingegen nur eine weitere abzuhakende Etappe der „Tour des Berufslebens", wovon die jeweils neue immer ein bisschen schwieriger ist als die letzte.

Sind Sie betroffen? Keine Angst, der soziale Aufstieg funktioniert grundsätzlich tadellos. Aber das erreichte Dokument mit dem „Dipl.“ darauf ist nur ein kleiner, wenn auch nicht unwichtiger Zwischenschritt. Seien Sie gewarnt: Ihr Ausbildungskollege aus Familie a) weiß das schon lange und baut von Anfang an seine Strategie darauf auf.

Der fatale Reiz des Besonderen

Was verbindet den Facharbeiter in der Serienproduktion, den Abteilungsleiter in der Konstruktion, den Bereichsleiter im Rechnungswesen und den Vorstand/Geschäftsführer an der Spitze eines Unternehmens? Sie sind „Linie“ in der Organisation, unverzichtbare (wenn auch unterschiedlich große) Rädchen im operativen Geschäftsgetriebe. Sie nehmen „stinknormale“ Standardpositionen ein – und sind in Laufbahnen eingebettet. Mitunter ist noch ein bisschen gezielte Weiterbildung erforderlich, aber auch die lässt sich recht eindeutig festlegen, da bleibt kaum eine Frage offen: Der Facharbeiter müsste „nur“ Ingenieur werden, dann führten ihn gerade „Schienen“ weiter nach oben. Und der Abteilungsleiter hat seine umfassende Ausbildung schon, er muss nur noch gut sein in seinem – und dem nächsthöheren – Job, dann steht der Ernennung zum technischen Leiter bzw. Geschäftsführer kaum noch etwas im Wege.

Das ist eine klar strukturierte, geordnete Welt. In der die Funktionsträger noch dazu den Vorteil haben, unmittelbar zum originären Ziel des Unternehmens beizutragen. Etwa so: „Unser Unternehmen entwickelt, produziert und vertreibt Werkzeugmaschinen. Ich leite dort die mechanische Fertigung von Einzelteilen“ – das sind klare Verhältnisse. Und vergessen Sie den besonderen Charme nicht: Von jeder Position gibt es einen eindeutig definierten weiteren Weg nach oben (Sie müssen ja nicht, Sie könnten aber). Die Antwort auf die Frage „Was mache ich als Nächstes?“ liegt jeweils ziemlich klar auf der Hand.

Kurz bevor Sie das alles ebenso logisch wie eigentlich selbstverständlich finden: Warum drängen dann so furchtbar viele insbesondere jüngere Akademiker in Positionen außerhalb dieses „stinknormalen“ Rasters? Sie fühlen sich angezogen von temporären Projektaufgaben, von Schnittstellenfunktionen, bekommen glänzende Augen, wenn sie sich „Beauftragter“ nennen dürfen, heißen gern Manager ohne irgendwen zu führen – je weniger Standard, desto besser.

Dieser Hang zum scheinbar Besonderen ist ja aus fachlicher Sicht durchaus verständlich. Und selbstverständlich ziemlich unproblematisch, sofern man bleiben will, was man gerade geworden ist. Aber nur zu oft drängen gerade die engagierten, fähigen, ehrgeizigen jungen Leute mit Macht in diese Sonderfunktionen. Eben diejenigen, die nur wenig später aufsteigen wollen.

Und dann kommt die große Frage: Wohin? Wo ist die logische nächste Stufe nach einer Position, die eben noch so „besonders" und gar nicht „stinknormal" klang? Die Sache ist ganz einfach: Wer irgendwann eine Standard-Karriereposition einnehmen möchte, hat überhaupt keine Probleme, wenn er aus einer entsprechenden Standard-Laufbahn kommt. Andernfalls jedoch – halt, das können Sie selbst nachprüfen: Suchen Sie in Stellenanzeigen, ob und wie oft das, was Sie zu tun erwägen, ausdrücklich als Anforderung bei Positionen der nächsten Karriereebene genannt wird, die Sie danach gerne einnehmen würden. Und wenn das Resultat Sie befriedigt, dann tun Sie es! Aber wenn bei Ihrer Zielposition „Leiter Entwicklung" niemals steht, Sie sollten CAD-Beauftragter gewesen sein, dann halten Sie sich damit zurück.

Vom Studium direkt in die Selbstständigkeit?

Aufträge, Aufträge und nichts als Aufträge entscheiden über das Wohl und Wehe des Selbstständigen. Es geht weniger um seine fachlichen Fähigkeiten, es geht um Aufträge. Hat der Selbstständige Aufträge und fachliche Fähigkeiten, ist es gut, dann befriedigt er seine Kunden und verdient Geld. Hat er Aufträge und eher geringere fachliche Fähigkeiten, ist es auch gut – dann beschäftigt er Angestellte oder Subunternehmer und verdient auch Geld (seine freigewordene Zeit setzt er ein, um noch mehr Aufträge zu erringen).

Mit fachlichen Fähigkeiten allein – auch brillantesten(!) – aber ohne Aufträge steht die Pleite ebenso ins Haus wie ohne Fachqualifikation und ohne Aufträge.

Nun kann das Beherrschen des eigenen Fachgebiets bei der Auftragsbeschaffung nicht direkt schaden, so recht von Nutzen ist es aber auch nur sehr bedingt. Maßgeblich ist die Fähigkeit zur Auftragsbeschaffung! Folgerichtig wird nicht der beste (fachlich gesehen) Selbstständige auch der mit dem größten Umsatz – und letzterer ist absolut nicht zwangsläufig der mit dem fundiertesten Fachkönnen.

Nach den üblichen Gesetzen des Lebens muss es dann wohl schwer sein, Aufträge zu erringen. Der Verdacht ist berechtigt!

So, diese Basis hätten wir erarbeitet. Die Aufträge nun – bekommt man in der Regel von Leuten, die ihrerseits Angestellte sind – in Unternehmen, die eine Vielzahl von Angestellten beschäftigen.

Aus diesen Überlegungen resultiert, dass der künftige Selbstständige die Welt der Angestellten kennen sollte, mit und von der er künftig leben will.

Mindestens ebenso wichtig ist die Frage der eigenen Existenzsicherung: Selbstständige können, das geht recht schnell, in wirtschaftliche Schwierigkeiten kommen. Dann fällt ihnen meist nur eine Lösung ein: „Ich verdinge mich fortan als Angestellter." Das wiederum kann auf eine massive „Ablehnungsmauer" stoßen: Dieser Bewerber, der er dann ist, war vielleicht noch nie Angestellter, war noch nie abhängig beschäftigt, noch nie weisungsgebunden tätig. Und er wollte das auch nie sein oder werden. Es passte nicht zu seinem Persönlichkeitstyp, daher von Anfang an seine klare Festlegung auf die Selbstständigkeit.

Es wäre also eine Art Einbahnstraße (vom Studium in die Selbstständigkeit) – und die sollte man nicht gleich beschreiten, wenn man gerade erst das Laufen gelernt hat. Anders herum geht der Wechsel völlig problemlos: Sie können als Angestellter mit 30, mit 40 oder mit 60 in die Selbstständigkeit gehen – Sie brauchen nur Aufträge, sonst eher wenig (was ein bisschen zugespitzt formuliert, aber nicht falsch ist).

Wenn Sie dies alles in einen Denkprozess einbringen, dann steht an dessen Ende nahezu zwingend: Sammeln Sie nach dem Studium erst einmal Erfahrungen als Angestellter, sammeln Sie möglichst auch Geld für die unvermeidlichen Startprobleme in die Selbstständigkeit an. Und dann planen Sie – und dann springen Sie, wenn Sie noch wollen.

Und sagen Sie bloß nicht, Bill Gates hätte es anders gemacht (was ich gar nicht so genau weiß). Ich habe es satt, Bewerbungen um Angestellten-Positionen von Ex-Selbstständigen zu lesen, die gedacht hatten, sie seien eine Art Bill Gates. Besser wäre gewesen, sie hätten gedacht, sie seien eine Art Akquisiteur (das ist ein Mensch, der Aufträge beschafft).

„Ich habe einfach alles so gemacht, wie Sie es sagen"

Wenn man nur lange genug wartet, hat man irgendwann einmal eine Sternstunde. So auch ich.

In „grauer Vorzeit" war ich der von den Studenten meines Abschlussjahrgangs benannte Redner auf der mehr oder minder feierlichen Veranstaltung zur Zeugnisüberreichung gewesen. Und jetzt, genau vierzig Jahre später, hatte ich die Ehre, Festredner auf der uneingeschränkt feierlichen Abschlussveranstaltung meiner alten Institution zu sein (die heute anders heißt, aber damit will ich Sie nicht langweilen). Das war auch eine Art Demonstration einer Karriere – vom studentischen zum geladenen Festredner in vier Jahrzehnten. Es hat mir viel Spaß gemacht, ich habe es gern getan. Den Studenten übrigens habe ich von einer Nachahmung abgeraten: Die Geschichte wird schlecht (weil selbstverständlich gar nicht) bezahlt – und, sehr wichtig, der Job des Festredners erschließt keinerlei Aufstiegschancen, vom „Oberfestredner" ist keine Rede.

Aber die Veranstaltung hatte noch einen anderen Höhepunkt: Es war als einer der Vertreter der Wirtschaft eine Persönlichkeit anwesend, die bei dieser Gelegenheit bekannte, seit vielen Jahren meine Ratschläge zu lesen – und zu befolgen. Er habe, so sagte der Manager, schlicht das getan, was ich immer predige: Mindestens fünf Dienstjahre pro Firma, so etwa alle fünf Jahre eine Beförderung, klare Zielsetzung mit rotem Faden, mit 45 die angestrebte Endposition erreicht haben. Das habe nicht nur alles funktioniert, es gäbe inzwischen sogar noch einen zusätzlichen Aufstieg über die Ursprungsplanung hinaus. Und ich solle so weitermachen.

Ich habe mich ganz besonders über diese Rückäußerung gefreut. Sieht man doch an diesem Beispiel, dass das hier vertretene Konzept auch unter Langfristaspekten realistisch ist und erfolgreich sein kann. Wobei die passende Persönlichkeit auf der einen und Glück sowie geeignete Umstände auf der anderen Seite unabdingbar dazugehören.

Gern gebe ich ja zu, dass insbesondere der junge Mensch nach dem Studium, den Kopf voller Ideale und hochgesteckter Erwartungen, sich etwas schwer tut, „vorsichtshalber" einmal diesen Empfehlungen zu folgen – von denen die Lehrer in der Schule so gut wie nie, die Professoren beim Studium auch eher nicht gesprochen haben und von denen die eigenen Eltern wegen völlig anderer Berufe oft nicht einmal andeutungsweise etwas wissen.

Sagen wir es so: Wenn das Erzielen und das Absichern eines langfristigen beruflichen Erfolges leicht wären, brauchte man ja Rubriken wie diese und Leute wie mich gar nicht.

Und da ich zu griffigen, einprägsamen Formulierungen neige – und dafür auch gelegentliche Vereinfachungen in Kauf nehme – sage ich allen, die noch jung sind: Ihre Professoren wissen alles darüber, wie man Ingenieur wird, wenig darüber, wie man „Ingenieur im Job" bleibt und fast nichts darüber, was man tun muss, um Chef von Ingenieuren zu werden. Das ist systemimmanent so und überhaupt nicht gegen jene Wissensvermittler gerichtet. Also müssen Sie sich nebenbei anderweitig informieren, z. B. in dieser Serie.

Die ersten Schritte – und die ersten Schwierigkeiten

Typische Anfängerprobleme und -unsicherheiten

Was der junge Akademiker in den ersten Monaten in seiner Startposition nach dem Studium erlebt, hat sehr oft so gar nichts mit den Vorstellungen zu tun, die er sich auf der Hochschule über diese „Welt da draußen" gemacht hatte. Die Illusionen waren groß, die Enttäuschungen sind es auch – Fachleute sprechen vom „Praxisschock".

Wegen fehlender Kenntnisse der Um- und Zustände in anderen Betrieben sieht der Anfänger die Ursachen vor allem bei seinem speziellen Arbeitgeber: Er wähnt sich im falschen Unternehmen. Die Lösung scheint auf der Hand zu liegen: Ein neuer Arbeitgeber muss her.

Fachleute haben große Mühe, dem jungen Mitarbeiter in dieser Phase klarzumachen, dass er nicht bei einem „unmöglichen" Unternehmen gelandet ist, sondern dass er das „Berufssystem als solches" kennen gelernt hat, an das er sich letztlich anpassen muss. Viele Jahre und Arbeitgeberwechsel später bestätigen Bewerber in Vorstellungsgesprächen: Ja, sie hätten damals bleiben und Stehvermögen zeigen sollen – und nein, anderswo sei es auch nicht besser gewesen, eher im Gegenteil. Das gilt um so mehr, je größer die arbeitgebenden Unternehmen sind. Dann nämlich ähneln sie sich untereinander besonders stark: Wer eines kennt, kennt (fast) alle. Es gilt der Umkehrschluss: Mittelständler haben eher ihre ausgeprägten Besonderheiten, je kleiner sie sind, desto größer sind diese.

Etwa zwei Jahre dauert diese Phase, ein erster Wechsel danach wird allgemein toleriert.

Leser fragen, der Autor antwortet

Soll ich schon wieder wechseln oder besser nicht?

Frage: *Zur Zeit habe ich gerade die Probezeit meines dritten Arbeitsverhältnisses beendet. Aus verschiedenen, hauptsächlich privaten, familiären Gründen kommen mir Zweifel, ob meine damals etwas übereilt getroffene Entscheidung für den Wechsel richtig war.*

Für mich stellt sich nun grundsätzlich die Frage, ob ich jetzt einen erneuten schnellen Wechsel anstreben oder eher zwei Jahre durchhalten soll (damit würde ich die von Ihnen empfohlene Minimalarbeitszeit von drei Jahren nicht abwarten!).

Ihre begründete und richtige ablehnende Meinung zu schnellen Wechseln ist mir bekannt. Mir geht es um eine Empfehlung „Teufel oder Belzebub" (Anmerkung: Der oberste Teufel heißt Beelzebub, gerade bei ranghohen Persönlichkeiten darf bei Namen oder Positionsbezeichnungen nicht der kleinste Tippfehler durchgehen; d. Autor): Wenn ich schon sehenden Auges ein Übel anrichte, dann möglichst das kleinere.

Kann ich in einer Bewerbung (in beiden o. g. Fällen, also direkt oder nach insgesamt zwei Jahren) meinen Fehler zugeben und damit eine relativ kurze Dienstzeit erklären? Wie sähe ein Wechsel aus privaten oder beruflichen Gründen in der Probezeit aus? Mein Lebenslauf liegt bei.

Antwort: Zunächst eines der „ehernen Gesetze" der Berufsweggestaltung:

Keine Arbeitgeberwechsel aus privaten Gründen!

Dagegen würden Sie schon einmal verstoßen – was immer kritisch zu sehen ist und nie ohne Not riskiert werden sollte.

Es gibt viele derartige Grundsätze für nahezu alle Bereiche des Lebens. Sie haben stets ihren Sinn; wer sich zunächst einfach danach richtet, fährt gemeinhin nicht schlecht. Als Beispiel aus anderen Gebieten: Kein Aktienkauf mit geliehenem Geld; keine hohen Geschwindigkeiten im Nebel auf der Autobahn; keine Kündigung ohne neuen Arbeitsvertrag.

Nun zum nächsten Thema: Ich propagiere in dieser allgemeinen Form keine „Minimalarbeitszeit" (Sie meinen „Dienstzeit pro Arbeitgeber") von drei Jahren. Mein Rat geht dahin:

Fünf Jahre pro Arbeitgeber sind anzustreben!

Zeiten von einem Jahr sind „nichts", von zwei oder drei Jahren „wenig". Einzige Ausnahme: Beim jungen Akademiker frisch nach dem Studium werden auch zwei Jahre Dienstzeit beim ersten Arbeitgeber toleriert (wegen Unerfahrenheit), nicht aber empfohlen.

Bei der Gelegenheit: In Verbindung mit der Aufstiegsregel „Alle fünf Jahre eine Beförderung" (wenn man denn weiter karriereinteressiert ist), ergibt sich auf diese Weise eine sehr solide Laufbahn bis zum GF:

Mit 26 Jahren Examen, Einstieg ins Berufsleben. Fünf Jahre beim ersten Arbeitgeber, Abgang dort mit 31, immer noch als Sachbearbeiter. Einstieg beim zweiten AG mit 31 als Gruppen- oder Teamleiter oder stellvertretender Abteilungsleiter. Abgang dort aus dieser Position mit 36. Zeitgleicher Einstieg als Abteilungsleiter (mit 36) bei AG Nr. 3. Fünf Jahre Tätigkeit dort. Abgang mit 41, zeitgleicher Einstieg als Bereichs-/Hauptabteilungsleiter bei AG Nr. 4. Nach fünf Jahren Einstieg als Geschäftsführer mit 46 bei AG Nr. 5.

Das alles auf die ruhige, solide Tour. Ohne jeden „Überflieger"-Bonus, ohne jegliche interne Beförderung. Letztere würde natürlich das alles noch aufwerten. Zeitlich passt sie an die Stelle, an der nach meinem Beispiel jeweils gewechselt wird. Dadurch verlängert sich dann die Dienstzeit bei jenem AG auf zehn Jahre. Das ist gut, schafft es doch ein Polster für „Unvorhergesehenes".

Natürlich spielt „das Leben" selten so mit, wie man sich das wünscht. Planabweichungen sind also einzukalkulieren. Aber es muss ja auch nicht jeder Geschäftsführer werden.

Nun zum „Früh- oder Häufigwechsler". Wer deutlich vor den fünf Jahren geht, hat drei Probleme:

a) das kleinere: Bekommt er nach viel zu kurzer Dienstzeit beim derzeitigen Arbeitgeber auf dem Arbeitsmarkt einen wirklich guten Job? Abhängig ist das vor allem von der jeweiligen konjunkturell und strukturell bedingten Situation auf dem Arbeitsmarkt. „In der Not frisst der Teufel Fliegen" – und Arbeitgeber stellen schon einmal Leute ein, die sie in anderen Zeiten „nicht mit der Kneifzange angefasst" hätten (kleiner ist dieses Problem deshalb, weil der Betroffene ja merkt, ob er Angebote bekommt. Ist dies nicht der Fall, bleibt er einfach, wo er ist).

b) das mittlere: Sofern Firmen solche Bewerber mit einer viel zu kurzen Dienstzeit beim derzeitigen Arbeitgeber einstellen, tun sie es ausschließlich nach dem „Prinzip Hoffnung": Sie hoffen inständig, dieser Kandidat bliebe bei ihnen deutlich länger als bei seinem heutigen Unternehmen. Es fehlt ihnen aber jede Sicherheit für diese Spekulation. Denn auch sie kennen die Aussage über Bewerber (in dieser Formulierung von mir):

„Sie tun es immer wieder.“

Würden solche Bewerber im Vorstellungsgespräch „versprechen“, sie gingen auch hier wieder nach so kurzer Zeit, bekämen sie niemals ein Angebot. Man sieht also, auf welch dünnem Eis man sich als Betroffener bewegt. Und man ist in der Defensive, muss im Bewerbungsprozess Erklärungen abgeben, seine besonderen Gründe erläutern – und reißt bei dem Versuch, ein Loch zu stopfen, schnell ein neues auf. Das alles ist nicht die ideale Basis, um seine „Super-Traum-Position“ zu erringen. Dafür brauchte man die Gelassenheit des Siegers, nicht die Betretenheit dessen, der sich entschuldigen muss (ist das gut gesagt?).

c) das große: Es hat mit der Zukunft zu tun und mit den ungewissen Entwicklungen dortselbst. Wer allzu früh wechselt – kann das nicht ungestraft wieder tun! Aber wer will garantieren, dass nicht morgen oder übermorgen eine Situation (beim nächsten Arbeitgeber) entsteht, die ungleich stärker drückt als die heutige. Der man dann aber nicht durch einen erneuten Schnell-Wechsel entkommen kann. Auch ein eventuelles unfreiwilliges Ausscheiden (Rationalisierung) wird in den Augen des Lebenslauf-Lesers bei späteren Bewerbungen als „schneller“ Wechsel mitgezählt.

Nehmen wir die rechnerische Seite der Geschichte: Fünf Jahre pro Arbeitgeber im Durchschnitt sind gefordert. Wer bereits acht Jahre aufzuweisen hat, dürfte demnach jetzt auch nach zwei Jahren wieder gehen, ohne „Häufig-Wechsler“ (ein Schimpfwort gegenüber Bewerbern!) zu sein. Schön. Aber ein Mensch mit nur zwei Jahren müsste danach acht Jahre bleiben, um auf seinen „Durchschnitt“ (5) zu kommen. Wer aber wollte eine solche Verpflichtung am Beginn eines neuen Arbeitsverhältnisses eingehen?

Immer wieder muss ich betonen, dass man alle diese Rechenbeispiele nicht sklavisch eng sehen darf. Aber als Grundorientierung taugen sie. Und da ergibt sich aus diesen Überlegungen die Regel:

Wer ohne „Guthaben“ auf seinem „Dienstzeit-pro-Arbeitgeber-Konto“ zu schnell wechselt, geht automatisch die Verpflichtung ein, beim nächsten Unternehmen zum Ausgleich sehr lange zu bleiben. Und das ist eine unzumutbare Belastung der eigenen Zukunft.

Zum „Recht auf Irrtum“: Grundsätzlich ist das schon irgendwie gegeben. Aber wer sich eben erst geirrt hat, tut es vielleicht öfter als andere – und jetzt, bei der nächsten Bewerbung wieder. Jedenfalls wird der neue Bewerbungsempfänger das denken.

Bliebe als Problem die Begründung für den Spontanwechsel. „Am neu gefundenen Wohnort unwohl gefühlt“ ist kritisch, da es ja jederzeit wieder geschehen kann. Handelt es sich beim derzeitigen Wohnort (wie bei Ihnen) noch dazu um eine „belebte“ Gegend, in der Hunderttausende zu Hause sind und sogar um das Geburts- und Studienbundesland des Bewerbers, wird die Sache zunehmend mysteriös. Eine gar nicht existierende, im Arbeitsbereich liegende Begründung zu „erfinden“, ist auch gefährlich. Weil sie zu Schlüssen führe kann, die absolut falsch wären.

So, geehrter Einsender, nun konkret zu Ihnen. Wie ist Ihre „Fakten-Lage“?

Zu langes, aber „gut“ abgeschlossenes Uni-Studium mit Auslandstouch (zu hohes Alter bei Abschluss inbegriffen), zwei Jahre beim ersten und etwas mehr als drei beim zweiten Arbeitgeber. Sowie die paar unwesentlichen, kaum zählenden Monate beim dritten. Das ist rechnerisch keine gute Basis für Experimente! Ich rate also **dringend**, dort zu bleiben.

Nun zu Ihrer Situation im Detail: „Mir ist klargeworden, dass ich mich in der Gegend, in die es mich diesmal verschlagen hat, nicht wohl fühle. Meiner Frau geht es genau so. Ich habe leider überstürzt die Firma gewechselt und dabei private Belange zu wenig berücksichtigt. Heute weiß ich, dass mein heutiger Arbeitgeber auch noch einige Monate auf mich gewartet hätte, was ein Überdenken der Situation und eine sorgfältige Planung von Wohnort und Umzug ermöglicht hätte.“ So heißt es bei Ihnen an anderer Stelle. Und Sie haben deutlich gemacht, dass es um Firma, Aufgabe, Chef oder Bezahlung gar nicht geht.

Nun demonstriert hier ein deutscher Berater einmal seine Brillanz und löst Ihr Problem: Ziehen Sie um, behalten Sie dabei Ihren heutigen Arbeitsplatz und alles kann gut werden. Muss ich Ihnen vorrechnen, wie viele Menschen im Umfeld Ihres Unternehmens wohnen? Und eine Autobahn gibt es auch. Irgendwo wird doch eines der Eckchen dabei sein, in denen auch Sie sich wohl fühlen können (ein 25 Kilometer-Radius rund um Ihren Arbeitgeber deckt fast 1 Mio. Einfamilienhausgrundstücke ab, Verkehrsflächen eingerechnet).

Das denkbare Gegenargument, umziehen sei mühsam, zieht auch nicht: Sie planen ja derzeit wegen Ihres angestrebten Umzugs sogar zusätzlich einen Arbeitgeberwechsel. Ich sage: Lassen Sie den weg und ziehen Sie nur um. Diesen Schritt können Sie sogar beliebig oft wiederholen – das sieht Ihrem Lebenslauf später kein Mensch an.

Nach so kurzer Zeit schon wieder gehen?

Frage: *Ich stehe seit gut einem Jahr in meinem ersten Beschäftigungsverhältnis. Da es der Firma, in der ich tätig bin, finanziell sehr schlecht geht, würde ich gerne den Arbeitgeber wechseln. Ist es sinnvoll, dies nach so kurzer Zeit zu tun?*

Antwort: Sie sind jung und entsprechend unerfahren. Da bringt man Ihnen (z. B. auch von Seiten späterer Bewerbungsempfänger) eine gewisse Toleranz entgegen. Das bedeutet:

- Ein Berufsanfänger konnte keinesfalls im Vorfeld erkennen, dass ein Arbeitgeber wirtschaftlich auf schwachen Füßen steht. Ginge Ihrer also in Konkurs und würden Sie dadurch arbeitslos, hätten Sie im nachfolgenden Bewerbungsprozess praktisch keine Nachteile zu erwarten.
- Entscheiden Sie sich jetzt schon zu einer Bewerbungsaktion, nimmt man Ihnen Ihre Begründung ab und wertet die sich ergebende kurze Dienstzeit nicht besonders negativ.

Sofern derzeit überhaupt junge Ingenieure gesucht werden, kämen Sie also mit beiden möglichen Vorgehensvarianten recht gut „durch".

Aber: Der zu schnelle Wechsel wird im Lebenslauf dokumentiert – und belastet Ihre Zukunft! Niemand weiß, wie schnell Sie den nächsten – oder mit etwas Pech auch den übernächsten Arbeitgeber wechseln müssen. Da addiert sich schnell etwas!

Mein Rat: Tun Sie das Eine, ohne das Andere zu lassen. Also spielen Sie erst einmal auf Zeit. Versuchen Sie, die bei Berufsanfängern allgemein tolerierten zwei Dienstjahre zu erreichen (so fünf bis sechs Monate vorher steigen Sie dann in Bewerbungsaktivitäten ein). Für den Fall, dass Ihre Firma vorher in Konkurs geht, beobachten Sie den Markt schon jetzt aufmerksam und versenden Sie ruhig einmal die eine oder andere Bewerbung als eine Art „Versuchsballon". So wären Sie für die denkbare Katastrophe gerüstet.

Übrigens: Wenn das alles in der Tat so ist und Sie also nicht nur ein „Latrinengerücht" verbreiteten, können Sie im Bewerbungsprozess ruhig sagen, Sie machten sich Sorgen um die wirtschaftliche Situation der Firma (was in dieser Formulierung ja stimmt). Um es drastisch zu formulieren: Es ist vernünftig von den „Ratten", rechtzeitig ein „sinkendes Schiff" zu verlassen. Gingen sie hingegen mit diesem unter, dankte ihnen das niemand – auch der „Schiffseigner" nicht.

Startschwierigkeiten in der ersten Position

Frage: *Nach meinem TU-Studium habe ich mich für eine Stelle bei dem internationalen Unternehmen XY mit internationalem Vertrag entschieden. Seit mehreren Monaten bin ich jetzt in ..., UK, stationiert. Meine Stellung hat viele positive, aber auch viele negative Seiten und ich denke über mögliche Arbeitgeberwechsel nach.*

Mir liegt sehr viel an meiner beruflichen Entwicklung und deshalb frage ich mich, wie lange ich es in meinem ersten Job mindestens aushalten soll, damit mir mein späterer Arbeitgeber die sehr lehrreiche Zeit bei dem namhaften Konzern honoriert.

Antwort: 1. Dass die erste berufliche Position insbesondere am Anfang in den Augen des noch unerfahrenen Berufsanfängers schon nach den ersten Monaten „negative Seiten" hat, ist völlig normal, absolut unabhängig vom Arbeitgeber und vom Einsatzort. Auch die daraus resultierende Empfindung „Ich will hier weg" ist normal im Sinne von üblich für diesen Personenkreis.

Das zu wissen, hilft vielleicht schon ein wenig. Da muss man durch, das trainiert bzw. unterstreicht so wichtige Fähigkeiten wie das Stehvermögen. Später gilt es noch ganz andere Belastungen auszuhalten (so wie der zu meinem Entsetzen von den Medien immer wieder kolportierte „Schulstress" eine lächerliche Bagatelle gegenüber den später im Beruf kommenden Belastungen darstellt).

2. Überwinden Sie also die aus dem „Praxisschock" resultierende Anfangsfrustration und streichen Sie die theoretische Möglichkeit „weglaufen" aus Ihrem Sprachschatz.

3. In dieser Situation gelten zwei durchgestandene Jahre als genug, mehr als drei wären wegen der zu erwartenden Integrationsprobleme beim – für Sie erstmaligen – Einstieg in den deutschen Arbeitsmarkt schon wieder gefährlich. Also planen Sie den Wechsel nach zwei Jahren.

4. Ihr Denkansatz mit dem nächsten Arbeitgeber, der diese Zeit später honorieren soll, greift zu kurz: Sie erwerben zwar jetzt Erfahrungen und Qualifikationen, die Ihnen für den ganzen „Rest" des Berufslebens hindurch nützlich und wertvoll sein werden. In fünf, ja noch in zwanzig Jahren werden Sie sagen: „Ich möchte diese Zeit keinesfalls missen." Auch Ihr Marktwert steigt dadurch – vielleicht aber erst in vier oder acht Jahren. Ein Superrostschutz bei einem Auto zahlt sich auch erst nach fünf oder zehn Jahren aus – neue Fahrzeuge sind ja (fast) immer rostfrei.

5. Die ersten zwei Berufsjahre dienen vor allem dazu, aus einem unerfahrenen Berufsanfänger einen „unternehmensverwendungsfähigen" Mitarbeiter zu machen. Mit dem, was Sie eines fernen Tages auf dem Höhepunkt Ihrer Karriere tun werden, hat das alles noch kaum etwas zu tun. Also nutzen Sie diese Chance zum Sammeln von Eindrücken, gleichzeitig wird Ihre Persönlichkeit geformt und gefestigt – sowohl überhaupt als auch besonders durch den Auslandseinsatz.

6. Wenn alle anderen Konzernmitarbeiter weggelaufen und Sie der einzig verbliebene sind, dürfen Sie sagen: „Hier kann man nicht arbeiten." Wenn aber noch 50.000 andere Beschäftigte dort verblieben sind, gelten die Umstände als erträglich.

Aufstieg im Konzern

Frage: *Seit eineinhalb Jahren arbeite ich im XY-Konzern in der ...entwicklung. Ich hatte dort bereits meine Diplomarbeit angefertigt. Mein TH-Studium mit Vertiefungsrichtung, meine Tätigkeit als studentische Hilfskraft am Institut – alles passt thematisch zur heutigen Tätigkeit.*

Meine Vorgesetzten sind mit meiner Arbeit sehr zufrieden. Bei meiner letzten Leistungsbeurteilung hat mir mein Teamleiter mitgeteilt, dass ich das Potenzial habe, zukünftig Führungsaufgaben zu übernehmen. Die Arbeit ist sehr interessant und ich fühle mich in der Abteilung wohl.

Das Unternehmen bietet zahlreiche Traineeprogramme an, die sich an „Absolventen und Young Professionals mit bis zu zwei Jahren Berufserfahrung" wenden.

In meinem Bereich sind alle Gruppenleiterstellen derzeit mit Kollegen besetzt, die in einem Alter sind, dass sie vermutlich nicht „wegbefördert" werden und auch in den nächsten zwei bis drei Jahren noch nicht in Rente gehen werden. Ein Aufstieg innerhalb des Hauses käme für mich auf absehbare Zeit also nur in einer anderen Abteilung in Frage.

Derzeit arbeite ich an der Entwicklung eines Aggregats, das in etwa zwei Jahren in Serie geht. Ich möchte gern mithelfen, dieses Produkt erfolgreich in die Produktion zu bringen und nicht auf halber Strecke der Entwicklung aufhören.

Vor diesem Hintergrund stellt sich mir die Frage, ob es für mich sinnvoll ist, mich um eines der o. g. Traineeprogramme zu bewerben.

a) Würde dies den von Ihnen so oft angesprochenen „roten Faden" meiner Karriere zerreißen?

b) Wären meine Aufstiegschancen besser, nachdem ich ein entsprechendes Programm absolviert hätte oder hätte ich dies sofort nach meinem Studium angehen müssen und ist es nun besser, in der Linie aufzusteigen, auch wenn das noch länger als die von Ihnen so oft genannten fünf Jahre nach Berufseinstieg dauern würde?

Antwort: Das Thema ist so komplex, dass es „die" eine Antwort darauf gar nicht geben kann. Sie werden letztlich eine Entscheidung treffen – und damit leben müssen. In zwanzig Jahren wissen wir, wie richtig Sie damit gelegen haben – aber wir erfahren nie, was bei der Alternative konkret herausgekommen wäre. Ich liste Ihnen auf, was mir einfällt. Sie stimmen fallweise zu, verwerfen, gewichten und handeln dann. Dabei liegt es in der Natur der Sache, dass sich einige meiner Argumente auch gegenseitig widersprechen. Das ist überall im Leben so. Also dann:

1. Ziemlich zweifelsarm gilt: In Top-Konzernen wie dem Ihren ist der Einstieg über ein Traineeprogramm der besonders erfolgversprechende Weg für Karriereinteressierte. Direkteinstieg geht auch, aber das Traineeprogramm führt den Führungsbegabten meist schneller und sicherer nach oben (in diesem Konzern, wohlgemerkt). Solch ein Programm hat auch Nachteile und spezielle Risiken (Zeitaufwand, befristeter Vertrag, Hürde der Übernahme am Schluss, Einschränkungen beim Unternehmenswechsel für mehrere Jahre), aber: Sie hätten damals diesen Einstieg nehmen sollen, Ihr Verdacht ist nicht falsch.

2. Für fachlich hochqualifizierte Naturwissenschaftler bei Studienabschluss schwer zu „schlucken", aber dennoch richtig (wie Sie jetzt wissen): Man tut in unserem System etwas Interessantes oder man ist etwas Interessantes – beides gleichzeitig kommt vor, es wäre aber eher Zufall. Sie müssen eines von beiden auf Nr. 1 setzen und akzeptieren, dass der andere Aspekt dann weiter nach unten rutscht. Sie hatten sich beim Start für die tolle, hochinteressante, fachlich optimal zum Studium passende Aufgabe im optimalen Unternehmen mit der Arbeit am optimalen Produkt entschieden. Das war die eine Möglichkeit.

Dieses Prinzip gilt immer und überall, sogar bei Beratern: Mir macht das, was ich tue, ungeheuer viel Freude, auch diese Serie. Es passt alles zu meiner Begabung, ich kann mich austoben, auch meine fachlichen Ansprüche befriedigen. Ich finde viel Anerkennung für meine Arbeit und freue mich ganz besonders darüber.

Aber ein anderer Berater würde schlicht seinen Status so formulieren: „Ich leite die größte Gesellschaft unserer Branche in Deutschland." Dann ist er damit fertig, auf seine Weise ebenfalls zufrieden – und zuckt die Schultern, wenn er meinen Namen hört: „Wieviel Umsatz macht der?" Es gibt da keine richtige und keine falsche Einstellung – es gibt nur jeweils unsere eigene.

3. Will Ihr Konzern mit jener Trainee-Ausschreibung überhaupt interne Bewerber suchen oder denken Sie das nur? Denn die vorrangig genannten „Absolventen" kommen ja garantiert von draußen.

Was würde die Personalabteilung mit Ihrer Bewerbung machen? Nähme man Ihrer Abteilung diesen hoffnungsvollen, intensiv in ein wichtiges Projekt integrierten Mitarbeiter überhaupt gegen den Willen Ihrer Chefs weg, brauchten Sie deren Zustimmung für den internen Wechsel – und würden Sie die bekommen? Empfehlung dazu: Sprechen Sie vertraulich mit dem Personalwesen. Die Leute dort wissen genau, was in Ihrem Unternehmen geht und was nicht. Generelle Aussage von mir, nicht speziell auf Ihren Konzern bezogen: Interne Wechsel größerer Art, also über Bereichsgrenzen hinweg, sind gegen den Willen der „abgebenden" Vorgesetzten meist äußerst schwierig. Das ist ein wichtiger Aspekt, denn die Trainee-Ausbildungsabteilung muss Sie ja sowohl nehmen wollen als auch dürfen.

4. Falls Ihr Einstieg in das Traineeprogramm klappt, haben Sie Ihre 1,5 Jahre Dienstzeit erst einmal „verloren", der „rote Faden" ist zunächst zerrissen.

Richtig „verloren" ist die Zeit nicht, nur eben formal ist sie weg. Sie hätten nämlich einen Vorsprung vor Anfängern: Sie hätten (Konzern-)Erfahrung; auf der Basis könnten Sie schneller, besser sein als andere. Irgendwann würden Sie die Zeit vermutlich wieder aufholen.

Aber: Wenn Sie jetzt Trainee und nach zwei Jahren nicht übernommen oder dann immer noch nicht auf eine etwas herausgehobene Position gesetzt werden – dann ist in dem Moment Ihre berufliche Basis erst einmal „ein Haufen Schrott": Ein bisschen Entwicklung, ein bisschen Trainee, dafür wurden 3,5 Jahre „verbraten". Ich will Ihnen keine Angst machen, Ihnen auch nicht abraten. Ich sage nur: Dieses Risiko müssen Sie tragen, eine Gewinn-Garantie gibt es nicht. Und was hätten Sie dann dafür alles aufgegeben!

5. Halten Sie bloß keine Abteilung, keinen Bereich in einem „wohlgeordneten" Konzern für statisch. Die Erfahrung lehrt: Die nächste hochdynamische Veränderung kommt dort bestimmt. In fünf Jahren ist in Ihrer heutigen Abteilung kein Stein mehr auf dem anderen, in zehn Jahren weiß nicht einmal jemand, wo die Steine überhaupt gelegen haben. Daraus folgt: Alle Prognosen über sechs Monate hinweg sind gewagt, solche über zwei Jahre hinaus sinnlos. Das gilt für „Es ist alles blockiert", das würde aber ebenso gelten für „Ich sehe da tolle Chancen für mich".

6. Auch in statischen Bereichen gilt: Es ist erstaunlich, wer alles befördert wird, wenn er nur dabeibleibt. Führungskräfte verkrachen sich mit ihren Chefs, bewährte Mitarbeiter werden plötzlich in vorher nicht absehbare Projekte abgezogen, es entstehen Löcher, die gestopft werden müssen, vorrangig mit vorhandenen, eingearbeiteten Leuten.

7. Bei Ihnen läuft im Augenblick alles toll, ich gratuliere dazu. Derzeit müssen Sie ja noch nichts „werden", erst so in 3,5 Jahren. Es gibt keinerlei Garantie, dass das klappt, wenn Sie bleiben – aber es gibt nicht die geringste Gewissheit, dass es nichts wird. Wenn Sie mit dann fünf Dienstjahren und Ihren hervorragenden Beurteilungen dort immer noch nichts „gewor-

den“ sind und sich bei einem Zulieferer o. ä. bewerben, nimmt man Sie mit diesem geradlinigen Werdegang mit „Kusshand“ z. B. als Gruppenleiter.

8. Wenn Sie bleiben, haben Sie eine Chance, eines Tages einer der (folgt die Bezeichnung des Aggregats, an dem Sie arbeiten)-„Päpste“ zu werden. Wenn Sie aber Trainee werden, führt Ihre Laufbahn vielleicht in irgendeine technische Führungsposition im Konzern (das könnte ein Geschäftsbereichs-/Werkleiter werden), bei der Sie Ihren heutigen Spezialbereich „verlieren“. Vielleicht wären auch Ihre heutigen Chefs verärgert, weil Sie sich aus dem Projekt lange vor Schluss verabschieden, so dass Sie in dieses Umfeld gar nicht mehr zurückkehren könnten.

9. Es gibt eine Berufswegphilosophie, die sich durchaus bewährt hat: Wenn einmal eine Entscheidung getroffen wurde, dann bleibe man auch dabei. Jede Kursänderung führt zu Umwegen, am kürzesten Weg zwischen Start und Ziel gemessen. Und Ihre damalige Entscheidung lautete: Direkteinstieg.

10. Alle Zeitangaben, mit denen ich in meinen Regeln und Empfehlungen arbeite, sind naturgemäß Durchschnitts- bzw. Richtwerte. Sie sind nicht als sklavisch zu befolgende Gebrauchsanweisungen, sondern als Groborientierung gedacht. Nicht gewollt ist, dass sich insbesondere junge Menschen schon nach deutlich weniger als der Hälfte des Zeitraums sehr eingehende Gedanken machen, dass sie vielleicht „hinter der Norm“ zurückbleiben könnten, weil heute(!) keine Lösung in Sicht zu sein scheint.

11. Arbeiten Sie darauf hin, innerhalb Ihrer Abteilung ein so qualifizierter, kompetenter, erfolgreicher Leistungsträger zu werden, dass Ihre Chefs keinesfalls riskieren können, Sie durch Kündigung zu verlieren. Melden Sie Ihre Ansprüche an. Fragen Sie in Beurteilungsgesprächen, wie man sich höheren Orts Ihre weitere Entwicklung vorstellt und sagen Sie ganz offen, dass Sie an einer weiteren Entwicklung und mehr Verantwortung interessiert sind – das reicht, alles andere „nervt“ nur. Aber wer immer nur still vor sich hinarbeitet, wird nur selten etwas – ein bisschen Management in eigener Sache gehört dazu.

Nun könnten Sie, geehrter Einsender, noch fragen, was Sie jetzt tun sollten. Da kann ich Ihnen helfen, es liegt klar auf der Hand: Entscheiden Sie sich, es ist Ihr Leben. Dabei gilt: Für einen unkonventionellen neuen Weg brauchen Sie eine klarere Mehrheit guter Argumente als für das konsequente Weitermachen. Und: Zweifel an vielem und vor allem an der eigenen Zukunft nach knapp zwei Dienstjahren sind allgemein üblich – und kein Grund zur Sorge.

Innerbetrieblicher Wechsel

Frage: *Nach über zwei Jahren Tätigkeit im ersten Job nach dem Studium möchte ich innerhalb der Firma in eine andere Abteilung wechseln. Um mir ein genaueres Bild von den internen Stellenausschreibungen zu machen, würde ich mich gerne bei meinem potenziellen neuen Vorgesetzten zunächst unverbindlich über die Art der Tätigkeit informieren. Sollte ich meinen jetzigen Vorgesetzten von meiner Absicht vorab informieren oder erst wenn ich mich für einen konkreten Wechsel entschieden habe?*

Antwort: Jeder Vorgesetzte, der von eventuellen Wechselabsichten eines seiner Mitarbeiter erfährt, reagiert irgendwie kritisch. Da ist zunächst das Signal: „Der will weg von mir; die Arbeit und/oder die Umgebung und/oder der Chef(!) gefallen ihm nicht mehr." Das dadurch hervorgerufene negative Gefühl bleibt auch dann, wenn sich die Absicht des Mitarbeiters kurzfristig zerschlägt – und für diesmal aus den Wechselplänen nichts wird. Denn, das weiß der Chef: Die nächste Versuchung kommt bestimmt.

Dann die sachlichen Überlegungen des Vorgesetzten: „Dieser Mitarbeiter will gehen, er ist auf dem Sprung. Sinnlos, ihn noch in ein wichtiges Langfristprojekt zu stecken, sinnlos, ihm noch mehr Verantwortung zu übertragen oder etwas vom kostbaren Gehaltserhöhungsbudget für ihn zu verschwenden."

Hier gilt, was generell bei Kündigungen gilt (dem Chef ist es egal, ob ein Mitarbeiter intern oder extern wechseln will): Man redet nicht darüber, man geht oder man erweckt den Eindruck, uneingeschränkt dabei zu bleiben. Absichtserklärungen unterlässt man ebenso wie Andeutungen.

Das Problem bei innerbetrieblichen Stellenausschreibungen ist stets: Wie sicher kann ich sein, dass mein bisheriger Chef nichts von meinen Absichten erfährt? Das gilt vor allem für den Fall, dass die Bewerbung letztlich abschlägig beschieden wird. Schließlich sind neuer und bisheriger Chef meist direkte Kollegen, die zusammen arbeiten, oft auch noch kegeln und meist in einer Kantine zusammen essen. Ob da eine Bewerbung oder auch nur eine unverbindliche Anfrage vertraulich bleibt oder ob man sich nicht doch gegenseitig Tipps über abwanderungswillige Mitarbeiter gibt?

Nur die Personalabteilung, die ja auch die Zuständigkeit für das Verfahren „innerbetriebliche Stellenausschreibung" hat, kann Ihnen erläutern, wie das in Ihrem Hause gehandhabt wird. Horchen Sie bei der Antwort besonders auf Zwischentöne.

Es gibt durchaus große Unternehmen, in denen im vertraulichen Gespräch seitens der Personalleute gesagt wird: „Es ist für den Mitarbeiter tatsächlich einfacher, extern zu wechseln als intern. Hier gerät er nur zu leicht zwischen alle Stühle." Durch externe Bewerbungen, die nicht zum Erfolg führen, ist in der Regel wenigstens die heutige Position nicht gefährdet.

Abseits der Zielplanung tätig

Frage: *Ich habe vor kurzem mein Maschinenbaustudium (Produktionstechnik) mit gutem Notendurchschnitt abgeschlossen.*

In meinem Praktikumssemester war ich bei einem bekannten Automobilzulieferer beschäftigt (Montage, AV, QS). Bei anschließender Ferientätigkeit in diesem Unternehmen habe ich ein eigenes Montageprojekt erfolgreich bearbeitet. Meine Diplomarbeit habe ich bei einem Automobilhersteller geschrieben (Bereich Qualität; Note sehr gut), außerdem habe ich neben dem Studium eine Q-Zusatzqualifikation erworben.

Diese Arbeiten und die Aufgaben in der Produktion, insbesondere der Bereich Qualität, haben mich immer interessiert und mir viel Spaß gemacht. Schon während der Diplomarbeit habe ich mich bei dem Hersteller beworben und versucht, dort eine Anstellung zu bekommen. Leider war ich nicht erfolgreich (genannte Gründe: keine Berufserfahrung, Erfahrungen und Kenntnisse passten nicht zu den Anforderungen).

Um nach dem Studium nicht gleich in die Arbeitslosigkeit zu rutschen, habe ich versucht, eine Alternative zu finden und mich erfolgreich bei einem bekannten Maschinenhersteller (außerhalb der Kfz-Branche) beworben (Bereich Konstruktion/Normung). Gründe für diese Bewerbung waren u.a.: Praktische Erfahrungen im Bereich Konstruktion/Normung gewinnen, da ich diese durch meine Studienrichtung und durch bisher ausgeübte praktische Tätigkeiten kaum abdecke, Erfahrungen in einem anderen Bereich des Maschinenbaus sammeln, günstige Lage in meinem Wohnort.

Noch bevor ich diesen Arbeitsplatz angetreten habe (man tritt Plätze nicht, weder mit Füßen, noch an; d. Autor), hatte ich plötzlich Bedenken: Verbaue ich mir meinen eigentlichen beruflichen Weg (Ziel: Qualitäts- oder Fertigungsingenieur in der Automobilbranche)? Komme ich durch den gewählten Bereich Konstruktion/Normung weiter weg von meinem Studium und von dem Ziel ab, in der Produktion tätig zu sein? Ich werde zunächst über ein Zeitarbeitsunternehmen beschäftigt, die Übernahme soll später erfolgen.

Seit kurzem bin ich nun in der neuen Position tätig und es macht mir wenig Spaß.

Sollte ich so schnell wie möglich wechseln? Vielleicht zu einer anderen Leiharbeitsfirma, bei der ich in der Automobilbranche tätig sein kann, auch wenn die Bezahlung nicht so gut wäre?

Antwort: Lassen wir einmal alle zahlreich vorhandenen Kleinigkeiten beiseite und konzentrieren wir uns auf die zwei Zentralthemen:

1. Was war los bei dem „bekannten Automobilhersteller" – warum hat er Sie nicht gewollt? Sie waren Anfänger, was die dort ja wussten. Die zitierten Ablehnungsgründe überzeugen nicht! „Keine Berufserfahrung" – Anfänger sind Anfänger, weil sie keine Erfahrung haben. „Erfahrungen und Kenntnisse passen nicht zu den Anforderungen" – welche Anforderungen? Die von Anfängerpositionen? Das überzeugt nicht! Aber: Dort hatte man Sie bei der Erstellung Ihrer Diplomarbeit persönlich und über Monate kennen gelernt – warum wollte man Sie anschließend nicht übernehmen? Gab es Details in Ihrer „Führung und Leistung", die Ihre Chefs nicht überzeugten, waren Sie im Hinblick auf Ihre Einstiegsforderungen (Aufgaben, Geld) zu anspruchsvoll? Die Antwort darauf haben Ihre damaligen Vorgesetzten, sie sind für Sie lebenswichtig!

2. Lassen wir also schweren Herzens (meines Herzens) auch jene eine Bewerbung beiseite, die Sie großzügigerweise geschrieben haben, um „nicht gleich in die Arbeitslosigkeit zu rutschen" (100 davon hätten Sie drei Monate vor möglichem Dienstantritt bundesweit verschicken müssen) Aber:

Wenn ein Schütze ein Ziel treffen will, dann visiert er es an. Und zwar im Normalfall auf den Punkt dort, wo er mit seinem Schuss hinkommen will, von einigen wenigen Zentimetern Abweichung wegen Seitenwind oder Bewegung des Ziels abgesehen. Aber er zielt nicht schräg hinter sich in der Hoffnung, dass sein Geschoss nach mehreren Abprallern und als Querschläger dann doch noch irgendwann wunderbarerweise vor ihm an der richtigen Stelle einschlägt.

Sie wollen in die Produktionstechnik der Kfz-Branche. Schön. Dann also rein in die Produktionstechnik der Kfz-Branche. Nur dort. Nicht unbedingt nur beim Hersteller, auch beim Zulieferer. Aber bei diesem Ihrem Ziel ist der Start über ein Zeitarbeitsunternehmen in der Normung eines allgemeinen Maschinenbauers – mir fehlen die Worte. Was soll denn der Unfug bringen? Nun, ich kenne meine Pappenheimer (frei nach Schiller, „Wallensteins Tod"): Da steht denn so verschämt am Schluss Ihrer Begründung „günstige Lage an meinem Wohnort". Soll ich deutlich werden? Ich muss wohl: Für Qualifikationen oberhalb des Hilfsarbeiters ist eine solche Argumentation – ach, denken Sie sich irgendetwas aus, warum soll immer ich daran arbeiten, unterhalb der Beleidigungsgrenze zu formulieren. Natürlich dürfen Sie das alles tun – aber wundern dürfen Sie sich nicht. Das war alles vorhersehbar, geschah fast folgerichtig. Wenn Sie so ab Hauptstudium diese Serie gelesen hätten, wäre Ihnen viel erspart geblieben.

Und da irgendjemand jetzt ganz unschuldig fragen wird, was das denn heißen soll, hier im Klartext: Niemand kann alles, auch nicht in seinem Beruf. Man konzentriert sich auf das, was man kann und will – und hält sich fern von Tätigkeiten, die es auch noch gibt, aber von denen man nichts weiß, die man nicht kann und die meilenweit weg vom Ziel liegen.

Noch klarer: Wer produzieren will, produziert. Wer normen will, normt. Aber man normt nicht, wenn man produzieren will. Wer gut ist in Deutsch, soll reden und schreiben. Wer gut ist in Mathematik, soll rechnen oder mathematisch modellieren. Aber man wird nicht für ein paar Jahre Redakteur, wenn man eigentlich ein Berechnungsgenie ist (um besser Deutsch zu lernen) und man wird nicht Berechnungsingenieur, wenn man eigentlich schreiben könnte, aber schlecht rechnen kann.

So, das also war Ihr klarer Fehler, sehenden Auges angesteuert und mit vorhersagbarem Ergebnis. Was Sie jetzt tun können? Ihn korrigieren, so schnell wie möglich. Z. B. indem Sie eine solide Festanstellung bei einem Kfz-Zulieferer im Produktions-/Qualitätsbereich anstreben. Oder bei einem Hersteller – sofern Sie einer nimmt.

Mit 26 in der Sackgasse?

Frage: *Ich bin 26 Jahre jung und habe an der FH Maschinenbau/Fertigungstechnik studiert (2,0).*

Danach habe ich mich überreden lassen, im Betrieb meines Onkels, einem Kfz-Sachverständigenbüro, anzufangen. Dafür habe ich eine Weiterbildung zum Prüfingenieur mit abschließender Prüfung vor dem Landesverkehrsministerium absolviert.

In diesem Bereich kann ich mir aber meine Zukunft nicht vorstellen – für diese Tätigkeit habe ich mich nicht durch das Maschinenbaustudium gearbeitet!!

Seit ca. vier Monaten bewerbe ich mich bei mehreren großen Automobilkonzernen – es hagelt nur Absagen.

Ich habe gelesen, dass der Wechsel von kleinen zu großen Unternehmen sehr schwierig ist (auch schon mit 26?).

Habe ich mir sämtliche Chancen genommen, weil ich erst in einem kleinen mittelständischen Unternehmen mit ca. 16 Mitarbeitern angefangen habe?

Dabei können sich meine Voraussetzungen, finde ich, sehen lassen: schnelles Studium, überdurchschnittliche Note, REFA-Grundschein, nicht ortsgebunden, erst 26 Jahre und nun auch noch Prüfingenieur Fahrzeugtechnik.

Antwort: Letzteres ist genau das Problem. Ein Kfz-Sachverständiger ist ein hochanständiger Mann. Punkt. Ein Ingenieur in der Fertigung eines Kfz-Herstellers ist auch ein hochanständiger Mann. Auch Punkt. Aber beide sind in hohem Maße „anders“, jeweils vom anderen Standpunkt aus betrachtet. Im Normalfall haben die im ganzen Leben keinen beruflichen Kontakt miteinander, sie leben in verschiedenen Welten.

Die Kfz-Hersteller sehen in Ihrer bewussten Entscheidung für den Sachverständigenberuf mit der von Ihnen im Lebenslauf stark herausgestellten Spezialausbildung, mit der von Ihnen dort breit formulierten zweijährigen Tätigkeit im Gutachterbüro und Ihrer stolzen Hervorhebung der Leitung eines Zweigbüros ein Riesenschild, das Sie sich umgehängt haben. Darauf steht: „Zwar will ich zu euch – aber ich bin total anders.“ Resultat: siehe Ihre Erfahrungen. Hier geht es um mehr als kleine/große Betriebe, hier geht es um die vermutete Persönlichkeit eines Bewerbers, dokumentiert durch seine (ungewöhnliche) Arbeitgeber- und damit berufliche Richtungswahl: Ich bin, was ich tue.

Mein Rat: Hängen Sie Ihre heutige Tätigkeit tief. Lassen Sie die Spezialprüfung zum Prüfingenieur ebenso weg(!) wie die Zweigbüroleitung. Und machen Sie die ganze Tätigkeit zur familiär bedingten vorübergehenden Aushilfstätigkeit im Büro Ihres Onkels (von Anfang an befristet). Und nun ist das beendet, Ihr Onkel kommt wieder allein zurecht – und Sie fangen jetzt so richtig mit Ihrem Beruf an. Vielleicht auch nicht bei einem großen Hersteller, sondern bei einem mittelgroßen Zulieferer.

Wechsel trotz kurzer Dienstzeiten?

Frage: *Seit meinem Abschluss an der Fachhochschule hatte ich bereits zwei Firmenwechsel aufgrund von Insolvenzen der jeweiligen Firmen. Jetzt stehe ich vor der Frage, ob ich zum dritten Mal den Arbeitgeber wechseln soll, damit ich meinem Karriereziel näher kommen kann.*

Ich arbeite jetzt für eine ausländische Gesellschaft in Deutschland; das Arbeitsverhältnis ist sehr gut und mein Chef ist mit meiner Leistung zufrieden. Leider fühle ich mich meist nicht ausgelastet und habe Bedenken, dass ich bei einem späteren Arbeitgeberwechsel nicht mehr qualifiziert genug bin. Viele Aufgaben sind meiner Meinung nach nicht anspruchsvoll und deutsche Normen spielen keine Rolle. Deshalb überlege ich, das Angebot einer anderen Firma im deutschsprachigen Ausland anzunehmen, um wieder ingenieurmäßig und anspruchsvoll arbeiten zu können. Ist das sinnvoll?

Antwort: 1. Ganz allgemein: Natürlich können Sie als Berufsanfänger nichts für die zwei Insolvenzen am Beginn Ihrer Laufbahn. Formal sollten die bei der Prüfung auf Wechselhäufigkeit auch nicht „mitgezählt" werden – aber Fakt ist: Sie sind drei Jahre im Beruf und haben den dritten Arbeitgeber. Wenn Sie jetzt den vierten akzeptieren, können Sie dort – was immer auch geschieht – nicht wieder weg. Entlässt der Sie, stehen Sie vor den Trümmern Ihrer Karriere.

So verständlich Ihr Wechselmotiv auch sein mag: Sie dürfen jetzt nicht nach einer Ideallösung streben, sondern müssen das „kleinere Übel" wählen. Ihr kurzfristiges Ziel muss sein, erst einmal Ruhe und Beständigkeit in Ihren Lebenslauf zu bringen.

Als Trost: Eigentlich sind Sie ja noch Berufsanfänger, die bisherige zersplitterte Praxis zählt kaum mehr als ein Praktikum. Für diesen Status ist eine gewisse Enttäuschung darüber normal, dass die Praxis den hohen Idealen, die man aus dem Studium mitbrachte, nicht genügt.

Und machen Sie sich nicht zu viele Sorgen, für spätere Arbeitgeber nicht qualifiziert genug zu sein. Ein im Kern guter Arbeitnehmer ist durch einen einzigen etwas weniger fordernden Arbeitgeber nicht nachhaltig zu verderben.

2. Speziell zu Ihnen: Sie sind weiblich, im fernen Ausland geboren und sprechen erst seit gut zehn Jahren Deutsch. Da ist es verständlich, dass Sie in besonderem Maße alles richtig machen wollen.

Aber Sie haben noch ein Handikap: Ihr FH-Examen haben Sie nach etwa sieben Jahren Studium an zwei Universitäten und einer FH erreicht. Daran schließen sich die drei Arbeitgeber in drei Jahren an. Auf der Basis gilt mein Rat unter 1. verstärkt: Bleiben Sie dort, wo Sie sind, etwa drei Jahre und wechseln Sie dann mit dem denkbar besten aller Zeugnisse.

Notizen aus der Praxis

„Antworten", die dem Autor wichtig sind, auch wenn gerade keine passenden Fragen vorliegen

Wenn der Alltag dem Wunsch nicht standhält

Die meisten trennungswilligen jüngeren Akademiker, die ihren ersten Arbeitgeber nach etwa zwei Jahren enttäuscht wieder verlassen, machen sich ein falsches Bild von den Folgen ihres Handelns. Wie Kinder erhoffen sie sich „beim nächsten Mal das ganz große Glück", anstatt die aufgetretene Krise zu meistern. Immer mehr Angestellten ergeht es wie jenem, dessen fünftes Arbeitsverhältnis gerade gescheitert ist und der überrascht feststellt, dass er auch beim ersten Unternehmen hätte bleiben können.

Fachleute stellen eine wachsende Krisenanfälligkeit fest. Die Angestellten heute, so sagen sie, reagierten schon auf Kleinigkeiten „hysterisch". Angesichts dieses mangelnden Durchhaltevermögens empfehlen sie ein realistisches Bild von der Berufswelt und frühe Aufklärung schon in der Schule.

Fällt Ihnen, liebe Leser, bis dahin etwas auf? Nun, der bisherige Text einschließlich der Überschrift ist weitgehend einem größeren Zeitungsartikel entnommen (FAZ, Friederike Bauer, 7.11.03). Man bloß: Es ging dort ausschließlich um Ehescheidungen, man beginnt einführend mit den als „beispielhaft" bekannten Herren Bundeskanzler und Außenminister, die jeweils zum vierten Mal verheiratet sind oder gar schon wieder waren. Ich habe in mir interessant erscheinenden Passagen lediglich den „Arbeitgeber" statt des „Partners" eingesetzt und kleinere Anpassungen vorgenommen.

Aber wie sich doch die Bilder gleichen – es dürfte derselbe Zeitgeist sein, der in beiden Fällen Regie führt. Und gerade heute saß mir wieder ein Anfangsvierziger (Dipl.-Ing. TH) gegenüber, der ziemlich klar erkannt hatte: „Ich hätte damals meinen ersten Arbeitgeber nicht nach nur zwei Jahren verlassen sollen." Weil das, was er dagegen eingetauscht hatte, sich letzten Endes als das deutlich schlimmere Übel entpuppte.

„Der Alltag hält dem Wunsch nicht stand" – Recht hat die Autorin des Scheidungsartikels. Das gilt auch in meinem Metier. Und, liebe Leute, es liegt am Wunsch und nicht an der unveränderbaren Realität des Alltags. Wer so schnell enttäuscht wird, ist oft mit allzu idealistischen Vorstellungen in die Praxis gegangen – was er sich selbst vorwerfen muss.

Aus Erfahrung leite ich folgende Tipps für junge Menschen ab, die in Versuchung sind:

1. Beziehen Sie Ihre familiäre Vorprägung in die Analyse ein – haben Sie Eltern oder andere Bezugspersonen, die Ihnen rechtzeitig ein realistisches Bild der industriellen Arbeitswelt vermitteln konnten? Wenn nicht, ist eine Überprüfung Ihrer Erwartungen doppelt angesagt.

2. Je größer und je namhafter der Arbeitgeber ist, desto „typischer" ist er – und desto unwahrscheinlicher ist es, dass Sie auf eine hochspezielle Ausnahmesituation gestoßen sind, die wirklich unzumutbar ist. Es gilt der Umkehrschluss.

3. Bedenken Sie: Vermutlich reiben Sie sich am „System als solchem", gar nicht am speziellen Unternehmen. Ein Wechsel würde Sie nur vom Regen in den Regen bringen, vielleicht sogar in die Traufe.

4. Ungeduld ist das Vorrecht der Jugend. Es geht ihr nur allzu oft nicht schnell genug. Unternehmen aber werden nun einmal überwiegend von älteren Herren geleitet – Ihr Arbeitgeber und die anderen auch. Da sind Enttäuschungen systemimmanent.

Neben dem WAS (ist zu tun) zählt auch das WO (bei wem)

Der typische Bewerber lässt sich vor allem von der ausgeschriebenen Aufgabe faszinieren und zur Vertragsunterschrift bewegen. Ein Naturwissenschaftler ist besonders anfällig dafür. Wenn er dort später wieder weg will – und er wird wollen, das ist heute ziemlich sicher – bewertet der die Bewerbung empfangende Entscheidungsträger zwar auch: Was hat der Kandidat gemacht in den letzten Jahren? Aber mit steigender Beschäftigungsdauer und hierarchischem Anspruch gewinnt an Bedeutung: Wo kommt er her?

Konkret: Der potenzielle neue Arbeitgeber prüft auch, ob der Bewerber aus einem Unternehmenstyp kommt, mit dem ihn (den Arbeitgeber) irgendetwas verbindet. Dazu gehören nicht nur allgemeine Fakten wie Größe, Umsatz, Rechtsform, sondern vor allem auch solche wie Metier/Branche.

Und so liebt die Müller & Sohn GmbH den Bewerber von Meier & Tochter – sofern beide in der Kfz-Zulieferindustrie tätig sind. Oder im Schornsteinbau, das ist egal. „Der Mann ist mit Unternehmen und Aufgaben vertraut, die unseren ähneln", darum geht es. Je spezifischer die fragliche Position mit dem Metier des Unternehmens verbunden ist, desto stärker gilt das (Gegenbeispiel: Controller).

Soweit die positive Seite der Geschichte. Aber wer liebt Sie als Bewerber, wenn Ihr Arbeitgeber einziger Vertreter einer ganzen Gattung (Branche, Art, Größe) ist? Wo immer Sie sich bewerben, der Empfänger empfindet Sie aus seiner – allein entscheidenden – Sicht als „irgendwie anders" geprägt.

Und natürlich wird der Effekt stärker, je länger Sie beim derzeitigen Arbeitgeber sind und je produkt- und branchenspezifischer Ihre Tätigkeit ist oder vor allem aussieht.

Ich neige zu Beispielen, will und darf aber hier natürlich kein Unternehmen und keine Branche diskriminieren. Also schenke ich mir das heute. Sie können sich die Frage im Zweifelsfall selbst beantworten. Drei Empfehlungen leite ich daraus ab:

1. Prüfen Sie vor dem Eintritt: Gibt es auf dem Arbeitsmarkt noch mindestens ein, besser mehrere grundsätzlich ähnlich ausgerichtete Unternehmen oder ist dies der weit und breit einzige Vertreter seiner generellen Art – und dann treffen Sie eine bewusste Entscheidung. Ich sage nicht, Sie sollen dort nicht hingehen, ich will ja nur verhindern, dass Sie sich später wundern. Und – siehe oben – werten Sie nicht vorrangig die Tätigkeit, sondern auch den Arbeitgeber, von dem Sie eines Tages kommen würden.
2. Wenn Sie zu einem solchen Arbeitgeber gehen, der „einsam und allein" als Typ auf dem Markt operiert, planen Sie am besten sehr stark in Richtung „ich bleibe dort bis zur Pensionierung". Das ist zwar andererseits gefährlich und nicht mehr zeitgemäß, passt aber am besten zum angesprochenen Unternehmenstyp.
3. Sofern von einem solchen Arbeitgeber dann später doch ein Wechsel realisiert werden soll, sind oft harte Kompromisse zwingend erforderlich. Ein Job findet sich fast immer, aber der rote Faden ist gerissen, strategische Karriereplanung erst einmal nicht mehr möglich.

Gute Gründe braucht der Mensch zum Arbeitgeberwechsel

Es wird viel gewechselt in diesem Lande. Die Zeitungen und andere Medien sind auch in Krisenzeiten noch voller Angebote. Warum sollte man sich also nicht auch zu einem Wechsel entschließen?

Viele Wechsel sehen genau so aus, hinterher. Die Ursache liegt in eben dieser falsch gestellten Frage. Nicht „Warum nicht?" ist ein Argument, auf das schlichte „Warum?" muss es eine überzeugende Antwort geben.

„Ich sehe derzeit keine überzeugende mittelfristige Perspektive", begründet beispielsweise ein Bewerber seinen geplanten Schritt nach 1,5 Dienstjahren dortselbst. Natürlich gibt es diese Perspektive nicht nach so kurzer Zeit. Da ist ja kaum die Einarbeitung richtig abgeschlossen. Arbeitgeber stellen Arbeitnehmer ein, damit diese in der fraglichen Position längere Zeit erfolgreich arbeiten. Als Zeitrahmen gelten so etwa fünf Jahre (pro Arbeitgeber).

Niemand kann erwarten, dass er weit vor Ablauf dieser Zeit eine „Perspektive“ aufgezeigt bekommt – und niemand braucht so früh eine solche! So gegen Ablauf dieser fünf Jahre ist es bei weitergehendem Karriereanspruch sinnvoll, über weitere Chancen nachzudenken – und sich diese extern zu suchen, wenn sie intern ausbleiben.

Ja, man muss sogar sehen: Eventuelle Chef-Aussagen bei der Einstellung über angebliche Perspektiven zu einem späteren Zeitpunkt sind oft nett gemeint, können aber gar nicht mehr sein. Wer sich bewirbt, sollte das tun, um etwa fünf Jahre genau den offerierten Job auszuüben, alles andere muss sich finden.

Also gilt: **Fehlende „Perspektiven“ nach fünf Dienstjahren sind ein Wechselgrund, solche nach knapp zwei Jahren sind keiner.**

Aber auch viele andere „gern genommene“ Motive für einen Arbeitgeberwechsel sind höchst unzureichend. Nur zu oft wird Idealbedingungen im sachlichen oder persönlichen Bereich nachgejagt, werden Kleinigkeiten zum Anlass für große Schritte genommen. Sagen wir es so: Selbst wenn sich beweisen ließe, woanders sei es besser, ist der Wechsel meist nicht gerechtfertigt! Denn der Preis, der für diese Veränderung gezahlt wird, ist ungeheuer hoch.

Wie mit einem Meißel in Stein wird jede Veränderung in den Lebenslauf eingegraben und springt künftigen Bewerbungslesern sofort ins Auge. Da Bewerber „es immer wieder tun“, sind Absagen allein aus diesem Grund an der Tagesordnung. Und wenn nicht in einer Phase der Hochkonjunktur, dann in der nächsten Krise.

Stellen Sie sich Ihr Berufsleben wie eine Zugfahrt im Intercity von Hamburg nach München vor. Die fahrplanmäßig angefahrenen Bahnhöfe sind „reguläre Umsteigechancen“. Nichts spricht dagegen, wenn Sie dort den Zug verlassen, um in einem anderen weiterzufahren. Sie könnten natürlich vor dem nächsten Bahnhof aussteigen – indem Sie die Notbremse ziehen, während Sie gerade durch Wiesweiler-West brausen. Aber das wird teuer! Und falls Sie das öfter tun, nähme man Sie irgendwann nicht mehr mit. Ihr „Karrierezug“ erreicht etwa alle fünf Jahre einen der fahrplanmäßigen Umsteigebahnhöfe. Wenn Sie die alle nutzen, kommen Sie zu jedem denkbaren Ziel, bevor Sie in Pension gehen.

Also wägen Sie bitte stets ab, ob der Vorteil, den der mögliche neue Job zweifelsfrei bietet, auch den Preis wert ist, den Sie zahlen müssen. Der wird stets fällig – wenn nicht sofort, dann in einigen Jahren.

Spuren auf der „Landkarte des Lebens“

Stellen Sie sich vor, Sie seien so zwanzig Jahre lang berufstätig. Und dann ginge jemand hin und zeichnete Ihren Weg von der Schule an in ein großes grafisches Schaubild ein, in der es für alles Darstellungsmöglichkeiten gäbe: Jede schlechte Note, jeder unmotiviert erscheinende Tätigkeits- und Branchenwechsel, jede zu kurze oder viel zu lange Dienstzeit, jedes schlechte Zeugnis oder jede schnelle Beförderung ließe sich irgendwie sichtbar machen. Das ganze wäre dann eine Art Weg zwischen Ihrem damaligen Startpunkt und heute.

Das könnte bei sehr vielen Angestellten ein sehr verworrenes Bild werden. Bei vielen davon würde man nicht einmal eine halbwegs plausible Linie zwischen dem Anfang und „heute“ erkennen. Und dann wieder gibt es Menschen, auf deren persönlichem Schaubild ergäbe sich zwar keine „wie mit dem Lineal gezogene“ Linie, das lässt das Leben nicht zu, aber doch eine Kurve, die nicht mehr vom Ideal der kürzesten Verbindung zwischen A und B abweicht als eine deutsche Autobahn auf der Landkarte.

Mir aber geht es hier um die vielen „Irrgärten“, die man täglich kennen lernt. Selbst auf die einfachste Frage gibt es dort keine Antwort: Was hatte bei diesem „Weg“ eigentlich ursprünglich herauskommen sollen? Vermutlich nichts, denn darüber hatte sich der Betroffene keine Gedanken gemacht.

Oder die vielen Gesprächspartner, die mir in Karriereberatungsgesprächen stolz berichten: „Ich habe mich noch nie aktiv um eine Position bewerben müssen, alle meine neuen Aufgaben und Anstellungen ergaben sich aus Kontakten.“ Darauf gibt es nur eine Antwort: „Und Sie hatten gar keine eigenen Ziele, keine Pläne für sich, an deren Realisierung Sie systematisch herangingen? Ja schieben Sie auch oder gehören Sie bloß zu den Geschobenen?“

Nehmen wir an, Sie wollen ein Haus bauen. Dann können Sie ganz isoliert von allem anderen erst einmal einen schönen tiefen Keller mauern. Danach machen Sie am besten einen langen Urlaub. Eine Weltreise, zum Beispiel. Dann erkennen Sie, dass das Objekt Wände braucht. Schön, mauern Sie eben Wände. Dahin, wo es sich gerade anbietet und mit den Steinen, die verfügbar sind. So, dann hätten Sie dieses. Schöner Keller, schöne Wände, alles toll. Gut, jetzt wo die Wände stehen, sieht man, dass Sie den Keller eigentlich anders hätten machen sollen – Schwamm darüber. Fehlt ein Dach. Sie nehmen die Balken, die Sie gerade haben und fangen einfach einmal an. Hinterher passt das Dach nicht mehr zu den Wänden, beides nicht zum Keller. Aber es ist ein Haus.

Macht das jemand? Schlimmer: Kauft das jemand? Letzteres ist besonders interessant, wenn die Situation Sie plötzlich dazu zwingt.

Dabei ist es bloß ein Haus. Das Berufsleben ist wichtiger – und „teurer" (Sie verdienen mehr als ein Haus kostet). Und muss ich jetzt noch sagen, dass der „Keller" für die Ausbildung, die „Wände" für die fachliche Tätigkeit und das „Dach" für die Krönung der Laufbahn durch sinnvolle Weiterentwicklung stehen?

Die „Arbeitsphase“

Zwischen abgeschlossener Grundorientierung und der ersten Beförderung: Nur wer sich hier bewährt, macht später Karriere oder baut sich eine Fachlaufbahn auf

Das Tagesgeschäft eines Mitarbeiters, der unbedingt Karriere machen will, unterscheidet sich zunächst einmal nicht von dem seines Kollegen, der keine entsprechenden Ambitionen hat. In jedem Fall gilt es, den Arbeitsplatz zu erhalten, die anstehenden Aufgaben überzeugend zu lösen, den Wert der eigenen Person (u. a. durch eine entsprechende Laufbahngestaltung) möglichst hoch zu halten, den nächsten Stellen- (oder Arbeitgeber-)Wechsel rechtzeitig zu planen und dabei jeweils den nächsten und sogar den übernächsten Schritt im Auge zu haben.

Der Unterschied zwischen den beiden angesprochenen Beispiel-Mitarbeitern liegt nur darin, dass der karriereinteressierte so „gut“ zu sein (Beurteilung durch die Vorgesetzten) und so klug zu planen hat, dass er sich nach drei bis sechs oder sieben Jahren für eine Beförderung qualifizieren konnte, während der weniger ehrgeizige Kollege nur das Erreichte bewahren, aber seine Fachqualifikation ausbauen muss.

Aber auch ein späteres Vorstandsmitglied darf in seinen frühen Tätigkeitsjahren auf sachbearbeitender Ebene keine entscheidenden Fehler gemacht haben. Wer dort versagt, bekommt auch in der ganz anders gelagerten Welt des Managements keine Chance.

Leser fragen, der Autor antwortet

Gibt es später bei der Laufbahnbeurteilung „Rabatt" für Krisenzeiten?

Frage: *Eigentlich müsste ich jetzt wechseln. Weniger wegen des derzeitigen Arbeitgebers, sondern wegen der angestrebten weiteren Beförderung, die intern derzeit nicht möglich ist. Wenn ich einfach nichts tue und auf eine bessere Konjunktur hoffe, läuft mir die Zeit davon.*

Jetzt aber gibt es kaum Chancen, die Zeitungen sind im Stellenteil erschreckend dünn. Bekomme ich später von Bewerbungsempfängern „Rabatt" bei der Beurteilung meines Werdeganges, weil ja jetzt Wirtschaftskrise herrscht oder kümmert sich dann niemand mehr um solche „Kleinigkeiten"?

Antwort: Das Gedächtnis der Menschen ist kurz, insbesondere Unerfreuliches verschwindet schnell daraus (deshalb hatten wir fast alle eine glückliche Kindheit – von heute aus betrachtet).

Nehmen wir einmal an, es geht demnächst wieder so richtig aufwärts. Dann werden Sie etwa in drei bis fünf Jahren durchaus noch Entscheidungsträger treffen, die voller Verständnis auf Ihre Erklärung reagieren, „damals" sei einfach keine neue Stelle aufzutreiben gewesen. Aber sicher ist schon das nicht.

Und bedenken Sie: Die reagieren dann „voller Verständnis" auf Ihre „Ausrede" für Misserfolge. Gefragt sind aber Erfolge, ob man die nun erklären kann oder nicht.

Konkret: Gesucht wird stets ein Bewerber, der in der Vergangenheit in seinem Verantwortungsbereich eindrucksvolle Resultate erzielte – nicht jemand mit guter Begründung dafür, dass er bisher gar keinen besonderen Verantwortungsbereich hatte.

Hinzu kommt: Ständig treten neue Generationen junger Personalreferenten und Personalberater zum Dienst an. Wenn Sie sich in fünf Jahren bei denen bewerben, dann müssen Sie damit rechnen, dass die in der heutigen Krise noch studiert hatten, vielleicht gerade mit dem Vorexamen fertig waren (Studenten erleben Wirtschaftskrisen ganz anders, registrieren sie oft gar nicht). Von denen gibt's schon einmal keinen „Rabatt". Und in zehn

Jahren haben fast alle schlicht vergessen, wann die letzte Krise war (dann gibt es längst die nächste).

Ich stecke in der falschen Laufbahn!

Frage: *Ich war nach dem Maschinenbaustudium zunächst mehrere Jahre als Konstrukteur und Entwicklungsingenieur tätig. Danach wechselte ich – wieder als Entwicklungsingenieur – zu meinem heutigen Arbeitgeber. Dort bot man mir nach kurzer Zeit die Position des Patentingenieurs an. Nach reiflichen Überlegungen habe ich diese neue Aufgabe und Herausforderung wahrgenommen.*

Zwischenzeitlich bin ich seit einigen Jahren als Patentingenieur tätig und leite ein ganz kleines Team.

Nach sorgfältiger Analyse bin ich jetzt jedoch zu der Erkenntnis gelangt, dass das Patentwesen dauerhaft kein Betätigungsfeld für mich ist. Kurz gesagt: Ich habe damals eine für mich falsche Entscheidung getroffen. Das Aufgabengebiet ist zwar interessant, ich möchte es aber nicht noch viel länger betreuen. Meine zukünftige Aufgabe soll wieder in Konstruktion/Entwicklung oder im Projektmanagement liegen.

Nun arbeite ich zwar heute immer mit den Entwicklungsabteilungen zusammen, doch ist im Patentwesen eine ganz andere, oftmals sehr abstrakte und theoretische Denkweise erforderlich.

Wie komme ich ohne größeren Karriereknick wieder aus dem Patentwesen hinaus und in die Entwicklung hinein? Ist das in- oder extern leichter? Kann ich die Erfahrung zu einem Karrieresprung nutzen, z. B. zum Gruppenleiter?

Antwort: Der Fall ist klar – und ebenso versteht es sich von selbst, dass „Konstruktion" und „Patentwesen" hier nur stellvertretend für zwei recht unterschiedlich angelegte betriebliche Tätigkeitsbereiche stehen, es geht nicht darum, ob das Patentwesen „besser" oder „schlechter" ist.

Zunächst für potenzielle Nachahmer: Man kann bei solchen Wechseln nur zur Vorsicht raten, sie wollen gut überlegt sein – denn sie sind nur schwer wieder zu korrigieren. Aber, auch das muss gesagt sein, sie können durchaus große Chancen beinhalten. Ich selbst bin auf diesem Weg von der Organisationsabteilung (wo ich gerade lernte, einen seelenlosen, lochkartengesteuerten Großrechner zu programmieren) ins Personalwesen gekommen, was meiner Begabung offenbar viel mehr entspricht.

Nur die Rückkehr ist schwierig. Denn:

– Sie haben sich – in den Augen von Bewerbungslesern – von Ihrem früheren Gebiet (hier: Entwicklung) bewusst abgewandt. Sie kannten es gut –

und mochten es nicht mehr. Irgendetwas anderes gefiel Ihnen besser, die Entwicklung war für Sie nur noch zweit- oder drittklassig. Das kann in den Augen eines über Ihre Bewerbung entscheidenden Entwicklungsleiters eine Art „Verrat" am – von ihm vorbehaltlos geliebten – Fachgebiet sein, entsprechend zurückhaltend könnte er darauf reagieren.

- Wer einmal Verlockungen abseits des Weges erliegt, kann in zwei Jahren wieder einer neuen Chance nachlaufen („sie tun es immer wieder"). Nur ist es dann nicht mehr das Patentwesen, sondern z. B. die Kalkulation. Vielleicht haben Sie ja tatsächlich Ihre eigentliche Begabung noch gar nicht gefunden, eventuell liegt die ja ganz woanders.
- Generell bleibt natürlich der Vorwurf, nicht zu wissen, was man eigentlich will, wankelmütig zu sein und Entscheidungen in wichtigen Angelegenheiten falsch zu treffen.
- Sie haben, wenn Sie jetzt wieder in der Entwicklung anfangen, Zeit verloren. Mit den im Patentwesen verbrachten Jahren in Ihrem alten Gebiet wären Sie inzwischen weiter, hätten Sie heute mehr verwertbare Erfahrung im konstruktiven Bereich.
- Natürlich könnte man diesen Argumenten gegenüberstellen, Sie hätten
- wertvolle neue, zusätzliche Erfahrungen gewonnen, die in irgendeiner Form irgendwann nützlich sein könnten (Konstruktion und Entwicklung tangieren früher oder später auch irgendwelche Patentfragen);
- Flexibilität und Mut zum Betreten von Neuland gezeigt, da Sie bewusst über den Tellerrand hinaus geblickt hätten;
- durch den erfolgreichen Sprung in das neue Gebiet mit ersten kleinen Führungsaufgaben einen persönlichen Reifeschub erfahren, der eigentlich nur nützlich sein könne.

Nun sind alle diese denkbaren positiven Aspekte richtig, die Praxis gewichtet die vorher erwähnten negativen jedoch erfahrungsgemäß stärker. Bei der Gelegenheit: Eine realistische Chance für einen „Karrieresprung zum Gruppenleiter" sehe ich bei dem anstehenden Fachgebietswechsel zunächst nicht, gerade der Gruppenleiter als Fachvorgesetzter muss „Oberfachmann" seines Teams sein, dafür wiederum sind einige Jahre fachfremden Tuns keine Basis. Es kann also nur um den Wiedereinstieg als Entwicklungsingenieur gehen – für den Sie hoffentlich inzwischen noch nicht zu teuer geworden sind.

Meine Empfehlung:

1. Wenn Sie die Rückkehr ins frühere Gebiet vollziehen wollen, dann so früh wie irgend möglich. Wenn Sie erst fünf Jahre im „falschen" Gebiet tätig waren, werden Sie unglaubwürdig (Fehler erkennt man schnell und korrigiert sie zügig).

2. Grundsätzlich sind Fachgebietswechsel intern leichter als mit externen Bewerbungen (weil man die Person, um die es geht, im Hause schon kennt – und hoffentlich schätzt). Nachteil ist nur: Wenn Ihre heutigen Vorgesetzten anlässlich Ihrer internen Wechselbemühungen von Ihrer Absicht erfahren, beginnen die schon einmal mit ihrer Suche nach einem Nachfolger für den Patentingenieur. Haben sie den, dann „stören" Sie, falls Sie dann immer noch auf dieser Position sitzen. Lösung: Suche extern anlaufen lassen und die internen Bemühungen erst beginnen, wenn sich extern erste Möglichkeiten abzeichnen.

3. Argumentieren Sie ex- und intern so wie bei mir: Es war Ihr Fehler, Sie hätten trotz sorgfältiger Prüfung die Geschichte falsch eingeschätzt – und sich wohl auch von den kurzfristig offerierten Chancen (Führung eines kleinen Teams und weltweite Zuständigkeit) blenden lassen. Aber (wichtig): Dies sei nie eine Entscheidung gegen die Entwicklung gewesen. Im Gegenteil: Sie hätten gehofft, als Patentingenieur der Entwicklung eng verbunden bleiben und so das Angenehme mit dem Nützlichen verbinden zu können. Das sei jedoch ein Irrtum gewesen, Ihr neues Fachgebiet entwickele sich in eine ganz andere, von Ihnen nicht vorhergesehene Richtung: eher weg von als hin zu der (geliebten) Entwicklung.

Bei externen Bewerbungen/Vorstellungsgesprächen wäre auch diese Argumentation denkbar: Sie seien immer Entwicklungsingenieur gewesen. Die angebotene Position im Patentwesen hätten Sie bewusst ergriffen, Sie hätte darin eine Chance gesehen, für einen Konstrukteur wichtige Zusatzkenntnisse zu erwerben – um dann in die Entwicklung zurückkehren zu können. Leider stelle sich jetzt heraus, dass das intern kaum möglich sei, weil Sie immer tiefer in das neue Fachgebiet hineinwüchsen, so dass Ihre Chefs Sie dort gar nicht mehr hinauswechseln ließen.

4. Als Trost: Als – noch – relativ junger Mensch haben Sie das Recht auf Irrtümer und Fehler. Aber diese müssen auf der Basis sorgfältiger Überlegungen entstanden sein. Auf die Frage, was Sie sich dabei gedacht hätten, „nichts" zu antworten, ist „tödlich".

Aus der Industrie in die Forschung und zurück?

Frage: *Seit Abschluss meines Ingenieurstudiums und der anschließenden Erstellung der Dissertation (Promotion inzwischen sehr erfolgreich abgeschlossen) bin ich durchgängig in einem mittelständischen Unternehmen des Maschinenbaus beschäftigt. In dieser Zeit bearbeitete ich anteilig sehr unterschiedliche und innovative Projekte mit einem großen Tätigkeitsspektrum. Lange Zeit kam ein Wechsel der Firma für mich nicht in Betracht.*

Inzwischen habe ich, seit mehr als zehn Jahren dort tätig, das Gefühl, „auf der Stelle zu treten" und überdenke oft einen Wechsel. Eine konkret mögliche Alternative wäre der Wechsel an ein Institut einer namhaften deutschen Forschungsgesellschaft in der Branche, in der ich bereits jetzt tätig bin. Im Vergleich zu einem Wechsel in eine andere Firma verspreche ich mir hiervon insbesondere bereichs- und firmenübergreifende Kenntnisse und Erfahrungen sowie neue Kontakte und Anregungen für die eigene Entwicklung. Ist das sinnvoll, nehmen die mich, kann ich später in die Industrie zurück?

Antwort: Sie sind ein promovierter Ingenieur und seit mehr als zehn Jahren bei einem mittelständischen Unternehmen tätig. Sechs Jahre davon verstrichen lt. Lebenslauf ohne Beförderung (noch akzeptabel), dann kam eine kürzere Führungsperiode, die aber wegen Umstrukturierung auch schon wieder lange vorbei ist. Sie haben das hingenommen und sind dort geblieben. Nun sind Sie irgendwie frustriert.

Letzteres ist völlig normal! Mit dieser Ausbildung bei einem Mittelständler so lange ohne – letztlich – beruflichen Fortschritt zu bleiben, das muss ja zu Sinnfragen führen. Also wechseln sollten Sie jetzt unbedingt!

Das Institut könnte vom Typ her – soweit man das sagen kann auf dieser schwachen Informationsbasis – gut zu Ihnen passen. Ob man Sie dort einstellt, finden Sie heraus, wenn Sie Bewerbungen schreiben. Aber die Umstellung wird vielleicht nicht so einfach sein für Sie, es ist schon eine andere Welt. Schließlich sind Sie zehn Jahre lang „anders" geprägt worden, in der Forschungsgesellschaft fehlt Ihnen der Stallgeruch (das soll Sie warnen, nicht abschrecken).

Aber einen vernünftigen Weg zurück in die Industrie sehe ich danach nicht! Die späteren Bewerbungsempfänger würden nicht verstehen, warum Sie nicht gleich in der freien Wirtschaft geblieben sind – wenn Sie denn doch da wieder hinein wollten. Man soll in Deutschland nicht unnötig die „Systeme" wechseln, sondern möglichst in eines bewusst hineingehen und dort bleiben.

Als Alternative für Sie sehe ich den Wechsel in ein anderes, vielleicht sogar größeres Industrieunternehmen. Auch dadurch bekämen Sie neue Anregungen und Impulse und Sie erschlössen sich neue Chancen.

Welche Chancen eröffnet ein nebenberufliches MBA-Studium?

Frage: *An dieser Stelle ein Dankeschön für die Beantwortung der Leser-Fragen in den VDI nachrichten, die ich seit Beginn meines Studiums 1985 fast ununterbrochen bis heute mit großem Interesse verfolge.*

Ich bin über Mitte 30, als Technischer Verkaufs-Manager bei einem größeren Unternehmen tätig, jedoch bisher ohne Verantwortlichkeiten wie Personal-Führung, Budget-Verantwortung etc.

Gegen Ende dieses Jahres schließe ich mein eigenfinanziertes und dem jetzigen Arbeitgeber nicht bekanntes zusätzliches MBA-Studium (Schwerpunkt Marketing/Vertrieb) ab – und frage mich, wie es jetzt weitergeht.

1. Wie sehen Sie die Karriere-Chancen eines Dipl.-Ing. (TU) mit mehrjähriger Berufserfahrung nach MBA-Abschluss?

2. Wie sollte ich ggf. weiter verfahren (wie bewerbe ich mich wo auf welche Stellen)?

3. Welche Verantwortlichkeiten sind ein „MUSS" für einen MBA/Dipl.-Ing.?

4. In welchem Vergütungsbereich sehen Sie da ein Jahresgehalt zzgl. variablen Anteilen (welche genau?) angesiedelt?

Antwort: Sie machen einen großen – wenn auch verständlichen – Denkfehler. Er wird deutlich, wenn ich Ihre Fragen erst einmal sachlich knapp beantworte:

Zu 1: Etwa so wie die eines TU-Ingenieurs ohne MBA. Denn auch der kann Vorstand werden – und mehr ist nicht drin.

Zu 2: Bewerben Sie sich logischerweise um Stellen, in denen ein MBA-Zweitstudium für TU-Ingenieure gefordert wird. Sie werden sich über die Anzahl solcher Inserate wundern – es gibt so gut wie keine.

Zu 3: Keine. So wie es auch nichts gibt, was ein Nur-Dipl.-Ing. mindestens verantworten **muss**.

Zu 4: Ein Vorstand mit MBA verdient nicht mehr als ein Vorstand ohne. Das gilt auch für Abteilungsleiter und alle anderen. Der Job bestimmt das Gehalt – nicht vorrangig die individuelle Qualifikation des zufälligen Stelleninhabers (gilt auch für Bundeskanzler, beispielsweise).

Als Fazit will ich eines meiner gefürchteten Beispiele bilden: Stellen Sie sich vor, Sie haben ein schönes, großes Auto der gehobenen Mittelklasse. Dort lassen Sie sich einen zusätzlichen Kompressor einbauen, der deutlich mehr PS „bringt". Und nun fragen Sie eine Automobil-Zeitung:

- Auf welchen Straßen fährt man mit solch einem Wunder-Auto?
- Welche Chancen habe ich, bei einer Fahrt von Hamburg nach Köln schneller am Ziel zu sein?
- Wie schnell muss ich in Zukunft immer mindestens fahren?
- Welchen Marktwert hat das Auto jetzt?

Und dann antworten die: „Sie fahren auf denselben Straßen wie die anderen Autos ohne Kompressor auch. Und Sie zockeln brav Ihre 17 km auf enger Landstraße hinter einem Lkw her und können oder dürfen nicht überholen wie früher auch. Mit 280 PS sind Sie kaum messbar schneller in Köln als mit 180 (ich weiß, dass es kW heißt, aber jeder Autofahrer sagt PS). Was den Marktwert angeht: Schauen Sie in die Kleinanzeigen unter Pkw-Kaufgesuche und prüfen Sie, wie oft ein solches Auto gesucht wird.

Andererseits: Es macht mehr Spaß. Sie können ein Schild ‚mit Kompressor' hinten draufkleben. Sie haben bei bestimmten (seltenen heutzutage) Überholchancen mehr Potenzial zur Verfügung. Und wenn es einmal ‚eng' wird, können Sie sich auf mehr Spurtkraft verlassen und manch brenzliger Situation davonfahren. Ob sich das lohnt? Für den Durchschnittsfahrer nicht. Für den, der ‚vorsichtshalber' stets über maximale Kraftentfaltung verfügen will (um jederzeit für alles gerüstet zu sein) durchaus. Und manchmal, manchmal sind Sie natürlich auch ein wenig schneller am Ziel. Aber seien Sie beruhigt: Schaden wird der Einbau absolut nicht."

Ersparen Sie mir den Hinweis, dass Beispiele hinken, dass man hier auch die Bremsen, das Fahrwerk, das Getriebe usw. hätte verändern müssen, dass höhere Unterhaltskosten entstanden wären und der TÜV sehr misstrauisch geschaut hätte. Aber das Prinzip wird deutlich.

In beiden Fällen ist der Hauptvorteil: Sie fühlen sich besser, sind umfassender auf jede denkbare Anforderung an Kraftentfaltung vorbereitet, „fahren" selbstbewusster, stellen sich Herausforderungen gelassener. Und Sie möchten hinterher nie mehr ohne diese Zusatzqualifikation sein.

Nun ohne Auto: So wie Sie denken viele Menschen, die ein Zweit-, Aufbau- oder Zusatzstudium absolvieren. Jetzt, so meinen sie, seien sie deutlich „mehr" als vorher, müssten deutlich andere, exakt auf ihre Qualifikation zugeschnittene Aufgaben haben, mehr Geld verdienen etc. Als ersten Schritt kündigen sie beim heutigen Arbeitgeber, weil sich die Quälerei des berufsbegleitenden Zusatzstudiums (es ist eine) ja lohnen muss.

Und das alles ist falsch! Jede Art von Zweitstudium erweitert Ihre Möglichkeiten – aber vielleicht die in fünf Jahren oder in zehn. Sie werden vielleicht in sieben Jahren bei einer Positionsbesetzung bevorzugt, weil Sie Ihre Zusatzqualifikation haben, weil Sie mehr von Betriebswirtschaft, Kosten, Investitionsrechnung, Erträgen etc. verstehen als der „reine" Ingenieur. Sehr nützlich ist auch der mit dem MBA verbundene „internationale Touch". Und bei der täglichen Berufsausübung hilft das zusätzliche Wissen. Sie können mit mancher Ausarbeitung, manchem Vorschlag, mancher Idee glänzen – oder vielleicht in einer Besprechung in Anwesenheit eines Top-Managers einen besonders klugen Satz sagen und damit Ihre Karriere fördern.

Sagen wir es so: Die beim MBA-Zusatzstudium erworbene Qualifikation schadet niemals. Sie nützt insgesamt und auf das weitere Berufsleben bezogen ganz bestimmt. Ob sie aber gemessen in Karriere- oder Gehaltsfortschritten so stark nützt, dass sich der Gesamtaufwand „lohnt", ist völlig offen. Dass Menschen mit MBA-Zusatz es oft besonders weit bringen, beweist nichts! Sie sind aktiv, ehrgeizig, zur Investition in die eigene Karriere bereit – und hätten es auch „ohne" zu mehr gebracht als der Durchschnitt.

Und nun ganz zum Schluss: Natürlich gibt es einzelne Positionen, die jetzt gerade wegen des Zusatzstudiums erreichbar werden. Spontan fallen mir Laufbahnen bei namhaften Unternehmensberatungen ein. Bei jeder Art von Bewerbungen um Führungspositionen wird der MBA Ihre Chancen verbessern – außer Sie beginnen jeden Satz mit: „Ich als Master of ..."

Und als Tipp: Besonders weit kommen Sie mit künftigen Bewerbungen, wenn Sie sich vorrangig auf eine Ihrer beiden Qualifikationen stützen und die andere als Zusatz „im Gepäck" führen. Also Sie sind z. B. MBA – und für Spezialfälle auch noch Dipl.-Ing. Oder umgekehrt. Aber suchen Sie nicht krampfhaft nach Positionen, für die man Dipl.-Ing. + MBA sein muss (ich weiß, dass Ihnen das schwer fallen wird). Eine Karrieregarantie ist der MBA nicht – es kommt auf die Persönlichkeit dahinter an (wie immer).

Sehen Sie, ich bin Personalberater und von der Ausbildung her Wirtschaftsingenieur. Letzteres hätte es nicht gebraucht – niemand muss das sein, um als Berater in meinem Metier arbeiten zu können, viele Alternativen sind denkbar. Aber als diese Serie in dieser Zeitung zur Diskussion stand, hat mir plötzlich der „Ingenieur" doch sehr geholfen – ob man damals auf meine Vorschläge gehört hätte, wäre ich beispielsweise Soziologe gewesen, ist völlig offen.

Der alte Arbeitgeber lockt

Frage: *Seit Abschluss meines Studiums der ...technik bin ich in der ...branche tätig. Mein erster Arbeitgeber (A) reduzierte seine Belegschaft kurz nach meinem Eintritt um 25 Prozent, so dass ich betriebsbedingt nach einer Dienstzeit von nur vier Monaten in der Probezeit entlassen wurde.*

Ich hatte Glück und fand im direkten Anschluss eine neue Stelle mit gleichem Aufgabengebiet und höherem Gehalt bei einem Wettbewerber (B), bei dem ich jetzt seit ca. acht Monaten tätig bin.

Nun hat mich mein Ex-Chef von A angerufen und mir mitgeteilt, dass er mich gerne wieder einstellen würde. Ich ziehe einen Wechsel durchaus in Betracht, da mir die Firmenkultur bei meinem ersten Arbeitgeber wesentlich besser gefallen hat und ich in einem äußerst kompetenten Team tätig war, in dem mich die Arbeit durchweg gefordert hat. Allerdings habe ich auch Bedenken, da diese Rückkehr gegen einige „Systemregeln“ verstoßen würde (kurze Dienstzeiten, allgemeine Rückkehrproblematik).

Alternativ habe ich überlegt, meine zwei Dienstjahre beim zweiten Arbeitgeber zu absolvieren und dann erst den Wechsel zu vollziehen.

Antwort: 1. Pastoren und Leute wie ich haben sehr große Mühe, die ihnen anvertrauten Menschen davon abzuhalten, irgendwelchen Versuchungen nachzugeben. Dabei ist bitte sehr zu berücksichtigen, dass Versuchungen ausnahmslos sehr(!) reizvoll zu sein scheinen und man ihnen nur zu gern nachgeben würde. Es gehört zum Charakter einer Versuchung, dass man immer wieder scheinbar gute Argumente findet, warum man es doch tun sollte oder möchte. Einer „Versuchung“ zu widerstehen, im nächsten Bauerndorf kostenlos das Ausmisten von Kuhställen anzubieten, ist hingegen recht einfach.

Konkret: Seien Sie gar nicht erst überrascht oder gar überwältigt von dem Reiz des Vorhabens – der ist bei jeder Art von Versuchung systemimmanent.

Die meisten Menschen reagieren übrigens so auf eine Versuchung: Sie drehen und wenden das Problem, um eine Möglichkeit zu finden, den zu erwartenden Lustgewinn mitzunehmen, gleichzeitig aber den Nachteilen irgendwie aus dem Weg zu gehen. Das jedoch geht nicht, dazu sind Versuchungen generell zu raffiniert aufgebaut.

Als Trost: Je älter man wird, desto leichter geht man damit um. Und lernt auch schon einmal, ganz schlicht schulterzuckend „Nein“ zu sagen und auf den offensichtlichen Reiz wegen des zu großen Pferdefußes zu verzichten (wobei manche Menschen auch im höheren Alter anfällig bleiben ...).

2. Reden wir über die so überaus reizvolle Unternehmenskultur von A:

a) Die haben Sie ohne Würdigung von Führung und Leistung gefeuert; einfach so, Sie standen so günstig (Probezeit). Was aus Ihnen wurde, war denen egal. Mit denen würde ich vermutlich vor Ablauf von fünfzig Jahren nicht einmal mehr reden – aber das müssen Sie selbst wissen (das geht nicht gegen Ihren Ex-Chef als Person, der konnte „nichts dafür“).

b) Die haben Sie eingestellt und damit ja auch eine gewisse Verantwortung für Sie übernommen („Fürsorgepflicht des Arbeitgebers“). Nur drei Monate später hat man Sie und 25 % der Belegschaft wieder entlassen. Was ist das für ein tolles Unternehmen, das drei Monate vor einer Super-Massenentlassung noch fröhlich Leute einstellt? Und jetzt, nur wenige weitere Monate danach, wieder fröhlich Einstellungen tätigt? Was machen die im nächsten Jahr?

3. Ihr heutiger Arbeitgeber, in derselben Branche tätig, hat ganz offensichtlich gar keine Massenentlassung durchführen müssen, hat Sie aufgenommen, als Sie faktisch arbeitslos auf der Straße standen und Sie sogar noch sehr anständig honoriert. Hätte der nicht, wenn schon nicht Dankbarkeit, so doch etwas Loyalität verdient?

4. Ihr Ex-Chef von A hat Sie angerufen. Das schmeichelt Ihnen – das darf es auch. Aber: Jedes an Sie herangetragene Angebot ist gut und im Zeitpunkt passend – für den, der es macht. Ob es zufällig(!) auch für den Angesprochenen gut ist, muss individuell und misstrauisch geprüft werden (die Wahrscheinlichkeit dafür ist eher gering).

Dazu addieren sich die – Ihnen grundsätzlich bekannten – Vorbehalte gegen eine Rückkehr zum alten Arbeitgeber. Da ist die Dienstzeitproblematik, da ist aber auch das „Band des Urvertrauens", das Arbeitgeber und Arbeitnehmer verbinden sollte und das bei Ihnen zerschnitten wurde und jetzt nur geflickt, aber nicht neu geknüpft würde. Besonders kritisch aber wäre, dass Sie nach einer Rückkehr auf viele Jahre hinaus an A gefesselt wären: Sie könnten dort nicht wieder weggehen, ohne sich lächerlich zu machen. Man soll aber als Angestellter nicht so operieren, dass man „das unsichtbare Schwert, auf dem ‚Kündigung' steht", im Notfall gar nicht ziehen könnte, man muss sich hingegen stets möglichst viele Handlungsalternativen erschließen oder bewahren.

Und sollte man Ihnen nach Rückkehr zu A arbeitgeberseitig aus irgendwelchen Gründen nochmals kündigen, würden Sie in den Augen von Bewerbungsempfängern zu einer Mischung aus trauriger Gestalt und Witzfigur. Könnten Sie eine erneute Kündigung durch A mit Sicherheit ausschließen? Das kann niemand.

5. Die Idee, bei B zwei Jahre voll zu machen und dann zu wechseln, macht die Sache auch nicht viel besser. Vor allem: Ist A dann überhaupt noch an Ihnen interessiert? Zum heutigen Zeitpunkt kann doch niemand etwas dazu sagen.

Mein Rat: Schreiben Sie A „fürs Leben" ab. Bleiben Sie bei B eine vernünftig lange Zeit – und denken Sie dann darüber nach, welches Unternehmen sich als C in Ihrem Lebenslauf gut machen würde.

Nützliche Überstunden

Frage: *Wie förderlich können freiwillige, unbezahlte Überstunden für die Karriere sein? Was „passiert", wenn man überwiegend pünktlich anfängt und aufhört?*

Antwort: Irgendwie ist Ihr Denkansatz falsch. Lassen Sie mich versuchen, die Dinge etwas gerade zu rücken.

Mit der „Karriere" ist zunehmende Verantwortung für Menschen und Sachen verbunden. Unternehmen übertragen diese Verantwortung an Mitarbeiter, die qualifiziert sind – und denen ihre berufliche Tätigkeit ganz erkennbar wichtig ist, am Herzen liegt, der sie eine hohe Priorität im Leben zuordnen usw.

Ein solcher Mitarbeiter orientiert sich nun vor allem an den „Sachzwängen" seiner Arbeit. Wenn etwas sehr wichtig ist, „heute" noch fertig werden muss, dann wird es eben fertig – sei es um16 oder auch um 19 Uhr.

Und bei einem ganz besonders drängenden Problem nimmt dieser Angestellte abends – soweit möglich – auch schon einmal Unterlagen mit nach Hause. Er wägt einfach ab, ob diese Ausarbeitung nicht vielleicht doch noch wichtiger ist als das gerade anstehende Feierabendvergnügen. Selbstverständlich wahrt er dabei Maß und Ziel – die Erholung nach Dienstschluss liegt auch im Firmeninteresse.

Für diesen idealen Mitarbeiter sind „Überstunden kein Thema". Er stellt jederzeit unter Beweis, dass die Arbeit einen vorrangigen Stellenwert für ihn hat, dass Dinge, die getan sein müssen, auch getan werden. Und dass sich sein Chef darauf verlassen kann, wichtige Probleme kurzfristig „vom Tisch" zu bekommen. Andererseits nimmt er sich dann auch das Recht, an anderen Tagen pünktlich zu gehen. Sein Vorgesetzter weiß: „Wenn ich ihn brauche, ist er da", erkennt diesen „Einsatz" (so der Fachausdruck) an – und wird die Karriere dieses Mannes fördern (wenn alle anderen Voraussetzungen stimmen).

Dieser ideale Mitarbeiter tut das alles übrigens, weil es zu seiner Natur gehört, nicht aus Berechnung. Zur Verblüffung gerade vieler junger Menschen gibt es ihn tatsächlich.

Und da ich gerade dabei bin, könnte ich eine generell zum Thema passende andere Regel erläutern, von der ich weiß, dass sie ebenso häufig Verblüffung auslöst: Man wird befördert (oder erhält Gehaltserhöhung), wenn man auf der unteren Ebene „jahrelang" die der höheren Stufe entsprechende Leistung erbracht hat. Umgekehrt läuft das einfach nicht! Ein „Sachbearbeiter" muss also schon längere Zeit die einem Abteilungsleiter entsprechende Leistung, Dienstauffassung u. ä. zeigen, bevor er – vielleicht – einer wird.

Aussprüche wie „Wenn ich die Position (das Gehalt) hätte, würde ich auch ...", sind unsinnig und „nicht hilfreich", wie man es in der Diplomatensprache ausdrücken würde. Daraus folgt auch, dass Geisteshaltungen, wie sie in Aussprüchen dieser Art erkennbar werden „...bei meinem Gehalt kann das niemand verlangen", absolut nicht zum Ziel führen.

Zurück zu Überstunden: Leider geht es nicht immer so „ideal“ ab wie oben geschildert. Manche Vorgesetzten oder auch manche Firmen erwarten – unabhängig von Dringlichkeit der Arbeit o. ä. – einfach ein bestimmtes Quantum von Mehrarbeit. Wer da nicht mitzieht, hat praktisch keine Chance, befördert zu werden. Nun hat ohnehin jede Position ihr spezielles Profil. Der Standort der Firma gehört genau so dazu wie langfristige Sicherheit, soziale Leistungen, Gehaltsniveau, Aufgaben und Verantwortung, Person des Chefs und allgemeine Arbeitsbedingungen. Hier können Sie dann nur abwägen, ob die unumgänglichen Überstunden als ein Detail von vielen die Gesamtbilanz wirklich verändern.

Der aufstiegsorientierte, leistungsbewusste Mitarbeiter kann auch zusätzlich noch vorausschauend sein. Dann „bestellt“ er sein Abendessen nie vor 19 Uhr, meidet Skatrunden, die ihn mittwochs zum pünktlichen Dienstschluss zwingen, macht sich über Fahrgemeinschaften seine eigenen Gedanken – und bleibt frei in seiner täglichen Entscheidung. Mancher Vorgesetzte wird nach hartem Arbeitstag ein „Ich habe jetzt wirklich keine Lust mehr“ noch akzeptieren. Ein „Ich muss gehen, mein Kegelclub beginnt um 6“ wird ihn mit Sicherheit ärgern, wenn deshalb ein wichtiger Auftrag liegen bleibt.

Ich weiß natürlich nicht, ob Sie das als eine besonders wirksame „Drohung“ empfinden: Wenn alle an dieser Serie Beteiligten immer pünktlich nach Hause gegangen wären, hätten wir hier öfter einmal unseren Lesern nur „weißes Papier“ bieten können.

PS: Ist Ihnen, liebe Leser, etwas aufgefallen an diesem speziellen Fall? Nein? Das ist gut so, dann stimmt meine Theorie ja im Ansatz durchaus:

Frage und Antwort sind aus Anlass des in diesen Tagen stattfindenden Jubiläums wörtlich aus einem früheren Beitrag übernommen – aus 1984, sie sind jetzt mehr als zwanzig Jahre alt. Dramatisch also ändern sich weder die Verhältnisse, noch die Anliegen der Einsender, wie man sieht.

Sackgasse

Frage/1: *Ich möchte Ihnen an dieser Stelle für Ihre Arbeit danken. Wenngleich ich mich anfangs nicht immer an Ihre Hinweise gehalten habe, so schätze ich diese doch sehr und möchte Sie jetzt um Ihre Meinung bitten.*

Seit ca. drei Jahren bin ich bei einem internationalen Anlagenbau-Konzern als Inbetriebnahme- und Serviceingenieur für Prozessleittechnik beschäftigt. Zur Zeit bin ich in einer sicheren Position, aus der heraus ich nun die Weichen für meine berufliche Zukunft stellen möchte. Die Gründe dafür:

Hochbezahlte westliche Inbetriebnahmeingenieure verlieren an Boden gegenüber Asiaten u. a. Wegen der langen Zykluszeit der Objekte, für die wir Steuerungstechnik liefern, geht die technische Entwicklung in der Firma langsamer weiter als außerhalb. Ich bin jetzt Mitte 30 und komme langsam in Zugzwang, wenn ich jemals eine leitende Position erreichen möchte. Auch kann ich mir nicht vorstellen, bis zum Ende des Berufslebens in der Inbetriebnahme zu arbeiten. Wenn man zu lange dabei ist, wird diese berufliche „Welt" zum freiwilligen Gefängnis.

Antwort/1: Arbeiten wir Ihre Gegebenheiten einmal bis hierher ab, damit man sieht, wie sich alles entwickelt hat: Fachhochschulreife („gut"), Lehre, FH-Studium („gut") – aber mit elf Semestern zu lang. Dann Entwicklungs- und Projektingenieur bei einem Spezialmaschinenbauer, zuständig für Hard- und Software bei Maschinensteuerungen. Dauer: zwei Jahre, Zeugnisnote 2–3, Ausscheiden auf eigenen Wunsch, kein diesbezügliches Bedauern des Arbeitgebers. Also recht mäßig.

Danach: Weltreise von sechs Monaten, begründet mit „Etablierung meiner Anpassungsfähigkeit und Fähigkeit, für eine längere Periode im Ausland zu leben". Glaubwürdigkeit der sprachlich fragwürdigen Argumentation: Null. Ich hingegen glaube, Sie hatten schon immer einen Hang in die Ferne (langes Studium?), haben sich dann „ausgetobt" – und sich fatalerweise auch noch einen Job (heute) gesucht, der das Hobby zum Beruf macht – was man generell nicht tun soll.

Erst aber kommt noch eine Stellensuche nach der Weltreise von weiteren sechs Monaten. Darauf folgt die heutige Position.

Jetzt haben Sie Ihre ständigen Weltreisen, werden älter, sind unzufrieden und reden im Zusammenhang mit Ihrem selbstgewählten Weg vom „Gefängnis".

Fazit bis dahin: Sie sind keiner systematischen Karriereplanung gefolgt, die auf einer klaren Zielsetzung aufgebaut hätte, sondern haben sich von eher aus dem privaten Bereich kommenden romantischen Wunschvorstellungen (weltweite Reisen) leiten lassen. Dieser Aspekt hat sich zweifach in Ihren Lebenslauf eingegraben: 1. als das eine Jahr für Weltreise + anschließende Stellensuche; 2. mit dem heutigen Job als weltweiter Inbetriebnahmeingenieur. Und: als Sie Ihre heutige Position antraten, haben Sie ganz sicher nicht gefragt, was danach hätte kommen sollen oder auch nur können. Sie haben sich nach insgesamt einjähriger Vorbereitungszeit eine Aufgabe ausgesucht, die Ihnen heute schon wieder sehr missfällt. Das war nicht viel und das war nicht gut.

Der berufstätige Mensch kann nicht erst alles ausprobiert haben, bevor er merkt, ob das etwas für ihn ist. Man konstruiert ja auch als Ingenieur nicht erst eine Brücke und wartet nach der Fertigstellung einmal ab, ob sie trägt. Sondern man plant vorher so lange und intensiv, bis man ziemlich sicher sein kann, wie das „Experiment" ausgeht.

Also: Was Sie getan haben, war zwar nicht verboten, aber das Resultat müssen Sie einordnen unter „mein Fehler". Die Weltreise zwischen zwei Jobs kann Ihnen noch viele Jahre lang Ärger bei Bewerbungen machen. Sie wirkt eben nicht so als hätte das Berufliche in Ihrem Leben Priorität genossen. Und man befürchtet: Er wird es wieder tun. Aber für die frühere Bewerbung um den weltweiten Inbetriebnahmejob war diese Reise eine Empfehlung, das steht fest.

Frage/2: *Ich sehe mehrere Möglichkeiten für mich, zwischen denen es abzuwägen gilt:*

a) Abteilungsintern wurde mir angedeutet, dass ich zum „Senior-Inbetriebnahmeingenieur" vorgeschlagen werde, später könnte ich dann noch eine Art Gruppenleiter werden und Verantwortung für größere Projekte und mehrere Mitarbeiter bekommen. Das hängt aber entscheidend davon ab, ob überhaupt größere Projekte hereinkommen. Die höheren Positionen der Inbetriebnahme gehen übrigens an die auf die eigentliche Prozesstechnik spezialisierten Mitarbeiter. Ich als Elektrotechnikingenieur stehe dort vor einer mich frustrierenden unüberwindlichen Wand.

b) Konzernintern wird der Weggang aus dem Außendienst nicht wirklich gern gesehen oder gar gefördert. Es gibt (auch bei der Konkurrenz) zu wenig Außendienstingenieure mit mehr als drei Jahren Erfahrung. Der interne Stellenwechsel wird nur akzeptiert, um Mitarbeiter mit Wechselabsichten halten zu können.

Ob mit einem internen Wechsel auch eine Beförderung zum Gruppen- oder Abteilungsleiter verbunden sein könnte, bezweifle ich. Daher müsste ich als Sachbearbeiter wechseln und mich dann hocharbeiten.

c) Extern ist der Arbeitsmarkt gut, z. B. bei der Konkurrenz oder bei Systemlieferanten. Auf Sachbearbeiterebene als Inbetriebnahme- oder Betriebsingenieur im bisherigen Fachgebiet wäre ich willkommen. Dass man mir jedoch direkt Leitungsverantwortung bei der ersten Stelle im neuen Unternehmen geben würde, vermute ich eher nicht (da ich keine entsprechenden Erfahrungen vorweisen kann). So würde ich Führungserfahrung wohl erst mit Ende 30, Anfang 40 sammeln können.

d) Vielleicht wäre ein Aufstieg durch Weiterbildung möglich. Für ein MBA-Studium sind meine Englischkenntnisse nicht gut genug. Bei einem Aufbaustudium, z. B. zum Wirtschaftsingenieur, gäbe es Probleme mit dem Zeitaufwand neben dem Beruf mit seinem stark schwankenden Arbeitspensum.

Das würde bedeuten: Annahme einer Sachbearbeiterposition in einer anderen Abteilung im Hause, um ein Zweitstudium durchführen zu können.

Also sehe ich mich derzeit in einer Sackgasse. Eigentlich würde ich gerne, auch aufgrund meines bisherigen Berufslebens, noch mindestens zwei Jahre bei meinem Arbeitgeber bleiben, vermisse jedoch eine Perspektive. Was würden Sie mir raten?

Antwort/2: Sie haben jetzt recht gut Ihre Situation mit allen Konsequenzen analysiert, dabei haben Sie Vor- und Nachteile der Varianten angewogen. Hätten Sie das etwa in der Mitte Ihres Studiums getan, wären Sie heute weiter!

Ihr Lebenslauf würde tatsächlich eine Stabilisierung durch ein längeres Verbleiben beim heutigen (großen) Arbeitgeber gut vertragen.

Ein schlichtes Weitermachen im heutigen Aufgabengebiet bringt im Sinne Ihrer Planungen und Empfindungen nichts: Teils fürchten Sie um die langfristigen Chancen hochbezahlter westlicher Spezialisten in dem Job, teils glauben Sie, dort den technischen Anschluss zu verlieren, teils wähnen Sie sich dabei im „Gefängnis“. Das ist ein bisschen viel Belastung für einen einzigen Job; Fazit: Sie müssen die Tätigkeit wechseln.

Konsequenz aus den beiden Überlegungen: Interner Wechsel in ein anderes, mit mehr Perspektiven ausgestattetes Tätigkeitsgebiet. Beim Wechsel desselben ist man im neuen Metier erst einmal fachlicher Neuling, kann also nicht jetzt sofort mit einer Beförderung einsteigen. Das Problem, dabei „alt“ zu werden, bleibt also bestehen.

Damit sind Ihre Punkte a + b abgehakt, c entfällt, da Sie besser mehr Dienstjahre beim heutigen Arbeitgeber sammeln sollten. Punkt d beruht auf einem Irrtum: Man wird als Akademiker nicht spontan wegen einer gerade abgeschlossenen Weiterbildung befördert, sondern letztere hilft mittelfristig bei der Erringung und/oder Bewältigung anspruchsvollerer Aufgaben. Eine Beförderung erringen Sie nicht als MBA'ler oder zusätzlicher Wirtschaftsingenieur, sondern als Person! Ich kann das auch kürzer sagen: Langes Studium + ein mäßiges Firmenzeugnis + ein Jahr halb freiwillige Weltreise, halb arbeitslos + MBA ist weniger als es ein kurzes Studium + ein gutes Firmenzeugnis + konsequenter zielstrebiger Berufsweg ohne MBA gewesen wäre. Aber was der Mensch scheinbar braucht, muss er haben.

PS. Ich bin überhaupt nicht boshaft, das liest sich nur so. Und halten Sie mir zugute, dass ich vor allem Nachahmer abschrecken will.

1000:100 ist besser als 10:1

Frage: *Ich bin 30; nach dem Universitätsabschluss bin ich seit fünf Jahren in einem Unternehmen tätig, das ein ganz bestimmtes Produkt produziert und vermarktet. Ich bin Sachbearbeiter in der Technischen Planung, mit meinem Arbeitsumfeld gut vertraut, mein Interesse gilt auch weiterhin einer Fachlaufbahn.*

Unser Produkt kann die konzerninternen Renditevorgaben in keiner Weise erfüllen. Daher soll der Bereich verkauft bzw. aufgelöst werden. Anderen Unternehmen mit vergleichbarem Produkt ist es bereits ähnlich ergangen.

Ich bin jetzt von dem Konkurrenzunternehmen A, das sich nach vorangegangenen Schwierigkeiten wieder auf dem Markt positioniert hat, umworben worden. Meine eingehenden, produktspezifischen Fachkenntnisse würden dort sehr geschätzt und ich sehe Aufstiegsmöglichkeiten. Ich befürchte allerdings, dass es diesem Unternehmen in wenigen Jahren genau so schlecht geht wie meinem jetzigen Arbeitgeber (warum sollte es dort anders sein!).

Ein anders ausgerichtetes Unternehmen B hat mir ebenfalls ein attraktives Angebot unterbreitet. Zwar wäre ich dort nicht der heiß umworbene Fachmann für ein bestimmtes Produkt, aber ich wäre in eine fachlich starke Abteilung eingebunden, allerdings müsste ich auf meine noch größtenteils vorhandenen Studium- und Praktika-Kenntnisse zurückgreifen.

Ich zweifle nun, welchem Unternehmen ich den Vorzug geben soll:

1. Im Unternehmen A wäre ich der Fachmann, hätte mich dann aber endgültig auf ein sehr spezielles Produkt fixiert. In späteren (von mir für wahrscheinlich gehaltenen) Krisenzeiten wäre ein Wechsel zu einem Unternehmen wie B dann vielleicht aus fachlichen Gründen ausgeschlossen.

2. Im Unternehmen B wäre ich ein Neuling in diesem anderen Fachgebiet. Ich könnte mich auf meine Kenntnisse aus Studienzeiten besinnen und würde mir Methoden erarbeiten, die es mir ermöglichen, später auch in anderen Unternehmen unterzukommen (von denen es einfach mehrere gibt). Unter Umständen benötige ich für einen Aufstieg längere Zeit, schon wegen der Einarbeitung in den ersten Jahren. Gelingt mir der Einsteig hier nicht, hätte ich immer noch spätere Perspektiven bei einem Unternehmen wie A.

Antwort: Nach fünf Jahren in einem Metier gilt man als Fachmann, der dann nur noch relativ wenig an Erfahrung hinzuerwirbt. Sagen wir es so: Bis dahin steht der Erfahrungszuwachs in einem vernünftigen Verhältnis zur dafür „verbrauchten" Zeit, danach nicht mehr.

Aber alle diese Top-Fachleute verstanden vor fünf Jahren gar nichts von ihrem Metier. Man kann also alles lernen. Das mag beim Anfänger länger dauern, geht aber bei berufserfahrenen Leuten auch mit „falscher“ Praxis deutlich schneller. Dies als Hintergrund meines Rates:

Ich meine, Sie sollten Ihre Bedenken gegen die Zukunftschancen des heute von Ihnen sowie von A betreuten Produkts sehr ernst nehmen. Ein Angestellter lebt von der Sicherheit, nicht nur jetzt einen Arbeitsplatz zu haben, sondern mit hoher Wahrscheinlichkeit jederzeit anderswo einen ähnlichen zu finden. Da Sie nie wissen können, wie viele Angestellte Ihres Zuschnitts (Branche, Tätigkeit) jeweils in Deutschland tätig sind, sollten Sie wenigstens danach streben, einen Job zu tun, von dem es viele im Lande gibt:

Betrachten Sie einmal diese Argumentation:

Gibt es auf Ihrem Gebiet nur zehn stellensuchende Spezialisten und nur eine offene Stelle pro Jahr, dann haben Sie extrem schwache Chancen. Wenn es bei diesem einen Fall(!) nicht klappt, ist Schluss für die nächsten zwölf Monate, eine zweite Chance gibt es nicht.

Sind Sie aber einer von 1.000 suchenden Mitarbeitern auf einem Gebiet, auf dem es 100 offene Stellen pro Jahr gibt, ist Ihre Chance rein statistisch ebenso schlecht – in Wirklichkeit aber sehr viel besser. 100 offene Stellen pro Jahr bedeuten 100 Anzeigen mit 100 Chancen, sich durchzusetzen. Sie können Bewerbungsvarianten ausprobieren, andere Argumentationen durchspielen, andere Gehaltswünsche angeben etc. Wer an 100 Bewerbungsfällen innerhalb eines Jahres teilnimmt und nie einen Job bekommt, macht etwas falsch! Vielleicht hat er den falschen Beruf, strebt nach dem falschen Ziel oder setzt auf die falschen Argumente.

Sie dürfen dem Beispiel übrigens nicht nur rein rechnerisch zu Leibe rücken, dann verzweifeln Sie: Es würden sich ja 1.000 Kandidaten um die erste offene Stelle bemühen – 999 davon bekämen eine Absage. Das Risiko, dabei zu sein, wäre enorm groß. Und auch um die letzte zu besetzende Position würden sich immer noch 901 Kandidaten bewerben. In der Praxis läuft das so nicht: Bei der ersten Ausschreibung wissen 400 Kandidaten noch nicht, dass sie in diesem Jahr wechseln wollen. 200 sind noch im Winterurlaub, 200 gefällt der Ort nicht, 100 sagt die Tätigkeit mit genau diesen Details nicht zu, 50 kommen an diesem Wochenende nicht zum Lesen der Stellenangebote – die restlichen 50 bewerben sich. Und so ist es bei den anderen 99 Ausschreibungen auch. Weil es Menschen sind, ist hier mehr im Spiel als rein statistische Größen.

Auf dieser Basis konkret zu Ihren Fragen:

Zu 1: Ich kann Ihre Vorbehalte voll bestätigen. Auch, soweit es um spätere Wechselchancen in Richtung B geht! Wenn Sie jetzt zu einem Unternehmen (A) gehen, bei dem alles Ihrem heutigen Arbeitgeber gleicht (Branche, Produkt, Tätigkeit), dann festigen Sie diese Ausrichtung in den Augen künftiger Bewerbungsleser, ein Wechsel in einen anderen Bereich wird dann kaum noch möglich sein (Sie hätten dann etwa zehn statt heute fünf Jahre in der aus Sicht des späteren Bewerbungslesers „falschen" Richtung verbracht).

Zu 2: Sie sind der Typ des Fachmannes, der sich dort sicher fühlt, wo er das Metier auf der Basis umfassender Erfahrungen beherrscht. Dementsprechend machen Sie sich Sorgen, dass Sie scheitern könnten, wenn Ihnen ein Gebiet fremd ist. Die Analyse von Lebensläufen zeigt jedoch, dass diverse Angestellte z. T. recht abrupte sachliche Wechsel des Aufgabengebietes, der Branche, des Firmentyps durchgeführt haben – und damit fachlich gut zurechtgekommen sind. Das Problem dabei ist, dass der rote Faden verloren geht, dass ein plötzlich erforderlich werdender weiterer Wechsel nach nur kurzer Beschäftigungszeit im neuen Job zusätzliche Fragen aufwirft und dass als Bewerber grundsätzlich begehrt ist, wer genau das schon gemacht hat, was in der neuen Position ansteht. Viele Unternehmen geben solchen Bewerbern, die in eine neue Dimension oder berufliche Umwelt eintauchen wollten, erst gar keine Chance. Wenn Ihnen aber ein Unternehmen einen solchen fachlichen Sprung anbietet und Sie zugreifen, ist übergroße Sorge um ein mögliches Scheitern unangebracht. Also auf zu B.

Bei Existenzgefährdung wegbewerben?

Frage: *Ich war nach dem Studium zunächst drei Jahre bei einem Arbeitgeber tätig. Ich verließ ihn, weil der Arbeitsplatz nicht sicher schien (Zeitvertrag) und weil absehbar war, dass es dort kaum Entwicklungsmöglichkeiten geben würde.*

Nun bin ich seit knapp zwei Jahren in einem Unternehmen der Elektronik-Branche tätig. Der Firma ebenso wie der Branche geht es sehr schlecht, die Aufträge bleiben aus, es droht Kurzarbeit. Ein Ende der Situation ist nicht abzusehen.

Mit dem Arbeitsplatz, den Aufgaben, den Möglichkeiten sowie dem Verhältnis zu Vorgesetzten und zur Geschäftsleitung bin ich zufrieden. Und ich denke, dass es hier noch viel zu lernen gibt. Daher möchte ich eigentlich nicht nach einer neuen Stelle suchen. Auch sehe ich das sich dann im Lebenslauf bietende Bild als potenzielles Problem.

Andererseits werde ich wohl nur noch wenige Chancen haben, wenn das Unternehmen erst einmal in richtig große Schwierigkeiten gelangt ist und der Arbeitsplatz kurzfristig in Gefahr gerät, sei es durch betriebsbedingte Kündigung oder durch Insolvenz.

Mir stellt sich die Frage, unter welchen Umständen es prinzipiell sinnvoll ist, sich aus einem in die Krise geratenen Unternehmen wegzubewerben und wann.

Antwort: Nicht speziell für Sie, aber für alle anderen: So etwas kann jederzeit überall geschehen. Wobei es völlig egal ist, ob wegen Geschäftsbereichs-Schließung, Firmenpleite oder Unternehmensverkauf die Kündigung droht. Für solche Fälle muss man gerüstet sein. Das wiederum hat vorher zu geschehen. Man spart ja auch „vorher", um dann Notfällen gefasst gegenüber treten zu können.

Also empfiehlt es sich, beim ersten und zweiten Arbeitgeber möglichst lange zu bleiben und nicht nur die Minimalfristen durchzuhalten, sondern Polster zu bilden für Unvorhergesehenes. Nach sieben oder acht Jahren bei einem Unternehmen fallen zwei Jahre beim zweiten kaum auf, nach achtzehn Monaten beim ersten jedoch sehr.

Nun also speziell zu Ihrer Frage: Es ist immer gut, sich in Zweifelsfällen die Grundregeln vor Augen zu halten. Und die hier zutreffende lautet: Man gestalte nach Möglichkeit jedes Beschäftigungsverhältnis so, dass hinterher diese Phase des Werdeganges keine Auffälligkeiten zeigt, dass niemand daran „riechen" kann. Diese Forderung ist erfüllt, wenn Sie

- etwa fünf Jahre dort tätig waren,
- ein in der Beurteilung gutes oder sehr gutes Zeugnis bekommen,
- lt. Zeugnis auf eigenen Wunsch ausgeschieden sind,
- lt. Lebenslauf direkt am Tag danach – also „nahtlos" – ein neues Arbeitsverhältnis begonnen haben.

Alles, was davon abweicht, ist mehr oder weniger kritisch. Und Sie wissen nicht, was in Ihrem Berufsleben noch alles geschieht – und ob Sie nicht durch Ereignisse in der Zukunft zum „Wiederholungstäter" gestempelt werden.

Für neue Leser wiederhole ich eine hier oft dargestellte Erkenntnis: Es geht nicht vorrangig darum, ob Sie die Schuld an dem auslösenden Ereignis tragen – Erfolg ist gefragt, nicht die optimale Ausrede für Misserfolg. Bleiben noch die „Ratten, die ein sinkendes Schiff verlassen" – und mit denen man nicht gern in einen Topf gesteckt werden mag. Nun, es ist sehr vernünftig von den „Ratten", rechtzeitig von Bord zu gehen. Wer denn gäbe ihnen etwas, gingen sie mit dem Schiff unter?

Sie, geehrter Einsender, müssen also versuchen, möglichst nahe an das dargestellte Optimum heranzukommen. Kritischer Punkt ist die Dauer des Beschäftigungsverhältnisses. Sie müssen jetzt das eine tun, ohne das andere zu lassen. Also einerseits entschlossen und engagiert weitermachen im Job

– und andererseits an den Markt gehen, Anzeigen lesen, erste Bewerbungen schreiben, Erfahrungen über die Akzeptanz Ihrer Unterlagen sammeln, ständig irgendwo etwas „laufen" haben, aber noch nichts unterschreiben. Am besten steigen Sie bei diesen vereinzelten Versuchen zunächst nach der Einladung zum Vorstellungsgespräch wieder aus. Dabei vergehen Monate, vielleicht Jahre – die Sie auf dem Dienstzeitenkonto sammeln. Falls inzwischen auf Arbeitgeberseite tatsächlich etwas „passiert", sind Sie vorbereitet und können schnell auf einen Ihrer fahrenden Züge aufspringen.

Bei der Gelegenheit noch etwas Grundsätzliches: Wenn man so vorgeht wie von mir angeregt – bietet man dann eigentlich nicht nur Show-Effekte statt Solidität, poliert man nicht nur an der Verpackung herum, statt den Inhalt zu verbessern? Wer will denn so etwas?

Antwort auf die letzte Frage zuerst: Alle, wir, das ganze System der Marktwirtschaft. Sehen Sie, es kommt ja auch derjenige bei uns an die Regierung, den die meisten Leute wählen. Dass man gut sein, gute Arbeit leisten muss, wird eigentlich nicht verlangt. Hauptsache ist, man überzeugt irgendwie Wähler. Und das Prinzip gilt auch beim Thema dieser Serie: Hauptsache ist, man überzeugt Entscheidungsträger (Warnung: Die guten unter denen überzeugt man auch nur, wenn man selbst gut ist, aber „überzeugen" bleibt die Maxime).

Die Entscheidungsträger wissen übrigens auch, dass nicht alles, was in Lebensläufen glänzt, unter der Oberfläche ähnlich gut ist. Aber: Wenn „Glanz" schon nichts beweist, was bewiese dann eine stumpfe, rostige Deckschicht? Und: Wer stets alles so „hinbekommt", dass es tadellos aussieht und niemand dran „riechen" kann, der ist clever. Und das kann man sehr gut gebrauchen in der Welt des Berufs! Denn wer in eigener Sache geschickt vorgeht, der macht das auch bei Präsentationen beim Vorstand, bei der Leitung von Projekten und der Konzeption von Strategien für Märkte.

Und wenn Sie – spätestens – an der Stelle fragen, ob diese Berufswelt nicht auch viel Oberflächliches, viel auf Showeffekte Getrimmtes und relativ wenig ernsthaft Anspruchsvolles enthält, dann hören Sie von mir ein donnerndes „Aber ja".

Ins Ausland – ich will, keiner will mich

Frage: *Ich bin 40 Jahre alt, Dipl.-Informatiker und seit einigen Jahren in einem Unternehmen (Telekommunikation) im Bereich Software-Test/Qualitätsmanagement tätig. Im Rahmen meiner beruflichen und persönlichen Weiterbildung strebe ich einen befristeten Auslandsaufenthalt an.*

Da dies bei meinem derzeitigen Arbeitgeber nur sehr eingeschränkt möglich ist, habe ich eine Reihe von Firmen angeschrieben, die multinational tätig sind (z. B. Elektrokonzerne, Automobilunternehmen, Telekommunikationskonzerne). Ich habe jeweils mein berufliches Profil zugesandt und um eine Prüfung gebeten, ob eine Einstellung unter der Voraussetzung eines Auslandsaufenthaltes in Betracht käme.

Eigentlich hatte ich erwartet, mit meiner Bereitschaft, ins Ausland zu gehen, überall sehr willkommen und hoch gesucht zu sein. Ich verfüge zudem über einige Sprachkenntnisse und glaubte, bereits ohne den Aspekt des Auslandsaufenthaltes mit meiner beruflichen Qualifikation interessant für andere Unternehmen zu sein. Tatsächlich habe ich jedoch keine einzige Zusage oder auch nur eine Einladung zu einem Vorstellungsgespräch erhalten, was mich natürlich nachdenklich macht und die Frage aufwirft, woran das liegen könnte.

Ich bin sehr daran interessiert, Ihre Meinung zu diesem „Phänomen" zu erfahren.

Antwort: Ihr Fall berührt mehrere Aspekte:

1. Diese großen Unternehmen denken global. Das Werk, das sie in Portugal haben, steht gleichberechtigt neben dem in Oberhessen. Würden Sie die Siemens-Zentrale anschreiben mit den Ansinnen, eine Beschäftigung im Werk in Oberhessen zu erhalten?

2. Firmen sind höchst egoistisch (Bewerber auch, man passt hervorragend zusammen). Sie nehmen Bewerber, um Besetzungslöcher zu stopfen, aus keinem anderen Grund. Sie sind weder daran interessiert, die Auslandsbeschäftigung deutscher Arbeitnehmer zu fördern, noch ihnen zu einer höheren beruflichen Qualifikation zu verhelfen. Die Kernfrage ist also: Liegt der angeschriebenen Konzernstelle zu jenem Zeitpunkt die konkrete Personalanforderung für einen Mitarbeiter dieser Qualifikation für eine bestimmte Einsatzregion vor? Vermutlich nicht.

3. Es gilt das Prinzip, den einzelnen Organisationseinheiten weitgehend Personalhoheit zu gewähren. Das heißt, man entscheidet „vor Ort", wen man einstellt und wo man ihn sucht. Diese Mitarbeiter ohne Führungsfunktion, zu denen Sie gehören, werden – bei Bedarf(!) – vom spanischen Tochterwerk in Spanien gesucht. Ob sich die deutsche Zentrale überhaupt die Mühe macht, Ihre Bewerbung an alle diese ausländischen Werke weiterzuleiten, ist völlig offen.

4. Sie machen einen generellen Denkfehler: Man bewirbt sich, um eine bestimmte Aufgabe im Interesse des Unternehmens zu lösen. Nicht jedoch, um an einen bestimmten Ort zu kommen. Das geht fast immer irgendwie schief.

5. Sie haben an die Firmen geschrieben: „Ich strebe eine Stelle im Bereich ... an, die eine einjährige Auslandsentsendung (bevorzugt in der Regi-

on Italien, Spanien, Portugal) beinhaltet." Das ist viel zu eng gefasst. Letztlich haben Sie geschrieben: „Ich suche eine Stelle in Ihrer Zentrale in München, die mit einer einjährigen Entsendung ins Werk Oberhessen verbunden ist." Wahrscheinlichkeit für die Existenz einer jetzt gerade freien Stelle dieser Art: etwa null.

Fazit: Man kann an Firmen schreiben, man suche eine Anstellung bei ihnen. Aber es muss um die Sache gehen. Vom Ort her zeigt man sich mobil – und geht dahin, wo man gebraucht wird.

Wenn man unbedingt in eine Region will, begeht man einen Systemfehler (Ortsdominanz) – und bewirbt sich besser gleich bei Firmen „vor Ort", z. B bei den Töchtern deutscher Konzerne im Ausland. Allerdings geht dann die Rückkehr auf eigenes Risiko.

Bevorzugen die Schweizer ihre eigenen Leute?

Frage: *Mit permanenter Begeisterung lese ich Ihre Beiträge.*

Seit einigen Jahren bin ich als deutscher Staatsbürger bei einem ...hersteller in der Schweiz als ...ingenieur tätig.

Ich bin eine Art Hauptsachbearbeiter in meinem Fachgebiet und stellvertretender technischer Projektleiter. Mein Vorgesetzter hat mich zwar für Weiterbildungsmaßnahmen empfohlen (die ich erfolgreich absolviert habe), ich konnte jedoch bis heute nicht in der Linie aufsteigen. Ich habe das Gefühl, dass Schweizer hier bevorzugt werden und die sogenannten Schlüsselpositionen übertragen bekommen; die „Auswärtigen" dürfen sich gern als „Wasserträger" betätigen.

Nachdem ich mich intern vergebens bemüht habe weiterzukommen, habe ich mich mehrfach extern beworben. Die Konkurrenz in Deutschland machte mir ein Angebot als technischer Projektleiter, jedoch für 500,– € weniger Nettogehalt!

Das finanzielle Angebot war sodann in sich nicht stimmig bei der Umrechnung des Gehalts von einer 35 h- auf eine 40 h-Woche. Auch konnte man mir nicht sagen, ob sich das Gehalt auf die Stelle des technischen Projektleiters bezieht oder auf eine andere Stelle.

Würden Sie mir trotz Gehaltseinbuße und unklarer Tätigkeitsbeschreibung empfehlen zu wechseln, in der Hoffnung, beim neuen Arbeitgeber weiterzukommen?

Antwort: Trennen wir bitte hier unbedingt zwischen 1. „deutscher Arbeitnehmer im Ausland, speziell in der Schweiz" und 2. „Angebot eines neuen Jobs im unklaren Zusammenhang".

Zu 1: Ich höre sehr viel – von Bewerbern und privaten Kunden in der Karriereberatung. Daraus ergibt sich folgendes Bild:

1.1 Karrierechancen genereller Art im Ausland: Es gibt den Fall, dass der – aus dortiger Sicht „ausländische“ (z. B. deutsche) – Arbeitnehmer von seiner fachlichen, vielleicht auch von seiner persönlichen Qualifikation her den durchschnittlichen Arbeitnehmern des Gastlandes überlegen ist und gerade deshalb sehr hochrangig eingestellt wird und/oder schnell weitere Karrierestufen erklimmen kann. Das ist bei einem Deutschen in der Schweiz jedoch absolut nicht so.

Wenn nicht besondere Gründe vorliegen (Tochtergesellschaft eines deutschen Konzerns, spezielle Ausrichtung der Position auf den deutschen Markt o. ä.), dann dürfte in der Schweiz vorrangig oder ausschließlich der Mangel an geeigneten Arbeitskräften zur Beschäftigung von „Auswärtigen“ (ich entnehme Ihrem Brief, dass man Sie dort so bezeichnet) führen.

Es besteht die Gefahr, dass ein ausländischer (es geht dabei nicht um die Staatsangehörigkeit, sondern um die Prägung durch eine andere Umgebung) Mitarbeiter bei gleicher Fachqualifikation wie ein einheimischer zusätzliche Risiken und mögliche Probleme mitbringt: Er könnte

- sich nicht auf Dauer in diesem Land einrichten und früher oder später aus grundsätzlichen Erwägungen in die Heimat zurückgehen; der Arbeitgeber würde ihn aus Gründen verlieren, die er nicht beeinflussen kann!
- in der kollegialen Zusammenarbeit kritische Auffälligkeiten zeigen. Hier geht es um Sitten und Gebräuche, Gepflogenheiten und Denkschemata des Gastlandes, mit denen der Ausländer vielleicht nicht so zurecht kommt; er lacht an anderen Stellen als die Vorgesetzten und Kollegen, verstößt unabsichtlich gegen ihm unbekannte Tabus oder tritt „heiligen Kühen“ (symbolisch gesehen) auf die Füße. Kurz: Er könnte als „anders“ empfunden werden, dies wäre dann die Ausgangssituation für Missverständnisse und Abneigungen. Zunächst ist das in der Tagesarbeit eines Entwicklungsingenieurs (beispielsweise) kein Problem, zumindest keines, das beide Seiten nicht durch Toleranzbereitschaft und ein bisschen guten Willen lösen könnten. Aber später, wenn Beförderungen anstehen, wenn der „Ausländer“ nennenswerte Sach- und Personalverantwortung übernehmen sollte, spielt so etwas schnell eine Rolle. Je höher man kommt, desto mehr kommt es auf Einfühlungsvermögen, Verständnis der Mentalität von Partnern und Mitarbeitern (sowie Vorgesetzten!) an. „Er ist einer von uns, denkt wie wir“ gilt häufig als unverzichtbare Basis einer gedeihlichen Zusammenarbeit.

- eine Familie haben, die sich nicht integrieren und damit schnell als „Störfaktor“ für das Arbeitsverhältnis wirken kann.
- sich schlicht nicht integrieren (anpassen) wollen. Es gibt solche Leute.

Fazit: Ich könnte es einem Land nicht übel nehmen, wenn es bei Beförderungen von Arbeitnehmern Menschen mit der landeseigenen Prägung generell etwas bevorzugte. Auch wenn die „Ausländer“ meine Landsleute sind. Dabei unterstelle ich eine vergleichbare fachliche Qualifikation.

Nach meiner Definition wäre das noch nicht einmal eine Benachteiligung dieser Ausländer, denn die kann es erst bei gleichen Ausgangsgegebenheiten aller Bewerber geben. Im Hinblick auf Karrierepositionen ist es jedoch nicht ganz einfach, den fachlich ähnlich befähigten Ausländer als „insgesamt vergleichbar“ einzustufen. Er hat oft schlicht statusbedingte Nachteile – die sich erst bei viel gutem Willen und energischem Bemühen seinerseits und mehreren Jahren des Aufenthaltes im Lande „auswachsen“.

1.2 Deutsche in der Schweiz: Nach meinen Informationen sprechen deutsche Arbeitnehmer grundsätzlich sehr positiv über ihre Akzeptanz am Arbeitsplatz und über die Möglichkeiten, in diesem Land als Angestellte ihren Beruf auszuüben. Nicht immer auf diesem hohen Niveau akzeptiert fühlen sie und vor allem ihre Familien sich als Ausländer allgemein im Lande, insbesondere im Kontakt mit den Ausländerbehörden. Ich habe das überhaupt nicht zu kritisieren. Es ist eine Angelegenheit dieses souveränen Landes, ich gebe nur Erfahrungen weiter – denen ich nicht gegenüberstellen kann, wie sich etwa beruflich in Deutschland tätige Schweizer fühlen.

1.3 Gehaltsansprüche nach Deutschland transferieren: Wenn Sie Teile der beruflichen Welt besser verstehen wollen, nutzen Sie Beispiele, die hinreichend passen und Zusammenhänge schön verdeutlichen. Ich vergleiche gern die Bemühungen um den optimalen „Verkauf“ der Arbeitskraft auf dem Arbeitsmarkt mit dem Versuch, einen Gebrauchtwagen entsprechend „zu Geld zu machen“. Sie nun haben Ihren „Wagen“ auf einem ausländischen Markt erstanden, auf dem höhere Preise üblich sind. Nun wollen Sie nach Deutschland und Ihr „Auto“ hier absetzen. Dabei haben Sie die hohen Summen im Kopf, die auf Ihrem ausländischen Markt üblich waren. Interessiert das hier jemanden? Nein.

Maßgebend für Preise auf einem Markt sind nur die Gegebenheiten auf diesem. Wer nach Deutschland will und sich hier bewirbt, muss letztlich akzeptieren, was hier üblicherweise geboten wird. Die alte Taktik, beim Arbeitgeberwechsel z. B. 20 % mehr zu erwarten als man zuvor hatte, funktioniert nur innerhalb eines Marktes. Im Beschäftigungsbereich gilt das pro Land.

Und Beschwerden über die hohe deutsche Einkommensteuer sind zu richten an die Bundesregierung, Berlin. Nettogehälter interessieren potenzielle Arbeitgeber nicht, man rechnet in der freien Wirtschaft ausschließlich in Bruttobeträgen, ob Auslandsbewerber oder nicht. Natürlich kann das alles beim Wechsel einen Kaufkraftverlust bedeuten. In vielen Ländern (Asiens, z. B.) gibt es vor Ort sogar noch sehr billiges Hauspersonal – stellen Sie sich nur einmal vor, jemand wollte beim Wechsel diese Hilfskräfte auch noch nach deutschem Geldwert bezahlt haben.

2. Ihr Angebot: Es tut mir Leid, ich komme da nicht mit. Die Umrechnung mit den Wochenstunden finde ich kleinlich (in einer Karriereberatung). Und wenn man Ihnen nicht sagen kann, auf welche Position sich ein angebotenes Gehalt bezieht, dann lassen Sie die Finger davon und suchen Sie weiter. Das alles klingt nach einer Offerte beim Bier in der Kneipe und nicht nach dem seriösen Vorgehen eines namhaften deutschen Unternehmens gegenüber Bewerbern.

Beschäftigungsgesellschaft als Alternative zum richtigen Job?

Frage: *Als Beschäftigter bei einem Automobilkonzern, dessen umfassende Abbaumaßnahmen breit in der Öffentlichkeit diskutiert wurden, stehe ich augenblicklich vor der Entscheidung, ob ich freiwillig in eine Beschäftigungs-/Qualifizierungsgesellschaft gehen soll oder nicht. Dieser Schritt wäre in Kürze zu vollziehen und mit einer relativ hohen Abfindung verbunden.*

Persönlich und von meinem Lebenslauf her scheint mir ein Wechsel generell günstig. Ich bin unter 40, knapp zehn Jahre beim jetzigen Arbeitgeber und habe dort aus meiner Sicht Fuß gefasst.

Allerdings habe ich derzeit eine Stelle inne, die es typischerweise nur in Großunternehmen gibt. Aus meinem Lebenslauf heraus lässt sich aber ein Schritt in eine konkretere fachliche Richtung zu diesem Zeitpunkt begründen. Als Gegenargument schlägt meine Betriebsrente zu Buche, die ich bei einem Arbeitgeberwechsel verliere.

Daher ziehe ich den Schritt, in die Qualifizierungsgesellschaft zu gehen, in Betracht. Ich würde bei diesem Wechsel eine Abfindung erhalten und hätte ein Jahr Zeit, einen neuen Arbeitgeber zu suchen. Dabei würde ich ggf. Unterstützung erhalten und eventuell wären auch Weiterbildungsmöglichkeiten gegeben. Mit dem Schreiben von Bewerbungen hatte ich bereits vor Bekanntwerden der aktuellen Pläne begonnen, Reaktionen habe ich aber noch nicht erhalten.

Meine Fragen lauten:

1. Wie beurteilt ein Leser eine Bewerbung, wenn der Bewerber – ein qualifizierter Ingenieur – in einer Beschäftigungsgesellschaft abgestellt ist? Ist damit nicht automatisch das Prädikat „AUSSORTIERT" verbunden?

2. Ist es ggf. in meiner jetzigen Situation besser stillzuhalten, da ich auf dem Arbeitsmarkt mit meiner sehr speziellen beruflichen Erfahrung ein E-xot bin und keine Stelle finden werde?

3. Ist der Wechsel in ein Großunternehmen einer anderen Branche eine Alternative, bei der eventuell die Spezialisierung eine geringere Rolle spielt oder sogar von Nutzen ist?

4. Die Situation wird überlagert von der Personalentscheidung um die Stelle meines Vorgesetzten, bei dem ich nach meiner heutigen Meinung aus bestimmten Gründen nur geringe bzw. keine Chancen habe, so dass ich voraussichtlich auf meiner heutigen Stelle bleiben würde. Ein Wechsel im Haus wird durch die Gesamtsituation nicht begünstigt. Sehen Sie bei meinem Lebenslauf die Möglichkeit, vorerst auf der derzeitigen Stelle zu bleiben und mit Abstand von ein bis zwei Jahren noch einmal in- oder extern auf Stellensuche zu gehen?

Antwort: Beginnen wir mit dem Grundsätzlichen, der Beschäftigungsgesellschaft. Jedem von uns – auch mir natürlich – ist klar, dass dies in der besonderen Situation ein ganz heißes Eisen ist und dass ein unbedachtes Wort mir eine große Zahl hochkarätiger, vor allem mächtiger Gegner bescheren kann. Selbstverständlich greife ich das Thema dennoch auf, werde aber besonders bedachtsam formulieren:

a) Ich halte Beschäftigungsgesellschaften für eine gute Sache. Falls jemand sonst keine Beschäftigung hätte, die Alternative also Arbeitslosigkeit wäre.

b) Ich halte auch Qualifizierungsgesellschaften (ich glaube, diese Gesellschaften führen beide Begriffe in der Firmenbezeichnung) für eine gute Sache. Falls jemand ungenügend, nicht marktgerecht oder falsch qualifiziert ist oder falls er durch eine abgegrenzte Maßnahme (Kurs, Seminar, Ausbildung) seine Qualifikation signifikant verbessern kann.

c) Soweit ich informiert bin, helfen diese Gesellschaften auch aktiv bei der Suche nach einer neuen Position. Entweder betreiben sie aktiv die Vermittlung oder sie helfen bei Bewerbungen. Das finde ich ebenfalls eine gute Sache. Sofern ein Betroffener sich schlecht selbst helfen kann (warum auch immer) und er sich von der Teilnahme an (zu vermutenden) Massenaktionen etwas verspricht.

d) Ich glaube, dass die Bewerbung eines Menschen, der unter „heutiger Arbeitgeber" eine Beschäftigungsgesellschaft angibt, positiver gesehen wird als wenn dort „arbeitslos" stünde. Denn dieses Arbeitsverhältnis ist besser als keines – und zeigt, dass der Bewerber nicht unter so furchtbar großem Druck steht und etwas Spielraum für seine Entscheidung hinsichtlich des nächsten Stellenangebotes hat. Denn potenzielle Arbeitgeber schätzen es weniger, wenn der Bewerber nur bei ihnen unterschreibt, weil ihm das „Wasser bis zum Hals" steht. Aber es ist in meinen Augen ungleich besser, wenn in der Bewerbung ein „richtiger" Arbeitgeber auftaucht, statt einer Beschäftigungsgesellschaft.

Nun zu Ihnen im Abgleich zu meinen gerade getroffenen Feststellungen:

Zu a): Müsste ich Ihre spätere Bewerbung aus einer Beschäftigungsgesellschaft lesen und wüsste ich, dass Sie dort freiwillig, aus einem ungekündigten Arbeitsverhältnis und nur um eine Abfindung mitzunehmen hineingewechselt hätten, wäre mein Toleranzrahmen überschritten. Ich würde den Kopf schütteln und hätte starke Bedenken gegen Ihre Einstellung. Das ist noch höflich ausgedrückt.

Zu b): Sie haben ein Ingenieurstudium an einer Top-TH in Deutschland absolviert. Sie haben zusätzlich ein wirtschaftswissenschaftliches Aufbaustudium. Fazit: Sie sind Teil der Ausbildungs-Elite dieses Landes! Bei Ihnen gibt es grundsätzlich nichts zu qualifizieren! Jedenfalls nichts durch eine auf Massenabwicklung ausgerichtete Qualifizierungsgesellschaft, die sich die Aufgabe stellt, solchen Menschen zu Jobs zu verhelfen, die sonst arbeitslos wären. Da Sie das derzeit gar nicht sind, würde die Qualifizierungsgesellschaft ein Problem lösen müssen, dass Sie selbst gerade erst geschaffen haben. Ohne Not! Also wirklich.

Zu c): Wenn in diesem Lande jemand sich selbst helfen kann, dann Sie. Sie können lesen, können sich bewerben, sich darstellen, im Internet recherchieren. Viele Mitarbeiter Ihres Konzerns aus ganz anderen Qualifizierungsebenen können das nicht. Denen sei die Unterstützung gegönnt.

Zu d): Das trifft doch derzeit auf Sie nicht zu, Sie sind nicht arbeitslos und noch droht Ihnen auch niemand damit. Was will ein Mann mit Ihrer Ausbildungsqualifikation als Grund dafür angeben, dass er sein ungekündigtes Arbeitsverhältnis aus eigenem Entschluss eingetauscht hat gegen das Dasein bei einer Beschäftigungsgesellschaft? Wollen Sie ausbildungsadäquat anspruchsvoll arbeiten oder reicht es Ihnen, irgendwo mit irgendetwas um der Beschäftigung willen beschäftigt zu sein?

Soviel dazu. Nun bin ich ja nicht weltfremd und verstehe durchaus, in welcher Form die Versuchung an Sie herantritt: „Ich bin jetzt so und so lange hier, ein Wechsel wäre doch durchaus angebracht, ich habe schon mit dem Gedanken gespielt. Nun kommen die mir mit einem Abfindungsangebot. Da könnte ich doch zwei Fliegen mit einer Klappe schlagen, die Abfindung mitnehmen und den ohnehin geplanten Wechsel vollziehen." Das überzeugt jeden Stammtisch, aber das ist auch schon alles.

Bedenken Sie doch den Preis, den Sie dafür zahlen. Die Phase bleibt wie in Stein gemeißelt lebenslang in Ihrem Lebenslauf nachlesbar. Und klingt natürlich wie: Sein Konzern wollte ihn damals nicht mehr; man hat die Belegschaft überprüft, einen Teil als interessant eingestuft und behalten. Die anderen hat man abgeschoben. Damit es besser klingt, in eine Beschäftigungsgesellschaft. Lassen Sie doch das Wort einmal auf der Zunge zergehen! Schon in drei, gewiss in fünf, ganz bestimmt in zehn Jahren weiß niemand mehr, wie das damals in Ihrem Konzern war, wie man Leute wie Sie mit Abfindungen gelockt, aber eigentlich gar nicht entlassen hat. In drei Jahren sind Leute als Personalreferenten tätig, die studieren heute noch. Und wissen nichts, aber auch gar nichts von den Verhältnissen in Ihrem Konzern in diesen Monaten.

Mein Rat an Sie: Ich kann Ihren Wunsch nach einem Arbeitgeberwechsel gut verstehen. Aber planen Sie den so, dass er optimal zu Ihrem Werdegang passt. Dazu gehört: ohne Druck, bei voller Entscheidungssouveränität und erst, wenn Sie eine gut in Ihre Laufbahn passende Position gefunden haben.

Welche das sein könnte, weiß ich allerdings auch nicht. Ich bin keineswegs der Maßstab aller Dinge, aber nach dem Studium Ihres Lebenslaufes verstehe ich noch nicht einmal ansatzweise, was Sie heute tun. Anderen Lesern wird es ähnlich gehen – Sie müssten die Geschichte in eine verständliche Form (für Außenstehende verständlich) übertragen. Das gilt zum Glück nicht für die drei Aufgaben davor in Ihrer Darstellung.

Zu Ihren Fragen: Zu 1.: Ist beantwortet. Zu 2.: Das ist richtig gesehen, wobei Stillhalten allein nicht genügt, Sie müssten sich bemühen, wieder allgemein übliche/verständliche Aufgaben in Ihrem Lebenslauf ausweisen zu können. Zu 3.: Andere Großunternehmen anderer Branchen müssten erst verstehen, was Sie heute tun – und dann genau so einen Spezialisten suchen. Zu 4.: Im letzten Teil der Frage sehe ich die Lösung. Wobei Sie den Versuch, zu einer mehr dem Standard entsprechenden Position zu kommen (oder Ihren Job mehr mit Standardbegriffen umschreiben zu können), nicht aufgeben sollten.

Notizen aus der Praxis

„Antworten", die dem Autor wichtig sind, auch wenn gerade keine passenden Fragen vorliegen

Wie ruiniere ich meinen Werdegang?

Der entsprechende Versuch wird so oft unternommen, dass es schade wäre, beispielsweise Ihrer bliebe auf halbem Weg stecken. Daher als Service von mir diese Anleitung. Ich garantiere für den nachhaltigen Erfolg:

1. Damit es etwas zu ruinieren gibt, brauchen Sie eine anständige Basis. Denn „nichts" können Sie trotz guten Willens nicht kaputtmachen. Also fangen Sie nach dem Studium unbedingt bei einem Weltkonzern an. So fallen die „Scherben", die Sie später produzieren, viel mehr auf.

2. Spätestens nach einem Jahr in diesem Hause machen Sie folgende Rechnung auf: Da stehen zwar hunderttausend Mitarbeiter mit einigen tausend Führungskräften und mehrstelligem Milliardenumsatz auf der einen Seite – aber auf der anderen Seite stehen Sie! Und wenn der Laden auch seit 1897 existiert – Sie haben jetzt zwölf Monate Praxis. Und daher wissen Sie genau: Das, was hier „läuft", ist Ihrer nicht würdig. So haben Sie sich das keinesfalls vorgestellt. Erstens machen die alles falsch und zweitens hätten die Sie längst befördern müssen. Und wer da sagt, man solle so etwa fünf Jahre pro Arbeitgeber durchhalten, sowohl um zu lernen als auch um Stehvermögen zu demonstrieren, der soll gefälligst sein eigenes Leben verschleudern und nicht Ihres.

Also fassen Sie den Entschluss: Bloß weg hier; Sie suchen sich extern etwas Neues. Und nach insgesamt etwa anderthalb Jahren sind Sie „draußen".

3. Na schön, weil Sie bei Ihren Bewerbungen den hochrenommierten Weltkonzern nach so kurzer Zeit schon wieder verlassen wollen, bleibt Ihnen so manche Tür verschlossen. Und das Angebot, das Sie dann bekommen, ist ein bisschen zweitklassig. Aber zum Glück merken Sie das nicht, denn mit achtzehn Monaten Praxis ist man natürlich noch nicht erfahren. Aber dafür können Sie nichts, die Schuld trägt der „unmögliche" erste Arbeitgeber.

4. Beim Unternehmen Nr. 2 wechselt Ihr Vorgesetzter im ersten Arbeitsmonat. Er, der Sie eingestellt hatte, wird gefeuert, sein Nachfolger liegt Ihnen überhaupt nicht. Vermutlich ist er absolut unfähig, jedenfalls macht er

so ziemlich alles falsch. Und der Kerl wagt es, Sie seinerseits nicht zu mögen. Und dann, das muss man sich einmal vorstellen, mobbt er Sie. Das aber kann man mit Ihnen absolut nicht machen. Es ist klar: Sie müssen hier weg.

Bisher haben Sie über beide Arbeitgeber hinweg Branche und Tätigkeitsgebiet beibehalten. Aber jetzt kommt Ihnen die Idee, einen völligen Neuanfang anzugehen. Wenn Ihre Talente im bisherigen Umfeld nicht erkannt wurden, dann lag es vielleicht an eben diesem Metier? Also ein dritter Versuch, diesmal nach dreizehn Monaten.

5. Und auch der gelingt nach einigen Mühen! Zwar gelten Sie mit den beiden gescheiterten Experimenten im Lebenslauf nicht mehr als erstklassig – und das ist der neue Job in der neuen Branche letztlich auch nicht. Aber inzwischen sind Sie froh, dass jemand Sie nimmt mit Ihrem „belasteten" Werdegang. Jetzt beschließen Sie, muss alles anders und der Erfolg errungen werden.

Kurz nach der Einarbeitung haben Sie zwar das Gefühl, Sie wären besser bei Firma Nr. 1 geblieben, aber das ist „Schnee von gestern". Sie sind bereit, die Zähne zusammen zu beißen und sich voll einzubringen. Und es sieht so aus, als könnte das gelingen.

Das erste Jahr geht um, Sie bekommen Boden unter die Füße – da legt der Arbeitgeber ausgerechnet Ihren Geschäftsbereich still und setzt Sie auf die Straße. Sie warten bis zur Kündigung, um bessere Chancen beim Arbeitslosengeldanspruch zu haben. Also nehmen Sie stolz Ihr Zeugnis mit der „Kündigung aus betrieblichen Gründen" entgegen und suchen dann den nächsten Job. Mit einer wirklich guten „Ausrede": Denn für die Stilllegung konnten Sie nun wirklich nichts.

6. Dieses Mal bewerben Sie sich also aus der Arbeitslosigkeit um Job Nr. 4. Mit drei Kurz-Engagements im Rücken und Zeugnissen, die naturgemäß mit ziemlich „gebremstem Schaum" geschrieben wurden. Muss ich jetzt noch ein Wort zu den Erfolgsaussichten verlieren? Glückwunsch, Sie sind am Ziel, der Werdegang ist ziemlich am Ende – und recht schnell ging es auch.

Bleibt die Frage, ob ich nicht doch zur Vorsicht noch das Gegenbeispiel darstellen sollte. Für den, der – vielleicht mit vergleichbaren Gegebenheiten konfrontiert – wissen will, wie er reagieren muss, wenn gar nicht der Ruin das klare Ziel ist. Also dann, hier das (positive) Erfolgsrezept bei identischen Umfeldbedingungen:

A) Der Weltkonzern als Nr. 1: Sie erkennen an, dass Sie Anfänger sind. Ihr eines Jahr Praxis gegenüber den Gegebenheiten eines Riesenunternehmens entspricht dem Führerscheinneuling, der den Fahrstil des Formel

1-Weltmeisters bewertet. Das bedeutet nicht, dass Ihnen alles gefallen muss, was Sie dort erleben. Aber vorsichtshalber beschließen Sie, dass ein Lernprozess dieser Art ruhig mit drei bis vier Jahren angesetzt werden könnte.

Und Sie sagen sich: Spare in der Zeit, so hast du in der Not! Jetzt drängt Sie eigentlich noch kein wirklich überzeugendes Argument zum Wechsel. Also nehmen Sie sich vor, längere Zeit in diesem Unternehmen zu bleiben, bei dem es die anderen 100.000 Mitarbeiter außer Ihnen auch irgendwie aushalten. Schließlich weiß man nie, was als nächste Überraschung im Berufsleben ansteht. Im zweiten Unternehmen könnte alles noch schlimmer werden.

Fazit: Sie bleiben etwa fünf bis sieben Jahre und streben dann mit einem schönen Dienstzeitpolster, wertvollen Erfahrungen, einem sehr guten Zeugnis und dem unbezahlbaren „Schub eines großen Namens" (der Wert eines Bewerbers wird auch vom Image seines derzeitigen Arbeitgebers beeinflusst) zu Arbeitgeber Nr. 2.

B) Sie bekommen ein erstklassiges Angebot von einer erstklassigen Firma. Dennoch geschieht Ihnen dort ebenso der Vorgesetztenwechsel kurz nach dem Eintritt wie im „Ruin-Beispiel".

Aber jetzt sind Ihre Voraussetzungen ungleich besser: Für den Fall, dass Sie tatsächlich wieder gehen müssten, haben Sie Ihr Dienstzeitpolster von Nr. 1. Ihre Motive wären glaubhafter, Nr. 3 müsste keinesfalls zwingend zweit- oder drittklassig sein.

Aber: Sie sind jetzt wirklich berufserfahren. Sie haben bei Nr. 1 so viel erlebt, dass Sie gelassen reagieren auf die neue Herausforderung mit dem ungeliebten neuen Chef, der vermeintlich „alles" falsch macht. Weglaufen vor einem Problem, so entscheiden Sie, kommt nicht in Frage. Sie sind Angestellter, also lt. offizieller Definition abhängig beschäftigt, das kann ohnehin nicht mit „Zuckerschlecken" übersetzt werden. Also nur keine Panik.

Sie machen sich die Mühe, sich in die Lage Ihres Chefs hineinzuversetzen: Was denkt er, was will er wirklich? Ist vielleicht Unsicherheit die Ursache seines Verhaltens? Und dann gibt es noch die Logik-Argumente: Der Mann kann ganz einfach nicht immer alle ihm unterstellten Leute kurzfristig gefeuert, degradiert oder ihnen sonst wie geschadet haben. Viele seiner Mitarbeiter müssen mehrere Jahre erfolgreich unter ihm tätig gewesen sein. Sie beschließen, auch zu schaffen, was logischerweise zu schaffen sein muss: Wenn Sie nicht, wer dann?

Außerdem ändert sich in einem modernen Unternehmen ständig etwas. Chefs werden versetzt oder gefeuert, Abteilungen umstrukturiert usw. Also warten Sie ein bis drei Jahre, irgendwann werden Sie diesen Vorgesetzten los. Vielleicht sind Sie bis dahin sogar sein Spitzen-Mitarbeiter. Einer muss es ja sein. Und wenn Sie nicht, ...

Sie bleiben also vorsichtshalber vier bis fünf Jahre. Es könnte ja anderswo noch schlimmer kommen. Und Sie gehen mit tadellosem Zeugnis.

C) Und es kommt schlimmer: Arbeitgeber Nr. 3, bei dem Branche und Tätigkeit den roten Faden selbstverständlich fortführen, schließt ausgerechnet Ihren Geschäftsbereich. Die Mitarbeiter werden entlassen, Sie haben zu jenem Zeitpunkt erst ein Jahr Dienstzeit dort.

Arbeitslosengeld und arbeitgeberseitige Kündigung sind allerdings „kein Thema" für Sie. Es gibt zwei Alternativen zum gottergebenen Warten auf den letzten Arbeitstag:

- Die Firma bietet – wie recht oft – Arbeitsplätze an einem ganz anderen Standort an. Die meisten Kollegen lehnen ab – lieber arbeitslos als umgezogen. Sie jedoch wählen das kleinere Übel, führen vielleicht erst einmal eine Wochenendehe, können aber ohne Zeitdruck entscheiden und handeln. Notfalls bewerben Sie sich, dann aber aus ungekündigter Position, das stärkt Ihre Verhandlungsposition. Mit Ihren beiden davor liegenden höchst soliden Arbeitsverhältnissen erwecken Sie keinerlei Misstrauen, Sie sind kein etwaiger „Wiederholungstäter".
- So gut wie nie kommt eine solche Schließungs- und Entlassungsaktion wirklich überraschend! Es gibt Gerüchte, Spekulationen, Andeutungen, man hört Aussagen von Leuten, die Einblicke in die Zahlen haben – und man bewirbt sich. „Mir kündigt niemand!", ist nicht die schlechteste Devise. Also geht man selbst und rechtzeitig – mit den beiden grundsoliden Arbeitsverhältnissen Nr. 1 + 2 im Rücken und Ihrem klaren, stets auch auf Verkaufbarkeit ausgerichteten Werdegang sollte es keine Probleme geben, eine solide Nr. 4 zu finden.

Wie auch immer: In jedem Bewerbungsstapel gibt es Vertreter beider hier genannten Varianten. Suchen Sie sich eine aus. Es ist Ihr Leben.

Wenn das Primärziel schon besetzt ist, bleiben für alles andere nur nachgeordnete Plätze

Gesetzmäßigkeiten sind auch dann ebenso existent wie nicht ungestraft zu ignorieren, wenn man sie nur empirisch nachweisen, jedoch nicht überzeugend begründen kann. Womit ich zu einer überleiten will, die unbedingt beachtet werden muss, ohne dass ich sagen könnte, warum die Zusammenhänge genau so sind. Allerdings ist der Rat, die vorhandenen Kräfte auf ein Ziel zu konzentrieren und nicht zu zersplittern, schon lange und tief im menschlichen Erfahrungsbereich verwurzelt.

Und nun muss etwas Konkretes kommen: Mit jedem Arbeitgeberwechsel, also mit jeder erfolgreichen Bewerbungsaktion, kann man ein(!) Problem lösen, alles andere muss sich unterordnen, kommt erst an zweiter, dritter oder vierter Stelle. Aber auf dem alles dominierenden ersten Platz ist nur Raum für ein erstrebenswertes Ziel.

Das hat nicht nur sich tausendfach in der Praxis gezeigt, sondern auch Konsequenzen:

- Zwei Ziele bei einer Aktion gemeinsam und gleichberechtigt auf Nr. 1 zu setzen, „funktioniert" nicht. Ein Primärziel wird von der Aktion getragen, bei mehreren geht nicht nur eines unter, sondern das ganze Vorhaben ist vom Scheitern bedroht.

Beispiel: Bewerber X hat eine gute Position, will aber jetzt eine bessere, sucht den Aufstieg, der in seinen Werdegang passt.

Das geht in Ordnung, lässt sich realisieren. Es wird zum Fiasko, setzt X zusätzlich auf Nr. 1: „Ich will in Wiesweiler West wohnen bleiben." Oder: „An dem neuen Ort muss auch meine Freundin einen Traumjob finden." Oder: „Bei der Gelegenheit will ich in eine ganz andere Branche."

Das klappt nicht nur nicht – man merkt es leider auch erst viel zu spät. Weil X sich beispielsweise den gefundenen Job vor lauter Begeisterung über die endlich gefundene scheinbar gelungene Quadratur des Kreises „schön redet" und gravierende Nachteile zunächst übersieht. Drei, sechs oder zwölf Monate später weiß er es besser.

- Wenn dem Bewerber schon gekündigt wurde oder er bereits arbeitslos geworden ist, hat sich der erste Platz der Prioritätenliste „automatisch", also ganz von selbst besetzt: Die Hauptsache ist, er findet überhaupt einen akzeptablen, dem letzten (verlorenen) vergleichbaren Job. Die besonders hochwertige, die hierarchisch höher stehende, „tolle" Aufstiegsposition kommt frühestens auf Platz 2, wo sie das Hauptziel nicht gefährden kann. Wenn man dann noch „Wiesweiler West" ins Spiel bringt, bleibt dem nur Platz 3 mit den Chancen von „ferner liefen".

Das wiederum heißt: Unter der Belastung einer Arbeitslosigkeit (auch einer vorerst nur drohenden) ist die „supertolle" Top-Position kaum zu erringen. Überhaupt einen Job zu bekommen, der dem letzten gleicht, ist schon ein klarer Fortschritt gegenüber der derzeitigen Situation. Tatsächlich kann man die hier angesprochene Regel auch so formulieren: Mit jeder Bewerbungsaktion ist ein(!) „Fortschritt" erzielbar, mehr nicht. So herum hat die Geschichte einen zusätzlichen Vorteil – sie wird nämlich rein sprachlich gestützt: Fortschritt hat keinen „bestimmten", an Zahlen geknüpften Plural (es gibt nicht „zwei Fortschritte"). Also: „Es kann nur einen geben" (vom „Highlander" entlehnt).

Und daraus wiederum folgt: Wer wirklich etwas will auf dem Arbeitsmarkt, muss bemüht sein, sich möglichst aus ungekündigter Position und ohne Druck zu bewerben. Dann ist die Nr. 1 auf der Prioritätenliste absolut frei und man kann die „tolle Position" auf diese Stelle setzen.

In einem Cartoon weist ein Verdurstender in der Wüste eine angebotene Flasche Wasser entrüstet zurück: Es ist nicht seine bevorzugte Marke. Die jedoch steht für ihn auf Platz 1. Nun, in seinem Nachruf (sprich Zeugnis) wird nicht stehen: „Er verstand es, stets die richtigen Prioritäten zu setzen."

15 Jahre Praxis sucht „kein Mensch"

Es gilt als ehernes Gesetz: In einer Marktwirtschaft muss der Verkäufer offerieren, was die Kunden haben wollen. Der Angestellte ist ein solcher Anbieter, seine Kunden sind Unternehmen, die Mitarbeiter einstellen.

Und, lieber Leser, können Sie bieten, was Arbeitgeber suchen? Zum Glück steht jede Woche in der Zeitung, welche Qualifikation gewünscht wird, jede Stellenanzeige ist eine aussagefähige – und kostenlose – Informationsquelle.

Also prüfen Sie einmal, ob Sie dabei sind bei den Begehrten. Selbst wenn Sie derzeit einen Job haben: Sie wissen niemals, wie lange der noch existiert. Und die Möglichkeit, selbst auf eigene Initiative wechseln zu können, ist so kostbar, dass Sie sich diese Chance unbedingt offen halten sollten. Oder härter gesagt: Falls nur noch Ihr heutiger Chef Sie haben wollte, Sie aber auf dem Markt keine Alternative dazu mehr fänden, müssten Sie Ihre berufliche Existenz als gefährdet einstufen.

Was nun schreiben Unternehmen so als Anforderung in ihre Anzeigen? Ausbildung/Fachrichtung, Branchenerfahrung, Fachkenntnisse, Sprachen – und oft geben sie die geforderte Berufspraxis im Detail an. Mit „erster Praxis" ist so bis zu zwei Jahren seit Studienende gemeint. Dann kommt die Kerngruppe „mit drei bis fünf Jahren" – hochbegehrt, weil rundum qualifiziert und erfahren. So weit, so gut.

Aber, wie jüngst einer meiner Gesprächspartner im Beratungsgespräch feststellte, „meine fünfzehn Jahre Praxis sucht kein Mensch". Recht hat er, der Blick in die Stellenangebote zeigt das sofort. Und bitte lassen Sie sich nicht täuschen: „Mindestens fünf Jahre" meint, sieben bis acht seien noch akzeptabel – aber fünfzehn sind auch davon nicht mehr abgedeckt, sind schlicht zu viel.

Dahinter steht die gesicherte Erkenntnis, dass der Wert von Erfahrung in immer dem gleichen Job in den ersten Monaten progressiv, dann einige Zeit etwa linear und ab etwa fünf Jahren schnell degressiv ansteigt. Und so ist letztlich jemand mit fünfzehn Jahren gegenüber dem mit fünf eigentlich nur älter, unflexibler – und teurer, bietet aber dafür kaum höheren Gegenwert zum Ausgleich. Und – darum geht es – er fällt bei Bewerbungen schnell durch das Anforderungsraster. Zwar darf er sich „überqualifiziert“ nennen, aber vor Absagen schützt das nicht!

Fein heraus ist, wer aufsteigt. So etwa alle fünf Jahre eine Stufe, das verhindert den genannten Effekt. Und ein „Leiter“ darf auch einmal zehn Jahre seinen Job ausgeübt haben, bevor man ihm „zuviel“ vorwirft.

Aber als Sachbearbeiter ohne Karriereambitionen? Da wird der Wechsel mit steigendem Alter grundsätzlich immer schwieriger. Zumindest sollten Sie sich bemühen, Flexibilität nachweisen zu können. Durch konsequente fachliche Weiterbildung, interne Aufgabenveränderungen, Mitwirkung an interessanten Projekten, Auslandseinsätze etc. Und achten Sie darauf, nicht zu „teuer“ zu werden, sonst sitzen Sie schnell im „goldenen Käfig“. So „richtig Geld“ wird ohnehin nur in Führungspositionen verdient.

Vor allem aber: Lesen Sie Stellenanzeigen auch dann, wenn Sie derzeit gar nicht wechseln wollen, denn Sie könnten es morgen unfreiwillig müssen!

Firmenwechsel: Wenn die Übung fehlt, geht es schief

Manchmal tun mir meine Partner in Karriereberatungsgesprächen richtig Leid: Sie tragen ausführlich ihren Fall vor, äußern sich in höchstem Erstaunen darüber, was ihnen widerfahren ist oder was sie wozu bewogen hat – und müssen erfahren, dass ich lapidar erkläre: „Das war zu erwarten, das läuft überwiegend so, damit hätten Sie rechnen müssen.“ Sie haben aber nicht gerechnet.

Nehmen wir den Fall einer etwa fünfzehnjährigen sehr erfolgreichen Dienstzeit als Führungskraft beim Arbeitgeber A vom Typ „deutscher Konzern“. Dann wechselt der Kandidat zum Unternehmen B vom Typ „gekauft von amerikanischen Privatinvestoren“. Ein gutes Jahr später ist er wieder draußen. Natürlich mit vielen Problemen und Begründungen im Detail. Und der Berater ist darob weder überrascht noch ergriffen, er hakt einfach ab:

Nach so vielen Dienstjahren zeigt schon die Statistik, dass ein Wechsel mit hoher Wahrscheinlichkeit im ersten Anlauf schief geht und nach etwa sechs bis achtzehn Monaten korrigiert werden muss, unabhängig vom Typ-Problem. Wichtigste Begründung ist die fehlende Übung in der Auswahl passender Arbeitgeber/Chefs. Wer sich dann erstmals wieder im Vorstellungsgespräch befindet, findet einfach nicht hinreichend sicher heraus, ob die Firma passt, ob er mit den Chefs einigermaßen harmonisch „kann“.

Er vertraut Zusagen, für die ein geübter Bewerber nur ein müdes Lächeln hat. Er stellt die falschen Fragen, deren Beantwortung ihm nicht weiterhelfen und weiß nicht, ob er die richtigen stellen darf – oder sie fallen ihm gar nicht ein. Wer jetzt seinen vierten Chef (aus-)sucht, geht dabei in jedem Fall geschickter vor als der Anfänger auf diesem Gebiet, der auf ein freundliches Lächeln hereinfällt.

Lösung: Dienstzeiten nicht ohne Not uferlos anwachsen lassen – wenn man nicht sicher sein darf, „ewig" dort zu bleiben (was heute unmöglich ist). Und sich des Problems zumindest bewusst sein – sowie die Notwendigkeit einer Korrektur des ersten Wechsels vorsichtshalber mit einplanen (Zeitpunkt des Umzugs, Hauskauf am neuen Standort).

Und der Arbeitgebertyp? Unternehmen der geschilderten Art können derart verschieden „denken", unterschiedliche Anforderungen stellen oder völlig andere (nicht zwangsläufig irgendwie schlechtere) Unternehmenskulturen zeigen, das glaubt man erst nach persönlichem Erleben. Dafür gibt es eine Regel: Wer bei einem Unternehmen eines bestimmten Typs erfolgreich war und dort gut zurechtgekommen ist, wechsele beim Firmenwechsel nicht ohne Not auch noch den Typ. Wer aber gescheitert ist bei einem davon, versuche gezielt einen anderen (groß/klein, deutsch/ausländisch, privat/Kapitalgesellschaft).

Vor allem aber informiere man sich vorher über statistisch gesicherte Risiken. Denn es muss frustrierend sein, in einem quälenden Prozess unter Opfern etwas herauszufinden, was anderswo seit vielen Jahren als bekanntes Wissen gilt.

Die Schlauen dem Stab, den Rest in die Linie?

Dass die Überschrift ein bisschen bösartig klingt, gebe ich ja zu. Dass sie nicht böse gemeint ist, versichere ich immerhin vorab. Denn ich will hier nicht den „Rest" (der übrig bleibt, wenn man die anderen abzieht) angreifen – sondern eigentlich die „Schlauen" warnen. Denn sie missachten ein Prinzip, und sie leben gefährlich.

Nehmen wir einmal an, ein Unternehmen entwickelt, produziert und vertreibt irgendein technisches Produkt. Linke Hinterräder oder kleine Transformatoren oder Halbleiter-Bauelemente. Und Sie hätten ein tolles Studienergebnis vorzuweisen, seien auch sonst ganz intelligent, fachlich engagiert, dynamisch – was man halt so hat und ist.

Nun suchen Sie sich einen Job in unserem Musterunternehmen. In der Konstruktion immer wieder neuer Kundenvarianten, in der täglichen Fertigungssteuerung, in der Produktion mit ihren ja doch auch stark von Routine geprägten, immer wiederkehrenden Problemen um Stückzahlen, Qualitäten, Termine – oder im Vertrieb mit den Kontakten zu stets nörgelnden Kunden, die doch nur an den Rabattsätzen interessiert sind?

Nein, Sie widmen sich hingegen der Prozessoptimierung, dem Inhouse-Consulting, werden Projektleiter, Programmmanager oder etwas in der Art. Das sind alles sehr anspruchsvolle, faszinierende Aufgaben auf hohem fachlichen Niveau, einem brillanten jungen Akademiker äußerst angemessen, gar keine Frage. Und die Tätigkeiten dort machen Spaß – aber genau damit fängt der Ärger an. Denn was Spaß macht, ist grundsätzlich ein bisschen „verdächtig". Schließlich gilt: Wo steht geschrieben, dass ein „abhängig Beschäftigter" ein Recht auf permanenten Spaß am Tun hat? Schließlich wird auch noch gut bezahlt, was Sie da täglich machen – und seien Sie doch mal ehrlich: Geld für etwas zu bekommen und auch noch Spaß daran zu haben, ist das nicht ein bisschen viel verlangt im Leben? Na also.

Natürlich ist damit noch nicht begründet, wo genau denn nun der Ärger herkommt, der da droht. Aber das kann ich nachliefern: Es ist recht schwierig, aus diesen so interessant bis hochkarätig angelegten Stabsfunktionen zielstrebig weiter nach oben zu kommen. Es gibt halt für den Prozessoptimierer keine „logische" Aufstiegsposition. Manchmal gibt es den Leiter Prozessoptimierung. Aber dann?

Wer nach oben will, muss in die Linie. Und das möglichst früh. Denn nur dort ist der durchgängige Aufstieg bis in die Spitze möglich. Wer mit 40 im Stab sitzt, ist weitgehend „tot" im Sinne einer Weiterentwicklung.

Und wer stets in der Linie arbeitet? Einstieg als Konstrukteur/Entwickler, nächste Station Team-/Gruppenleiter Konstruktion/Entwicklung, nächste Station Abteilungsleiter ebendort, dann Technischer Leiter und vielleicht GF – ganz konsequent.

Bedenken Sie bei der beruflichen Fixierung nach den ersten zwei bis vier Jahren (in denen Sie noch relativ leicht wechseln können):

1. Jedes Unternehmen hat originäre unternehmerische Ziele: Es will z. B. Bauteile entwickeln, produzieren und verkaufen. Wer diesen Zielen direkt dient, arbeitet auf durchgängigen Karrierelinien. Wer aus dieser Sicht Hilfsfunktionen ausübt (auch sehr wichtige), muss erst wieder da raus, bevor es weitergeht. Oder: Verachtet mir die Linie nicht – sie ist mehr als ein Auffangbecken für jene, die etwa von unseren anspruchsvollen Stäben nicht gewollt worden sind.

2. Auch hier wieder gilt als pauschale Warnung: Sie tun entweder etwas Interessantes oder Sie sind etwas Interessantes, jedoch kaum auf Dauer gleichzeitig beides. Es sei denn, Sie definieren schleunigst „Linie" als besonders reizvoll – was sie ja absolut ist.

Eine Einstellung ist kein endgültiger „Freispruch" für alle Sünden der Vergangenheit

Vermutlich kennen Sie das: Sie schließen als Angestellter ein Kapitel Ihres Werdeganges ab, verlassen Ihren „alten" Arbeitgeber und gehen zu einem neuen. Und die (berufliche) Vergangenheit ist tot, es lebe die Zukunft. Mit dem Durchschreiten des Werktors am letzten Arbeitstag bleiben auch all die Querelen zurück, die es dort gegeben hatte, alle enttäuschten Hoffnungen, unerfreulichen Auseinandersetzungen, ausgebliebenen Erfolge. Und die Begebenheiten aus noch früheren Arbeitsverhältnissen sowieso.

Besonders reizvoll scheint zu sein: Alte und neue Firma kennen sich nicht, kommen aus ganz anderen Branchen, sitzen in verschiedenen Regionen. Also ein totaler Neuanfang am ersten Arbeitstag – mit allen Chancen, die damit verbunden sind. Auch hat das neue Unternehmen Ihre berufliche Vergangenheit nicht nur gerade erst analysiert, sondern es hat mit der Einstellung scheinbar auch eine Art „Freigabestempel" erteilt: geprüft und ohne Beanstandung abgehakt. „Kein Anlass zur Besorgnis" also (von Kishon, wenn ich mich nicht irre).

Der Eindruck täuscht indes. Man wird seine berufliche Vergangenheit nicht los, man schleppt sie mehr oder minder ein Leben lang mit sich herum. Sicher, die Zeit heilt manche Wunde und Neues überdeckt Älteres zumindest teilweise.

Aber: Der nächste Wechsel kommt bestimmt, nie dürfen Sie sicher sein, dies sei der letzte gewesen. Und dann kommt bei der fälligen Bewerbung alles zusammen noch einmal auf den Prüfstand. Also die Vergangenheit vor Eintritt in das heutige Unternehmen plus die Begebenheiten dortselbst. Die auch darin bestehen können, dass es keine beruflichen Fortschritte, aber Verantwortungsreduzierungen durch leidige Umstrukturierungen gab. Oder eine zu kurze Dienstzeit.

Und bei der nächsten Bewerbungsaktion ist das Niveau der dann angestrebten Position höher und damit liegen die Messlatten deutlich höher – auch für Vergangenes, das „gestern" mit der letzten Vertragsunterschrift doch abgehakt zu sein schien. Plötzlich kommt das lange zurückliegende schlechte Examensergebnis wieder hoch und das schwache Zeugnis von Arbeitgeber Nr. 3. Dann ist bei jenem nächsten Wechsel die Konjunktur gerade flau, Bewerber gibt es genug – und vorbei ist's mit jener Toleranz, die „gute Zeiten" so mit sich bringen.

Was das alles bedeutet? Dass eine Einstellung keine pauschale Absolution in Sachen beruflicher Vergangenheit darstellt, dass Angestellte bestrebt sein müssen, jede(!) beruflich relevante Phase vorzeigbar und ohne Beanstandungen abzuschließen und dass eine Akzeptanz diverser Schwächen im

Lebenslauf durch Arbeitgeber in bestimmten (vorübergehenden) Zeiten nicht bedeutet, dass dieselben oder andere Firmen in drei Jahren nicht eine viel stärkere „Lupe" hervorholen, wenn sie Werdegänge bewerten. „In der Not frisst der Teufel Fliegen", weiß der Volksmund. Aber wenn er es sich wieder leisten kann, nimmt er wie gewohnt gebratene Tauben oder so. Und verschmäht die Fliegen. Seien Sie also Taube, vorsichtshalber.

Werden Sie nie arbeitslos!

Ich gebe zu, dass diese Überschrift in ihrer schnörkellosen, eindeutigen Aussage auf viele Betroffene wie blanker Hohn wirken muss. Das ist nicht gewollt, diese Menschen sind nicht gemeint.

Es sind aber längst nicht alle, die derzeit arbeitslos sind, an diesen Status gekommen, ohne dass sie eine andere Chance gehabt hätten. Und deren Zahl kann täglich wachsen. Ihnen gilt meine Warnung ebenso wie all jenen, die vermeintlich sicher im Sattel sitzen und sich noch nie mit diesem Problem beschäftigt haben.

Denn alle Regeln und Gepflogenheiten rund um das Thema „ich suche mir eine neue Position" setzen stillschweigend voraus, dass Sie

- ungekündigt in einem unbelasteten Arbeitsverhältnis sind,
- ohne besonderen Druck Ihre freie Wahl im Hinblick auf das nächste berufliche Engagement treffen können,
- ein nicht zu 100 Prozent Ihren Vorstellungen entsprechendes Angebot nicht annehmen müssen und dann in Ruhe weitersuchen können,
- überhaupt keinen Grund haben, in Hektik oder gar Panik zu verfallen, wenn diese Woche keine wirklich interessante Position ausgeschrieben wird – dann kommt sie eben in der nächsten Woche oder im nächsten Quartal.

Ein potenzieller Arbeitgeber erwartet, dass Sie seine offene Position und das Unternehmen „lieben", von ganzem Herzen und ruhig mit ein bisschen Leidenschaft. Und das können Sie nur so richtig glaubhaft machen, wenn nicht deutlich wird, dass Ihnen das Wasser täglich etwas näher „am Hals" steht und Sie mit der Vertragsunterschrift nur eine Vernunftentscheidung treffen. Auch bleibt natürlich stets der Verdacht, dass ein Unternehmen nie seine besten Mitarbeiter zuerst entlassen hat – was die Qualifikation eines solchen Bewerbers immer ein bisschen in Zweifel zieht.

Erhalten Sie sich also Ihre Handlungsfähigkeit einschließlich Ihres vollen „Wertes" auf dem Markt und werden Sie niemals ohne wirklich zwingenden(!) Grund arbeitslos. Als nicht zwingend muss es angesehen werden, wenn

- Sie ein Abfindungsangebot nur des Geldes wegen annehmen, ohne einen neuen Job zu haben,
- Sie bei einem Umzug des Unternehmens nicht erst einmal mitgehen, sondern die Arbeitslosigkeit am alten Ort als das kleinere Übel ansehen,
- Sie aus Verärgerung alles hinwerfen und spontan kündigen, ohne einen neuen Job zu haben,
- Sie bis zuletzt bei einem schon länger als marode geltenden Unternehmen bleiben und nach der Pleite vorhersehbar arbeitslos werden,
- Sie selbst kündigen, um eine elend lange Kündigungsfrist zu überspielen,
- Sie ohne neuen Job kündigen, weil „ich für klare Verhältnisse bin und mich nicht hinter dem Rücken meines Arbeitgebers bewerben will" oder „ich hinreichend Zeit für die Bewerbungsaktion haben wollte",
- Sie ein gut laufendes Beschäftigungsverhältnis aufgeben, weil Sie ein Zusatzstudium oder eine Weltreise planen oder – die Krone überhaupt – „weil ich beim Bau meines Hauses in Eigenleistung Managementerfahrungen sammeln wollte".

Wenn Sie unter starkem Druck eine neue Position suchen müssen – was bei Arbeitslosigkeit auch dann gegeben ist, wenn Sie noch finanzielle Reserven haben -, taugt der gefundene Job meist nicht viel, was zum nächsten Wechsel führt. Es wird schnell ein Teufelskreis, in dem man sich dann bewegt. Aber nicht alle haben alles getan, um gar nicht erst hineinzugeraten.

Karriere: Aller Anfang ist schwer

Jetzt geht es nicht mehr ums Ob einer Führungslaufbahn, es geht nur noch ums Wie (und darum, welche weiteren Perspektiven es geben könnte)

Bevor man seine erste Führungsposition erreicht hat, ist vieles noch ziemlich einfach: Wenn es nicht so recht klappt mit dem Aufstieg, lässt sich halbwegs überzeugend behaupten, bisher habe man auch gar nicht ernsthaft gewollt und sei auch absolut nicht sicher, ob man überhaupt ...

Mit dem Einstieg in die Kette der auf „-leiter" endenden Laufbahnpositionen wird manches anders, werden die Rahmenbedingungen härter: So ist beim Wechsel darauf zu achten, dass es niemals einen Rückschritt und möglichst auch keine reinen „1:1-Veränderungen" gibt, ein Karriere-Fortschritt sollte erkennbar werden. Solange die Zielposition noch nicht erreicht ist, besteht ein gewisser Zeitdruck: etwa alle fünf Jahre eine Beförderung, das gilt als Optimum. Und während ein Sachbearbeiter viele erlaubte „Ausreden" hat, wenn er seinen Job verliert, kommt hier langsam ein ganz anderer Maßstab ins Spiel: Allzu viel „Pech" ist auch dann nicht erlaubt, wenn objektiv gar kein Fehler gemacht wurde.

Vor allem aber reichen jetzt gute sachliche Leistungen allein nicht mehr aus: Die Persönlichkeit entscheidet zunehmend über Aufstieg und Fall, über Sieg und Niederlage.

Wer den Verdacht hätte, weiter oben werde die Luft immer dünner, läge völlig richtig. Bleibt die Frage, ob ich mit allzu deutlichen Hinweisen auf Probleme nicht manchen Karriereinteressierten abschrecke. Die Antwort darauf ist eindeutig: etwa ebenso wenig wie den berufenen Bergsteiger mit Warnungen vor den Gefahren dieses Sports.

Und beim Thema Karriere gilt zusätzlich: Was wollten Sie sonst für einen Weg gehen? Sie schieben entweder oder Sie werden geschoben (wobei für die mittlere Führungskraft sowohl als auch gilt). Aber, so wird der Aufstiegsbegabte sagen: Nur immer geschoben zu werden als Lebensmaxime? Und Chefs zu bekommen, die zunehmend jünger sind als ich und die immer weniger fachlich mit mir mithalten können? Dann schon lieber auch selbst ein bisschen schieben – was übrigens sehr viel besser bezahlt wird und in den Augen der Arbeitgeber anspruchsvoller ist. Und darüber hinaus für den einschlägig Begabten auch befriedigender.

Leser fragen, der Autor antwortet

Die Fach- oder die Führungslaufbahn anstreben?

Frage: *Ich bin 26, habe vor zwei Jahren mein TU-Studium nach acht Semestern mit 1,3 beendet. Seitdem arbeite ich im F+E-Bereich einer Konzerntochter. Meine Arbeit dort ist sehr anspruchsvoll und macht mir größten Spaß. Aufgrund des hohen wissenschaftlichen Niveaus kann ich die erzielten Ergebnisse für eine Dissertation verwenden, an der ich parallel arbeite.*

Mein Problem: In Ihren bisherigen Beiträgen zu den Spielregeln unseres Arbeitssystems wurde deutlich dargestellt, dass der „normale" Weg für einen entsprechend qualifizierten Mitarbeiter darin besteht, im Laufe seines Arbeitslebens ein zunehmendes Maß an Verantwortung zu übernehmen. Dies äußert sich durch das Aufsteigen in den Hierarchieebenen und der damit ansteigenden Zahl der unterstellten Mitarbeiter. Ebenso haben Sie dargestellt, dass genau dies auch der Wunsch eines solchen Mitarbeiters sein sollte.

Nun konnte ich beobachten, wie sich der Arbeitsalltag von Kollegen, die in ihre erste Führungsposition mit Verantwortung für kleine Teams befördert wurden, verändert hat. Ich würde mir zwar durchaus zutrauen, auch diesen veränderten Anforderungen mit einem Schwergewicht auf Organisation und Management gerecht zu werden. Aber diese neue Tätigkeit würde mir deutlich weniger liegen als meine bisherige Aufgabe.

Des weiteren bin ich mir sicher, dass ich als Führungskraft leichter zu ersetzen wäre als in meinem Fachbereich. Meine Fragen:

1. Da jeder Vorgesetzte auch Mitarbeiter braucht, kann rein statistisch nicht jeder im Laufe seines Berufslebens zu Führungsverantwortung aufsteigen. Sind die anderen alle nur die, „die es zu nichts gebracht haben"?

2. Können Firmen es sich eigentlich leisten, gerade diejenigen aus ihrer Facharbeit herauszureißen, die diese bisher am besten erledigt haben und deren Know-how über Jahre aufgebaut wurde?

3. Welche Entwicklungsmöglichkeiten ergeben sich dann für jemand, der seine Stärken in der effizienten Lösung fachlicher Probleme sieht?

4. Spielt Freude an der Arbeit einfach keine Rolle? Wobei doch ein motivierter Mitarbeiter deutlich produktiver für die Firma ist als ein unmotivierter.

Antwort: Sie sind in einem Industrieunternehmen tätig – und Ihre Aussagen zielen darauf ab, dass Sie diesen Weg auch weiterhin beschreiten wollen. Es ist immer empfehlenswert, sich die Frage zu stellen, was Ihre arbeitgebende Institution eigentlich will, was deren zentrale Zielsetzung ist.

Nun, ein Industrieunternehmen wird in erster Linie gegründet und später fortgeführt, um für das eingesetzte Kapital der Gesellschafter eine Rendite zu erwirtschaften, die möglichst höher ist als die einer üblichen Bankeinlage. Auf dem Weg zu diesem Ziel entwickelt, produziert und verkauft das Unternehmen – als Mittel zum Zweck – Produkte, auf die es dann weitgehend festgelegt ist.

Alle diese Funktionen im Unternehmen werden von angestellten Mitarbeiter ausgeführt. Diese entlohnt die Firma – wobei sie sehr bestrebt ist, die Kosten so niedrig wie irgend möglich zu halten (weil sie die Rendite reduzieren). Wenn sie also für irgendetwas viel Geld ausgibt, dann ist ihr das wichtiger als etwas, für das sie weniger zahlt. Das klingt wie Wirtschaftswissenschaft für Anfänger, ist aber die innerbetriebliche Plattform für meine Zentralaussage:

Unternehmen zahlen Inhabern von Führungspositionen deutlich höhere Gehälter als Mitarbeitern mit reinen Fachaufgaben. Es ist erlaubt, daraus auf die Wichtigkeit/Bedeutung der entsprechenden Positionsinhaber in den Augen der maßgeblichen Institutionen der Firmen zu schließen. Anders ausgedrückt: Fachleute sind sehr wichtig, Führungskräfte sind noch wichtiger – denn sie steuern und kontrollieren ja die Arbeit mehrerer wichtiger Fachleute, setzen ihnen Ziele, werben sie an, stellen sie ein.

Das bedeutet: Wenn ein Akademiker tatsächlich lieber 40 Jahre lang anspruchsvoll fachlich arbeiten und nicht führen will, dann muss die Industrie für ihn nicht das einzig richtige berufliche Umfeld sein. Dort ist ein System installiert, das nach Prinzipien funktioniert, die ihm vermutlich weniger liegen.

Nun zu Ihrer Situation: Sie sind noch sehr jung, stecken derzeit „bis zum Hals“ in Ihrer Dissertation. Dort geht es nur um fachliche Probleme. Auch im gerade erst absolvierten Studium ging es nur darum, Ihre Professoren denken fast nur in diesen Kategorien. Ihr Umfeld wird sich jedoch wandeln, bisherige Einflussfaktoren entschwinden, neue treten hinzu. Und Ihre Persönlichkeit verändert sich laufend, damit auch Ihre Ansprüche. Bedenken Sie, dass Sie jene erwähnten Berufsjahrzehnte vor sich haben. Das ist so lange wie vom Friedensjahr im Kaiserreich 1912 über zwei Weltkriege bis

1952. Wer wollte sagen, er könnte eine solche Umwälzung überleben und mit seinen Zielen, Wünschen und Hoffnungen derselbe bleiben? Wobei 40 Jahre auch ohne zwei Weltkriege eine sehr lange Zeit sind.

Daher lautet mein zentraler Rat an Sie: Warten Sie ab, beobachten Sie sich und die allgemeine Entwicklung, aber schlagen Sie jetzt keine Tür zu, durch die Sie eines Tages vielleicht gehen möchten.

Denn es ist etwas anderes, in Ihrem heutigen Alter nicht führen zu wollen als etwa mit 43! Dann nämlich haben Sie vielleicht einen 10 Jahre jüngeren Chef – der viel weniger Erfahrung hat als Sie, von Ihrem Fachgebiet viel weniger versteht, dafür aber Ihre Entwicklungsziele vorgibt, deren Erreichung kontrolliert, Ihr Gehalt entscheidend bestimmt und dessen Unterschrift Sie zwingend brauchen, um handeln zu können.

Hervorragend ausgebildete (Einser-Leute, wie Sie) Nur-Fachleute im fortgeschrittenen Alter können der Schrecken ihrer (zwangsläufig) jüngeren Vorgesetzten sein. Und sie (diese Fachleute) müssen immer nur Weisungen und Vorgaben von in ihren Augen immer unfähigeren Chefs ausführen. Aber an den zentralen Weichenstellungen wie den Führungskonferenzen, auf denen Entscheidungen fallen, sind sie nicht beteiligt. Das ist ein sehr guter Nährboden für Frustrationen – seien Sie zumindest gewarnt.

Die Unternehmen wissen das natürlich alles auch. Kleinere haben kaum die Möglichkeit, etwas dagegen zu tun – die Forderungen des Tagesgeschäfts und die insgesamt geringe „Manövriermasse“ stehen dagegen. Aber manches Großunternehmen hat sich Gedanken gemacht und die „Fachlaufbahn“ geboren. Mit „Beförderungen ohne Führungsaufgaben“. Man wird z. B. Spezialist, bei Bewährung und wachsendem Fachwissen dann 1. Spezialist, später vielleicht Haupt- oder leitender Fachmann, stets ohne Personalführung. Aber das Gehalt, die Büroausstattung etc. wachsen mit – völlig parallel zu den ehemaligen Kollegen, die klassische Führungsaufgaben übernehmen. Damit geht das Unternehmen auf hochqualifizierte Mitarbeiter ein, die etwa so denken wie Sie es hier zum Ausdruck bringen. Und verhindert deren Abwanderung.

Die Geschichte hat einen ganz entscheidenden Nachteil: Wenn Sie dann z. B. mit 40 als Top-Spezialist das Gehalt eines Abteilungsleiters haben – sitzen Sie im „goldenen Käfig“. Wird dann ein Arbeitgeberwechsel erwünscht oder unausweichlich, gibt es kaum jemanden, der mit einem so ausgestatteten Bewerber etwas anfangen kann (für den Job zu teuer, für das Gehalt fehlt Führungserfahrung).

Wobei Führung aber nicht einfach eine Frage des Wollens ist, man muss auch können! Und man darf niemals jemanden zur Mitarbeiterführung überreden (das ist auch nicht mein Anliegen) oder gar zwingen, der das nicht kann. Das hätte fatale Folgen. Aber beispielsweise zunächst Angst vor oder extreme Abneigung gegen etwas zu haben, beweist nicht, dass man es nicht kann, ebenso wie starkes Wollen nicht beweist, dass man kann! Die Sache ist kompliziert – und oft kommt der Appetit beim Essen, beispielsweise bei längerer Berufstätigkeit.

Zu Ihren konkreten Fragen: Zu 1: Das ist doch ein reines Defensiv-Argument! Sie brauchen sich nicht die Köpfe anderer Leute zu zerbrechen. Meinen Sie, jemand gibt seinen Traum, reich zu werden, nur deshalb auf, weil ihm dämmert, dass das ja nicht jeder werden kann (geht wegen der Definition von „reich" nicht)? Oder bekommt der Sportler vor seinem Olympiasieg Gewissensbisse, weil er kurz davor steht, die anderen zu Verlierern zu stempeln? Oder hatten Sie etwa Bedenken, auf ein Einser-Examen hinzuarbeiten, obwohl man damit ja vielen 3,x-Leuten (und ihren Vätern!) so richtig zeigt, was eine Harke ist?

Sie wollen forschen. Dann wollen Sie auch publizieren. Ist Ihnen klar, dass jedes Ihrer „Ich habe etwas entdeckt" auch gegenüber den anderen Fachleuten bedeutet „und ihr eben nicht"? Und stört Sie das etwa? Sie leben in einer Ellbogengesellschaft – wachen Sie auf. Sie führen entweder auch oder Sie werden nur geführt. Es ist grundsätzlich Ihre Entscheidung.

Zu 2: Wer eine Entwicklungsabteilung leitet, gilt als noch wichtiger als derjenige, der in dieser Abteilung im Detail entwickelt. Übrigens befördert man die meisten Leute als Auszeichnung, mit der man ihnen einen Herzenswunsch erfüllt und ihr Wissen und ihre Fähigkeiten gleichzeitig der Firma erhält. Viel schlimmer wäre es, sie wechselten in eine Aufstiegsposition beim Wettbewerb – eben weil sie nicht mit 56 noch tun wollen, was sie schon mit 26 taten.

Zu 3: Ich sehe in der Industrie nur die in einigen(!) Großbetrieben etablierte, oben umrissene Fachlaufbahn, eventuell noch reine Projektleiterfunktionen (die aber bereits viele Managementkomponenten enthalten). Natürlich bieten auch moderne (Matrix-)Strukturen oft interessante Zwischenlösungen, aber es bleibt dabei: In der Industrie spielt die „Musik" in der Führungsebene. Aber der Hochschulprofessor könnte eine Alternative sein.

Zu 4: Niemand wird Sie gegen Ihren erklärten Willen befördern. Sie können berufslebenslang bleiben, wo Sie sind. Aber genau das macht ambitionierten Menschen eigentlich keine Freude. Im Normalfall ist ein frisch beförderter Mitarbeiter doppelt so motiviert wie zuvor, nicht etwa halb. Und, als Warnung: Nie wird in Stellenanzeigen jemand gesucht, der etwa fünfzehn Jahre Praxis in diesem Fachgebiet hätte – fünf Jahre genügen meist völlig, mehr sind nicht besser, sondern „falsch".

Fazit: Nur keine Panik, warten Sie einfach ein paar Jahre ab. Bis dahin kann Ihnen nichts geschehen. Und bedenken Sie: Ihre Frage ging an den Autor einer Karriereberatung.

Ich kann nicht führen (ist hochkarätiges fachliches Tun in der Wirtschaft nicht Zweck, sondern nur Mittel zum Zweck?)

Frage: *Ich bin Dr.-Ing. (Anfang/Mitte 40), hoch qualifiziert, vor allem aber vielseitig qualifiziert. Ich habe sechs Jahre Erfahrung in der Telekommunikationsindustrie. Als Systemingenieur bin ich zuständig für die Vereinheitlichung von Standards, Förderung des Informationsflusses etc.*

Mein Problem: Ich habe eine absolute Unfähigkeit zur Personalführung. Weitere Karriereschritte sind für mich offensichtlich nicht mehr drin. Ein weiterer Aufstieg bedeutet offensichtlich immer Personalführung. Meine Firma hat mich extra zu einem Consulting-Unternehmen geschickt, um meine Führungsqualitäten zu testen. Das Ergebnis war klar negativ.

Man muss sagen, dass mein Unternehmen unter Führung auch immer eine gewisse Dreistigkeit versteht. Motto: Frechheit siegt. Man könnte es auch positiver ausdrücken: Schnelle und pragmatische Entscheidungen kommen immer besser an als wohlüberlegte und besonnene. Mit diesen quick-and-dirty-Methoden wird bei uns zwar viel Müll produziert. Aber der Erfolg gibt uns recht. Schon dieses Klima passt nicht ganz zu meinem Naturell.

Im Kern geht es mir aber um etwas anderes: Meine Stärke ist eindeutig die Fachverantwortung. Gern würde ich im Bereich Forschung und Entwicklung arbeiten. Aber ich bin bereits über 40 und verdiene bereits 75.000,- EUR p. a. und mehr. Ich bin praktisch am Ende der Fahnenstange angekommen. Mein Fachwissen kann ich nirgends einsetzen, die Softskills, an denen es mir mangelt, sind praktisch nicht erlernbar.

Soll ich nun das Thema „Personalführung" für mich endgültig abhaken, oder soll ich es noch einmal auf einen Versuch in einem anderen Unternehmen mit anderer Führungsphilosophie ankommen lassen?

Auf der anderen Seite habe ich immer noch große F + E-Ambitionen. Hier würde ich es wirklich zu Spitzenleistungen bringen, davon bin ich überzeugt. Leider werde ich bei jeder Bewerbung nach meiner Entwicklungserfahrung gefragt, die ich kaum nachweisen kann. Wer zahlt einem Entwickler mein heutiges Gehalt? Ich bin sogar zu Abstrichen bereit, nur um nochmal „im Alter" an eine Entwicklungsposition zu kommen. Aber ist das klug?

Antwort: Im Jahre des Herrn neunzehnhundertvierundachtzig schlossen Sie Ihr TU-Studium mit der Note „sehr gut" ab. Damals hatten Sie die erste, ganz solide Chance, als Entwickler in ein Industrieunternehmen zu gehen.

Sie nutzten sie jedoch nicht, sondern gingen an ein Uni-Institut, um dort zu promovieren (5 Jahre). Das ist für einen künftigen Entwickler durchaus in Ordnung.

Aber dann hatten Sie die zweite Chance Ihres Lebens, als Entwickler in die Industrie zu geben. Sie nutzten sie jedoch nicht, sondern gingen an ein anderes Institut als wissenschaftlicher Mitarbeiter. Na schön. Dort blieben Sie sechs lange Jahre. Mit welchem Ziel, in aller Welt? War dieser Weg reiner, aus „Spaß an der Freude“ ausgewählter Selbstzweck? Dass er eventuell „schön“ war oder „interessant“, hat keinen Stellenwert im Karrierebereich.

Danach hatten Sie die dritte Chance Ihres Lebens, als Entwickler in die Industrie zu gehen. Sie nutzten diese jedoch nicht, sondern gingen in eine spezielle Gesellschaft für eine Spezialform der Telekommunikation. Was Sie dort taten, verstehe ich nicht so genau – aber „F + E“ kommt dabei nicht vor.

Danach hatten Sie die vierte ..., jetzt langweilt mich das allmählich. Sie gingen zu Ihrem heutigen Unternehmen und übernahmen Ihre heutige Position, die immer noch nichts mit F + E zu tun hat, siehe Ihre obigen Ausführungen. Wie war das mit der Zielstrebigkeit?

Und nun kommen Sie in diesem Alter, wundern sich über fehlende Führungseigenschaften und wollen etwas „ganz Neues“ anfangen. Darüber wundere ich mich nun.

Also: Mit hoher (selbstverständlich nicht mit absoluter) Sicherheit ist der hier auftretende Ingenieur kein Mann, der in einem diesbezüglich anspruchsvollen Umfeld („schnell und pragmatisch“) problemlos führen kann. Ein solcher wäre nie diesen Weg gegangen – sondern so schnell wie möglich rein in die Entwicklung der Industrie. Weil der Weg nur Weg sein kann, aber kein Ziel ist – ich wiederhole mich.

Beschäftigen wir uns mit den beiden hier auftauchenden Problemen:

1. Unterentwickelte Führungsfähigkeiten: Das gibt es, tausend Leser werden das spontan bestätigen (990, die sagen, sie hätten einen solchen Chef und 10, die sagen, sie hätten eine solche „Führungskraft“ unter sich).

Die Fähigkeit zum Führen anderer ist nichts, was den Wert eines Menschen generell ausmacht. Im Gegenteil: Unter den besonders netten, sympathischen, liebenswürdigen, hilfsbereiten sind viele, denen man ihre nicht gegebene Führungsbegabung spontan ansieht.

In der Wirtschaft nun suchen wir bei den Mitarbeitern zunächst die rein fachliche Qualifikation, sprich die Fähigkeit, fachliche Aufgaben zu lösen. Das sogar noch interdisziplinär/fachübergreifend, im Team, prozessorientiert und was sonst noch alles.

Nur über diese fachliche Schiene kommt man als Anfänger überhaupt rein in die Wirtschaftswelt, damit allein bestreitet man seine ersten Jahre. In denen jeder „Fachmann“ für irgendetwas ist oder wird. Auf dieser Schiene kann man bleiben bis zur Rente. Ob das erstrebenswert ist, muss jeder selbst entscheiden; ich signalisiere Skepsis, das kann aber an meiner Veranlagung liegen.

Die Wirtschaft sagt nun: Fachliches ist wichtig, keine Frage. Jeder fachlich qualifizierte Mitarbeiter ist ein wertvoller Aktivposten, auch keine Frage. Aber irgendjemand muss den Aktivposten sagen, wo es lang geht. Muss sie auswählen, ihnen Ziele setzen, sie anleiten, korrigieren, kritisieren, motivieren, feuern. Dieser eine Mensch verantwortet die Arbeit von mehreren Aktivposten – und ist damit noch „wertvoller" als jeder einzelne von ihnen. Das wiederum zeigt sich in dem „Preis", den er für seine Arbeitskraft erzielt, seinem Gehalt. Deshalb muss man nicht mehr selbst Fachmann sein, sondern „einen Haufen Fachleute führen", um „richtig Geld" zu verdienen.

Und wenn in der Öffentlichkeit von der Firma XY GmbH die Rede ist, dann interviewt kein Medium den fachlich hochqualifizierten Konstrukteur linker Hinterräder, sondern den Geschäftsführer, allenfalls noch den Leiter der Entwicklungsabteilung.

Woraus folgt: Wer geringere Ansprüche hat, kommt irgendwie überall zurecht. Wer aber sehr intelligent, ungemein tüchtig, anspruchsvoll in Bezug auf Gestaltungsmöglichkeiten und die Chance ist, eigene Ideen umzusetzen und wer partout keine Leute über sich mag, die mit steigendem Alter (seinem!) immer jünger und vielleicht dümmer und weniger qualifiziert werden als er selbst – der wird in der Wirtschaft, insbesondere in der Industrie, kaum anders denn als Führungskraft so richtig glücklich. **Weil in der Wirtschaft hochkarätiges fachliches Tun nicht der Zweck, sondern nur Mittel zum Zweck ist (letzterer ist allein der Ertrag).** Bitte, liebe Leser: Dieser letzte Satz ist der zentrale Schlüssel zum Verständnis der gesamten Welt kommerzieller Wirtschaft, Und wenn Sie „nur Fachmann" sind oder bleiben wollen, hängen Sie ihn sich über den Schreibtisch. Ich habe nie etwas Treffenderes gesagt (das will schon etwas heißen).

Und wenn ein Mensch nun vermeintlich nicht führen kann? Sollte er auch über Berufswegalternativen nachdenken. Aber er darf die Flinte nicht zu früh ins Korn werfen. Es ist erstaunlich, wieviele Menschen sich irgendwo auf Führungspositionen halten, obwohl Kollegen ihnen vor ihrer Beförderung jede Managerqualifikation abgesprochen hätten – und heute immer noch nicht sehen, wo die genau angesiedelt ist. Aber „wem Gott ein Amt gibt, dem gibt er auch Verstand". Da ist etwas dran.

Und daher gilt für Sie, geehrter Einsender: Wir befördern meist denjenigen in die untere Führungsebene, der von den Fachleuten auf seinem Gebiet am tüchtigsten ist. Potenzialanalysen, ob der überhaupt führen kann, sind in der Masse der Unternehmen eher nicht üblich. Guter Fachmann zu sein und jetzt führen zu wollen, reicht meist aus. Das hätten Sie auch aufzuweisen.

Als Gruppen-/Teamleiter ohne die volle disziplinarische Verantwortung kommt fast jeder gute Fachmann irgendwie zurecht. (Was sagen die Bayern oder die Österreicher so schön in der Werbung? In etwa – und sicher falsch geschrieben: „A bisserl was geht allerweil.")

Aber, und das ist ganz wichtig, nicht überall. Die Führungsstile sind verschieden, die Unternehmenskulturen auch. Und mancher Mitarbeiter passt in manches Umfeld nicht hinein, blüht aber in einem anderen auf.

Ich würde also bei einem völlig anderen Unternehmenstyp einen neuen Versuch machen, bevor Sie das Urteil „unfähig" über sich sprechen. Ich würde nie jemanden zur Führung drängen, der sagt, er wolle gar nicht. Aber Ihnen hat man in diesem – nicht zu Ihnen passenden – Umfeld bisher nur eingeredet, Sie könnten nicht. Das ist etwas anderes! Suchen Sie sich ein Umfeld, in dem Sie beispielsweise Chef von Mitarbeitern mit geringerer Ausbildungsqualifikation werden, das verleiht Ihnen eine solide „Startautorität". Ich glaube nicht, dass in Ihnen ein verkanntes Managementgenie steckt, aber zum Gruppen- oder stellvertretenden Abteilungsleiter sollte es reichen.

2. Traumjob „Entwickler": Geben Sie es auf. Sie hatten Ihre Chancen, Sie haben sie nicht genutzt. Jetzt machen Sie sich etwas vor: „F + E" erscheint Ihnen als die Lösung aller Probleme. Aber was wollten Sie im Team mit anderen Mittvierzigern, die seit fast zwanzig Jahren Entwickler sind? Dort bekämen Sie nie mehr ein „Bein auf den Boden".

Und abschließend: Wissen Sie, wer einen Fehler gemacht hat? Ihr Arbeitgeber. Eigentlich hätte der Sie nie einstellen sollen („dürfen" wäre zu hart). Mit dem beruflichen „Vorleben" in all den Instituten u. ä. war es doch klar, dass Sie in dieses Umfeld dort nicht passen würden. Dass Sie das nicht gemerkt haben, ist auch schade – aber dafür sind Sie ja genug gestraft worden.

Soll ich wechseln oder soll ich nicht?

Frage: *Ich hatte mein FH-Studium mit guten Noten in relativ „jungen" Jahren abgeschlossen, bin jetzt in der zweiten Hälfte der Zwanziger und seit einigen Jahren in der Entwicklung eines bedeutenden Unternehmens mit mehreren tausend Beschäftigten tätig. (Anmerkung des Autors: Die etwas kompliziert klingenden Angaben resultieren aus meinem Bemühen, den Einsender nicht erkennbar werden zu lassen und dennoch den Lesern die für ein Verständnis der Zusammenhänge wichtigen Informationen zu geben. Im Original sind hier – wie fast immer – konkrete, leichter verständliche Daten aufgeführt.)*

Meine Hauptaufgaben liegen im Projektbereich, ich habe auch schon Projekte geleitet, derzeit bin ich Teilprojektleiter für mein Fachgebiet in einem größeren Kundenprojekt. Mittelfristig habe ich gute Aussichten, wieder eine Projektleitung zu übernehmen.

Nun zu meinen Problemen:

1. Bei meinem Arbeitgeber gab es in den vergangenen Jahren immer wieder Umstrukturierungen und Einsparungen, dadurch wurde immer mehr Arbeit auf weniger Mitarbeiter verteilt. Deshalb kommen üblicherweise immer wieder neue Aufgaben hinzu, während die alten unverändert bleiben.

2. Es besteht ein fast dauerhafter Einstellungsstopp, der nur sporadisch aufgehoben wird, wenn akut Kundenprojekte zu scheitern drohen. Bisher war es dann immer so, dass eine schnelle und kostengünstige Stellenbesetzung im Vordergrund stand: Der Einstellstopp könnte ja jeden Tag wieder in Kraft gesetzt werden. Resultat ist, dass sich die Bewerber bei den Aufgaben die Rosinen aus dem Kuchen picken können, egal ob sie qualifiziert sind oder nicht. Für den angestammten Mitarbeiter bleibt dann nur der Rest – auch wenn der z. B. bereits Projektleiterpositionen innehatte und die deutlich bessere Qualifikation vorweisen kann. Man wird dann auf die „nächste Gelegenheit" verwiesen und auf die personelle Engpasssituation aufmerksam gemacht.

3. Ich habe versucht, innerhalb des Unternehmens an einer zu meinem Aufgabengebiet passenden Fortbildung teilzunehmen. Mein Interesse wurde wohlwollend begrüßt, aber ich wurde vertröstet. Dann habe ich mich privat zu einem sehr anspruchsvollen Fernstudium angemeldet und dies meinem Vorgesetzten mitgeteilt. Das wurde ebenfalls nur wohlwollend zu Kenntnis genommen. Meine Nachfrage, ob sich das Unternehmen in Form von Bildungsfreistellung zu den erforderlichen Präsenzterminen dieses Studiums beteiligt, wurde an die Personalabteilung weitergeleitet und von dort verneint.

4. Nach etwa zweieinhalbjähriger Unternehmenszugehörigkeit hatte ich meinen Vorgesetzten auf eine Gehaltserhöhung angesprochen. Ich bekam schließlich tatsächlich 20 EUR brutto monatlich!

5. Aufgrund verschiedener unternehmenspolitischer Maßnahmen ist unser Unternehmen in Zahlungsschwierigkeiten geraten. Nach der Ankündigung von Produktionsverlagerungen ins Ausland werden jetzt Einschnitte bei Lohn und Gehalt sowie Urlaubskürzungen und Arbeitszeitverlängerungen diskutiert.

6. Aufgrund der personellen Engpässe und auch der finanziellen Einschränkungen muss in allen Bereichen improvisiert werden, auch dadurch sind Projektziele nicht oder nur mit unangemessenem Aufwand erreichbar.

7. Mein Zwiespalt sieht folgendermaßen aus: Theoretisch habe ich Aufstiegsmöglichkeiten bei meinem jetzigen Arbeitgeber. Ich arbeite in einem internationalen Projekt, habe eine verantwortungsvolle Position und eine Perspektive.

Allerdings stehen dem eine schlechte wirtschaftliche Situation, eine schlechte Erfahrung aus der Vergangenheit (ich hatte bereits eine Projektleiterposition, bis kurzfristig der Einstellstopp aufgehoben wurde und sich ein externer Bewerber erfolgreich um diese Position bemühte), düstere Aussichten für meine finanzielle Entwicklung und ein Horrorszenario zwischen Gehaltseinbußen bis hin zur Insolvenz entgegen.

Zusätzlich habe ich (verh., 2 K.) ein Eigenheim erworben. Zusammen mit dem Fernstudium bedeutet dies eine gewisse finanzielle Abhängigkeit. Außerdem bin ich deshalb stark ortsgebunden und für einen neuen Arbeitgeber vielleicht wegen der zeitlichen Verpflichtungen für mein Studium weniger interessant.

Eigentlich hatte ich geplant, mich nach meinem Fernstudium umzuorientieren, da ich dann meine Chancen auf eine Projektleiterstelle o.ä. besser einschätzen würde. Die Entwicklungen der letzten Monate sagen mir allerdings, dass ich mich nach einer neuen Stelle umsehen sollte.

Antwort: Ich will versuchen, die einzelnen Punkte der Reihe nach „aufzudröseln". Fest steht, dass sich bei Ihnen ein erhebliches Frustrationspaket angesammelt hat. Aber Ihr Fall steht in vielen Details auch für die Situation anderer Arbeitnehmer.

Drei Aspekte vorab:

a) Eine gewisse Grundenttäuschung nach zwei, drei Jahren Berufstätigkeit ist normal. Der durch sein Studium mit Erwartungen vollgestopfte, altersbedingt noch zu idealistischen Erwartungen neigende junge Mensch wird mit der harten Realität „da draußen" ebenso konfrontiert wie mit der Erkenntnis, dass er Teil eines von Menschen für Menschen gemachten Systems ist. Ein Standardfehler in dieser Situation: Er denkt, „das alles" könne nur an diesem „Laden" liegen, in dem er arbeitet, die angestrebte Glückseligkeit warte vermutlich in einem anderen Unternehmen. Zwei, drei Arbeitgeberwechsel später sieht er dann, dass er nicht ein besonders schlimmes Unternehmen kennen gelernt hatte, sondern „die Praxis schlechthin". Oft stellt er fest, dass es anderswo noch schlimmer ist – und dass er damals hätte länger durchhalten sollen.

Übrigens besteht ein Ziel meiner Karriereberatung darin, diesen Praxisschock durch umfassende Information zu mildern. Ein amüsantes Detail am Rande: Diese Serie begann, als Sie lesen lernten, die Vorgängerreihe („Der Personalberater rät") hat etwa zu Ihrer Kindergartenzeit Aufklärungsarbeit geleistet. Was das beweist? Dass ich älter werde, sonst wenig. Immerhin kündigen Sie nicht einfach, sondern listen alles sorgfältig auf – und fragen vorher. Vielleicht habe ich ja doch etwas erreicht in den vielen Jahren – lassen Sie mir die Illusion.

b) Aus den Details Ihres von mir in diesem Bereich etwas verfremdeten Briefes geht hervor, dass Sie mit hoher Sicherheit aus einem nichtakademischen Elternhaus kommen. Es zeigt sich, dass gerade intelligente, ehrgeizige Kinder mit dieser Herkunft dazu neigen, Ausbildungsfragen überzubewerten (einschließlich Zweitstudien oder sonstiger Fortbildung) und sehr(!) hohe Ansprüche an das Leben eines Dipl.-XX im beruflichen Bereich zu stellen. Wenn der Vater Landgerichtsdirektor, die Mutter Klinikärztin, ein Onkel Dipl.-Kfm. und Manager in der Wirtschaft sind, bekommt man schon als Kind weniger Illusionen über das berufliche Tun im akademischen Umfeld vermittelt und geht mit weniger hohen Erwartungen an die Dinge heran.

c) Sehr, sehr vielen Unternehmen geht es derzeit wirtschaftlich nicht gut. Da Gewinne sein müssen(!), sonst würden Unternehmer oder Gesellschafter ihr Geld besser anderweitig anlegen, führt diese Situation nahezu überall zu Begleiterscheinungen, die für die Angestellten äußerst unschön bis belastend sind. Viele ehemalige Mitarbeiter sind bereits „draußen", also arbeitslos, ein großer Teil davon wäre froh, Ihren Job und Ihre Probleme zu haben. Das mindert nicht Ihr gutes Recht, Ihrerseits Anstoß an vielem zu nehmen, soll Ihnen aber helfen, die Dinge im Gesamtzusammenhang gelassener zu betrachten.

So, geehrter Einsender, nun ziehen Sie wegen der Argumente a–c erst einmal einen erheblichen zweistelligen Prozentsatz von Ihrer generell durchaus verständlichen Frustration ab. Und wir widmen uns den übrigen Details:

Zu 1: Sie sagen nicht, Sie hätten unzumutbar viel zu tun! Sie sagen nur, es sei mehr als vorher. Es wäre also demnach möglich, dass Sie das heutige Arbeitspensum als ziemlich normal eingestuft hätten, wäre es von Anfang an so groß gewesen. Der Mensch hat eine fatale Eigenschaft: Er beurteilt alles relativ – und lehnt sich gegen jede Verschlechterung auf, selbst wenn danach immer noch eine absolut gesehen tragbare Lage besteht. Gibt man Mitarbeitern eine Gehaltserhöhung von 7 % und zieht im nächsten Jahr 2 % wieder ab: Widerstand, Aufregung, Streikdrohung etc. Gibt man ihnen jedoch im ersten Jahr nur 3 % + und im zweiten Jahr noch einmal 2 %, sind sie glücklich – bei (fast) identischen Endsummen. Versuchen Sie, sich von diesen Denkstrukturen etwas zu lösen. Jeder Selbstständige ist „automatisch" dazu gezwungen!

Zu 2: Hier scheint ein Kern Ihres Problems zu liegen! Ihre Chefs stehen unter ungeheurem Druck. Eigentlich müsste man personell aufstocken, ist aber an den Einstellstopp gebunden. Wird dieser plötzlich gelockert, wird überhastet eingestellt, bevor das Tor sich wieder schließt. Um in dieser schwierigen Lage überhaupt neue Leute gewinnen zu können, dürfen diese nun Wünsche äußern, was sie gern machen würden – die Hauptsache ist, sie unterschreiben schnell ihren Arbeitsvertrag. Denn für die Erfüllung der extrem wichtigen Ziele bei den Kundenprojekten werden die Neuen dringend gebraucht. Also achten Ihre Chefs erst einmal auf deren Bedürfnisse, während die „alten" Mitarbeiter sich zurückgesetzt fühlen.

Im Detail betrachtet, haben Sie Recht. Aber sehen Sie es einmal mit den Augen Ihrer Chefs: Diese müssen das Gesamtprojekt sehen. Und sie sind fest davon überzeugt, dass dazu die Neuen unbedingt gebraucht werden – und dass sie unter den „obwaltenden Umständen" nicht zu gewinnen sind, wenn sie sich nicht die Rosinen rauspicken dürfen. Daher beißen Ihre Chefs in den sauren Apfel (sicher nicht gern!).

Also: Kämen die Neuen nicht, wären die Kundenprojekte, damit die Existenz der Firma und Ihr Arbeitsplatz gefährdet. Folglich zahlt man diesen „Preis" – und hat vermutlich zu wenig versucht, Ihnen die Hintergründe zu erläutern. Nun scheint Ihnen das ungerecht zu sein. Das ist es formal – aber den Begriff „Gerechtigkeit" kennt das System gar nicht. Ihre Chefs denken vielleicht, Sie würden von allein die Zusammenhänge und den Zwang erkennen, dass sie so handeln müssen – sie hätten vielleicht mehr Zeit darauf verwenden sollen, Ihre und Ihrer Kollegen „getretene Seelen" zu streicheln.

Zwei Dinge Ihnen zum Trost:

a) Das Problem ist uralt und „menschlich": „Der Prophet gilt nichts in seinem Vaterlande" (Goethe im Götz von Berlichingen, geht zurück auf Matth. 13, 57). Das bedeutet hier: Wer von außen kommt, bekommt oft einen „Bonus" – davon leben z. B. Berater!

b) Sie sind noch so jung – da ist es weniger eine Schande, im Augenblick nicht mehr Projektleiter zu sein als eine tolle Leistung, den Job immerhin schon einmal gehabt zu haben. Und vielleicht waren Sie ja – altersbedingt verständlich – auch noch nicht der „beste Projektleiter aller Zeiten" gewesen (in den Augen Ihrer Chefs).

Zu 3: Da ist sie wieder, die fast schon karriereschädliche Weiterbildungsambition. Entweder nützt sie allein Ihnen – dann dürfen Sie sich über Zurückhaltung Ihres Arbeitgebers nicht wundern. Oder Ihr Chef will sie, weil sie „hier und jetzt" der Firma nützt. Dann fördert er sie auch. Lesen Sie einmal mit Genuss den ersten Halbsatz Ihres letzten abgedruckten Absatzes. So etwas weiß jeder Chef – warum sollte er das auch noch fördern?

Zu 4: Eigentlich ist gar kein Geld da für Erhöhungen. Bei Ihnen hat man immerhin symbolisch etwas getan. Nehmen Sie den guten Willen für die Tat. Mehr ist einfach nicht drin!

Zu 5: Das ist schlimm, ich weiß auch nicht, wie das endet. Aber: Urlaubskürzungen und Arbeitszeitverlängerungen sind nur „psychologisch" negativ, Einschnitte bei Lohn und Gehalt sind langfristig auch eher banal (niemand kürzt um 20 %). Der Ist-Zustand ist nicht das Maß aller Dinge, sondern nur ein zufälliger Status.

Zu 6: Das kann ein Problem werden, aber ideale Bedingungen gibt es selten. Sie sammeln dabei unbezahlbare Erfahrungen. Dies durchzustehen und dennoch erfolgreich zu sein, das wäre doch etwas, worauf Sie stolz sein könnten.

Fazit: Sie sollten erst einmal dabeibleiben und die Sache durchstehen. Das sähe für einen Mann von 48 anders aus, es gilt daher ganz speziell für einen Mitarbeiter Ihrer Altersgruppe. Kommen Sie zu einer gelasseneren Haltung im Hinblick auf den Projektleiterstatus (Sie bekommen eine solche Funktion ja wieder, wenn Sie tüchtig sind) und zu einer ganz anderen Einstellung zu Ihrem Weiterbildungsproblem – dort sind Sie im Unrecht, die Geschichte ist vom Arbeitgeber nicht gewollt, also Ihr Privatvergnügen.

Jetzt machen Sie erst einmal weiter (vorausgesetzt, das Unternehmen wird nicht tatsächlich insolvent), führen Sie Ihr Fernstudium fort, hoffen Sie auf den Projektleiterstatus und geben Sie Ihr Bestes. Nach Abschluss dieser Zusatzausbildung werden Sie ohnehin gehen – das ist ein unausrottbares Übel, wie ich schon oft dargestellt habe. Eigentlich aber geht es Ihnen doch ganz gut, sogar Perspektiven haben Sie. Und lassen Sie sich vom Kollegengeschwätz nicht in eine negative Grundhaltung hineinziehen.

Ich hätte meine Antwort auch zweiteilen können: Falls Ihr Arbeitgeber tatsächlich insolvent wird, hätten Sie vorher gehen sollen – unabhängig von allen anderen Argumenten. Der Rest an Überlegungen interessiert nur, wenn die Firma überlebt. Das Problem: Niemand kann dieses Risiko abschließend beurteilen – es hat Fälle von plötzlicher Rettung ebenso gegeben wie ein „Herausziehen aus dem Sumpf an den eigenen Haaren" und natürlich auch tatsächliche Pleiten. Also: Falls Sie allein wegen drohender Insolvenz gehen wollen, widerspreche ich nicht. Die anderen Gründe reichen aus meiner Sicht nicht für einen Rat zum Firmenwechsel.

Auf dem falschen Dampfer angeheuert – und alle anderen sind unfähig

Frage: *Ich bin Mitte 30, Naturwissenschaftlerin mit Promotion zum Dr.-Ing. (sehr gut).*

Einige Jahre nach der Promotion und inzwischen erfolgter Weiterbildung zur Software-Beraterin wurde ich Mitarbeiterin einer IT-orientierten Unternehmensberatung für bestimmte Industriezweige. Zuletzt war ich Fachbereichsleiterin mit fachlicher Verantwortung für neun Mitarbeiter.

Kürzlich bin ich zu meinem letzten Kunden, einem großen Industrieunternehmen, in die interne IT-Abteilung gewechselt. Mein alter Arbeitgeber hatte mir einen Wechsel in die nächsthöhere Ebene angeboten, aber – wie schon so oft in Ihrer Serie beschrieben – habe auch ich mich davor gescheut, Personalverantwortung zu übernehmen; sehenden Auges wollte ich weiterhin nur fachlich orientiert bleiben. Zudem wollte ich nach vier Jahren des „Aus-dem-Koffer-Lebens" ein stabileres privates Umfeld haben, das ausgiebige Reisen hat mich mehr Kraft gekostet als ich weiterhin aufbringen konnte.

Warum glaube ich, auf dem falschen Dampfer zu sein (Zur Information: Mein derzeitiger Vorgesetzter war in meiner Beraterzeit mein direkter Ansprechpartner beim Kunden. Seine Position ist die unterste Ebene, auf der im Unternehmen Personalverantwortung beginnt.):

1. Beim Wechsel bin ich in der „falschen" (zu niedrigen) Ebene eingestiegen. Da ich schon in der alten Firma keine Personalverantwortung übernehmen wollte, schien mir der Wechsel wieder in die rein ausführende Ebene zunächst folgerichtig zu sein.

2. Mein Vorgesetzter schätzt meine Arbeit, kann meine tatsächliche Leistung allerdings überhaupt nicht einschätzen. Manchmal habe ich sogar den Eindruck, dass er mir gegenüber Minderwertigkeitskomplexe hat (Frau, Dr., meine Aufgaben gehen mir gut von der Hand) bzw. mich für arrogant hält.

3. Von diesem Vorgesetzten kann ich auch keine Rückendeckung erwarten: Kollegen gehen parallel in Urlaub, ich darf ihre Urlaubsvertretung sogar vom Ausland aus übernehmen.

4. Im Projekt bringe ich als interner Mitarbeiter Erfahrungen ein, die sonst teuer zugekauft werden müssten. Die Projektleitung – fachlich unkundig – kann dies allerdings nicht recht einordnen, vertraut auch zukünftig auf extern eingekaufte Kompetenz.

5. Im Zuge der Zusammenlegung von Unternehmensbereichen bekomme ich einen neuen Abteilungsleiter (den Vorgesetzten meines direkten Vorgesetzten). Das ist mein erster ehemaliger Kunde, der – auch wenn ich mit meiner heutigen Erfahrung zurückblicke – ein unfairer und schwieriger Zeitgenosse ist. Ich hatte bis auf seinen Fall immer ein gutes Verhältnis zu meinen Kunden. Als ehemaliger Ansprechpartner meines Kunden hatte er mich seinerzeit um Unterstützung in einem schwierigen Sachverhalt gebeten. Allerdings hatte er mir nur einen Teil der Informationen zur Verfügung gestellt, die ich zur Lösung gebraucht hätte, entscheidende Informationen hatte er zurückgehalten. Wie soll ich ihm bei diesen Verhaltensweisen nun Vertrauen entgegenbringen?

6. Damit nicht genug: Dieser neue Vorgesetzte favorisiert im Unternehmen ein Produkt, dessen Anwendung im Projekt, in dem ich tätig bin, aus fachlichen und finanziellen Gründen nicht sinnvoll ist. Das Projekt ist unternehmensweit von großer Bedeutung.

Somit ist das komplette Trümmerfeld beschrieben.

Macht es Sinn zu bleiben? Wie lange? Ich sehe mich mit dem Rücken an der Wand. Worauf muss ich beim nächsten Wechsel achten? Wie könnte ich dem nächsten Arbeitgeber das doch recht kurze Gastspiel erklären?

Antwort: Jetzt darf ich also auch einmal etwas sagen, sehr schön. Bitte glauben Sie mir, dass ich wirklich Ihr Bestes will (eine Drohung, die nichts Gutes verheißt).

Ich fasse zusammen: Sie hätten eigentlich den Platz Ihres Vorgesetzten verdient, der steht fachlich deutlich unter Ihnen. Ihre Projektleitung ist unfähig, der Chef Ihres Chefs ist unmöglich. Ach ja, der Ruin des Ladens droht auch, da die dabei sind, ein Produkt gegen Ihr – natürlich – besseres Wissen einzuführen.

Also, geehrte Einsenderin, so geht das alles nicht, absolut nicht. Lesen Sie Ihren Brief einmal mit den Augen eines Fremden, dann wird auch Ihnen bald klar: Sie manövrieren sich da ohne Not in eine Lage, aus der Sie ohne Knall nicht mehr herauskommen.

Nun versuche ich, Ihre Probleme Stück für Stück aufzudröseln. Eine amüsante, nicht etwa frauenfeindliche Bemerkung vorab: In der christlichen Seefahrt hieß es, Frauen an Bord brächten Unglück – lassen Sie also lieber die Beispiele mit „Dampfern". Im Ernst:

a) Sie waren in Ihrer Unternehmensberatung am Ende, physisch und psychisch, die Belastungsgrenze war erreicht, für ein Privatleben blieb kein Raum mehr. Und führen wollten Sie nicht. So weit, so gut. Sie haben gewechselt – und alles bekommen, was Sie wollten: keine Führung, kein Leben aus dem Koffer, etwas Zeit fürs Private. Also seien Sie doch bitte wegen der Lösung dieser Ihrer damaligen Probleme ein bisschen zufrieden. Dass diese Zufriedenheit Kratzer bekommt, weil nichts im Leben je vollkommen ist, lernen wir ab Kindergarten aufwärts.

b) Sie wollten beim ersten Unternehmen nicht führen, obwohl die Leute dort Ihnen den Aufstieg angeboten hatten. Sie wollten beim Wechsel immer noch nicht führen – was Sie jetzt bereuen. Brutal gesagt: Wer hochintelligent (Dr.-Ing. mit sehr gut), brillant ausgebildet und ehrgeizig (ich hoffe,

Sie wissen das von sich) ist, wird früher oder später todunglücklich, wenn er lebenslang Sachbearbeiter bleibt.

Und – meine ständige Warnung – er, der Mensch, fällt seiner Umwelt lästig. Sollen wir Ihre beiden Chefs und Ihre Projektleitung einmal fragen? „Die Dame nervt", wäre noch eine harmlose Antwort. Aber in die Richtung ginge es. Also entweder reduzieren Sie Ihre Ansprüche, nehmen Ihre „aggressive Intelligenz" (Mell) etwas zurück oder Sie „spielen" mit Ihren Fähigkeiten in der nächsthöheren Ebene (sagt man bei Computerspielen nicht so?). Aber wer „unten" bleiben will, sollte sich auch dementsprechend aufführen (und nicht wie ein Besserwisser).

Der Himmel bewahre einen Manager vor hochqualifiziertem, über die Maßen erfahrenem Ausführungspersonal, das sich für klüger hält als er, keine Autorität um ihrer selbst willen anerkennt, alles nur unter den völlig unwichtigen sachlichen Aspekten sieht – und vielleicht sogar tatsächlich klüger ist als er. Ein General ist erst einmal ein General – und ein untergebener Soldat frage weder sich noch andere ständig, wer eigentlich mehr von Kriegsführung versteht. Natürlich gibt es dumme Generäle. Ausweg: selbst General werden, dann andere Soldaten ärgern. Wer mich kennt, weiß: Ich meine das absolut ernst – so ist das System aufgebaut, so spielt man nach seinen Regeln. Aber Soldaten, die nicht Offizier werden wollen, jedoch alles besser wissen als diese, werden leicht zur Heimsuchung.

c) Tausende und abertausende von Angestellten in diesem Lande glauben, dass ihr Vorgesetzter ihre Arbeit nicht beurteilen könne (weil ihm die Fachkenntnisse fehlten). Das ist Unfug, Chefs müssen keineswegs fachlich besser sein als ihre „Untergebenen". Ein guter Mitarbeiter ist laut System jemand, den sein Vorgesetzter dafür hält (Mell), damit ist auch eine gute Leistung eine, die der Vorgesetzte dafür hält. Ich z. B. kann ein Auto weder konstruieren noch zusammenbauen – aber ich bin der Käufer, für mich ist es gemacht und ich allein entscheide, ob es gut ist! Sonst kaufe ich es nicht, und die Leute dort können ihre Fabrik einmotten. Das System sieht das so vor – wer diese Regel nicht akzeptiert, soll das Spiel nicht spielen und etwas anderes tun. Und die „Käufer" Ihrer Arbeitskraft sind Ihre Vorgesetzten.

Sie, geehrte Einsenderin, sollen nicht so gut arbeiten, dass Ihr Vorgesetzter nicht mehr mitkommt. Sie sollen so gut arbeiten, dass er Sie gut beurteilt, mehr ist nicht gefordert. Erst nicht führen wollen, dann aber alle Führungskräfte als beschränkt hinstellen – das ist der Stoff, aus dem Zeitbomben gemixt werden.

Inzwischen dürften Sie Ihrem Vorgesetzten unheimlich und für ihn unbequem sein. Sie gehören mit dieser Qualifikation auf diese Sachbearbeiterstelle auch nicht hin – realisieren Sie, dass das Problem bei Ihnen liegt, von Ihnen ausgeht.

„Minderwertigkeitskomplexe“ könnte Ihr Chef haben, meinen Sie. Meine ich auch. Na, dann tun Sie etwas dagegen. Man ist gut beraten, sich von Chefs z. B. nicht als „Frau Doktor“ anreden zu lassen – viele Vorgesetzte hassen das mehr als sie zugeben. Das gilt uneingeschränkt auch für Männer, mit dem Status als Frau hat das nichts zu tun. Falls das jemanden interessiert: Mein heutiger engster Mitarbeiter hat mir bei der Einstellung als erstes angeboten, dass er für mich „Herr X“ ist, seine Kollegen und seine Mitarbeiter verwenden den Doktorgrad. Ich hätte ihn auch so eingestellt, fand das aber eine nette Geste (so schnell habe ich keine Minderwertigkeitskomplexe).

Für arrogant hält Sie Ihr Chef? Das ist schlimm. Vielleicht hat er Recht? In jedem Fall sollten Sie etwas dagegen tun. Sehen Sie, aus Ihrem Brief geht hervor, dass Sie ihn nicht anerkennen und nicht respektieren. Das merkt er todsicher! „Ihr Chef denkt über Sie wie Sie über ihn – wobei Sie klar im Nachteil sind“ (Mell). Ein Offizier ist ein Offizier – wenn ein untergebener Soldat ihn nicht anerkennt, merkt das der Vorgesetzte und „revanchiert“ sich, irgendwie. Sie halten sich für klüger als Ihren Chef, das ist bereits arrogant – dessen Fähigkeiten müssen nämlich über fachliche Banalitäten hinausgehen. Und der Bursche war immerhin so mutig, Führungsverantwortung zu übernehmen.

Dass dann auch noch die Projektleitung fachlich unkundig ist, langweilt mich jetzt langsam.

Schlüsselfigur ist der Vorgesetzte Ihres Vorgesetzten, der Sie endgültig „vernichten“ könnte. Mein Tipp: Gehen Sie zu ihm, sprechen Sie die „alten Geschichten“ respektvoll und reumütig an (nicht er trug die Schuld damals, sondern Ihre Unerfahrenheit!) und fragen Sie ihn, ob Sie dort unter ihm überhaupt eine Chance hätten. Das wird er großmütig bejahen – und sich sogar in etwa daran halten.

Das neue „Produkt“ geht Sie nichts an – Sie führen ein, was Ihre Chefs beschließen. Vor der Entscheidung dürfen, ja müssen Sie eventuelle Bedenken vortragen. Aber wenn Sie damit nicht durchdringen, handeln Sie weisungsgemäß. Entschieden wird höheren Ortes – wo Sie ja nicht hinwollten. Und dann bleiben Sie im Unternehmen und beißen sich drei Jahre lang durch.

Aufstieg nach Abteilungswechsel?

Frage: *Ich bin Dipl.-Ing. (FH), Ende 30, seit mehreren Jahren in einem Kfz-Zulieferunternehmen tätig. Vor kurzer Zeit bin ich von der Entwicklung in die Applikation gewechselt.*

In der Entwicklung war ich ein respektabler Experte meines Fachgebiets und habe dort auch schon viel mit Kunden direkt zusammengearbeitet. Es bestand für mich dort jedoch keine Möglichkeit, eine Führungsposition einzunehmen, da dafür i. d. R. Mitarbeiter mit Promotion oder anderen herausragenden Eigenschaften bevorzugt worden sind.

In der neuen Abteilung wird meine fachliche Qualifikation ebenso anerkannt, da ich mein Wissen aus der Entwicklung gut umsetzen kann. Ich hatte mir hier bessere Chancen ausgerechnet, künftig auch Führungsaufgaben zu übernehmen. Mein neuer Gruppenleiter scheint mir das auch zuzutrauen. Die Entscheidung liegt jedoch beim Abteilungsleiter, mit dem es aufgabenbedingt wenig Berührungspunkte gibt.

Wie kann ich in dieser Konstellation meinen Abteilungsleiter überzeugen? Einerseits fährt altersbedingt der Zug für mich bald ab. Andererseits denke ich, dass ich in der neuen Abteilung erst einige Monate tätig sein muss, bevor ich Wünsche äußern kann.

Antwort: Beginnen wir mit den einleitend geschilderten Problemen:

- Eine Promotion ist keine „Eigenschaft". Sie ist der Nachweis einer vertieften wissenschaftlichen Beschäftigung mit einem Thema. Danach gilt der Dr. als jemand, der über sein früheres Thema hinaus zu einer in die Tiefe gehenden Bearbeitung auch anderer Themen in der Lage ist. Der Dr.-Ing. wird bevorzugt in der Entwicklung (so man eine hat, ganz besonders auch in der Forschung) eingesetzt. Also hat der Dr.-Ing. eine besondere Qualifikation (zugelassen wird in der Regel nur jemand mit Uni-Diplom „gut" oder besser); Eigenschaften hat er wie andere Menschen auch.
- Es sollte allgemein bekannt sein, dass Dr.-Ingenieure in der Entwicklung sehr stark vertreten sind. Da man in der Technik stärker auf die Art des Studiums schaut als im Kaufmännischen, macht man FH-Ingenieure nicht so gern zu Chefs von Dr.-Ingenieuren. Fazit: FH-Ingenieure finden ihren Platz auch in der Entwicklung, der Aufstieg dort ist aber für sie nicht ganz so problemlos wie anderswo. Das sollte zum Standardwissen von jungen Ingenieuren gehören.

Mit Ihrer letzten Vermutung haben Sie Recht. Dabei reichen „einige Monate" meist nicht aus, im Durchschnitt geht es um mindestens ein bis zwei Jahre. Applikationsgruppenleiter wird jemand mit fundierter Applikationserfahrung und – wichtig – entsprechenden Erfolgen! Dann muss es ein „Loch" im Organigramm geben, das der Abteilungsleiter zu stopfen hat, also eine unbesetzte Position.

Sie brauchen einen Gruppenleiter, auf dessen positives Urteil sich der vielbeschäftigte Abteilungsleiter stützen kann, da er Sie kaum sieht. Ihr Gruppenleiter aber verliert Sie, wenn Sie befördert werden ...

Lassen Sie sich durch die Zeitfrage nicht nervös machen. Das alles ist die Folge Ihrer langjährigen Tätigkeit in der Entwicklung, die bei Ihrer Ausbildung nicht optimal zu Ihren Ambitionen passte – der Wechsel hätte schon vor drei oder vier Jahren stattfinden sollen.

Jetzt gilt aus meiner Sicht: Leisten Sie engagierte, erfolgreiche Arbeit, bauen Sie Ihr Image in der neuen Abteilung auf. Pflegen Sie Ihren Gruppenleiter und warten Sie auf die Chance, sich bei passender Gelegenheit auch beim Abteilungsleiter zu profilieren (an Ihren nachweisbaren Erfolgen kommt auch der nicht vorbei). Melden Sie Ihre „Ansprüche" deutlich, aber nicht penetrant an. Ihr Abteilungsleiter muss Angst haben, diesen Top-Mann zu verlieren, wenn er ihn nicht befördert. Und setzen Sie für das Vorhaben etwa zwei Jahre an.

Frust in der „Fachkarriere"

Frage: *Ich bin seit etwa fünf Jahren bei meinem ersten Arbeitgeber nach dem Studium als Sachbearbeiter im technischen Bereich tätig. Als Anfänger erlebte ich durch Versetzung meines Chefs nach gut einem Jahr den ersten Vorgesetztenwechsel. Unter dem neuen Chef (ehemaliger Kollege) im alten Team habe ich dann einige Jahre teilweise mehr, teilweise weniger interessante Tätigkeiten durchgeführt.*

Die Möglichkeit, über harte Arbeit in die Managementlaufbahn vorzustoßen, habe ich für mich bereits nach dem ersten Berufsjahr abgeschrieben. Persönliche und familiäre Opfer erscheinen mir zu hoch gegenüber dem Nutzen; außerdem habe ich mehrfach mitbekommen, wie auf oberen Ebenen taktiert und „abgeschossen" wird. Ich ziehe es heute vor, auf anderen Wegen meine Selbstwertdefizite abzuarbeiten und ein „erfülltes Leben" zu erreichen. Daher habe ich den Entschluss getroffen, bei einer „Fachkarriere" zu bleiben und hier einer der Besten zu werden.

Seit mehr als einem Jahr habe ich intern in ein anderes Team mit der Perspektive interessanter Aufgabenstellungen gewechselt. Ich verstehe mich sehr gut mit meinem Chef. Wir reden offen über geschäftliche und öfter auch private Angelegenheiten. Außerdem genieße ich seine volle Rückendeckung und weiß, dass er große Stücke auf mich hält.

Bis vor einem Jahr war ich in einer unteren Tarifgruppe mit über 100 % Leistungsbeurteilung eingestuft (Nachwirkungen meines Eintritts per Blindbewerbung in einer Zeit des Einstellstopps).

Ich forderte eine höhere Tarifgruppe oder ich würde mich nach etwas anderem umschauen. Schließlich wurde ich höhergruppiert, bekam aber erst einmal eine sehr niedrige Leistungsstufe, was mit den höheren Erwartungen an einen Mitarbeiter in dieser Gruppe begründet wurde. Kurz nach dem Sprung fand ich das auch o. k.

Kürzlich ging ich in die jüngste Leistungsbeurteilung. Mein Chef beurteilte mich einerseits höher als im Jahr davor, gab mir aber immer noch keine 100 %. Begründung: die höheren Erwartungen, siehe oben. Andererseits bezeichnete er von sich aus meine Leistung in einem wichtigen Projekt mehrfach und wohl überzeugt als „toll“.

Wir haben sehr ausführlich darüber diskutiert. Er sieht meine Leistung deutlich über der von einigen Kollegen; ich forderte eine bessere Beurteilung, während er nicht bereit war, auch nur in einem Punkt nachzugeben. Ich wollte wegen der Beurteilung unter 100 % seine Kritik erfahren – er sagte, er hätte keine. Schließlich habe ich, um ihn nicht zu nerven (tut man nicht – Zitat Mell) seine Darstellung unterschrieben. Immerhin gab er mir auf Wunsch ein Zwischenzeugnis.

Ich bin jedoch enttäuscht, beurteilungsmäßig und finanziell mit einigen Anfängern auf eine Stufe gestellt zu werden – und das nach den erfolgreichen Bemühungen der letzten Zeit. Kollegen, mit denen ich gesprochen habe, können dies auch nicht nachvollziehen. Ich habe schon mit „Anpassung meiner Leistung an die Leistungsbeurteilung“ gedroht.

Mein Chef meinte, dieses negative Ergebnis habe er nicht gewollt, und er hat mich gefragt, ob ich die Projektleitung für ein neues Vorhaben übernehmen wolle.

Nun meine Fragen ... ...

Antwort: Ich habe die Einsendung gekürzt, die Fragen, welche allein einen Artikel gefüllt hätten, weggelassen und die Darstellung anonymisiert (der Chef liest lt. Einsender diese Zeitung auch; nun mag er ahnen, wer hier anfragt, aber er kann es nicht beweisen).

Ich sehe zwei wesentliche Ansätze für eine Antwort:

1. Sie haben ein gutes Verhältnis zu Ihrem Chef. Das ist sehr schön. Dieser Mann weiß alles, was Sie wissen wollen – Kern Ihrer Frage ist schließlich ein riesiges WARUM?! Nun **fragen** Sie ihn doch einfach einmal. Bisher haben Sie ihm immer nur gedroht, haben ihn mit Forderungen bedrängt, haben den Enttäuschten gegeben – und ihm das Leben ziemlich schwer gemacht. In der Bewertung Ihrer fachlichen Leistungen sind Sie so empfindlich wie eine Primadonna, der Umgang mit Ihnen ist sicher auch nicht nur einfach.

Holen Sie in einer ruhigen Minute seine Meinung, seine offene Beurteilung Ihrer gesamten Situation ein. Dabei ist es äußerst wichtig, dass Sie ihm a) versprechen und Sie das b) auch uneingeschränkt halten, nicht mit ihm zu diskutieren. Beispiel: Er sagt: „Nehmen wir das A-Projekt. Da haben Sie zu spät ..." Auch wenn es Sie schier zerreißt, dürfen Sie dann nicht rufen: „Moment, das sehen Sie falsch. Nicht ich war zu spät, sondern ..." Nein, Ihnen ist allenfalls erlaubt ein: „Ach, so sehen Sie das. Interessant." Mehr nicht!

Wenn er merkt, dass Sie tatsächlich nur zuhören, nicht diskutieren, nicht fordern, nichts durchsetzen wollen, nicht beleidigt sind – dann öffnet er sich. Und wird Ihnen hochinteressante Informationen über Sie liefern. Seine Aussagen müssen Sie nicht „glauben", aber Sie lernen daraus.

Ich bin ganz sicher, dass dieses Vorgehen Ihnen wertvolle Aufschlüsse über Sie liefert.

2. Wenn Sie auf einen Golfplatz gehen, können Sie dort a) Golf spielen. Dabei strengen Sie sich an, so hoch wie möglich in der internen Rangskala aufzusteigen etc. Damit erfüllen Sie alle Erwartungen. b) Kein Golf spielen. Sie sind Mitglied, nutzen die Bar, genießen die Geselligkeit. Das geht auch.

Sie jedoch gehen auf den Golfplatz, verweigern sich dem dort angesagten Tun und versuchen, auf dem Grün Fußball zu spielen. Das führt zu Problemen.

Wie fast alle Beispiele ist auch dieses etwas überspitzt, hat aber einen „stimmenden" Kern. Und den muss ich erläutern:

Unsere Unternehmen streben unverdrossen. „Größer, besser, schöner, mehr" ist ihre Devise. Wer seine Branche in Europa dominiert, will das nunmehr weltweit; wer 3. Marktführer ist, will 2. werden; wer 200 Mio. DM Umsatz macht, will 300; wer 4,5 % Kapitalrendite erwirtschaftet, will 6 %. Das ist die zentrale Triebkraft allen unternehmerischen Tuns, darauf basiert das ganze System, so denkt auch Ihr Arbeitgeber. Wie auch ein Bundesligaklub, der an 8. Stelle der Tabelle steht, „weiter nach oben" oder eine Partei mit heute 7 % demnächst deren 18 will.

Wenn das so ist – und ich sehe keine Möglichkeit, daran zu zweifeln –, welche Mitarbeiter passen dann am besten in diese Unternehmen? Richtig, die ihrerseits nach vorn, nach oben streben. Wer Sachbearbeiter ist, will Projekt-/Teamleiter werden; wer Gruppenleiter ist, will Abteilungsleiter werden; wer Bereichsleiter ist, will gern Geschäftsführer werden. Wer 100.000,- DM im Jahr hat, will 150.000 und so weiter und so weiter.

Nun kann man als Akademiker zwar „Mitglied im Klub" werden, aber dieses Streben nach oben nicht mitmachen. Da letztlich auch gar nicht alle Mitarbeiter ständig befördert werden könnten, ist das System auf solche Mitarbeiter sogar angewiesen und hat nichts gegen sie.

Wer aber als „Klubmitglied“ nicht „mitspielt“, darf auch nicht jammern, dass er keine Siegerpokale erringt. Oder er darf sich nicht wundern, dass der Klub ihm keine materiellen Vergünstigungen aller Art einräumt.

Aber genau das tun Sie, was zwangsläufig zu Reibereien führen muss. Jetzt oder später – wenn Sie mich fragen, sogar jetzt und später.

Der Kern des Problems ist Ihre Berufsphilosophie. Was Sie da in kurzen Worten über die Ablehnung von Karriere schreiben, ist die Basis – aus der sich alles andere entwickelt hat.

Wenn Sie jetzt konsequent wären und nicht nahezu fanatisch „mehr Geld, höhere Tarifgruppen, bessere Leistungsbewertungen“ fordern würden, wäre alles in Ordnung. So aber verschleißen Sie sich in dem Bestreben, auf den unteren Ebenen etwas mehr herauszuquetschen – und das in einem System, das darauf aufgebaut ist, Ihnen gern und freigiebig sehr viel mehr Geld zu geben. Aber dazu müssen Sie „mitspielen“ und eben Ihre Vorbehalte gegen Karriere aufgeben.

Ich gestehe ja ein, dass Ihnen ein Gegenargument bliebe: „Ich verstehe nicht, warum ich nicht eine mir gerechterweise zustehende Tarifgruppe und eine mir gerechterweise zustehende Leistungseinstufung bekommen soll. Mit der eventuellen späteren Karriere hat das doch zunächst einmal gar nichts zu tun.“ Das wäre formal nicht falsch, aber der Denkansatz führte nicht weit genug.

Kümmern Sie sich nicht um X % in Ty, sehen Sie zu, dass Sie AT werden und aufsteigen. Dann haben Sie auf dem Gebiet, das Ihnen heute so wichtig ist, ungleich mehr erreicht.

Sie wollen den „Preis“ dafür nicht zahlen. Das Argument hört man oft. Aber es ist doch nicht so, dass man weiter unten im Nirwana lebt und weiter oben reines Hauen und Zähneklappern angesagt ist. Welchen Ärger Sie „unten“ auch haben können, sehen Sie ja derzeit. Dazu kommen mit steigendem Alter immer öfter Chefs, die jünger sind und weit weniger Fachwissen haben als Sie. Und die Entscheidungen fallen stets dort, wo Sie keinen Zutritt haben. Nein, auf seinem Gebiet sehr gut zu sein und „mit Gewalt“ (siehe das nachfolgende Thema Projektleitung) entgegen dem eigenen Talent „unten“ bleiben und das „Spiel“ des ganzen Unternehmens nicht mitspielen zu wollen, das bringt mindestens so viele Probleme wie der Aufstieg. Je besser Sie sind und je mehr Aufstiegstalent Sie eigentlich haben, desto schwieriger wird es für Sie als Verweigerer.

Natürlich muss man sich auf dem Weg nach oben einsetzen, auch zeitlich. Aber es gilt auch: Mancher lässt sich fressen, viele aber finden auch einen vernünftigen Ausgleich mit dem Privatbereich. Fußballspieler müssen sogar sonntags ran – und leben auch irgendwie. Dieser Aspekt wird von Außenseitern meist überbewertet, die Führungskräfte selbst fangen damit so gut wie nie an, wenn sie drückende Probleme aufzählen sollen.

Und was Taktik und „Abschießen“ angeht: Diese Fragen kommen nicht vom Aufstieg, sie ergeben sich aus dem Geschäft heraus, das in und von den Unternehmen betrieben wird: Wer heute mehr Autos verkaufen will, muss anderen Herstellern Marktanteile abjagen. Und: Auch kleine Angestellte werden „abgeschossen“.

In welcher Welt leben Sie denn: Firmenübernahme-Schlachten sind an der Tagesordnung, täglich liest man davon. Dabei gibt es Sieger und Besiegte – auch im Fußball kann man ein Endspiel nur gewinnen, wenn der Gegner verliert.

Sie können letztlich nicht wirklich in einem Unternehmen beschäftigt sein, das täglich versucht, andere an die Wand zu drücken (wenn die sich bloß drücken ließen), dort Ihre „Brötchen“ verdienen sowie die überwiegende Zeit des Tages verbringen, das Haus als Ihre berufliche Heimat ansehen – und ständig vor sich hinmurmeln: Ich bin klein, mein Herz ist rein ...

Das Leben ist Kampf, das Berufsleben sowieso. Deshalb muss nun nicht jeder gleich gegen jeden kämpfen. Aber es nützt nichts, nicht hinsehen zu wollen. Dann müssten Sie konsequent sein und auch „von solchen Leuten nicht geführt werden und bei solchen Leuten kein Geld verdienen wollen“.

Ihr Chef gehört zur Gruppe derer, die tun und sind, was Sie bisher nicht tun und nicht sein wollten. Also besteht die Gefahr, dass Sie ihn und seinen Status so ablehnen, dass er das merkt. Vielleicht glaubt er sogar, Sie verachten ihn ein bisschen?

Nein, wer in und von einem System lebt, muss es bejahen, sonst ist mit Reibungsverlusten zu rechnen. Die bekommen Sie auch dann, wenn Sie jetzt Ihre 100 % in Ty hätten. Dreißig weitere Berufsjahre in Ty sind ja auch noch nicht so furchtbar toll – wenn man Ansprüche hat.

In einigen Großbetrieben – in Ihrem Hause nicht – gibt es extra eine Fachlaufbahn mit Aufstiegsmöglichkeiten, die zwar ein höheres, mit manchen Führungspositionen durchaus vergleichbares Einkommen bringen kann, aber auch andere Probleme einschließt (z. B. den gefürchteten „goldenen Käfig“, wenn eines Tages die Firma gewechselt werden soll).

Um bei diesem heißen Thema keine Fehlinterpretationen aufkommen zu lassen: Natürlich bin ich für Karriere, diese Serie heißt ja direkt danach. Aber auch ich rate davon entschieden ab, wenn das Talent fehlt. Besonders jedoch rate ich von einer bewussten Verweigerung der Karriere in Kombination mit hohen Ansprüchen in Sachen Anerkennung und Geld ab. Dafür eignet sich das „System“ nicht.

Weiter zu Ihrem Fall: Ihr Chef bietet Ihnen eine Projektleitung an. Machen Sie das, machen Sie das gut und Sie steigen auf. Ihr Ärger mit den albernen Leistungsprozentchen in den Tarifgruppen ist bald vergessen, Ihr Einkommen steigt, die Wertschätzung des Unternehmens lesen Sie dann an

Ihrem Rang ab. Was aber tun Sie, statt Ihrem Chef ob der Chance um den Hals zu fallen? Sie fragen mich an anderer Stelle Ihres Briefes: „Welchen Vorteil sehen Sie für einen ‚Vollbluttechniker', wenn er eine Projektleitung übernimmt, gegenüber dem Nachteil einer eher mühsamen, zähen und langweiligen Aufgabe?"

Die Antwort lautet: „Wer eine Projektleitung übernimmt, hat eine sehr gute Profilierungschance. Er erarbeitet sich mit der erfolgreichen Erledigung der Aufgabe eine solide Basis für den weiteren Aufstieg." Letzterer wird allgemein als Ziel unterstellt. Vor allem in einer „Karriereberatung".

Wenn Sie bei Ihrer Haltung bleiben, sind Sie vielleicht im falschen „Spiel". Ein eher rein fachlich ausgerichtetes Hochschulinstitut, eine Hochschullaufbahn o. ä. wären beispielsweise Entscheidungsalternativen gewesen (aber auch da geht es irgendwann darum, Professor zu werden oder eben nicht – Sie entkommen dem also selbst da kaum).

Nicht um jeden Preis in die Führungslaufbahn drängen

Frage: *Als langjähriger Mitarbeiter eines großen Konzerns berührten mich sehr viele der behandelten Fragestellungen. Ihre Antworten und Tipps passen häufig zu Beobachtungen in meinem industriellen Umfeld.*

Ich bin Mitte 40 und habe auf dem zweiten Bildungsweg den Dipl.-Ing. (univ.) erreicht. Anfangs hatte ich mehrfach nach kurzer Betriebszugehörigkeit die Firmen gewechselt und dann vor vielen Jahren mein Ziel, bei der XY AG tätig zu sein, erreicht.

Dort arbeitete ich zunächst in der zentralen Entwicklung, kam dann nach Umstrukturierungen in die Forschung, in der ich eine Reihe von Jahren verblieb. Dann ergab sich die Chance, eine Führungsposition mit Personalverantwortung zu übernehmen, jedoch wechselte mein Chef, zur Übernahme der für mich vorgesehenen Position kam es nicht mehr. Der neue Chef besetzte die Stelle sowie andere offene mit anderen Personen. Um meinen persönlichen Standort zu bestimmen, wurde mir die Teilnahme an einem speziellen Assessment Center empfohlen (Resultate anliegend).

Ich hatte keine Aussicht auf eine Führungsposition mit echter Personalverantwortung mehr und habe entsprechend einer Empfehlung meines Betreuers aus dem Personalwesen den bisherigen Bereich vor kurzem verlassen. Ich bekam in einem Geschäftsfeld eine Projektleiterstelle mit fachlicher Führungsfunktion, eine Position mit echter Personalverantwortung wurde für den Fall einer günstigen Geschäftsentwicklung in Aussicht gestellt.

Derzeit jedoch ist dieses Geschäftsfeld von massiven Umsatzrückgängen betroffen, Budgets werden gekürzt, Personal wird abgebaut. Ich habe die

Befürchtung, dass unter diesen Umständen meine persönliche Weiterentwicklung in absehbarer Zeit nicht möglich ist.

Soll ich in diesem Bereich bleiben und auf eine positive Entwicklung vertrauen (aber: mein Alter); soll ich mich im Mittelstand bewerben (aber: unflexibel durch Hausbau und Familie); soll ich konzernintern wechseln (aber: interne Stellenwechsel sind wegen nicht immer eingehaltener Vertraulichkeit problematischer als externe Firmenwechsel); haben Sie eine Empfehlung?

Antwort: Letzteres zuerst: ich habe: Aber der Reihe nach:

1. Sie haben den schwierigen, bewundernswerten Aufstieg vom Hauptschüler zum Uni-Absolventen geschafft, sogar in einer besonders qualvollen Version. Beim Abschluss waren Sie schon sehr alt! Nach meinen Erfahrungen ist die Wahrscheinlichkeit größer, dass ein solcher Mensch ein hervorragender Fachmann als etwa ein ärmelaufkrempelnder, zupackender Manager wird. Auf diesem besonderen Weg geht häufig jenes Stück pragmatischer, ungefangener Risikobereitschaft verloren, das Beförderungen so oft erleichtert.

Sie haben sehr viel erreicht – verlangen Sie nicht auch noch das Unmögliche vom Schicksal (dass es Ihnen jetzt auch noch überragende Führungsqualitäten mitgegeben hat). Ihre Kinder wachsen in einer Akademikerfamilie auf und haben ganz andere Chancen – oft dauert ein solcher Aufstieg tatsächlich zwei Generationen.

2. Ein berufliches Ziel, „bei der XY AG tätig zu sein“, ist nicht sinnvoll für einen Karriereinteressierten. Wer aufsteigen will, muss das als Primärziel setzen, muss an den eigenen Erfolg denken und sehen, wo er diesen erreicht. Die Firma ist dann höchstens noch ein Sekundärziel. Oder man setzt diese auf die Nummer 1, dann aber wird die persönliche Karriere zum Sekundärziel (bei Ihnen gegeben).

3. Ich bin nun kein Mitarbeiter des Personalwesens der XY AG. Dort mag man ja andere Maßstäbe haben, aber ich glaube das keine Sekunde lang.

Ich halte die Resultate des Assessment-Centers für eine hieb- und stichfeste, völlig zweifelsfrei Aussage: „Dieser Mann ist kein Manager!“ Hat Ihnen das niemand gesagt, damals? Schön, wären Sie 25 gewesen, hätte man auf Persönlichkeitsentwicklung und Fördermaßnahmen setzen können. Aber Sie waren damals schon über 40.

In Ihrem Interesse will ich nicht wörtlich aus der Beurteilung zitieren, aber doch so viel umschreiben: Man stellt fest, dass Sie Ihre Lösungsansätze nicht immer weiterverfolgen, Sie wirkten daher unverbindlich. Es heißt, dass Sie Neuem eher skeptisch begegneten. Sie seien nicht zukunftsorientiert und vertagten Entscheidungen, Ihre Gesprächstaktik sei mitunter nur bedingt auf das Ziel hin führend. Sie hinterfragten gestellte Aufgaben kaum, übernähmen wenig Verantwortung, delegierten wenig, zeigten keinen(!) Führungsanspruch. Selbst Sprechweise und Gesprächshaltung werden bemängelt.

Auch das Zwischenzeugnis spricht vor allem von hervorragenden theoretischen Fachkenntnissen, äußerster Sorgfalt und Genauigkeit, von Höflichkeit und Korrektheit (bei „sehr guter“ Gesamtnote).

4. Ich rate Ihnen, Ihr jetzt so forciertes Sekundärziel „Führung“ noch einmal zu überdenken. Alles andere läuft gut: Sie haben sehr viel erreicht, sind ein anerkannter, zu fachlicher Führung fähiger Fachmann bei Ihrem Traumarbeitgeber. Riskieren Sie nicht alles, indem Sie sich in diesem (dafür hohen) Alter auf „Experimente“ einlassen, für die Ihnen – vermutlich – die Naturbegabung fehlt.

Mit Mitte 40 ins Ausland?

Frage: *Ich bin Mitte 40 und als Projektleiter für wichtige Entwicklungsprojekte verantwortlich. Die Sache macht mir Spaß, mein Chef, denke ich, ist mit mir zufrieden.*

Wir haben ein technisches Konzept entwickelt und umgesetzt, das in Europa sehr erfolgreich ist und auf weiteres internationales Interesse stößt. Wir wollen die Chance beim Schopf packen und im Ausland weiter expandieren. Mein Chef bot mir nun an, zur Realisierung des ersten diesbezüglichen Projektes drei Jahre nach Nordamerika zu gehen (Aufbau + Inbetriebnahme + Betriebsleitung).

Ich betrachte dieses Angebot als große Chance, sowohl in fachlicher als auch in finanzieller Hinsicht einen Entwicklungssprung zu machen. Andererseits bin ich etwas hin- und hergerissen:

Einerseits bedeutet das für mich, einen bedeutsamen Karriereschritt zu machen und stärker in Personalverantwortung eingebunden zu werden, andererseits verlasse ich damit meinen bisherigen Weg (Projektleiter + Produktentwicklung). Damit ergeben sich einige Risiken gleichzeitig: Wechsel des Kulturkreises, neue Verantwortungsebene, Rückkehr mit ca. 50 (dann wäre ein Wechsel zu einem anderen Arbeitgeber schon problematisch?). Auch im persönlichen Bereich ergeben sich einige Probleme.

Von Ihnen habe ich gelernt, dass man in so einer Situation Prioritäten setzen und persönliche Dinge unter Umständen in die zweite Reihe verschieben muss. Mein „Bauch“ sagt mir zudem, dass ich mit meinen persönlichen Problemen wohl eher die Geschäftsführung nerven würde, was eine Suche nach personellen Alternativen ins Leben rufen könnte.

Sehe ich das richtig? Oder ist es durchaus üblich, in so einer Situation seine persönlichen Probleme offen anzusprechen und auf dieser Basis vielleicht sogar bessere Konditionen auszuhandeln?

Antwort: Einige der von Ihnen zusätzlich aufgezählten Problemdetails habe ich hier weggelassen – jeder lebenserfahrene Mensch weiß, dass bei einem Mann Ihres Alters Themen wie „Haus", „Beruf der Ehefrau", „zurückbleibendes, fast erwachsenes Kind" zusätzlich ins Gewicht fallen können.

Damit sind wir dann auch schon mitten im Thema: Ich glaube zunächst einmal, dass Sie das optimale Alter für einen solchen Schritt bereits überschritten haben. Wohlgemerkt: für den ersten längeren Auslandseinsatz, nicht etwa generell. Und damit meine ich noch nicht einmal die Schwierigkeiten im privaten Umfeld.

Mein wichtigstes Argument betrifft auch nicht direkt Ihren Einsatz in Nordamerika. Natürlich kann auch der noch zum Fiasko werden, ob mit oder ohne Ihr Verschulden. Aber wir alle dürfen nicht ständig in Angst leben, wenn wir „neue Ufer" betreten. Wer nichts wagt, gewinnt auch nichts – das ist immer noch so (leider gewinnt auf der anderen Seite auch längst nicht jeder, der gewagt hat). Nein, ich unterstelle einfach einmal, Sie gingen nach Amerika und alles dort liefe gut. Beschäftigen wir uns mit Ihrer Situation, in der Sie anschließend – vermutlich – sind:

1. Ihr Arbeitgeber hat in Deutschland mit hoher Wahrscheinlichkeit gerade zu diesem Zeitpunkt keine attraktive Position für Sie. Das heißt, Sie würden hier irgendwo „untergebracht" (Branchenjargon: „Druckposten").
2. Ihr Arbeitgeber hat inzwischen die internationale Vermarktung weiter vorangetrieben – und sucht händeringend nach Leuten, die in einem weiteren Land die Inbetriebnahme sowie die Betriebsleitung einer neuen Anlage übernehmen. Z. B. in Russland oder China. Sie haben Auslandserfahrung, es passt also alles. Man drängt Sie, wieder ins Ausland zu gehen.
3. Mit dann fast 50 Jahren haben Sie auf dem deutschen Arbeitsmarkt tatsächlich ein großes Problem – so einfach das Unternehmen wechseln können Sie schon deshalb nicht.
4. Fachlich sind Sie inzwischen ein Betriebsleiter mit etwa zwei Jahren Praxis in diesem Job – und ein langjähriger Entwickler/Projektleiter, der dort aber „ausgestiegen" ist. Diese wenig griffige Laufbahn kommt zum Altersproblem hinzu.
5. Ihre Führungspraxis umfasst ausschließlich die disziplinarische Führung von Mitarbeitern, die Amerikaner sind und nach amerikanischem System leben und arbeiten. Sie haben keine Erfahrungen mit deutschen unterstellten Mitarbeitern, keine Routine im Umgang mit Betriebsräten deutscher Prägung etc. Das alles passt prima zu China („Ausland ist Ausland", der

Markt denkt so), aber macht Sie weniger interessant für eine klassische Position in Deutschland.

Damit konzentriert sich alles auf einen Punkt: Kann Ihr Arbeitgeber Ihnen eine vernünftige verbindliche Zusage geben, was nach Rückkehr hier mit Ihnen geschieht? Kann er, ist alles in Ordnung, alle Bedenken entfielen. Ich fürchte jedoch, er kann nicht (Personalplanungen über drei Jahre gibt es kaum).

Damit bin ich sehr skeptisch, was das Projekt angeht – aus rein berufsplanerischer Sicht. Wenn aber Sie und Ihre Familie(!) den anderen Aspekt stärker gewichten, dann gilt: Es könnte das zentrale Erlebnis für Sie werden – das Sie vielleicht noch Ihren Enkelkindern erzählen. Aber das ist eher nicht mein Thema.

Was Ihre „persönlichen Belange" im Zusammenhang mit einer Entsendung angeht: Im Normalfall will ein Arbeitgeber nichts mit „bedarfsorientierten" Forderungen von Mitarbeitern zu tun haben: „Meine Frau hat ihren Job verloren, ich brauche also zum Ausgleich mehr Gehalt", das bringt Chefs sofort in Opposition. Gehalt gibt es für die Leistung des Arbeitnehmers, das allein ist das Kriterium.

Sofern aber der Arbeitgeber selbst an einer größeren Veränderung innerhalb des Beschäftigungsverhältnisses interessiert ist, die der Arbeitnehmer weder voraussehen konnte und die auch nicht zum üblichen Spektrum seiner Tätigkeit gehört (hier: Verlagerung des Dienstsitzes für mehrere Jahre ins Ausland), sieht die Sache anders aus. Hier hat der Arbeitnehmer ein zumindest „moralisch" begründetes, aus der Fürsorgepflicht des Arbeitgebers abzuleitendes „Recht", seine Probleme offen darzulegen und irgendeine Art von Hilfe zu erbitten. Natürlich hat dann auch wieder der Arbeitgeber das Recht, die Bitte um Ausgleich abzulehnen. In sehr großen Konzernen fast immer und in größeren Firmen oft ist so etwas durch Richtlinien geregelt, in kleineren bedarf es der Übereinkunft im Einzelfall.

Also: Über Ihre Probleme mit dem Haus und vielleicht noch mit dem Wegfall der Berufstätigkeit der Ehefrau dürften Sie problemlos reden. Und Sie dürften sagen, Sie setzten eine vertragliche Vereinbarung voraus, nach der Sie nach Rückkehr hier zum angemessenen Gehalt weiterbeschäftigt werden. Aber eine mit der amerikanischen vergleichbare oder pauschal „angemessene" Position wäre kaum möglich, eine konkret genannte gar nicht (das hat nichts mit dem guten Willen des Arbeitgebers zu tun – es weiß einfach niemand, was in drei Jahren sein wird).

Fazit: Je jünger man ist, desto problemärmer gestaltet sich eine mehrjährige Entsendung ins Ausland.

Ausblick: Globalisierung und Internationalisierung schreiten voran, das frühzeitige Lernen der englischen Sprache ebenfalls. In zwanzig Jahren wird man innerhalb Europas ebenso problemlos umziehen wie heute von Stuttgart ins Sauerland (was konkret bedeutet, dass sich gar nichts ändern wird, weil niemand von Stuttgart ins Sauerland will – und vice versa).

Faszination einer bestimmten Branche: Wer liebt schon Wasserklosetts?

Frage: *Ich bin Mitte 30, habe Luft- und Raumfahrttechnik studiert und anschließend promoviert. Seit zwei Jahren bin ich bei einem mittelständischen Automobilzulieferer beschäftigt. Zunächst habe ich dort auf meinem Spezialgebiet, der Strömungssimulation, gearbeitet.*

Nach kurzer Zeit wurde ich zum Leiter eines Entwicklungsprojektes ernannt. Dabei führe ich ein größeres Team von Mitarbeitern auf fachlicher Ebene. Dieses Projekt wird in Kürze abgeschlossen. Meine Chefs sind mit mir zufrieden und haben mir die Leitung eines weiteren Entwicklungsprojektes angeboten. Dessen Laufzeit beträgt ca. zwei Jahre.

Mit meiner Tätigkeit bin ich im Wesentlichen zufrieden, mein Interesse an der Automobilbranche und deren Produkten ist allerdings begrenzt. Daher erwäge ich seit einiger Zeit, in die Luftfahrtbranche zu wechseln. Sie hat mich schon immer wesentlich stärker fasziniert, ein Einstieg direkt nach meiner Promotion kam aus verschiedenen Gründen nicht zustande.

Nach Aussage einer für mich interessanten Firma der neuen Branche ist dort ein Einstieg allerdings nur über eine Fachfunktion und nicht als Projektleiter möglich. Im Moment bieten sich mir zwei Möglichkeiten:

1. Wechsel schon nach Abschluss des jetzt noch laufenden Projekts. Der Nachteil wäre eine kurze Dienstzeit von zwei Jahren. Vorteil: Der – offensichtlich notwendige – Schritt zurück in die Fachfunktion sollte meiner Meinung nach so früh wie möglich getätigt werden.

2. Wechsel nach Abschluss des nächsten Projektes. Der Nachteil hier wäre eine noch stärkere Festlegung auf die Automobilbranche und die Frage, ob danach ein Branchenwechsel überhaupt noch möglich ist.

Antwort: Sie glauben also, darauf beruht ja Ihr ganzes Problem, nur in einer bestimmten Branche glücklich werden zu können. Ich rate Ihnen sehr, diese „Säule" Ihres Denkmodells in Frage zu stellen – dann wäre alles in bester Ordnung.

Wenn das Streben nach der allein seligmachenden Branche einen Sinn machte, dann müssten wir es allen zugestehen. Und wer leitete dann die Entwicklung von Wasserklosetts oder Staubsaugern oder Müllfahrzeugen oder Verkehrsampeln oder Fensterprofilen? Alles Produkte, die wir dringend brauchen, deren Optimierung sicher des Schweißes der Edlen wert ist – aber welcher junge Ingenieur geht schon aus früher Jugendleidenschaft gezielt in diese Branchen?

Ich will damit ganz ernsthaft warnen vor dem Grundgedanken Ihrer Frage. „Mich interessieren die Produkte in dieser Branche nicht“ – das ist, darum geht es mir, eine Selbstverständlichkeit und völlig normal. Irgendjemand entwickelt und produziert Fensterkurbeln für Autos. Können Sie sich vorstellen, dass dieser Jemand sagt, er habe schon immer geträumt von der Welt der Fensterkurbeln? Er wird aber heute eine interessante Aufgabe vor sich sehen: Konstruktive Optimierung unter Einbeziehung vorgegebener Designelemente, Gewichtsminimierung, Anforderungen des Unfallschutzes, Materialauswahl, Festlegung von kostengünstigen Fertigungsverfahren, Großserienproduktion bei hoher Modellvielfalt und höchsten Qualitäts- und Terminanforderungen – das ergibt seine derzeitige anspruchsvolle Berufswelt. In der er höchst zufrieden arbeitet. An Fensterkurbeln.

Wer konstruiert heute schon ganze Autos oder Raketen oder Raumstationen? Erst in extrem ranghohen Positionen verantwortet man solche komplexen Produkte komplett – allen anderen, auch Führungskräften, bleiben nur Teilbereiche, etwa Einzelbauteile oder Module.

Halten wir also bis hierher fest: Würden Ingenieure ausschließlich in Branchen arbeiten, die sie faszinieren, und Branchen meiden, deren Produkten „als solche“ sie kein besonderes Interesse entgegenbringen, bräche die Wirtschaft zusammen. Das darf nicht sein – also taugt das Prinzip nichts, auf dem Ihre Frage beruht.

Auch diejenigen Ingenieure (was auch für die anderen Akademiker aus anderen Fachrichtungen gilt), die nicht in ihrer „Traumbranche“ arbeiten, haben ein Recht auf berufliche Erfüllung. Aber sie suchen sich diese eben in den Details ihrer Aufgabe, in dem Verantwortungsrahmen, in der Karriere, in den Gestaltungsmöglichkeiten, in der Anerkennung, die sie genießen.

Hautnah damit verknüpft ist eine Empfehlung, die ich hier schon öfter gegeben habe: Seien Sie vorsichtig damit, eine besondere produkt- oder branchenbezogene Leidenschaft zur Basis Ihrer kompletten beruflichen Ausrichtung zu machen. Leidenschaft ist ein schlechter Ratgeber, im beruflichen Bereich sind eher kühle, auch unter wirtschaftlichen und anderen sachlichen Aspekten zu treffende Entscheidungen gefragt.

„Ich konstruiere Fensterkurbeln für Pkw, meine persönliche Leidenschaft gilt dem bemannten Raumflug“, ist gar keine schlechte Einstellung zu den Dingen, sie hat sich vielfach bewährt.

Nun ahne ich natürlich, was ich damit – auch – anrichte: Einige berufserfahrene Führungskräfte werden mir zustimmen, zahlreiche jüngere, engagierte Ingenieure werden kritisch reagieren: Man werde sich doch noch nach seinen Neigungen richten dürfen und ob denn nicht allein aus der Leidenschaft einzelner Entwickler für ein Produkt oder eine Branche weltberühmte Produkte entstanden seien. Antwort: Beispiele gibt es für alles, wir aber sprechen hier von weisungsgebunden arbeitenden abhängig Beschäftigten. Denen bleibt ohnehin wenig Raum für leidenschaftsgerechtes Tun. Und mitunter setzt man Lasten- und Pflichtenhefte leichter um, wenn das Herz etwas weniger an der Branche hängt.

Damit wir uns nicht missverstehen: Im Einzelfall kann man natürlich dennoch eine rein neigungsorientierte Branchenauslese treffen – aber darauf versteifen darf man sich nicht. Und – siehe oben – für alle ließe sich das ohnehin nicht durchführen. Es wäre das Ende der Wasserklosetts in diesem Land. Will das jemand?

Nun konkret zu Ihnen, geehrter Einsender: Natürlich haben Sie noch ein zusätzliches Argument, da Ihr Studium so offensichtlich auf eine einzige Branche hinzielt. So wie ein Ingenieur der Kfz-Technik eben „automatisch" in die Kfz-Industrie streben würde.

Aber diesem aus Ihrer Sicht positiven Zusatzargument steht ein mindestens ebenso gewichtiges negatives gegenüber: Ihre Lieblingsbranche hat Sie beim Berufseintritt nicht gewollt – und nun sind Sie bereits „anderweitig" engagiert. Sogar erfolgreich.

Jetzt sind Sie „Mitte 30" und merken: Umwege kosten Energie und gefährden Erfolge. Auf dem Umweg über die Kfz-Technik zur Luft- und Raumfahrt, das ist aufwändiger als das direkte Hineinspringen in die Zielbranche. Dort müssten Sie jetzt wieder ganz unten anfangen. Nicht nur gäbe es keinen Fortschritt, wie er beim Wechsel normal wäre, es ginge sogar deutlich nach unten! Vielleicht sogar gehaltlich.

Und wenn nun etwa ein Jahr nach Ihrem jetzt angedachten Wechsel ein neuer durchgezogen werden müsste? Und Ihre Lieblingsbranche dann mal wieder kein Geld hätte und niemand dort Sie nähme? Dann müssten Sie wieder „fremd" gehen und hätten Ihren Werdegang („vom Projektleiter zum Sachbearbeiter") endgültig ruiniert.

Ich rate Ihnen vom Realisieren des Branchentraums ab. Bleiben Sie beim Metier, das sich eher zufällig ergeben hat. Falls Ihnen Ihre heutige Aufgabe nicht anspruchsvoll genug ist, wechseln Sie die Firma. In der ersten „richtigen" Praxisbewährung nach Studium oder Promotion darf man schon nach nur zwei Jahren wechseln. Sollten Sie den Schritt in die Luft- und Raumfahrt aber dennoch vollziehen wollen, dann so früh wie irgend möglich.

Zur Klarstellung: Es spricht absolut nichts dagegen, wenn ein junger Akademiker nach dem Studium in seine Traumbranche strebt. Sofern diese das Streben honoriert (und ihn nimmt) – gut. Aber in einer anderen, durchaus auch anspruchsvollen Branche schon Verantwortung zu tragen und dann unter Inkaufnahme eines Karriererückschritts in das Traummetier – das kann nicht empfohlen werden.

Ich will führen!

Frage/1: *Ich bin TU-Ingenieur, Ende 30. Vor etwa zehn Jahren begann ich meine Berufslaufbahn im Qualitätswesen. Seit etwa zwei Jahren bin ich jetzt in meiner vierten Anstellung tätig. Die Arbeitgeberwechsel, die ausnahmslos zu guten Zeugnissen geführt haben, waren teils freiwillig, teils nicht (eine feindliche Übernahme des Unternehmens, das heute nicht mehr existiert und eine betriebsbedingte Kündigung im Zusammenhang mit dramatischer Personalreduzierung).*

Bei meinem heutigen Arbeitgeber, einem Großkonzern, warb mich der Chef meines Chefs nach kurzer Tätigkeit in seine Abteilung ab. Ich habe und hatte bisher keine Führungsfunktion.

Zu meinem Problem: Mein Vorgesetzter hat mir klar erklärt, dass ich mit disziplinarischer Personalführung in absehbarer Zeit nicht rechnen könne. Ich sehe aber gerade darin einen wichtigen Baustein, der mir in meinem Lebenslauf noch fehlt. Schließlich bin ich mit meinem arbeitgebenden Konzern nicht verheiratet und muss an einen vielleicht irgendwann geplanten oder notwendig werdenden Wechsel denken. Ich frage mich, welchen Eindruck werden andere potenzielle Arbeitgeber von mir haben, wenn ich als 40-jähriger Dipl.-Ing. einen Job suche und keine Personalführung nachweisen kann. Eine rein fachliche Führung, wie ich sie in unterschiedlichen Projekten habe, ist meines Erachtens nicht ausreichend. Wie sehen Sie das?

Antwort/1: Das ist ein zentrales Thema dieser Serie, wie schon deren Name zeigt. Vor allem aber sind sich viele Leser nicht über alle Aspekte (und besonders die „Fallstricke“) dieser Frage im Klaren. Ich liste Details auf – die teilweise nicht nahtlos zueinander zu passen scheinen, wie das im Leben oft so ist:

1. Schon aus rein „statistischen“ Gründen kann nicht jeder Akademiker eine Führungsposition in der Wirtschaft erringen. Es gibt mehr entsprechend qualifizierte Angestellte als Führungspositionen. Es muss also eine Auswahl getroffen werden.

2. Zum Glück gibt es zwei Gruppen, die zur Entschärfung des Problems beitragen: manche wollen gar nicht führen, andere können so eindeutig nicht, dass es auf ihr Wollen nicht mehr ankommt.

3. Grundsätzlich ist es durchaus möglich, ein erfülltes, auskömmliches Berufsleben auch ohne die Übernahme disziplinarischer Führungsfunktio-

nen zu gestalten: Aber: Das gilt uneingeschränkt nur für Mitarbeiter, die entweder von Anfang an oder doch nach Abschluss ihrer unruhigen beruflichen „Lehr- und Wanderjahre“ stets bei einem Arbeitgeber bleiben. Gerade bei Konzernen trifft man sie häufig an. Sie sind mit ihrer Erfahrung und mit ihrem angesammelten Know-how ausgesprochene „Stützen“ ihrer Abteilungen.

Sie müssen aber mit folgenden, teils gravierenden, teils existenzgefährdenden Nacheilen rechnen:

a) Innerhalb ihres langen Beschäftigungsverhältnisses bei einem Arbeitgeber werden sie schlicht immer älter – und bekommen damit ständig jüngere Chefs. Das führt leicht zu Konflikten, deren Ursachen durchaus auf beiden Seiten liegen können.

b) Bedingt durch ständige Tarif- und anders bedingte gehaltliche Erhöhungen werden sie immer teurer. Das aber wird durch den Erfahrungszuwachs nicht mehr gedeckt: Ob jemand achtzehn oder zwölf Jahre lang eine in etwa gleichbleibende Tätigkeit erledigt, ist ohne Bedeutung. Der Status „teuer“ aber wird äußerst störend bei Sanierungsprozessen oder bei externen Bewerbungen.

c) Von den Betroffenen vorher kaum je wahrgenommen wird eine besonders schwerwiegende Beeinträchtigung: Der Angestellte lebt nicht von der Akzeptanz, die sein derzeitiger Arbeitgeber ihm entgegenbringt! Die nämlich kann er jederzeit – ob mit oder ohne eigene Schuld – verlieren: Unternehmensverkauf, Restrukturierung, Geschäftszweig-Stilllegung, Werksschließung, Personalreduzierung sind heute überall Tagesgespräch. Nein, er lebt von der Akzeptanz, die seine Bewerbung auf dem allgemeinen Arbeitsmarkt(!) im Ernstfall findet.

Und dort gilt: Man sucht nichtführendes (ausführendes) akademisches Personal mit Erfahrung, gut. Aber mit wie viel davon? „Fünf Jahre“ sind in Anzeigen eine Obergrenze. Ich will nicht ausschließen, dass in seltenen Einzelfällen auch schon einmal „zehn Jahre“ irgendwo gestanden haben. Aber, achten Sie einmal darauf, „achtzehn Jahre“ steht niemals! Es gibt in diesem Bereich leicht Missverständnisse – man muss einfach wissen, was gemeint ist:

„Mindestens fünf Jahre Praxis“ – da wähnt sich der Bewerber mit fünfzehn Jahren auf der sicheren Seite, übertrifft er doch die Mindestanforderung. Aber: Die Formulierung „fünf Jahre mindestens“ heißt: „Also drei Jahre hätten wir schon sehr gerne, darunter tun wir es nicht!“ Und es heißt auch: „Natürlich tolerieren wir auch sieben oder acht Jahre – aber von siebzehn oder achtzehn haben wir nie gesprochen.“ Dahinter steht auch die Vermutung: „Wir suchen – natürlich – fachlich brillante, dynamische, kreative, leistungsstarke Mitarbeiter." Nur: Wer diesem Bild entspricht, ist mit Mitte 30 oder darüber doch sicher schon längst befördert worden ...

Wer nicht führt und dabei älter wird, bekommt also leicht ein Problem, wenn er sich eines Tages extern bewerben muss oder will – und damit ist stets(!) zu rechnen!

Man kann das Risiko zumindest abmildern: Wenn schon keine Führung trotz höheren Alters angestrebt oder erreicht wird, dann sollte man wenigstens alle paar (Richtwert: 5–10) Jahre ein neues Aufgabengebiet im Lebenslauf ausweisen können, um die berüchtigten „17 Jahre in ein und demselben Job" zu vermeiden. Denn die stehen weniger für Erfahrung als (auch) für zunehmende Inflexibilität, für Widerstand gegen Veränderungen, für fehlende Dynamik und – nicht ganz unberechtigt – fehlenden Ehrgeiz.

4. Wer nicht führen kann (eine Frage der Persönlichkeit), soll die Finger davon lassen. Die Gefahr eines Scheiterns ist sehr groß, der anschließenden Sturz ist folgenreicher als das Scheitern eines Sachbearbeiters in seiner Funktion.

Als Hilfsargument, um das Können herauszufinden: Wer kann, will auch! Wer an seinen Fähigkeiten zweifelt, also nicht weiß, ob er will, ist vermutlich gut mit diesem Zögern beraten. Achtung: Hier ist der Umkehrschluss ausdrücklich ausgeschlossen – nicht jeder, der will, kann auch!

5. Irgendwelche grundsätzlichen Vorbehalte gegen Führungsaufgaben sind vollständig ungerechtfertigt (etwa: „Da kann man dann ja nicht mehr ingenieurmäßig arbeiten"): Die Unternehmen zahlen Führern deutlich(!) mehr als Ausführern. Warum wohl?

6. Wo ein Wille und Talent zum Führen vorhanden sind, bricht sich beides alsbald Bahn, sagt man. Mit etwas Glück und Begabung fangen einige Angestellte so nach drei bis fünf Berufsjahren mit dem Führen an, andere brauchen sieben bis acht Jahre. Mit 35 sollte der Einstieg geschafft sein, mit 40 ist es dafür praktisch schon zu spät.

7. Projekt-, Team- oder Gruppenleitungen sind Vorstufen zur kompletten disziplinarischen Führung, ersetzen diese jedoch nicht. Sie stehen irgendwo zwischen dem ausführenden Sachbearbeiter und dem Abteilungsleiter mit seiner klaren disziplinarischen Befugnis.

Frage/2: *Eine offene Stelle mit Personalführung in meinem fachlichen Umfeld ist in meinem Konzernbereich nicht und auch nicht absehbar vakant.*

Alternativ könnte ich mir auch vorstellen, bei einem neuen Arbeitgeber anzufangen. Jedoch sehe ich im Falle einer Position mit Personalführung ein Problem auf mich zukommen: Erstens habe ich keine Führungserfahrung und zweitens müsste ich mich in die neue Branche oder zumindest in das Umfeld neu einarbeiten. Das wäre meiner Meinung nach sehr kritisch.

Ich möchte wissen, wie ich aus Ihrer Sicht meinen Marktwert erhalten bzw. erhöhen kann. Ich sehe das Problem, dass ein potenzieller Arbeitgeber, sagen wir in drei Jahren, an mir kein Interesse haben wird, wenn ich nicht disziplinarische Personalführung nachweisen kann.

Soll ich bleiben, wo ich bin, mich auf eigene Faust weiterbilden (z. B. Führungsseminare) und warten, bis sich eine Chance irgendwann ergibt?

Oder soll ich dieser Chance nachgehen: Intern ist eine Stelle vakant, die von der Hierarchie her über der Stufe meines Chefs angeordnet ist und die meinen Qualifikationen entspricht. Auch hier hätte ich keine Personalführung, hätte aber die Möglichkeit, weltweit tätig zu sein und viele Geschäftsführer unterschiedlicher Konzernbereiche kennen zu lernen. Dies könnte meiner Meinung nach ein Sprungbrett zu der von mir angestrebten Position „...leiter" sein.

Antwort/2: Nun also speziell zu Ihnen: Sie haben seit Studienabschluss fünf verschiedene Positionen in vier verschiedenen Unternehmen „verschlissen", gehen auf die 40 zu und sind noch keine Führungskraft. Da stellt sich natürlich auch die Frage der Begabung – entweder für das Führen oder doch für die aktive Gestaltung eines Werdeganges dergestalt, dass eine Führungslaufbahn dabei herauskommt (oder es stellt sich die Frage nach Zielstrebigkeit und/oder Ehrgeiz).

Dann haben Sie auch noch ein bisschen Angst davor, bei einem anderen Arbeitgeber „einfach so" in Führungsaufgaben hineinzuspringen – dabei ist das der Normalfall: Bewerber wechselt den Arbeitgeber und steigt dabei in der Hierarchie auf.

Suchen Sie also die wesentliche Ursache dafür, dass es bisher noch nicht geklappt hat, in Ihren Eigenschaften und Fähigkeiten.

Auch ich rate Ihnen in Würdigung aller Aspekte von dem Versuch ab, jetzt die Lösung durch eine externe Bewerbung erzwingen zu wollen. Die Gefahr eines Scheiterns (nicht beim Bewerben, sondern in der eventuell gefundenen neuen Führungsposition) wäre ziemlich hoch.

Aber die Geschichte mit der internen Chance („Sprungbrett") klingt in zweifacher Hinsicht gut: Entweder schaffen Sie auf der Basis der dann aufzubauenden Kontakte den Sprung, bei dem Sie in der vertrauten Konzernumgebung bleiben – oder Sie hätten zumindest eine anspruchsvolle, offenbar gut bezahlte und interessante Fachfunktion, in der Sie „alt" werden könnten, wenn es nichts wird mit der Führung. Vor allem aber unterstreichen die beiden Möglichkeiten, die sich in bzw. aus dieser Position ergäben, so wunderbar meine Aussage: Sie tun entweder auf Dauer etwas Interessantes oder Sie werden etwas Interessantes, aber eben kaum jemals beides gleichzeitig. Dazu gehört auch: Sie haben zu viel Zeit damit vertan, nach Aufgaben Ausschau zu halten, in denen Sie etwas Interessantes tun: Elf Jahre lang – fünf wären ein guter Wert gewesen.

Wie diese komplizierten hierarchischen Verhältnisse bei Ihnen beschaffen sind, verstehe ich zwar nicht so ganz, aber sei es drum (Sie wollen sich um eine Position bewerben, die hierarchisch über der Ihres Chefs angesiedelt ist – wenn das man so einfach funktioniert).

Führungsseminare, die ein Mann Ihres Alters absolviert, ohne zu führen, sind eher kontraproduktiv, wenn man die Bescheinigungen Bewerbungen beifügt. Sie können solche Veranstaltungen besuchen, wenn Sie es unbedingt wollen, aber reden Sie nicht darüber. Ein solches Seminardokument beleuchtet sonst nur wie ein Spot Ihr Problem. Ich gehe davon aus, dass die meisten Geschäftsführer im Lande nie ein solches Seminar besucht haben.

Fast 40 und noch immer nicht „leitend"

Frage: *Ich bin Dipl.-Ing., 39, und jetzt seit einer Reihe von Jahren bei meinem dritten Arbeitgeber tätig. Es handelt sich um einen großen, weltweit tätigen System-Zulieferer.*

Ich bin nach wie vor Projektingenieur ohne Führungsverantwortung im Konstruktionsbereich und stehe im ständigen Kundenkontakt.

Nach mehreren Umstrukturierungen der Firmenorganisation, was jedes Mal einen neuen disziplinarischen Vorgesetzten für mich bedeutete, sehe ich mittelfristig keine Möglichkeit, eine Position als Projektleiter in meiner Abteilung zu erreichen. Nicht dass ich irgendeine „Schuld" meinen Vorgesetzten zuweisen will – ich sehe mich und sie einfach nur als Opfer der Umstände: Jeder neue Gruppenleiter musste sich in seine Gruppe einarbeiten, seine Teammitglieder kennen lernen und sich natürlich auch gegenüber seinen Vorgesetzten profilieren.

Das bedeutet aber jetzt für mich, dass ich karrieretechnisch und damit auch gehaltsmäßig seit zwei Jahren „auf der Stelle" trete.

Ich habe nun folgende Überlegungen angestellt:

1. Ich ergänze über Weiterbildung meine Qualifikation auf anderen Feldern (z. B. Qualitätsmanagement), um mich dann intern um eine andere Tätigkeit zu bewerben (z. B. Lieferantenbetreuung). Ein Abteilungswechsel ist in meiner Firma durchaus nichts Ungewöhnliches.

2. Ich erwerbe nebenberuflich betriebswirtschaftliches Zusatzwissen (z. B. zwei oder vier Semester Fernstudium).

3. Ich versuche, über einen erneuten, längeren Auslandsaufenthalt (ich bin bisher für jeweils einige Monate in zwei europäischen Ländern tätig gewesen) meinen Marktwert zu steigern.

4. Ich bewerbe mich extern um eine Projektleiterstelle, ohne vorher eine Leitungsfunktion ausgeübt zu haben (learning bei doing).

Aktuell habe ich mich bei einem relativ großen Ingenieur-Dienstleistungsunternehmen um eine Position mit Führungsaufgaben beworben.

Meine Fragen:

a) Wie bewerten Sie die einzelnen Überlegungen?

b) Wie kann ich ein internes „Umschulungsprogramm" erreichen, ohne bei meinem Fachvorgesetzten ein gewisses Misstrauen hervorzurufen? Er muss ja davon ausgehen, dass ich nach Abschluss die Abteilung oder gar die Firma verlasse.

c) Ich sehe in einem Wechsel von einem weltweiten Konzern zu einem sehr viel kleineren (Dienstleistungs-)Unternehmen, wo ich in einer kleinen Niederlassung arbeiten würde, ein Gefahrenpotenzial. Wäre dieser Schritt im Lebenslauf mit dem Erreichen einer Projektleiterstelle ausreichend erklärt?

d) Wie Sie meinem Lebenslauf entnehmen können, war ich früher im Anschluss an mein Studium schon einmal für ein Jahr bei einem solchen Dienstleister. Wäre jetzt ein weiteres, eventuell wieder kürzeres (als Ihre empfohlenen fünf Jahre) Angestelltenverhältnis bei einem solchen Arbeitgeber „zu viel"? Ich würde mich von dort nach erfolgreichem Abschluss verschiedener Projekte (als Projektleiter) wahrscheinlich recht bald wieder bei einem größeren produzierenden Unternehmen um die Leitung größerer Projekte bewerben. Wo sehen Sie Gefahren, aber auch Chancen bei dieser Vorgehensweise?

Antwort: Die langjährige Erfahrung lehrt mich, dass es für zentrale Probleme meist eine zentrale Ursache gibt. So auch hier: Ihnen läuft die Zeit weg – Sie werden schlicht zu alt. Die Ursache dafür ist auch schnell gefunden: Sie haben zu spät angefangen, bei Studienabschluss waren Sie schon über 30. Eine längere Tätigkeit im Lehrberuf vor dem Studium und ein solches, das zwei Semester zu lange dauerte, Wehrdienst irgendwo dazwischen. Dann ein vergeudetes Jahr nach dem Studium, als es nicht so leicht Anfänger-Jobs für Ingenieure gab – Ihrer aber, wie Sie an anderer Stelle schreiben, unbedingt in der Nähe des Wohnortes liegen musste. „Aus privaten Umständen, die Sie meinem Lebenslauf entnehmen können."

Also versuchte ich zu entnehmen. Nichts, jedenfalls nichts zuerst. Aber nach so vielen Jahren gibt man nicht so schnell auf, schon gar nicht bei geheimnisvollen Andeutungen. Also noch einmal. Und dann hatte ich es: Rechnet man entsprechend dem Alter Ihres ältesten Kindes zurück, dann muss es so im ersten Semester Ihres Studiums geboren worden sein. Das habe ich keinesfalls zu kritisieren, aber Sie waren, das darf ich doch feststellen, damals ohnehin schon spät „dran“ mit Ihrer Ausbildung.

Heute wirkt Ihr Werdegang zwar sehr solide (toller derzeitiger Arbeitgeber, interessante Aufgaben, vernünftige Dienstzeit dort), aber Sie kommen bisher über die Sachbearbeiterebene nicht hinaus. Die Geschichte mit den ständigen Umorganisationen als Problem verstehe ich gut. Wenn manche Vorstände wüssten, wie lähmend diese („unten“ meist als sinnlos empfundenen „Verschlimmbesserungen“) auf den ganzen Apparat wirken und wie teuer die errechneten Einsparungen erkauft werden – täten sie es dennoch. Denn Analysten, Aktionäre und damit Aufsichtsräte lieben tatkräftige Restrukturierungen. Was Mitarbeiter dabei an Frustrationspotenzial aufbauen, lässt sich nur vermuten, aber nicht bilanzieren. Und Kosten, die da nicht auftauchen, hat es nie gegeben.

Eines allerdings muss man bei Ihnen, geehrter Einsender, einfach als ganz sachliche Feststellung in den Raum stellen: Alle Bemühungen Ihrerseits haben nur Sinn, wenn auch Talent zur Übernahme solcher Funktionen vorhanden ist. Sie sagen selbst, es hätte bei Ihrem Arbeitgeber viele Umorganisationen gegeben und stets wären Ihnen neue Gruppenleiter erwachsen – nur Sie wurden nie einer, kamen nicht einmal in die Vorstufe des Projektleiters. Ich kann von hier aus nicht beurteilen, wie es um Ihre Begabung steht, muss aber auch sagen, dass jeglicher Beweis dafür fehlt.

„Früh krümmt sich, was ein Häkchen werden will“, sagt der Volksmund – und meint, Talent zeige sich früh und auch Ehrgeiz in einer Richtung müsse entsprechend früh einsetzen. Man muss kein Überflieger sein, aber Sie sind sogar sehr „spät dran“. Überlegen Sie also, ob es sich wirklich lohnt, jetzt vieles zu riskieren, um einen kleinen Sprung zu machen: Übrigens: Ihr Abteilungs- (nicht zwangsläufig Ihr Gruppen-) Leiter sollte Ihr Potenzial in dieser Hinsicht kennen. Sollten Sie zu dem ein besonders gutes Verhältnis haben, könnten Sie ihn einmal fragen (nicht nach konkreten Beförderungschancen, sondern wie er Ihre Fähigkeiten allgemein beurteilt).

Zu Frage a: Ihre Modelle 1 bis 3 sehe ich kritisch! Sie würden etwas mit höchst ungewissem Ausgang anfangen, würden erst nach Abschluss einer zeitaufwändigen Zwischenphase auf Positionssuche gehen können und hätten dann teils einen Verlust Ihres „roten Fadens“ in Kauf zu nehmen, teils müssten Sie vielleicht mit 43 aus dem Ausland heraus Bewerbungen schreiben. Dafür sind Sie nicht mehr jung genug. Am harmlosesten ist noch der Erwerb des betriebswirtschaftlichen Zusatzwissens – das schadet wenigstens unter keinen Umständen.

Zu 4: Wenn Sie dieses Ziel haben, ist das generell ein sinnvoll erscheinender Schritt. Er hat den Vorteil, dass Sie den Wechsel nur vollziehen bzw. sonstigen Aufwand nur treiben, wenn Sie die so begehrte „Traumposition" auch bekommen. Das ist in Ihrem Alter schon ein Argument (mit 28 sähe das anders aus).

Zu b: Gar nicht! So unsensibel kann ein Vorgesetzter gar nicht sein. Außerdem: Nach jeder „Umschulung" sind Sie auf dem neuen Gebiet wieder Anfänger, dem kaum jemand die so begehrte Leitungsfunktion übertragen wird.

Zu c: In Ihrem Alter sollte man nirgends mehr hingehen bzw. nirgendwo neu anfangen, wo man garantiert nicht bleiben will. Ein solches „Sprungbrett" passt zum Jungingenieur mit 28 oder 31. In dem Alter wagt man – in Ihrem gilt es, so langsam die Ernte des bisherigen beruflichen Tuns einzufahren. Daher teile ich Ihre Bedenken. Damit ist auch d beantwortet.

Hinzu kommt noch ein Problem: Größere Unternehmen wie Ihr heutiger Arbeitgeber stellen oft gar nicht gern Leiter größerer Projekte von außen ein (das gilt verstärkt für Führungskräfte wie Abteilungsleiter). Dass Sie dann vielleicht noch mit Vorbehalten gegen die arbeitgebende kleine Niederlassung eines Dienstleisters rechnen müssten (von dem Sie dann kämen), kommt hinzu: „Das will der alles nur gemacht haben, um endlich einmal Projektleiter zu werden? Mit damals fast 40, nach fünf Dienstjahren bei einem großen Unternehmen mit einigen zehntausend Leuten, wo man ihn nie befördert hat?" Das klänge dann nicht besonders positiv.

Meine Empfehlungen (in der Rangfolge nicht sortiert, wählen Sie eine aus):

I. Stellen Sie das gesamte Vorhaben auf den Prüfstand. Fragen Sie ggf. frühere Vorgesetzte um Rat. Versuchen Sie, Ihre Fähigkeiten selbstkritisch zu analysieren.

II. Die sauberste Lösung: Sie bewerben sich extern bei einem ähnlichen Unternehmen wie dem Ihren(!) um eine Projektleiterstelle. Wenn Sie die haben, wechseln Sie dorthin. Oder Sie versuchen es bei einem kleineren (5.000 MA oder so) als Gruppenleiter. Ein Dipl.-Ing. von fast 40, der überhaupt Talent dazu hat, müsste sich dabei als erfolgreich erweisen. Und: Es ist „normal", sich jeweils um einen Job auf der nächsthöheren Hierarchieebene zu bewerben – beispielsweise auch als Abteilungsleiter, ohne zuvor AL gewesen zu sein.

III. Der interne Wechsel über die Grenzen der Abteilung hinweg. Und zwar in einen Bereich, für den Ihre heutige Qualifikation ausreicht, ohne dass Sie erst Lehrgänge auf völlig neuem Fachgebiet machen müssen. Bitten Sie einmal einen Verantwortlichen aus der Personalabteilung um ein vertrauliches Gespräch (das gibt es im Regelfall!).

Mein Chef will nicht

Frage: *Nach dem Studium begann ich meinen Berufsweg in der Produktentwicklung eines internationalen Konzerns. Zunächst durchlief ich ein Traineeprogramm und wechselte danach in meine jetzige Abteilung. Ich bin Anfang 30 und etwa fünf Jahre bei diesem Arbeitgeber.*

Mein Ansatz war, mich über das Knüpfen von belastbaren Beziehungen und über eine ausgezeichnete fachliche Arbeit für weiterführende Aufgaben zu qualifizieren. Der Abteilungsleiter, der mich in die Abteilung holte, ist inzwischen durch einen anderen ersetzt worden (normaler Wechsel).

Heute schätzen mich meine Kollegen, und mein Teamleiter, mit dem ich gut zusammenarbeite, unterstützt mich und erkennt meine Leistungen an. Ich bin sein Stellvertreter und Teilprojektleiter eines wichtigen Projektes, welches mein Abteilungsleiter leitet. Dieses Projekt erfüllt – vorsichtig ausgedrückt – nicht die internen Standards in Bezug auf Organisation und Management. Termine werden überfahren, die Arbeitsergebnisse passen aufgrund mangelnder Koordination nicht zusammen. Meinen Verantwortungsbereich halte ich sauber, und ich versuche, meinem Abteilungsleiter notwendige Veränderungen aufzuzeigen, der reagiert aber oft zu spät.

Mein Arbeitspensum ist hoch und ich beginne, mich an den Randbedingungen aufzureiben. Im letzten Personalgespräch erhielt ich die Zusage zur Teilnahme an einer Weiterbildungsmaßnahme, die für die Beförderung in die nächste Ebene obligatorisch ist. Diese Zusage wurde nicht eingehalten.

Bei einer passenden Gelegenheit befragte ich meinen Abteilungsleiter zu meinen Entwicklungsmöglichkeiten. Er sagte, es wären keine Entwicklungsmaßnahmen notwendig und zudem habe er keine offenen Stellen; ich müsste mich noch mindestens zwei bis drei Jahre gedulden. Seine Hinhaltetaktik war offensichtlich.

Meine Optionen sind nun folgende:

a) Ich bleibe in der Abteilung und drängele. Meine Aussichten wären begrenzt, reizvolle Stellen gibt es im derzeitigen Bereich kaum.

b) Ich wechsle intern. Der Wechsel an sich ist machbar. Aus meiner Trainee-Zeit pflege ich Kontakte, interne Ausschreibungen bieten Möglichkeiten. Ich müsste mich aber vom meinem Fachgebiet entfernen. Hierzu passt Ihre Empfehlung, die Karriere an wachsender Verantwortung auszurichten. Aber wie weit kann ich mich von meiner jetzigen Tätigkeit entfernen, ohne einen Bruch im Lebenslauf zu provozieren?

c) Ich wechsele in einen anderen Konzern. Ich glaube schon, dass mir mein spezielles Wissen die Tür zu einem anderen Großen der Branche öffnet. Hier könnte ich weiter mein Wissen nutzen, müsste mir aber ein neues Netzwerk aufbauen. Welche Fragen sind bei einem solchen Wechsel von ei-

nem Bewerber zu stellen, um das Risiko zu minimieren, bei dem neuen Arbeitgeber karrierehemmende Überraschungen zu erleben?

Antwort: Natürlich interessiert Sie: „Was soll ich jetzt tun?" – davon aber haben die anderen Leser nichts. Also stelle ich „Was ist geschehen, wo sind Fehler gemacht, Risiken missachtet worden?" in den Vordergrund. Davon haben viele Leser etwas – und Sie auch. Gehen wir die Problempunkte an:

1. Sie sind – durchgängig durch Abitur und Examen (beides wieder einmal schön deckungsgleich) – ein Einser-Mann. Sagen wir es einmal so: Viele Menschen aus dieser Kategorie sind schwierig, andere haben es schwer, manche decken beides ab. Natürlich bleibt ein Rest – aber ein kleiner. Als Versuch einer Erklärung: Man bekommt seine „1", wenn man alles perfekt gemacht hat, wird gelobt, der Beurteiler (Lehrer, Professor) freut sich, hat wegen seines deutlich höheren Bildungsgrades auch keine Angst vor dem Schüler/Studenten, fühlt sich von ihm weder bedrängt, noch bedroht (Professoren hatten selbst sehr gute Noten) – und alles ist gut.

In der betrieblichen Praxis hingegen ... Nun ja. Wir kommen noch darauf zurück.

2. Sie reklamieren eine „ausgezeichnete fachliche Arbeit" für sich und sehen darin die zentrale Basis für die Karriere. Ersteres ist gewagt, letzteres ist falsch. Wie, sagten Sie doch gleich, löst Ihr Abteilungsleiter seine Aufgaben – aber er ist im Management, Sie jedoch nicht! So einfach ist das!

Das heißt nicht, man wird um so mehr Chef, je schlampiger man arbeitet. Aber: Ausgezeichnete fachliche Arbeit ist so wichtig für die Karriere wie gesunde Beine für einen Weltklasse-Tennisspieler – irgendwo selbstverständlich, allein aber bedeutungsarm.

Einigen wir uns doch so: Brillante Noten im Studium sind die halbe Miete – aber in dem Begriff steckt die Erkenntnis, dass es ja wohl auch noch eine zweite Hälfte geben muss. Darauf will ich Ihre – und anderer Leute – Aufmerksamkeit lenken.

Für den Start (Traineeprogramm beim Top-Konzern) waren die Noten (Sie hatten noch andere Pluspunkte damals) eine hervorragende Empfehlung – eine Eintrittskarte für das „Spiel" des Berufslebens. Es ist ein „Spiel", das merken Sie langsam. So wie Monopoly: Mit Intelligenz allein ist kein Blumentopf zu gewinnen.

3. Ihr heutiger Chef (Abteilungsleiter) hat Sie nicht gewollt, sondern Sie waren Teil des Inventars, das er dort vorfand und akzeptieren musste. Der Vorgänger hatte Sie als Trainee beobachtet, kennen und schätzen gelernt, Sie als zu sich passend eingestuft und Sie aktiv haben wollen. Das ist ein Unterschied!

Viele Mitarbeiter in vielen Abteilungen haben diesen Aspekt schon missachtet. Wenn Sie als „Neuer" irgendwo anfangen, ist Ihr Chef Ihr Verbündeter – der hat Sie ja ausdrücklich haben wollen und will unbedingt, dass sich seine Entscheidung bewährt. Wenn aber der Chef neu hinzukommt, ist völlig offen, ob er Sie mag oder nicht. Ihre ständige Aufgabe, sein Wohlwollen zu erringen, ist viel schwerer als im erstgenannten Fall.

Da ich zu eindrucksvollen Beispielen neige: Es ist ein bisschen so als hätten Ihre Eltern Ihnen eine Freundin ausgesucht, mit der Sie nun glücklich werden sollen. Dann schon lieber, werden Sie denken, mit einer selbstgewählten. Sehen Sie, so denkt Ihr Chef auch und fühlt sich überhaupt nicht verpflichtet, Sie ob Ihrer puren Existenz zu mögen. Sie hätten darum kämpfen müssen ...

4. Ihr heutiger Chef, die zweite: Was sollen Sie mit einem Chef machen? Sie sollen ihn „erheitern", ihn dazu bringen, Sie für einen guten Mitarbeiter zu halten. Und was tun Sie? Sie machen ihm klar, dass seine Projektleitung höchst unvollkommen ist, dass Sie jedoch Ihr Teilprojekt vorbildlich ... Will ein Chef Mitarbeiter, die ihm zeigen, wo es langgeht? Er will hingegen, dass Sie beeindruckt davon sind, wie toll er ...

5. Ihr heutiger Chef, die dritte: Kennen Sie die Ausbildungsqualifikation (TH/FH) und vor allem die Noten Ihres Chefs? Vermutlich nicht. Aber der kennt Ihre – und besser können seine kaum sein.

Ich halte Sie für fähig zu glauben, Sie könnten so manches besser als er. Und ich halte ihn für clever genug, das zu merken. Was er darüber denkt, ist jedem klar.

6. Ihr heutiger Chef, die letzte: Es wird ganz deutlich, dass er Sie nicht befördern will. Schon gar nicht, wenn er ohnehin keine offenen Stellen – oder neue zu erwarten – hat, er also nicht mit Ihrer Beförderung seine Probleme lösen könnte, sondern auch noch kämpfen müsste, nur um Ihnen zu helfen.

Die Äußerungen Ihres Chefs dürfen durchaus so interpretiert werden, dass er vielleicht sogar Ihr „freiwilliges" Verlassen der Abteilung forciert, es zumindest „billigend in Kauf nimmt".

7. Ihre Kollegen schätzen Sie – das ist schön. Aber bitte bewerten Sie das nicht über! Die wählen keine neue Führungskraft, diese wird hingegen „von oben" ernannt.

Ihr Ziel also muss sein: „Meine Vorgesetzten schätzen mich, mit den Kollegen komme ich auch einigermaßen aus." Schließlich bezahlt das Unternehmen Sie, es wird durch den Vorgesetzten vertreten. „Vorgesetzter" in diesem Sinne ist die Ebene mit Disziplinarverantwortung, hier also Ihr Abteilungsleiter.

Fazit bis dahin: Sie haben bisher allein auf brillante fachliche Leistungen und „korrektes" Verhalten gesetzt. Karriere macht man jedoch, indem man seine Vorgesetzten begeistert. Dafür wiederum ist die Fachqualifikation nur ein Baustein, noch nicht einmal der wichtigste.

Zu Ihren Optionen:

a) Das bringt nichts.

b) Ist in einem so großen Konzern wie Ihrem die Standardlösung. Die Entfernung vom bisherigen Fachgebiet ist, solange Sie im Konzern bleiben, unerheblich. Sie bekommt höchstens bei einem späteren Firmenwechsel Bedeutung. Nach drei Jahren im neuen Fachgebiet wären Sie dort Fachmann – im alten Gebiet jedoch praktisch nicht mehr. Wie weit Sie sich jetzt vom bisherigen Gebiet entfernen dürfen, lässt sich nicht theoretisch diskutieren. Solange Sie im Konzern weiter am bisherigen Produkt (z. B. Werkzeugmaschinen) arbeiten und im bisherigen Tätigkeitsbereich (z. B. Entwicklung) bleiben, ist es nicht so furchtbar wichtig, ob sie beispielsweise von der Serienbetreuung in die Projektierung von Einzelmaschinen wechseln. Die Hauptsache ist, Sie kommen in der Laufbahngestaltung voran. Wer Karriere macht, kann ohnehin nicht Spezialist bleiben.

c) Das empfehle ich grundsätzlich nicht. Im Mittelstand hat das einen Sinn. Bei so großen Konzernen jedoch gilt als Regel: Wer einen kennt, kennt alle. Man kommt entweder mit „seinem" zurecht oder mit den anderen ebenso wenig. Im Einzelfall können Ausnahmen denkbar sein, aber gerade unter Karriereaspekten gilt die genannte Grundregel.

Wenn Sie also den Konzern verlassen, dann gehen Sie am besten zu einem kleineren Unternehmen (z. B. mit 20.000 Mitarbeitern) und steigen dabei deutlich in der Hierarchie auf. Das ist ohnehin ein Standard-Aufstiegsweg.

Vom schlechten Abitur zum Konzern-Bereichsleiter?

Frage: *Auslöser meines Briefes war Ihre Auffassung in einer früheren Frage: schlechtes Abitur + gutes Examen = mangelndes Selbstbewusstsein – kein Karrieretyp. Kann es sein, dass Sie an dieser Stelle ein wenig zum Pauschalieren neigen?*

Ich selbst habe mein Abitur mit 3,2 gemacht und – nach dem Grundwehrdienst – mein Diplom zum Maschinenbauingenieur (FH, Begründung: Praxisnähe) nach neun Semestern hingegen mit der Gesamtnote „gut" und einer „sehr gut" bewerteten Diplomarbeit erreicht.

Im direkten Anschluss an das Studium (Bewerbungen während der Diplomarbeit) gelang mir über ein Assessment der Direkteinstieg bei einem großen deutschen Konzern in einem Zweigwerk.

Ich war dort von Anfang an in einem bestimmten Fachbereich tätig. Zunächst lernte ich Systeme und Abläufe des Unternehmens kennen. Dann übernahm ich verschiedene Projekte, durch die ich mit dem operativen Geschäft vertraut wurde. Dort sammelte ich die so wichtige Erfahrung, dass der Erfolg eines Vorhabens stark vom Identifikationsgrad der Mitarbeiter „vor Ort" abhängt. Zuletzt arbeitete ich in der Planung meines Fachbereichs.

Ich hatte seit dem Einstieg stets bekundet, dass es mein Ziel war, Führungsaufgaben zu übernehmen. Der Bereichsleiter, dem ich zwischenzeitlich auch direkt unterstellt war, war stets mit meinen Leistungen sehr zufrieden (was sich im späteren Zwischenzeugnis auch widerspiegelte), meinte aber, dass es für Führungsaufgaben noch zu früh sei. Da er auch nach mehr als drei Jahren seit Einstellung noch dieser Meinung war und zahllose Gespräche nicht weiterführten, bewarb ich mich auf interne Stellenausschreibungen – mit Erfolg.

So wechselte ich nach vier Jahren zu einem anderen Teil des Konzerns, blieb aber in meinem Fachgebiet. Im zuvor geführten Gespräch mit dem dortigen Fachbereichsleiter stellte man mir neben besseren Bezügen eine Führungslaufbahn in Aussicht.

Das liegt jetzt ein Jahr zurück, ich arbeite in der ...planung als eine Art Gruppenleiter (Führungsnachwuchskraft) mit einem größeren Team fachlich unterstellter Mitarbeiter. Erst nach dem erfolgreichen Absolvieren eines internen Prüfungsprozesses, der noch aussteht, kann ich mit der Übertragung auch der disziplinarischen Personalverantwortung rechnen.

Was kann und soll ich Ihrer Meinung nach noch erreichen? Ich stelle mir vor: erfolgreiches Bestehen dieses Prüfungsprozesses mit guter Beurteilung, nach drei bis fünf Jahren Aufstieg zum Abteilungsleiter, eventuell über Auslandsaufenthalt, mögliche Endposition als Hauptabteilungs-/Bereichsleiter.

Erscheint das aus Ihrer Sicht realistisch?

Für Ihre sehr geschätzte, wenn auch meist ernüchternde Antwort wäre ich Ihnen dankbar.

Antwort: Das hat Sie geärgert, nicht wahr – weil Sie es auf sich bezogen haben. Aber wir müssen im genannten früheren Fall auch die extreme Ausgangssituation sehen: Dort hatte jemand ein Abitur von 3,6 und später ein Studienexamen von 1,9 erreicht, wurde von seinem Arbeitgeber ständig befördert (bis zum GF) – was er gar nicht gewollt hatte! Er schrieb: „Eigentlich wollte ich keine Karriere machen ... Ich hatte immer Bauchschmerzen und war getrieben von der Angst, etwas falsch zu machen ... Bei mir funktioniert der Mechanismus der Selbsteinschätzung und -kritik nicht."

Und diesem Leser, dem es nach eigenen Angaben an Selbstbewusstsein mangelte, schrieb ich: „Schlechtes Abitur + gutes Examen = potenzielle Konfliktbasis.“ Und ich sagte: „... 3,6 im Abitur ist so unendlich tief ’unten’!“ Nach meiner Information ist 3,6 so ziemlich das Ende der erlaubten Skala, also das allerschlechteste der überhaupt denkbaren Resultate – 3,9 oder gar 4,x sieht man niemals, das gibt es wohl überhaupt nicht. Und über einen derart extrem schlechten Schüler sagte ich: „Er hat keine Erfolgserlebnisse, er lernt keine vernünftige Relation zwischen Leistung und Erfolg kennen, sein diesbezügliches Selbstbewusstsein entwickelt sich nicht richtig. Es fehlt die Einstimmung auf ’Ich bin ein Erfolgstyp’“. Und ich riet Menschen, die das Talent zum Uni-Examen mit 1,9 haben, vom Abitur mit 3,6 ab. Ich bleibe dabei. Und wenn Sie begabte Kinder haben, die ein Gymnasium besuchen, sollten Sie denen auch abraten, ein so schlechtes Abitur hinzulegen. Und wissen Sie, was ich glaube: Sie würden das auch tun.

Natürlich weiß auch ich, dass es Fälle gibt, in denen Menschen mit schlechtem Abitur hohe Karrierepositionen erreichen. Aber die müssen irgendwann viel Energie aufwenden, um „von unten hoch“ zu kommen. Wer hingegen schon sein Abitur mit 1,x macht, hat es deutlich leichter, das für die Erstanstellung bei großen Firmen so wichtige gute Examen zu erzielen. Auch bei diesem Thema gilt: Überragendes Talent setzt sich zwar immer und überall durch, notfalls überspielt man damit sogar ein völlig fehlendes Studium. Aber sich auf Beispiele zu berufen, die 0,x Promille der Bevölkerung mit jenem überragendem Talent betreffen, ist gefährlich.

Für den „gehobenen Durchschnittstyp“ ist die Kombination „Abitur gut + Examen gut“ eine höchst solide, unbedingt empfehlenswerte Grundlage für eine erfolgreiche Berufslaufbahn (zeigt, liebe Eltern, diese Aussagen rechtzeitig euren Kindern; sie werden sie nicht glauben, aber ihr fühlt euch besser).

Es war sehr vernünftig, mit einem Abitur von 3,x die TH/TU zu meiden (man darf das ruhig „Praxisnähe“ nennen). Ich sehe sehr viele Lebensläufe, in denen solche Experimente scheitern. Bei FH-Absolventen zeigt sich nun auffallend oft, dass ihr Examen etwa eine Note über dem Abiturresultat liegt (das ist praktisch Standard), während ein TH/TU-Studium meist exakt wieder zum Abiturniveau führt. Die Diplomarbeit mit „sehr guter“ Note wiederum ist bei FH-Absolventen des oberen Leistungsbereiches fast schon üblich.

Also: Was Sie bis dahin getan haben, war bei der Ausgangslage sinnvoll und vernünftig, das Resultat war bei der Gesamtkonstellation „normal“ bis „zu erwarten“ – alles ist bis dahin tadellos (aber eigentlich unspektakulär) gelaufen. Nur Ihr „hingegen“ gehört da nicht hin, ihm fehlt die Basis.

Alles ist im ersten Teil Ihres Konzernwerdegangs wiederum positiv, jedoch völlig „normal" gelaufen. Bis auf Ihre „fixe Idee", unbedingt sofort führen zu wollen. Sie waren so um 29 Jahre alt, standen drei Jahre im Beruf – und Ihr Chef hatte Recht. Natürlich gibt es auch einmal Ausnahmen, aber gerade in großen Firmen ist man oft etwas zurückhaltend in dieser Frage. Schließlich braucht ein guter Vorgesetzter ja auch ein bisschen Lebenserfahrung und menschliche Reife. Die wollen wir einem rüstigen Endzwanziger nicht absprechen, aber: Bedenken Sie bitte, wie Sie aus jugendlicher Unvernunft den armen Chef genervt haben müssen! „Zahllose Gespräche" haben Sie mit ihm geführt, alle zum selbigen Thema, alle gleichermaßen ergebnislos. Der arme Mann hat ja am Schluss schon gezittert, wenn Sie zur Tür hereinkamen.

Aber ich habe ein Bonbon für Sie! In Ihrem Zwischenzeugnis steht: „... er engagierte sich immer über das erwartete Maß hinaus." Das ist uneingeschränkt toll, Arbeitgeber lieben das. Nur: Hätten das schon Lehrer in der Schule über Sie gesagt, dann hätten Sie bereits im Abitur ein „Gut" gehabt – und sich beispielsweise nicht über meine Aussagen zu jener früheren Frage ärgern müssen (das ist nun mal die mir eigene Bosheit, tragen Sie es mit Fassung).

Das, was Sie derzeit erreicht haben, sieht doch alles sehr gut aus! Sie sind jetzt Anfang 30, stehen kurz vor der Übernahme disziplinarischer Führungsverantwortung (die fachliche haben Sie schon). Sie sind dann im Management eines der führenden deutschen Konzerne tätig – auch ich sehe derzeit keinen Grund, warum Sie nicht den weiteren Sprung in die nächste Ebene schaffen sollten.

Die „Krönung", der Aufstieg in die Hauptabteilungsleiter-/Bereichsleiterebene, lässt sich nicht mehr so einfach planen.

Dafür ist, soll sie in einem bestimmten Konzern gelingen, mehr erforderlich als gutes Arbeiten in den Ebenen darunter. Da muss dann auch im richtigen Zeitfenster (Sie dürfen nach Konzernmaßstäben nicht noch zu jung/unerfahren und nicht schon zu alt sein) eine freie Position auftauchen – und es darf nichts geschehen, was gerade Ihnen die Petersilie verhagelt (ausgerechnet das Werk, in dem Sie tätig sind, wird geschlossen oder man zieht sich aus Ihrem Produktbereich zurück und verkauft Sie oder Sie gehören zum Bereich eines gerade in Ungnade gefallenen Top-Managers etc.).

Aber Sie haben eine Wahl zwischen zwei Primärzielen und damit zwei Wegen:

a) Sie wollen vorrangig Bereichsleiter werden. Dann müssen Sie so etwa drei Jahre nach der Ernennung zum Abteilungsleiter schauen, wo Sie die nächste Stufe erreichen. Wenn sich konzernintern keine realistische Chance abzeichnet, dann müssen Sie extern Ausschau zu halten beginnen. Jedes etwas kleinere Unternehmen mit etwa 5.000 bis 20.000 Mitarbeitern würde dann Ihre Bewerbung mit großem Interesse lesen. Sie müssen nur aufpassen, dass Sie nicht fünfzehn oder zwanzig Dienstjahre beim derzeitigen Arbeitgeber ansammeln, dann würde ein Wechsel schwierig.

b) Sie werten den Verbleib in diesem Konzern höher als alles andere. Dann nehmen Sie dort mit, was noch zu bekommen ist (auch außerhalb der bisherigen klaren beruflichen Linie), akzeptieren aber auch die Grenzen und möglichen Enttäuschungen, die sich ergeben können. Sehr viele Konzernangestellte denken so – aber die Variante a ist eher einem Manager angemessen. Und bei b können Sie auch erst „nichts" werden und dann später dennoch verkauft bzw. entlassen werden. Damit hätte sich dann das reine Ausharren absolut nicht ausgezahlt.

PS. So „ernüchternd" fand ich mich dieses Mal gar nicht ...

AT oder nicht AT, das ist die Frage

Frage: *Ich stehe nach Konstruktions-, Projekt- und Vertriebsingenieurtätigkeit nun als Projektleiter vor der Entscheidung für einen AT- (außertariflichen) Vertrag. Entscheidend für meine Euphorie ist für mich das Vertrauen meines Arbeitgebers, aber auch die Belohnung meines überdurchschnittlichen Engagements.*

Bezüglich der Ausgestaltung des Vertrages möchte ich vorbereitet sein und stelle mir und Ihnen folgende Fragen:

(Anmerkung d. Autors: Hier folgen diverse Überlegungen, bei denen es um finanzielle Vor- und Nachteile des Tarif- und des AT-Vertrages geht.)

***Zusatzfrage:** Kann man den AT-Status als Ernennung zum leitenden Angestellten sehen oder wird dieser „Titel" deutlich und extra verliehen?*

Antwort: Letzteres zuerst: Beide Aspekte haben nichts miteinander zu tun. Zwar werden leitende Angestellte praktisch stets einen AT-Vertrag haben, aber nur ein kleiner Prozentsatz der AT-Mitarbeiter ist LA.

Letzteres ist ein Status, der sehr komplex ist und recht schwer zu definieren. Am ehesten kommt man noch zu einem Resultat, wenn man „leitender Angestellter im Sinne des Betriebsverfassungsgesetzes" sagt und in diesem Gesetz nachschlägt. Eine allgemeingültige, stets geltende Definition des Begriffs gibt es nicht.

Die Geschichte mit dem AT-Vertrag ist einfacher und schwieriger zugleich:

1. Der AT-Vertrag ist ein Schritt auf dem Weg nach oben. Irgendwann wird er fällig. Insofern wird er als Auszeichnung gesehen, die man irgend-

wann bekommen haben muss, wenn man weiter aufsteigen will. Die allgemein gültigen Flächentarife enden alle irgendwo – danach geht es ohnehin nur über AT-Vertrag weiter.

Und: Bei Bewerbungen um höhere Führungspositionen wird man unglaubwürdig, wenn man „noch im Tarif" steckt. Ein Bemühen um eine Vorstands-/GF-Position wäre auf dieser Basis unmöglich. Auch beim Bemühen um Bereichs-/Hauptabteilungsleiterpositionen wird als Ist-Zustand ein AT-Vertrag als selbstverständliches „Statussymbol" erwartet. Der Abteilungsleiter ist ein Grenzfall, hierhin sind Sprünge aus der höchsten Tarifstufe immerhin noch denkbar.

Für den jungen, ambitionierten Aufsteiger gilt daher pauschal: rein in den AT-Vertrag.

2. Es ist nicht so, dass generell jeder AT-Vertrag (in dessen Gestaltung die Firmen frei sind) in jedem einzelnen Aspekt „besser" (für den Angestellten) ist als ein Vertrag nach Tarif. Er ist anders – und eben ein Schritt in die Zukunft für den Mitarbeiter. Nur das direkte Jahresgehalt sollte beim AT-Einstieg schon eine Erhöhung erkennen lassen, sonst lohnt es sich nicht.

Aber es ist absolut möglich, dass ein Betroffener jedes Vertragsdetail nachrechnet – und zu dem Schluss kommt, dass er sich in manchen Einzelheiten sogar verschlechtert. Ein typisches Beispiel ist die Bezahlung von Überstunden. Wer viele davon regelmäßig aufzuweisen hat, kann durchaus finanzielle Nachteile errechnen, wenn er auf die eher pauschale Abrechnungsmethode des AT-Vertrages umsteigt (aber in einzelnen Aspekten könnten sogar Vorstandsmitglieder Nachteile gegenüber Tarifangestellten haben).

Arbeitgeber pflegen kritisch oder sogar mit Unverständnis zu reagieren, wenn ein junger Hoffnungsträger nicht freudig die Auszeichnung annimmt, einen AT-Vertrag zu bekommen, womit er zum internen Nachwuchskreis für künftige Führungskräfte (so ähnlich sieht man es meist) gehört – und statt dessen kleinlich nachrechnet, wo er sich durch diesen Schritt eventuell verschlechtern würde.

3. Nicht verschwiegen werden darf, dass Arbeitgeber in Einzelfällen auch schon einmal bewusst den AT-Vertrag offerieren, um tarifliche Leistungen einzusparen (z. B. Überstundenbezahlung). Natürlich werden sie das nie zugeben. Auch hier gilt: Wer ablehnt, schadet leicht seiner Karriere.

Kann ich auf die Nachfolge meines Chefs warten?

Frage: *Ich bin knapp 40 Jahre alt und seit etwa zehn Jahren in diesem Unternehmen. Mein Chef ist direkt dem technischen Geschäftsführer unterstellt und geht in knapp zwei Jahren in den Ruhestand. Seine Nachfolge als*

Leiter der Abteilung ist noch nicht geklärt. Laut Aussage des Personalchefs soll bis in etwa einem halben Jahr geklärt sein, ob der Nachfolger von außen oder von innen kommt oder ob die Abteilung (7 Mitarbeiter) gänzlich aufgeteilt wird. Können Sie mir einen Rat für die Zukunft geben?

Antwort: In einer Karriereberatung unterstelle ich einmal, dass Sie am Aufstieg interessiert sind und ich Ihnen helfen soll, Ihre Chancen abzuklopfen.

Sie haben das erste „Beförderungsalter" von etwa 35 Jahren ereignislos überschritten, sind also innerhalb des kleinen Teams weder Stellvertreter des Chefs, noch Gruppen- oder Teamleiter. Ambitionen vorausgesetzt, sollte so etwa mit 35 „Leiter" auf Ihrer Visitenkarte stehen. Springt man auf den Zug nicht rechtzeitig auf, ist er abgefahren. Bei Ihnen ist es allerhöchste Zeit! Sie haben auch nicht mehr ein halbes Jahr zu verlieren!

Eine realistische Chance, Nachfolger Ihres Chefs zu werden, sehe ich für Sie nicht. Bei Ihrer langen Dienstzeit hätte man sonst längst „von oben" Andeutungen gemacht, Sie als Stellvertreter hervorgehoben etc.

Auch das geheimnisvolle Murmeln des Personalchefs in Richtung externer Besetzung geht in diese Richtung und muss von Ihnen als Warnsignal gesehen werden! Die Andeutungen, man wolle erst später entscheiden, ob man den „Laden" ganz zumacht, müssen von Ihnen als „ernst" (Feuerwehrsirene direkt neben Ihrem Ohr) eingestuft werden.

Vielleicht ist das ganze Gerede sogar ein gutgemeintes Signal an die Mannschaft: „Macht euch keine Hoffnungen" – es spricht einiges dafür.

Sie also müssten sich bewerben – ab morgen früh. Und bitte analysieren Sie sehr sorgfältig, wie weit bei Ihnen Karriereambitionen und dazugehöriges Potenzial reichen. Sie sind spät dran: Was ein Häkchen werden will, krümmt sich beizeiten. Damit ist absolut nicht gemeint: ab 40.

Wie an fast allen alten Volksweisheiten ist auch an dieser eine Menge dran: Eine Führungskraft muss sich anders geben, bewegen, muss anders planen und handeln, anders denken und andere Prioritäten setzen als ein Ausführender. Mit der entsprechenden Persönlichkeitsentwicklung darf man nicht zu spät beginnen, sonst ist der Mensch schon zu stark durch sein bisheriges Denken und Handeln (falsch) geprägt.

Vom Global Player aufsteigen in den Mittelstand?

Frage: *Ich bin seit fünf Jahren als Entwicklungsingenieur bei einem großen deutschen ...hersteller tätig. Es ist mein erster Job. Meine Arbeit bereitet mir viel Freude, das Arbeitsklima in unserer Abteilung ist sehr gut und ich denke, dass auch mein Chef sehr zufrieden mit mir ist.*

Vor kurzem ist nun ein guter Bekannter, den ich von einem gemeinsamen früheren Projekt her kenne, an mich herangetreten. Er bot mir an, Entwicklungsleiter in seiner eigenen Firma mit etwas über dreißig Mitarbeitern zu werden. Meine Abteilung würde z. Z. sieben Mitarbeiter umfassen, die fachliche Thematik passt.

Ich bin mir nun nicht sicher, wie ich mich in dieser Angelegenheit entscheiden soll.

Für einen Wechsel spräche:

eine neue, sehr reizvolle Tätigkeit mit Führungsfunktion, die ich bei meinem heutigen Arbeitgeber kurz- bis mittelfristig – realistisch gesehen – nicht einnehmen werde;

- *finanziell würde ich mich deutlich verbessern (monatliches Entgelt, Dienstwagen).*

Dagegen spräche:

- *die Aufgabe eines relativ sicheren Jobs bei einem Global Player (langfristige finanzielle Sicherheit für das eigene Haus und die Familie);*
- *die um ca. 100 km längere Anfahrt zur neuen Arbeitsstelle.*

Antwort: Jedes plötzlich hereinschneiende Angebot ist gut – für den, der es unterbreitet. Sonst täte er es nicht. Ob es auch gut ist für den, an den es gerichtet ist, muss sehr zurückhaltend gesehen werden.

Wer Lebenserfahrung hat, weiß ziemlich sicher: Wenn Ihnen gerade 100 Euro fehlen – dann kommt bestimmt niemand, der Ihnen in dem Moment diesen Betrag schenkt. Sofern Ihnen aber plötzlich jemand 100 Euro anbietet, dann fehlen Ihnen die gerade nicht besonders dringend.

Das bedeutet für Sie: Es gab bisher keinen Druck bei Ihnen, ausgerechnet jetzt ganz kurzfristig aufzusteigen und Personalverantwortung zu übernehmen. Das Angebot löst also ein Problem – das Sie gar nicht hatten!

Vielleicht sind Sie überhaupt noch nicht reif dazu, vielleicht fehlen noch fachliche Erfahrung und persönliche Stärke. Indiz dafür: Wären die da, hätten Sie schon längst etwas „werden" wollen und mir die Frage gestellt: „Ich will befördert werden, wie stelle ich das an?"

Sie sollten wissen: Auch oder gerade in einem so kleinen Unternehmen ist Entwicklungsleiter ein durch und durch fordernder Job. Sie sind jetzt noch nicht einmal Mitte 30. Das wäre ein sehr großer Sprung in ein sehr kaltes, ungewohntes Wasser.

Dass in so kleinen Unternehmen ganz anders gedacht und gearbeitet wird als im Großkonzern, ist auch ein Thema – aber diese Umstellung würden Sie nach nur fünf Konzernjahren noch schaffen. Nur ein Zurück in die großen Konzerne gäbe es später nicht mehr!

Ihre künftigen 115 km Entfernung zur Arbeit sind unmöglich! Das frisst viel zu viel Zeit! Und seien Sie versichert: In einem so kleinen Unternehmen wird der alles bezahlen müssende Inhaber sehr schnell merken, dass er Ihnen jährlich ca. 50.000 km für tägliches Pendeln über den Dienstwagen finanzieren muss – das bedeutet allein aus diesem Grund alle zwei Jahre ein neues Auto. Mit den Dienstreisen zu den Kunden bedeutet das für Sie schnell 100.000 km/Jahr – unmöglich für Sie und unmöglich für die kleine Firma zu tragen.

Wochenendehe oder Umzug wären die allein realistischen Lösungen. Letzterer, mein ständiges Reden, gehört nahezu zwingend zur Karriere eines Akademikers.

Mit der Sicherheit ist das heute auch im Konzern so eine Sache. Aber: Wenn heute Ihr Vorstandsvorsitzender stirbt, geschieht gar nichts „da unten" bei Ihnen. Wenn Ihr neuer Chef und Inhaber stirbt, erbt bitte wer das Unternehmen und was macht er/sie damit? Das wäre zwar ein angemessenes Risiko, wenn man Aufstieg, Gehalt + Auto dagegenstellt. Aber ein Job für Sicherheitsfanatiker ist das nicht!

Womit wir beim Kern der Geschichte, dem neuen Chef wären:

1. Man soll, so eine alte Regel, nicht als Angestellter zu Bekannten oder gar Freunden gehen. Man erwartet zu viel und wird schnell enttäuscht. Es ist besser, der Chef ist ein Fremder. Aber wenn ein Bekannter plötzlich Vorgesetzter ist, stehen Überraschungen ins Haus. Besonders dann, wenn der neue Chef auch noch Eigentümer ist.

2. Eigentümer als Chef sind ein Thema für sich (ich bin auch so einer). Sie kennen heute nur Vorgesetzte, die angestellt sind wie Sie, nur älter, erfahrener und ranghöher. Der neue Chef aber gehört einer anderen „Klasse" an, er ist kein Angestellter. Das prägt! In welche Richtung, ist offen. Er trägt ein hohes unternehmerisches Risiko. Und er ist tüchtig, sonst wäre er pleite. Aber er kann nicht gefeuert werden, intern gibt es weder über noch unter ihm jemanden, der ihm gefährlich werden kann. Das prägt auch! So ist er an kein Organigramm, an keine Zuständigkeitsfestlegung gebunden – notfalls entscheidet er jeweils wieder neu und anders.

Man kann als Angestellter mit aktiven Inhabern sehr glücklich werden, das ist keine Frage. Aber während der „typische deutsche Konzernmanager" als Standard durchaus in gewissen Grenzen existiert, ist jeder Eigentümer ein Individuum – mit breiten Streuungen auf der Skala möglicher Eigenschaften.

Daraus folgt: Ihre Konzernerfahrung hat Sie grundsätzlich nicht(!) auf den Umgang mit Eigentümern vorbereitet. Wer aus dem Mittelstand kommt, hat es da leichter. Besonders gilt das, wenn der neue Chef ein Bekannter ist, den Sie bisher nett und umgänglich fanden. Er kann auch als

Vorgesetzter nett und umgänglich sein, aber in seiner Rolle als Inhaber vielleicht auch „schwierig".

Dies ist, da möchte ich nicht missverstanden werden, in keiner Weise eine Warnung vor Inhabern als Chef. Aber mir wäre wohler, Sie würden dort zunächst nur Gruppenleiter in der Entwicklung und kämen heute aus dem Mittelstand. Oder Sie würden wenigstens seit drei Jahren schon Personal- bzw. Sachverantwortung tragen und der neue Chef wäre Ihnen fremd. So aber hätten Sie mehrere Ihnen völlig unbekannte „Kriegsschauplätze" gleichzeitig vor sich, auf denen Sie sich bewähren müssten. Und Sie wollen den Preis (Umzug) nicht zahlen. Und Sie wollten jetzt gar nicht aufsteigen, das Angebot kam so nur zufällig als große Versuchung „über Sie".

Nein, die Sache ist reizvoll, aber gefährlich und passt nicht in Ihre bisherige Planung (die wiederum wohl ganz gut zu Ihrer Persönlichkeit gepasst hatte, vermute ich).

Wir jagen dort, wo die Mammuts sind. Oder: Da haben Sie den Salat

Frage: *Nach meiner Promotion bin ich nun seit fünf Jahren in der zweiten Position bei einem Automobilzulieferer. Zur Zeit habe ich die Verantwortung für einen Entwicklungsbereich mit 20 Mitarbeitern.*

Aufgrund von privaten Umständen (Wohnort) möchte ich mich verändern. Ich habe jetzt ein Angebot von einem Automobilhersteller in meiner Wunschregion. Diese Stelle beinhaltet jedoch keine Personalverantwortung.

Bezüglich des Gehalts würde ich mich auf gleichem (hohem) Niveau halten. Sehen Sie diese Veränderung als Karriereknick, da ich auf die Personalverantwortung verzichten würde? Nach Aussage des Fahrzeugherstellers ist bei ihm für eine Position mit Personalverantwortung in diesem Bereich eine Berufserfahrung von mehr als zehn Jahren gefordert!

Ich würde mich über eine Einschätzung der Situation von Ihnen sehr freuen!

Antwort: Erhalten Sie sich bitte das mit der Freude – ich fürchte fast, Sie werden es noch brauchen.

Geben Sie, liebe Leser, erst einmal zu, dass ich es auch nicht immer ganz leicht habe. Da schreibe ich nun seit zwanzig Jahren ziemlich deutlich: Tun Sie vor allem dieses und jenes nicht. Und dann kommen die Leute und sagen: Ich möchte vor allem dieses und jenes tun – wie mogle ich mich am besten an den Konsequenzen vorbei? Das nämlich ist die eigentliche Misere des Beraterberufs: Es will überhaupt niemand beraten werden. Es will hingegen der Mensch in dem merkwürdigen Tun bestätigt werden, das er ohnehin geplant hatte.

Ich sage es einmal grundsätzlich: Sparen heißt Konsumverzicht! Das ist fundamental, überhaupt nicht von mir und zeigt, worum es geht: Wenn Sie auf einem Gebiet etwas wollen, dann dürfen Sie etwas anderes nicht gleichzeitig tun. Die Lösung heißt: Sie müssen Prioritäten setzen! Was wiederum bedeutet: Irgendetwas kommt auf Platz 1, dann ist der vollkommen besetzt. Jetzt kommt ein anderes Kriterium auf Platz 2. Das heißt: Was auf Platz 1 steht, dominiert – was auf „niederen Plätzen" steht, bleibt auf der Strecke.

Also Sie sparen entweder viel oder Sie geben viel aus, beides gleichermaßen geht nicht.

Nun zu Ihnen, geehrter Einsender. Sie verstoßen bei Ihrem Vorhaben gleich gegen zwei goldene Regeln:

1. Der optimale Weg besteht darin, beim Stellenwechsel vom größeren zum kleineren Unternehmen zu gehen. Denn der Name des größeren imponiert dem kleineren. Von diesem erhofft er sich die dem Bewerber vertraute Kenntnis moderner Strukturen, ausgefeilterer Systeme, Prozesse und Werkzeuge, die härteren Einstellbedingungen („Dass die den Mann überhaupt genommen und all die Jahre nicht gefeuert haben, adelt ihn"). Bei der Gelegenheit (anlässlich eines solchen nach „unten" gerichteten Unternehmenswechsels) hierarchisch aufzusteigen, ist völlig normal und sogar der Standardweg.

Der auch noch akzeptable Weg besteht darin, beim Wechsel stets in der einmal gefundenen Firmengröße zu bleiben, also vom 10.000 Mitarbeiter-Betrieb A zum 10.000 Mitarbeiter-Betrieb B. Das geht auch zwischen Firmen mit 500 Leuten. Der Bewerbungsempfänger akzeptiert den derzeitigen Arbeitgeber als vergleichbar und murmelt: „Na immerhin." Auch bei diesem Wechsel ist ein gleichzeitiger hierarchischer Aufstieg noch möglich.

Was nun kommt, ist eigentlich klar: Die Umkehrung des Standardprinzips funktioniert nicht! Also versuchen Sie nicht, karrierewirksam vom kleineren zum größeren Unternehmen zu wechseln. Letzterem imponiert das, was das kleinere Haus von Ihnen hält, erst einmal gar nicht. Alles, was Sie gerade erleben, ist übliches Verfahren.

Ich mache den größeren Firmen überhaupt keinen Vorwurf, es gibt durchaus Gründe für deren Einstellung. Merken Sie sich einfach: Es gibt eine „Arroganz der Größe" – dann bleibt Ihnen das Prinzip im Gedächtnis. Sagen wir: Große Firmen benehmen sich gegenüber Bewerbern aus kleineren als wären sie arrogant.

Das bedeutet: Wenn Sie als Berufsziel haben, eines Tages Vorstandsmitglied bei einem Automobilhersteller zu werden, dann fangen Sie nach dem Studium gleich bei einem solchen an – am besten bei dem, den Sie eines Tages (mit) leiten wollen.

Ein Versuch, diese goldene Regel auszuhebeln, endet da, wo Sie jetzt sind – bei einem aus Ihrer Sicht merkwürdigen Angebot, das nicht in Ihre Laufbahn passt.

2. MAN WECHSELT NICHT DEN ARBEITGEBER, WEIL MAN IRGENDWO WOHNEN MÖCHTE, MAN WOHNT HINGEGEN DORT, WO EIN PASSENDER ARBEITGEBER SITZT.

Ersparen Sie mir die Wiederholung meiner hier so oft aufgelisteten Argumente. Vielleicht bis auf dieses: Es war schon immer so, schon in der Steinzeit zog die Sippe dorthin, wo es Mammuts zu jagen gab. Sippen, die an ihren Lieblingsort zogen und dort auf Mammuts warteten, sind verhungert. Prinzipien ändern sich im Laufe der Geschichte nie, nur Details. Beispielsweise nennen wir den Broterwerb heute nicht mehr Mammutjagd. Aber die Grundlagen sind geblieben.

Es macht nichts, wenn sich möglichst viele Leser bei der Gelegenheit über mich ärgern. Jeder davon hat sich mit dem Thema beschäftigt und den Beitrag zumindest gelesen. Den Preis mit dem Ärger zahle ich. Vielleicht hilft's ja.

Also, geehrter Einsender, da haben Sie den Salat. Konsequent, erwartungsgemäß, lehrbuchgerecht. Ich freue mich keineswegs darüber, schließlich schreibe ich hier, um „so etwas" zu verhindern – und hätte lieber Erfolgserlebnisse. Also: Ja, es wäre ein Karriereknick.

Was Ihnen zu tun bleibt? Über Ihre Prioritätenliste nachzudenken. Dann setzen Sie entweder den Wohnort auf Nr. 1 – und zum Teufel mit der Karriere. Denn der Konzern garantiert ja noch nicht einmal die Beförderung in fünf Jahren, er schließt sie nur bis dahin aus. Oder Sie setzen den Beruf nach oben. Das bedeutet: Aus mehreren von der Karriere her passenden(!), vergleichbaren Angeboten könnten Sie sich das mit einem für Sie akzeptablen Wohnort heraussuchen, aber eine alles dominierende Wunschregion gibt es dann nicht mehr,

Und wer jetzt sagt, er könne das mit dem Umzug nicht mehr hören, hat meine volle Zustimmung. Schließen wir einen Kompromiss: Sie alle stellen den Beruf an Nr. 1, dann muss ich mich nicht mehr über regionale Präferenzen ereifern.

„Harte" und „weiche" Bildungsmaßnahmen, flache Hierarchien u. a.

Frage/1: *Ich habe für mich eine Entscheidung zu treffen, bei der ich eine unabhängige Sichtweise benötige. Seit ca. zwei Jahren bin ich als Ingenieur in einem mittelständigen Unternehmen tätig. Nachfolgend mein Problem.*

Antwort/1: Erledigen wir erst einmal diesen ersten Teil:

Bitte, ruinieren Sie nicht mein Lebenswerk! Ich hatte das Wort „mittelständig" bei deutschen Ingenieuren ausgemerzt, vollständig. Nun ist es wieder da. Teufel auch. Also hier die eintausendste Fassung, diesmal anders: „Mittelständi**g**" kommt aus der Botani**k**, der Ingenieur hat also fast nie damit zu tun (es klingt einleuchtender, wenn man es laut spricht).

Was Sie meinen ist mittelständi**sch** (= den Mittelstand betreffend). Eselsbrücke (man nennt sie so, es ist keine Beleidigung): „typi**sch** mittelständi**sch**".

Es ist so ähnlich als würde ein Ingenieur auf eine technische Zeichnung als Anweisung für die Produktion schreiben: „Machen Sie mal da, wo das Kreuz ist, ein Loch ins Blech von 0,6 cm Durchmesser" – man versteht, was gemeint ist, aber der Kenner schüttelt sich.

Frage/2: *Ich bin tätig in der Fertigungsplanung, -disposition und -steuerung. Da in dieser Firma das Prinzip der flachen Hierarchien praktiziert wird, gibt es keine Aufstiegschancen zum Abteilungsleiter o. ä.*

Antwort/2: Dies ist ein häufig beklagtes Resultat „moderner" Strukturen: Wer jung und noch „nichts" ist, findet flache Hierarchien toll („ich bin nichts und alle anderen auch nicht, das gefällt mir"). Kurz danach beginnt der Mitarbeiter, an Aufstieg zu denken (wer will schon ewig ohne Fortschritt und ohne Perspektiven sein – das wäre ja wie ein Student, der auf ewig ins 1. Semester verbannt wäre). Dann sieht er, dass es „mangels Masse" intern nicht geht – und plant den Wechsel. Konkret: Was bei der Einstellung den Absolventen begeistert, kann kurz darauf dem jungen Mitarbeiter mit erster Praxis schon erheblich missfallen. Und Unternehmen wundern sich: „Uns laufen die jungen Leute reihenweise weg."

Manche Einsparungen sind eben recht teuer! Im Mitarbeiterjargon: „Es wird gespart, egal was es kostet." Hier eben an Führungspositionen und damit an Aufstiegschancen.

Frage/3: *Für meinen beruflichen Werdegang strebe ich als Ziel die Position eines Fertigungsleiters oder eventuell eines Werkleiters an.*

Da mir während meines überwiegend technischen Studiums die Betriebswirtschaftslehre und das technische Englisch nur ansatzweise und in Auszügen nahe gebracht wurden, versuche ich, meine offenen Wissenslücken über ein Selbststudium in der Freizeit zu schließen.

Wobei ich das Problem sehe: In welchem Umfang sollte ich bis zum nächsten Karriereschritt meine Wissenslücken geschlossen haben?

Jetzt hat ein Inserat einer privaten Fern-FH mein Interesse geweckt. Man erwirbt dort ein „wissenschaftliches Weiterbildungszertifikat" zum

„Industrial Management“. Wird das wie ein Studienabschluss gesehen oder sollte ich lieber ein BWL-Aufbaustudium absolvieren?

Zusatzfrage: Ab welchem Zeitpunkt ist es sinnvoll, sich um eine andere Tätigkeit mit Aufstiegschancen in einer anderen Firma zu bewerben?

Antwort/3: Sie sind Ingenieur. Das ist, noch dazu in dieser Zeitung, kein Vorwurf, sondern nur eine Feststellung. Ingenieure nun sind es gewohnt, dass eine getroffene (technische) Maßnahme ein klares, berechenbares und in der Praxis nachweisbares Resultat erzielt.

Ich tausche das Rad eines Getriebes gegen eines mit mehr oder weniger Zähnen und erreiche damit eine höhere Drehzahl oder ein höheres Drehmoment oder geringere Vibrationen etc. Ein Ingenieur vergrößert nicht den Durchmesser einer Welle mit dem Argument, schaden könne es nicht und er habe dann einfach ein besseres Gefühl.

Ein Ingenieur investiert auch nicht eine Million Euro in die Fertigung, wenn er danach nur ebenso viele Teile am Tag wie zuvor zu identischen Kosten bei vergleichbarer Qualität fertigen kann.

In allen übrigen Bereichen des Lebens jedoch ist das anders. Dort sind Aufwand und Ergebnis nicht andeutungsweise so zwangsverzahnt wie in der Technik, dort erzielen Sie beispielsweise große Effekte ohne Aufwand bis hin zu gar keinen Verbesserungen trotz gewaltiger Anstrengungen und Investitionen.

Typisches Beispiel: die Werbekampagne für ein Konsumprodukt. Niemand weiß, welchen Effekt 20 aufgewande Millionen für TV- und Printmedienaktionen letztlich „bringen“. Und ob wenigstens das eingesetzte Geld wieder „hereinkommt“.

Die Weiterbildung in der hier angesprochenen Art gehört eher zu den „übrigen Bereichen des Lebens“. Man könnte die Zusammenhänge so definieren:

Im Bildungsbereich gibt es „harte“ und „weiche“ Maßnahmen. Bei den harten hat der gesamte Weg bis zum Abschluss praktisch überhaupt keinen anerkannten Wert – aber der erfolgreiche Abschluss katapultiert Sie schlagartig in eine neue Dimension. Beispiel: das klassische Ingenieurstudium oder auch die klassische Lehrausbildung. Bis zum Tag des überreichten Abschlussdokuments sind Sie „nichts“, danach binnen weniger Minuten „alles“.

Bei den weichen Maßnahmen fehlt der Sprungeffekt des erfolgreich bestandenen Examens – auf das es aber auch nicht in vergleichbarem Maße ankommt. Ein nebenberufliches Studium der Betriebswirtschaft ohne Abschluss führt etwa zu dem Kommentar: „Na schön, er hat sich um Zusatzkenntnisse bemüht, hat sich gekümmert, hat Zeit und Energie aufgewendet und mit Sicherheit auch Kenntnisse erworben." Das mit dem Abschluss ist dann schade, aber nicht „kriegsentscheidend".

Aber es gilt auch: Mit erfolgreichem Abschluss einer solchen Weiterbildung („weich") sind Sie besser gerüstet und vorbereitet – aber Ihrem eigentlichen Ziel noch nicht direkt näher! Ein Maschinenbauingenieur, der aus der Fertigungsplanung kommt und irgendein Zusatzstudium mitbringt, wird keinesfalls deshalb etwa Fertigungsleiter!

Man wird Fertigungsleiter, weil man

- überhaupt erst einmal Ingenieur ist, am besten der Fachrichtung Produktionstechnik,
- mehrjährige Berufspraxis nach dem Studium mitbringt, wobei die unmittelbare Nähe zur Fertigung dabei zwingend ist,
- mit den anstehenden Fertigungsverfahren vertraut ist,
- möglichst auch – gern ausschließlich – direkte Fertigungserfahrungen, z. B. als Betriebsingenieur mitbringt,
- möglichst, bei großer angestrebter Führungsverantwortung sogar zwingend, bereits Personalverantwortung getragen hat,
- im persönlichen Eindruck eine „gestandene", durchaus etwas handfeste, für den Umgang mit gewerblichen Arbeitnehmern geeignete Persönlichkeit zeigt.

Wer dann zusätzlich noch irgendeine Art von betriebswirtschaftlichem Wissenserwerb vorweisen kann, hat ein zusätzliches Plus – mehr nicht. Weder ist ein solches Zusatzstudium zwingende Voraussetzung, noch überdeckt es wesentliche Lücken in dem genannten Anforderungskatalog.

Konkret: Die „richtige" Persönlichkeit zu sein und die passenden Facherfahrungen zu haben, ist für die Erringung einer solchen Position deutlich wichtiger als der Abschluss eines Zusatzstudiums.

Dann, so mögen Sie jetzt denken, lohnt doch der Aufwand gar nicht. Doch, er lohnt, ganz bestimmt sogar! Denn bei der Ausübung(!) dieses Jobs brauchen Sie entsprechende Kenntnisse! Wie Sie dieselben erworben haben, ist nicht so wichtig, auch die autodidaktische Aneignung ist absolut geeignet. Wer keine solchen Kenntnisse hat, könnte deswegen scheitern (bei der Ausübung des Jobs, nicht so sehr bei der Bewerbung).

Sie verstehen, dass es in diesem Zusammenhang auf die Art des Zusatzstudiums gar nicht so sehr ankommt. Ich will und kann nicht zum Fachmann für die Qualität von Weiterbildungsmaßnahmen werden, möchte aber doch warnen: Ein Seminar über „Unternehmensführung" macht noch keinen Unternehmensführer aus Ihnen, ein Zusatzstudium zum „Industrial Manager" macht noch keine Führungskraft. Auch richtig ist: So mancher technische Geschäftsführer hat gar keinen Abschluss einer derart komplexen Weiterbildung aufzuweisen.

Sie, geehrter Einsender, sollten so planen, dass Sie vor dem Sprung in die Zielposition mindestens fünf Jahre Berufspraxis in der hierarchischen Ebene darunter vorweisen können. Versuchen Sie dabei, so viele der genannten Anforderungspunkte zu erfüllen wie möglich. Und: Keine Weiterbildung schadet wirklich.

Im Stolz verletzt

Frage: *Ich bin Sachbearbeiter Maschinentechnik (Ende 30) in einem größeren Industrieunternehmen. Mein Arbeitgeber ist genötigt, Personal abzubauen (wie überall). Nun gehöre ich zu diesem Kreis. Eine Betriebsvereinbarung regelt mein Ausscheiden (ich darf noch ein Jahr bleiben und werde dann, wenn ich extern nichts anderes gefunden habe, in die Produktion versetzt, müsste dort manuelle Tätigkeiten ausüben bei Lohnausgleich bis zum 60. Lebensjahr, allerdings würde mein Gehalt um einige 1.000 EUR/Jahr reduziert).*

Ich habe mich nun extern beworben, war dabei auch recht erfolgreich. Eine der angebotenen Stellen bei einer Behörde werde ich wohl auch annehmen.

Jetzt kommt plötzlich von Seiten meines Arbeitgebers ein Angebot, ich soll die Abteilungsleiterstelle ... mit einer Handvoll Mitarbeitern übernehmen. Für mich stellt sich nun die Frage, ob ein Verbleib im Unternehmen eine ernsthafte Alternative darstellt. Ich gestehe, ich bin ein wenig enttäuscht und im Stolz verletzt durch die Vorgehensweise des Hauses vor diesem Angebot. Jetzt, wo die Abteilungsleiterin ... unvorhersehbar in Mutterschutz bzw. Erziehungsurlaub geht, ist meine Person wieder willkommen!

Ist mein Entschluss, den Arbeitgeber zu wechseln, „richtiger" als zu bleiben? Wäre von der Behörde aus ein späteres Wechseln auf eine Führungsposition in der freien Wirtschaft möglich? Wie beurteilen Sie mein Zwischenzeugnis? Was halten Sie von meinem Studium in Abendform?

Antwort: Neben einigen kleineren sind auch zwei große Problemfelder betroffen, die nichts miteinander zu tun haben:

1. „Ich bin beleidigt – erst werfen die mich raus, dann wollen sie wieder etwas von mir."

Es ist nicht so, dass ich Ihre Haltung nicht verstehen könnte. Aber ich rate Ihnen dennoch von Gedanken dieser Art ab. Das gesamte Leben und insbesondere das Berufsleben ist von so vielen Zufällen, plötzlich eintretenden

Begebenheiten, von Glück und Pech (auch dem anderer Leute) bestimmt – dass man dies alles als unabwendbaren Bestandteil der menschlichen Existenz akzeptieren muss. Viele große Talente sind wegen unglücklicher Konstellationen nicht zu Ruhm und Ehre gekommen, andererseits sind viele Menschen nur nach oben gespült worden, weil sie zufällig zum rechten Zeitpunkt irgendwie günstig herumstanden – obwohl ihr Talent niemals ausgereicht hätte, einen nationalen Wettbewerb in ihrem Metier zu gewinnen.

Da Sie die negativen Auswirkungen solcher Konstellationen hinnehmen müssen – sollten Sie das im positiven Fall auch tun. Also zucken Sie die Schultern und prüfen Sie das interne Angebot völlig unvoreingenommen. Und dann richten Sie Ihre Entscheidung allein nach Ihren Interessen!

Ich versuche, diese Tatsache immer fester in den Köpfen meiner Leser zu verankern: Es gibt in der freien Wirtschaft keine Arbeitgeber mehr, die berufslebenslange Partnerschaft versprechen können, dafür ändern sich Märkte und Gesellschaftsstrukturen viel zu schnell. Schauen Sie öfter einmal in Ihren Arbeitsvertrag: Solange Ihr Arbeitgeber nur macht, was er danach machen dürfte, verdient er nicht einmal Kritik. Und dort steht nichts von lebenslang, aber etwas von „Kündigung".

Versuchen Sie, Emotionen aus diesem „Geschäft" herauszulassen und entscheiden Sie nach jeweils geltender Sachlage. Die Stammtischformulierung „... bloß, weil ..." gibt es im Wirtschaftsleben nicht; weder ist sie erlaubt, um Erfolge schlecht-, noch um Misserfolge gutzureden.

Ihrer Frau, die Ihnen lebenslange Treue geschworen hat („bis dass der Tod euch scheidet") dürfen Sie zürnen, wenn sie „bloß" deshalb bei Ihnen bleibt, weil ihr neuer Hausfreund ins Gefängnis musste. Aber Ihren Arbeitgeber sollten Sie kühl und emotionsarm beurteilen. Und sehen Sie es doch einmal so: Irgendjemand, der nichts „dafür kann", profitiert auf alle Fälle von der Mutterschaft und wird Abteilungsleiter. Warum nicht Sie? Der andere hätte diese Stelle auch nicht bekommen, wäre die bisherige Inhaberin nicht zufällig jetzt schwanger geworden ...

Im Extremfall lehnt noch jemand einen Lottogewinn ab, „bloß weil" die Gesellschaft ihn vorher fünf Jahre lang immer nur verlieren ließ.

Fazit: Die Zeit der emotionalen Verbindungen zwischen Arbeitgeber und Arbeitnehmer geht oder ist schon zu Ende. Verdienste in der Vergangenheit sind mit dem Gehalt von gestern abgegolten – und Konstellationen können sich ändern. Zum Glück des Tüchtigen gehört es auch, plötzlich am Wegesrand auftauchende Chancen als solche zu erkennen und beherzt zuzugreifen. Zum eigenen Vorteil.

2. Ich will jetzt zu einer Behörde – und später Führungskraft in der freien Wirtschaft werden.

Das geht nicht! Ich schließe nicht aus, dass es auch ein paar Beispiele in diesem Land gibt, in denen es dennoch geklappt hat, aber eine statistisch relevante Chance hat das Projekt nicht.

Die Begründung liegt in einer Mischung aus Vorurteilen, Abneigungen und klaren Fakten. Es gibt zwischen freien und öffentlichen Arbeitgebern einfach zu viele Unterschiede in der Zielsetzung, in den Arbeitsabläufen, den Entgeltsystemen (Leistungsprinzip, Unkündbarkeit) und überhaupt. Also gilt: Sie entschließen sich entweder zu einer Laufbahn mit stark verwaltendem, Hoheitsrechte ausübenden, Vorschriften überwachenden Charakter – oder Sie entscheiden sich für einen Arbeitgeber, der vor allem Profit machen und Marktanteile gewinnen will (und dem im Grunde seines Herzens Vorschriften ein Gräuel und Behörden eher lästig sind).

Wobei Behörden gegenüber Bewerbern aus der freien Wirtschaft aufgeschlossener sind als umgekehrt.

Und für eher ängstliche Gemüter: Nein, ich schüre hier keine neuen Vorurteile – die Gräben sind bereits so tief, dass ich sie auch nicht unüberwindbarer machen kann.

Also überlegen Sie sich das gut. Es wäre vermutlich ein Schritt ohne Wiederkehr (warum erinnert mich das bloß so intensiv an Marilyn Monroe? Hat die nicht einmal in einem Film gespielt, in dem es „ohne Wiederkehr“ hieß und hat sie nicht herzerweichend gesungen dabei?).

3. Zwischenzeugnis

Es heißt dort u. a.: „umfassende und fundierte Fachkenntnisse“, „arbeitet stets äußerst engagiert, sehr sorgfältig und sehr zuverlässig“, „völlig selbstständig und auch unter schwierigen Umständen stets schnell und zügig“, „immer verantwortungsbewusst und umsichtig“, „sehr belastbar und ausdauernd“, „häufig gute, praktikable Ideen“, „gibt hilfreiche Anregungen“, „ständig zu unserer vollen Zufriedenheit“, „entspricht in jeder Hinsicht unseren Anforderungen und Erwartungen“, „persönliches Verhalten jederzeit vorbildlich“.

Also das ist „gut +“, uneingeschränkt. Und man spürt Wohlwollen und eine gewisse Wärme. Alles bestens.

4. Studium in Abendform

Sie waren Techniker, haben gearbeitet und nebenberuflich an der FH Ihren Dipl.-Ing. erworben. Mit einem Examen von 2,0 und – außer der obligatorisch sehr guten Diplomarbeit – fünf 1,x-Noten. Das ist toll! Aber das Nebenberufliche des Studiums erkennt kaum jemand! Sie müssen in Ihrem Lebenslauf in der Rubrik „Studium" vermerken: „berufsbegleitend/Abendform". Sonst registriert man nur „10 Semester FH, Examen 2,0 – na ja". Nur wer sich sehr intensiv mit Ihrer Berufspraxis beschäftigt, erkennt aus gewissen zeitlichen Überschneidungen, dass da ein nebenberufliches Studium – oder aber ein Fehler bei der Darstellung der Berufspraxis(!) vorliegen könnte. Denken Sie an den alten Beratergrundsatz: Tue ein wenig Gutes und dann sprich ausführlich darüber.

Fazit: Sie sind jetzt Ende 30, Dipl.-Ing. auf dem zweiten Bildungsweg, langjährig bei einem renommierten Arbeitgeber beschäftigt und kurz vor der Ernennung zum Abteilungsleiter. Nun schlucken Sie noch Ihren Stolz herunter und werden Sie für die drei Jahre des Erziehungsurlaubs der Abteilungsleiterin deren Nachfolger. Und dann schauen Sie mal, drinnen oder draußen. Wer ein Kind hat, bekommt ja vielleicht sogar ein zweites – nichts ist unmöglich.

Und noch einmal: Was Ihnen dort widerfahren ist – muss leider als der ganz normale tägliche Wahnsinn akzeptiert werden. Oder vornehmer: Es ist „systemimmanent".

Assistent – und nun?

Frage: *Ich bin Anfang 30, ledig, absolut flexibel seitens meines Berufs. Derzeit bin ich bei einem großen Zulieferer als Assistent der GF mit den Schwerpunkten ... und ... tätig.*

Da wir international engagiert sind, würde ich gern die Gelegenheit nutzen, einige Jahre ins Ausland zu gehen. National sind wir ebenfalls mit einigen Werken vertreten, was mir aber aus persönlichen Gründen weniger zusagt (der Freizeitwert ist dort sehr wenig oder überhaupt nicht vorhanden).

Viele haben mich um meine Stellung in diesem Unternehmen beneidet. Leider bemerke ich immer mehr die Schattenseiten. Ich kenne fast sämtliche Führungskräfte und Strategien – aber was kann ich? Diese Feststellung musste ich machen, nachdem ich mich mit der Frage „Was kommt danach?" beschäftigt habe. Soll ich in den operativen Bereich gehen und als Sachbearbeiter die Grundlagen erlernen? Soll ich eine Abteilungsleiterposition anstreben? Soll ich für die Firma ins Ausland gehen? Noch fehlen mir die Sprachen (aber die kann man lernen). Soll ich dort anfangen als Vertriebsmitarbeiter in einer „normalen" Position oder als Abteilungsleiter (in einem fremden Land mit anderer Sprache und anderen Gewohnheiten)?

Ich möchte nur verhindern, dass eine Art „Rückschritt" in meiner Laufbahn auftaucht. Es macht mir nichts aus, als normaler Mitarbeiter in einem ausländischen Werk anzufangen – sofern dies keinen Karriereknick darstellt. Ob ich einmal ganz „nach oben" will, steht noch in den Sternen.

Antwort: Einige Gedankensplitter, aus denen Sie sich die Gesamtantwort zusammensetzen müssen (je nach individueller Gewichtung der angesprochenen Themen):

1. Schon vor Antritt jeder neuen Position sollte man sich mit der Frage beschäftigen, was danach kommt.
2. Der Assistent der Unternehmensleitung hat grundsätzlich viele Chancen, kann aber nicht etwa frei wählen: Jobs müssen frei sein, der Chef muss die Übernahme der Position als sinnvoll empfinden und befürworten.
3. Bei Assistenten liegt das besondere Risiko darin, dass es für sie keine Standard-Laufbahn gibt. Wichtig und unverzichtbar ist es, dass die Leistung und die Persönlichkeit des Assistenten den – einflussreichen – Chef begeistern(!), damit der für den Mitarbeiter aktiv etwas tut. Er muss ihn überdurchschnittlich schätzen, in irgendeine „tolle" Position hineinschubsen – in die der Assi eigentlich gar nicht hineingehört (weil er formal nirgends „richtig" hingehört!). Andererseits müssen Chefs auch wieder etwas Vorzeigbares für ihre Assistenten tun – sonst will den Job auf Dauer keiner mehr. Außerdem besetzt der Chef auf diese Weise nach und nach Schlüsselpositionen mit „seinen" Leuten – wichtig im innerbetrieblichen Machtpoker.
4. Ein junger Akademiker wird nach dem Studium entweder Sachbearbeiter und steigt eventuell später langsam auf, oder er wird Assistent und steigt schneller – bei erhöhtem Risiko, weil Harmonie mit dem Chef „alles" ist – höher hinauf. Aber er wird nicht(!) Sachbearbeiter als nächste Stufe nach dem Assistenten.
5. Typische Anschlusspositionen für Assistenten sind beispielsweise Leiter bedeutender Projekte (Werksneubau in Rumänien, Umstrukturierung einer neugekauften Tochter), Key Account Manager im Vertrieb oder Leiter einer kleineren operativen oder einer Stabs-Abteilung.

Ihre Vorbehalte gegenüber den Standorten der deutschen Werke sind nicht sinnvoll. Sie sollen dort nicht begraben werden, sondern Karriere machen und etwa drei Jahre bleiben. Diese Zeit überlebt man, sie ist eine Investition in die eigene Zukunft.

6. Ihre Unternehmensleitung könnte Sie z. B. auch als Projektleiter ins Ausland schicken, um dort irgendetwas einzuführen – oder auch als eine Art „Aufpasser" für die örtliche Werkleitung. Aber als normaler Sachbearbeiter geht ein Ex-Assi möglichst auch dort nicht hin (es wäre ein Rückschritt).
7. Ein Assistent lebt im „Dunstkreis der Macht". Für den „richtigen Mann" ist das ein Lebenselixier. Sie, geehrter Einsender, könnten heute der

falsche Mann auf diesem Platz sein. Passen Sie auf, dass das niemand „da oben“ merkt!

8. Ein Sachbearbeiter ohne Chef-Wohlwollen ist ein armes Schwein, ein Assistent ohne dasselbe ist ein „totes“ armes ... Aber ein Assi „mit“ – der macht Karriere.

Vorstandsassistenz als Karrieresprungbrett

Frage: *Ich bin Dipl.-Ing. FH, etwa 30 Jahre und derzeit bei meinem zweiten Arbeitgeber tätig (ca. zwei Dienstjahre bei diesem, ca. vier Dienstjahre bei dem davor).*

Beim Eintritt in mein heutiges Unternehmen hatte man mir versprochen, dass ich nach ca. einem Jahr eine Führungsposition übernehmen könne. Da das Angebot auch finanziell attraktiv war, hatte ich die Stelle angenommen. Leider hat sich schon nach wenigen Wochen herausgestellt, dass man mit dem gleichen Versprechen noch mehrere weitere Kollegen angeworben hatte. Selbst bei einer weiterhin blühenden Industrie wären diese Versprechen unhaltbar gewesen. Meine derzeitige Tätigkeit ist technisch interessant, tendiert für meinen Geschmack aber zu sehr in Richtung Sachbearbeiter. Das für mich größte Manko ist, dass sich mir keine Perspektiven bieten. Der Vorgesetzte ist noch zu jung, andere interessante Abteilungen gibt es nicht.

Infolgedessen habe ich mich Ende letzten Jahres um eine Position als ... (folgt der nichtssagende englische Titel, in dem irgendetwas mit Projekten und Management vorkommt, d. Autor) bei einem der großen deutschen Konzerne beworben. Aufgrund innerbetrieblicher Umstrukturierungen wurde ich erst viele Monate danach zu einem Vorstellungsgespräch mit dem Personalverantwortlichen eingeladen und hatte vor wenigen Tagen ein Gespräch mit einem Vice President, der auch mein Vorgesetzter wäre. Die angebotene Stelle entspricht meiner Meinung nach der eines Vorstandsassistenten, d. h. sie beinhaltet die Vorbereitung von Vorstandssitzungen, Analyse von kleineren Firmenübernahmen und Definition interner Prozesse.

Der Schritt weg von meiner bisher eher technisch orientierten Arbeit hin zu einem Einstieg auf hohem Managementniveau ist für mich außerordentlich attraktiv und entspricht meiner Karrierevorstellung nahezu ideal. Allerdings habe ich auch Bedenken, als „Sekretärin auf hohem Niveau“ zu verkümmern. Kann man eine solche Assistenzstelle als Karrieresprungbrett betrachten? (Anmerkung d. Autors: Der Einsender ist männlich.)

Mit der Position ist keine Garantie auf eine spätere Führungsaufgabe verbunden. Eine solche Ernennung würde allein von meiner Leistung abhängen, was für mich eine sehr motivierende Herausforderung ist. Trotz-

dem frage ich mich, ob ein direkter Wechsel aus meiner heutigen sachbearbeitenden Tätigkeit in eine Gruppenleiterstelle auf dem „Weg nach oben" nicht doch vielversprechender wäre? Das hätte ich dann immerhin schwarz auf weiß; allerdings würde mir der Kontakt auf Vice President-Ebene fehlen. Gerade dieses dort von mir aufzubauende Netzwerk betrachte ich als außerordentlich wichtig.

Bei einem Wechsel wäre die Verweildauer bei meinem jetzigen Arbeitgeber relativ kurz (zwei Jahre). Weitere drei Jahre dort zu verbringen, kann ich mir wegen der fehlenden Perspektiven nicht vorstellen; ich würde meine Karriere in Gefahr sehen. Der Vorteil meines neuen Arbeitgebers wäre, dass bei Bedarf (nehmen wir einmal an, mein dortiger Vice President würde mich wiegen und für zu leicht befinden) interne Wechsel im Konzern möglich wären. Aufgrund meiner Erfahrungen bei meinem allerersten Arbeitgeber bin ich mir sicher, dass ich mich in diesem Konzern wohlfühlen werde. Die einzige Gefahr sehe ich in einer möglichen Entlassungswelle. Wie schätzen Sie diese Situation ein?

Die Personalabteilung hat bereits angedeutet, dass mein derzeitiges Gehalt sehr hoch ist und dass es schwierig wird, die bei einem Wechsel üblichen 20 Prozent Steigerung durchzusetzen. Erfahrungsgemäß lassen sich aber Gehaltserhöhungen nur bei Stellenwechsel durchsetzen, außerdem hat sich mein jetziges Gehalt aufgrund der wirtschaftlichen Lage seit zwei Jahren nicht verändert. Sind die Chancen der neuen Stelle so groß, dass ich die Stelle auch ohne Gehaltsanpassung annehmen sollte?

Antwort: Der hier zur Debatte stehende neue Arbeitgeber ist eine sehr große deutsche Aktiengesellschaft. Konkret würden Sie in einem Teilbereich des Konzerns mit eigenständigem Namen arbeiten. Es heißt im Inserat, dass Sie dort im ersten Jahr mit einem Top-Manager zusammenarbeiten, dabei das Geschäft aus erster Hand kennen lernen und dann auf verschiedenen Wegen gefördert werden. Nach etwa einem Jahr in dieser Position sollen Sie eine erste Führungsaufgabe übernehmen. Das klingt – vor dem Hintergrund dieses Weltkonzerns – erstklassig.

Ohne Risiko ist das natürlich nicht: Es geht nicht nur um Leistung, wie Sie schreiben. Sie müssen in einem solchen Fall menschlich und fachlich gleichermaßen Ihren Chef überzeugen. Das bedeutet also, dass Sie an zwei „Fronten" einen Bewährungskampf führen, jede Niederlage an einer davon ist das endgültige Aus weiterer Karrierepläne. Auf der anderen Seite sind die Chancen enorm: Sie sind ein junger Leistungsträger mit blendendem Examen und sehr gutem ersten Zeugnis von Ihrem ersten arbeitgebenden Konzern. Sie sind ehrgeizig – was wollen Sie mehr?

Wenn das Metier Ihnen gefällt und die Branche Ihnen zusagt, gilt nur eines: So etwas akzeptiert man! Risiken? „Zum Teufel mit den Torpedos" (Churchill, Kriegsgewinner). Andererseits, das darf ich dabei nicht verschweigen, gehört zu einer großen Chance tatsächlich immer auch ein großes Risiko, anders geht das in der Marktwirtschaft nicht.

Für eine solche Chance würde ein junger, ehrgeiziger und fähiger Mann seinen „linken Arm" geben. Ich verstehe Ihr Argument mit dem „sicheren" Gruppenleiter, die beiden Positionen trennen aber Welten. Dafür hat der Gruppenleiter kaum Risiken und weniger Chancen im Hinblick auf die weitere Karriere, während es hier genau umgekehrt ist.

Das Gehalt spielt in dem Zusammenhang keine Rolle. Ihr heutiges Einkommen, das Sie mir übermittelt haben, ist anständig und für Ihre heutige Positionsbezeichnung „Systemingenieur" absolut angemessen.

Hinter der jetzt hier von Ihnen ins Auge gefassten Position steht die Chance, eines Tages ins Top-Management von wesentlichen Konzerntöchtern etc. zu kommen. In dem Zusammenhang spielt Geld zunächst fast keine Rolle. Wenn man richtig Karriere machen kann, dann ist damit mehr oder minder „automatisch" ein vernünftiges Einkommen verbunden (später dann).

Natürlich sind Sie bei keinem Wechsel der Welt gegen Stellenabbau in der neuen Position, gegen Firmenverkauf etc. etc. wirklich abgesichert. Hier aber schätze ich das generelle Risiko höher ein, dass Sie mit einem hochrangigen Vorgesetzten, der naturgemäß anspruchsvoll sein wird, fachlich und persönlich(!) sehr gut harmonieren müssen, sonst lässt er Sie fallen (nicht aus Bosheit, sondern einfach so). Da dies aber für ihn vom Image her schädlich wäre (er muss ja immer wieder attraktiv sein für neue Nachwuchsleute), wird er im Normalfall bestrebt sein, Sie weiter zu fördern und mit Ihnen später eine der Schlüsselpositionen seines Zuständigkeitsbereichs zu besetzen (das bietet sich aus machtpolitischen Gründen an).

Bestimmte Aspekte Ihres bisherigen Werdeganges (z. B. das Niveau und die beeindruckenden Noten Ihrer schulischen Ausbildung im Verhältnis zum gewählten Hochschultyp) deuten darauf hin, dass Sie eher dazu neigen könnten, Risiken zu scheuen als sie einzugehen. Das spricht jetzt auch wieder aus Ihren Fragen. Nur Sie allein können letztlich entscheiden, ob Ihr Mut und Ihre Risikobereitschaft ausreichen. Wenn Sie aber diese Chance ablehnen, dürfen Sie sich während des Rests Ihres Berufslebens über fehlende Karriereperspektiven nicht mehr beschweren.

Nun liegt es an Ihnen, eine jener Entscheidungen zu treffen, die das Leben gelegentlich von uns fordert. Es ist übrigens eine typische Managereigenschaft, zu Entscheidungen fähig zu sein, ohne dass man vorher weiß, wie die Sache hinterher ausgeht.

PS. Falls jemand meine zarten Andeutungen über Schulnoten und Hochschultyp nicht versteht: Ein Beispiel dafür wäre ein Abiturient mit 1,x, der „vorsichtshalber" ein Uni-Studium meidet.

Und nach dem Auslandseinsatz?

Frage: *Ich bin Dipl.-Ing. TH, „um 40" und bei einem namhaften Großkonzern tätig, zuletzt als Manager für ... Vor einigen Monaten bin ich zusammen mit meiner Familie in ein großes europäisches Land gezogen, nachdem ich mich dort hausintern erfolgreich um eine Stelle als Manager beworben hatte. Allerdings habe ich jetzt weniger als ein Drittel der Mitarbeiter zu führen, die mir noch in Deutschland unterstellt waren.*

1. Ich habe mich auf diesen „Rückschritt" eingelassen, weil für mich die Tatsache „Führungserfahrung mit wenigen Mitarbeitern im Ausland" mehr zählt als ein kleiner weiterer Zuwachs an Führungsumfang, den ich vielleicht in Deutschland erreicht hätte.

2. Nach der Rückkehr aus dem Ausland könnte ich auf gleicher Ebene in einen anderen Unternehmensbereich wechseln. Solch ein Wechsel wird gerade von der Personalabteilung hoch eingeschätzt. Nachteil wäre, dass ich dort etwa drei bis fünf Jahre bleiben müsste, danach zwischen Mitte bis Ende 40 wäre und eine weitere Beförderung mir auf jener Basis als schwierig bis unrealistisch erschiene (obwohl mir heute in Beurteilungen das Potenzial dafür bestätigt wird).

3. Oder ich würde versuchen, nach der Rückkehr in einen anderen Bereich, aber in eine höhere Hierarchiestufe zu wechseln. Damit hätte ich „zwei Fliegen mit einer Klappe" geschlagen. Ob das aber realistisch ist?

4. Der Aufstieg innerhalb meines Geschäftsgebietes nach meiner Rückkehr käme in Frage. Damit würde mir allerdings der für spätere Karriereschritte so wichtige Bereichswechsel fehlen.

5. Oder ich wechsele in eine andere Firma. Nach etwa fünfzehn Dienstjahren entweder die allerletzte Chance oder keine wirklich realistische Alternative mehr?

Antwort: Eigentlich liegt die zentrale Antwort vor Ihnen, sie ergibt sich aus den Grenzen, an die Sie bei allen Überlegungen stoßen: Sie sind eigentlich schon zu alt für ein Engagement „ins Ausland um des Auslands willen". Anders wäre es gewesen, hätte Ihr Geschäftsbereich Sie entsandt, weil er Sie dort brauchte. So aber erwerben Sie jetzt zwar Führungspraxis im Ausland – allerdings um einen recht hohen Preis.

Zu 1: Im Prinzip ja, in der Praxis jedoch haben Sie Zeit verloren, die für Sie schon außerordentlich kostbar ist. Gestehen Sie es sich ein: Sie sind aus Leidenschaft für ein internationales Umfeld ins Ausland gegangen. Das kann man tun, dann darf man sich aber nicht wundern, dass damit auf der anderen Seite Nachteile verbunden sind. Zehn, acht oder auch fünf Jahre früher hätte alles gestimmt, was Sie schreiben.

Zu 2: Das scheint mir das wahrscheinlichste Szenario zu sein. Es würde bedeuten: Der ganze Auslandseinsatz hätte „karrieremäßig" nichts gebracht.

Zu 3: Das wäre die Lösung, aber auch ich hätte meine Zweifel, ob sich das realisieren lässt.

Zu 4: Das hört sich doch gut an! Sie wären damit weiter als nach den anderen Modellen. Und ob es zu weiteren/späteren Karriereschritten kommt, liegt ohnehin in den Sternen.

Zu 5: Das funktioniert schlecht, solange Sie im Ausland sind. Mein Vorschlag: Sie kommen erst einmal planmäßig zurück und etablieren sich wieder hier im Lande, z. B. gemäß 4. Dann prüfen Sie, welche Alternativen sich eventuell extern ergäben. Die allerletzte vernünftige Chance dazu hätten Sie etwa so um 45. Die lange Konzerndienstzeit, die Sie bis dahin zusammenbekommen, ist ein zu sehender Aspekt, aber im Gesamtzusammenhang das „kleinere Übel".

Kennen Sie den von mir geprägten Satz, der Ihren Fall betrifft? „Sie tun entweder etwas Interessantes oder Sie sind es" – und derzeit tun Sie.

Auslandseinsatz und dann?

Frage: *Ich bin Anfang/Mitte 30 und seit Studienabschluss bei einem großen deutschen Industrieunternehmen beschäftigt. Nach der Einarbeitung bekam ich schnell Gelegenheit, als Projektleiter erste Sachverantwortung zu übernehmen.*

Jetzt bin ich vor einer Reihe von Monaten als Gruppenleiter in der Entwicklung zu einem amerikanischen Tochterunternehmen gegangen. Mit dieser Tätigkeit ist auch die technische Betreuung unseres Produktionsstandortes hier in der Region verbunden. Mein Entsendungsvertrag ist zunächst auf zwei bis drei Jahre festgelegt, kann aber verlängert werden.

Es gibt zwar eine Rückkehrklausel, wie üblich wurden mir aber keine Zugeständnisse über eine konkrete Aufgabe oder Stelle nach Rückkehr gemacht. Ich bin mir allerdings sicher, dass sich eine adäquate Stelle als Gruppenleiter in Deutschland finden würde.

Zusammengefasst kann ich sagen, dass ich mit meiner derzeitigen Situation relativ zufrieden bin.

Zu meiner weiteren Karriereplanung folgende Fragen:

1. Wird ein konzerninterner Wechsel ins Ausland von Empfängern späterer Bewerbungen bereits als Arbeitgeberwechsel angesehen? Die Arbeitsweise bei der kleinen Auslandstochter unterscheidet sich doch ganz erheblich von der der Mutter.

2. In Ihrer Serie habe ich gelernt, dass drei Jahre beim ersten Arbeitgeber ein „Muss" sind, fünf wären besser. Gibt es auch eine Obergrenze?

Kehre ich wie geplant aus dem Ausland zurück, dann bin ich ca. sechs bis sieben Jahre bei diesem Arbeitgeber beschäftigt. Laufe ich Gefahr, als „nicht mehr wechselfähig" zu gelten, wenn ich nach der Rückkehr noch einmal zwei bis drei Jahre bliebe?

3. Mich beschäftigt z. Z. die Idee, mich nach meiner Rückkehr um eine Stelle als Vorstands-Assistent zu bemühen. Ist es üblich, solche Jobs an Insider mit Detailwissen zu vergeben oder kommen dafür nur Top-Absolventen in Frage? Den klassischen Karriereweg über die Personalverantwortung hätte ich dann erst einmal verlassen.

Antwort: In zwei bis drei Jahren werden Sie Mitte 30 sein, erfahrener Gruppenleiter – und Sie werden Auslandspraxis haben. Ihr Konzern holt Sie in jedem Fall nach Deutschland zurück und gibt Ihnen hier mit hoher Sicherheit eine Stelle, die Ihnen erst einmal die Beibehaltung Ihres erreichten Status und ein vernünftiges Gehalt sichert.

Das Risiko liegt vor allem darin, dass man Ihnen hier in Deutschland einen Job anbieten könnte, der Sie nicht zufrieden stellt. Das ist leider fast Standard geworden. Die Unternehmen können in einer Zeit ständiger Veränderungen nicht mehr die Laufbahnen ihrer jungen Hoffnungsträger über eine so lange Zeit planen – weil niemand mehr garantieren kann, was in zwei bis drei Jahren sein wird. Also müssen Sie sich darauf einstellen, dass Sie sich nach der Rückkehr aus einem dann halbwegs sicheren, aber vielleicht ungeliebten Job heraus extern bewerben müssen.

Die Auslandspraxis in Ihrem Lebenslauf ist wertvoll und steigert Ihre Chancen auf dem Markt – aber mit so richtig durchschlagendem Erfolg erst dann, wenn Ihnen die Reintegration in den deutschen Arbeitsmarkt gelungen ist und Sie wieder etwa zwei bis drei weitere Jahre hier erfolgreich verbracht haben.

Daraus folgt: Stellen Sie nach der Rückkehr keine zu hohen Ansprüche. Wenn der neue Job demjenigen entspricht, den Sie im Ausland hatten, ist das schon viel. Häufig muss man zunächst sogar mit scheinbaren Rückschritten zufrieden sein. Die Gründe dafür: Der Mitarbeiter muss erst einmal die Umstellung vollziehen (u. a. Arbeitsstil, Führungsgepflogenheiten, Umgebung, Familie), sich wieder an die anderen Gesamtumstände hier gewöhnen. Und wer im Ausland unter anderen Gegebenheiten Menschen anderer Nationalität und Mentalität geführt hat, muss erst zeigen, dass er dies auch hier kann. Wie Sie am Schluss Ihrer Frage 1 schreiben, gibt es sehr oft erhebliche Unterschiede.

Dann aber, wenn die Reintegration nachweisbar gelungen ist, hat man auf dem Markt sehr gute Chancen.

Das alles bedeutet: Der Erwerb von Auslandspraxis ist insgesamt gar nicht so einfach – und genau deshalb ist ja später so begehrt, wer das alles auf sich genommen und erfolgreich durchgestanden hat.

Und um auch das klarzustellen: die Unternehmen entsenden ihre Mitarbeiter nicht ins Ausland, um zu deren persönlichem Karriereaufbau einen sinnvollen Beitrag zu leisten – sondern vor allem, weil es ihrem höchsteigenen Interesse dient (z. B. Know-how-Transfer, Neuaufbau). Und oft wird die Rückkehrgarantie nur gegeben, weil anders viele Mitarbeiter gar nicht dort hingegangen wären.

Daher darf man sich als Betroffener auch gar nicht wundern, „warum mein Unternehmen meine inzwischen gesammelten Auslandserfahrungen nicht besser nutzt und mir keine bessere Position nach Rückkehr anbietet". Das wäre – überwiegend – falsch gedacht. Weniger der planmäßige Aufbau eines künftigen Managers war Ziel der Aktion (gibt es auch!), sondern das Stopfen eines personellen Lochs im Ausland. Und der Zweck wurde erfüllt. „Der Mohr hat seine Schuldigkeit getan; der Mohr kann gehen" (frei nach Schiller aus der „Verschwörung des Fiesco zu Genua"). Das ist nur ein bisschen übertrieben.

Zu 1: Grundsätzlich gilt alles, was während einer Konzernzugehörigkeit geschieht, als ein zusammenliegendes Arbeitsverhältnis. Auch häufige interne Wechsel innerhalb dieser Phase werden absolut nicht so negativ ausgelegt wie entsprechend viele „richtige" neue Arbeitgeber. Es kann nur geschehen, dass bei allzu vielen und schnellen konzerninternen Wechseln die fachliche Linie auf der Strecke bleibt – und dass der Bewerber später wie ein Mensch wirkt, „der von immer mehr Gebieten immer weniger versteht, bis er am Schluss von allem nichts weiß". Das gilt insbesondere, wenn Unternehmen Mitarbeiter scheinbar „wild" zwischen Entwicklung, Produktion, Kundendienst, Vertrieb, Qualitätswesen und – durchaus schon dagewesen – Personalabteilung hin- und herversetzen. Dafür haben sie ihre Gründe – die aber interessieren spätere externe Bewerbungsempfänger nicht.

Zu 2: Fünf Jahre pro Arbeitgeber mindestens sind eine leicht zu merkende Empfehlung. Das macht etwa sechs Arbeitgeber pro Arbeitsleben – das reicht. Dazu gehört auch der Rat, sich, wenn es irgendwo „gut läuft", ein „Polster" anzulegen und bewusst auch einmal sieben oder acht Jahre zu bleiben. Damit übersteht man die fast unausbleiblichen Fälle besser, in denen ein schneller Wechsel nach sehr viel kürzerer Zeit leider hingenommen werden muss.

Im ersten Job nach dem Studium werden auch zwei Jahre toleriert – weil die jungen Leute halt hitzköpfig sind und viel zu früh die Notbremse ziehen. Aber: Wer schon nach so kurzer Zeit geht, hat keine Dienstzeitreserven für Notfälle, die jederzeit geschehen können!

Als problemlose Obergrenze gelten – ebenso leicht zu merken – zehn Jahre pro Arbeitgeber. Danach beginnen langsam Vorbehalte von Bewerbungsempfängern hinsichtlich „nicht mehr gegebener Flexibilität". Aber zwölf Jahre sind noch kein „Drama" – siebzehn schon eher.

Alle diese Zahlen sind Orientierungswerte, keine Grenzen, die etwa sklavisch eingehalten werden müssen. Aber: Hätten sich in diesem Land mehr Arbeitnehmer an diese Richtwerte gehalten, hätten in diesem Land viele Arbeitnehmer deutlich weniger Probleme.

Da wir gerade bei Zeitspannen sind: So zwei bis drei Jahre pro Auslandseinsatz sind optimal, bei fünf Jahren wird die Reintegration schon schwierig (der Rückkehrer gilt schnell als „auslandsverdorben").

Zu 3: Davon halte ich nicht viel: Es gibt immer weniger solcher Assistentenpositionen – und Sie wären dann auch schon zu alt dafür. Eine Assistenzfunktion beinhaltet diverse „Wasser- und Kofferträger-Elemente". Die wiederum schluckt man als junger Mensch besser. Der Trend geht übrigens dahin, die – weniger gewordenen – Assistentenfunktionen dieser Art eher konzerninternen Hoffnungsträgern als etwa Berufsanfängern zu übertragen (ein Vorstandsmitglied hat keine Zeit, um Einsteiger einzuarbeiten). Fahren Sie lieber weiter auf Ihrer Schiene „Aufstieg in Positionen mit steigender Sach- und Personalverantwortung".

Ne sutor supra crepidam!
(Schuster, bleib bei deinem Leisten!)

Frage: *Ich habe gegen eine Grundregel der Laufbahnplanung verstoßen und bin in eine total andere Branche mit einem komplett anderen Aufgabengebiet gewechselt. Ich wollte aus dem gewohnten Alltagstrott heraus und suchte eine neue Herausforderung, wobei es mich sehr reizt, mich in neue Tätigkeiten einzuarbeiten. Ich traute mir die Bewältigung der neuen Aufgaben uneingeschränkt zu und habe nun das Problem, dass sich meine neue Firma von mir trennen will.*

Ich bin Dipl.-Ing. Maschinenbau, Mitte 40 und war mehr als 15 Jahre bei einem Maschinenbaukonzern tätig. Dort wandelte sich mein Einsatz bald vom Berechnungsingenieur (FEM) zum reinen EDV-Fachmann, ich wurde Teamleiter technische IT, leitete auch rein organisatorische Projekte.

Eine Firmenfusion brachte eine Aufgabenreduzierung, ich entschloss mich zum Wechsel.

Mein neuer Arbeitgeber ist ein Unternehmen in einem Spezialbereich der Chemie. Eine Firma, die rein marketinggetrieben ist. Ich bin dort Teamleiter für die Systementwicklung im Marketing. Ich habe mich schnell in die neue Materie eingearbeitet und glaube, dass ich jetzt – nach knapp einem Jahr – fachlich mitreden kann.

Ich führe zehn Mitarbeiter in drei Fachteams. In einem davon laufen die Arbeiten nicht planungsgemäß. Als ich das feststellte, nahm ich direkten Einfluss auf das kritische Projekt, für das ein eigens dafür eingestellter Projektleiter verantwortlich war.

Dabei musste ich feststellen, dass es kaum Analysen der Anforderung und keine Systemanalyse gab, zumindest nicht in schriftlicher Form. Hier machte ich den großen Fehler, nicht die Notbremse zu ziehen und das Projekt zu stoppen. Ich versuchte, mit der Fachabteilung und meinem Team die Schwierigkeiten intern zu regeln und irgendwie einen erfolgreichen Abschluss zu erreichen – was auch klappte.

Die aufgetretenen Probleme wurden aber dem zuständigen Geschäftsführer bekannt. Es fanden mehrere Krisensitzungen unter meiner Leitung statt, wobei mich der GF mehrfach offen kritisierte. Mein Verhältnis zu meinem direkten Vorgesetzten ist sehr gut, dieser gab mir auch sehr gute Beurteilungen.

Wegen meiner formalen Arbeitsweise – mit Gesprächsprotokollen, Terminkontrollen, Urlaubsplanung, Kostenkontrolle usw. – habe ich in der Zusammenarbeit mit der Fachabteilung und mit meinem Team einige Schwierigkeiten. Man ist der Meinung, dass es auch auf Zuruf auf dem kleinen Dienstweg gehen würde.

Nach den letzten turnusmäßigen Mitarbeiterbewertungsgesprächen kam es zur Eskalation. Ich hatte den betroffenen Projektleiter als ungeeignet und einen weiteren Mitarbeiter schlecht beurteilt, alle anderen positiv. Alle Bewertungen hatte ich zuvor mit meinem Vorgesetzten abgestimmt.

Schließlich teilte man mir mit, dass im Hause und bei meinen Mitarbeitern eine negative Stimmung mir gegenüber herrsche und dass man sich von mir trennen will. Ich habe einen Aufhebungsvertrag mit kurzfristiger Freistellung unterschrieben.

1. *Welche Gründe sehen Sie für mein Scheitern?*
2. *Was sollte ich in meinem Verhalten ändern, damit ich beim nächsten Arbeitgeber nicht die gleichen Fehler mache?*
3. *Wie kann ich bei Bewerbungen das kurze Arbeitsverhältnis begründen?*

Antwort: Das als Überschrift gesetzte Zitat stammt vom Hofmaler Alexanders des Großen, der Apelles hieß und 308 v. Chr. starb. Hätten Sie es gewusst? Ich jedenfalls nicht – und so lernt man ständig hinzu. Die Übersetzung gilt als „frei", ist also wohl nichts für „strenggläubige" Lateiner.

Zu 1: 1.1 Was auch viele nicht wissen: Wer nach mehr als zehn Dienstjahren wechselt, hast schon rein statistisch schlechte Karten. Ein Scheitern beim nächsten Arbeitgeber ist in solchen Fällen durchaus wahrscheinlich. Die Flexibilität leidet halt, die Gleise, auf denen man sich bei seiner Tätigkeit bewegt, sind dann doch schon sehr „eingefahren". Und neue Unternehmen können in einem Maße „anders" sein, das ahnt man gar nicht.

Man soll daher nach Möglichkeit nicht nach so langer Dienstzeit wechseln. Entweder geht man spätestens so nach zehn Jahren oder gar nicht mehr. Da letzteres heute niemand mehr garantieren kann, geht man besser öfter einmal – und sei es, um beweglich zu bleiben. Das ist völlig ernst gemeint!

1.2 Ach ja, die Ingenieure. Sie sind mir, der ich ja auch einer bin, nicht zuletzt durch die Arbeit an dieser Serie ans Herz gewachsen. Aber wir sind auch eine eigene Spezies. Vielleicht schon die Begabung für diesen Beruf, ganz sicher aber das Studium prägt.

Lassen Sie es mich so sagen: Natürlich sind sehr viele Ingenieure außerordentlich flexibel. Und daher vielseitig einsetzbar. Aber dennoch gilt für sehr viele andere die pauschale Empfehlung, sich möglichst beruflich dort zu bewegen, wo Ingenieure gezielt gesucht werden. Da passen sie am besten hin. Wie Juristen zu Juristen, beispielsweise.

Selbst ich, vom Maschinenbau und anderer Industrie vielfach geprägt, aber als Berater kraft Amtes vielseitig ohne Grenzen, fühle mich in manchen Branchen schon bei Auftragsgesprächen nicht ganz wohl. Und spüre, dass ich dort nicht auf Dauer arbeiten könnte – und sollte. Beim Finanzdienstleister beispielsweise wäre ich so sinnvoll eingesetzt wie ein Fisch auf dem Trockenen.

Eine andere Regel sagt es noch einfacher: **Wenn man in einem Unternehmen eines bestimmten Typs gut zurechtgekommen ist, soll man bei einem Arbeitgeberwechsel nicht ohne sehr guten Grund auch noch den Firmentyp wechseln.** Die Regel gilt auch umgekehrt: Wer „Probleme" beim Arbeitgeber hatte, soll bewusst den Firmentyp wechseln. Also gilt für Sie, geehrter Einsender: Zurück zu den Wurzeln.

Was haben Sie sich auch für einen Arbeitgeber ausgesucht! Nicht etwa, dass gegen den absolut etwas zu sagen wäre, aber relativ, bezogen auf Ihre Basis. Die Branche ist fremd, das ganze Metier ist anders. Einer Ihrer Schlüsselsätze lautet: „Eine Firma, die rein marketinggetrieben ist." Das Schlüsselwort darin ist völlig unsinnig formuliert und von Ihnen frei erfunden – aber man versteht, was Sie meinen. Und dann sind Sie auch noch in der Marketingabteilung tätig – als ein Ingenieur, der Marketing nicht einmal versteht („...getrieben").

Sie haben sich – nicht untypisch – von den berühmt-berüchtigten „interessanten Fachaufgaben", in Ihrem Fall von den IT-bezogenen, blenden lassen. Aber es ist nicht die Sache (es geht überhaupt nie um die Sache!), es ist das Umfeld, an dem wir gegebenenfalls scheitern. Sie sind (gescheitert).

1.3 „Krisensitzungen unter meiner Leitung, wobei mich der GF mehrfach offen kritisierte" – was meinen Sie wohl, welche „Leitung" Sie noch haben, wenn ein Geschäftsführer anwesend ist. Sie haben ein unterentwickeltes Gefühl für Machtstrukturen!

Ein „kleiner" Angestellter, der „mehrfach(!)" und „offen(!)" von einem Geschäftsführer kritisiert wird, steht damit auf der „Abschussliste". Die – aktive oder nur vermeintliche – Rückendeckung durch den direkten Vorgesetzten hilft nicht. Der würde seine eigene Karriere gefährden, hielte er stur zu Ihnen. Sein vorgesetzter Geschäftsführer „überzeugt" ihn schon, „dass der Mann da unten völlig unfähig ist".

1.4 Ihre „formale" Arbeitsweise ist auch so eine Sache: Zum ehemaligen Berechnungsingenieur und Leiter technische DV im ersten Unternehmen mag das ja gepasst haben, zur marketingorientierten Umgebung beim jetzigen Arbeitgeber nicht. Das hätten Sie sehen – und sich zunächst einmal anpassen müssen an den „Stil des Hauses". Veränderungen kann man dann viel später und sehr behutsam angehen.

Die Regel für Neulinge lautet: **„Erst etwas leisten, dann etwas verändern."** Als Resultat Ihres Vorgehens ergab sich: „Der passt hier nicht her."

1.5 Als alles schiefgelaufen war, haben Sie zwei Ihrer Mitarbeiter als unfähig beurteilt und damit denen die Schuld an der Misere gegeben. Das hat Ihnen das Team übelgenommen. Dieses Vorgehen war zu jenem Zeitpunkt vermutlich etwas unsensibel. Sie durften an der Stelle kritisieren, hätten aber den Leuten Hilfe und Unterstützung für die Zukunft anbieten müssen. In einem solchen Fall erwarten Mitarbeiter, dass der Chef (Sie) sich vor sie stellt und sie deckt und nicht einige zur Entlassung freigibt (positives Beispiel: Ihr Chef, immerhin).

1.6 Fazit: Sie hätten da nie hingehen dürfen, das war von Anfang an „nicht Ihr Spiel".

Zu 2: Sie sollten das Aufgabenfeld (z. B. „technische DV eines produzierenden Industriebetriebs") sorgfältig auswählen und vor allem nicht einen dort als „fremd" empfundenen Arbeitsstil durchsetzen wollen. Arbeiten Sie bei einem neuen Arbeitgeber nicht so, wie Sie es in fünfzehn Jahren gewohnt waren, sondern wie es dort üblich ist.

Ganz speziell auf Sie gemünzt: Sie sind vermutlich ein sehr typischer Ingenieur (lt. Lebenslauf mit gewerblicher Lehre vor dem Studium). Gehen Sie dahin, wo Ingenieure sind. Überlassen Sie das Marketingdenken anderen. Man spricht dort eine andere Sprache, die Ihnen nicht liegt (das gilt, damit ich keinen überflüssigen Ärger bekomme, nicht etwa pauschal für alle Ingenieure).

Zu 3: Schreiben, sagen und denken(!) Sie etwa so: „Mein letzter Wechsel zum heutigen Arbeitgeber war ein Fehler. Ich hatte mich nur von interessanten Fachaufgaben im IT-Bereich leiten lassen und dabei übersehen, dass ich dort in eine Umgebung kam (Marketingbereich), in der eine völlig andere Denkweise und ein mir unvertrautes Vorgehen gepflegt wird. Ich suche nun gezielt wieder eine Herausforderung in dem mir von meinem früheren Arbeitgeber her vertrauten technisch orientierten Umfeld."

Auf der Basis Ihres uneingeschränkt guten Zeugnisses (liegt mir vor) aus jener Zeit sollte Ihnen das gelingen.

Wie kommt man an offene Führungspositionen?

Frage: *Wo findet man die Stellenangebote für Führungskräfte?*

Ich bin seit zehn Jahren Ingenieur und Mitte 30 (ich an Ihrer Stelle würde diese Aussage insbesondere im zweiten Teil noch einmal überdenken: Seit zehn Jahren Mitte 30?; d. Autor). Ich schaue regelmäßig aus Interesse in die Stellenanzeigen verschiedener Zeitungen.

Im Laufe der Jahre habe ich dabei beobachtet, dass vor allem Positionen für Sachbearbeiter in den Zeitungen erscheinen, aber Führungspositionen (etwa Entwicklungs- oder Konstruktionsleiter) nur selten zu finden sind. Weiterhin habe ich in zwei großen Unternehmen (ca. 2.000 MA) erlebt, dass Führungspositionen mit externen Bewerbern besetzt werden, ohne dass es je eine Stellenausschreibung gegeben hat.

Wie passt das zusammen? Werden diese Stellen über Personalberater vermittelt? Wie soll man sich verhalten, falls man aufsteigen will? Soll man sich an einen Personalberater wenden? Muss man in Netzwerken Kontakte mit Kollegen aus anderen Firmen knüpfen?

Antwort: Ich will versuchen, den verschiedenen Aspekten gerecht zu werden:

1. Nur der Korrektheit halber muss zunächst auch gefragt werden, ob Sie auch in den richtigen Zeitungen suchen. Dabei gilt: Absolut keine Rolle spielt, wo man nach Ihrer Meinung „eigentlich" suchen müsste, sondern es geht nur darum, die Zeitungen zu erwischen, in denen solche Stellenangebo-

te auch stehen (der Markt hat seine eigenen Gesetze, er folgt nicht vorrangig logischen Argumenten).

Führungspositionen für Ingenieure stehen bevorzugt in den überregionalen Zeitungen (schön in alphabetischer Reihenfolge) FAZ und VDI nachrichten sowie teilweise in den großen Regionalzeitungen bestimmter Regionen (Beispiel: Stuttgarter Zeitung/Nachrichten für den Großraum Stuttgart).

Für viele Fachleute (u. a. Berater) wie auch für mich ist das Stellenangebot in der richtigen Zeitung nach wie vor der zentrale Träger einer erfolgreichen Suche nach externen Bewerbern in diesem Metier. Wir haben in mehr als 90 % der Fälle, in denen wir Zeitungsinserate bei der Suche nach Bewerbern einsetzen, den angestrebten Erfolg.

2. Die Internet-Stellenbörsen gehören heute zum parallel eingesetzten Instrumentarium, bleiben aber bei Führungspositionen im Erfolg deutlich hinter Zeitungsinseraten zurück (kosten aber auch deutlich weniger, das gleicht manches wieder aus). Sie als Interessent sollten dort auch suchen.

3. Der Markt „offene Führungspositionen“ ist gewaltigen Schwankungen unterworfen. Dafür ursächlich sind die saisonalen Auf- und Abschwünge pro Jahr und die konjunkturell bedingten Veränderungen. Beispiel: Wir analysieren die in der FAZ veröffentlichten Stellenangebote im industrierelevanten Bereich seit 1975 und differenzieren dabei nach Tätigkeitsbereichen und Hierarchieebenen. Dabei fanden wir beispielsweise im III. Quartal 2005 etwa 70 gesuchte Entwicklungs-/Konstruktionsleiter, vier Jahre davor (III. Quartal 2001) waren es noch etwa 180. Springt man in eine andere Jahreszeit und in ein anderes Quartal, werden die Unterschiede noch größer: ca. 240 entsprechende Ausschreibungen in I/99, ca. 90 in IV/93.

Die niedrige aktuellste Zahl (70) ist kein Zufall: In seiner Gesamtheit liefert der erwähnte Stellenmarkt aller industrierelevanten Positionen im Jahre 2005 mehrfach die kleinsten Nachfragezahlen seit 1975! Oder anders: Die aktuellen Probleme auf dem Arbeitsmarkt sind im hier interessierenden Sektor die schlimmsten seit 30 Jahren (mindestens; was vor 1975 war, liegt mir nicht vor, aber es reicht sicher auch so). Übrigens: Die Nachfrage nach nichtführenden Mitarbeitern schwankt noch sehr viel stärker. Und: Mit „auflaufender“ Konjunktur wird die Nachfrage auch wieder größer.

4. Das Stellengesuch (die vom privaten Interessenten selbst aufgegebene und von ihm bezahlte Anzeige) in den speziellen Rubriken insbesondere der unter 1. genannten Zeitungen gehört zu den Instrumenten, die Sie im Bedarfsfalle mit ins Kalkül ziehen sollten. Es kann aus prinzipiellen Erwägungen heraus nicht der „Königsweg“ sein, hat aber schon oft zu interessanten Kontakten geführt.

5. Suchende Unternehmen können externe Personalberater einschalten. Diese haben folgende, einzeln oder gemeinsam eingesetzte Möglichkeiten. Sie

a) suchen per Anzeige in Zeitungen, dann lesen Sie diese dort und können sich bewerben;
b) stoßen bei der internen Suche in eventuell vorhandenen Bewerber-Dateien oder in Stapeln unverlangt eingesandter Unterlagen auf Kandidaten, die grundsätzlich passen könnten und nun näher betrachtet werden;
c) gehen aktiv auf „Kopfjagd“ (Direktansprache) und ermitteln möglicherweise in Frage kommende Kandidaten in den Unternehmen, treten mit diesen in Kontakt, eruieren deren Interesse und Qualifikation, bevor sie nach vielen Telefongesprächen einen kleinen Rest geeigneter Bewerber herausfiltern.

Die Aktivitäten der Berater zu a) sehen Sie, an denen zu b) können Sie durch unverlangte Einsendungen mitwirken (vorher telefonisch anfragen, nicht alle Berater wollen das bzw. arbeiten so, ich z. B. auch nicht). Auf das Vorgehen nach c) haben Sie kaum Einfluss. Hier gilt: Wenn Sie eines Tages „jemand sind“, finden diese Berater Sie und unterbreiten (fast immer zum falschen Zeitpunkt) gelegentlich Angebote. Ein Sachbearbeiter, der erstmals führen will, ist meist noch zu „klein“, um beim Einsatz dieses Instruments aufzufallen (für manche Top-Berater dieser Kategorie gilt, dass sie erst so ab 150.000,- EUR Jahreseinkommen anfangen zu arbeiten).

6. Nehmen Sie einen Regenschirm mit – und es wird nicht regnen. Ein weiteres bekanntes Phänomen: Suchen Sie beispielsweise gezielt und mit Hochdruck eine bestimmte neue Position, stehen zwar seitenlang Stellenangebote in der Zeitung, aber „immer nur solche, die für mich völlig uninteressant sind“. Wichtig: Sie sollten bundesweit suchen!

7. Persönliche Beziehungen sind stets wertvoll. Nutzen Sie jede Möglichkeit, „Leute“ kennen zu lernen und pflegen Sie den Kontakt zu ihnen. Richten Sie sich dabei nicht nach der Frage, wie es im konkreten Fall mit der Nützlichkeit der Person für Sie bestellt ist. Der Chef der Opernbühne in Ihrer Stadt kann Ihnen kaum den richtigen Job besorgen. Aber eines Tages braucht Ihr höchster Chef dringend noch drei Premierenkarten für die Betreuung wichtiger Kunden: Sie bieten sich an, telefonieren, lösen das Problem – und sind sehr positiv aufgefallen. Das ist noch nicht „automatisch“ die Karriere, es soll aber als Denkansatz dienen.

8. Je nach persönlicher Situation kann(!) sogar ein Firmenwechsel auf gleicher Hierarchieebene sinnvoll sein, wenn beim neuen Arbeitgeber die internen Entwicklungsmöglichkeiten besser sind.

9. Bewerber nutzen Beziehungen (siehe 7.), Chefs aber auch. Wenn neue Führungskräfte ins Haus kommen, ohne dass offen oder über Berater inseriert wurde, dann kann auch der Vorgesetzte der zu besetzenden Positionen externe Kandidaten, die er kannte, nachgeholt haben.

Aus der Führungsaufgabe in die Fachlaufbahn zurück?

Frage: *Momentan denke ich, knapp 30, über einen Arbeitsplatzwechsel nach, bin mir jedoch nicht sicher, ob das ein Rückschritt wäre oder ich mich vorwärts bewegen würde.*

Ich bin seit mehr als vier Jahren bei einem mittelständischen Unternehmen, das zu 80 % für den Export arbeitet. Wir sind in drei Sparten aufgeteilt, zusätzlich gibt es jetzt noch Kompetenzzentren, die sich mit Weiterentwicklungen in den verschiedenen Prozessbereichen beschäftigen sollen. Ich war zunächst Prozessingenieur in zwei Sparten und konnte mich jetzt als Teamleiter in einem Kompetenzzentrum platzieren. Hier kann ich meine Erfahrungen optimal einsetzen. Zudem habe ich mir ein gutes Netzwerk in der Firma aufgebaut, das es mir ermöglicht, effektiv die vorhandenen Projekte abzuarbeiten.

Die Arbeit macht mir fachlich sehr viel Spaß, ich komme sehr gut mit meinen Kollegen aus, mit den Lieferanten habe ich durchgehend guten Kontakt, und ich möchte sogar behaupten, unsere Kunden lieben mich.

Auf der anderen Seite ist der Markt für unsere Produkte für einen Ingenieur viel zu „politisch". Oft werden Entscheidungen getroffen, die technisch absolut schwachsinnig sind und Entwicklungskapazitäten binden, obwohl vorher schon klar ist, dass das Ergebnis in keinem angemessenen Verhältnis zum Aufwand steht. Dadurch werden zwar operativ viele Aufgaben gemeistert, strategisch befinden wir uns jedoch schon im freien Fall.

Trotz des Spaßes an der Arbeit habe ich den Glauben an die Firma verloren und erfolgreich angefangen, mich nach einem neuen Arbeitgeber umzuschauen. Meine persönliche Entwicklung im Hinblick auf die Karriereleiter ist gut, fachlich jedoch kann ich wesentliche Schritte, um meine Arbeit effektiver zu gestalten, nicht tun (z. B. statistische Versuchsplanung). Weiterentwicklung in diesem Bereich würde ich von meinem Arbeitgeber schon erwarten, vor allem dann, wenn die Entwicklungsarbeiten durch angeforderte Unterstützung von Kunden unterbrochen werden und dennoch die Effektivität gesteigert werden muss.

Auf einer kürzlichen Auslandsreise habe ich zwei Lieferanten besucht, die mir erzählt haben, wie wichtig unsere Firma für sie wäre und wie gut wir uns im Markt behaupten würden. Ich war verwundert, wie positiv man meinen Arbeitgeber sehen kann, wenn man die internen Dinge nicht kennt.

Ich frage mich seitdem, ob ich einfach zu sehr Techniker bin, um manche „politischen" Entscheidungen zu verstehen. Mein gesunder Menschenverstand sagt mir, dass das mit der Ausbildungsart nicht viel zu tun hat, dennoch ist meine Sichtweise eventuell einseitig.

Bei dem möglichen neuen Arbeitgeber wird zum Beispiel die statistische Versuchsplanung täglich gelebt. Fachlich ist die Stelle dort ein Traum.

Die Organisation ist jedoch von Grund auf anders. Für jeden stets individuell auf einen Kunden zugeschnittenen Auftrag wird eine Lösung in einem speziell dafür zusammengewürfelten Team gefunden. Dadurch gibt es keine Abteilungen im klassischen Sinn, sondern lediglich Projektgruppen.

Zudem gibt es ein Bewertungssystem, in dem jeder jeden bewertet. Das bedeutet, dass man ständig Feedback bekommt, wie man im Team von anderen gesehen wird. Dadurch lassen sich Schwächen erkennen und jeder kann an seiner Persönlichkeit und an seiner fachlichen Qualifikation gezielt arbeiten. Ich finde das faszinierend. Sicherlich kann ein solches System auch schockierend sein und unerwartete Ergebnisse liefern. Andererseits ist das eine sehr gute Möglichkeit, um zu wachsen und sich auf den verschiedenen Ebenen zu verbessern.

Das beschriebene (neue) Arbeitsumfeld finde ich hervorragend. Andererseits müsste ich in einer fiktiven Tabelle in die zweite Spalte schreiben, was ich dafür aufgäbe. Ich würde vom Teamleiter (ich denke sogar, es wird bald eine eigene Abteilung geben, die mir unterstellt wird) wieder zum Kollegen unter vielen werden. Das gesamte heutige Netzwerk und die Beziehungen, die ich mir aufgebaut habe, wären nahezu wertlos, da sich der neue Arbeitgeber in einem ganz anderen Lieferanten-/Kunden-Umfeld bewegt. Der „rote Faden" wäre fachlich weiterhin vorhanden, jedoch zerschnitten, was die Führungsseite betrifft. Sicherlich gibt es in der neuen Organisation genug Möglichkeiten, Verantwortung zu übernehmen. Zu führen, ohne eine Führungsposition zu besetzen, ist auch eine Herausforderung. Fraglich ist jedoch, wie ich bei späteren Vorstellungsgesprächen argumentieren sollte, wenn ich nach einigen Jahren wiederum wechsele.

Einerseits will ich Führungsverantwortung übernehmen, andererseits auch fachlich weiterkommen. Letzteres wäre absolut gegeben, dafür gäbe es kaum Hierarchieebenen, in denen ich mich nach einiger Zeit positionieren kann. Es würde sicher beim (späteren) nächsten Wechsel schwierig werden, eine Führungsposition zu erringen (oder wäre dann das alte Zeugnis meines jetzigen Arbeitgebers diesbezüglich noch etwas wert?).

Antwort: Ich beglückwünsche Sie! Noch sind Sie jung, Sie sind etwas lässig – schnodderig im Ton, sehr selbstbewusst – aber Sie stellen nicht nur Fragen, sondern zeigen sehr anerkennenswerte Ansätze. Ihre Grobanalyse der

Situation ist tadellos, alle relevanten Aspekte werden zumindest berührt. Ich finde, das ist eine tolle Leistung! Sie beschäftigen sich sogar mit der Aufgabe, gezielt an Ihrer Persönlichkeit zu arbeiten und finden die Möglichkeit dazu faszinierend. Aber Sie sehen auch Schatten, wo zunächst helles Licht zu sein scheint.

Ich wiederum bin fasziniert von der Themenfülle, die Ihre Zuschrift einschließt. Es juckt mich schon, die einzelnen Aspekte durchzunummerieren und abzuarbeiten. Allein ein Anruf bei dieser Zeitung ergab, sie geben mir die anderen Seiten dieser Ausgabe nicht auch noch, ich muss mich auf „meinen" Raum beschränken.

Also lasse ich schweren Herzens diverse bemerkenswerte Punkte unter den Tisch fallen und konzentriere mich auf den Kern der Frage.

Womit haben Sie es hier zu tun? Antwort: Mit dem klassischen Scheideweg, der Sie zu einer Festlegung zwingt. Sie können nicht beides haben – den fachlichen Traum und den soliden, aussichtsreichen Platz in der Hierarchie mit weiteren Chancen zum Aufstieg.

Solche Entscheidungen fallen im Leben laufend an: Ihr Auto ist entweder ein „Gedicht" oder sehr billig, von Ihrem Angestelltengehalt sparen Sie entweder viel an oder Sie geben viel aus – nie geht beides. Wo also stehen wir beide jetzt? Dort, wo Heiko Mell so oft feststellt: „Sie tun entweder etwas Interessantes oder Sie sind etwas Interessantes, aber nicht beides gleichzeitig." Das, genau das, meint meine Regel!

Und Sie müssen nun wissen, was Sie lieber wollen – „beides" als Antwort fällt schon einmal aus. Sie müssen schlicht Prioritäten setzen. Das gelingt im fortgeschrittenen Alter immer besser – aber noch sind Sie jung. Und hieß es nicht in einem Schlager: „Ich will alles und ich will es sofort?" War die Interpretin (soweit ich mich erinnere) nicht auch noch sehr jung?

Sie haben sogar herausgearbeitet, warum beides, was Sie da beruflich vor Augen haben, gemeinsam wohl nicht zu haben ist: Bei denen mit den tollen Herausforderungen, mit den modernen „Tools", den ständig neu zusammengestellten Gruppen, in denen man morgen den – ohnehin informellen – Status wieder verliert, den man sich gestern mühsam erarbeitet hatte, gibt es keine Hierarchie, weil es bei jenem System auf Dauer keine geben kann. Keine Hierarchie = kein Aufstieg.

Diese ständig „freischwebende" organisatorische Aufhängung ist faszinierend für alle, die noch nichts sind (Anfänger) oder die eigentlich auch nichts (im Sinne einer Karriere) werden wollen. Später kann sich das ändern – und gelegentlich verlieren Firmen mit betont „flacher Hierarchie" junge Hoffnungsträger, weil die bevorzugt irgendwo hingehen, wo es Sterne und Streifen für die Schulterklappen gibt. Was ist eigentlich aus der betont schmuck- und „rangneutralen" Uniform in Chinas Armee zur Zeit des großen Mao geworden?

Und beachten Sie bitte stets auch die Unternehmensspitze! Sind deren Mitglieder auch nur „alle gleich" im großen Team, werden sie auch alle von jedem beurteilt, auch alle mit der Chance, ständig an der eigenen Persönlichkeit zu arbeiten? Oder stehen „oben" ganz normale Manager mit allen üblichen Insignien der Macht? Wie wird man dort eigentlich durch internen Aufstieg GF, wenn darunter hierarchisches Niemandsland ist? Vermutlich gilt: Besetzung von außen. Was eine Schwachstelle dieses Systems offenbaren würde.

Was Ihre Zweifel bezüglich möglicher späterer Bewerbungen nach einigen Jahren beim „neuen" Arbeitgeber angeht: Damit liegen Sie absolut richtig! Aber Sie sollten das Problem nicht nur im Hinblick auf die mögliche spätere Bewerbung sehen, sondern sogar absolut: Einen einmal errungenen Führungsanspruch gibt man nicht ungestraft wieder auf, aus einer einmal erkämpften Führungslaufbahn steigt man nicht ungestraft wieder aus.

Die „Strafe" liegt nicht nur im Kopfschütteln späterer Bewerbungsempfänger, sie liegt schon in sehr wahrscheinlich auftretenden Problemen bei der Arbeit in einer nichtführenden Position! Es ist für Sie als Fast-Abteilungsleiter (Ihre Worte) mit hohem Selbstbewusstsein extrem schwer, wieder „zurück ins Glied" zu treten und gleichberechtigtes Teammitglied zu sein. Wenn man einmal „Blut geleckt" hat, ist der Verzicht viel schwieriger als es die reine Teamarbeit ohne jede zwischenzeitliche Beförderung gewesen wäre.

Mein Rat: Entscheiden Sie sich. Entweder für die Weiterführung der Führungslaufbahn oder den fachlichen „Traum". Und bedenken Sie: Bei weitergehendem Interesse am Management hören die fachlichen Sahnehäubchen ohnehin so langsam auf, denn Sie tun entweder etwas Interessantes oder ... (das hatten wir schon).

Und vermutlich sehen Sie als typischer Ingenieur die „politischen" Notwendigkeiten wirklich unter einem arg eingeschränkten Blickwinkel – Ihr Verdacht ist berechtigt, arbeiten Sie an dieser Thematik.

Nicht unkommentiert hinnehmen kann ich Ihren schlichten Satz „Die Kunden lieben mich". Das ist schön. Vielleicht ist das für Ihre Firma sogar unbezahlbar (Ihnen wäre es recht, sie würde es wenigstens versuchen). Aber: Es wäre noch wichtiger, Ihre – Sie bezahlenden – Vorgesetzten würden Sie lieben. Vielleicht tun sie es ja, aber Sie schreiben nichts darüber. Daher erlaube ich mir diesen Hinweis. Schließlich sind das dieselben Leute, die aus „politischen" Gründen so oft diese für die Technik so fatalen Fehlentscheidungen treffen, nicht wahr? Wenn Ihre Chefs Sie lieben, die Kunden

Sie schätzen, Ihre Mitarbeiter Sie akzeptieren und Ihre Kollegen Sie tolerieren, dann – erst dann – ist Ihre Welt in Ordnung.

PS. Niemand bei Ihnen ist oder handelt „schwachsinnig", einverstanden? Das sind doch dieselben Leute, die Sie zum Abteilungsleiter machen werden. Also sind die klug, haben Durchblick und so etwas in der Art. Schließlich wollen Sie doch nicht von „Schwachsinnigen" befördert werden.

Zurück ins Glied?

Frage: *Ich bin Dipl.-Ing. TH, Mitte 30. Nach mehreren Jahren bei meinem ersten und nur knapp zwei Jahren bei meinem zweiten Arbeitgeber (jeweils namhafte konzerngebundene Industrieunternehmen) bin ich jetzt seit auch noch recht kurzer Zeit in einem Werk eines anderen sehr namhaften Konzerns tätig.*

Dort habe ich als Teamleiter Führungsverantwortung für mehrere Mitarbeiter. Wir sind eine Art interner Dienstleister mit beratenden und begleitenden Funktionen.

Wie schon bei meinem vorigen Arbeitgeber stehe ich wieder vor dem Problem der Umstrukturierung. Seinerzeit sollte die Abteilung aufgelöst werden. Jetzt soll meine Stelle umgewandelt werden in eine Sachbearbeiterstelle. Mein Vorgesetzter hat mir das Angebot unterbreitet, als Sachbearbeiter weiter in seiner Abteilung zu arbeiten. In einem Gespräch wurde mir erstmals seit Dienstantritt dort aufgezeigt, dass ich Schwächen in der Mitarbeiter-Führung (konkret: im Umgang mit Menschen) habe.

Fachlich ist mein Vorgesetzter sehr zufrieden mit mir. Einen Teil der Vorwürfe gegen mich bezog er aus Einzelgesprächen mit meinen Mitarbeitern kurz vorher. Einige der Vorwürfe kann ich nachvollziehen, andere nicht. Nach meiner persönlichen Einschätzung waren einige z. T. an den Haaren herbeigezogen. Ich hatte den Eindruck, dass mein Vorgesetzter alles herangezogen hat, was möglich war, damit ein rundum negatives Bild bzgl. Führung und innerer Einstellung der Führungskraft X, also meiner Person, entsteht.

Anschließend wurde mir aufgezeigt, dass ich weder im Werk noch im gesamten Konzernverbund für weitergehende Führungsaufgaben empfohlen werden könnte, allein schon aus Fürsorgepflicht des Arbeitgebers gegenüber meiner Person. Ich wurde mit der Frage entlassen, ob Führungskraft für mich der richtige Weg ist („den Sie auch durchhalten können") oder ob ich mich nicht verstärkt Sachaufgaben ohne Mitarbeiter-Verantwortung widmen möchte.

Es hatte zuvor in keinem Gespräch mit meinem Vorgesetzten einen kritischen Hinweis auf etwaige Führungsschwächen gegeben. Ich bin der Mei-

nung, dass ich bei frühzeitiger Rückmeldung an mich bis heute einige Schwächen abgestellt hätte. Und ich bin überzeugt, dass ich bei einem Fortbestehen meiner jetzigen Position erfolgreich an mir arbeiten würde.

Welche Möglichkeiten sehen Sie für mich, zu welcher raten Sie mir?

Antwort: Lassen Sie mich bitte zunächst einige Dinge geraderücken, bevor wir uns dem Zentralproblem widmen:

1. Als ich jünger war, glaubte ich noch viel stärker als heute an die Kraft des rechtzeitig geführten aufklärenden Gesprächs mit einem in die Kritik geratenen Mitarbeiter. Müller ist, nehmen wir ein einfaches Beispiel, unzuverlässig. Die Sache ist klar: Müller will seine Existenz nicht gefährden. Müller will von seinem Vorgesetzten gut beurteilt werden. Man muss Müller nur klar und eindeutig über die Fehler informieren, an das Gute in ihm appellieren, ihm die Konsequenzen freundlich vor Augen halten, ihm also Orientierungshilfe für sein künftiges (besseres) Verhalten geben und schon wird Müller – unzuverlässig bleiben. Müller streitet alles ab, will dann Beispiele, versucht zu beweisen, dass sein Chef das jeweils alles völlig falsch beurteilt, sieht manches nicht ein, findet sich ungerecht behandelt – und macht weiter wie zuvor.

Am Ende des Prozesses ist der Chef etwas erschöpft, Müller etwas erregt, aber noch immer nicht zuverlässig. Seien Sie versichert, das „funktioniert" ebenso mit allen anderen Kritikpunkten, die ein Chef vorbringen könnte. Natürlich gibt es gelegentlich auch Ausnahmen, aber eben seltene. Warum das so ist? Vermutlich handelt es sich um eine menschliche Grundeigenschaft.

Für Sie heißt das: Trauern Sie der fehlenden deutlichen Kritik Ihres Vorgesetzten vor diesem entscheidenden Gespräch nicht allzu sehr nach, sie hätte vermutlich auch nichts geändert.

Selbstverständlich haben Sie formal völlig Recht: Ihr Chef hätte, bevor er Sie der Unfähigkeit auf einem Gebiet bezichtigt, Ihnen mehrfach und deutlich Ihre Fehler oder Versäumnisse auf diesem Gebiet vorhalten und Ihnen Gelegenheit zur Verhaltensänderung geben müssen.

Zwei denkbare Einwände könnte Ihr Vorgesetzter bringen:

a) „Das ist ein völlig hoffnungsloser Fall. Der Mann hat einfach kein Talent, kommt mit den Leuten nicht zurecht, entfacht Widerstände. Es geht nicht um eine einzelne Schwäche, die man abstellen könnte, hier fehlt einfach die Mindestfähigkeit für das Führen. Ich habe erkannt: Darüber zu reden und auf Besserung zu hoffen, wäre sinnlos."

b) „Hab ich ja alles gemacht, was denken Sie denn. Mehrfach habe ich versucht, ihn auf seine Mängel und Fehler hinzuweisen. In zahlreichen Fällen habe ich Bemerkungen gemacht, sanfte Kritik geübt – aber es hat alles nichts genützt."

Insbesondere die Variante b führt oft zu Missverständnissen. Das geht so: Der Vorgesetzte fürchtet, Müller habe seine Leute nicht im Griff. Für eine direkte Konfrontation mit Drohung („... müssten Sie mit Konsequenzen rechnen") fehlen ihm Beweise und Sicherheit. Also kleidet er seine Bedenken in Frageform: „Sagen Sie mal, Müller, haben Sie eigentlich Ihre Leute im Griff?" Und Müller, statt hochsensibel zu reagieren, der Sache auf den Grund zu gehen, sagt schlicht im Brustton der Überzeugung: „Aber ja", schüttelt leise den Kopf ob der merkwürdigen Frage und geht zum Tagesgeschäft über.

Ich versichere Ihnen: Die Variante b beschreibt das zentrale Missverständnis zwischen Chef und Mitarbeiter. Letztere müssten sehr viel aufmerksamer zuhören, erstere sollten sich klarer äußern.

2. Sie, geehrter Einsender, erheben keinen präzisen Vorwurf, aber irgendwie schwingt das ansatzweise mit: Kommen Sie bitte gar nicht erst auf die Idee, Ihr Vorgesetzter bastele eigentlich an einem großen Komplott, um Ihre Führungsposition einzusparen und Sie als Fachkraft zu erhalten. Glauben Sie mir bitte: Er würde nie den Umweg über die Feststellung Ihrer fehlenden Qualifikation gehen, wenn er nur die Position herabstufen wollte. Nein, aus Ihrer Schilderung geht klar hervor: Ihr Vorgesetzter hat tatsächlich diesen Eindruck von Ihnen.

Nur im Hinblick darauf, wie Sie intern mit der Degradierung in Verbindung mit dem Stempelaufdruck „unfähig zur Führung" weiterleben können, scheint er etwas blauäugig zu sein. Aber auch das ist nicht untypisch für Vorgesetzte. Rücksichten darauf, dass ein Mitarbeiter nicht „sein Gesicht verlieren" darf, sind in unserem Kulturkreis nicht weit verbreitet. Vermutlich hat Ihr Vorgesetzter auch noch ein besonders gutes Gewissen: „Ich habe ihn keineswegs gefeuert, sondern ihm den Arbeitsplatz erhalten. Außerdem bewahrt mein Vorschlag ihn vor einem viel schlimmeren Scheitern ein paar Jahre später." Beides wäre ja auch absolut richtig.

3. Die Einzelgespräche Ihres Vorgesetzten mit Ihren Mitarbeitern sind scheinbar nicht ganz unproblematisch, aber sie lassen sich vermutlich erklären:

a) Es ist generell nicht üblich, dass ein höherer Vorgesetzter „einfach so" Einzelgespräche mit den Mitarbeitern einer ihm unterstellten „kleineren" Führungskraft führt – ohne letztere hinzuzuziehen. So etwas macht man allenfalls, wenn „Vorkommnisse" irgendwelcher Art vorliegen, wenn also Informationen über Führungsprobleme nach oben gedrungen sind – oder die Mitarbeiter sich sogar über die „kleinere" Führungskraft beschwert hätten.

b) Aber: Sie sind /waren vermutlich bisher gar kein „richtiger“ Vorgesetzter, die disziplinarische Führung liegt nicht bei Ihnen, sondern bei Ihrem Vorgesetzten. Ihre Führung ist auf fachliche Aspekte beschränkt. Das wiederum bedeutet: In disziplinarischer Hinsicht unterstehen Ihre Mitarbeiter direkt Ihrem Vorgesetzten, also kann der sich auch unmittelbar mit denen unterhalten, ggf. sogar ohne Sie dabei zu haben.

4. Fazit + Empfehlung: Ein Weltkonzern hat, vertreten durch einen Manager und eine zuständige Personalabteilung, offiziell erklärt, er spräche Ihnen die Befähigung zur Führung ab. Dessen war er sich so sicher, dass er das „für den gesamten Konzernverbund“ praktisch als verbindlich erklärt hat.

Ich meine bzw. empfehle:

a) Nehmen Sie die Einstufung durch Ihren Vorgesetzten sehr ernst! Erfahrungsgemäß kämen andere Konzerne bei vergleichbaren Positionen mit hoher Sicherheit zu ähnlichen Ergebnissen. Es gibt Begabungsschwächen, wie es Stärken gibt. Sie könnten gerade auf eine solche Schwäche gestoßen sein.
b) Innerhalb dieses Konzerns klebt diese Einstufung untilgbar an Ihnen. Dagegen kommen Sie niemals an, eine Rückkehr in die Führung wird es dort nicht geben.
c) Sie haben zwei Möglichkeiten: Sie akzeptieren das alles und richten sich darauf ein oder Sie kämpfen. Letzteres hat nur in einem anderen Unternehmen einen Sinn, am besten in einem eines anderen Typs.
d) Selbst wenn Sie das Vorgesetzten-Urteil akzeptieren, könnte ein Neuanfang als Sachbearbeiter in einem anderen Unternehmen die bessere Lösung sein – weil dort niemand Ihre Vorgeschichte kennt. Dafür jedoch hätten Sie dann zwei sehr kurze Dienstzeiten nacheinander!
e) Überprüfen Sie die Variante, nicht nur den Typ des Arbeitgebers, sondern gleich auch die Art Ihrer Tätigkeit zu wechseln, denken Sie z. B. an die Position eines Beraters in einer Consultinggesellschaft. Der erfolgreiche Berater und der klassische Industriemanager müssen nicht aus dem gleichen Holz geschnitzt sein.

Schadet ein Betriebsrats-Amt?

Frage: *Ich bin Mitte 30, arbeite in einem Ingenieurbüro und stehe kurz vor meiner Beförderung in eine, wenn auch bescheidene, Führungsposition.*

Kürzlich wurde vom jetzigen Betriebsrat, der in den Ruhestand wechseln will, die Bitte an mich herangetragen, für die kommende Betriebsratswahl zu kandidieren. Diese Bitte wurde in den folgenden Tagen von einigen Kollegen unterstützt.

Bislang habe ich ein solches Ansinnen kategorisch abgelehnt, kann jedoch nach längerem Nachdenken nicht verleugnen, dass mich eine solche Aufgabe reizen würde. Ich würde mich jedoch eher in der Position eines Vermittlers sehen wollen und weniger als „Gewerkschafts-Recken", der Demos organisiert und zahlende Mitglieder anwirbt, wobei sich ein solches Amt wohl schlecht ohne die Unterstützung einer Gewerkschaft bewerkstelligen lässt.

A. Ist eine aktive Mitarbeit im Betriebsrat, womöglich als Vorsitzender, in einer – wenn auch bescheidenen – Führungsposition überhaupt opportun?

B. Schadet eine aktive Mitarbeit im Betriebsrat dem weiteren beruflichen Werdegang grundsätzlich oder kann ein solches Engagement bei Folgebeschäftigungen positiv bewertet werden?

Antwort: 1. Jedes Angebot, das Sie im Leben erreicht, ist gut – für den, der es unterbreitet. Ob es auch für den Adressaten gut wäre, ist eine ganz andere Frage, dem Anbieter völlig gleichgültig und schon in der statistischen Betrachtung absolut unwahrscheinlich. Konkret: Jedes Angebot schlicht mit „Nein" zu beantworten, dürfte deutlich besser sein, als auch nur jedes fünfte nach sorgfältiger Prüfung anzunehmen.

Folgerichtig beginnen die größten mir in der persönlichen Karriereberatung bekannt werdenden beruflichen Katastrophen in der chronologischen Schilderung mit dem Satz: „Dann bekam ich ein Angebot." Das ist wie: „Dann rauchte ich auf dem Pulverfass. Als sich die Qualmwolke verzogen hatte, ..."

2. Über Betriebsräte gibt es zahlreiche geistreiche und langweilige Abhandlungen. Das Thema ist nur sehr bedingt in wenigen Sätzen zu umreißen. Natürlich versuche ich es dennoch, weise aber auf die zwangsläufige Unvollständigkeit hin. Außerdem geht es hier auch um Machtpolitik, die einer ganz speziellen Logik folgt.

3. Betriebsräte sind keineswegs „automatisch" Gewerkschaftsmitglieder. Dass dies in der Praxis meist dennoch der Fall ist, ändert daran nichts, es hat andere Gründe. Lassen Sie also das Thema „Gewerkschaft" hier zunächst völlig heraus – die Geschichte ist auch so kompliziert genug.

4. Betriebsräte übernehmen gesetzlich abgesicherte, wichtige innerbetriebliche Funktionen. Gerade in Deutschland gibt es viele davon, die mit den Unternehmensleitungen gemeinsam an einem Strang ziehen (was z. B. die Erhaltung des Betriebs betrifft) und den Firmenleitungen wichtige Partner bei der Lösung diverser Probleme sind. Ideologiearme, „vernünftige"

Betriebsräte werden von Unternehmensführern meist als „Segen" bezeichnet, für den man dankbar ist (die Einschätzung der Betriebsräte im Sinne dieser Definition hat nichts mit „weich" oder „nachgiebig" zu tun; davon hätte die Geschäftsleitung nicht viel – solche Interessenvertreter verschwänden nach der nächsten Wahl und würden durch „radikalere" ersetzt).

5. Auch für die Chefetage könnte es durchaus reizvoll sein, eine „vernünftige" Führungskraft (zwangsläufig aber keinen leitenden Angestellten) als Betriebsratsratsvorsitzenden zu haben. Der hätte dann viel Verständnis für die Belange des Unternehmens, mit dem könnte man besonders sachlich diskutieren – zumindest in der Theorie.

6. Also bisher: Bei Annahme des „Angebots" (und Ihre Wahl vorausgesetzt) hätte der scheidende Betriebsratsvorsitzende sein Nachfolgeproblem gelöst, wäre Ihr Ego geschmeichelt und sollte Ihre Unternehmensleitung eigentlich zufrieden sein. Nur, ob es gut für Ihre Zukunft wäre, wissen wir noch nicht.

7. Ein Betriebsrat ist definitionsgemäß die demokratisch gewählte Vertretung der Arbeitnehmerschaft eines Unternehmens gegenüber dem Arbeitgeber/der Unternehmensleitung. So weit, so gut. Eine Führungskraft jedoch ist den ihr unterstellten Mitarbeitern gegenüber Vertreter des Arbeitgebers, übt also – auch – Arbeitgeberfunktion aus. Ist sie jung, ambitioniert und ein bisschen aufstiegsorientiert, arbeitet sie daran, immer näher an den Arbeitgeberstatus (Geschäftsführung, Vorstand, Inhaber) heranzukommen und auf dem Weg dorthin immer mehr an Arbeitgeberfunktionen zu übernehmen.

Damit ist schon rein definitorisch klar, dass die Betriebsratsfunktion einer unteren Führungskraft zwar möglich ist, aber dass diese Konstruktion definitorische/organisatorische Schwächen hat. In der Praxis gibt es so etwas zwar gelegentlich, aber ich (Privatmeinung) habe dabei immer ein bisschen das Gefühl, es sei ein Anzug, der unter den Achseln etwas „kneift" und im Bauchbereich etwas unschön spannt.

Sehen Sie, der Betriebsrat muss z. B. bei arbeitgeberseitigen Kündigungen zustimmen. Diese verantwortet sachlich der Vorgesetzte des zu kündigen Mitarbeiters und er verkündet sie auch dem Betroffenen. Und dann sagt dieser Vorgesetzte, der gleichzeitig Betriebsrat ist, der Betriebsrat habe zugestimmt? Das kann man intern im Einzelfall anders lösen – aber ich bin der Meinung, dass man bei der Schaffung von Betriebsräten als Idealbesetzung nicht vorrangig an Führungskräfte gedacht hat, sondern an „typische" Arbeitnehmer. Nicht ohne Grund sind Betriebsräte meist Vertreter der größten Belegschaftsgruppe (also der Nicht-Führenden). Aber erlaubt ist alles, was sich im gesetzlichen Rahmen bewegt (nicht jedoch auch ideal).

Zu 1: „Opportun" im Hinblick auf Ihren Arbeitgeber, meinen Sie sicher. Nun, der könnte – siehe oben – ganz zufrieden sein, er könnte sich auch mordsmäßig ärgern. In beiden Fällen könnte und würde er Sie kaum maßgeblich befördern (entweder weil er Sie als Betriebsrat behalten möchte oder weil er sich über Ihre ständigen Forderungen „im Namen der Belegschaft" bis zur Weißglut ärgert). Wären Sie zwanzig Jahre älter, sähe manches anders aus.

Zu 2: Ja, es schadet. Ich kenne durchaus viele Arbeitgeber, die würden Ex-Betriebsräte nicht einstellen. In der neuen Firma wäre ja auch der Job des BR schon besetzt, ein Bewerber mit derartigen (vermuteten) Ambitionen würde nur Unruhe in die schön ausbalancierten Strukturen bringen. Und manches kleinere Unternehmen hat gar keinen BR, ist froh darüber und hat gerade noch darauf gewartet, dass da ein „Bannerträger der Idee" die „Belegschaft verrückt macht".

Ich sehe auch nicht, dass ein solches Engagement bei Folgebeschäftigungen positiv bewertet wird. Das Prinzip ist klar: Ein Arbeitgeber bezahlt angestellte Führungskräfte dafür, dass sie seine – des Arbeitgebers – Interessen gegenüber „unten" vertreten. Punkt. Betriebsräte vertreten laut Definition die Interessen der Belegschaft gegenüber „oben". Auch Punkt. Entweder oder. Man kann nicht zwei Herren dienen.

Noch etwas: Stellen Sie sich die BR-Arbeit nicht so einfach vor. Das ist eine anspruchsvolle, nervenaufreibende Tätigkeit. Nicht alles, was die Belegschaft will, findet Ihre Zustimmung (vor allem, wenn es um die Belange einzelner Mitarbeiter geht). Nicht alle Argumente des Arbeitgebers, die Ihnen vielleicht einleuchten, können Sie einfach „abnicken" – Sie müssen an Wählerinteressen, Wiederwahl etc. denken. Schließlich sind Sie als BR Partei, nicht vorrangig Vermittler (wie es Ihnen vorschwebt) und keineswegs etwa neutral.

Und wie war das noch mit Klassensprechern in der Schule? Hatten die eigentlich stets die besten Zensuren? Meist hatten sie eher etwas Ärger mit den Lehrern (zwangsläufig) und meist wählte die Masse der Schüler eher einen aus der Mitte (der Masse), also einen eher „typischen" Vertreter der Gruppe. Wollen Sie nun aufstiegsorientierte Führungskraft oder „typischer Arbeitnehmer" sein?

Den Branchenwechsel noch rechtzeitig vollzogen?

Frage: *Ich bin Dipl.-Ing. (Univ.), Mitte 30, derzeit noch in der Betriebsleitung der Verkehrsbetriebe einer Stadt tätig (seit knapp drei Jahren). In Kürze werde ich den Arbeitgeber wechseln und den Dienstleistungsbereich*

Technik und Bau eines Krankenhauses in einer anderen Region übernehmen. Mein bisheriger Führungsumfang verdoppelt sich dabei.

Mein Begründungen für diesen Schritt:

- *Karriereschritt (größere Verantwortung),*
- *Wunsch der Familie, wieder in die Heimat zu ziehen,*
- *derzeit noch guter Arbeitsmarkt mit guten Chancen, branchenfremd zu wechseln,*
- *trotz aller Erfolge ist die Zukunft meines Noch-Arbeitgebers Verkehrsbetriebe (in der Rechtsform einer Kapitalgesellschaft) sehr unsicher. Kurzfristig droht die Übernahme durch eine ausländische Gesellschaft. Mittelfristig ist damit zu rechnen, dass die Verkehrsleistungen europaweit ausgeschrieben werden. Dann droht die Liquidierung des Unternehmens.*

Bei einer Übernahme könnte ich nicht sofort wechseln, denn dann wäre ich beim neuen Arbeitgeber erst kurz beschäftigt. Bei einer Liquidierung würde ein Wechseldruck entstehen, bei dem ich mir dann nicht mehr in Ruhe eine neue Stelle aussuchen könnte.

Wie schätzen Sie meinen Schritt ein?

Antwort: Ein Detail zuerst, damit es nicht untergeht:

Firmenübernahmen, Fusionen etc. begründen im hier relevanten Sinne kein neues Arbeitsverhältnis, die Dienstzeit beim bisherigen Arbeitgeber läuft in den Augen von Bewerbungsempfängern einfach weiter. Beispiel: Ein Mitarbeiter ist seit 2,5 Jahren bei Müller & Sohn tätig, dann Kauf dieser Firma durch Konzern XYZ, sechs Monate danach erfolgt eine Bewerbung des Mannes. Der Bewerbungsempfänger erkennt: 3 Jahre Dienstzeit beim derzeitigen Arbeitgeber – der bloß zwischendurch den Namen gewechselt hat.

Im Gegenteil: Wer wechseln will, wird nach dem Grund dafür gefragt, er sollte einen guten haben. Der Verkauf (die Fusion) des Arbeitgebers ist ein allseits problemlos akzeptierter! Der Mitarbeiter hatte sich, so die allgemeine Auffassung, „Müller & Sohn" ausgewählt nach Größe, Status, Unternehmenskultur, Betriebsklima etc. – und darf sehr wohl gehen wollen, wenn dies alles durch den neuen Unternehmenseigner dramatisch verändert wird.

Bei Ihnen, geehrter Einsender, wäre damit eine Ihrer Begründungen für diesen Schritt entfallen. Beschäftigen wir uns mit dem Rest:

Leute wie ich gehören zu den misstrauischen Zeitgenossen – wer täglich mit Menschen umgeht, wird zwangsläufig skeptisch, wenn sich in einem komplexen Vorgang scheinbar alles zu einer fast idealen Lösung fügt. Und dass Sie alle möglichen Einzelheiten im Randbereich Ihres Wechsels anführen, aber den zentralen Nachteil gar nicht sehen oder berühren, ist auch „verdächtig".

Also dann: Ich glaube nicht an den „Karriereschritt" in Nr. 1 Ihrer Aufzählung – ich glaube, dieses Argument haben Sie nachträglich ausgegraben.

Ich glaube hingegen, dass regionale Wünsche von Familien derart mächtig sind, dass man ebenso gut versuchen könnte, die Niagarafälle mit der flachen Hand aufzuhalten. Als Provokation dazu:

In der Steinzeit jagte der Mensch. Beispielsweise Mammuts. Und seine Höhle war – wenn er klug war – dort, wo die potenzielle Beute sich aufhielt. Verlegten die Mammuts ihr Revier woanders hin, verlegte der Mensch seinen Wohnsitz – oder er nahm Existenzprobleme in der geliebten und vertrauten Heimat in Kauf. Ganz Amerika ist von der alten Welt aus besiedelt worden (inzwischen waren die Bedürfnisse ein bisschen über reinen Fleischverzehr hinausgewachsen, aber die Aussiedler zogen dorthin, wo sie bessere Existenzbedingungen vermuteten).

Anscheinend ist dieses Prinzip weitgehend in Vergessenheit geraten. Der Mensch sucht sein Glück heute vorwiegend dort, wo er zufällig geboren wurde – überzeugt davon, dass er nicht leben kann, wo die eine oder andere Million seines Volkes schon lebt und ihrerseits nie weg will. Ich glaube, man nennt diesen Prozess „Globalisierung" – oder war das wieder etwas anderes? Ist auch nicht so wichtig (Achtung: Ironie!).

Jedenfalls ist aus Erfahrung heraus Misstrauen angebracht, wenn in den Begründungen für einen erklärungsbedürftigen beruflichen Schritt so mittendrin „auch" Regionalwünsche auftauchen. In Wirklichkeit geht es meist vorrangig um die – der Rest ist „gesucht". Seien Sie also zumindest sich selbst gegenüber ehrlich. Und akzeptieren Sie die goldene Regel: Keine berufliche Veränderung aus privaten Gründen!

Bei einem so dramatischen Metierwechsel wie dem zwischen Verkehrsbetrieb und Krankenhaus wird Ihr Karriereschritt für den Außenstehenden nicht so deutlich sichtbar. Nicht einmal die Zahl der unterstellten Mitarbeiter hilft da weiter – die Krankenhausleute wissen nicht, was bei Verkehrsbetrieben üblich ist und umgekehrt. Aber wenn auch noch das Einkommen beim Neuanfang deutlich gestiegen ist, könnte man sich einen Fortschritt hier immerhin vorstellen.

Es bleibt aus meiner Sicht: „Machen wir uns nichts vor: Meine Frau wollte zurück in die Heimat, die Kinder waren auf ihrer Seite. Also stand ein Wechsel an. Bei der Gelegenheit habe ich versucht, von der in meinen Augen auf Dauer chancenlosen Branche wegzukommen und habe tatsächlich am Lieblingsstandort eine Position gefunden in einem Metier, das es irgendwie immer geben wird – mehr Leute führen kann ich dort und mehr Geld verdiene ich auch. Na, wie habe ich das gemacht?"

Darauf meine Antwort: Wenn das, was Sie geschildert haben, Ihre Probleme waren, dann haben Sie einen Lösungsansatz erreicht. Nun schauen wir, welchen Preis Sie dafür gezahlt haben:

- Da ist einmal die Frage nach dem Umfeld: Geld scheinen Krankenhäuser (kostenträchtigster Teil eines todkranken Gesundheitssystems) nicht zu haben. Also viel Ärger in der Zukunft und ein Leben von der Hand in den Mund (sachlich gesehen) dürften zwangsläufig damit verbunden sein.
- Als wie attraktiv gilt auf dem Markt eigentlich die Leitung „Technik und Bau" eines Krankenhauses, wenn die Verantwortlichen bei der Besetzung schon auf Kandidaten zurückgreifen müssen, die aus einem so völlig anderen Metier kommen? Das geht nicht gegen Sie, aber man sollte sich in solchen Fällen auch fragen, warum man ein derartiges Angebot bekommt, wo doch der bisherige Berufsweg in eine so ganz andere Richtung weist. Wollten die Fachleute den Job nicht, drängen die bereits alle von Krankenhäusern weg, will das niemand machen oder was ist da los?
- Jeder radikale Branchenwechsel hat einen zentralen Nachteil: Müssten Sie in den nächsten zwei Jahren erneut wechseln (der Grund spielt keine Rolle), hätten Sie keine gute Position auf dem Markt: Aus Ihrem alten Metier wären Sie „raus", im neuen noch kein Fachmann – und der Wechselwunsch würfe den Verdacht auf, Sie seien als Neuling schlicht an den Aufgaben gescheitert. Wechselten Sie hingegen innerhalb der vertrauten Branche, fielen solche Argumente fort.

Bleibt dieser Aspekt: Kommt man zu dem Schluss, dass die „alte" Branche keine Zukunft hat (was ich in Ihrem Fall fachlich nicht beurteilen kann und will), ist ein rechtzeitiger Wechsel angesagt – je früher, desto besser. Dann aber sollte der alleiniges Ziel der Aktion sein und möglichst weder mit privaten Wünschen, noch mit positiven Karrieresprüngen verbunden werden. Letztere wären auch unrealistisch! Kaum ein Arbeitgeber akzeptiert einen Branchenfremden und lässt den zusätzlich „bei der Gelegenheit" auch noch aufsteigen, daher überzeugt Ihre Argumentation so wenig.

Versuch einer Zusammenfassung: Prüfen Sie, ob Sie sich unter dem Druck Ihrer Familie große Teile Ihrer Argumentation nicht nur eingeredet haben. Falls Ihre bisherige Branche keine Zukunft hat, hätten Sie jetzt tatsächlich den Fuß in einer neuen (die sicher auch ihre Probleme hat), mehr aber noch nicht. Fest steht: Jetzt können Sie ganz gewiss nicht so schnell wieder wechseln – Sie sind viel stärker auf „erfolgreiches Durchstehen" angewiesen als Sie es beim weiteren Verbleib beim alten Arbeitgeber oder dem Wechsel zu einem anderen Verkehrsbetrieb gewesen wären.

Degradiert und strafversetzt

Frage: *Ich startete nach Abschluss meines Fachhochschulstudiums als Maschinenbauingenieur vor mehr als fünfzehn Jahren meine Laufbahn als Konstrukteur und Entwickler bei einem Industrieunternehmen mittlerer Größe. Nach drei Jahren der Tätigkeit dort bewarb ich mich erfolgreich bei einem Weltkonzern.*

Dort konnte ich zunächst einige Erfahrungen aus meiner ersten Stelle sinnvoll nutzen. Da beim Umgang mit meinem fachlichen Vorgesetzten die „Chemie" nicht stimmte, wechselte ich intern nach weiteren drei Jahren in einen operativ tätigen Bereich. Nach wiederum drei Jahren dort wurde ich Leiter einer anderen Einheit mit 35 Mitarbeitern im Schichtbetrieb (Produktion). Obwohl diese anspruchsvolle Tätigkeit mit hoher Verantwortung verbunden war und mich gelegentlich über den Feierabend hinaus beschäftigte, war sie aus heutiger Sicht für mich die – bisher – größte berufliche Erfüllung.

Nach erneuten drei Jahren (diese Frist scheint bei mir zwangsläufig wiederzukehren) übertrug man mir im Zuge der Reduzierung von Führungsebenen zusätzlich die Leitung des Betriebes mit 65 Mitarbeitern in einem anderen Werk. Diese Doppelbelastung beanspruchte mich mehr als mir gut tat; aber als ehrgeiziger Mensch von damals 37 Jahren lehnte ich das Angebot nicht ab und vier Jahre lang ging auch alles gut.

Dann ereignete sich vor einiger Zeit in meinem Zuständigkeitsbereich eine Betriebsstörung, bei deren Behandlung einige Fehler gemacht wurden, für die auch ich mit verantwortlich war. Da im Vorfeld bereits ähnliche Ereignisse der Firma ein negatives Image in den Medien eingetragen hatten, wollte man wohl ein Exempel statuieren und griff hart durch. Zusammen mit meinen beiden nächsten Vorgesetzten wurde ich degradiert und strafversetzt, was auch mit einmaligen finanziellen Einbußen verbunden war. Die beiden Einheiten werden heute wieder getrennt geführt.

Ich war zunächst über den Entzug der Verantwortung erleichtert, es bleibt aber wegen der – nicht nur von mir so empfundenen – Überreaktion des Arbeitgebers ein schlechter Beigeschmack. Obwohl mich meine derzeitige Position nicht ausfüllt und befriedigt und das Angebot eines anderen namhaften Arbeitgebers vorlag, habe ich die Firma aus vielerlei Gründen nicht verlassen. Was hätten Sie mir geraten?

Antwort: Das nachträgliche Herumbohren in der Frage, wie hoch Ihr Anteil an Schuld in der damaligen Situation gewesen ist, ob Sie nicht durch einen Fehler des Arbeitgebers temporär überlastet waren und ob nicht auch ein vielleicht besserer Mann als Sie denselben Fehler begangen hätte – ist leider ebenso unergiebig wie unerheblich. Die Geschichte ist geschehen, die Degradierung ist ausgesprochen worden, Sie haben die neue Position angenommen und längere Zeit widerspruchslos ausgeübt, damit sind dies einfach Fakten, die man als gegeben hinnehmen muss.

Nach meiner Erfahrung hängt einem Mitarbeiter ein solcher Vorfall praktisch für den Rest der Dienstzeit in diesem Unternehmen an. Immer wieder wird intern im Kollegenkreis darüber geredet, auch an „höherer Stelle" bleibt der damalige Vorfall und Ihr damit verbundenes internes Schicksal stets präsent („Das ist der Mann, den wir damals um ein Haar entlassen hätten, weil er die Verantwortung für ... trug, er wurde dann degradiert und strafversetzt."). Konkret: Große Chancen, intern wieder an alte Karrierehöhen anzuknüpfen, haben Sie nach allgemeiner Lebenserfahrung in diesem Hause eher nicht.

Wichtig ist natürlich die Frage: In welchem Maße fühlen Sie sich durch die damalige Situation deutlich an Ihre Grenzen geführt – und inwieweit möchten Sie überhaupt eine Funktion wie Ihre damalige größere und umfassendere wieder erringen? Wie gesagt, dies könnte vermutlich nur im Zusammenhang mit einem Firmenwechsel geschehen, aber auch das ist nicht ganz unproblematisch (ich komme gleich noch darauf).

Sie geben mir an zwei Stellen Ihres Briefes ein deutliches Signal: „Ich war zunächst über den Entzug der Verantwortung erleichtert" und „Obwohl ... das Angebot eines anderen namhaften Arbeitgebers vorlag, habe ich die Firma nicht verlassen." Das könnte bedeuten, dass Sie doch von erheblichen Selbstzweifeln geplagt sind, ob Sie eine solche größere Verantwortung überhaupt ausfüllen können. Solche Zweifel sind aber stets der Anfang von Problemen, in die man nahezu zwangsläufig gerät. Wenn schon der Inhaber einer Führungsposition nicht glaubt, dass er mit seiner Aufgabe problemlos fertig wird – dann werden auch bald die anderen ähnliche Fragen aufwerfen und Bedenken haben.

Sollten Sie tatsächlich ganz massive Zweifel in dieser Hinsicht haben und – wenn Sie ganz allein mit sich und Ihren Gedanken sind – eigentlich zu dem Ergebnis kommen, dass Sie damals schlicht überfordert waren, dann sollten Sie auch äußerst vorsichtig sein, erneut in die frühere Führungsgrößenordnung hineinzustreben. Denn Ihr „Urvertrauen" in Sie selbst und Ihre Fähigkeiten wäre erschüttert.

Anders wäre es, wenn Sie nach sorgfältigem Durchdenken der ganzen Situation und mit ein paar Monaten Abstand zu dem Ergebnis gekommen wären, eigentlich träfe sie keine direkte Schuld. Immerhin hat man ja auch Ihre beiden Chefs entsprechend gemaßregelt, schon das zeigt, dass Sie es nicht allein „gewesen" sein können. Dann hätte ich an Ihrer Stelle damals den Weg gewählt, das Unternehmen zu verlassen. Das Risiko hätte im Zeugnis des Arbeitgebers bestanden. Da man sich aber ohne Vorlage dieses Zeugnisses bewirbt, hätten Sie eine neue Position erst einmal relativ problemlos bekommen.

Diese Chance ist nun aber vertan. Jetzt geht bereits aus Ihrem Lebenslauf hervor, dass Sie früher einmal eine größere Führungsverantwortung hatten und heute irgendwie deutlich weniger hochwertig eingesetzt sind. Strebten Sie jetzt mit der Bewerbung eine neue externe Position an, wunderte sich der Bewerbungsempfänger über die lange Zeit, die seit Ihrer Degradierung verstrichen ist (und fragte sich, was da wohl vorgegangen sein mag).

Dennoch müsste sich durch eine halbwegs geschickte Lebenslaufdarstellung (in der Sie Ihre frühere hochwertige Position deutlich „tiefer hängen" als sie war) eine eher Ihrer heutigen Aufgabe entsprechende Position anderswo finden lassen. Dieser Wechsel würde Ihnen unmittelbar keinen Vorteil bringen – aber Ihre mittelfristigen Chancen verbessern. Im neuen Unternehmen könnten Sie sich wieder sukzessive vorarbeiten – im heutigen können Sie das vermutlich nicht.

Was andere Leser daraus erkennen können: Zum Verantwortungsbereich einer Führungskraft gehört es auch, ggf. Ernennungen/Beförderungen bzw. die Übertragung größerer Verantwortungsbereiche abzulehnen, wenn sie das Gefühl hat, diesen Komplex nicht umfassend beherrschen zu können. Letztlich bleibt ein Versagen irgendeiner Art immer der Fehler der betroffenen Führungskraft – dass andere sie ernannt haben und ihr vielleicht nicht genügend Hilfestellung geben konnten oder wollten, wird mit einem Schulterzucken abgetan. So hilft es im konkreten Falle auch unserem Einsender nicht, dass es außer ihm noch einige seiner Chefs „erwischt" hat.

Bei Ihnen, sehr geehrter Einsender, könnte ich jede Ihrer Reaktionen verstehen und könnte Sie dafür absolut nicht kritisieren. Sie müssen nur damit rechnen, dass Ihnen in diesem Unternehmen die „alte Geschichte" nahezu ewig anhängt und dass Sie eine echte, solide Aufstiegschance dort praktisch nicht mehr haben. Es ist nicht einmal völlig ausgeschlossen, dass die Vergangenheit Sie wieder einholt, wenn Sie das Unternehmen wechseln, vielleicht taucht dort nach zehn Jahren ein ehemaliger Kollege auf, der von den Vorkommnissen in Ihrem derzeitigen Unternehmen weiß und dessen Erzählungen Ihre neuen Chefs enorm verunsichern.

Ich will hier nicht schwärzer malen als es angebracht ist: Aber: Es gibt Vorfälle, die sind geeignet, berufslebenslange Nachwirkungen zu haben und eine Karriere endgültig aus der Bahn zu werfen.

Ich war früher einmal in einem Konzern beschäftigt, in dem ein offenbar sehr fähiger Mann Leiter einer relativ unbedeutenden Abteilung war und ganz offensichtlich niemals darüber hinauskam. Ich habe natürlich so lange gebohrt, bis ich irgendwie an eine Information herankam: Dieser Mann hatte sich eines Tages dazu hinreißen lassen, in der Hitze des Gefechts einem bösartig auftretenden bedeutenden Kunden des Unternehmens ein Wort an den Kopf zu werfen, das mit „A...“ beginnt. Der Vorstandsvorsitzer hatte ihn auf der Stelle degradiert und einen Schlussstrich unter seine berufliche Entwicklung gezogen. Als mir die Geschichte auffiel und bekannt wurde, waren schon zwei Nachfolger dieses Vorstandsvorsitzenden im Amt gewesen – und keiner hatte auch nur im Traum daran gedacht, diese Sache wieder zu korrigieren. Der Mann galt einfach als „verbrannt“ im Unternehmen – und konnte nun auch nicht mehr mit Anstand wechseln, da er seine aus Lebenslauf und Zeugnis mit Sicherheit erkennbar werdende Degradierung nicht anständig erklären konnte. Hätte er die Wahrheit gesagt, hätte ihn niemand als Bewerber akzeptiert.

Fazit meines Rates: Wenn Sie das wollen und können, kämpfen Sie – aber draußen. Wenn Sie weiter an sich selbst zweifeln und mit der heutigen Position irgendwie leben können, ist ein weiterer Verbleib im heutigen Unternehmen durchaus denkbar. Man wird Sie, so die Erfahrung, nicht erneut für die alte Geschichte bestrafen – man wird Sie halt nur nicht wieder befördern.

Als Führungskraft zwischen Chef und Betriebsrat

Frage: *Ich bin Leiter der Abteilung ... in einem Werk der XY AG. Das Unternehmen ist aus der Fusion der ABC AG mit der DEF AG hervorgegangen. Im Unternehmen gilt das Mitbestimmungsgesetz, für Stellenbesetzungen bis zur Abteilungsleiterebene ist die Zustimmung des Betriebsrats erforderlich.*

Anlässlich der Fusion wurde ein Effizienzsteigerungsprojekt ins Leben gerufen, das auch zu einem neuen Organigramm führen sollte. Projektteilnehmer waren im Wesentlichen Abteilungsleiter, die Leitung hatte ein Berater. Das in diesem Rahmen durchgeführte Benchmarking hat ergeben, dass eine Effizienzsteigerung bei Personal- und anderen Kosten je nach Teilbereich von 20 bis 40 % erforderlich ist.

Sämtliche Ergebnisse des Projekts wurden durch einen Ausschuss, besetzt mit Führungskräften aus Vorstands- und Direktionsebene und auch Vertretern des Betriebsrats, verabschiedet. Dennoch wurden von der „Basis“ (Arbeiter/Angestellte im Sachbearbeiterbereich und Betriebsrat) die Projektmitglieder für sämtliche Veränderungen und vor allem für die bevorstehenden Stellenreduzierungen „verantwortlich gemacht“.

Im Rahmen des Projekts wurden alle Abteilungsleiterstellen neu besetzt. Zwangsläufig war dabei jeweils die Zustimmung des Betriebsrats (Mitbestimmung) erforderlich. Insbesondere den Abteilungsleitern, die im Projekt mutige Rationalisierungsschritte vorgeschlagen haben – und dafür auch Lob ihrer Vorgesetzten erhielten – wollte der Betriebsrat seine Zustimmung zur Stellen(wieder)besetzung verweigern. Der Betriebsrat stand vor dem Dilemma, bei der nächsten Wahl Stimmen zu verlieren, wenn er jetzt den entsprechenden Stellenbesetzungen zustimmt.

Letztlich wurden dann doch alle Stellen, wenn auch nach längeren Gesprächen, mit den geplanten Personen (wieder) besetzt. Für mich stellt sich jedoch die Frage, ob in einem zukünftigen Rationalisierungsprozess nicht ein etwas zurückhaltenderes Vorgehen für die Karriere vorteilhafter ist. In Schulnoten: Der Abteilungsleiter ist besser nur „gut" statt „sehr gut" beim eigenen Chef und dafür dann „ausreichend" statt „mangelhaft" beim Betriebsrat.

Welche Strategie empfehlen Sie, um bei gegensätzlichen Anforderungen (Interessen der unterstellten Mitarbeiter sowie Forderungen des Betriebsrates gegenüber den Zielen des Vorgesetzten bzw. der Geschäftsleitung) die eigene Position nicht zu gefährden?

Antwort: Dies ist nun wirklich eines der heißesten Themen, die hier denkbar sind. Schließlich ist Mitbestimmung stets auch ein Stück Machtpolitik. Dabei betritt man allzu leicht vermintes Gelände – und es geht durchaus nicht immer nur um fachliche Argumente. Die Gewerkschaften wollen ihre Einflussbereiche sichern und möglicherweise erweitern, sie müssen attraktiv für die vorhandenen und vor allem für neue Mitglieder sein. Die Betriebsräte wollen wieder gewählt werden und sich des Vertrauens der Belegschaft würdig erweisen. Die Geschäftsleitung wiederum muss Erträge vorweisen, wobei ihr die beiden anderen Gruppen mitunter im Wege stehen könnten.

In diesem Spannungsfeld sind vielfach die Motive aller Beteiligten nicht nur rein sachlich-logisch zu begreifen, sondern oft auch machttaktisch bedingt. Die „große Politik" macht uns gelegentlich vor, was das bedeuten kann. Gegensätzliche Interessen der Gruppen sind auch nicht so schlimm – solange man als betroffener Mitarbeiter ganz klar auf der Seite einer Partei steht und stehen kann, z. B. als Vorstandsmitglied, Direktor oder Betriebsrat. Oder auch als Sachbearbeiter ohne große Karriereambitionen.

Dabei muss man, sofern man sich unbefangen und unbetroffen damit beschäftigt, Verständnis für die Belange aller Gruppen haben. Aus ihrer Sicht und in Erfüllung ihres Auftrages haben sie jeweils absolut nachvollziehbare Zielsetzungen. Man erkennt diese, wenn man sich einmal in die Lage dieser Gruppen versetzt. Ich verstehe beispielsweise Unternehmensleitungen ebenso wie Betriebsräte, auch wenn ihre Interessen oft mit hörbarem Knall aufeinanderprallen. Dann muss ein Kompromiss gesucht werden, was in

Deutschland erfreulicherweise auch fast immer gelingt. Ich habe schon in sehr jungen Jahren mit Konzern-Betriebsräten verhandeln dürfen und arbeiten können und habe mit der Methode, mich in die Situation meiner Gesprächspartner zu versetzen, bis heute Erfolg gehabt.

Natürlich ärgert sich nahezu jede Unternehmensleitung von Zeit zu Zeit über ihren Betriebsrat. Aber ich habe in diesem Lande nur Arbeitnehmervertreter kennen gelernt, die – wie natürlich auch die Unternehmensleitung – am Erhalt des Betriebes und damit der Arbeitsplätze interessiert waren. Schwierig wird es nur, wenn eine positive Rendite (die Pleite droht absolut nicht) durch Personaleinsparungen, die also zu Lasten der Wähler des Betriebsrats gehen, weiter verbessert werden soll. Dann ist der erforderliche Kompromiss mitunter schwer zu finden. Steht ein Unternehmen hingegen vor dem Konkurs, ist der Betriebsrat meist zu drastischen Einschnitten bereit – um die Substanz zu retten und nicht alle Arbeitsplätze (darunter seine) zu verlieren.

Übrigens habe ich sowohl von Unternehmensleitungen als gerade auch von Betriebsräten in vertraulichen Gesprächen „unter vier Augen" oft Ansichten gehört, in denen sehr viel Verständnis für die Belange der jeweils anderen Seite zum Ausdruck kam. Aber in Vorständen wie in Betriebsräten gibt es auch interne Machtstrukturen, Fraktionen mit Flügelkämpfen und Kollegen, deren Meinung man nicht teilt, die man aber bei der nächsten Abstimmung als Verbündete braucht. In den „offiziellen" Auseinandersetzungen beider Gruppen steckt also auch viel Theaterdonner. Bei Tarifverhandlungen kann man das gut verfolgen.

So, diese versöhnliche Einleitung musste sein. Noch einmal hervorholen darf ich den Kernsatz aus dem oberen Teil meiner Antwort: Es sei ja auch alles gar nicht so schlimm, solange man als am Konflikt Beteiligter ganz klar auf der Seite einer Partei stehen kann. Das Dilemma der Abteilungsleiter dieses Beispiels war: Sie konnten nicht! Das Wohlwollen der Unternehmensleitung bzw. ihrer Vorgesetzten durften sie natürlich nicht verspielen, keine Frage. Aber ohne Zustimmung des Betriebsrates keine – erneute – Ernennung zum Abteilungsleiter! Also ein unauflösbarer Konflikt, eine Verpflichtung zum Eiertanz, eine klassische Zwickmühle – wie immer man will.

Nur: Diese Situation war im System gar nicht vorgesehen! Die Schöpfer dieses Gesetzes oder auch dieser internen Regelung hatten an „so etwas" nicht gedacht. Halten wir uns vor Augen: Für die Ernennung zum Abteilungsleiter braucht man bei Ihnen die Zustimmung des Betriebsrates. Na schön. Was ist man, bevor man Abteilungsleiter wird? Gruppen-, Team- oder Projektleiter. Als solcher hat man keine Disziplinargewalt, kann also in der Regel niemanden entlassen. Und man hat zumeist auch nicht die volle

Budgetverantwortung, also auch keinen Grund, ständig Mitarbeiter aus Rationalisierungsgründen zur Entlassung vorzuschlagen. Man hat daher auch kein schlechtes Image beim Betriebsrat und wird mit dessen Zustimmung befördert. Danach braucht man sein Wohlwollen für die eigene Karriere so direkt nicht mehr (für die nächste Beförderung zum Hauptabteilungsleiter ist nur noch die Arbeitgeberseite zuständig). Und alles ist gut. Zumindest in der rein theoretischen Betrachtung.

Wenn aber Ihre Unternehmensleitung Sie erst von Ihrer Abteilungsleiterfunktion entbindet (indem sie die Stelle streicht), dann Rationalisierungsvorschläge von Ihnen fordert, die einen Betriebsrat zwangsläufig in die Opposition treiben müssen (das ist sein Job!), dann Ihre erneute Ernennung will, für die sie – bekanntermaßen – die Zustimmung des Betriebsrates braucht, dann hat sie einen klaren taktischen Fehler begangen. Oder hat Sie – unabsichtlich, aber eben doch – in eine „böse Falle" gelockt. Versuchen Sie einmal, diese Gedankengänge Ihren Vorgesetzten ganz vorsichtig nahezubringen. Damit Sie und Ihre Kollegen ein bisschen Verständnis für einige Tage der Angst finden – und damit sich die Geschichte so nicht wiederholt.

Konkret: Auf dieser Basis und mit den Erwartungen (Personalreduzierung) hätte man diese Abteilungsleiter nicht in diese Projektgruppe stecken dürfen. Das – mögliche – Chaos war programmiert. Jemand von „oben" hätte wissen müssen, dass sich diese Leute, wenn sie engagiert ihre Pflicht tun, bei einer anderen Gruppe (Betriebsrat) um Kopf und Kragen reden. Und dieser Jemand hätte wissen müssen, dass man diese „andere Gruppe" für die Wiederernennung dieser Leute zwingend braucht.

Unabhängig davon gilt für jede Führungskraft in jedem Unternehmen ohne Bezug zu einer besonderen Art von Mitbestimmung: Als Grundhaltung ist Loyalität gegenüber der Arbeitgeberseite verlangt, keine Frage. Aber das Verhältnis zum Betriebsrat, der fast immer ein wichtiger Partner und Machtfaktor ist, sollte nie wirklich schlecht werden. Man braucht die Arbeitnehmervertreter immer wieder, sie könnten – so sie das wollten – Steine unterschiedlicher Art in den Weg legen. Und ich habe schon Unternehmensleitungen aus nicht mitbestimmten Häusern erlebt, die haben über einen ihrer Manager gesagt: „Tüchtiger Mann, immer auf der Seite der Unternehmensinteressen, wertvoller Fachmann und guter Menschenführer. Aber der hat sich derart den Betriebsrat zum Feind gemacht, dass er dort kein Bein mehr auf die Erde bekommt. Daher können wir ihn nicht befördern. Er hat zwar nur das Beste gewollt, aber der Betriebsrat würde seine Ernennung als Provokation ansehen und uns anderweitigen Ärger machen. Also nicht."

Und für Sie, geehrter Einsender, gilt tatsächlich: Wenn die Führungskraft von zwei Institutionen abhängig ist, dann muss sie zwar darauf achten, der wichtigeren davon zu gefallen – aber ohne der anderen vor den Kopf zu stoßen. Machtpolitik ist so, auf allen Ebenen (also besser „gut + ausreichend" als „sehr gut + mangelhaft").

Meine Belastung wird zu groß

Frage: *(Anmerkung des Autors: Der Einsender scheint mit seiner speziellen Ausgangssituation ein Sonderfall zu sein. Sie könnten nach kurzem Überfliegen meinen: „Mich betrifft das nicht." Das sehe ich anders: Neben einem speziellen Teil enthält der Fall einen größeren allgemeinen – daher empfehle ich ihn allen Führungs- und -nachwuchskräften zur Lektüre.)*

Aus den hier vorgetragenen Fragen und Ihren Stellungnahmen versuche ich auch für meine Lebensbereiche Nutzen zu ziehen. Mir gefallen Ihr Stil und Ihre Sicht der Dinge. Auf der Basis dieses Fundus versuche ich viele Fragen, die sich mir privat und um mein tägliches Berufsfeld herum stellen, selbst zu beantworten. Nun jedoch habe ich ein Problem, bei dem ich mir über mein Vorgehen nicht so recht im Klaren bin.

Ich bin Dipl.-Ing., Mitte 40, Gruppenleiter in der deutschen Organisation eines ausländischen Konzerns. In meiner beruflichen Vergangenheit erlitt ich zwei gesundheitliche Beeinträchtigungen (von mir neutral dargestellt, d. Autor). Seitdem bin ich nicht mehr so belastbar, wie es meinem Anspruch eigentlich entspricht. Vor einigen Tagen kam es zu einem dritten Vorkommnis dieser Art. Die beiden letzten konnten medizinisch so aufgefangen werden, dass sich mein Zustand wieder auf das mir vertraute Niveau nach dem ersten gesundheitlichen Einbruch einstellte, womit ich ganz gut leben kann.

Mein Vorgesetzter bot mir ein Gespräch bei einem Bier an, das ich auch gerne annehmen werde. Mein Ziel solle es sein, die Aufgaben distanzierter zu sehen und nicht in Stress ausarten zu lassen, so seine bisherige kurze Empfehlung.

Dem kann ich gut folgen, aber die Umsetzung in die Praxis fällt mir, ehrlich gesagt, schwer. Das liegt an meinem Profil. Zu dem gehört auch: Wenn es an die Gesundheit meiner Mitarbeiter geht, sehe ich ein Problem.

Das Verhältnis zu meinem Vorgesetzten ist gut. An mir schätzt er u. a. meine „soziale Komponente", da ich sehr gut auf die Mitarbeiter einginge. Er ist, bei aller Anerkennung, hier etwas unsensibel.

Nun stehe ich, subjektiv aus meiner Position heraus betrachtet, in einem Spannungsfeld. Einerseits ist die individuelle Belastung der Gruppe sehr hoch durch den kaum zu bewältigenden Aufgabendruck. Gesundheitliche Belastungen der Mitarbeiter machen mir große Sorgen. Es läuft bereits sachlich manches „gegen die Wand". Eine Verzettelung lehne ich aufgrund der damit einhergehenden Demotivation ab. Die Motivation der Mitarbeiter ist eine meiner obersten Prioritäten. Keine leichte Aufgabe unter den gegebenen Bedingungen. Andererseits soll ich an meinem Profil arbeiten, um die Probleme besser „abtropfen" zu lassen.

Welchen Ansatz soll ich für das „Bier"-Gespräch mit meinem Vorgesetzten wählen? Eine meiner stillen Überlegungen geht auch dahin, eine vollständig neue berufliche Ausrichtung mit allen Konsequenzen zu suchen, um das Thema Stress meinem Profil entsprechend in den Griff zu bekommen und dem gesundheitlichen Risiko aus dem Weg zu gehen. Mir wäre Ihre Stellungnahme als neutraler und geschätzter Betrachter sehr wichtig. Ich möchte nicht unerwähnt lassen, dass ich auch Kommentare anderer Personen zu Rate ziehe.

Antwort: Über dem letzten hier abgedruckten Satz habe ich ein wenig „gebrütet", ihn dann aber doch nicht als Drohung eingestuft. Also zum Thema:

1. Situationsanalyse „neutral": Betrachten wir zunächst einmal den Fall ohne Berücksichtigung irgendwelcher speziellen Krankheiten des Einsenders, so als wäre er zwar von Stress und Überlastung bedroht, aber gesund:

Mir, liebe Leser, imponiert die Haltung dieses Mannes. Menschen wie er waren das unverzichtbare Rückgrat unserer Unternehmen in der Aufbau- und Aufschwungphase der Nachkriegszeit. Auch heute noch sind sie in vielen insbesondere kleineren Häusern eine „Säule der Firma".

Aber die Tragik der Betroffenen liegt in der Vergangenheitsform meiner Aussage. Die Zeiten ändern sich. Die – meist anonym bleibenden – Eigner der Kapitalgesellschaften sind kühler, distanzierter geworden. Wenn es heute nicht dieses Kapitalengagement „bringt", dann eben morgen jenes. Für ehrliche, tiefe Verbundenheit mit dem Unternehmen und seinen Menschen ist bzw. bleibt, vorsichtig gesagt, immer weniger Raum.

Der Einsender vertritt als typische mittlere Führungskraft eine Haltung, die ihm letztlich niemand mehr dankt – und er zehrt sich dabei auf. Das Grenzen setzende Grundprinzip lautet: Jede Führungskraft kann auf Dauer nur so „gut" führen, wie sie selbst geführt wird. Verbleibt da eine Differenz, gibt die Führungskraft also mehr als sie empfängt, so speist sie diese aus der Substanz der Magennerven, beispielsweise. Bis zum unweigerlichen „Knall" – der eben auch ein gesundheitlicher sein kann.

Jetzt kommt der interessante Kern der Geschichte: Irgendwo ahnt der Einsender schon, dass seine Haltung zwar edel ist, aber vom Zeitgeist nicht mehr abgedeckt wird. Und sein Vorgesetzter, der weiß es bereits! Erst schätzte dieser Chef die „soziale Komponente" seines Mitarbeiters, aber nun ist es genug damit, nun soll der Einsender die Aufgaben „distanzierter sehen", die Probleme besser an sich „abtropfen" lassen. Der Vorgesetzte hat (leider) völlig Recht.

Der Einsender begeht bei seinem überdurchschnittlichen Engagement den Fehler, mehrere Ziele gleichzeitig auf Nr. 1 seiner Prioritätenliste zu setzen und sie alle erfüllen zu wollen:

- eine saubere, anspruchsvolle Lösung der Aufgaben, die er anpackt – dafür lässt er manches liegen und „gegen die Wand laufen"; er lehnt eine „Verzettelung" ab; früher oder später gibt das Ärger mit „höheren Stellen" im Konzern;
- die Motivation seiner Mitarbeiter hat für ihn „höchste Priorität" – da haben wir die erwähnte Differenz zwischen „Führen" und „Geführt werden", die aus der Gesundheitsreserve gespeist wird;
- er empfindet sich als „soziales Gewissen" des Unternehmens gegenüber den ihm anvertrauten Menschen, die er gesundheitlich belastet sieht – und vor Schlimmerem bewahren möchte.

Die Prognose ist klar: Das geht schief; drei Ziele auf Nr. 1, so funktioniert das niemals.

2. Konsequenzen aus der „neutralen" (ohne Berücksichtigung der eigenen Krankheit) Analyse der Situation:

Der Einsender ist mittlerer, eher unterer Manager. Und muss sich auch so benehmen. Sein Chef fordert das ausdrücklich ein. Die Lösung sieht so aus:

Der Einsender hat auf der einen Seite seine Aufgaben. Die gilt es so gut wie möglich alle(!) zu lösen. Die heute perfekt gelösten (Teil-)Aufgaben eben etwas weniger perfekt, aber nichts darf liegen bleiben, nichts „fährt gegen die Wand". Das alles unter konsequenter Nutzung der ihm zur Verfügung gestellten Ressourcen, sprich der Mitarbeiter. Kühl („distanziert"), professionell, aber ohne ständiges Vergießen von Herzblut, gilt es zwischen Anforderungen, Kapazitäten, Belastungsgrenzen seiner Leute zu jonglieren – aber nicht als soziales Gewissen der Abteilung. Er fordert bei seinem Chef mehr Leute ein (die er nicht bekommen wird), bittet gegebenenfalls um die Genehmigung, den leistungsschwächsten Mitarbeiter austauschen zu dürfen (die er bekommen wird). So geht das – er gibt ebenso viel Druck weiter, wie er bekommt. Motivieren der Leute ist gut, aber notfalls muss auch Druck reichen. Die Zeiten sind hart – und Denken sowie Handeln in diesem Sinne wird verlangt.

Konkret: Er wird Manager seiner Gruppe, nicht mehr Führer, Leit- und Vaterfigur „meiner Leute". Das ist es auch, was sein Chef ihm sagen will. Der Einsender ahnt schon, dass das so kommen muss, wenn er überleben will.

Ob unser Einsender diese Vorgaben umsetzen könnte, selbst wenn er wollte? Ich wäre da skeptisch. „Ich will mich ändern", hat er bisher noch nicht formuliert – und selbst das wäre erst der Anfang!

3. Die spezielle gesundheitliche Situation des Einsenders:

Sie, geehrter Einsender, hätten bei Ihrem Persönlichkeitstyp schon als Gesunder größte Schwierigkeiten mit einem plötzlich zu bringenden „Abtropf"-Stil. Ihre gesundheitliche Belastung katapultiert die Probleme in eine ganz andere Dimension!

Ich bin der festen Überzeugung, dass Sie das nicht ohne akute Gefährdung Ihrer Gesundheit durchstehen können. Aus meiner Sicht gilt: Sie müssen raus aus der Verantwortung für die Gruppe. Selbst wenn Ihr Chef und Sie eine brauchbare Übereinkunft erzielen könnten, wie Sie als Gruppenleiter in Zukunft distanzierter an die Probleme herangehen sollten – es würde nicht funktionieren. Sie würden sich trotz guter Vorsätze wieder voll einbringen, dabei Ihre Gesundheit endgültig ruinieren – und niemand würde es Ihnen danken.

Ich sehe drei Möglichkeiten:

a) Sie gehen innerhalb Ihres heutigen Anstellungsverhältnisses – natürlich mit Einverständnis Ihres Chefs – auf eine nichtführende Position zurück. Das Unternehmen behält Ihre Fachqualifikation – aber die Realisierung wird für alle Beteiligten schwer.
b) Sie versuchen einen Arbeitgeberwechsel, suchen eine Gruppenleiterposition und arbeiten dort distanzierter als heute. Aber wenn Sie Ihre gesundheitlichen Belastungen offen nennen, stellt Sie niemand ein!
c) Sie realisieren Ihren – mir nicht im Detail bekannten – Traum, eine völlig neue berufliche Ausrichtung zu suchen. Hoffentlich haben Sie dafür eine tragende Idee. Das ist nämlich ein äußerst schwer zu realisierendes Vorhaben. Dort wären Sie übrigens wieder ein besserer Anfänger – mit allen Konsequenzen.

Notizen aus der Praxis

„Antworten", die dem Autor wichtig sind, auch wenn gerade keine passenden Fragen vorliegen

Die Kette ist nur so stark ...

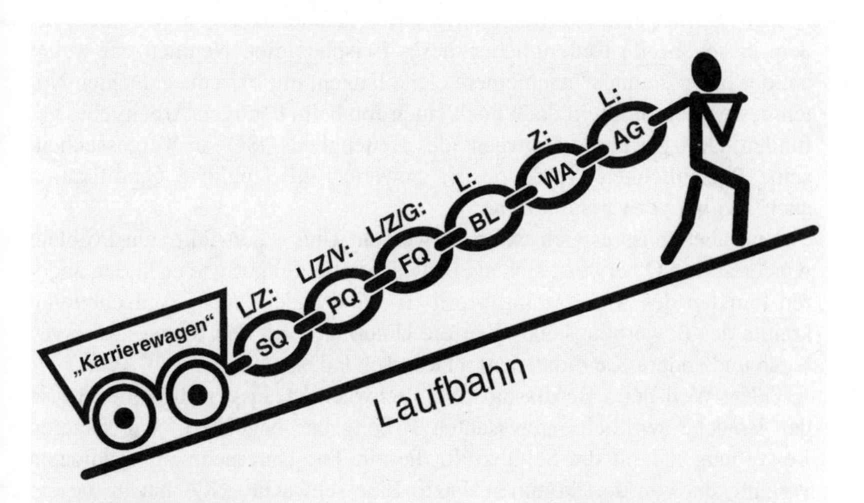

Die „Kettenglieder":
SQ = Studienqualifikation (Ausbildung)
PQ = Persönliche Qualifikation
FQ = Fachliche Qualifikation
BL = Berufliche Laufbahnfortschritte bisher
WA = Wertung durch bisherige Arbeitgeber
AG = Namen und Bedeutung bisheriger Arbeitgeber

Die Informationsquellen:
L = abzulesen am Lebenslauf
Z = abzulesen am Zeugnis
V = zu erkennen am Verhalten
G = im Gespräch zu erfassen

Ich bin ein großer Anhänger anschaulicher Beispiele. Wer mich kennt, weiß das. Ich wiederum weiß, dass diese meine Leidenschaft nicht von jedem geteilt wird – insbesondere nicht von jenen, die gewohnt sind, die Dinge wissenschaftlich zu betrachten und ihnen gestellte Aufgaben auch auf jener Basis zu lösen. In meinem Fachgebiet, in dem es um Menschen geht, hat sich jedoch gezeigt, dass auftretende Probleme zwar ungeheuer komplex und vielschichtig zu sein scheinen – dass die Kunst jedoch darin besteht, so lange zu bohren oder Zwiebel-Schichten abzupellen, bis man auf den Kern gestoßen ist. Und der ist fast immer ganz einfach. Man muss nur darauf kommen (und sich getrauen, letztlich banal erscheinende Rezepte als Lösungsmöglichkeit zu offerieren).

Hier also nun die Idee mit der Kette, die eben nur so stark ist wie ihr schwächstes Glied. Ich kam auf sechs wesentliche Glieder – an jedem davon kann die Konstruktion scheitern. Oder der Mensch ist so klug, kritische Glieder vorher als Schwachstellen zu erkennen und die Kette nicht allzu großen Belastungen auszusetzen.

Nehmen wir einen karriereinteressierten Akademiker von 40 Jahren, bei dem es schon alle Kettenglieder dieses Beispiels gibt. Nehmen wir weiter an, der hätte „damals" nach einem elend langen, mit extrem schlechten Noten bewerteten Studium doch noch einen Job beim heutigen Arbeitgeber gefunden. Dort geriet die Schwäche des Kettenglieds „SQ" in Vergessenheit, seine Persönlichkeit wurde positiv gewertet, die fachliche Qualifikation auch, es ging vorwärts mit ihm.

Nun aber muss er sich extern bewerben. Und schon fällt sein Problem wieder auf, „SQ" erweist sich als Schwachstelle. So gut wie er in den anderen Punkten des Anforderungsprofils ist, sind andere auch, kopfschüttelnd könnte der Bewerbungsanalytiker die Unterlagen auf den Stapel „Reserve" legen und andere Kandidaten zum Gespräch laden.

Oder: Weil beim Berufsstart „SQ" schwach ist, lässt sich keiner der in der Branche wirklich interessanten Arbeitgeber begeistern, bei späteren Bewerbungen fehlt die Schubkraft, die ein Top-Unternehmen Kandidaten verleiht, die von dort kommen. Fazit: Eine schwache „SQ" hat in diesem Fall noch ein schwaches Glied „AG" zur Folge.

Der Rest des Schaubildes erklärt sich, so hoffe ich, von selbst. Ach ja: Eigentlich verläuft der Weg, der hier als „Laufbahn" dargestellt ist, nicht so schön gerade, sondern in Stufen. Jeder Schritt nach oben ist eine solche Stufe. Und bevor Sie Ihren „Wagen" jeweils dort hinaufbekommen, wird die Kette extrem beansprucht. Wenn Sie sich dann noch jeden Arbeitgeberwechsel als besonders große Stufe vorstellen, kommen wir der Realität noch näher.

Aber Sie wissen ja ohnehin: Irgendwie hinkt jedes Beispiel etwas. Dafür bleibt es meist besser im Gedächtnis als eine rein sachliche Problembeschreibung. Und als Trost: Im Gegensatz zur reinen technischen Lehre von der Kette ist es in der Praxis dieses Metiers dann doch schon einmal möglich, Bewerbungsempfänger mit fünf extrem starken Kettengliedern so zu beeindrucken, dass sie die Schwäche des sechsten übersehen oder zumindest teilweise tolerieren. Schön, dass auch dort Menschen sitzen – die u. a.

den Begriff des Kompromisses kennen bzw. die gelegentlich akzeptieren, dass Problemlösungen oft etwas unterhalb denkbarer Ideale liegen (müssen).

Wollen, Können, Regeln kennen

Die einfachsten Fragen sind ja oft die besonders tückischen. So auch diese: „Wie macht man denn nun Karriere?" Und: „Lassen Sie die Details ruhig einmal weg, erläutern Sie das Prinzip." Sie ahnen es: Junge Menschen fragen so. Wer hingegen schon Geschäftsführer ist und vom Konzernvorstand träumt, geht nicht so furchtbar direkt auf den Kern der Sache los.

Aber die Frage ist ja nicht etwa unberechtigt. Und eine Antwort muss es irgendwie geben. Schließlich gilt: Man kann fast alles erklären.

Alsdann:

1. Sie müssen Karriere machen wollen.

Damit fängt alles an. Karriere muss Ihr Ziel sein; Sie wollen Macht, Entscheidung, etwas bewegen; ein Berufsleben ohne Führungsfunktion ist für Sie keine Lösung (bedenken Sie: Geführt wird immer; es geht nur darum, ob Sie dabei sind). Sie räumen dem Beruflichen neben dem Privaten einen hohen Stellenwert ein, kleben nicht an Wiesweiler West. Weil Sie wissen, dass man für etwas, das man will, auch einen angemessenen Preis zahlen muss.

2. Sie müssen das erforderliche Können mitbringen.

Es gibt dafür immerhin Indizien, die auch schon vor dem Berufseintritt darauf hindeuten: So kann es keinesfalls schaden, schon während der Schule, der Ausbildung, während des Studiums und/oder der Promotion den Kopf aus der Masse gesteckt und mehr als andere mit gleicher Ausgangsbasis erreicht zu haben. Sie treffen gern Entscheidungen, auch wenn die Informationsbasis schwach ist. Sie sind überzeugt, dass auch andere (Lehrer, Professoren, Kollegen, Chefs) bei Ihnen nicht nur gute Leistungen, sondern auch Potenzial für einen (weiteren) Aufstieg sehen. Und Sie stehen zu Begriffen wie „Ehrgeiz" und „Elite" positiv. Erfolgreiches Engagement in führender Position(!) im außerschulischen, außeruniversitären Bereich wäre ebenfalls ein gutes Zeichen. Sie setzen sich in Diskussionen oft durch, andere folgen Ihnen. Sie sind fähig, für Ihre Ziele auch zu kämpfen (ohne Kampf kein Sieg – nicht einmal im Tennis oder Fußball).

3. Sie müssen die Regeln dieses „Spiels" kennen – und beachten.

Denken Sie auch hier wieder an Wettkämpfe im Sport: Nur wer die Regeln kennt und danach handelt, hat eine Chance. Wer siegen will, muss sich um diese Kenntnisse kümmern, muss lesen, fragen, analysieren. Wobei es gleichgültig ist, was Sie von einzelnen Regeln halten – leben und arbeiten müssen Sie danach. Z. B. nach dieser: Ein guter Mitarbeiter im Sinne des Systems ist einer, den seine Vorgesetzten dafür halten.

Sie müssen bereit sein, taktisch geschicktem Vorgehen eine hohe Priorität einzuräumen und „die Sache" auch einmal zurückzustellen. Ihr Partner muss „mitspielen". Sie dürfen nur bedingt Individualist sein wollen, „Anpassung" darf kein Schimpfwort sein. Und Sie sollten nicht der Mensch sein, der ständig bei Autoritätspersonen (Lehrer, Bundeswehr, Professoren, Chefs) aneckt.

4. Und wenn das alles stimmt, macht man Karriere?

Nicht zwangsläufig – aber dann haben Sie eine sehr solide Chance.

5. Wo bleiben die Top-Leistungen im fachlichen Bereich?

Sie sind selbstverständlich, beweisen oder bewirken allein aber nichts. Fachlich hervorragende Leistungen sind so wichtig wie gesunde Beine für einen Weltklasse-Tennisspieler: Ohne sie läuft gar nichts – und mit gesunden Beinen allein werden Sie nicht einmal Vereinsmeister in Wiesweiler-West. Jetzt ahnen Sie, was an der Hochschule alles nicht gelehrt wird (dafür heißt sie auch nicht „Karriere-Institut". Im übertragenen Sinne wäre sie eine Art „Lehrinstitut für gesunde Beine e. V.", was nicht negativ gemeint ist: Nur in einem Volk mit sehr vielen sehr gesunden Beinen können sich hinreichend viele Weltklasse-Tennisspieler entwickeln).

Führen: Keine Angst vorm ersten Mal!

Nicht nur das Ob wird von vielen jungen Mitarbeitern erwogen („soll ich überhaupt?"), sondern vor allem das Wie bereitet ihnen Kopfschmerzen und steht in Diskussionen im Mittelpunkt des Interesses. Nun würde „Alles über Führen" nicht einmal in ein einzelnes mitteldickes Buch hineinpassen – den Rahmen eines meiner Beiträge sprengte es in jedem Fall. Also versuche ich mich an einer Kurzanweisung für Einsteiger:

1. Falls Sie keine Schulung über Mitarbeiterführung genossen haben, bevor man Sie zur Führungskraft macht: Das ist absolut normal. Es ist in weiten Teilen der Wirtschaft üblich, Anfänger ins kalte Wasser zu werfen. Tausende mussten es vor Ihnen durchstehen, auch Ihre Chefs dürften dazu gehören, alle haben es „überlebt".

2. Dennoch haben Sie eine wichtige Schulungs- und Vorbereitungsphase durchlaufen, die Ihnen vermutlich nur nicht bewusst geworden ist: Sie wurden geführt! Im Durchschnitt etwa fünf Jahre lang, bevor Sie selbst führen

müssen oder dürfen. Wenn Sie ehrgeizig sind, wussten Sie, dass Ihr Einstieg in die Übernahme von Personalverantwortung eines Tages kommen würde. Und wenn Sie klug waren, haben Sie Ihre Chefs aufmerksam beobachtet, ihr Handeln analysiert, die Auswirkungen einzelner Maßnahmen auf Sie und Ihre Kollegen registriert und sich so nach und nach ein eigenes Handlungsraster zurechtgelegt. Dabei haben Sie auch erlebt, dass offensichtliche einzelne oder auch wiederholte Fehler der Vorgesetzten nicht sofort in die Katastrophe führen – und dass sich sogar offensichtlich unbegabte Chefs recht lange auf Führungspositionen halten können. Aber natürlich wollen Sie dennoch nicht zu diesem Kreis gehören.

3. Da Sie beim ersten Führungsjob vermutlich nicht gleich Vorstandsvorsitzender werden, gilt: Sie werden auch weiterhin geführt, nämlich von Ihrem künftigen Chef. Der liefert Ihnen also täglich neues Anschauungsmaterial. Vor allem aber:

Dieser Chef, den Sie nach Antritt Ihrer neuen Führungsposition haben werden, ist die zentrale Institution, die darüber befindet, ob Sie in Ihrem neuen Amt gut oder kritisch beurteilt werden – Sie unterliegen seinen Maßstäben. Dabei empfindet er seinen Stil als richtig und erwartet, dass Sie Ihre Leute so führen wie er Sie. Wenn Sie eines Tages sicher im Sattel sitzen, können und müssen Sie Ihren eigenen Stil finden, aber seien Sie recht vorsichtig damit, gleich mit einem völlig anderen Vorgehen anzufangen, bevor Sie noch sachliche Erfolge vorweisen können.

Beispiel: Ein autoritär führender Vorgesetzter empfindet einen seinerseits eher kooperativ-ausgleichend vorgehenden Unterführer schnell als durchsetzungsschwach oder zu weich.

4. Dieser Chef, den Sie haben werden, hat Sie entweder eingestellt (bei einer externen Bewerbung) oder befördert (beim internen Aufstieg). Seine Name steht unter der Entscheidung für Sie. Er mag nicht mit Fehlentscheidungen in Verbindung gebracht werden – also will er, dass Sie Erfolg haben. Er ist Ihr wichtigster Verbündeter!

Wenn Sie auf Probleme stoßen – reden Sie rechtzeitig mit ihm, holen Sie seinen Rat ein. Sie müssen dabei nur die richtige Balance finden: Führungskräfte, die wegen jeder Banalität zu ihm kommen („Müller hat mich heute nicht gegrüßt, was soll ich tun?"), mag er auch nicht. Es empfiehlt sich aber sehr, komplexe Eingriffe in Ihre Mitarbeiterstrukturen vorher mit ihm abzustimmen und ihn so intensiv zu informieren, bis er abwinkt („machen Sie ruhig, was Sie für richtig halten, zu viele Details will ich gar nicht wissen"). In der Regel aber werden Chefs gern umfassend unterrichtet (oder gefragt).

Wobei die generell für die Behandlung von Chefs geltende Devise auch hier zu beachten ist: Legen Sie einem Vorgesetzten keine Probleme auf den Tisch, sondern Lösungskonzepte, die er nur noch abnicken muss.

5. Die Gruppe der zu führenden Mitarbeiter wird Ihnen anvertraut, damit Sie durch deren effizienten Einsatz vorgegebene Ziele erreichen. Die Gruppe ist Ihr Instrument, Sie müssen es dazu bringen, im Rahmen der Ihnen gegenüber gemachten Vorgaben zu „funktionieren".

Ihre Hauptaufgabe ist es hingegen nicht(!), die Interessen der Gruppe gegenüber Ihrem Chef zu vertreten oder die Mitarbeiter zu erfreuen.

Vergessen Sie zunächst überhaupt die Frage, was „Ihre" Mitarbeiter wohl von Ihnen denken oder halten – wichtiger ist, was Ihr Vorgesetzter von Ihnen denkt oder hält. Schließlich kann der Sie feuern, während die Mitarbeiter Sie nicht abwählen können. Dieser Aspekt wird erfahrungsgemäß am häufigsten übersehen.

6. Weil es wichtig ist, wird daraus ein eigener Hauptpunkt: Versuchen Sie gar nicht erst, bei den unterstellten Mitarbeitern beliebt zu sein. Das ist nicht Ihre Aufgabe. Seien Sie korrekt, bleiben Sie sachlich, begründen Sie Ihre Entscheidungen, das reicht für den Anfang.

7. Sie gehören nicht zur Gruppe Ihrer unterstellten Mitarbeiter! Entweder sind Sie einer von denen oder Sie führen sie, beides geht nicht.

Zum Führen gehört auch etwas Distanz. Ein Chef ist nicht zwangsläufig besser als seine Leute, aber er ist anders, hat andere Kompetenzen, eine andere Verantwortung, gehört einer anderen Hierarchie- und Gehaltsklasse an. Er kann nicht (mehr) Kumpel unter Kumpeln sein, gehört keineswegs zwangsläufig in den Abteilungskegelclub oder zu dem Bierabend-Kreis.

Bedenken Sie: Jederzeit(!) müssen Sie frei genug sein, jeden Ihrer Mitarbeiter wegen sachlicher oder persönlicher Anlässe mehr oder minder deutlich zu kritisieren – das fällt insbesondere dem Ungeübten schwerer, wenn er sich allzu sehr hat einbinden lassen in die Gemeinschaft der Gruppe.

Lassen Sie sich insbesondere in den ersten Tagen und Wochen, wenn Gesichter, Persönlichkeiten und Strukturen noch neu und schwer überschaubar für Sie sind, nicht von Teilgruppen oder einzelnen Ihrer Mitarbeiter irgendwie „einfangen", zu etwas überreden, von dem Sie später nur schwer wieder herunterkommen. Antworten Sie freundlich, aber bestimmt, Sie möchten sich jetzt noch nicht festlegen und wollten erst einmal über längere Zeit Erfahrungen in der neuen Umgebung sammeln, bevor Sie sich in der Angelegenheit entscheiden (Beispiel: „Chef, wir duzen uns hier alle; das galt auch für Ihren Vorgänger und gilt doch sicher auch für Sie?").

Sie werden in Kürze, rechnen Sie fest damit, Entscheidungen treffen müssen, die für einzelne Mitglieder oder für die ganze Gruppe unangenehm sind. Dann brauchen Sie dringend Unabhängigkeit von Ihren Mitarbeitern – und von dem Urteil, das die sich über Sie gebildet haben oder bilden werden.

8. Gerade in den ersten Tagen und Wochen entscheidet es sich, wie Sie sich durchsetzen (Durchsetzungsvermögen ist ein wichtiges Beurteilungskriterium, wenn Ihr Chef Ihre Bewertung erstellt). Handeln Sie nach dem Prinzip „Wehret den Anfängen“: Wenn Ihnen etwas nicht gefällt, sprechen Sie es ganz offen an. Bleiben Sie dabei ruhig und sachlich, aber machen Sie Ihren Standpunkt klar.

Beispiel 1: Wenn Müller mehrfach zu spät kommt und Ihnen das missfällt, bitten Sie ihn zu sich und sagen Sie ihm, dass Sie vom Unternehmen auch den Auftrag hätten, für Effizienz und Planbarkeit der Leistung zu sorgen und dass dies ohne die Sicherheit einer gleichen Anfangszeit für alle nicht ginge. Hören Sie sich gar nicht erst seine Begründung an, sondern verweisen Sie auf ein Prinzip (Sie verkörpern jetzt den Arbeitgeber): „Sie kommen täglich pünktlich, wir zahlen monatlich pünktlich.“ Notfalls können Sie hinzufügen, Sie würden ja auch dahingehend beobachtet, ob Sie Ihre Mitarbeiter morgens pünktlich ins Haus bekämen; dann lächeln Sie und fragen: „Sie wollen doch sicher nicht, dass ich Ihretwegen negativ auffalle“ (aber das ist schon ein schwächeres Vorgehen, daher „notfalls“).

Beispiel 2: Wenn Schulze Ihnen in der Abteilungsbesprechung mehrfach über den Mund fährt, Ihren Vorstellungen offen widerspricht und es an jeglichem Respekt fehlen lässt, dann kritisieren Sie ihn nicht vor allen – aber sagen Sie ihm so, dass alle es hören, Sie bäten ihn anschließend zu sich ins Büro. Dort sagen Sie ihm, dass Ihnen sein Verhalten nicht gefallen habe und dass Sie sich das in Zukunft anders vorstellten. Sie können hinzufügen, dies sei noch nicht als Kritik zu sehen, da Sie ja nicht wüssten, was hier früher üblich gewesen sei. Aber Sie wollten fair sein und sofort Ihre Erwartungen äußern, damit er einen Orientierungsmaßstab habe.

Geben Sie Ihren Mitarbeitern eine „Fahrstraße“ vor, die Sie auf beiden Seiten durch „Leitplanken“ abgrenzen – wer die Fahrbahn verlässt, touchiert die Begrenzung, dann fliegen Funken. Konsequenz ist (fast) alles!

9. Ganz am Anfang können Sie – quasi zur Begrüßung – ein paar Worte sprechen, in denen Sie zum Ausdruck bringen, dass diese Zusammenarbeit auch für Sie neu sei, dass auch Sie lernen müssten und dass auch Sie Fehler machen würden. Aber Sie wollten stets offen über alles reden, Ihre Tür stünde offen und Sie würden versuchen, Ihre Erwartungen klar und deutlich zu äußern. Allzu lange „Reden“ empfehlen sich nicht – sie würden ohnehin nur „Theorie“ enthalten.

10. Ich stelle diesen Aspekt bewusst an den Schluss, etwa im Sinne von „last but not least“: Natürlich brauchen Sie, um selbst gute Resultate zu erzielen, Ihre Mitarbeiter. Diese müssen Sie zur Leistung und Zusammenarbeit motivieren. Sie müssen hier schieben, dort bremsen, teils trösten und

dann wieder gut zureden, (symbolisch und in der Tat) Tränen trocknen, mit Lob fördern und mit Kritik Besserung einfordern.

Führen wird deshalb so gut bezahlt, weil es eine anspruchsvolle, „abendfüllende" Tätigkeit ist. Und Sie können Ihren neuen Job auf Dauer keinesfalls gegen Ihre Mitarbeiter ausüben – vor allem nicht gegen alle oder auch nur die Mehrheit von ihnen. Aber dabei hilft es Ihnen wieder, dass die Gruppe heterogen zusammengesetzt ist: Die wollen nicht alle das Gleiche, die können nicht alle das Gleiche, die empfinden nicht gleich, die reagieren nicht gleich, die haben nicht die gleichen Ziele, nicht die gleichen persönlichen und gesundheitlichen Belastungen. Daher müssten Sie schon mehrere massive Fehler machen, um alle gleichzeitig und gleichermaßen gegen sich aufzubringen.

Und wenn Sie sich im Kontakt zu Ihren Mitarbeitern bei einem Fehler ertappen, geben Sie ihn ruhig zu, bei echtem Fehlverhalten schmückt auch den Vorgesetzten eine Entschuldigung sehr.

In den „Rest" wachsen Sie hinein. Generationen vor Ihnen mussten und konnten das ebenso. Schließlich macht auch hier Übung den Meister.

Und vergessen Sie bloß nicht: Ein geführter Mitarbeiter, der weiterhin einen Chef hat, bleiben Sie trotz Ihrer neuen „Würde". Sie haben jetzt nur mehr Verantwortung – und die Geschichte macht mehr Spaß.

Selbst für einen ebenso ehrgeizigen wie begabten Nachwuchs-Manager mag aller Anfang schwer sein – aber gibt es eine Alternative zum Einstieg in die Führung? Also müssen Sie da durch!

„Doch unterdessen entflieht die Zeit, ...

... flieht unwiederbringlich", wusste schon Vergil (so um 50 v. Chr.). Was immer er mit „unterdessen" gemeint hat, ich nutze das Zitat für eine Warnung an Menschen, die eigentlich anspruchsvolle Karriereziele haben, deren Problem jedoch darin besteht, dass schon viel Zeit verstrichen ist, man aber noch immer keine adäquaten Resultate sieht. Dabei gilt in dem Metier, was auch auf Bahnhöfen gilt: Ist der Zug ohne Sie abgefahren, ist eine Chance vertan – wer den nächsten nehmen muss, erreicht das Ziel nicht mehr rechtzeitig.

Das alles wäre nicht so schlimm, wäre in Karrierefragen nicht der zeitliche Spielraum so überaus knapp bemessen:

Mit 28 steigen junge Akademiker ins Berufsleben ein – mit 45 sollten sie schon wieder auf dem Stuhl sitzen, auf dem sie notfalls bis zur Pensionierung bleiben. Der letztgenannte Grenzwert ergibt sich einfach aus der dann sehr schnell einsetzenden Beeinträchtigung externer Wechselmöglichkeiten auf dem Arbeitsmarkt: Wer mit Aufstieg per externem Wechsel nicht mehr rechnen darf, verliert auch intern an Durchschlagskraft. Natürlich geht oft auch noch etwas mit 48, mitunter gelingt auch 50-jährigen Bewerbern noch ein Vertragsabschluss. Aber diese knappe Reserve oberhalb von 45 braucht man als Sicherheit für existenzbedrohende Notfälle, sie sollte nicht mehr für klassische Karriereschritte eingeplant werden.

Das sind dann also etwa siebzehn Jahre vom Berufseinstieg zur Zielposition. Das ist nicht viel! Vor allem ist da kein Raum für mehrere langjährige Beschäftigungsverhältnisse ohne erkennbaren Aufstieg: Acht Jahre Sachbearbeiter bei A und dann acht Jahre Gruppen-/Teamleiter bei B – und Sie sind 44. Dann wäre es schon gewagt, die verbleibende Reserve für den Sprungversuch in die Abteilungsleiterebene zu „opfern".

Außerdem verlangt kein Arbeitgeber, der einen neuen Mitarbeiter sucht, dass der Bewerber acht Jahre davor ein und dieselbe Funktion ausgeübt hat, achten Sie einmal auf Formulierungen in Stellenanzeigen. Fünf Jahre pro Funktion und Ebene sind jeweils absolut ausreichend – fünf Jahre pro Arbeitgeber übrigens jederzeit auch.

Also gilt die Faustregel: Versuchen Sie, so etwa alle fünf Jahre befördert zu werden – bis Sie da sind, wo Sie hinwollen. Und wenn das intern nicht klappt, denken Sie eben an den externen Weg. Und wenn Sie nicht höher hinaus wollen, hören Sie eben einfach auf.

Wenn Sie aber bis 40 Sachbearbeiter bleiben, haben Sie allergrößte Probleme, überhaupt noch Gruppenleiter zu werden. Weil sich eben beizeiten krümmt, was später ein Häkchen werden will (Volksmund).

Natürlich ist das nur eine Faustregel. Aber rechnen Sie einmal nach: Berufseinstieg mit 28, Gruppen- oder Teamleiter mit 33, Abteilungsleiter mit 38, Bereichsleiter mit 43, da stecken sogar noch zwei Jahre Sicherheitsreserve drin. Für die vielen Menschen, die so vorgehen, ist das absolut kein Prozess, der etwa nach „Hetze" klänge. Und: Sie müssen ja nicht Bereichsleiter werden wollen – es findet sich schon jemand anderer für jede derartige Position. Aber falls Sie Aufstiegsinteressen haben, ist die 5-Jahres-Regel ein brauchbarer Anhaltspunkt. Nur aufholen lässt sich entflohene Zeit nicht mehr. Wenn der Zug weg ist, ist er weg (fast ein Slogan für die Bahnwerbung – ebenso banal wie unangreifbar; Vergil wurde dabei nicht ganz erreicht, wie ich eingestehe).

Aufstieg: Doch der Segen kommt von oben

Je einfacher die Frage klingt, desto größer die Gefahr, dass die Antwort schwierig wird. Vornehmer ausgedrückt: dass die Thematik sich als ungewöhnlich komplex erweist. Das ist ganz sicher der Fall, wenn es heißt: Wie funktioniert eigentlich das Befördern? Wie wird man wann und warum etwas? Ich war selbst etwas erstaunt über diese Komplexität, als ich die wichtigsten Grundsätze und Regeln aufschrieb:

1. Unverzichtbare Mindestbasis jeder Beförderung ist die uneingeschränkt sehr gute Beurteilung von Führung („sich führen", nicht „andere führen") und Leistung durch den bzw. die Vorgesetzten. Wer also weiterkommen will, muss seinen bisherigen Job hervorragend „machen" – und zwar nicht nach vermeintlich absoluten Kriterien, sondern in den Augen der Vorgesetzten (das ist ein großer Unterschied, mitunter). Maßstab sind die Kollegen – besser zu sein als die ist eine Standardanforderung. Denn der Beste wird in der Regel zuerst befördert (keine Angst, liebe „Kollegen", danach ist er weg, es beginnt ein neues Spiel mit neuen Maßstäben).

Beachten Sie bitte: Hier geht es sowohl um Ihre fachliche als auch um Ihre persönliche Qualifikation (zunächst bezogen nur auf den heutigen Job, s. a. 3.). Konkret: Eine hervorragende fachliche Leistung allein nützt nichts, wenn sie von mangelnder Einsatzbereitschaft (u. a. Überstunden), fehlendem Engagement, unzureichender Bereitschaft zur Übernahme von Verantwortung, zu geringem Durchsetzungsvermögen etc. begleitet wird. Die Mindestvoraussetzung lautet also: „Er/sie gibt bei der Lösung seiner/ihrer Aufgaben sowohl im fachlichen als auch im persönlichen Bereich in den Augen seines/ihres Chefs ein uneingeschränkt positives (überdurchschnittliches) Bild ab." Sonst läuft gar nichts!

Auch wilde Theorien bringen nichts, etwa: „Als Sachbearbeiter bin ich vielleicht nicht besonders gut, aber als Abteilungsleiter wäre ich super" – keine Chance, niemand hört zu.

2. Die Bewährung auf der jeweils „unteren Ebene" (vor der Beförderung) muss einen gewissen zeitlich Umfang haben. Gefordert wird eine dauerhaft(!) sehr gute Leistung, es geht nicht um „Eintagsfliegen". Etwa zwei Jahre sind Minimum, fünf eine solide Basis.

3. Der beurteilende Vorgesetzte und auch der jeweils nächsthöhere Vorgesetzte müssen Potenzial erkennen für die Übernahme höherwertiger Aufgaben auf der nächsten Ebene. Das ist ein Problem beim direkten Chef, der ja meist in der Ebene direkt über seinem Mitarbeiter angesiedelt ist: Er müsste sagen, dass der Mitarbeiter so gut ist wie er selbst, also seinen Job machen könnte. Da das übermenschliche Objektivität und Souveränität erfordern würde, beurteilt das auch der nächsthöhere Vorgesetzte (also der Hauptabteilungsleiter, wenn man erstmals Abteilungsleiter werden will). Der sieht die Frage gelassener, er urteilt ja in jedem Fall über das Niveau unter ihm.

4. Unternehmen befördern nicht vorrangig jemanden, wenn der es verdient hat – sie müssen auch eine freie Planstelle der neuen Ebene haben. Es ist nicht üblich zu sagen: „Wir machen Sie schon einmal zum Abteilungsleiter, also z. B. beim Gehalt, Dienstwagen und Büro – eine entsprechende Stelle bekommen Sie, wenn eine frei geworden ist." Man wird stets erst Abteilungsleiter, wenn intern eine solche Position zu besetzen ist.

5. Da mit einer Beförderung sehr oft die Übernahme einer Position in einer anderen Abteilung verbunden ist (man wird nur selten Chef seiner bisherigen Kollegen), verliert die „alte" Abteilung den jungen Hoffnungsträger. Es gilt also, den natürlichen Egoismus des eigenen Chefs zu überwinden, der ja seinen besten Mitarbeiter abgibt, wenn er ihn überdurchschnittlich beurteilt. Nur in seltenen Fällen dankt das dem Vorgesetzten jemand (außer dem beförderten Mitarbeiter).

6. Noch mehr als über eine schwache Beurteilung ärgert sich der betroffene Mitarbeiter über die Kombination von brillanter Bewertung, aber ausbleibender Beförderung. Aus Vorsicht vor Enttäuschung bei seinem Mitarbeiter hält sich mancher Vorgesetzte auch deshalb mit seinem Urteil zurück („bloß keine im Moment unerfüllbaren Hoffnungen wecken").

7. Die beurteilenden Vorgesetzten nehmen – auch unbewusst – sich selbst als Maßstab. Daher wird letztlich befördert, wen die Gruppe der ranghöheren Manager als „einen von uns / wie wir" empfindet. Das schließt Arbeitsstil und -moral, Aussehen, Auftreten und Geisteshaltung (in gewissem Umfang) durchaus mit ein.

8. Erst arbeitet man längere Zeit wie ein Abteilungsleiter, dann tritt man längere Zeit auf wie ein Abteilungsleiter, dann wird man vielleicht Abteilungsleiter und dann wird man allmählich wie ein Abteilungsleiter bezahlt. Wer befördert werden will, muss also auf unterer Ebene (unbezahlte) Vorleistungen erbringen. Das ist eine klare „Investition in die eigene Karriere" und leuchtet vielen Mitarbeitern mit klassischer „Tarifangestellten-Mentalität" (ein Schimpfwort in Managerkreisen) nicht ein.

9. Wer etwa alle fünf Jahre befördert wird, bleibt gut „im Rennen", bei deutlich längeren Intervallen fährt irgendwann „der Zug ab". Dann nützen auch intensive Bemühungen nichts mehr. Ein 45-jähriger Sachbearbeiter hat vermutlich schlicht keine Führungsqualitäten – aus der Traum.

10. Letztlich zählt nur, wie weit nach oben man gekommen ist. Bei weitergehendem Ehrgeiz und intern ausbleibenden Perspektiven muss das Glück auch extern versucht werden. „Hier im Haus gab es nie eine Chance", ist keine gute Erklärung. Wer jagen will, muss dorthin gehen, wo das Wild ist. Steinzeit-Sippen, die vor ihrer Höhle auf Mammuts warteten und schulterzuckend akzeptierten, dass sich keines dieser Tiere sehen ließ, sind irgendwann verhungert. Am Prinzip hat sich nichts geändert.

11. Nicht immer gilt, dass der lauteste Schreier gewinnt. Aber wenn Sie Ansprüche haben, sprechen Sie mit Ihren Chefs über Ihre Erwartungen. Ein- bis zweimal im Jahr reicht, mehr nervt.

PS. Der Kern der Überschrift ist von Schiller (Die Glocke) und im Original etwas anders gemeint, passt aber dennoch ganz gut.

Für die Karriere brauchen Sie ein Netzwerk!

Im Rheinland um Köln herum, also in meiner geschätzten Wahlheimat, beherrschen die sympathischen Menschen eines perfekt: Was immer gebraucht wird – jeder kennt ein paar Leute, die das können und auch tun. Gegen Geld oder spätere Gegenleistung, aber tun.

Weiter oben, im politischen Bereich der Millionenstadt, funktioniert das nicht nur noch viel besser, sondern es wird gemunkelt, es funktioniere da ohne überhaupt nichts. Es gibt sogar einen Namen dafür: „Klüngel" nennt sich hier dieser nützliche Umgang mit einem Netz von Leuten, die man für irgendetwas „gebrauchen" kann. Mal will man von jemandem empfangen werden, was ohne Empfehlung nicht geht, dann wieder sucht man Gleichgesinnte für irgendein Geschäft: Immer findet sich jemand, der jemanden kennt, der seinerseits der Schwager ist von jemand, der ... Wenn man drin ist im Netz – sonst nicht.

Natürlich gibt's das in anderen Regionen irgendwie auch, wenn man dort auch vielleicht nicht „klüngelt", sondern beispielsweise „Amigos" hat.

Ein ähnliches, individuell auf Sie zugeschnittenes Netzwerk von Personen brauchen Sie, Karriereambitionen vorausgesetzt, unbedingt auch. Sie glauben gar nicht, wie überaus nützlich und hilfreich es ist, Teil eines solchen Beziehungsgeflechts zu sein – inner- und außerhalb des arbeitgebenden Unternehmens. Es geht um Informationen, die Sie auf diesem Wege exklusiv oder doch vorzeitig bekommen, dann wieder können Sie für ein internes Projekt auf Vergleichszahlen aus anderen Unternehmen verweisen – und schließlich beschaffen Sie Ihrem Sohn per Anruf einen Praktikantenplatz in einer total überlaufenen Branche. Mit der selbstverständlichen Konsequenz, dass auch Ihr Telefon gelegentlich läutet ...

Ich rede hier ganz bewusst vom Schmiermittel für das Karrieregetriebe, nicht von handfesten Zahnrädern. Damit meine ich also nicht vorrangig die direkte Jobvermittlung. Das ist ein ganz anderes Thema, mit dem man sehr vorsichtig umgehen muss. Schließlich lehnt man sich dabei sehr weit aus dem Fenster: Versagt der Empfohlene, fällt das auf den Empfehler zurück, die Verbindung wäre auf Dauer „verbrannt".

Fangen Sie also so früh wie möglich an, Ihr persönliches Netzwerk aufzubauen, am besten im Studium. Halten Sie Verbindung gerade auch zu Leuten, die meilenweit weg zu sein scheinen von Ihrem Metier. Sie wissen nie, wann Sie etwas auch auf diesem ausgefallenen Gebiet brauchen. Aber vergebens, das kann ich versprechen, wird Ihre Mühe nie sein. Oder kürzer: Man muss „Leute" kennen, so viele und so intensiv wie irgend möglich. Und wenn es der Chef des Opernhauses ist: Sie wissen nie, ob Ihr Vorstand nicht eines Tages dringend Premierenkarten für eine eigentlich ausverkaufte Vorstellung sucht.

Aber nichts ist geschenkt im Leben, das eigene Netzwerk will gepflegt sein. Man muss in Beziehungen auch investieren. Die Leute mögen nicht immer nur kontaktiert werden, wenn man etwas von ihnen will. Aber wenn Sie drei Monate, nachdem Sie jemanden anscheinend selbstlos zum Essen eingeladen hatten, bei ihm anklopfen, reagiert er positiv.

„No man is an island", John Donne um 1624 (Simmel war später).

Interessantes kann man tun – oder werden

Das nicht im Bewusstsein aller berufstätigen Akademiker hinreichend verankerte Problem besteht darin, dass ihnen dieses Wörtchen „oder" nicht bewusst ist: Sie hätten gern beides, interessante Aufgaben und einen konsequent erfolgreichen Aufstieg in interessante Spitzenpositionen.

Und das geht nicht! Oder sagen wir es so: Es gibt durchaus Fälle, in denen man innerhalb einer gewissen Phase sowohl an fachlich ungeheuer „spannenden" (so formuliert die aufstrebende Jugend heute) Projekten arbeitet als auch in relativ kurzer Zeit eine Beförderungsstufe nach der anderen durcheilt. Aber dann kommt früher oder später der Punkt, wo die beiden „Schienen" auseinanderlaufen – und man sich entscheiden muss: Eines der Ziele bekommt Priorität 1, das andere rangiert dann darunter, notfalls auch deutlich.

Da viele, insbesondere viele jüngere Menschen gewohnt sind, „alles" zu fordern, fällt ihnen das Setzen so klarer Prioritäten erfahrungsgemäß recht schwer. Als Ergebnis suchen sie ständig nach dem Kompromiss – und vermurksen schließlich beides.

Dieser Zwang, sich klar zu einer Priorität zu bekennen, ist fundamentaler Bestandteil unseres gesamten Systems, er gilt „auf breiter Front": Ich bleibe entweder an meinem Lieblingswohnort hocken oder ich hole alles heraus, was beruflich in mir steckt. Ein Unternehmen strebt entweder nach deutlich mehr Marktanteil oder nach deutlich höheren Erträgen – aber nie geht beides zusammen.

Also tummele ich mich auch entweder nur in den interessantesten Aufgabenbereichen bzw. Branchen oder ich werde sehr schnell Abteilungsleiter bzw. Geschäftsführer. Es ist eine Frage der Hauptzielsetzung, der Prioritäten eben.

Nehmen Sie mich: Dieses hier hat mir immer Spaß gemacht, hat mich als hochinteressante fachliche Aufgabe herausgefordert. Und was ist dabei herausgekommen? Bin ich etwa zum „Ober-Serien-Autor" befördert worden oder etwas in der Art? Zum Glück habe ich ja noch ein ganz anderes, umfangreicheres Betätigungsfeld, das als Ausgleich dienen kann. Aber Sie verstehen das Prinzip. Die Konzentration auf diese fachlich reizvolle Serienarbeit hat ihren Preis – andere Interessen müssen zurückstehen.

Relativ bald am Anfang Ihrer Laufbahn stellt sich Ihnen die Frage: Wollen Sie im Zweifelsfall lieber die interessante Tätigkeit oder die erfolgreichere Karriere? Und dann sind Sie gefordert.

Zwei Anmerkungen noch dazu:

1. Schreiben Sie mir nicht mit 28, dass Sie „stets beides optimal" miteinander verbinden konnten", schreiben Sie mir das mit 64.

2. Begnadeten Persönlichkeiten gelingt etwas Besonderes: Die Karriere kommt auf Nr. 1 – und die verschiedenen Tätigkeiten, die sich daraus ergeben, empfinden sie ebenfalls als hochinteressant. Es ist eine Frage der inneren Einstellung zu den Dingen, sie ist der eigentliche Erfolgsfaktor überhaupt. „Was mich meinem Ziel näher bringt, macht mir auch Freude" – das ist es! Nicht „Ich suche die Tätigkeit, die mir Freude macht", sondern „ich gehe mit Freude an einen Job, der mich meinem Ziel näher bringt". Fast ein Stück Lebensphilosophie.

Der typische Kandidat

Zum Durchschnitt zu gehören ist der Güter höchstes nicht. Aber es kann außerordentlich hilfreich sein, möglichst viel über die typischen anderen Bewerber zu wissen, die in vergleichbarer Lage sind, ähnliche Ziele haben und mit denen man sich in den üblichen Unterlagenstapeln trifft. Und auch zur eigenen Standortbestimmung ist es förderlich, Informationen darüber zu haben, wo man sich von Mitbewerbern unterscheidet.

Wir haben eine größere Anzahl von Bewerbern analysiert, die sich um Führungs- und -nachwuchspositionen im industrierelevanten Bereich bemühten und mindestens drei Jahre Praxis (aber auch deutlich mehr) hatten. Ausgewertet wurden nur solche Kandidaten, die wir im Vorstellungsgespräch kennen gelernt hatten (wobei viele der zu nennenden Kriterien nicht für die Einladung relevant gewesen waren, weil wir sie erst im Gespräch erfahren konnten):

Beim **Alter** dominiert mit 39 % die Gruppe 36–40 Jahre deutlich, angrenzende Gruppen gehen sofort auf den halben Anteil zurück. Und was alle schon wissen: über 45 wird es sehr dünn.

Beim **Studium** führt die Uni/TH/TU mit 52 %, eine FH hatten 35 % besucht, die Gesamthochschule kam nur auf 3 %.

Ein „sehr gutes" **Studienresultat** erzielten 16 % der eingeladenen Kandidaten. 58 % konnten ein „gutes" Ergebnis vorweisen, sie bilden das „Rückgrat" der interessanten Bewerber. Der Rest liegt bei „befriedigenden" Abschlüssen, schlechtere sind statistisch nicht relevant.

Immerhin 43 % konnten eine **Lehre** vorweisen, meist vor dem Studium absolviert.

Bei der **Dienstzeit** beim heutigen (bzw. letzten) Arbeitgeber liegt der Schwerpunkt mit 51 % auf „bis zu vier Jahren", dann nimmt die Quote deutlich ab – erreicht aber bei „mehr als zehn Jahren" noch einmal 15 %.

Das **heutige Arbeitsverhältnis** ist bei 84 % ungekündigt, 68 % bezeichnen es zusätzlich als „unbelastet" (keinen Ärger mit dem Arbeitgeber, keine besondere Drucksituation).

Mit 50 % liegt die Quote der „sehr gut" (fließend, verhandlungserfahren, in Wort und Schrift) **Englisch** sprechenden Kandidaten schon recht hoch, weitere 38 % können immerhin noch „gut" Englisch (fließende Verständigung möglich), der Rest zieht sich auf „Grundkenntnisse" zurück.

52 % kennen darüber hinaus mindestens eine **weitere Fremdsprache**, wobei es oft aber nur zur Grundverständigung reicht (gehobene Schulkenntnisse).

Nur in 26 % der Fälle waren auch die Eltern Akademiker, die überwältigende Mehrheit ist jedoch **Bildungs-Aufsteiger**!

82 % haben **Geschwister**, der Rest sind Einzelkinder (das hat beispielsweise bei der Vertriebsbegabung durchaus auch Aussagekraft).

79 % sind **verheiratet**, 64 % der Verheirateten haben **Kinder**.

Bei 36 % der Verheirateten ist der Ehepartner **berufstätig** – in 64 % also nicht. Das deckt sich zufällig mit der Quote der Verheirateten mit Kindern, es wird hier aber Überschneidungen geben (manche „kinderlosen" Partner sind nicht berufstätig, dafür arbeiten in anderen Fällen beide Eltern).

Politische Ämter oder Mandate sowie auch nur engagiert ausgeübte Partei-Mitgliedschaften wurden nur in 4 % der Fälle genannt! Die Standard-Führungskraft ist interessiert, aber nicht engagiert in diesen Fragen.

Bei den **Hobbys** (Freizeitbeschäftigungen) dominiert Sport mit 89 % – wer hier nichts nennen kann, fällt schon auf. Mit 20 % folgt bereits die Familie, Reisen bringt es auf 16 %, Musik wird von 14 % genannt, Lesen kommt etwa auch auf 14 %, „Freunde" erreichen 9 %.

Fazit: Der berufserfahrene Standardbewerber um karriererelevante Positionen ist in der zweiten Hälfte der Dreißiger, hat ein Uni/TH-Studium mit „Gut" abgeschlossen, bringt keine Lehre mit, ist „bis zu vier Jahren" beim heutigen Arbeitgeber tätig, sein Arbeitsverhältnis ist ungekündigt und unbelastet. Er spricht und schreibt fließend Englisch, verständigt sich auch noch in einer weiteren Fremdsprache etwas. Er ist sozialer Aufsteiger, hat Geschwister, ist verheiratet, hat Kinder, der Ehepartner ist derzeit nicht berufstätig.. Er ist nicht politisch engagiert (aber interessiert) – und er treibt Sport (wenn man es ihm auch nicht immer so spontan ansieht). Niemand muss um jeden Preis diesem Profil nacheifern – und schließlich stimmt ja auch kaum jemand zu 100 % damit überein. Aber dies können Orientierungspunkte sein.

PS: Das ist natürlich keine Auswertung, die höheren wissenschaftlichen Ansprüchen genügt. Allein schon die verschiedenen offenen Positionen, die zu den Bewerbungen geführt hatten und hier nicht mit einbezogen wurden, beeinflussen das Ergebnis. Dennoch dürfte die Analyse hinreichend genau den Durchschnittsbewerber für Industriepositionen im genannten Segment umreißen – und Ihnen zeigen, wo überall Sie davon abweichen.

Chefs wollen Lösungen, keine Probleme

So mancher versteht auch im fortgeschrittenen (Dienst-)Alter noch nicht, warum Kollegen aufsteigen, während ihm dieser Erfolg versagt bleibt. Beschäftigt er sich mit den Ursachen, stößt er auf zwei wichtige Grundsätze:

1. Wer negativ auffällt, wird bestimmt nicht befördert.
2. Wer positiv auffällt, wird vielleicht befördert.

Also gilt es, bevor man die „Kür" der positiven Auffälligkeiten angeht, erst einmal die „Pflicht" zu absolvieren, und keine Ansatzpunkte für kritische Überlegungen zu liefern – denn ohne gute Noten in der Pflicht wird man in diesem Spiel zur Kür gar nicht zugelassen. Und es gilt auch: In großen Organisationen reicht es oft, wenigstens nicht unangenehm in Erscheinung zu treten, um irgendwann zumindest eine Stufe höher zu kommen.

Ein häufig übersehener Stolperstein in diesem Zusammenhang ist es, dem Chef Probleme zu präsentieren und ihn mit der Lösung allein zu lassen. Sie wollen ein Beispiel:

„Chef, Chef" ruft Meier atemlos, nachdem er die Tür aufgerissen hat, „der Dachstuhl dieses Hauses brennt." Ende der Meldung. Der Chef denkt nach. „Also rufen Sie die Feuerwehr an und lassen Sie das Gebäude räumen!“, weist er Meier an und bekommt ein „Mach ich sofort“ als Antwort. „Idiot“, murmelt der Chef hinter Meier her, als der verschwindet. Und in den nächsten zehn Jahren wird dieser Mitarbeiter nicht befördert!

Weil Meier seinem Chef ein Problem auf den Tisch gelegt hat, ohne eine „zum Abnicken“ vorbereitete Lösung dazuzulegen. Jetzt musste der Chef sich mit dem Thema befassen, alles selbst durchdenken, aufpassen, dass er nichts übersieht und nichts vergisst – äußerst lästig die Geschichte. Außerdem musste er selbst die Verantwortung für sein Handeln bei der Problemlösung übernehmen, hätte er im Falle eines Falles keinen „Schuldigen“. Und: „Alles muss man selber machen.“ Recht hat er mit dieser Kritik.

Was wäre nun besser gewesen? In diesem – sachlich sehr einfachen – Fall etwa solch ein Vorgehen: „Chef, der Dachstuhl brennt. Die Feuerwehr habe ich bereits angerufen.“ Das war selbstverständlich, hier musste die bereits eingeleitete Lösung sofort mitgeliefert werden, da gab es nichts mehr zu entscheiden. Dann aber wäre es klug gewesen, hätte Meier gesagt: „Ich beurteile (konkret: ich verantworte das im Zweifelsfalle!) die Situation als bedrohlich für die Mitarbeiter hier im Gebäude. Ich halte die Räumung des Hauses für geboten, habe alles vorbereiten lassen und schlage vor, dass wir die Ausführungs-Anweisung dazu geben.“ Nun kann der Chef tun, was Chefs bei aufkommenden Problemen gern machen: einen konkreten Lösungsvorschlag abnicken: „Ja, machen Sie das.“ Meier geht. „Gut, der Mann“, denkt der Chef, „souverän, umsichtig, alles richtig vorbereitet, ich konnte daraufhin gut und sicher entscheiden (und wenn die Räumung voreilig war – was hätte ich in der Situation anders machen können, ich musste mich auf seine Lagebeurteilung verlassen).“

Ach und als Warnung: Wenn Sie dem Chef mehrere Möglichkeiten zur Wahl vorschlagen, zwingen Sie ihn ebenso zum Nachdenken „von Null an“ wie bei der bloßen Information über das Problem. Es heißt richtig: „Ich schlage als Lösung vor, ... Weiterhin gäbe es noch folgende Alternativen, deren aufgezeigte Nachteile aber die Vorteile deutlich überwiegen.“ Auch da kann der Chef „einverstanden“ darunterschreiben. Das liebt er. Selbst wenn er dem Vorschlag nicht folgt und anders entscheidet, macht das nichts (man kann als Chef nicht einfach allem zustimmen, schon aus Prinzip nicht). Aber der Mitarbeiter muss in jedem Fall zeigen: Ich habe das Problem nicht nur erkannt, sondern hatte die Lösung vorbereitet. Und das gilt natürlich auch für Bereichsdirektoren gegenüber ihrem Vorstand.

Über die Distanz (ohne Plural) zwischen Chef und Mitarbeiter

Sicher muss ich zuerst den in Klammern gesetzten Zusatz erläutern. Die Sache ist ganz einfach: Die „Distanz“ hat mehrere Bedeutungen. Die anderen, die hier nicht interessieren, können in die Mehrzahl gesetzt werden, dann sind es eben Distanzen, also Entfernungen, Strecken, Boxrunden etc. Hier jedoch ist „Reserviertheit, abwartende Zurückhaltung" gemeint. Und in dieser Bedeutung hat der Begriff keinen Plural.

Jüngere Aufsteiger in ihrer ersten Führungsposition sind besonders gefährdet: Sie konzentrieren sich auf die ihnen nun unterstellten Mitarbeiter, tun alles, um sie bei Laune zu halten – und versuchen, bei diesen Menschen beliebt zu werden. Das jedoch ist häufig der Anfang vom Ende. Letzteres ist dadurch gekennzeichnet, dass die frischgebackene Führungskraft mehr Kraft und Zeit darauf verwendet, bei ihren Vorgesetzten die Interessen der unterstellten Mitarbeiter zu vertreten als ihre eigentliche Pflicht zu tun: von oben kommende Vorgaben, Zielsetzungen und Erwartungen mittels der zugeordneten Mitarbeiter erfolgreich umzusetzen.

Zwar muss unbedingt motiviert werden, sind Mitarbeiter im Rahmen des Möglichen zu begeistern, ist ein sachlich-korrektes, in Grenzen berechenbares, vorbildliches Chef-Verhalten angesagt. Denn die Führungskraft ist auf ihre Mitarbeiter, deren Einsatz und deren Bereitschaft zur konstruktiven Mitwirkung angewiesen. Aber auf die Frage „Wie werde ich bei meinen Leuten beliebt?" gibt es nur eine Antwort: Das ist kein anzustrebendes Ziel, das steht nicht in Ihrem Vertrag. Manche Chefs erreichen es scheinbar „nebenbei", aber versuchen Sie es nicht konkret!

Führen verlangt auch Härte, Durchsetzungsvermögen, bittere personelle Entscheidungen sowie auch die Ablehnung diverser Wünsche der Geführten. Es verlangt die Bereitschaft, Unbequemes zu fordern. Und es erlaubt in der Umsetzung anspruchsvoller, durch die nächsthöhere Ebene gesetzter Ziele nicht einmal permanente Gerechtigkeit.

Wer führt, muss jederzeit frei sein, zu kritisieren, zu reglementieren, zu strafen und auch zu entlassen. Das ist mit dem – verständlichen – Streben nach Beliebtheit nicht zu vereinbaren. Das geht ohne eine gewisse Distanz im obigen Sinne nicht. Extrem starke Persönlichkeiten schaffen es, Kegel- und Saufbruder ihrer Mitarbeiter zu sein und dennoch am nächsten Tag unbeeinflusst ihre erforderlichen Entscheidungen zu treffen. Aber: Winchester nannte einst seine besonders gut gearbeiteten, aus der Masse herausragenden Gewehre „eins von tausend" – die Quote gilt sicher auch für ideale Menschen.

Wer nicht darunter fällt, dem droht in den Augen seiner für ihn lebenswichtigen Chefs schnell das Urteil „Kumpan statt Führer", „zu weich" oder „Mini-Betriebsrat seiner Abteilung". Und damit ist er dann ziemlich erledigt. Weil er die erforderliche Distanz aus den Augen verloren hat.

Wenn Chefs „Versprechen gebrochen" haben

Es gibt gute Erklärungen für bestimmte Entwicklungen und schlechte. Der Chef habe gemachte Versprechungen gebrochen, gegebene Zusagen nicht eingehalten, muss eine gute sein. Jedenfalls in den Augen von erfolglos gebliebenen Mitarbeitern oder von Bewerbern, die sie so gern vorbringen. Mit dem Brustton der Überzeugung, oft voller Entrüstung und im Bewusstsein, dass ihnen großes Unrecht widerfahren ist.

Der Fachmann ist da wesentlich skeptischer:

Da ist einmal die Frage, was in dem Zusammenhang ein „Versprechen" oder eine „Zusage" überhaupt ist. „Sie übernehmen zum 1. Mai nächsten Jahres die Leitung des Bereiches ...", wäre ein gutes Beispiel. Allerdings könnte diese klare Geschichte dann auch gleich schriftlich vereinbart werden, nichts spräche dagegen. Damit wäre die Nichteinhaltung Vertragsbruch, von dem jedoch nie die Rede ist. Also ist eine derart präzise Aussage des Chefs wohl doch nicht gemeint gewesen.

Stattdessen dürfte es sich um „Absichtserklärungen" unverbindlicher Art handeln, meist auch noch bewusst „weich" verpackt. „Ich könnte", sagt dann der Chef, „mir durchaus vorstellen, dass Sie Nachfolger dieses Positionsinhabers werden." Könnte er. Aber ein „Versprechen" wäre das nicht, eine Zusage schon gar nicht!

Es gehört zu den Realitäten des Wirtschaftslebens, dass Zeiträume für sichere Planungen immer kürzer werden – was heute noch hausintern im Mittelpunkt des Interesses steht, wird morgen vielleicht händeringend zum Verkauf angeboten. Diese Veränderungen entziehen vielen Absichtserklärungen schlicht den Boden, ohne dass Bosheit im Spiel war. Damit muss der Betroffene immer rechnen.

Na und dann besteht stets die Möglichkeit, dass der Chef von „Chancen" gesprochen hat, die mit „Bewährung" des Mitarbeiters zu tun haben. Erfolgt keine Einlösung des „Versprechens", hat der Kandidat sich vielleicht nicht bewährt. Daran denkt der Zuhörer bei einer solchen Geschichte unbedingt zuerst!

Also lehrt die Lebenserfahrung: Die „Versprechen" und „Zusagen" waren vermutlich keine – oft hört der Mensch, was er zu hören hofft. Werden die chefseitigen Absichtserklärungen nicht realisiert, könnte die Ursache neben allem anderen auch in der Person des Mitarbeiters liegen.

Und: Einen guten Eindruck hinterlässt die ganze Sache z. B. beim potenziellen (neuen) Arbeitgeber schon deshalb nicht, weil auch der sofort überlegt, was er Kandidaten gegenüber so an allgemeinen Absichtserklärungen abgibt oder besser, von welchen „Möglichkeiten der späteren Entwicklung" er gelegentlich spricht. Und dann hat er Angst, dieser Mensch hier nimmt jede vage Erläuterung gleich als konkrete Zusage. Also hält er sich lieber zurück – vielleicht sogar mit der Einstellung.

Fazit: Die Erklärung mit den gebrochenen Versprechen taugt nichts. Vor anderen nicht – und nicht einmal vor sich selbst.

Karrierechance: Profitieren vom Unglück eines anderen?

Jetzt, so erzählte der Ratsuchende, stehe er eigentlich vor der großen Chance seines Lebens. Die langersehnte Beförderung zum ...-Leiter war ihm bereits angekündigt worden. Aber er sei ernsthaft entschlossen, dem Arbeitgeber einen Korb zu geben. Nein, dafür stünde er nicht zur Verfügung. „So" wolle er nicht Karriere machen.

Man hatte seinen langjährigen Chef, dem er viel verdankte, kurzfristig gefeuert. Keine große Sache letztlich: Es gab nicht einmal direkte Vorwürfe gegen ihn – der Mann hatte lediglich gegen die Person seines neuen Vorgesetzten opponiert, beide konnten nicht miteinander (wie man so sagt – was aber falsch ist: Es ist nicht Aufgabe des Ranghöheren, mit der ihm unterstellten Führungskraft zu harmonieren. Es ist hingegen die Pflicht des Nachgeordneten, mit seinem Vorgesetzten so zusammenzuwirken, dass Letzterer zufrieden ist).

Wie auch immer, die Position war frei und meinem Gesprächspartner angeboten worden. Der aber wollte nicht vom Unglück eines anderen profitieren, den er noch dazu geschätzt hatte.

Kann man das verstehen? Ich meine schon. Dieser Impuls, dann lieber zu verzichten, ehrt den Mann sogar. Aber klug ist das nicht, vernünftig auch nicht. Und später fragt niemand, welchen Umständen Sie Ihre Karriere verdanken.

Schlimmer noch: Dächten alle so, drohte bald das absolute Chaos wegen massenhaft verwaister Chefsessel. Der eine Positionsinhaber erkrankt unheilbar, der andere stirbt, der dritte verliert seinen Job durch einen Eigentümerwechsel. Und stets entsteht eine Lücke, die wieder geschlossen werden muss!

Was sollte denn in solchen Fällen wohl geschehen? Auch externe Bewerber, die ihre Vorgänger nie gesehen haben, profitieren ja oft vom Unglück anderer. Pflegten auch sie solche Vorbehalte, stürbe irgendwann das Management aus. Und da nicht sein kann, was nicht sein darf ...

Also, liebe Leser, bloß keine unangebrachte Zurückhaltung. Sehen Sie nicht das Schicksal des Ihnen mehr oder minder bekannten Vorgängers, werten Sie nur die freie Position als solche. Dieses System honoriert keine falschen Skrupel. (Der Satz gehört in Bronze gegossen.)

Wobei zwei Einschränkungen gelten:

1. Das Schicksal des Vorgängers sollte in jedem Fall als Sachargument in die Betrachtung einbezogen werden, ob man das Angebot als solches annimmt oder nicht. Schied der aus nach „Krach mit seinem Chef", ist das ein Warnsignal erster Güte. Nicht wegen etwaiger Skrupel, sondern aus Vorsicht sollte man sich die Person des potenziellen Vorgesetzten sehr genau betrachten – der könnte es wieder tun („Krach" mit seinem Untergebenen bekommen).

2. Hätte man aktiv daran mitgewirkt, den Chef „abzuschießen", wären moralische Skrupel durchaus angebracht, sich auf seinen Stuhl zu setzen. Nur: „Abschießer" haben keine solchen. Aber: „höheren Orts" ist man erfreulich oft zurückhaltend, solche Kandidaten zu befördern. Weil man den Verrat liebt, jedoch nicht den Verräter. Also ist dies von Seiten der Unternehmensleitung mehr Zurückhaltung aus Vorsicht und weniger wegen moralischer Bedenken. Weil der „Abschießer" ja als nächsten den Vorgesetzten seines Chefs aufs Korn nehmen könnte („Sie tun es immer wieder").

„Kleider" machen Aufsteiger

Also eigentlich machen Kleider Leute, wie Gottfried Keller so gegen 1870 geschrieben hat. Wer hätte nicht schon Gelegenheit gehabt, sich von der Treffsicherheit gerade dieses Ausspruches zu überzeugen. Also keine Sensation aus heutiger Sicht bis da hin.

Jetzt jedoch habe ich eine neue Variante erlebt – absolut passend zu unserem Thema. Da sagt in einem amerikanischen Spielfilm der Inhaber einer Werbeagentur zu einer Angestellten (sinngemäß): „Man kleidet sich nicht nach dem Job, den man hat, sondern nach dem, den man haben will." Was in etwa heißt (und im Film auch bedeutete): „Für das, was Sie sind, mag Ihr Outfit ja noch angehen – aber wenn Sie noch etwas werden wollen, müssen Sie vorher dem Standard der Zielebene entsprechen."

Nun müssen Sie bloß noch „kleidet" im übertragenen Sinne werten, als übergeordneten Begriff für Ausstrahlung, Persönlichkeit, Denken, Verhalten, Leistung – dann haben Sie nicht nur einen jener seltenen Bögen gespannt von Gottfried Keller zu einem modernen amerikanischen Drehbuchautor, Sie haben auch gleich ein wichtiges, häufig übersehenes Aufstiegsprinzip vor sich.

Der Sachbearbeiter wird nämlich nicht Abteilungsleiter (und dieser nicht entsprechend Geschäftsführer), wenn er sich darauf beschränkt, täglich die

Rolle des braven Inhabers seiner derzeitigen Position zu geben, dabei vom Aufstieg zu träumen und auf das Wunder zu hoffen, man möge doch höheren Ortes seine schlummernden Talente erkennen. Seien Sie versichert: Man wird dieselben weder entdecken noch vermuten, man wird hingegen das typische Erscheinungsbild der heute eingenommenen Ebene sehen – und es dabei belassen.

Nein, dieser Beispiel-Sachbearbeiter (und jeder andere karriereinteressierte Positionsinhaber) muss lange vor einer möglichen Beförderung sein, ja auch aussehen, auftreten und arbeiten wie ein Abteilungsleiter über ihm. Denn nur dann werden die noch höher stehenden Entscheidungsträger irgendwann zu der Erkenntnis kommen, der Mitarbeiter passe, so wie er sich jetzt schon darstelle, recht gut hinein in die nächsthöhere Ebene. Der Aufstiegskandidat muss also Vorleistungen erbringen, bevor er auf Beförderung hoffen darf. Die Gruppe, in die er hinein will, muss ihn schon lange vorher als „einen von uns“ empfinden.

Und das, obwohl er noch längst nicht so bezahlt wird wie ein Abteilungsleiter. „Gebt mir den Job und das Geld eines Chefs, dann (erst) werde ich auch so sein wie ein solcher“ – daraus wird nichts. So manche schmerzlich vermisste Beförderung mag an diesem Prinzip gescheitert sein.

Wenn die Verpackung nicht zum Inhalt passt, ein Bewerber also nicht erwartungsgemäß „aussieht“

Wenn jemand Bundeskanzler werden will, wäre es hilfreich, er wirkte auch äußerlich schon wie ein solcher. Oder konkreter: wie Wähler, die einen Kanzler „machen“, sich einen solchen vorstellen. Natürlich sind auch die inneren Werte des Kandidaten wichtig; sein Programm, seine Visionen, seine Fähigkeit, an den Strippen des Machtapparates zum rechten Zeitpunkt mit der rechten Intensität zu ziehen, das politische Geschäft zu beherrschen.

Aber eine Sache ist ganz einfach: Wer heute im TV nicht ankommt beim Volk, den wählt dasselbige nicht (formal muss gesagt sein, dass das Volk nur mittelbar ..., aber in der Praxis wagt kein Parlament, den Menschen, den 60 % der Wähler wollten, hinterher nicht zu bestätigen).

Nun muss uns das hier eigentlich an dieser Stelle nicht erschüttern – aber es geht um das Prinzip. Und das gilt überall: Auch wer sich um die Position eines Betriebsleiters bewirbt oder die des Chefs der Konstruktion, die eines Geschäftsführers oder einer sonstigen Führungsnachwuchskraft, tut gut daran, nicht nur über die dafür idealen inneren Werte zu verfügen, sondern auch äußerlich dem Bilde zu entsprechen. Jenem, das die Entscheidungsträger in dieser Sache sich gemacht haben.

Die nun denken auf der Basis von Erfahrungswerten. Ihr Bild ist geprägt von anderen Positionsinhabern dieser Kategorie. Und damit lautet die Kurzformel: Es ist außerordentlich hilfreich, als Bewerber so auszusehen und aufzutreten wie die typischen Positionsinhaber der Zielposition. Praktika während des Studiums und echte Praxis danach sollen genutzt werden (inklusive einer neugierigen Umschau auf Seminaren etc.), um sich einen Maßstab dafür zu verschaffen und Abweichungen bei sich selbst festzustellen.

Natürlich gibt es tüchtige Betriebsleiter (beispielsweise), die absolut nicht wie ein solcher aussehen. Sie sind meist hausintern befördert worden. Dem liegt das Phänomen zugrunde, dass beim internen Aufstieg die Gesamtqualifikation der Persönlichkeit den stärkeren Eindruck hinterlässt als einzelne – äußerliche – Details. Aber tritt ein solcher Kandidat bei Bewerbungen irgendwo von außen als Unbekannter auf, erdrückt oft die Wirkung der Verpackung jene des Inhalts.

Daraus folgt: Menschen, die wie der Prototyp ihrer Zielgruppe aussehen (und ja durchaus zusätzlich tüchtig sein können), finden ihren Weg nach oben leichter über externe Bewerbungen. Weicht die „Verpackung" jedoch vom Ideal sehr deutlich ab, ist der Weg nach oben eher über den internen Aufstieg vorzusehen. Firmenwechsel (ohne die man heute aus anderen Gründen kaum auskommt) dienen dann vorzugsweise der Veränderung in ein neues, aussichtsreiches „Spielfeld", wobei in der Hierarchieebene, im Verantwortungsumfang und im Gehalt gar kein erkennbarer Fortschritt angestrebt werden muss. Dieser kann dann später dort erarbeitet werden.

„Der macht heute schon genau das, was wir von ihm wollen, obwohl er auf den ersten Blick gar nicht so aussieht", ist ein starkes positives Argument bei der Beurteilung eines solchen äußerlich schwächer wirkenden Bewerbers. Und die offizielle Motivation für den Wechsel liegt dann eben in der neuen fachlichen Herausforderung oder in dem einmalig tollen Ziel-Unternehmen. Letzteres glauben die, welche schon dort tätig sind, absolut problemlos. Weil es dort, wo doch sie arbeiten, einfach erstrebenswert sein muss ...

Fünf Jahre pro Job sind genug!

Ich weiß nicht, ob es auch Ihnen schon einmal aufgefallen ist: Kaum jemals, eigentlich nie, verlangen Arbeitgeber in ex- oder internen Stellenausschreibungen mehr als fünf Jahre Erfahrung, egal worin, egal ob fachlich oder in einer Managementfunktion.

Kürzere Zeiträume werden mitunter genannt, längere jedoch so gut wie nie. Worin eine Aussage enthalten ist: Zwölf Jahre gleicher Praxis verlangt also niemand – was nicht so gut ist für den, der sie hat. Denn er muss in einer Marktwirtschaft „Käufer“ (einer Arbeitskraft) finden, die sein „Produkt“ dennoch kaufen, obwohl ihre Idealvorstellungen woanders liegen.

Dabei müssen Sie als Betroffener mit den Aussagen dieser Stellenanzeigen sehr kritisch umgehen: Wenn Sie jene zwölf Jahre Erfahrungen in Ihrem Job haben und eine Anzeige verlangt „mindestens zwei“ – dann sind Sie mit Ihrem Sechsfachen nicht etwa auf der sicheren Seite, sondern in Gefahr, schon wieder „draußen“ zu sein. So etwa wie ein Koch, der statt der zwei im Rezept geforderten Teelöffel Salz jetzt plötzlich deren zwölf in die Suppe gibt.

„Viel hilft viel“ gilt eben auch hier nicht. Weil Erfahrungszuwachs durch einen degressiven Kurvenverlauf darzustellen ist: Je mehr an Praxis bereits vorliegt, desto weniger „bringt“ jede weitere Zeiteinheit. Ob jemand das zwölf oder vierzehn Jahre macht, ist praktisch absolut gleichwertig, beides ist einfach zu viel.

Nur: Der Mensch mit den vielen Erfahrungsjahren ist inzwischen „teuer“ geworden, tarifliche und persönliche Gehaltserhöhungen addieren sich gewaltig – ein jüngerer mit weniger Praxis wäre preiswerter und würde schon aus dem Grund bevorzugt.

Hinzu kommt die nach langem gleichartigen Tun sinkende Flexibilität; die Fähigkeit und die Bereitschaft, sich auf Neues einzustellen (und seien es die neuen Arbeitsumstände in einem neuen Unternehmen), nehmen ab. Und von der vielgefragten Dynamik zeugen zwölf oder mehr Jahre im gleichen Job ja auch nicht unbedingt.

Und deshalb sagen Firmen in ihren Stellenangeboten so oft, fünf Jahre seien gewünscht. Was in etwa bedeutet: „Sieben sind unproblematisch, aber so ab zehn ist deutlich mehr Salz in der Suppe als wir mögen.“

Das gilt praktisch immer: Für Sachbearbeiter (bezogen auf die Verweildauer in dieser Position) und für Manager (bezogen auf die Tätigkeit in dieser Führungsebene). Jeder in- oder externe Wechsel, jede Übernahme völlig neuer Aufgaben setzt die „Zähluhr“ wieder neu in Gang, jede Beförderung desgleichen.

Natürlich gilt auch: Für das derzeitige Unternehmen sind Mitarbeiter mit vielen Jahren Erfahrung im gleichen Rahmen durchaus wertvoll, ja oft sogar tragende „Säulen“ des ganzen Firmengebäudes. Und dieser Arbeitgeber denkt nicht im Traum daran, ihnen etwa deshalb Vorwürfe zu machen (außer vielleicht, es gibt plötzlichen Kostendruck und jemand kommt auf die Idee, dass Jüngere auch billiger wären). Nur wenn Mitarbeiter selbst wechseln wollen oder unfreiwillig müssen, stoßen sie auf einen Markt, auf dem die Käuferseite meint, ihr reiche ein bestimmtes Maß an Erfahrung völlig aus. Und Käufern „mehr“ zu bieten als sie fordern, ist fast so wenig erfolgversprechend wie das Gegenteil.

Also gilt: Nach jeweils etwa fünf Jahren im Job ist ein Nachdenken über den Aufstieg, einen Arbeitgeber- oder einen internen Tätigkeitswechsel empfehlenswert.

Auch der Manager braucht seine Karriereberatung

Der Einstieg ist geschafft, aber die bisherigen Erfolge müssen abgesichert, die nächsten Schritte vorbereitet werden

Im Grunde wiederholt sich viel von dem, was hier im Kapitel „Die Arbeitsphase“ beschrieben wurde, jetzt auf anspruchsvollerem Niveau. Anspruchsvoller, weil die Maßstäbe härter sind. Und Chancen, vielfältig enttäuscht zu werden, gibt es genug.

Hinzu kommt ein neuer Faktor, der die Dinge weiter kompliziert: Während es für die Laufbahn eines Sachbearbeiters weitgehend ausreicht, gut qualifiziert zu sein und anständig „seinen Job zu machen“, wird von der Führungskraft Erfolg erwartet. „Offiziere ohne Fortüne kann ich nicht gebrauchen“, soll schon der Alte Fritz gesagt haben – von Soldaten auf Gefreiten-Ebene hat er das nicht verlangt.

Nun ist damit eigentlich der Erfolg beim täglichen Tun im Job gemeint. Da der aber für Außenstehende, z. B. Bewerbungsempfänger, schwer zu kontrollieren und zu bewerten ist, behilft man sich mit einer Beobachtung der Symptome: Eine erfolgreiche Führungskraft wird befördert, keinesfalls degradiert, sie hat Laufbahnfortschritte aufzuweisen (die nach allgemeiner Auffassung Erfolg in der Ausübung des jeweiligen Amtes voraussetzen). Also ist die Führungskraft gehalten, die eigene Laufbahn als Aushängeschild ihrer beruflichen Erfolge so zu gestalten, dass sie jederzeit präsentabel ist. Gelingt das intern nicht, sind Arbeitgeberwechsel angesagt. Auch dabei wieder sind diverse Regeln einzuhalten.

Leser fragen, der Autor antwortet

Die späte Promotion

Frage: *Nach etwa fünf Jahren Tätigkeit als Bauleiter bei einem der großen deutschen Baukonzerne erwäge ich, eine Stelle als wissenschaftlicher Mitarbeiter in einem Hochschulinstitut mit dem Ziel der Promotion zu suchen. Dabei will ich mich eher mit bauwirtschaftlichen Fragestellungen beschäftigen – weniger mit Problemstellungen aus dem unmittelbaren Bereich der Bauleitung. Anschließend strebe ich keine wissenschaftliche Hochschulkarriere an, sondern stelle mir eine Tätigkeit in der – allerdings weiter gefassten – Bau-/Immobilienbranche vor. Ich bin Anfang 30.*

a) Wie beurteilen Sie einen Wechsel von der Wirtschaft zurück an die Universität? Wird es vom späteren potenziellen Arbeitgeber negativ bewertet, dass ich nicht gleich nach dem Diplom promoviert, sondern mich erst später dazu entschlossen habe?

b) Wird die etwa vierjährige Promotions- und Arbeitszeit im Institut später als Berufserfahrung gewertet oder gelte ich dann als jemand, der für sein Alter zu wenig davon aufweisen kann (oder gar als Berufsanfänger, da die praktische Arbeit dann schon vier Jahre zurückliegen würde)?

c) Gibt es einen spätestmöglichen Zeitpunkt zur Promotion?

Antwort: Sagen wir es einmal so: Der Student darf fast alles: nebenbei als Taxifahrer arbeiten oder kellnern oder mit elterlicher Unterstützung einfach nur studieren. Der fertig examinierte Dipl.-XX jedoch unterliegt in seinem beruflich relevanten Tun strengen Regeln, muss ab jetzt seine „Zeiten" lückenlos und sauber nachweisen. Und: Alles, was er ab Datum der Diplom-Urkunde macht, muss im Rahmen der Spielregeln einen Sinn haben.

Womit wir beim Kern der Sache sind: Welchen Sinn hätte diese Promotion zu diesem Zeitpunkt? Darüber erfahren wir nichts, jedenfalls nichts Konkretes. Bleibt die Vermutung, es könnte Ihnen Spaß machen. Das nun wieder löste sich von allein: So wie es bei jeder Diät oder Kur heißt, alles was gut schmeckt, ist grundsätzlich verboten, gilt das auch für Spaßiges im Berufsleben. Dort ist es nicht verboten, sondern verdächtig (nur das Arbeiten an sich darf, ja soll Spaß machen!).

Ein Gegenbeispiel wäre folgender Brief von Ihnen gewesen: „Ich habe in den fünf Jahren seit Studienabschluss als ... gearbeitet. Nun interessiere ich mich sehr für eine Tätigkeit als ... im erweiterten Branchenbereich. Wie ich Stellenanzeigen entnehme und wie mir Personalleiter aus dieser Branche in Telefonaten bestätigten, werden hier bevorzugt promovierte ...-Ingenieure eingestellt. Jetzt habe ich die Chance, eine Stelle als wissenschaftlicher Mitarbeiter an einer Universität anzutreten und zu promovieren. Dabei könnte ich mich während der Erstellung der Dissertation zum Thema ... bereits zielgruppenorientiert spezialisieren und qualifizieren. Wie bewerten Sie das Risiko eines solchen Schrittes?" So aber lautet Ihr Schreiben nicht!

Bei Ihnen hat man das Gefühl, Sie litten unter dem fehlenden Doktor-Grad (der vermutlich für Sie eher ein Titel ist), hätten damals die Möglichkeit nicht gehabt oder nicht haben wollen, sähen jetzt plötzlich eine Chance, dem alten Traumziel näher zu kommen – und suchten eher beiläufig und nachträglich nach einer Begründung dafür.

Grundsätzlich ist in Deutschland der optimale, der „richtige" Zeitraum für eine Promotion die Phase im direkten Anschluss an das Studium. Alles andere ist sehr problematisch. Verpasst man dieses Zeitfenster, ist es grundsätzlich empfehlenswert, sein Leben als Nichtpromovierter zu fristen.

Noch einigermaßen durchführbar ist eine spätere nebenberufliche Promotion. Aber die Chancen dazu sind gering, eine Massenbewegung wird daraus nicht werden. Und viele attraktive Führungspositionen sind so anspruchsvoll, dass „nebenbei" keine Zeit bleibt für aufwendiges Forschen und Schreiben.

In Ihrem Falle gilt: Sie wären hinterher (bei erfolgreichem Abschluss des Vorhabens) zu alt für einen Neueinstieg, zu „theoretisch ausgerichtet" für die folgerichtige nächste Stufe Ihrer ehemaligen Laufbahn (die auch Dr.-Ingenieure verkraftet, aber kaum Manager, die es aus der Praxis zurückzieht in die „heile warme Welt" der Universität).

Generell ist jeder Bereich, in dem operativ gearbeitet wird, in dem Geschäfte gemacht werden, in dem Geld verdient wird, in dem es Menschen zu führen gilt, sehr skeptisch gegenüber Bewerbern, die nach einigen Jahren praktischer Tätigkeit zurückgehen auf die Universität, um „hauptberuflich" über Jahre hinweg dort eine Zusatzqualifikation zu erwerben. Das wirkt wie eine Abneigung gegenüber der beruflichen Praxis – in die man dann aber hinterher wieder hinein will! Ich rate Ihnen also ab.

Lieber klein im großen oder groß im kleinen Unternehmen?

Frage: *Ich (Dipl.-Ing. FH, 30) arbeite seit mehreren Jahren in der Entwicklung eines Industrieunternehmens mit einigen tausend Mitarbeitern, seit etwa zwei Jahren als Gruppenleiter. Aktuell bin ich mit der Position sehr zufrieden, wünsche mir aber mittelfristig weiteren Aufstieg. Sollte sich hierfür innerhalb der nächsten drei Jahre eine innerbetriebliche Möglichkeiten bieten, würde ich diese, schon des guten Betriebsklimas wegen, anderen vorziehen.*

Da das aber natürlich nicht sicher ist, habe ich über die Möglichkeiten, die ein Wechsel mit sich brächte, nachgedacht. Sie haben einmal nachvollziehbar erklärt, dass Aufstieg durch Arbeitgeberwechsel im Wesentlichen den folgenden Gesetzen unterliegt:

- *Innerhalb derselben Hierarchieebene von einem kleinen zu einem namhaften, großen Arbeitgeber oder*
- *von einem großen Arbeitgeber in die nächsthöhere Ebene eines kleineren.*

Rein theoretisch sind für mich beide Richtungen möglich: Als Abteilungsleiter zu einem Unternehmen mit einigen hundert Mitarbeitern oder wieder als Gruppenleiter zu einem Weltkonzern mit mehr als 50.000 Mitarbeitern. Allerdings schätze ich beide Varianten höchst unterschiedlich sein:

Nach meinen Erfahrungen in kleinen mittelständischen Unternehmen haben Abteilungsleiter dort eine hohe, auch monetäre Verantwortung der Geschäftsführung gegenüber. Eine solche Position würde ich mir noch nicht zutrauen, vielleicht in den besagten drei Jahren.

Bei einer Gruppenleiterstelle in einem Konzern sehe ich dagegen kein Problem. Macht es demnach Sinn, einen solchen Wechsel schon jetzt anzustreben, um sich in einigen Jahren aus dem bekannten Weltkonzern heraus bewerben zu können?

Antwort: Ich muss erst einmal grundsätzliche Ordnung in dieses auf allen einschlägigen Veranstaltungen immer wieder heiß diskutierte Thema bringen, das offenbar „gut" ist für diverse Missverständnisse. Ich fange bewusst bei „Adam und Eva" an, das scheint angebracht zu sein:

1. Es gibt Unternehmen in höchst unterschiedlichen Größenordnungen. Diese kann man nach Umsätzen ordnen oder auch nach Mitarbeitern. Das ist letztlich egal, wichtig zum Verständnis ist nur das Prinzip. Nehmen wir hier die Mitarbeiterzahl, die erklärt sich leichter als etwa „konsolidierter Konzernumsatz".

2. Die Größenordnung eines Unternehmens hat Einfluss auf den Arbeitsstil dort, auf die jeweiligen Strukturen, auf Systeme und Methoden. Nirgends ist es besser oder schlechter, man kann im Konzern genau so glücklich oder unglücklich werden wie im Mittelstand – aber „anders" ist es

dort jeweils schon. Es würde Bücher füllen, das mit Beispielen zu belegen. Wer einen solchen Größenwechsel einmal vollzogen hat, kann das bestätigen.

3. Ein Mitarbeiter, der mehrere Jahre lang in einem Unternehmen gearbeitet hat, gilt auch als „vom Unternehmenstyp geprägt". Diese Prägung gilt als ziemlich dauerhaft, lässt sich also nicht so schnell wieder abschütteln. Sie verliert sich erst allmählich während der Arbeit in einem Unternehmen einer anderen Größenordnung.

4. Der Arbeitgeber, von dem ein Bewerber kommt, hat entscheidenden Einfluss auf dessen „Wert" in den Augen des Bewerbungsempfängers. Dieser „Wert" ist nicht etwa absolut, sondern vom Standpunkt des Empfängers abhängig.

Ein erfahrener Projektingenieur vom weltbekannten XY-Konzern mit fünf Jahren Praxis dort ist in den Augen eines Bewerbungsempfängers keineswegs gleichzusetzen mit einem Projektingenieur mit sonst identischen Qualifikationsdetails, der aber von Müller & Sohn kommt. Bei Bewerbern im Führungsbereich gilt das verstärkt.

Als Kurzformel: Der „Name" des heutigen Arbeitgebers ist für den Bewerbungsempfänger ein wesentlicher Teil der Qualifikation des Bewerbers. Dabei steht „Name" in den Augen des Bewerbungsempfängers in engem Zusammenhang mit der Frage: „Imponiert uns dieses Unternehmen, empfinden wir Hochachtung vor diesem Haus? Wenn ja, imponiert uns auch die Bewerbung dieses Kandidaten."

5. Generell und sehr pauschal gilt, dass stets das etwas größere dem kleineren Unternehmen „imponiert" – weil das kleinere beim größeren die besseren, moderneren Instrumente, Methoden, Strukturen vermutet. Und es geht davon aus, dass der größere Arbeitgeber noch besseren Zulauf durch Bewerber hat als es selbst, dass dort noch strengere Einstellkriterien gelten etc. Das alles färbt auf den Bewerber ab, der von dort kommt.

6. Stets auch interessant ist ein Bewerber, der aus etwa gleichgroßer Firma wie der Bewerbungsempfänger kommt, vor allem wenn auch die Branche identisch ist.

7. Sehr viel weniger bis gar nicht mehr interessant ist die Herkunft aus kleineren Unternehmen aus der Sicht des größeren. Dazu tragen Sachargumente ebenso bei wie eine gewisse unbewusste „Arroganz der Größe". Die gibt es sogar in der Weltpolitik.

8. Ein karrierebewusster Bewerber, der den Arbeitgeber wechselt, wird im Regelfall versuchen, dabei auch einen Hierarchieschritt nach oben zu vollziehen.

9. Wenn Sie die Punkte 1–8 umsetzen, ergeben sich zwangsläufig die Grundregeln für „Aufstieg und Firmengröße":

A) Wer sich extern bewirbt und dabei aufsteigen will, kann seine Eignung für die „höhere“ Position nicht direkt beweisen. Er ist also gut beraten, etwas mitzubringen, was dem Bewerbungsempfänger pauschal „imponiert“. Das ist, wenn im Lebenslauf sonst alles stimmt, die Prägung durch ein größeres Unternehmen (aus Empfängersicht).

Typisch ist der Wechsel nach fünf Jahren vom Sachbearbeiter beim Hersteller-Konzern mit 100.000 Mitarbeitern zum großen Zulieferer mit 20.000 Leuten als Gruppenleiter. Nach weiteren fünf Jahren wäre ein Wechsel als Abteilungsleiter zum Zulieferer mit 8.000 Mitarbeitern denkbar – wobei am Schluss dieser Kette ein Geschäftsführer im Unternehmen mit 300 Mitarbeitern stehen könnte. Das funktioniert auch, wenn Sie bei 5.000 Mitarbeitern anfangen und sich von dort in der Größe hinunter- und in der Hierarchie hinaufarbeiten.

B) In etwa funktioniert das System „Aufstieg durch Arbeitgeberwechsel“ auch, wenn man sich stets in der Größenordnung des Einstiegsunternehmens bewegt – also vom Start bis zur Pensionierung bei Firmen mit etwa 50 oder 500 oder 5.000 Mitarbeitern bleibt. Aber, so könnte man den Unterschied definieren: Der Arbeitgeber, der die Bewerbung empfängt, **akzeptiert** dann das Herkunftsunternehmen, es **imponiert** ihm aber nicht. Das kann ein entscheidender Unterschied sein. Außerdem stellen viele sehr große Unternehmen etwa Führungskräfte kaum je von draußen ein, was die Möglichkeiten nach dieser Modellvariante einschränkt.

C) Grundsätzlich nicht planen darf man den umgekehrten Weg: Einstieg im kleinen Unternehmen, jeweils „doppelte“ Sprünge beim Arbeitgeberwechsel vollziehen, also sowohl in der Hierarchieebene als auch in der Firmengröße einen Sprung nach oben machen. Damit überfordert man das System.

10. Daraus könnte man vereinfacht schließen, der Start im Konzern sei grundsätzlich pauschal für alle empfehlenswert. Das ist er nicht! Nicht jeder passt vom Typ her dort hin – eine schlechte Beurteilung vom Konzern ist noch schlimmer als eine von Müller & Tochter. Und – natürlich – erfüllt längst nicht jeder die Einstellkriterien dort. Aber es gilt: Wer in der Firmengröße „unten“ startet, sollte sich auch ein berufliches Ziel in dieser Firmengröße vorstellen können, dann macht er kaum etwas falsch.

Auf gleicher hierarchischer Ebene (Sachbearbeiter, Gruppenleiter etc.) könnte man durchaus mit Aussicht auf Erfolg versuchen, in ein etwas(!) größeres Unternehmen zu wechseln (aber eben ohne einen Karrierefortschritt dabei zu realisieren). Nur: Dabei verliert man Zeit – die man als karriereinteressierter Mensch eigentlich nicht zu verschenken hat.

Auf der Basis zu Ihnen, geehrter Einsender:

Lassen wir einmal die Frage beiseite, ob der Abteilungsleiter im Mittelstand so besonders hohen Ansprüchen genügen muss. Fest steht: Den Job trauen Sie sich noch nicht zu (das ist vernünftig) und den Abteilungsleiter im Konzern bekämen Sie jetzt ja auch nicht. Also: Derzeit entfällt ein „Wechsel mit Aufstieg".

Sie sollten tatsächlich noch etwa zwei bis drei Jahre in Ihrem Unternehmen als Gruppenleiter Erfahrungen sammeln (und älter werden). Dann erst sollten Sie den nächsten Schritt planen. Sie sind heute so gut „aufgestellt", dass ich keinesfalls dazu rate, auf gleicher Ebene (Gruppenleiter) in den Konzern zu wechseln, nur um Jahre später mit dessen Namen „wuchern" zu können. Das damit verbundene hohe Risiko lohnt sich für Sie nicht! So könnten Sie nach Einstellung dort z. B. merken, dass im Entwicklungsmanagement eines Konzerns der promovierte TU-Ingenieur vielleicht besser vorwärts kommt als Sie mit Ihrer FH-Basis.

Wie viel muss eine Führungskraft aushalten?

Frage: *(Anmerkung d. Autors: Diese Frage ist hochinteressant. Damit sie und die Antwort nicht zu lang werden, teile ich beide in verschiedene Komplexe auf).*

Frage/1: *Auch wenn ich persönlich nicht immer mit dem „System" einverstanden bin, kann ich aus meiner Sicht bestätigen, dass es im großen und ganzen so funktioniert, wie Sie es beschreiben.*

Seit bald zehn Jahren bin ich (Ingenieur, Anfang 40) in einem mittelständischen Maschinenbauunternehmen tätig. Die Firma hat großes Wachstumspotenzial für die Zukunft.

Wir sind zu 100 % im Besitz des Vorsitzenden der Geschäftsführung, der das Unternehmen in Jahrzehnten zur heutigen Größe aufgebaut hat. Ich bin über verschiedene Stationen bis zum Mitglied der Geschäftsleitung aufgestiegen. Dabei habe ich die Perspektive, in Kürze nach dem altersbedingten Ausscheiden des Vorsitzenden (Wechsel in den Beirat) in die Geschäftsführung aufzurücken.

Bisher habe ich mich konsequent entsprechend den „Grundregeln des Systems" verhalten: absolute Loyalität gegenüber dem Vorsitzenden der GF, unternehmerisches Denken nur im Rahmen der von ihm vorgegebenen Richtlinien. Nicht zuletzt deshalb genieße ich neben dem zweiten Geschäftsführer das höchste Vertrauen des Vorsitzenden, wenngleich sein Maß an Vertrauen auf einer absoluten Skala gemessen nicht sehr hoch ist (er ist als Unternehmer einfach skeptisch gegenüber allen Mitarbeitern).

Antwort/1: Vom Inhaber geführte (praktisch ist das bei Ihnen so) mittelständische Betriebe spielen eine sehr wichtige Rolle im Wirtschaftsleben. Zwar sind sie meist eher etwas kleiner, aber sie machen das durch ihre große Zahl wieder wett. Insgesamt sind weitaus mehr Mitarbeiter im Mittelstand beschäftigt als in den paar Großkonzernen.

Eigentlich müssten diese Firmen längst von größeren an die Wand gedrückt worden sein. Bedenkt man allein die Kapitalkraft der Großen, mag man den Mittelständlern kaum eine Chance einräumen. Aber sie behaupten sich aus meiner Sicht vor allem durch zwei Besonderheiten ganz hervorragend:

- Sie sind häufig in Marktsegmenten bis hin zu -nischen tätig, die für Konzerne gar nicht interessant sind (Stückzahlen, Umsatz).
- Vor allem aber sind sie extrem schnell in ihren Entscheidungen und hochgradig effizient in dem, was sie tun.

Letzteres ist unser Thema. Ich habe inhabergeführte Unternehmen im Kundenkreis, in denen in fünfzehn Minuten etwas entschieden wird, was in Großunternehmen quälende drei Monate braucht.

Wie alle etwas stärker durch die Autorität eines Einzelnen geprägten Apparate sind inhabergeführte Unternehmen fast nie Durchschnitt, sondern entweder ganz oben oder auch viel weiter unten auf der Skala potenziell interessanter Arbeitgeber angesiedelt. Das Haus steht und fällt mit der Person des Inhabers.

Der muss stets tüchtig sein, wenn er den Laden schon einige Zeit erfolgreich führt – im anderen Fall wäre man längst pleite. Aber nirgends steht, dass er auch rundum nett sein muss. Das sind zwar auch Vorstandsvorsitzende von Konzernen nur selten. Aber die Machtfülle eines Inhabers ist ungleich größer. Er muss über sein Tun nicht anderen Rechenschaft abgeben, muss nicht an seine Vertragsverlängerung denken und nicht an das Wohlwollen des Aufsichtsrats oder – noch schlimmer – der Wirtschaftspresse. Vor allem aber: Er ist unkündbar!

Macht korrumpiert nun nicht zwangsläufig jeden, aber eine verführerische Versuchung in dieser Hinsicht ist sie schon. Und so ist auch generell in diesen Unternehmen der „Gefolgschaftsanspruch“ (von mir so genannt) des Inhabers an seine Leitenden höher als der des Bereichsdirektors oder Vorstands eines Konzerns.

Man kann in einem kurzen Treffen mit dem Inhaber auf dem Büroflur die Zustimmung zu einem wichtigen Projekt bekommen und, als Träger seines Vertrauens, im Zuständigkeitsbereich ungleich mehr gestalten, entscheiden, bewirken als in vergleichbarer Aufgabenstellung im Konzern. Verliert man jedoch das Vertrauen, ist man zwar auch im Großbetrieb „tot“

– hier aber ist man „töter“. Weshalb man diesen Unternehmenstyp ungern für Leute empfiehlt, die schon mit ihren Lehrern, ihren Professoren und ihren früheren Chefs „Krach“ hatten.

Alles, was Sie, geehrter Einsender, bisher geschildert haben, ist grundsätzlich typisch. Auch durchaus die Skepsis gegenüber Mitarbeitern. Die wiederum ist nachvollziehbar und statusbedingt: Der Inhaber **ist** das Unternehmen, er ist es bedingungslos und uneingeschränkt. Es dominiert alle seine Entscheidungen, auch die privaten; Angestellte hingegen sind „launische Partner auf Zeit“. Sie erheben Forderungen, bevor sie überhaupt kommen, stellen Bedingungen dafür, dass sie bleiben und im unpassendsten Moment gehen sie. Werfen die Brocken hin und gehen. Am liebsten zum Todfeind (Konkurrenz). Wie kann man denen jemals voll vertrauen?

Fazit: (Leitende) Angestellte und Inhaber müssen sich intensiv in die Rolle des Anderen hineindenken, damit sie sich gut verstehen. Daran hapert es oft – auf beiden Seiten.

Und: Die Tätigkeit im Privatunternehmen ist anders als in der anonymen Kapitalgesellschaft – mit individuellen Vor- und Nachteilen. Nicht hingegen pauschal besser oder schlechter. Wäre das der Fall, wären entweder alle Führungskräfte beim Konzern oder alle längst beim Inhaberbetrieb. So aber muss sich jeder seine zu ihm passende berufliche Heimat suchen. Auswahl gibt es genug.

Frage/2: *Im Hinblick auf sein bevorstehendes Ausscheiden hat der GF-Vorsitzende diverse Reorganisationsprojekte unter meiner Leitung ins Leben gerufen, um den „Laden“ noch einmal so richtig „aufzumöbeln“. Eine Reorganisation ist auch dringend erforderlich, da sich in dem schnell gewachsenen Unternehmen teilweise eklatante Organisationsmängel herausgebildet haben, die sich insbesondere erkennbar negativ auf die Abwicklung von Aufträgen auswirken.*

Die einzelnen Projekte laufen in der Regel so ab, dass einer genauen Analyse des Ist-Zustandes durch mich eine Diskussion der möglichen Lösung folgt. Dabei werden die entsprechenden Ansätze vom GF-Vorsitzenden meist zerredet, es werden tausend Begründungen gefunden, warum die Abläufe so sind wie sie sind und dass alle anderen Lösungsansätze blanke Theorie wären. Unterm Strich kommt zumeist nichts heraus, die Probleme sind nach wie vor vorhanden, nehmen im Gegenteil weiter drastisch zu.

Antwort/2: Das ist so, weil es so sein muss. Ihr Vorsitzender (Inhaber) ist guten Willens (das beweist der Auftrag), aber Gefangener seiner Gedanken, er kommt natürlich bei demselben Problem stets zu derselben Lösung (das beweist seine Abwehr Ihrer Vorschläge, die er völlig richtig als Kritik an sich empfindet, der er das alles ja eingeführt hat). Aber seien Sie dessen versichert: Er reagiert nicht absichtlich so, nicht etwa bewusst bösartig – er kann bloß nicht anders.

Da ich seit Jahren fasziniert erkenne, dass man komplexe Situationen im Wirtschaftsleben mit jahrhundertealten (Volks-)Weisheiten erklären und begreifbar machen kann, hier zwei passende:

- Der Geist ist willig, aber das Fleisch ist schwach (Bibel, Matth. 26, 41).
- Wasch mir den Pelz, aber mach mich nicht nass (unbekannter Zyniker).

Es erfordert von einem solchen Inhaber große Klugheit, besondere Selbstdisziplin und ausgeprägt sachlich-zielorientiertes Denken, um zu erkennen: Zum Teufel mit der Frage, wer damals die alte Lösung schuf; wenn die neue besser ist, dann ist sie gut fürs Unternehmen und damit gut für mich. Das „bringt" Ihr Chef nicht. Wirklich große Menschen hingegen sollen schon so gehandelt haben, hört man gerüchteweise. Vorbildliche Führungspersönlichkeiten beispielsweise erkennen eine brillante Idee und realisieren sie sofort. Es ist ihnen egal, wer den Anstoß gab – sie allein verantworten die Lösung (und gehen damit in die Geschichte ein).

Frage/3: *Aufgrund der Kenntnis der „Spielregeln" habe ich es bisher als normal eingestuft, auf diese Weise vom Chef behandelt zu werden. Je näher ich jedoch dem Ziel komme, GF zu werden, desto mehr wird mir klar, dass dieser psychische Zusatzstress durch die Person des Vorgesetzten zur Dauerbelastung wird.*

Muss man als abhängig beschäftigte Führungskraft dieser Situation gewachsen sein; welche Möglichkeiten hat man, im Rahmen der Spielregeln auf die Situation Einfluss zu nehmen; bringt ein Wechsel etwas?

Antwort/3: Es gibt eine taktische Chance, natürlich ohne Garantie. Sie dürfen Ihre Analysen nicht so formulieren, dass sie wie kritische Beurteilungen der alten Chef-Festlegungen klingen (unbedachte Verbesserungsvorschläge sind stets auch eine Kritik am Bestehenden und an dem, der den Ist-Zustand verantwortet), sondern etwa so:

„Die seinerzeit gefundene Lösung muss als Optimum gesehen werden, bezieht man alle Parameter ein, die seinerzeit galten. Sie hat sich ganz hervorragend bewährt. Inzwischen haben sich die Gegebenheiten geändert, vom Markt gibt es neue Forderungen, der Wettbewerbsdruck ist gestiegen, die Globalisierung fordert uns in besonderem Maße. Ich glaube daher, dass wir das damalige Konzept fortschreiben sollten. Wir lassen die bewährten

Grundstrukturen der bisherigen Lösung bestehen und passen sie den veränderten Bedingungen an."

Und dann müssten Sie unter dieser Flagge segeln – dabei aber alles in Ihrem Sinne auf den Kopf stellen (nach und nach). Vielleicht kommen Sie damit durch. Aber „fortschreiben" klingt schon besser als „verändern".

Wenn das nicht klappt (oder Sie es für aussichtslos halten), gilt: Sie haben ein zwar verständliches, aber letztlich falsches strategisches Konzept. Sie wollen zum Wohle des Unternehmens arbeiten und stimmen Ihre Vorstellungen darauf ab. Wer aber ist „das Unternehmen"? Nicht mehr als ein dummes Stück Papier im Handelsregister! Es kann nicht einmal handeln Ihnen gegenüber, kann Sie nicht loben, nicht befördern etc. Kurz, es kann sich für Ihre Bemühungen um sein Wohl nicht revanchieren! Damit ist klar: Nie wird Ihnen jemand Ihren Einsatz für „das Wohl der Firma" danken. Warum dann also überhaupt diese Bemühungen?

„Handeln" in diesem Sinne Ihnen gegenüber können nur Menschen, die das Unternehmen dazu bevollmächtigt hat. Im Normalfall sind das Ihre Chefs, hier ist das direkt der Eigentümer. Es muss also Ihr Bestreben sein, jetzt und später als GF so zu arbeiten, dass der Eigentümer hochzufrieden ist. Sie sind als leitender Angestellter (auch ein GF ist in diesem Sinne einer) dazu da, Ihre Vorgesetzten zu „erheitern". Und Sie erheitern Ihren derzeit eher nicht.

Ihr Inhaber steht zum Unternehmen im gleichen Verhältnis wie der Eigentümer eines Hauses zu diesem. Wird nun ein Architekt für einen Umbau engagiert, ist der gut beraten, den Hauseigentümer zufrieden zu stellen. Konzentriert er sich zu stark darauf, „zum Wohle des Hauses" zu arbeiten und die Interessen des Eigentümers zu vernachlässigen, bekommt er erst Ärger, dann verliert er den Auftrag – und dann bleibt ihm nur noch das stolze Gefühl, unbeugsam in die Armut gegangen zu sein. Nun ist der Architekt Freiberufler mit vielen Kunden, Sie dagegen ein abhängig Beschäftigter mit nur einem davon.

Natürlich müssen sowohl der Architekt als auch Sie den Eigentümer zumindest warnen, wenn seine Wünsche dem Haus respektive der Firma schaden würden. Besteht der Eigentümer aber auf seinen Vorstellungen, haben Sie Ihre Pflicht getan – und müssen ihn weiterhin „erheitern". Oder, wenn es Ihnen zu bunt wird, müssen Sie gehen.

Dieses Prinzip gilt immer, auch bei Konzernen. Nur dass dort „der Eigentümer" eine Gruppe von anonymen Aktionären ist. Aber wenn es der aus Gründen des Profits einfällt, die ehemals stolze AG an Investoren zu verkaufen, die alles zerschlagen, um sich ein Filetstück herausschneiden zu können, dann haben auch Konzern-Mitarbeiter Pech gehabt.

Ach übrigens: Das alles ist zweifelsfrei so. Und man tut auch gut daran, danach zu handeln. Aber man spricht es nicht offen aus. Offiziell hat der (leitende) Angestellte stets das Wohl des Unternehmens im Auge.

Ein Wechsel ändert nichts am Prinzip. Sie könnten nur Glück haben und auf einen Eigentümer treffen, der zufällig will, was auch Sie wollen. Aber schon morgen kann er seine Meinung ändern ...

Frage/4: *Mein Vorsitzender ist der Meinung, nach diesen „Reorganisationsmaßnahmen" ein florierendes Unternehmen an seine Nachfolger zu übergeben. In Wirklichkeit übernehmen ich und meine künftigen GF-Kollegen (Vorsicht bei dieser Art der Reihenfolge, d. Autor) aber eine „Mogelpackung". Dadurch, dass uns der jetzige Chef als künftiger Beiratsvorsitzender sicher noch einige Jahre erhalten bleibt, werden die Probleme auch in Zukunft nicht offen angegangen. Es besteht also die Gefahr, dass die neue Führungsmannschaft von Mitwissern zu Mittätern/Mitverantwortlichen wird, ohne je eine Chance zu haben, anders zu handeln.*

Lässt sich dagegen etwas tun?

Antwort/4: Nein. Sie machen halt immer wieder denselben Fehler: Sie setzen das Wohl des Unternehmens über das Wohl des Eigentümers. Unser „System" sieht das aber nicht vor (das ist etwas vereinfacht gesagt, reicht aber für das Tagesgeschäft aus).

Und damit Sie nicht meinen, ich sei ohne Konzept für solche Probleme: Geht es um die Beschaffung eines externen GF für einen bisher aktiven Inhaber, der sich zurückziehen will, stelle ich die „Bahamas"-Frage: „Gehen Sie nach Ihrem Rückzug dauerhaft auf die Bahamas oder bleiben Sie hier?" Natürlich wären auch die Fidschi-Inseln akzeptabel. Geht er nicht, wird die Sache schwierig. Für den neu ernannten GF, den ich suchen soll.

Sie, geehrter Einsender, werden also weiterhin jonglieren und taktieren müssen. Das gehört zum Preis, den Sie zu zahlen haben.

Karriereposition erreicht, aber Ziel verfehlt

Frage: *Ich habe es erreicht, mit Ende 30 eine interessante Position einzunehmen (Entwicklungsleiter im Mittelstand). Dennoch kann ich meine Zielsetzungen nicht realisieren.*

Denn meine Triebfeder, Entwicklungsleiter zu werden, bestand vor allem darin, maßgeblich auf die Entstehung von Produkten Einfluss nehmen zu können – unter Berücksichtigung des Marktes, der Kunden, der technisch-technologischen Möglichkeiten und Risiken sowie der firmenspezifischen Eigenheiten, insbesondere der vorhandenen Mitarbeiter und deren Mög-

lichkeiten. In der Rolle eines Entwicklungsleiters hatte ich zudem die Möglichkeit gesehen, Fachspezialisten aus verschiedenen Disziplinen projekt- und ergebnisorientiert führen zu können, so dass letztendlich Produkte entstehen, die aus vielen Teilkomponenten bestehen, die in sich selbst zwar hoch komplex sind, als Ganzes zusammengesetzt aber dem Endanwender oder Kunden wieder einfach erscheinen.

Die Hauptgründe dafür, dass ich dieses Ziel bisher nicht verwirklichen konnte, sehe ich heute in folgenden Punkten:

1. Die Geschäftsleitung mischt sich in rein technisch-technologische Basisentscheidungen ein, ohne dass sie genügend Fachkompetenz besitzt, um die Auswirkungen ihrer Entscheidungen beurteilen zu können. Zudem werden sachliche Grundsatzentscheidungen ohne jegliche Absicherung unter Eingehen aller Risiken getroffen.

Folge dieses Einmischens ist, dass ich seit mehreren Jahren damit beschäftigt bin, derartige Grundsatzfehlentscheidungen Stück für Stück und innerhalb der laufenden Serie zu revidieren, was in der Regel erst dann gelingt, wenn ein technisch versierter Kunde Druck ausübt, so dass ich dann aktiv werden darf.

2. Dafür werden andere wichtige Entscheidungen durch die Geschäftsleitung nicht gefällt. Insbesondere fehlt eine strategische Ausrichtung, die klar werden lässt, wohin die Geschäftsleitung das Unternehmen entwickeln will.

Infolgedessen gibt es tagtäglich wechselnde Prioritäten, auch in der Entwicklung, so dass die Fachspezialisten durch die Geschäftsleitung ständig von einem Projekt auf ein nächstes gesetzt werden. Folge dieses opportunen Prioritätensprings ist, dass ich mir eher als Verwalter eines Mangels denn als Leiter einer Entwicklung vorkomme und dass letztlich eine geordnete, gut geplante Produktentwicklung praktisch unmöglich ist.

Ist das typisch für die doch eigentlich interessante Position „Entwicklungsleiter“? Ist meine Zielsetzung eventuell zu idealistisch und in der Realität nicht umsetzbar? Oder muss ich einfach warten und darf davon ausgehen, dass es eine solche Position bei anderen Unternehmen gibt, die mir die Erfüllung meiner Zielsetzung ermöglichen?

Antwort: Gelegentlich fahre ich Auto. Dann sitze ich hinter dem Steuer, ich habe ein Ziel, ich gebe über Lenkrad, Pedale und diverse Hebel und Schalter entsprechende Teilziele an die einzelnen Aggregate weiter. Wie diese nun wieder die Umsetzung vollziehen, ist mir nicht so wichtig, von vielen Details verstehe ich auch nur wenig. Aber wenn ich bei 180 km/h auf einer Autobahnsteigung hänge und hinter mir ein Fahrzeug der traditionellen Konkurrenzmarke auftaucht und so tut als sei es schnell, dann trete ich schon einmal das Gaspedal voll durch. Und das heißt für die zentrale Motorsteuerungselektronik: Gib alles! Und dann will ich alles! Es ist ihre Sache, wie sie die Einspritzmengen verändert und in die Ventilsteuerung eingreift; ich will jetzt volle Leistung. An einem anderen Tag bei schönem Wetter leiste ich mir auch ein Dahinbummeln mit knapp 100 auf der Landstraße bei minimalem Treibstoffverbrauch. Aber jetzt will ich an Beschleunigung, was möglich ist.

Das Beste, was die einzelnen technischen Einheiten meines Wagens in dem Moment tun können, ist ein reibungsloses Funktionieren im Rahmen meiner Zielsetzung. Und sie haben keine Garantie, dass ich ein besonders vernünftiger Fahrer bin! Eine Minute später, wenn sich mein Verfolger genug geärgert hat, ist mir vielleicht nach Pause zumute. Also runter vom Gas, rauf auf die Bremse und rein in die Rastanlage. Und dann will ich kein beleidigtes Aufheulen der Maschine hören, die sich vielleicht so sehr eine längere Vollgasfahrt gewünscht hatte. Und auch die Getriebeautomatik soll elegant und nahezu begeistert die notwendigen Schaltungen vornehmen. Wenn das der zentralen Steuerungselektronik (nennt man sie nicht schon Motormanagement?) nicht passt – hätte sie Fahrer werden sollen. Da ich als Autolenker meine Vorstellungen habe, wo und wie wir fahren, ist es besser, das „mittlere Management im Motorenbereich" ist auf reibungsloses Umsetzen übergeordneter Zielsetzungen gedrillt – und entwickelt nicht auch noch eigene. Die nahezu zwangsläufig mit der des Fahrers kollidieren müssten. Woraufhin der in die Werkstatt fahren und auf Rausschmiss der Steuerungselektronik bestehen würde.

Soviel zu diesem etwas gewagten Beispiel, das Sie aber gut auf das Thema einstimmt. Und woraus folgt: Sie sind als Manager der mittleren Ebene dazu da, Ihnen vorgegebene Ziele möglichst effizient umzusetzen. Wenn die Leute, die Ihnen diese Vorgaben machen, falsch handeln, haben Sie Pech gehabt – müssen aber bis zu Ihrem Ausscheiden dennoch „funktionieren".

Ich kann auch anders argumentieren und liste Ihnen einfach einmal jene meiner bewährten Kernsätze auf, die Ihren Fall betreffen:

– Ein guter Entwicklungsleiter ist jemand, den seine vorgesetzte Geschäftsleitung dafür hält. (Hält Ihre? Achtung: Sie merkt, wie viel Abneigung und Schlimmeres aus Ihren Worten spricht, siehe den folgenden Punkt.)

– Ihr Chef denkt über Sie wie Sie über ihn – womit Sie klar im Nachteil wären. (Es ist undenkbar, dass sich Ihre Chefs nicht auch sehr über Sie ärgern, Sie vielleicht für teilweise unfähig halten oder wenigstens für starrköpfig.)

– Ein Angestellter ist **abhängig** beschäftigt. (Das ist schon von der Grundkonzeption keine besonders gute Basis für höhere Ansprüche an

Selbstverwirklichung, Träume im Hinblick auf die Realisierung hochgesteckter Ziele etc.)

– Sie sind in diesem beruflichen System entweder etwas Interessantes oder Sie tun etwas Interessantes, aber kaum je beides zusammen. (Und „Entwicklungsleiter" **ist** eine interessante Position. Basta; frei nach G. Schröder, Alt-Kanzler.)

– Sie haben im Existenzkampf nur eine wirksame „Waffe": An Ihrer Seite hängt ein unsichtbares Schwert, auf dessen Scheide steht „Kündigung". (Dazu müssen Sie erst einmal eine neue Position haben – und Sie wissen nie, ob es dort nicht noch schlimmer wird.)

Nun genug der Metaphern und Kernregeln. Zu Ihnen im Detail:

Begonnen hat alles mit Ihrer sehr umfassenden, sehr stark idealistisch angehauchten, arg überzogen wirkenden Vorstellung von der jetzt eingenommenen Position. Damit überfordern Sie das System! Es ist sehr viel einfacher, Sie richten Ihre Ziele auf das Erreichen bestimmter Positionen aus – und dann arrangieren Sie sich mit dem, was Sie dort vorfinden. Sehen Sie die Dinge realistisch: Sie sind jetzt Entwicklungsleiter eines Unternehmens vom Typ A mit X Mio. EUR Umsatz. Wenn Sie das so fünf Jahre erfolgreich („stets zu unserer vollsten Zufriedenheit" Ihrer in dieser Frage allein zuständigen Chefs) durchhalten, sind Sie prädestiniert entweder für die Position eines Entwicklungsleiters im Unternehmen auch vom Typ A, aber mit etwa 2X Mio. EUR Umsatz oder für die Position eines technischen Leiters im Typ A-Betrieb mit ebenfalls X Mio. EUR Umsatz. Und dann? Dann ärgern Sie sich eventuell dort über Ihre Chefs, aber auf höherem (gehaltlichen) Niveau.

Denn das Prinzip ist überall ähnlich.

Heißt das, jeder Manager hat Grund zur Klage? Absolut nicht! Es gibt natürlich Unterschiede in den Denk- und Verhaltensstrukturen von höheren Vorgesetzten, aber so schön, wie z. B. Sie sich die Welt bisher „gemalt" haben, ist sie nicht.

Zwei Aspekte will ich noch beleuchten:

Wie sieht das „Theater" eigentlich aus der Sicht Ihrer Mitarbeiter aus? Was schreiben die mir ggf. für Briefe? Über einen vorgesetzten Entwicklungsleiter, der sich „oben" nicht durchsetzen kann, der bei seinen Chefs wenig gilt und der es nicht schafft, in seinem „Laden" einen sachlich geordneten Betrieb aufrecht zu halten?

Die Dinge um uns herum sind wie sie sind. Auch gilt: Sie sind durch den einzelnen Betroffenen kaum bis gar nicht zu verändern. Also fragen Sie sich bei Problemen wie diesem gleich zu Anfang: WAS MACHE ICH FALSCH? Das ist mein voller Ernst!

Da sind einmal Ihre dem System nicht adäquaten, idealistischen Erwartungen. Da ist dann aber auch Ihr fehlendes Verständnis für die Situation Ihrer Chefs. Das sind doch auch Menschen mit Wünschen, Erwartungen und einem Mindestmaß an Qualifikation. Beschäftigen Sie sich mit denen und ihrer Umgebung. Die haben Gründe für ihr Verhalten (streichen Sie „Unfähigkeit" gleich wieder von der Liste, es bringt Sie ja nicht weiter), gehen Sie denen nach. Suchen Sie nach dem Schlüssel zum Verständnis Ihrer Geschäftsleitung – es gibt ihn!

Ich werde Chef bisheriger Kollegen

Frage: *Mir geht es darum, was man beachten muss, wenn der nächste Karriereschritt ansteht. Ich bin derzeit Leiter ... in einem Unternehmensbereich des XY-Konzerns. In Kürze werde ich die Leitung des größeren übergeordneten Bereichs übernehmen und auf die Unterstützung der mehrfachen Anzahl von Mitarbeitern zählen können.*

Konkret interessiert mich:

1. Was empfehlen Sie für Maßnahmen und Verhaltensweisen während der ersten Zeit, besonders im Hinblick auf die Tatsache, dass ehemalige Kollegen dann meine Mitarbeiter sind?

2. Wie lassen sich Konflikte aus der Vergangenheit, als ich noch Kollege einiger Kollegen war, unter der neuen Situation (Vorgesetzter/Mitarbeiter) am besten bewältigen?

3. Was können Sie raten, wie mit künftigen Mitarbeitern umgegangen werden kann/muss, die selbst Ambitionen auf die Position hatten?

Antwort: Was ist überhaupt Führen, wie führt man und wie reagiert man auf denkbare besondere Situationen – alles das würde hier hingehören, aber auch leicht ganze Bücher füllen. Da ich um die vielen in diesen Fragen unerfahrenen Leser weiß, hier wenigstens ein paar zentrale Aussagen:

a) Führende Angestellte bekommen ein – z. T. sehr deutlich – höheres Gehalt als nichtführende. Da Unternehmen nur in Notfällen für irgendetwas gern „viel Geld" ausgeben, ist allein daraus der Schluss erlaubt: In den Augen der Arbeitgeber ist Führen grundsätzlich die hochwertigere Funktion gegenüber dem rein fachlichen Tun. Damit es schwieriger wird: Für das schlechter bezahlte Lösen rein fachlicher Aufgaben wird man gut ausgebildet (Studium), für das Führen aber nicht, schon gar nicht annähernd so systematisch. Warum? Das ist eine gute Frage, auf die auch ich keine befriedigende Antwort habe.

b) Ein „Führer" bekommt vom Unternehmen die Aufgabe, ein bestimmtes Budget (z. B. die Personalkosten einer Abteilung) so effizient wie möglich zur Lösung ziemlich genau definierter, ihm vorgegebener Teilziele einzusetzen. Das ist sein Job, daran wird er gemessen! Dazu muss er seinerseits Ziele vorgeben, seine Mitarbeiter motivieren, sich und die Vorgaben des Unternehmens durchsetzen, Kontrollfunktionen wahrnehmen sowie Einstellungen, Entlassungen, Beförderungen vornehmen, die Disziplinargewalt ausüben. So ganz nebenbei muss er in seinem Zuständigkeitsbereich auch noch die Einhaltung diverser Vorschriften und Gesetze sicherstellen (vom Arbeitsrecht bis zum Unfallschutz).

Dabei ist wichtig: Er ist nicht etwa der von „seinen Leuten" gewählte „Vorsitzende" der Abteilung, der vorrangig seine „Wähler" bei Stimmung halten muss, sondern er wird – wie alle Angestellten – „von oben" ernannt, befördert sowie gegebenenfalls gefeuert. Vorgesetzte, die noch nach ihrer Entlassung als Argument ins Feld führen: „Aber meine Mitarbeiter standen bis zuletzt voll hinter mir", haben die Realität verkannt. Ihre Chefs hätten stets voll hinter ihnen stehen müssen, darauf wäre es angekommen.

c) Führen ist auch „Macht ausüben". Allseits beliebt zu sein, ist auf Dauer in dem Zusammenhang nicht möglich, darf also auch nicht angestrebt werden. Der Vorgesetzte steht zwischen seinen Mitarbeitern (für die er Chef ist) und seinem eigenen Chef (für den er Mitarbeiter ist). Dazu kommen noch seine Kollegen, mit denen er im Interesse des Ganzen und des Klimas gut zusammenarbeiten muss.

Im Zweifel strebe die Führungskraft danach, von ihren Mitarbeitern akzeptiert und als Vorgesetzter sowie als Autorität (nicht zu verwechseln mit „autoritär") respektiert, von ihren Kollegen geschätzt und bei ihren eigenen Chefs beliebt zu sein. Das Problem dabei: Man nennt Letzteres nicht so und spricht es nicht aus. Ein Satz wie „Ich will versuchen, mich bei Ihnen beliebt zu machen" gegenüber den eigenen Chefs wäre „tödlich". Die Kunst besteht darin, nach außen hin alles nur für die „Sache" zu tun (Wohl des Unternehmens, Erfüllung der gesetzten Ziele etc.), in der Praxis aber sehr wohl das eigene Image bei den Chefs im Blick zu haben. Sie sehen schon, das höhere Gehalt will verdient sein. Aber: Man hat auch sehr viel Spaß dabei. Das Geld allein ist nicht der Grund, warum man das „auf sich nimmt", Führen ist stets auch Berufung/Bestimmung.

Falls man sich fragt, ob man denn zum Führen begabt/berufen ist: Zunächst muss man es wollen, das ist eine Mindestvoraussetzung. Dann gilt: Talent hat sich gezeigt: in der Schule, beim Studium, in den ersten Berufsjahren. In der Praxis probiert man das aus: Der Kandidat wird erst einmal Projektleiter – und man schaut, was er daraus macht (Beförderung „auf Verdacht"). Im Bewährungsfalle gibt es irgendwann „mehr".

Nun geehrter Einsender, konkret zu Ihnen:

Zu 1: Seien Sie konziliant im Ton, aber knallhart in der Sache. Das bedeutet: Machen Sie deutlich, dass die Situation für Sie ebenso neu ist wie für die ehemaligen Kollegen, zeigen Sie Verständnis für die „geänderten Umstände", lassen Sie ruhig erkennen, dass auch Sie sich erst an die neuen Verhältnisse gewöhnen müssen, werben Sie um die engagierte Mitarbeit aller. Aber gleichzeitig gilt: Setzen Sie sich von Anfang an durch. Wenn jemand Sie vor den anderen nicht respektiert, indem er offen destruktiv ist, die Zusammenarbeit boykottiert – sagen Sie ihm ebenso offen, dass Sie ihn nachher allein in Ihr Büro bitten. Und dort erklären Sie ihm, dass Sie viel Verständnis hätten usw., dass Ihnen aber dieses und jenes nicht gefallen hätte und dass Sie das auf Dauer nicht hinnähmen.

Sagen Sie jedem, was Sie erwarten – und setzen Sie das durch. Behandeln Sie die Mitarbeiter in kritischen Fragen nicht als geschlossene Gruppe, trennen Sie zwischen Meinungsführern und Mitläufern. Gestehen Sie ruhig ein, dass Sie in der neuen Funktion auch noch Übung brauchen und vielleicht am Anfang etwas übereifrig reagieren könnten – aber ziehen Sie Ihre Linie durch. **Es ist nicht wichtig, was die Ex-Kollegen über Sie denken, es ist wichtig, dass Sie in den Augen Ihrer misstrauischen Chefs den Bereich in den Griff bekommen.** Freunde können und sollten Sie im Kreis Ihrer Mitarbeiter weder suchen noch haben.

Und wenn Sie einen Fehler machen, gestehen Sie ihn ruhig offen ein. Das ist auch ein Zeichen persönlicher Stärke.

Zu 2: Sprechen Sie jeweils unter vier Augen offen mit den ehemaligen Kollegen. Erklären Sie die Differenzen von gestern für erledigt, erklären Sie sich zum Neuanfang bereit, bitten Sie gerade diesen Mitarbeiter um sein Vertrauen und eine gute Zusammenarbeit – aber unter dem Leitgedanken, der unter „zu 1" deutlich wurde (konziliant im Ton, knallhart in der Sache).

Rechnen Sie damit, dass der eine oder andere Mitarbeiter aus diesem Kreis kündigt oder sich versetzen lässt. Das ist normal.

Zu 3: Hier sehe ich zwei Handlungsvarianten:

Sie können die Geschichte ignorieren (jedenfalls offiziell) und einfach zum Tagesgeschäft übergehen. Das hat durchaus etwas für sich – denn einen offiziellen Grund für Sie, irgendwelche Initiativen zu ergreifen, gibt es nicht. Schließlich sind Sie für Ihre Ernennung zum neuen Chef gar nicht zuständig und auch nicht verantwortlich. Wer meckern will, soll das „höheren Orts" machen. Ihr Chef, der Ihre Ernennung zu verantworten hat, hätte mit erfolglosen Mitbewerbern reden können, vielleicht sogar sollen – Sie jedoch müssen erst reagieren, wenn die ehemaligen Mitbewerber deutlich Front machen gegen Sie. Die Gefahr dabei: Oft wollen solche Leute, dass der ungeliebte ehemalige Kontrahent scheitert. Damit haben sie Ihren Job immer noch nicht (sie bekommen ihn auch nie), aber der Mensch ist eben nicht immer vernünftig. Seien Sie also auf der Hut.

Oder Sie reden auch mit denen jeweils einzeln, ganz im Sinne von „zu 1“ oder „zu 2“. Es wird wenig helfen, stachelt vielleicht die Wut der Unterlegenen eher noch an: Wer will, kann Ihnen jedes Wort als „Triumph des Siegers“ auslegen.

Auch hier müssten Sie mit der einen oder anderen Kündigung/Versetzung rechnen. Auch das wäre normal.

Als Führungskraft für 2 bis 3 Jahre in die USA ohne Job?

Frage: *Ich bin jetzt fast zehn Jahre berufstätig, derzeit als stellvertretender Niederlassungsleiter einer Engineering-Gesellschaft. Ich suche weitere Karrierechancen, die es intern nicht gibt.*

Durch die Tätigkeit meiner Frau besteht jetzt die Möglichkeit eines 2- bis 3-jährigen USA-Aufenthaltes für mich.

1. Ist ein solcher Aufenthalt in den USA eine sinnvolle Alternative zum anstehenden beruflichen Wechsel in Deutschland? Ich müsste dort zunächst in einem einjährigen Intensivsprachkurs mein Englisch so verbessern, dass es ausreicht, um ein MBA-Studium zu absolvieren. Ist dieses Studium in meinem Alter noch sinnvoll, nach Rückkehr wäre ich 38? Da ich Sprachkurs und Studium aus eigener Tasche bezahlen müsste: Stehen dem genügend Chancen gegenüber, eine attraktive berufliche Position zu erreichen und diesen Betrag in Form eines höheren Gehalts zu refinanzieren?

2. Wie würde die berufliche Unterbrechung von 2 bis 3 Jahren von potenziellen Arbeitgebern gesehen, wenn am Ende kein MBA-Abschluss steht, sondern nur die Vervollkommnung der englischen Sprache, die Erweiterung des geistigen Horizonts und das intensive Kennenlernen einer anderen Kultur? Wie beurteilen Sie dann die Chancen auf einen beruflichen Wiedereinstieg?

Antwort: Zu 1: Es gibt keinerlei Garantie, dass der Aufwand sich „auszahlt“. Sie sind TU-Ingenieur, der MBA bringt Ihnen ein interessantes Zusatzwissen, hebt Sie aber nicht in eine neue Qualifikationsebene. Und: In Deutschland ist es nicht üblich, in Ihrem Alter die Berufstätigkeit aufzugeben und für zwei bis drei Jahre zu unterbrechen, wofür auch immer. Rechnen Sie also auch mit kopfschüttelnden Vorbehalten späterer Bewerbungsempfänger. Und also mit Misserfolgen beim beruflichen Wiedereinstieg.

Zu 2: Vor dieser Variante warne ich eindringlich! Wenn Sie die Berufstätigkeit auf diese Weise unterbrechen, tun Sie in den Augen späterer Bewerbungsempfänger schlicht gar nichts für zwei bis drei Jahre. Das wirft Sie erheblich zurück, es könnte Ihren Werdegang total ruinieren.

Die von Ihnen angesprochenen positiven Aspekte eines so langen „Ferienaufenthaltes" in einem fremden Land sind dagegen noch nicht einmal Tröpfchen auf einem äußerst heißen Stein.

Nein, Sie müssten, wenn Sie nicht studieren, in jedem Fall dort arbeiten, wobei an die Qualität des Tuns keine extrem hohen Erwartungen gestellt werden. Als „Beweis" für eine sinnvolle Beschäftigung wäre dann schon der MBA sehr viel besser – aber der kostet Sie viel Geld.

Kommt der MBA nicht in Frage und lässt sich für Sie eine sinnvolle Beschäftigung nicht realisieren – dann dürften Sie aus der Sicht einer Karriereberatung nicht dorthin gehen.

Es ist leider ein ungelöstes Problem unseres Regelwerks: Sind zwei Partner mit hochwertiger beruflicher Ausbildung engagiert berufstätig und ehrgeizig, wird es früher oder später Schwierigkeiten allein aus räumlichen Gründen geben. Oder: Was den einen Partner fördert, wirft den anderen zurück. Lösungsansätze können nur durch individuelle Toleranzbereitschaft gefunden werden.

Zählt die Konzernkarriere?

Frage: *Direkt nach meinem Studium trat ich vor etwa zwölf bis vierzehn Jahren (die unpräzisen Angaben werden von mir formuliert; Ziel ist die weitgehende „Neutralisierung" der mir detailliert mit allen Namen und Daten vorliegenden Informationen, d. Autor) in die ABC GmbH ein. Kurz danach wurde ich zum Leiter der Stabsstelle ... (mit Zuständigkeit für alle Standorte des Unternehmens) in meinem seither gleichgebliebenen Fachgebiet befördert.*

Inzwischen war das Unternehmen von einer internationalen Gruppe übernommen worden. Ich leitete das Steuerungs-Team der Gruppe in meinem Fachgebiet, zusätzlich hatte ich die entsprechende operative Verantwortung in einem Geschäftsbereich.

Fünf Jahre später wurden wir durch eine völlig andere internationale Gruppe übernommen. Wieder fungierte ich als erster Ansprechpartner auf meinem Fachgebiet. Mein Arbeitsvertrag wurde erst gekündigt und dann mit der deutschen Konzerngesellschaft neu geschlossen. Ich wurde „Director ...".

Zur Zeit verantworte ich meinen angestammten Fachbereich für etwa zwanzig Werke in diversen europäischen Ländern. Die Leiter der entsprechenden Fachgebiete sind mir fachlich und disziplinarisch unterstellt. Ich berichte direkt an die Konzernzentrale im fernen Ausland.

Ich schätze die Rahmenbedingungen meiner Position im Unternehmen sehr (angemessenes Gehalt, Dienstwagen). So weit so gut (oder sogar sehr gut). Aber:

- Die Konzernmutter ist in wirtschaftlichen Schwierigkeiten, es sind bereits rechtliche Schritte eingeleitet worden.

- Trotz diverser Unternehmensverkäufe, Umbenennungen und zweier Arbeitsverträge habe ich seit meinem ersten Arbeitsvertrag vor zwölf bis vierzehn Jahren denselben Dienstort und dieselbe Telefonnummer (auch wenn ich mich räumlich mittlerweile in die „belle étage" vorgearbeitet habe).

- Aufgrund der permanent wachsenden Anforderungen aus den Gesetzgebungsaktivitäten auf nationaler und internationaler Ebene nimmt die Lobbyistenarbeit auf unternehmensexterner politischer Ebene mehr und mehr Zeit in Anspruch. In meiner Lebensplanung hatte ich dies eigentlich erst ab Ende 50 vorgesehen (jetzt bin ich Ende 30).

- Ich war hier mit der Schließung und Abwicklung mehrerer Produktionsstandorte in Europa betraut, einige weitere sind gerade dazugekommen. Natürlich sind Restrukturierungen notwendig, um Unternehmensziele zu verwirklichen und um das Überleben des Unternehmens zu sicher, aber Projekte dieser Art stellen eine starke mentale und körperliche Belastung dar.

- Ich beschäftige mich intensiv mit der Frage, ob ich das Unternehmen verlassen soll. Bisher vorliegende Angebote habe ich ausgeschlagen, da sie mich noch weiter von der betrieblichen Praxis entfernt hätten.

Meine Fragen:

1. Gehöre ich mit meiner langen Dienstzeit mittlerweile zum alten Eisen oder werden potenzielle künftige Arbeitgeber die Karriere innerhalb des Konzerns ähnlich wertschätzen wie Laufbahnen, die mit mehreren Wechseln des Arbeitgebers verbunden sind?

2. Bin ich mit meiner internationalen Ausprägung und der zunehmenden Entfernung vom betrieblichen Tagesgeschäft für ein mittelständisches Unternehmen überhaupt von Interesse (meine Idealvorstellung: metallverarbeitender Betrieb mit mehreren Produktionsstandorten in D und übersichtlicher Eignerstruktur)?

3. Wie wird die Begründung des geplanten Ausstiegs (Werksschließungen, gravierende wirtschaftliche Probleme der Mutter) von potenziellen Arbeitgebern eingeschätzt?

Antwort: Sie haben einen durchaus typischen Berufsweg hinter sich: Mehrfache Eigentümerwechsel, zunehmende „Globalisierung" der Aufgaben, ernste wirtschaftliche Probleme der Konzernmutter – die Tochtergesellschaften auch dann bedrohen, wenn diese selbst gesund sein sollten.

Ihr Hauptproblem aus meiner Sicht: Ihre Aufgabe dort hat sich in eine höchst spezielle Richtung entwickelt. Daher kann praktisch auch nur ein ebenso speziell aufgestellter Arbeitgeber damit etwas anfangen. Praktisch gilt dieser Grundsatz immer: Wenn ein Wechsel erforderlich wird (wegen der Umstände, nicht vorrangig aus Karrieregründen), ist ein Arbeitgeber desselben Typs mit einer Position derselben Art die logische 1. Wahl. Gibt es diese Firmen kaum oder besetzen die wenigen ihre entsprechenden Positionen so gut wie nie von außen, haben Sie ein Problem. Ein Arbeitnehmer sollte stets darauf achten, einen Job zu haben, von dessen Art es draußen viele gibt (goldene Regel).

Gehen wir Ihre konkreten Fragen durch: Zu 1: Nein, Sie gehören nicht zum alten Eisen. Zwar ist bei Dienstzeiten oberhalb von zehn Jahren ein kritisches Hinterfragen des eigenen Marktwertes durchaus angebracht. Aber selbst Ihre reine Betriebszugehörigkeit liegt noch im Toleranzrahmen. Hinzu kommen die dramatischen Eigentümerwechsel, die „locker" den einen oder anderen Arbeitgeberwechsel ersetzen. Letztlich steht auch Ihr kontinuierlicher Aufstieg dem Vorwurf einer fantasielosen „Stagnation" entgegen!

Zu 2: Ihr Verdacht ist berechtigt! Warum, in aller Welt, bezeichnen Sie sich vorn in dieser Teilfrage als Mann mit (deutlicher) „internationaler Ausprägung" und wollen ein paar Zeilen später in einen Betrieb, der nur „mehrere Produktionsstandorte in Deutschland" hat?

Gerade die Internationalität ist eines der „Pfunde", mit denen Sie als Bewerber „wuchern" könnten! Ach und die „übersichtlichsten" Eignerstrukturen hat ein inhabergeführtes Privatunternehmen. Aber nicht alles, was man übersehen kann, ist auch besonders einfach.

Schließlich gilt folgendes Prinzip: Sie scheinen doch mit Ihrer Aufgabe ganz zufrieden zu sein, mit allen Randbedingungen ebenso. Nur Ihre Konzernmutter steckt in wirtschaftlichen Problemen. Also lautet doch die logische Lösung Ihres Problems: Sie suchen sich wieder eine solche international geprägte Position bei einem anderen international geprägten Konzern – der aber nun nicht von Insolvenz bedroht ist. Dass Sie „bei der Gelegenheit" gleich noch ein paar Details zu Arbeitgeber und Position zusätzlich verändern wollen, kompliziert unnötig die Lösung.

Zu 3: Für einen Mann in Ihrer Position (Gegenbeispiel: Ein Bewerber, dem man wegen seines Jobs Mitschuld an der kritischen wirtschaftlichen Lage des Konzerns anlasten könnte) ist das völlig problemlos. Ein Angestellter arbeitet für Geld. Hat er berechtigte Zweifel, dass dieses Geld auch in Zukunft noch fließt, ist er nicht nur zum Streben nach neuen Ufern berechtigt, sondern geradezu verpflichtet. Das ist dann zwar keine Nibelungentreue bis in den Tod – die Nibelungen waren aber auch keine bezahlten „Söldner" mit Kündigungsfrist (das Beispiel mit dem Söldner ist hart, natürlich hinkt es, aber es steckt eine Menge Wahrheit darin. Oder wie wollen Sie sonst erklären, dass mitunter sogar Vorstandsmitglieder „zur Konkurrenz“ gehen und dort munter weitermachen?).

Übrigens: Bei einer Bewerbung liegt es an Ihrem verkäuferischen Geschick, ob Sie viel vom „Konzern“, von „Internationalität“ und von „Lobbyarbeit“ sprechen – und sich damit vielleicht um Welten vom Bewerbungsempfänger entfernen.

Große Pläne, kleine Basis

Frage: *Mein Karriereziel ist eher Vorstand denn Bereichsleiter (ich sage hier ganz ehrlich, was ich in Bewerbungsgesprächen nicht immer so deutlich sage). Ich bin Ende 30, Dipl.-Wirtschaftsingenieur FH und habe später berufsbegleitend ein zusätzliches MBA-Studium erfolgreich absolviert.*

Derzeit bin ich in einem internationalen Konzern als Area Sales Manager für eine spezielle Region im Vertrieb von hochwertigen technischen Investitionsgütern tätig. Der Umsatz, den ich verantworte, ist beträchtlich; ich arbeite jedoch mit Händlern und habe faktisch keine Personalverantwortung. Die Tätigkeit als solche ist zwar sehr spannend und interessant, das Umfeld mit meinem ... (es folgt die Nationalität des Konzerns, die hier bewusst nicht abgedruckt werden soll; d. Autor) Arbeitgeber ist mir allerdings nicht angenehm. In die Top-Positionen kommt man als Nicht-... (siehe Vorbemerkung; d. Autor) so gut wie nie, geschweige denn in den Vorstand.

Ich habe nun über einen Berater eine Position angeboten bekommen, bei der ich nicht sicher bin, ob sie der richtige Karriereschritt ist. Es geht um die Nachfolge eines Vertriebsleiters, zunächst in der Funktion eines Leiters eines Teilbereichs, nach etwa einem Jahr dann Übernahme der Zielposition. Zu führen wäre ein größerer Mitarbeiterstab, es gibt eine sehr anspruchsvolle Zielsetzung mit hohen Steigerungsraten auf wichtigen Märkten. Das Produkt ist eher untechnisch und entstammt einer total anderen Branche. Das Unternehmen ist mittelständisch und inhabergeführt.

Übrigens hatte ich bereits kurz vorher bei einem bedeutenden deutschen Konzernbereich (Investitionsgüter) ein Gespräch in Richtung internationaler Vertriebsleiter geführt, wurde allerdings nicht angenommen.

1. Wie wichtig schätzen Sie aus der Sicht von Unternehmen wie dem letztgenannten deutschen Konzern die Tatsache ein, dass ich derzeit keine (disziplinarische) Personalverantwortung trage (was man aus dem Lebenslauf nur bedingt erkennt)?

2. Ist meine Angst berechtigt, dass ich ohne möglichst schnelle Behebung dieses Schwachpunktes im Lebenslauf nur schwer weitere Verantwortung (wie die letztgenannte Konzernposition) übertragen bekomme?

3. Würden Sie mir zu einem Wechsel raten (würde in etwa sechs Monaten stattfinden) in jenes mittelständische Unternehmen mit der späteren Möglichkeit, nochmals zu wechseln – dann wieder in ein größeres Unternehmen? Oder sollte ich besser bei meinem jetzigen Arbeitgeber auf Chancen warten, die schleppend oder auch gar nicht kommen?

Antwort: Ich war heute beim Arzt. Meine Beschwerden: Probleme im Magen- und Darmbereich (keine Angst, ich verbreite jetzt hier nicht etwa meine Krankheitsgeschichte). Statt nach kurzem Überlegen zum Rezeptblock zu greifen und mir ein „Pülverchen" zu verordnen, hat dieser Fachmann die laienhafte Darstellung der Symptome durch den Patienten nur als Denkanstoß genommen und ist dann der Sache auf den Grund gegangen: Blut- und anderweitige Analysen, Ultraschall, „Androhung" weiterer z. T. unangenehmer Maßnahmen. Dann erst kann er die Ursache finden, kann er die Krankheit definieren und eine Therapie festlegen.

Ich glaube, der Mann hat richtig gehandelt. Wenn ein betroffener Laie ein Problem schildert, darf der Fachmann nicht sofort nach der Lösung suchen – er wird die vermeintlich umfassende Darstellung nur als Anregung nehmen, um überhaupt einmal eine professionelle, umfassende Problembeschreibung zu finden. In der nichts fehlt, was wesentlich sein könnte.

Daher trete nun also ich als „Arzt" auf (Chefarzt, mit wehendem Kittel durch die Krankenhausflure eilend, Stäbe von Assistenten und Oberärzten sowie Krankenschwestern hinter mir herziehend und dann ein herziges „Na, Müller, wie geht's uns denn heute?" auf den Lippen – das wäre mein Traumberuf gewesen, früher. Allein ich kann kein Blut sehen, nicht einmal eine Spritze in Aktion).

Zu Ihnen, geehrter Einsender, also zum „Patienten":

Sie haben die Oberschule mit der Mittleren Reife verlassen, eine Lehre gemacht und haben später die Fachhochschulreife wieder nachgeholt. Schön. Kein Ruhmesblatt, das mit dem vorzeitigen Schulabgang, aber auch nicht übermäßig kritikwürdig. Aber müssen Sie dem Bewerbungsempfänger im Lebenslauf den exklusiven Beruf Ihrer Ehefrau, den akademischen Status sowohl des Vaters als auch Ihrer Geschwister mitteilen? Meinen Sie, das gestaltet Ihren Schulabbruch irgendwie "hochwertiger"? Merken Sie nicht, dass der Hinweis auf die illustre familiäre Umgebung die Geschichte viel(!) schlimmer macht als die mögliche Vorstellung eines uninformiert gebliebenen Lesers, Sie wären in einer Hilfsarbeiterfamilie aufgewachsen? Dort wären Sie Aufsteiger gewesen, jetzt sind Sie – aufgefallen wegen Ihrer eigenen unnötigen Darstellung im Lebenslauf – als Absteiger von Anfang an gebrandmarkt. Der waren Sie ja real durchaus – aber so haben Sie noch zusätzlich damit Reklame(!) gemacht. Zu den Details des Werdegangs:

Erster Job nach dem Studium: schneller Abbruch, weil „enttäuschend" gewesen. Zweiter Job: Assistent, Verkaufsverantwortlicher für eine Produktgruppe von Investitionsgütern, dann Produktmanager, Abteilungsleiter Marketing, alles in einem namhaften größeren Unternehmen bei vernünftig langer Dienstzeit. Und nennenswertem Führungsumfang. Zuletzt in dieser Phase noch Export-Verantwortlicher für bestimmte Länder. Vertrieb über Händler, Personalverantwortung dabei deutlich rückläufig.

Job 2a, zeitlich in Überschneidung mit 2: Delegiert vom zweiten Arbeitgeber in ein Gemeinschaftsunternehmen; Neuaufbau, Mitglied des Projektteams, Aufbau einer Vertriebsorganisation mit wieder einigen Mitarbeitern. Details bleiben unklar, Sie schreiben am Schluss: „... habe ich mich aus persönlichen Gründen aus dem Projekt wieder zurückgezogen."

Das Beschäftigungsverhältnis mit Arbeitgeber Nr. 2 endet einige Monate vor Beginn des (heutigen) dritten, am Beginn Ihres Briefes geschilderten Engagements. Was war das? „Arbeitslos auf eigenen Wunsch" oder doch ein Rausschmiss?

Dann, als wäre das noch nicht genug, rühmen Sie sich noch der „Gründung eines eigenen Unternehmens", Programm/Branche unklar bleibend, Gründungsdatum liegt mitten im letzten Arbeitsverhältnis. Immerhin schreiben Sie „Aktive Führung durch Partner".

Ich sage es einmal so gelassen wie es mir möglich ist: Das ist nur sehr bedingt das Holz, aus dem man Vorstandsmitglieder in Konzernen schnitzt.

Konkret: Sie haben die absolut schwächste Ausbildung einer anspruchsvollen Akademikerfamilie, sind Ende 30, machen Umsatz im Vertrieb über Händler, haben keine Personalverantwortung, stehen kurz vor der Übernahme einer Vertriebsleitung bei einem Mittelständler, der – beispielsweise – Dachfenster verkauft und wollen eines Tages in einem Investitionsgüter-Konzern Vorstand werden.

Vorsichtshalber gesagt: FH-Wirtschaftsingenieure sind hochachtbare(!) Leute, Dachfenster u. ä. sind hochanständige Produkte und Mittelständler sind volkswirtschaftstragende Unternehmen. Man bloß sind Vorstandskarrieren in Investitionsgüter-Konzernen auf Ihrem Weg nicht machbar.

Zu Ihren Fragen:

Zu 1: Grundsätzlich ist die fehlende Führungsverantwortung nach mehr als zehn Berufsjahren ein wichtiges Kriterium. Bei Ihnen kommt hinzu, dass sich dieser Aspekt in Ihrer Karriere sogar negativ entwickelt hat: Vor fünf Jahren waren Sie „richtiger" Abteilungsleiter mit disziplinarisch unterstellten Mitarbeitern, jetzt haben sie keine solche Verantwortung mehr. Für einen Mann auf dem Weg in den Vorstand ist das karriereschädlich. Stets fragt man sich, ob Ihre Vorgesetzten mangelnde Fähigkeiten feststellten und/oder Sie mangelndes Interesse an Führung hatten.

Zu 2: Ja, das sehe ich so.

Zu 3: Nein, bei Ihrem späteren Endziel rate ich ab! Es gibt eine „Arroganz der Größe“ und eine „Arroganz der Branche“. Konkret: Wenn Sie sich später wieder beim Konzern bewerben, rümpft dort ein Entscheidungsträger die Nase. „Der Mann kommt aus dem Mittelstand? Aus einem Laden mit 700 Leuten? Wir haben hier allein 2.700 Putzfrauen und Pförtner! Was soll das werden? Und Dachfenster? Also wirklich!“ So etwa geht das. Und: Sie haben den Vertriebsleiter im Mittelstand bisher nicht einmal sicher, es gibt ihn erst „nach Bewährung“.

Die Regel lautet: Wenn Sie eine klare Zielposition in einer Zielbranche haben, dann gehen Sie bei keinem Arbeitgeberwechsel in der Firmengröße deutlich unter die der Zielfirma und gehen Sie bei der Branche und beim Produktimage (technischer Anspruch) nie unter das – vermutlich – in der Zielbranche gepflegte Image.

Oder anders: Bei einem Wechsel können Sie die Größenordnung der Firma sowie das Produkt-/Branchenimage nur schwer nach „oben“ hin verändern – und schon gar nicht gleichzeitig. Nach „unten“ jedoch geht es nicht nur, es fördert sogar die Chancen, dabei hierarchisch aufzusteigen.

Und: Den Rückzug aus dem Projektjob „aus persönlichen Gründen“ beim zweiten Arbeitgeber und die eigene Firma parallel zu Angestelltentätigkeiten hat es besser nie gegeben!

Nun klingt das, geehrter Einsender, so als hätte ich nur massive Kritik für Sie. Das ist absolut nicht richtig. Mein Vorschlag: Weg mit den jetzt genug beanstandeten Lebenslaufdetails – und dafür Neudefinition der Zielsetzung. Schreiben Sie den Konzernvorstand ab und streben Sie nach dem Vertriebsleiter im gehobenen Mittelstand – mit der späteren Hoffnung auf einen Vertriebs-GF ebendort. Ob das bei Ihrem Hintergrund nun gerade „Dachfenster“ sein müssen, ist offen. Aber: GF eines großen Bauzulieferunternehmens wäre doch nicht zu verachten!

Ist eine durchgängige Personalverantwortung erforderlich?

Frage: *Ich bin jetzt 33 Jahre alt und seit drei Jahren als Gruppenleiter im Bereich der Entwicklung tätig, mit fachlicher und disziplinarischer Führung von zehn Mitarbeitern und Verantwortung für ein nicht unerhebliches Entwicklungsbudget. Ich fühlte mich bisher als Dipl.-Ing. (FH) in dieser Position richtig eingesetzt.*

Jetzt möchte ich mich weiterentwickeln, was nach unserem Personalbewertungs- und Förderungssystem bei mir möglich und auch an der Zeit ist. Nach Aussage dieses Gremiums habe ich das Potenzial für die Position eines Hauptabteilungsleiters in einigen Jahren.

Ich habe nach Bekanntwerden meines Veränderungswunsches bereits einige interne Angebote erhalten, wovon mich allerdings nur eines interessiert. Diese Position ist – zumindest nach heutiger Struktur – ohne Personalverantwortung, dafür aber im Vertrieb, wo ich außer auf dem Gebiet der Entwicklung meine größten Stärken sehe und diese auch ausbauen möchte. Auch habe ich öfters gehört, dass eine breitere Bildung (Technik + Vertrieb z. B.) der Karriere zuträglich, wenn nicht sogar förderlich ist.

Geplant habe ich eine spätere Rückkehr in den Bereich der Entwicklung in entsprechender Position.

Nun stelle ich mir die Frage, ob eine durchgängige Führung von Mitarbeitern nötig ist, um in drei bis vier Jahren eine Rückkehr in eine (höhere?) Position mit Personalverantwortung zu realisieren oder reicht der Beweis aus den – aus heutiger Sicht – letzten drei Jahren dann noch aus, wenn ich im nächsten Job nicht mehr führe?

Antwort: Ich sehe eine Art „Problem-Matrix" vor mir: Es gibt zwei verschiedene Problembereiche, die beide jeweils unter zwei verschiedenen Aspekten zu beleuchten sind, Und ich glaube, dass mehr Schwierigkeiten auf Sie zukommen könnten als es Ihnen bewusst ist. Vorab: Zum bisherigen erfolgreichen Weg und zum guten Eindruck auf Ihr Bewertungsgremium gratuliere ich Ihnen.

Fangen wir mit dem für Sie neuen Aspekt an: Ein Wechsel von der Entwicklung in den Vertrieb ist, Begabung vorausgesetzt, relativ leicht möglich. Ganz einfach ist auch das nicht, Sie spüren ja die Auswirkungen: Sie sind Führungskraft in der Entwicklung, alles ist gut. Jetzt wechseln Sie in den Vertrieb. Dort sind Sie Anfänger, schließlich haben Sie persönlich und in direkter Verantwortung bisher „noch keine einzige Schraube" verkauft. Einem fachlichen Anfänger jedoch unterstellt man weder eingearbeitete Fachleute (z. B. berufserfahrene Vertriebsingenieure) noch Anfänger in dem neuen Bereich. Das wäre so als würde man auf einem großen Segelschiff einen Kapitän einsetzen, der frisch von den Gebirgsjägern kommt.

Also lässt man Sie erst einmal „für sich allein" üben im Vertrieb (quasi als „Matrose"), da richten Sie zunächst weniger Schaden an und können in Ruhe lernen.

Das erste richtige Problem kommt später auf Sie zu: Ein Wechsel vom Vertrieb in die Entwicklung gilt generell als sehr schwierig bis unmöglich! Natürlich gibt es in Ihrem Fall zwei denkbare Milderungsaspekte im Hinblick auf diese harte Aussage:

a) Sie wären in weiteren drei bis vier Jahren nicht bloß ein „in der Wolle gefärbter" Vertriebsmann, sondern hätten in Ihrem Lebenslauf ja immer noch die erfolgreichen Entwicklungsjahre davor zu bieten. Ein bisschen(!) veraltet und angestaubt wären diese Erfahrungen, aber immerhin.

b) Es gibt Unternehmen, ja ganze Branchen, in denen gehören Vertrieb und Entwicklung so eng zusammen, dass sie einem gemeinsamen Ressortchef unterstehen („Vertrieb + Entwicklung"). Die Kfz-Zulieferindustrie ist ein Beispiel dafür. Dort, aber nur dort, kann der übergeordnete Ressortchef großes Interesse daran haben, dass „seine Leute" nicht zu eng spezialisiert, sondern breit fachlich vorgebildet sind. Er könnte also das Hin- und Herwechseln zwischen beiden Ressortteilen aktiv fördern.

Aber in vielen anderen Unternehmen sind Vertrieb und Technik organisatorisch strikt getrennt, unterstehen verschiedenen Geschäftsführern. Und dort begeht eine engagierte Entwicklungs-Führungskraft, die in den Vertrieb wechselt, eine Art „Hochverrat" (aus Entwicklungssicht). Wenn ein reiner, in der Wolle gefärbter Vertriebsmann in die Entwicklung will, sperrt sich diese. Weil Entwicklung das sorgfältige fachliche Durchdringen aller Details bedeutet, während Vertrieb kontaktorientiert – und im Detail eher etwas(!) oberflächlicher ausgerichtet ist.

Es ist unbestreitbar: Bezogen auf den Durchschnitt aller Unternehmen und Arbeitsplätze erfordern Vertrieb und Entwicklung unterschiedliche Begabungen, Mitarbeiter sind zwischen den Bereichen nicht einfach austauschbar – man ist nach einigen Jahren entweder oder.

Nun kann das in Ihrem Unternehmen zufällig anders sein. Sie könnten also dann in ein paar Jahren wieder in Ihre Entwicklung zurück. Dort!

Sollten Sie aber irgendwann in den nächsten Jahren (während Ihrer Vertriebsphase) das Unternehmen wechseln wollen oder müssen (rechnen Sie damit!), haben Sie bei den dann anstehenden externen Bewerbungen ein Problem. Es kann Ihnen geschehen, dass Sie in den Augen von Lesern Ihres Lebenslaufes ein Mann sind, der die Entwicklung nicht mehr mochte – und der im Vertrieb noch Neuling ist.

Das wäre dann der fehlende „rote Faden", von dem hier so oft die Rede ist.

So, bisher haben wir den Kern Ihrer Frage noch gar nicht berührt, dieser Aspekt „Führung" kommt als Problem noch hinzu. Die Grundregel lautet: Eine einmal errungene Führung gibt man nie wieder auf, weiterer Ehrgeiz vorausgesetzt.

Nun wieder zu meiner „Matrix": Sie haben die beiden senkrechten Problemspalten „vom Vertrieb (zurück) in die Entwicklung wechseln" und „Führung, die ich schon hatte, wieder aufgeben". Sie haben dann waagerecht die beiden Zeilen „interne Betrachtung" und „Betrachtung anlässlich externer Bewerbungen" (wobei Sie stets mit der Notwendigkeit dazu rechnen müssen!). Das gibt insgesamt vier verschiedene Kombinationen, aus denen Probleme entstehen können:

1. Aus dem Vertrieb in die Entwicklung/intern. Das können Sie intern klären. Fragen Sie Ihren heutigen Entwicklungschef und dessen Chef, was die davon halten.

2. Aus dem Vertrieb in die Entwicklung/extern (Bewerbung). Hier ist mit Akzeptanzproblemen zu rechnen!

3. Führung aufgeben/interne Betrachtung. Toll ist das keinesfalls. Aber vielleicht gilt es im Haus als akzeptabel. Aber: Heute haben Sie x Mitarbeiter zu führen. Dann drei bis vier Jahre keine. Dann wollen Sie als Führungskraft in den alten Bereich zurück und natürlich „höher" aufsteigen als heute, mehr Mitarbeiter führen als x. Ob das klappt? Weniger wäre uninteressant und gleichviele kein Fortschritt gegenüber Ihrem heutigen Status.

4. Führung aufgeben/externe Betrachtung (Bewerbung). Rechnen Sie mit massiven Problemen. Mancher wird denken, Sie hätten damals vor den Führungsproblemen kapituliert.

Fazit: Von den vier Kombinationsmöglichkeiten sind zwei mit großer Wahrscheinlichkeit problematisch, die dritte ist es vermutlich, bei der vierten ist das immerhin möglich. Insgesamt sind die Risiken zu hoch, um Ihnen dazu raten zu können.

Mein Rat: Wechseln Sie nur den Bereich, wenn man Ihnen dort mindestens den heutigen Gruppenleiterstatus gibt. Gelingt das nicht, wechseln Sie das Unternehmen, bleiben aber in der Entwicklung und bemühen sich um einen deutlich größeren Verantwortungsumfang. Oder Sie machen erst einmal Ihren heutigen Job weiter bis zum Alter von ca. 35. Dann werden Sie (in- oder extern) Abteilungsleiter Entwicklung. Mit 40 werden Sie (in- oder extern) Bereichsleiter Entwicklung, mit 45 (in- oder extern) technischer Leiter oder GF. Das wäre doch ein Ziel, und das wäre doch ein Weg.

Hilft der MBA?

Frage: *Ich bin Dipl.-Wirtschaftsingenieur/Logistik FH, 29 Jahre, seit fünf Jahren im Beruf. Nach einer abgeschlossenen Projektarbeit bei meinem ersten Arbeitgeber habe ich gewechselt. Ich bin jetzt bei einem großen Automobilzulieferer, aufgestiegen zum Abteilungsleiter mit Personalverantwortung.*

Um aber einen größeren Schritt nach vorne zu machen und eventuell international tätig zu werden, habe ich festgestellt, dass ein MBA (möglichst im Ausland erworben) ein Vorteil auf längere Sicht ist.

Noch bin ich ohne „Anhang" und könnte z. B. nach San Diego an die Uni gehen und meinen MBA machen. Dort wäre ich nach meiner Orientie-

rung als Logistiker richtig. Da ich als Schüler schon einmal für ein Jahr in den USA gewesen bin, ist das für mich kein Neuland.

Wie sehen Sie die Dinge? Ich bin sehr flexibel, belastbar (Leistungssportler) und voller Tatendrang, spreche Englisch und Französisch und möchte, um ehrlich zu sein, jetzt weiterkommen mit meiner Berufserfahrung. Ich freue mich auf eine ehrliche Antwort.

Antwort: Da Sie gegen Schluss Ihrer Einsendung zweimal „ehrlich" sagen, will ich dem auch folgen und schreibe daher ganz in diesem Sinne, dass ich Sie zunächst gern als schlechtes Beispiel missbrauchen möchte:

Der hier als Absatz Nr. 2 abgedruckten Formulierung von Ihnen fehlt die Logik. Es ist einer jener Sätze, die „so nicht gehen": „Um einen Schritt nach vorne zu machen ..., habe ich festgestellt, dass ein MBA ... ein Vorteil ist." Vielleicht wird es in etwas abgewandelter Form deutlicher: „Weil ich einen Schritt nach vorne machen will, habe ich festgestellt ..." Das kann man so nicht machen, das „beißt" sich oder mich, jedenfalls stimmt die Begründung nicht! Es ist doch so: „Ich will einen Schritt nach vorn machen. Nun habe ich festgestellt, dass in dem Zusammenhang ein MBA vorteilhaft ist." Das ginge.

Es geht übrigens auch so: „Um einen Schritt nach vorne zu machen, so habe ich festgestellt, ist ein MBA von Vorteil."

Jetzt halten Sie mich bitte nicht für kleinlich. Hier geht es nicht um irgendwelche nebensächlichen Feinheiten, sondern um Begründungen und Zusammenhänge in sachlichen Darstellungen, beispielsweise in Investitionsanträgen, Bewerbungen, Artikeln in Medien – oder sogar in Arbeitszeugnissen.

Sollte jemand diese Argumentation nicht verstehen, dann kann ich es nicht ändern. Aber der Einsender muss! Ein künftiger MBA, heutiger Abteilungsleiter und Träger weiterer Ambitionen muss einfach! Da gibt es keine Gnade.

Und sagen Sie bloß nicht, man wisse doch auch so, was gemeint sei. Das reichte dem Neandertaler (symbolisch: „Ich Tarzan, du Jane"). Seitdem haben wir uns weiterentwickelt. Womit ich nicht gesagt haben will, das hier kritisierte Beispiel lese sich wie ein Dialog auf der Mammutjagd. Ehrlich nicht.

Also soviel zur Pflicht. Nun zur Kür, der internationalen akademischen Top-Ausbildung zum MBA.

Ganz sachlich: Jede qualifizierte Zusatzausbildung hilft, ist nützlich, ist also zunächst einmal grundsätzlich empfehlenswert. Bildung und fachliches Wissen sind immer auf der positiven Seite einer persönlichen Bilanz zu verbuchen.

Lösen muss man sich nur von der Erwartung, man könne ganz exakt vorhersagen, wie und in welchem Umfang eine zusätzliche Ausbildung helfen wird. Einer der Absolventen wird sofort nach Abschluss des Examens befördert, ein anderer zwar nicht, bekommt aber wenigstens direkt neue, anspruchsvollere Aufgaben. Wieder ein anderer bekommt einfach eine Gehaltserhöhung. Einer bekommt gar nichts – aber drei Jahre später ist intern eine interessante Position zu besetzen; die hauseigene Personalentwicklung weiß, dass ein Mitarbeiter eine solche Zusatzqualifikation hat, er wird daraufhin in eine Stellung befördert, die er „ohne" nie erhalten hätte. Ein Absolvent einer solchen Ausbildungsrichtung bewirbt sich eines Tages extern; dort braucht man zwar sein zusätzliches Examen nicht, aber das gezeigte Engagement („der Mann hat sich enorm für dieses Ziel eingesetzt, hat in die eigene Karriere investiert") begeistert die Entscheidungsträger so, dass er nicht wegen des Resultats, sondern wegen des Aufwandes dafür den Job erhält.

Einer gibt 2009 in einer Diskussion mit dem Vorstand eine kluge Bemerkung von sich – und rettet damit seinen Kopf, denn er stand eigentlich schon „zur Disposition". Das entsprechende Wissen, die Basis für den „Lichtblick" hatte er im Zusatzstudium 2005 erworben.

Sehen Sie, es wäre schon irgendwie seltsam, wenn ich in meiner Funktion in meinem Alter jetzt beispielsweise den Schweißfachingenieur erwürbe. Aber schaden würde auch das nicht. Und vielleicht verhandele ich im nächsten Jahr über einen Auftrag und setze mich durch, weil das Unternehmen viel schweißt und ich qualifiziertes Einfühlungsvermögen in die betrieblichen Probleme zeige.

Es lassen sich folgende Regeln aufstellen, jetzt einmal vorrangig auf den MBA bezogen:

1. Schaden wird die Zusatzqualifikation grundsätzlich niemals. Es sei denn, der Absolvent dieses Studiums bewirbt sich danach gezielt um Positionen, in denen seine zu vermutenden Ambitionen überhaupt nicht zum Thema (Anforderungsprofil) passen. Beispiel: stellvertretender Leiter der mechanischen Fertigung in einem rein deutschen, rein regional operierenden privaten Kleinunternehmen. Dort könnte man ihn als „überqualifiziert" einstufen.

2. Es ist absolut mit der Möglichkeit zu rechnen, dass sich trotz MBA-Zusatzqualifikation keine Karriere im gewünschten Sinne ergibt. Das geht z. B. promovierten Ingenieuren ebenso. Denn nicht der MBA-Abschluss macht die Karriere, sondern die Persönlichkeit. Die Zusatzqualifikation hilft dem Begabten, ebnet ihm etwas den Weg. Aber wer die erforderliche Persönlichkeit nicht hat, dem hilft der MBA ebenso wenig wie ein Top-Klavierlehrer aus mir einen Konzertpianisten machen würde (ich kann nicht

einmal Noten lesen). Lassen Sie sich nicht von Statistiken blenden, wie viele MBA-Absolventen etwas „geworden“ sind. Vermutlich waren das Menschen mit positiven Persönlichkeitsfaktoren, die ohnehin Karriere gemacht hätten. Mit MBA ging es ggf. nur etwas leichter.

3. Wenn die MBA-Qualifikation auch (fast) nie schadet, so kann im Einzelfall doch der Aufwand (Zeit + Geld) zu hoch im Verhältnis zum späteren Ertrag sein. Das gilt schon für manche „preiswerten“, nebenberuflichen Studien, um so mehr jedoch für kostenintensives „hauptberufliches“ Studieren über Jahre hinweg!

4. Positiv bei Ihrem konkreten Vorhaben ist zusätzlich der Auslandstouch, den Ihr Werdegang allein durch Aufenthalt und Studium in den USA erhielte.

5. Negativ bei Ihrem speziellen Vorhaben ist: Diese Art der MBA-Ausbildung setzt voraus, dass man eine schon seit Jahren erfolgreich laufende Berufspraxis abbricht und wieder an die Universität zurückgeht (wenn auch an eine andere). Das ist im angelsächsischen Raum verbreitete Praxis, in Deutschland jedoch nicht! Hier führt man traditionell eine einmal angelaufene berufliche Laufbahn konsequent und ohne Unterbrechung fort.

Sicher, es gibt Tendenzen, die in diese andere Richtung deuten. Außerdem kommt der Trend aus USA, was ihn auch dann adelt, wenn sonst nichts Gutes darüber zu sagen wäre. Rein sachlich wäre auch bei uns die gelegentliche Unterbrechung des beruflichen Tuns durch Phasen der Wissensauffrischung oder -vertiefung an der Hochschule erwägenswert. Allein es ist generell (noch?) nicht üblich. Sie könnten, insbesondere im Bereich mittelständischer Betriebe, bei späteren Bewerbungen auch auf Kopfschütteln, Unverständnis und Ablehnung stoßen. Und das trotz der Mühen und Kosten, die Sie hatten. Und: Viele der Entscheidungsträger in Bewerbungsangelegenheiten haben selbst keinen MBA.

Diese Bedenken entfallen bei nebenberuflich erworbener MBA-Qualifikation.

6. FH-Absolventen mit guten oder sehr guten Noten bleibt später oft ein Gefühl, im Studium noch nicht „alles“ gelernt zu haben, nicht erschöpfend gefordert worden zu sein. Daraus entwickelt sich der Wunsch, noch eine „vollakademische“ (Universitäts-)Ausbildung draufzusatteln. Unbedingt erforderlich ist das nicht, es gibt durchaus FH-Ingenieure als Geschäftsführer etc. Aber mitunter hebt das Uni-Zusatzstudium das Selbstbewusstsein (wobei es oft schon hilft, wenn man weiß, dass auch andere in dieser Situation Gefühle dieser Art haben).

7. Nach einer derart aufwändig erreichten MBA-Qualifikation wird Ihr Erwartungsdruck im Hinblick auf „Karriere/Beförderung/mehr Verantwortung“ erfahrungsgemäß ungeheuer groß sein. Hüten Sie sich davor (siehe

auch 2). Um realistische Einschätzungen vornehmen zu können, sollten Sie z. B. die Stellenanzeigen für Karrierepositionen sehr sorgfältig lesen: Wie oft stoßen Sie auf Anforderungen, in denen der MBA-Abschluss konkret genannt wird? Lesen Sie so etwas sehr oft oder oft, dürfen Sie von einem ordentlichen Karriereschub durch MBA ausgehen. Lesen Sie es selten oder nie, müssen Sie anschließend vermutlich auch noch um Anerkennung kämpfen.

8. Für Unternehmensberatungen könnten Sie mit Ihrer späteren Kombination aus FH-Ingenieur, Industriepraxis als Abteilungsleiter und MBA (im Ausland erworben) ein interessanter Kandidat sein – vielleicht sogar interessanter als für die Masse der „stationären" Industriebetriebe.

9. Wenn Sie das alles gelesen haben, wägen Sie ab – und gehen ggf. ruhig Ihren Weg zum MBA. Sie sollen nur nicht denken, das sei „die Lösung überhaupt". Aber wenn es Sie nach wie vor reizt: Tun Sie es!

Karriere im Mittelstand: ohne Arbeitgeberwechsel und Umzug geht es nicht

Frage: *Nach Ingenieurstudium und Promotion begann ich in der Führungsnachwuchsgruppe eines mittelständischen Unternehmens. Nach einigen Jahren als Projektleiter in der Vorentwicklung bin ich dort seit ca. zwei Jahren in der Projektleitung eines Produktentwicklungsbereichs tätig. Ich bin Mitte 30 und strebe mittelfristig eine Entwicklungsleitung an.*

Mein Bereich wird an diesem Standort aufgelöst, das Unternehmen hat mir empfohlen, innerhalb der Gruppe ins Ausland zu wechseln. Damit hätte ich die besten Voraussetzungen, um meine Zielposition zu erreichen. Dieser Standortwechsel kommt allerdings aus verschiedenen persönlichen Gründen nicht in Frage. Auslandserfahrung habe ich bereits aus früherer Zeit.

Ich fühle mich bei meinem Arbeitgeber sehr wohl und würde bei entsprechender Perspektive gern bleiben. Es wäre mir aber auch wichtig, am heutigen Standort oder wenigstens in Deutschland bleiben zu können.

Um an meinem Ziel festhalten zu können, sehe ich zwei Möglichkeiten:
1. Unternehmensintern in einen anderen Fachbereich zu wechseln,
2. einen Arbeitgeberwechsel (der nach mehr als fünf Jahren Betriebszugehörigkeit durchaus in Frage käme).

Beide Optionen bedeuten aus meiner Sicht einen Zeitverlust für die Karriere, da zunächst neue Fachkenntnisse aufgebaut werden müssten.

Vor kurzem wurde ich von einem Headhunter im Zusammenhang mit der Neubesetzung einer Entwicklungsleitung kontaktiert. Ein zweites Vorstel-

lungsgespräch ist demnächst geplant. Eigentlich würde bei der zu besetzenden Position alles passen – bis auf den Standort, der nicht sonderlich attraktiv ist. Obwohl die Aufgabe eine große Herausforderung wäre, kann ich mir eine Zusage momentan nur vorstellen, wenn das Gehalt stimmt. Aber Geld ist bekanntlich nicht alles.

Für eine Einschätzung meiner Situation und eine Empfehlung für die Zukunft wäre ich Ihnen sehr dankbar.

Antwort: Und wieder habe ich ein Standortproblem auf dem Tisch. Was im Detail und generell dazu zu sagen ist, habe ich schon oft hinreichend deutlich geäußert. Und bevor Stammleser aufstöhnen „Nicht schon wieder", gehe ich schnell auf die anderen Aspekte ein:

1. Ich glaube, dass Ihre Zeit beim heutigen Arbeitgeber abgelaufen ist. Ins Ausland wollen Sie nicht (mehr), dann brauchen wir uns auch nicht über die damit im Zusammenhang stehenden besonderen Risiken zu unterhalten. Der interne Wechsel in einen anderen Fachbereich mit ungewisser Perspektive bringt Sie auch nicht weiter. Im Mittelstand gilt generell: Es gibt meist nur eine konkrete Aufstiegsposition für jede Führungsnachwuchskraft. Fällt diese eine Chance weg, ist ein Arbeitgeberwechsel angesagt.

2. Sie sollten also über einen solchen Schritt nachdenken. Ihre Bedenken („Zeitverlust für die Karriere") teile ich nicht. Es gibt durchaus Besetzungen von Entwicklungsleiterpositionen „direkt von draußen" – mit Bewerbern, die bis dahin noch keine Entwicklungsleiter waren. Ihr Beispiel mit der Headhunter-Ansprache liefert mir doch den schönsten Beweis.

3. Mit dem Wegfall Ihrer Position am Standort und Ihrer Ablehnung eines Wechsels ins Ausland kommen Sie irgendwann unter Zeitdruck: Ihr Arbeitgeber wird sich fragen, was aus Ihnen werden soll. Sehen Sie zu, dass Sie eine neue Position haben, bevor Sie auf der Straße stehen (Ihre Firma könnte Sie entlassen).

4. Sofern der Zeitdruck jetzt noch nicht stark ist, gilt: Bisher haben Sie auf dem Markt noch gar nicht aktiv gesucht, dieses eine (Headhunter-)Angebot hat Zufallscharakter. Sie sollten sich Entscheidungsalternativen erarbeiten.

5. Wenn Sie eine rundum „stimmende" (fachlich, Branche, Firma einschließlich wirtschaftlicher Solidität etc.) Position sehen, die auch noch zu Ihrem Entwicklungsziel passt und bei der Sie glauben, mit dem Chef zu „können" – dann greifen Sie zu. Entweder der Job taugt etwas oder nicht. Aber eine schlechte Position wird wegen „stimmenden Gehalts" nicht besser und eine gute wegen knapper Bezüge nicht schlechter. Sie sind noch jung – Ihre Zukunft liegt in attraktiven Positionen, das Geld kommt dann „automatisch". Konkret: Der jetzt zu findende Job kann die zentrale Basis

sein für Ihre nächste Aufstiegsposition, die Sie in sieben Jahren erringen. Darum geht es.

6. Ihren Brief durchzieht das Wort „Standort" wie die Periode Maria Theresias die Geschichte Österreichs. Was wollen eigentlich die Globalisierungsgegner noch – unsere Akademiker sind ja schon gegen Jobs in anderen Regionen Deutschlands. Ich könnte, dies als Drohung, alle künftigen Beiträge ausklingen lassen mit „Übrigens bin ich der Meinung, dass ein karriereinteressierter Akademiker nicht an seinem Wohnort kleben darf". Der „Vorgänger", den ich damit hätte, ist 149 v. Chr. verstorben. Er hat zwar etwas anderes gewollt, aber letztlich sein Ziel erreicht (der ältere Cato, der stets die Zerstörung Karthagos forderte; die Vernichtung der mit Rom konkurrierenden Stadt fand allerdings erst drei Jahre nach seinem Tode statt – wegen dieses schlechten Vorzeichens lasse ich die Drohung denn doch lieber fallen).

Führen: Der Erfolg heiligt die Mittel nicht

Frage: *Ich setze in jahrelanger Tätigkeit als Vorgesetzter (...-Produktion) zunehmend auf Vertrauen. Meine Mitarbeiter können darauf vertrauen, dass ich es gut mit ihnen meine, ehrlich bin, für sie da bin, sie schütze gegen andere oder gegen meinen Vorgesetzten und sie NIE „in die Pfanne haue".*

Im Gegenzug kann ich mich – inzwischen bei den meisten – auf einen hervorragenden Leistungswillen, ein hohes Qualitätsbewusstsein und eine totale Loyalität mir gegenüber verlassen. Auch in den schwierigsten Situationen wurde ich von meinen Mitarbeitern noch nie im Stich gelassen. Von den Kunden wurde mehrfach die engagierte und fachlich hervorragende „Bedienung" durch meine Mitarbeiter gelobt.

Mein Verhalten entspricht nicht unbedingt unseren Führungsrichtlinien (die auf Zielvereinbarungen, Zeitvorgaben usw. setzen). Mein Chef ist mit meinem Erfolg sehr, mit meiner Methode weniger zufrieden. Ich wurde aber trotzdem kürzlich befördert, mein Verantwortungsbereich wurde verdoppelt. Ich bekam aber nur ein minimal höheres Gehalt! „Schön blöd", würde sicher mancher sagen. Und im Sinne einer Karriere auch wertlos, oder?

Ich käme mir aber meinen Mitarbeitern gegenüber schäbig vor, wenn ich wesentlich mehr verdiente! Eine vernünftige Abstufung ist sinnvoll, Leistung muss sich lohnen. Natürlich verdiene ich mehr als mein Stellvertreter, aber es muss im Rahmen bleiben. Ich fahre ein sehr bescheidenes Fahrzeug, nie käme es mir in den Sinn, aus Prestigegründen auf einem größeren Auto zu bestehen wie jüngst ein Fragesteller. Als Vorgesetzter fährt man nicht unbedingt ein dickes Auto, sondern führt seine anvertrauten Mitarbeiter zu

Fuß (also auf deren Ebene und nach deren Verständnis) durch dick und dünn!

Wenn einer meiner Mitarbeiter oder ein Kollege auch nur andeutungsweise einen Wunsch mit dem Wort „Prestige" verbinden würde, wäre er bei mir sofort unten durch. Leider wird die Denkweise der Manager, die nach „Prestige" blicken, durch die Handlungsweise vieler Vorstände legitimiert: Heute werden Menschen entlassen, morgen erhöhen sie die sowieso schon unverschämt hohen Vorstandsgehälter, und dicke Prestigeautos fahren sie ohnehin alle.

Antwort: Sie haben, das schrieben Sie schon in der hier nicht abgedruckten Einleitung, gar keine Frage gestellt, Sie wollten mir in Anlehnung an einen hier vorgestellten Fall lediglich Ihre Einstellung zur Führung verdeutlichen.

Sehr geehrter Einsender, ich habe das Glück gehabt, mehrere Führungskräfte kennen zu lernen, die den von Ihnen geschilderten Stil praktizieren. Das ist, wenn man es angewandt sieht, sehr beeindruckend, sehr erfolgreich – und damit ist dieses Land nach dem Weltkrieg wieder groß geworden. Auch steht dahinter – wie in Ihrem Fall – eine beachtenswerte Philosophie, sowohl was die Aufgabe, als auch was die geführten Mitarbeiter angeht (die oft sogar Chefs lieben, die sie zwar autoritär, aber konsequent und kalkulierbar führen).

Aber: Ihr Stil ist von gestern, nicht mehr zeitgemäß – und gefährlich. Letzteres für Sie. Nun muss ich das begründen. Fangen wir mit dem „Stil des Hauses" an:

Da ist zunächst die ja durchaus ernst zu nehmende Tatsache, dass Ihr Vorgehen nicht der Führungsrichtlinie Ihres Hauses entspricht. Dann ist auch Ihr Chef „mit der Methode weniger zufrieden". Beides bedeutet: Solange es „läuft", lässt man Sie gewähren. Weil Sie zwar die falschen Methoden anwenden, aber Resultate erzielen. Das aber wird nicht ewig so bleiben. Irgendwann wird es Probleme und/oder Veränderungen geben – dann sind Sie dran. Denn der „Apparat" vergisst nie, wenn jemand seine Regeln ignoriert. Stellen Sie sich nur einmal vor, die Produktion, die Sie leiten, wird nach draußen verlagert, Sie verlieren Ihre Mitarbeiter, bekommen andere. Dann ist das Erfolgsteam „Sie + Ihre Mitarbeiter", die verschworene Gemeinschaft, erst einmal tot. Denn bis Sie mit neuen Leuten wieder so weit sind wie jetzt, das dauert!

Es gibt heute prozessorientiert arbeitende Unternehmen mit Kompetenz-Centern und allen Schikanen – also hochmoderne Firmen – in denen ändert sich alle zwei Jahre total die Organisation und in den kurzen Phasen dazwischen ändern sich wenigstens noch die Namen im Organigramm. Jemand, den man gestern noch kannte, sitzt heute garantiert nicht mehr auf diesem

Platz. Das ist, der Einschub sei erlaubt, so neu nicht: Der bekannte Satz, nach dem alles ewig wechsle („alles fließt"), soll auf Heraklit (535–475 v. Chr.) zurückgehen, was auch mit Plato in Verbindung gebracht und in der griechischen Form als „panta rhei" zitiert wird. Jedenfalls ist die Erkenntnis schon sehr alt.

Konkret aber bedeutet das: Die Zukunft gehört zumindest in etwas größeren Organisationen (Ihre hat Führungsrichtlinien, ist also eine solche) dem schnell und reibungslos austauschbaren(!) Manager. Das wiederum setzt ein weitgehend „genormtes" Standardverhalten beim Vorgesetzten sowie ein ebensolches (verbunden mit entsprechenden Standarderwartungen) bei den geführten Mitarbeitern voraus.

Genau deshalb gibt es Führungsrichtlinien des jeweiligen Hauses (wichtig ist nicht, was drinsteht, wichtig ist, dass aus ihnen der Wunsch nach standardisiertem Führungsverhalten abzulesen ist).

Und diesem Ideal entsprechen Sie nicht mehr – und daher warne ich Sie hiermit. Ihren besonderen Einsatz für die Ihnen anvertrauten Mitarbeiter können nur diese würdigen – sie werden aber im Ernstfall nichts für Sie tun können! Die oberste Führungsebene des Unternehmens lässt Sie als exotischen Ausnahmefall derzeit nur in Ruhe, mehr nicht.

Gehen Sie einmal davon aus, dass Sie eines Tages auch Misserfolge haben werden, selbst wenn Sie objektiv gar nichts dafür können. Ihre Abteilung macht einfach Verluste und Sie geraten in die Schusslinie. Dann stehen Sie auf dem Prüfstand. Und dann ist der Nimbus des Erfolgreichen weg und Sie sind nur noch jemand, der sich nicht an die Regeln hält und seinen abweichenden Stil durchsetzt. Dann werden Sie stärker unter Druck gesetzt als ein Manager-Kollege, der ebenso erfolglos war, aber das wenigstens nach den Regeln. Nach dem geltenden Führungssystem gehandelt und verloren zu haben ist in größeren Organisationen stets weniger schlimm als nach individuellem Muster und entgegen den Richtlinien Misserfolg zu produzieren.

Und nun noch zu den größeren Dienstwagen, deren Fahrer Sie so verärgern. Rein „menschlich" gesehen haben Sie Recht. Aber: Die „Hierarchie der Äußerlichkeiten" wird von den Unternehmen bewusst und gezielt als Motivationsfaktor eingesetzt! Dass die Mitarbeiter darauf anspringen, ist gewollt. Die Regel lautet: „Du sollst Direktor werden wollen. Wir machen dir das so schmackhaft wie möglich. Wir reizen dich mit dem großen Auto (das auch die Nachbarn sehen und die Schwiegereltern, was beim Gehalt nicht gegeben ist), mit der 1. Klasse beim Fliegen und mit dem Büro, das drei Fenster hat und einen Perserteppich. Und wenn wir eine Autofabrik sind, dann bekommt die Ehefrau ab Ebene X auch noch ein Auto von uns, was sie dazu bringt, ebenfalls leistungsmotivierend auf dich einzuwirken.

Denn um das alles zu bekommen und zu behalten, musst du leisten, viel leisten. Davon wiederum profitieren wir."

Es ist also nicht nur sinnlos, sondern kontraproduktiv, sich über Manager aufzuregen, die z. B. hinter dem größeren Dienstwagen her sind. Die Dinger sind ganz bewusst eingesetzte Motivationsfaktoren – so wie die Provision beim Außendienst. Der Dienstwagen ist Teil der „Uniform" des Manager-„Offiziers", wie ein Stern mehr auf den Schulterklappen.

Und so ganz am Rande: Natürlich freut sich jeder Vorgesetzte über „totale Loyalität mir gegenüber". Aber sie vorauszusetzen, ist nicht erlaubt – offiziell darf man nur Loyalität dem Unternehmen gegenüber einfordern. Auch das kann zu Konflikten mit den Chefs führen. Konkret: Was Sie da tun, führt schon zum Erfolg. Aber wie Sie es definieren, nennen, intern verkaufen, das macht Sie angreifbar.

Ich weiß, dass ich Sie mit meiner Antwort nicht eben glücklich mache. Aber denken Sie wenigstens einmal darüber nach. Und wenn Sie ganz mutig sein wollen, dann zeigen Sie diesen Beitrag Ihrem Chef und fragen Sie ihn, ob es denkbar wäre, dass dieser Autor vielleicht tatsächlich Recht haben könnte. Nur was Sie dann tun, wenn er dies grundsätzlich bejaht, kann ich Ihnen auch nicht sagen. Denn Menschen mit einer wie in Ihrem Fall festgefügten Meinung ändern ihre Einstellung nicht so gern.

Den Absprung verpasst?

Frage: *Seit einigen Jahren bin ich interessierter und wissensdurstiger Leser Ihrer Rubrik. Seit Jahren bedauere ich es, sie nicht schon früher gelesen zu haben, denn zwischenzeitlich habe ich entscheidende Fehler gemacht.*

Ich bin seit etwa zwanzig Jahren bei einem mittelständischen Unternehmen beschäftigt. Angefangen habe ich als Abteilungsleiter, jetzt bin ich als Bereichsleiter für ... verantwortlich mit Personalverantwortung für ... Mitarbeiter. Da meine Karriere in unserem Hause aufsteigend verlief, hatte ich mir den Blick nach „draußen" verschlossen. Inzwischen bin ich Anfang 50.

Die Branche ist klein, man kennt sich. Vor einigen Jahren erhielt ich Anfragen von Personalberatern, es kam auch zu Gesprächen, die aber letztlich erfolglos blieben. Mal scheute man die Unruhe, die meine Einstellung beim Wettbewerb auslösen würde, in einem anderen Fall war ich damals schon zu alt. Seit dieser Zeit habe ich mich immer wieder – erfolglos – beworben.

Nun kriselt es auch in unserer Branche und auch in unserem Hause, Entlassungen drohen. Vom meinem Chef erhalte ich zwar positive Signale („Ich brauche Sie dringend"), trotzdem wäre ein Wechsel dringend notwendig, scheint aber seit Jahren unmöglich.

Sehen Sie noch eine Wechselchance bei dieser langen Unternehmenszugehörigkeit und diesem Alter?

Die Gehaltshöhe soll dabei nicht ausschlaggebend sein. Wie verkauft man sich in diesem Bereich am besten, um nicht gleich als „zu teuer" beiseite gelegt zu werden?

Antwort: Immer wieder liest man in den Fernsehprogrammzeitschriften, dass die (das TV-Programm allein oder überwiegend finanzierende) werbetreibende Industrie die Programmgestalter drängt, Sendungen nur für die Zielgruppe der 19- bis 49jährigen Zuschauer zu machen. Das ginge ja noch an, wäre die Begründung (die sich mit Sicherheit sogar noch irgendwie beweisen ließe) nicht so fatal:

Es hat keinen Sinn, Menschen ab 50 mit Werbung zu behämmern – die sind weitgehend immun gegen die Absicht, ihnen Veränderungen in ihren Einstellungen und Gewohnheiten einzureden, die bleiben bei ihren Lebensphilosophien, gewohnten Vorgehensweisen und eben auch bei ihren vertrauten Produkten. Eigentlich spricht das, schaut man sich die Werbung im Detail an, in diesem Bereich durchaus auch für die Älteren – aber sie springen nun mal nicht mehr auf jeden neuen Zug (nur weil er neuer ist und bunter und marktschreierischer). Sie gelten damit leider auch als weniger „offen" für die ständigen innerbetrieblichen Veränderungen, die heute auf der Tagesordnung stehen.

Diese Unternehmen, die da Druck auf die TV-Programmgestalter ausüben, sich gefälligst an jüngere (beeinflussbare!) Zuschauer zu wenden – sind auf der anderen Seite die Arbeitgeber, die sich weitgehend gegen 50jährige Bewerber sperren. Das ist irgendwie sogar konsequent.

Natürlich ist diese Sperrung in vielen Einzelfällen ungerecht, da es Menschen gibt, die mit 55 beweglicher und kreativer sind als andere mit 35. Aber auch so mancher Wähler würde gern den Beweis antreten, er sei klüger als viele andere und man solle ihm drei Stimmen geben. So gut das vielleicht der Nation bekäme – man bleibt bei der heutigen Pauschalregelung. Wie auch beim Einstiegsalter für Führerscheine etc. Und selbst wenn es einen Test gäbe, wie man die geistige Beweglichkeit älterer Bewerber erfassen könnte – würde man hinter vorgehaltener Hand über den Sieger sagen: „Aber wie lange macht er das noch, wann baut auch er ab?"

Es gibt schon einmal Ausnahmen: bei Top-Positionen auf höchster Führungsebene und bei Bewerbern, die für das suchende Unternehmen eine ausgesprochene Schlüsselqualifikation mitbringen (also als einer von zwei oder drei Leuten in der Branche das zentrale Entwicklungs- oder Produktions-Know-how besitzen oder im Vertrieb genau die Kunden und Strukturen kennen, um die es dem suchenden Unternehmen geht).

Aber auch dann ist so bei 52 eine nahezu unüberwindliche Obergrenze gezogen. Diese wird kaum so oft überschritten, dass es statistisch ins Gewicht fiele.

Und so lauten dann die aus der Praxis abgeleiteten, nicht etwa von mir „erfundenen" Regeln: Ab 45 beginnen Bedenken der Unternehmen gegen Bewerber, ab 48 werden diese massiv, ab 50 sehr massiv und ab 52 nahezu unüberwindlich. Daraus ergibt sich: Mit 45 sollte man bei dem Unternehmen sein und auf dem Stuhl sitzen, bei bzw. auf dem man notfalls pensioniert werden möchte – weitere Karriereschritte oder auch nur Arbeitgeberwechsel extern durchzusetzen, wird zunehmend schwierig.

Ich plädiere hier bewusst selten für Regel- und Systemveränderungen, mache aber bei diesem Thema eine Ausnahme: Es ist volkswirtschaftlich unverantwortlich, die angesammelten Wissens- und Erfahrungswerte der über 50-jährigen Mitarbeiter und insbesondere Führungskräfte zum alten Eisen zu werfen. Aus der Politik kommen – vernünftige – Strömungen, die Lebensarbeitszeit moderat zu erhöhen. Dennoch wird die Wirtschaft weiter auch in großem Stil entlassen wollen. Also müssen wir den Arbeitsmarkt für über 50-Jährige „ans Funktionieren" bringen. Am besten geht das über den Preis: Akzeptieren wir, dass ein Bewerber von 53 ebenso wieder „runter" geht mit seinen Gehaltsansprüchen, wie er vorher raufgeklettert ist. „Das Leben" kennt ohnehin keine Besitzstandswahrung. Und den Arbeitgebern würde manche Abwägung zwischen einem Anfangs-Vierziger und einem Anfangs-Fünfziger leichter fallen, wenn letzterer preiswerter zu haben wäre, ohne dass dies mit dem Stigma des Abstiegs verbunden sein müsste. Heute bezahlen wir dem Älteren jedoch bis zum letzten Augenblick ein Top-Gehalt und setzen ihn dann arbeitslos auf die Straße. Das kann keine überzeugende Lösung sein. Damit einher könnte auch durchaus eine Reduzierung des Hierarchie- und Führungsanspruchs der Betroffenen gehen, die heute ebenfalls als unzulässig gilt.

So viel zum Alter, nun zur Betriebszugehörigkeit:

Die meisten Bewerber sind zu kurz bei ihrem Arbeitgeber, von dem sie jetzt wieder wegwollen. Ab einer Dienstzeit von etwa zehn Jahren pro Arbeitgeber jedoch kippt die Geschichte um – die Suppe, die eben noch durch immer mehr Salz gewann, wird jetzt versalzen. Fünfzehn Jahre sind äußerst bedenklich, hier gilt der Vorwurf des „Tunnelblicks", der „Scheuklappen", mangelnde Flexibilität wird als wahrscheinlich unterstellt. Und mehr als zwanzig Dienstjahre ergeben das – zu vermutende – Bild eines Menschen, der so eingefahren ist auf ein Unternehmen und seine Besonderheiten (die er längst als Norm empfindet!), dass eine Umstellung auf neue Gegebenheiten ihm nicht mehr gelingt.

Sie, geehrter Einsender, kombinieren jetzt zwei schon jeweils für sich sehr massive Ablehnungsgründe. Beantworten Sie sich selbst die Frage nach den verbleibenden Marktchancen.

Schlimmer noch: Gelänge der Wechsel dennoch, wäre das ein Drahtseilakt ohne Netz! Denn in einem Scheitern würden spätere Bewerbungsempfänger nur die Bestätigung ihrer Vorurteile sehen („Kein Wunder, dass der in seinem Alter und mit zwanzig Dienstjahren die Integration nicht mehr geschafft hat").

Die Konsequenz für Sie: Solange es geht, müssen Sie auf das Pferd „heutiger Arbeitgeber" setzen. Vielleicht können Sie ja dort überleben. Geht es schief, müssten Sie auch unkonventionelle Lösungen wie Selbstständigkeit, freie Mitarbeit, Interimsmanagement in Betracht ziehen.

Schwierige Gehaltsfragen (weniger zu fordern als man bisher hatte) löst man am besten über die Angabe eines Wunschgehaltes („meine Einkommensvorstellung liegt bei etwa ..."). Wünschen dürfen Sie zunächst einmal alles, auch die Hälfte oder das Doppelte Ihres Gehalts. Oder: Sie beziehen heute beispielsweise 100.000,- EUR, was Ihnen für den angestrebten Job „viel" zu sein scheint. Dann rechnen Sie noch einmal nach und stellen fest, dass Sie „eigentlich" nur 85.000,- EUR verdienen (z. B. ohne variable Anteile, ohne die letzte Gehaltserhöhung etc.). Und diese 85.000,- EUR nennen Sie als Ist-Gehalt. Dann sind Sie nicht gleich „zu teuer" – und müssen nicht sagen: „Ich arbeite auch für weniger als heute" (was derzeit einen schlechten Eindruck macht). Sollte dieses Vorgehen nicht ganz korrekt sein, so wären Sie des Deliktes „Tiefstapelei" schuldig. Es gibt aber keine Tiefstapler in Gefängnissen.

Ist das neue Angebot ein Rückschritt?

Frage: *Ich bin nach meiner Promotion zu einem mittleren Unternehmen gegangen. Dort übernahm ich nach kurzer Zeit eine Stelle mit Personalverantwortung. Nach Verkauf des Unternehmens an einen Konzern rückte ich zum Leiter eines technischen Bereichs auf, bekam Prokura und wurde Mitglied der Geschäftsleitung. Ich fühle mich in dieser Position wohl und bin im Unternehmen anerkannt und geschätzt.*

Wie so oft hat die Übernahme des Mittelständlers in einen Konzern viele neue Probleme hervorgebracht. Die Geschäftsführung wurde mehrfach ausgetauscht, aus Kostengründen wird die Mitarbeiterzahl immer weiter reduziert, Investitionen finden in meinem Bereich praktisch nicht mehr statt. Ich bin jetzt in der zweiten Hälfte der „Dreißiger", mehr als fünf Jahre hier und denke an einen Wechsel.

Jetzt habe ich ein Angebot vom sehr deutlich größeren Marktführer, der einen hervorragenden Ruf genießt. Ich könnte dort in meinem Fachbereich als Hauptabteilungsleiter einsteigen – mit noch zwei Kollegen neben und einem Fachressort-Geschäftsführer über mir (wir vier würden dort das abdecken, was mir heute hier allein untersteht). Allerdings hätte ich dort eine erheblich größere Personalverantwortung und ein entsprechendes Budget. Ich wäre jedoch nicht mehr Mitglied der Geschäftsleitung und an der strategischen Unternehmensplanung nur noch mittelbar beteiligt. Ein Aufstieg wäre, wenn überhaupt, nur langfristig denkbar.

Meine persönlichen Berufsziele sehe ich relativ klar. Ich könnte mir vorstellen, in einigen Jahren eine Professur an einer Universität anzunehmen. Falls das nicht klappt, wäre ich gern Leiter eines entwicklungsintensiven Bereichs, ***aber*** *in einem angesehenen und erfolgreichen Unternehmen. Auch wünsche ich mir ein Budget, welches es tatsächlich erlaubt, Neues zu schaffen und nicht nur so gerade eben die operative Tageshektik zu bezwingen.*

Würde man in diesem Licht den Schritt zum Hauptabteilungsleiter später als beruflichen Rückschritt ansehen? Auch wenn sich das Budget verdoppelt und das Image und die Größe der neuen Firma ganz wesentlich besser sind als in der vorherigen Position?

Antwort: Hier sind mehrere Aspekte angesprochen, die ich getrennt behandeln will – sonst wird die Geschichte zu komplex:

1. Informationen sind (fast) alles

Die Handlungen, Meinungsäußerungen und Absichten im taktischen Bereich eines Menschen sind mitunter für Außenstehende schwer zu verstehen. Meist liegt das daran, dass man nicht genug Informationen über den Kollegen, Mitarbeiter oder Chef hat. Ändert sich das, wird damit plötzlich ein Schweinwerfer angeknipst, der Licht ins Dunkel bringt.

In Ihrem Fall, geehrter Einsender, ist das Ziel „Hochschulprofessur" eine solche Schlüsselinformation. Kennte Ihr berufliches Umfeld dieses Ziel (was aber nicht ratsam wäre!), verstünde es mit Sicherheit auch Sie besser als heute („ach so, der will Professor werden" – was eben nur sehr bedingt mit einer industriellen Managementlaufbahn vergleichbar ist). Hätte ich diese Information nicht, hätte ich sicher manches in Ihrem Fall nicht verstanden bzw. fehlinterpretiert.

Früher habe ich Menschen oft nach dem beurteilt, was ich wusste. Taten sie Merkwürdiges – waren sie eben Spinner. Heute frage ich mich in solchen Fällen, wo die Schlüsselinformation liegen könnte. Das kann ein großes Familienvermögen ebenso sein wie ein todkrankes Kind zu Hause oder der Kindheitstraum „Künstler", den die Familie brutal unterdrückte. Sie nun sind mit Sicherheit geprägt durch dieses nicht alltägliche Ziel – in welcher Art und Weise auch immer.

2. Erster in der Provinz oder einer von mehreren in Rom?

Ich habe diesen Teil der Frage nicht so spontan im Griff gehabt wie gewohnt. Das hat mich zunächst geärgert: Warum kann ich nicht „aus dem Handgelenk" sagen, ob das nun ein Auf- oder Abstieg ist? Etwas später wurde mir klar: Der Schritt ist völlig ungewohnt, das macht „man" normalerweise nicht – daher gibt es auch kein Raster dafür. Kurz: Ihr Vorhaben stellt die üblichen Relationen auf den Kopf! Wenn man das erkennt, wird plötzlich alles klar.

Die übliche Karriere geht so: kleiner Mitarbeiter im großen Unternehmen, dann – sofern der interne Aufstieg nicht reibungslos klappt – als etwas größerer Mitarbeiter zum etwas kleineren Unternehmen usw. Also langsam vom „Nichts" im Konzern zum Top-Boss beim „Kleinen". Folgerichtig wird man erst Teilbereichsleiter beim Großen und geht dann als Gesamtbereichsleiter (und z. B. Mitglied der GL) zum Kleineren. Man gibt also beim Wechsel Firmengröße preis, imponiert mit dem „tollen" Arbeitgebernamen dem weniger tollen Unternehmen und macht dafür einen hierarchischen Sprung nach oben.

Und dann kommt jemand, stellt das auf den Kopf sowie eine durchaus intelligente Frage – und der Fachmann wundert sich, wieso er keine spontane Antwort kennt. Nun kennt er, beim Schreiben war ja Zeit genug zum Nachdenken: Weil Sie „falsch herum" gehen wollen, weiß auch niemand etwas damit anzufangen, deshalb sind auch Sie verunsichert.

Fazit: Der ungewöhnliche und von den großen Firmen sonst nur höchst ungern vollzogene Schritt „größerer Arbeitgeber – kleinere Position" ist eine Ausnahme, die später der „freien Würdigung" unterliegt. Meine Einschätzung: In fünf weiteren Jahren schaut niemand mehr auf den jetzt anstehenden Wechsel, man sieht in Ihnen dann nur noch den Hauptabteilungsleiter mit x unterstellten Mitarbeitern und y Euro Budget, die Stelle davor wird als „unbedeutende, kleinere Position" abgehakt – sonst hätten Sie ja den Wechsel nicht vollzogen (weil nicht sein kann, was nicht sein darf).

3. „Ich habe da ein Angebot"

Mir ist der Hinweis wichtig, dass Sie sich die potenzielle neue Position nicht selbst ausgesucht haben, sondern „ein Angebot bekamen". Wie ich schon mehrfach sagte: Viele Katastrophen beginnen mit: „Da hatte mich jemand angerufen." Alle Angebote sind interessant – für den, der sie macht. Der Rest ist offen.

4. Zielsetzung

Ihre Zielsetzung weist Sie aus als Menschen, bei dem der fachliche Anspruch dominiert und der sich idealistische Züge bewahrt hat: Ein brillanter Militärtheoretiker, eher kein Frontkommandeur – passt gut zum Professoren-Wunsch. Vorsicht: Idealisten werden leicht enttäuscht.

5. Empfehlung

Sie sollten das Angebot dennoch eher annehmen als ablehnen. Letztlich dürften Sie sich im Großunternehmen wohler fühlen als im pragmatischer operierenden Mittelstand. Das ist keine absolute Wertung, sondern typabhängig. Jetzt haben Sie die – seltene(!) – Chance, den früheren Fehler, nicht optimal eingestiegen zu sein in das Berufsleben, zu korrigieren. Und Ihre Zufriedenheit im heutigen Job glaube ich Ihnen nicht so ganz: In Ihrer Zielsetzung („meine persönlichen Berufsziele“) steht ein verräterisches „aber“.

Und: Für die Hochschulprofessur bringt Ihre heutige Geschäftsleitungs-Mitgliedschaft gar nichts, aber die Managementposition beim Top-Marktführer mit seinen modernsten Methoden und Strukturen schon eher etwas.

Wie komme ich extern ins obere Management?

Frage: *Positionen im oberen Management (Werkleiter, Geschäftsführer, Vorstände) werden offensichtlich in den seltensten Fällen per Anzeige ausgeschrieben. Ausschließlich darauf zu warten, dass eine suchende Personalberatung anruft, ist m. E. nur bedingt geeignet, den nächsten Karriereschritt zu machen. Aus der Mitarbeit in Vereinen und Verbänden sowie dem persönlichen Beziehungsnetz ergeben sich weitere Kontaktmöglichkeiten, die jedoch auch zufällig sind. Vor diesem Hintergrund bitte ich Sie um Bewertung folgender Alternativen der Initialbewerbung:*

a) Telefonische Ansprache oberer Führungskräfte, wie z. B. Geschäftsführer oder Vorstände in fremden Unternehmen, um mit diesen mögliche Perspektiven im Unternehmen zu erörtern.

b) Einschaltung einer Personalberatung, damit diese als Mittler auftritt. Wie hoch können hier die Kosten sein und wer kommt für diese auf?

c) Zwischenschaltung einer Vertrauensperson aus dem Bekanntenkreis (ggf. sogar aus dem Unternehmen), die als Mittler auftreten soll.

Wie beurteilen Sie diese Varianten auch im Hinblick darauf, dass bei Bewerbungen Diskretion zu wahren ist?

Antwort: Letzteres zuerst: Sie sind heute Werkleiter in einem mittelgroßen Werk eines in seinem Metier namhaften Unternehmens (geht aus Ihrem beigefügten Lebenslauf hervor, weitere Angaben veröffentliche ich hier natürlich nicht). Ich schätze, dass etwa 95 % der Bewerber in vergleichbarer Situation nicht das geringste Problem damit hätten, ihre Unterlagen an Unternehmen (auf Anzeigen hin) oder an Berater (generell) unter voller Angabe des heutigen Arbeitgebers zu senden. Das Diskretionsrisiko ist nicht null, aber tragbar. Kein Geschäft ohne Risiko – wer sich bewirbt, will viel, also ein wichtiges Geschäft machen, das ist nicht vereinbar mit totaler Absicherung.

Von Ihren Möglichkeiten a–c halte ich generell nicht viel bis gar nichts. Ich empfehle hingegen:

1. Studium der Stellenanzeigen in den überregionalen Tages- und Fachzeitungen sowie der Internet-Stellenbörsen. In sechs Monaten (durchschnittliche Dauer einer konzentrierten Suche) kommen dabei durchaus interessante Angebote zutage.
2. Anruf bei namhaften inserierenden Personalberatungen, sofern die zwar keine passende Position darstellen, aber in ihren Anzeigen Unternehmen umschreiben, die für Sie interessant sein könnten. Fragen Sie: „Ich bin heute ..., Alter ..., suche Position etwa als ... Ist es für Sie von Interesse, meine Unterlagen auch ohne passende Anzeige vorliegen zu haben?“ (Ganz kurz, erst einmal keine Lebensgeschichte, der Mann am anderen Ende der Leitung muss arbeiten). Ein Teil der Angerufenen wird wollen, ein anderer arbeitet so nicht und lehnt ab (ich lehne auch ab).
3. Chiffre-Insertionen unter „Stellengesuche“ in solchen überregionalen Zeitungen, die auch geeignete Stellenangebote abdrucken könnten. Sachlicher Text mit der richtigen Schlagzeile, in Ihrem Falle also etwa „Werkleiter/techn. GF“. Viele daran interessierte Berater lesen das und kontaktieren Sie dann.
4. Ausgewählten nicht-inserierenden Personalberatern (Headhuntern), deren Adressen Sie sich beschafft haben (Internet, Suchmaschine „Direktansprache“) können Sie Ihre Unterlagen mit Angaben zur Zielposition einreichen. Aber: Für die anspruchsvolleren Berater beginnt der interessante Bewerber z. T. erst ab 100.000,- EUR p. a.

Vergessen Sie nicht, dass eine per Stellenanzeige veröffentlichte Position deutliche Vorteile hat: Sie wissen, dass da ein konkreter Bedarf besteht, Sie wissen genau, worum es geht – und Sie können Ihre Bewerbung gezielt darauf ausrichten. Jeder andere Weg führt erst auf Umwegen weiter.

Der Werdegang im Umfeld des heimischen Kirchturms

Frage: *Nach dem Bezug meines Eigenheims im Geburtsort ... vor etwa zwanzig Jahren suche ich meine Arbeitgeber im Umkreis von 80 Kilometern.*

Vor gut einem Jahr habe ich ein berufsbegleitendes Aufbaustudium zum Wirtschaftsingenieur abgeschlossen, um meine berufliche Basis abzusichern und zu vergrößern.

Ich bin jetzt 48 und habe nach der Position eines technischen Leiters mit Schwerpunkt Materialwirtschaft in einem kleineren Unternehmen jetzt eine Stelle in einem Großunternehmen als Verantwortlicher für eine Warengruppe im Einkauf übernommen. Die geringere Personalverantwortung wird – bei gutem Einkommen – von mir akzeptiert.

Ist ein 48-jähriger „Spezialist" im Bereich Materialwirtschaft (58.000 EUR) für den Arbeitsmarkt überqualifiziert oder zu teuer?

Antwort: Man trifft im Leben Entscheidungen – und muss dann mit deren Konsequenzen leben. Man sollte nur jeweils vorher wissen, welche Folgen bestimmte Festlegungen haben werden. Um anderen Menschen, die sich noch nicht festgelegt haben, so weit wie möglich zu helfen, stelle ich gern Beispiele vor, wie es anderen ergangen ist. Dieser Fall eignet sich sehr gut dazu.

Ich habe, geehrter Einsender, den Mittelteil Ihres Briefes schlicht weggelassen. Dort ging es um Erlebnisse, die Sie bei Ihrem letzten Arbeitgeber hatten, um Details zum Ende Ihres Arbeitsverhältnisses – alles unwichtig, da nur logische Folgen einer einzigen, alles prägenden Entscheidung.

Und ich sollte vorab noch ein Prinzip verdeutlichen, das hier eine zentrale Rolle spielt: Man muss Prioritäten setzen. Dabei darf man nicht versuchen, „alles" bekommen zu wollen. Im Gegenteil: Jede Festlegung auf einen zentralen Aspekt schließt mehr oder minder „automatisch" andere Ziele aus. Ich kann nicht einen Super-Luxus-Sportwagen haben wollen – und gleichzeitig niedrige Unterhaltskosten anstreben.

Nun muss ich dies alles nur noch auf einen Punkt zusammenführen: Das haben Sie bereits für mich getan – mit dem ersten hier abgedruckten Satz Ihres Briefes.

Mit der Festlegung auf das Eigenheim an diesem Ort wurde „automatisch" alles andere auf die Plätze verwiesen, insbesondere der berufliche Bereich. Damit nahmen Sie in Kauf, dass sich dort nur noch eher zweitklassige Lösungen ergeben konnten. Natürlich gibt es auch Beispiele von Leuten, die Glück hatten und damit das Prioritäten-Prinzip anscheinend „überlisten" konnten – aber darauf darf man nicht bauen.

Entweder also stellt der komplex und teuer ausgebildete Akademiker den Beruf in den Mittelpunkt, hat dort Ziele, die er gern erreichen möchte – und ordnet diesen den Wohnort unter. Das gilt auch, wenn die Ziele nicht „Vorstandsvorsitzender" oder „Bereichsdirektor eines Konzerns" lauten.

Oder er will unbedingt in Wiesweiler-West wohnen. Und sucht sich dann unter den zufällig dort ansässigen Firmen die relativ bestgeeignete aus. Da deren Zahl begrenzt ist, da die paar Unternehmen dann auch noch zufällig den passenden Job besetzen wollen müssen (und dieser Bewerber dabei auch noch das Rennen machen muss), ist klar, was auf der beruflichen Seite dabei wahrscheinlich herauskommt: Statistisch gibt es keine Chance, dass dies zu einem besonders tollen Werdegang führt, ständige Probleme mit den solcherart mühsam zusammengekratzten Jobs sind die nahezu unausweichliche Folge.

Zur eigentlichen Frage: Kein Mensch sucht 48-jährige Spezialisten. Allenfalls akzeptiert man sie unter Ausweitung üblicher Toleranzgrenzen. Außerdem wären Sie keiner: Sie sind bloß 48 Jahre alt und erst vor knapp zwei Jahren mehr zufällig in das Gebiet hineingekommen, in dem Sie jetzt arbeiten (davor gab es erste Berührungspunkte). Das führt zu folgendem Ergebnis: Hoffen wir, dass keine weiteren Bewerbungen erforderlich werden. Ihr genanntes Gehalt stellt so langsam die Obergrenze für Positionen unterhalb direkter Führungsfunktionen dar, liegt aber noch im Rahmen. Nur Ihre Werdegangentwicklung zeigt bereits „abwärts“, was spätestens bei der nächsten Bewerbungsaktion Probleme machen würde.

Für statistisch Interessierte ergibt sich – grob gerechnet, aber mit einprägsamen Resultaten – etwa folgende Situation: 1. Wer nicht umzugsbereit ist und nur um den heimischen Kirchturm herum sucht, reduziert seine Chancen im Hinblick auf eine sehr interessante berufliche Position gegenüber dem Mitbewerber, der zwischen Flensburg und Bodensee uneingeschränkt flexibel ist, auf etwa ein Fünfzigstel! 2. Wer in Deutschland uneingeschränkt flexibel ist, schafft es in einem vernünftigen Zeitraum niemals, etwa fünfzig unterschriftsreife Vertragsangebote zu erhalten. 3. Damit liegen die Erfolgschancen des „Kirchturmfixierten“ bei sehr deutlich unter 1, die Misserfolgswahrscheinlichkeit überwiegt bei jedem Wechsel klar (das Prinzip gilt auch dann, wenn Sie sich darüber ärgern sollten).

Abstieg, weil zur Führung ungeeignet?

Frage: *Obwohl ich bereits seit zwölf Jahren in verschiedenen Führungspositionen tätig bin, muss ich zweifeln, ob ich wirklich dafür geeignet bin. Offensichtlich stimmt meine eigene Einschätzung nicht mit der meines Vorgesetzten überein. Nun könnte ich sagen, letzterer ist im Unrecht. Leider sitzt der am längeren Hebel. Außerdem würde ich einen Fehler machen, wenn ich nicht ernsthaft überprüfte, ob nicht doch etwas dran ist. Nur wie?*

Zum Hintergrund: Nach einigen Arbeitgeberwechseln glaubte ich (Mitte 40) mich in meiner jetzigen Position (Werkleiter) sehr gut aufgehoben. Ich hatte das Vertrauen meiner Kollegen und Vorgesetzten, von letzteren sogar schriftlich dokumentiert. Vor kurzem wurde im Hauruck-Verfahren mein Vorgesetzter ausgetauscht (neben vielen anderen personellen Veränderungen), gleichzeitig führten strategische Richtungsänderungen zu Planungskorrekturen. Vorher hieß es „vorwärts zu neuen Produkten", jetzt liegt der Schwerpunkt auf Einsparungen.

Eine für mich (und andere) bis heute nicht nachvollziehbare Entscheidung führte dazu, dass mein Arbeitsplatz eingespart wird. Ein Kollege soll das Gebiet zusätzlich übernehmen. Neben den vordergründigen betrieblichen Gründen hat mein Chef meine Führungsqualifikation in Frage gestellt.

Ich habe, um eine Änderungskündigung zu vermeiden, eingewilligt, eine andere Aufgabe an einem extrem weit entfernten Standort zu übernehmen, ohne Personalverantwortung.

Meine Frau lehnt diesen Umzug an diesen Ort ab und würde wahrscheinlich kreuzunglücklich.

Was soll ich jetzt tun?

1. Mich mit dem Karriereknick abfinden, umziehen und aus dem neuen Job heraus versuchen, intern wieder hochzukommen? (Im Vertrauen hörte ich, dass mein Chef möglicherweise seine Entscheidung schon bereut, aber sein Gesicht nicht verlieren will.)

2. Mich extern um Führungspositionen bewerben, solange ich die Degradierung im Lebenslauf noch verschweigen kann? Auch ein Umzug, selbst ins Ausland, würde dabei leichter fallen.

3. Mich damit abfinden, dass ich nicht führen kann und mich extern gezielt um Positionen im Projektmanagement bewerben?

4. Natürlich besteht auch die Möglichkeit, mir innerhalb des Konzerns andere Aufgaben zu suchen. Aber es fehlt mir in den Hauptbetätigungsfeldern an Qualifikation und Erfahrung. Unser Geschäftsbereich soll übrigens verkauft werden.

Alle vier Wege beschreite ich zur Zeit parallel, d. h. ich halte mir die erste Möglichkeit offen und bewerbe mich gleichzeitig um unterschiedliche Positionen.

Ich habe sehr viele Seminare besucht und fast ausnahmslos positive Einschätzungen bekommen. Auch der von mir (aus Überzeugung) gepflegte behutsame und vertrauensvolle Umgang mit Mitarbeitern wird im Training generell positiv gesehen. Aber in der Praxis betrachtet das mancher als Schwäche.

Antwort: Natürlich ist eine exakte Ferndiagnose, ob Sie nun führen können oder nicht, unmöglich. Aber wir können Indizien beleuchten:

Es gibt ein Abitur mit mittlerem Ergebnis, ein TH-Studium mit recht langer Dauer und unbekannter Gesamtnote. Dann kommen unmotiviert erscheinende Jahre am TH-Institut. Das klingt nach einem vorzeitig aufgegebenen Promotionsversuch.

Es folgen ein Jahr bei Arbeitgeber Nr. 1 als Ingenieur in der Entwicklung (verfahrenstechnische Fragen). Das Zeugnis ist „gut". Dann fünf Jahre bei einem mittelständischen Unternehmen. Dort sagt das Zeugnis, „um einen neuen Unternehmenszweig aufzubauen", Ihr Lebenslauf sagt „Betriebsleiter" mit einer Handvoll Mitarbeiter. Das Zeugnis bestätigt Erfolge, ist insgesamt aber „gemischt", vermeidet den Begriff „Zufriedenheit", bedauert das Ausscheiden nicht.

Nun kommt eine Position als technischer Geschäftsführer eines anderen kleineren Mittelständlers, Ihr Lebenslauf spricht jedoch, abweichend vom Zeugnis, nur vom „technischen Leiter"; das dauert knapp vier Jahre. Das Zeugnis lobt stellenweise, vermeidet aber den Begriff „Zufriedenheit", bedauert das Ausscheiden nicht.

Es folgt ein Flop: ein paar Monate als Technischer Leiter, keine Angaben zum Ausscheiden in Lebenslauf und Zeugnis.

Danach dann, nicht unerklärlich, etwas Freiberufliches für fast ein Jahr. Endlich der Eintritt beim heutigen Konzern-Unternehmen als „einfacher" Projektingenieur für knapp zwei Jahre, dann Einstieg in die zuletzt eingenommene Leitungsposition.

Ich gewinne durchaus den Eindruck von einem kompetenten Ingenieur, der sich der fachlichen Belange seines Metiers engagiert und grundsätzlich erfolgreich annimmt. Woran es bei Ihnen fehlen könnte, wäre einmal die frühzeitige klare Ausrichtung auf logisch aufeinander aufbauende persönliche Karriereziele – und die Fähigkeit zu deren kompromissarmer Umsetzung. Das fängt mit dem zu langen Studium und dem – vermutlich – gescheiterten Promotionsversuch an und findet seinen Kulminationspunkt in der Geschäftsführerposition, ab der Ihr Lebenslauf arg ins Trudeln geriet. Sie wollen aus heutiger Sicht gar nicht mehr GF gewesen sein, haben danach auch keinen (erfolgreichen) Versuch unternommen, dort wieder anzuknüpfen.

Ihnen fehlt eine Art „Machtinstinkt", den man für Top-Führungspositionen auch dann braucht, wenn man sie in kleinen Häusern bekleidet. Ein „begabter" GF hätte danach niemals eine Position als Projektingenieur angenommen – gleichgültig, welche Perspektiven damit vielleicht verbunden waren.

Dann waren Sie in der prägenden Zeit Ihres Berufslebens stets in mittelständischen Unternehmen tätig und sind heute bei einem Konzernbetrieb beschäftigt. Dort sind Stil und Klima oft gefährlich „anders", mit Konzernen kommt am besten zurecht, wer ähnlichen Strukturen entstammt (das gilt auch für kleinere Konzernableger!).

Ihr „behutsamer und vertrauensvoller Umgang mit Mitarbeitern" ist tatsächlich ein Problem. Das klingt gut, erfreut auch die Mitarbeiter, ist in den Augen vorgesetzter Dienststellen aber zu leicht Schwäche – und in schwierigen, hektischen Zeiten, in denen ständige Veränderungen gefordert werden, ganz sicher ein Nachteil. Sie haben sich als „Puffer" zwischen den neuen, knallharten Vorgesetzten und Ihre „behutsam" geführten Mitarbeiter gestellt und sind dabei zerrieben worden. Das endet stets so. **Eine Führungskraft kann auf Dauer nur weitergeben, was sie selbst empfängt, sonst drohen Entlassung oder Magengeschwüre.**

Als hartes, in der Tendenz aber sicher nicht ganz falsches Beispiel: Sie könnten ein fachlich kompetenter „Schönwetterkapitän" sein, der die Mannschaft nicht hart genug anpackt, um auch einem hereinbrechenden Sturm hinreichend gewachsen zu sein. Früher waren die Chancen, damit ohne anzuecken durch das Berufsleben zu kommen, recht gut. Heute ist das kaum noch möglich. Wir leben in einer Zeit, in der bei der Nachricht, der XY-Konzern entlasse 5.000 Leute, dessen Aktienkurs steigt und der Vorstand allseits gelobt wird (außer von jenen unmaßgeblichen Mitarbeitern; aber wo gehobelt wird ...).

Es ist nicht empfehlenswert, „behutsame" Mitarbeiterführung als Prinzip zu haben. Besser ist die Einstellung: „Ich wende jedes vernünftige Führungsinstrument an, das mich in die Lage versetzt, Vorgaben der Unternehmensleitung schnell und präzise umzusetzen und natürlich einen hohen Leistungsstand in meinem Bereich sicherzustellen."

Zu Frage 1: Das klingt leider nicht interessant. Vergessen Sie das mit dem Bereuen des Chefs – zurücknehmen wird er diese Entscheidung niemals. Konzernintern aber hängt Ihnen das „Versagen" als Führungskraft an – und eilt Ihnen voraus, wohin Sie auch kommen. Eine derartige Degradierung ist aus der Sicht des Unternehmens das Signal: „Geh!" Ein „Er hat sich das gefallen lassen und strampelt jetzt da unten rum" ist in den Augen Ihrer Vorgesetzten vermutlich sogar die Bestätigung des schlechten Eindrucks, den man hatte.

Zu 2: Das wäre, sofern Sie noch ein bisschen an Ihr Talent glauben, die optimale Lösung. Für eine mittlere Führungsposition in einem Metier, von dem Sie etwas verstehen, sollten Sie eigentlich qualifiziert sein. Und Sie hätten die Chance zu einem Neuanfang in unbelastetem Umfeld. Vorsicht: Wenn Sie in Ihrem Alter ins Ausland gehen, wird die Rückkehr schwierig!

Als Wechselbegründung könnte gelten: „Im Zuge von Restrukturierungsmaßnahmen ist meine Position entfallen. Der Geschäftsbereich soll verkauft und zu diesem Zweck vorher so ‚schlank' wie möglich gestaltet werden." Das akzeptiert man. Ihre heutige Position wäre dann im Lebenslauf nicht Werkleiter, sondern „Leiter der ...produktion". Den Werkleiter würde ich an Ihrer Stelle nicht unbedingt wieder anstreben (und ein Zeugnis hätten Sie bei der Bewerbung noch nicht).

Zu 3: Als „Notnagel", wenn alles andere nicht klappt. Aber ein Arbeitgeber muss schon starke Nerven haben, wenn er einen ehemaligen Geschäftsführer/technischen Leiter im Projektmanagement einstellt. Da würde schon in der schriftlichen Bewerbung der Abstieg deutlich. Absteiger sind nicht beliebt (Besserwisser, Chefbedroher, Frustrationsgefährdete).

Zu 4: Das löst eigentlich keines der Probleme, siehe auch zu 1.

Gesagt werden muss in Ihrem Fall eigentlich auch dieses: Nach Ihrer eigenen Aussage ist eigentlich nur dieser letzte Chef ein Problem gewesen. Alles davor lief in diesem Unternehmen gut. Den Rest Ihrer beruflichen Vergangenheit hakten Sie mit „Nach einigen Arbeitgeberwechseln ..." ab. Ich sehe das nicht so – und glaube auch nicht, dass Sie es wirklich so einfach sehen. Denn: Wenn man zehn Jahre uneingeschränkt erfolgreich tätig gewesen wäre und entsprechend geführt hätte, dann dürfte Ärger mit einem einzigen Chef in den letzten zwei Jahren nicht zu extrem massiven Selbstzweifeln führen. Aber, wie der Lebenslauf zeigt, war ja da nicht nur der heutige Chef kritisch, nicht wahr?

Aus der Industrie zum staatlichen Forschungsinstitut?

Frage: *Ich bin Ende 40, Dipl.-Ing. TH, seit mehr als 21 Jahren ununterbrochen berufstätig und war bei meinem letzten Arbeitgeber mehr als zehn Jahre als Projektleiter und Entwicklungsleiter beschäftigt.*

Nach einem dramatischen Rückgang des Absatzes unserer Produkte (u. a. fehlende Innovation, falsche Modellpolitik) hatte die Geschäftsführung beschlossen, alle Entwicklungen zu stoppen und weitere Aufwendungen einzusparen. Das hatte zur Konsequenz, dass kein Entwicklungsleiter mehr benötigt wurde; zu einem Termin vor etwa vier Monaten wurde mit mir die Vertragsauflösung vereinbart.

Trotzt intensiver Bemühungen seit jetzt neun Monaten (ca. 200 Aktivitäten überregional) ist bisher einzig ein Angebot in den nächsten Tagen zu erwarten.

Das kommt von einem staatlichen Forschungs- und Entwicklungsinstitut. Finanziell bedeutet es einen sehr erheblichen Rückschritt. Der Vertrag ist auf zwei Jahre befristet, mit Weiterbeschäftigung ist zu rechnen, Festanstellung erfolgt, wenn eine Planstelle vorhanden ist. Der Einstieg erfolgt nicht in Leitungsfunktion und ohne Personalverantwortung und ist somit auch ein hierarchischer Rückschritt.

a) Ist dieser Karriereknick bei einer nächsten Bewerbung (z. B. wenn es nach zwei Jahren keine Vertragsverlängerung gäbe) nicht sehr nachteilig? Sind Argumente wie die aktuelle wirtschaftliche Lage mit Zusammenbruch des Arbeitsmarktes als Erklärung ausreichend?

b) Ist das jetzt angebotene geringe Einkommen entscheidend für das bei späteren Bewerbungen (in zwei Jahren) erzielbare Einkommen?

c) Wird eventuell die Tätigkeit bei einem renommierten staatlichen Institut als „Drückebergerei" aufgefasst?

Antwort: Wenn Sie mit 200 Bewerbungsaktivitäten nur ein einziges Angebot zustande gebracht haben, dann ist höchste Alarmstufe angesagt! Mir stellen sich in dem Zusammenhang folgende Fragen bzw. ich habe diese Empfehlungen (auch für Leser in ähnlicher Situation):

1. Warum nutzen Sie nicht die Chance, Ihre komplette Bewerbung (ich habe nur den Lebenslauf) beizulegen und mich ein wenig nach Ursachen für die Ablehnungen suchen zu lassen? Ein Fachmann kann praktisch immer(!) herausfinden, warum Bewerbungen bei xbeliebigen Firmen nicht zum Erfolg geführt haben – und er kann das mit hoher Sicherheit auch im Hinblick auf Vorstellungsgespräche sagen. Aber für ersteres braucht er die Anzeigen der Positionen, die Anlass Ihrer Bewerbungen waren, außerdem muss er Anschreiben und Zeugnisse kennen (in diesem Fall insbesondere das letzte). Für den zweitgenannten Komplex muss er Sie persönlich kennen lernen.

2. Selbst ohne die kompletten Unterlagen finde ich in Ihrem Fall Ansatzpunkte:

Sie sägen den Ast ab, auf dem Sie sitzen – und das auch noch mit großem Eifer! Sie schreiben mir ganz ungerührt, „fehlende Innovationen" und „falsche Modellpolitik" seien wesentliche Ursachen der Misere bei Ihrem letzten Arbeitgeber gewesen. Mit hoher Sicherheit haben Sie das auch in Ihren Bewerbungen (schriftlich oder im Vorstellungsgespräch) anklingen lassen („Wes das Herz voll ist, des gehet der Mund über", Matth. 12, 34).

So etwas dürfen Sie noch nicht einmal denken! Schreiben Sie es irgendwo hin, sind Sie sofort „tot"! Wer war denn zuständig für Innovation und Modellpolitik, wenn nicht der Entwicklungsleiter, also Sie!

Mir ist klar, dass Sie jetzt Ausreden haben werden. Etwa dergestalt, dass Sie nichts machen konnten, dass man nicht auf Sie gehört hat etc. Aber das sind eben Ausreden, mehr nicht. Für Fehlentwicklungen darf es stets nur Ursachen geben, die absolut völlig außerhalb Ihrer Einwirkungsmöglichkeiten lagen.

So aber denkt jeder: „Das muss ja ein schöner Entwicklungsleiter gewesen sein!"

3. Für die letzten zehn Jahre benennen Sie zwar einen Arbeitgeber, aber Sie geben nur seinen Namen an. Und der beginnt mit einem Tier, das hierzulande nicht vorkommt und nennt dann einen Begriff, den man z. B. mit Elvis Presley oder Hans-Joachim Kuhlenkampf verbindet (ich nenne vorsichtshalber bewusst Verstorbene). Und dann lassen Sie den Leser mit seinen Gedanken dazu allein – es gibt keinerlei weitergehende Informationen (wer sind die, was produzieren die, wie groß sind die?). Das kann man so nicht machen!

4. Ihre ja extrem wichtige letzte Position bezeichnen Sie mit „Leiter Entwicklung Kultur" (den letzten Begriff habe ich etwas verfremdet). Und auch damit bleibt der Leser an der Stelle allein. Dabei entwickeln Sie gar keine „Kultur", sondern bestimmte Geräte, an die der Laie in dem Zusammenhang nie gedacht hätte und die er vermutlich auch nicht kennt, wenn er irgendwo den Begriff liest. Natürlich glaube ich, dass Ihre Position dort so hieß – aber Sie hätten erkennen müssen, dass das in dieser Form dem Leser nichts sagt und daher erklärt/ergänzt werden muss. Und der Empfänger nimmt sich als Profi zwanzig bis vierzig Sekunden(!) Zeit für einen ersten Schnelldurchgang, in dem er nur die Lebensläufe (nicht die langweiligen Anschreiben) liest und dabei die Spreu vom Weizen trennt.

Dabei fallen Sie doch durch mit Ihrer Methode!

5. Die Grundregel, soweit Ihre Kernfrage betroffen ist, lautet: Man wechsle beim Arbeitgeberwechsel grundsätzlich nicht auch noch das System, gehe also nur in wohlüberlegten Ausnahmefällen aus der „freien Wirtschaft" in den öffentlichen Dienst und umgekehrt. Zumindest wechsle man nicht in der Hoffnung, nach einigen Jahren wieder zurückkehren zu können. Beide Systeme unterscheiden sich so stark (Sie haben ja im Bereich der Konditionen einen Vorgeschmack bekommen), dass ein Wechsel extrem schwierig ist, ein zufriedenes Arbeiten im jeweils anderen System wegen der anderweitigen Vorprägung nur begrenzt erwartet und ein weiterer (späterer) System-Rückwechsel gar nicht erst geplant werden sollte. Außerdem wären Sie dann fast 50, das würde die Schwierigkeiten zusätzlich deutlich vergrößern. Ausnahme von der Grundregel: Der junge Naturwissenschaftler, der z. B. an einem solchen Institut promoviert und danach (zügig) endgültig wechselt.

Zu a: Bei einer eventuell geplanten Rückkehr in die „freie Wirtschaft" wäre das nachteilig. Argumente sind stets auch „Ausreden", helfen also kaum. Gefragt sind Erfolge, nicht Erklärungen für Rückschritte.

Zu b: Ja. Zwei Jahre später würde man Sie fragen: „Was verdienen Sie heute?" – und bei der Antwort deutlich zurückzucken (falls man Sie überhaupt einlädt zur Vorstellung). Eine Aussage wie „Früher hatte ich wesentlich mehr verdient" hilft auch nicht, im Gegenteil.

Zu c: Nein, das sehe ich nicht so. Aber das Wechseln in den öffentlichen Dienst mit Ende 40 dürfte später als „Flucht“ gewertet werden. Oder als Eingeständnis, dass Sie damals auf dem eigentlich für Sie in Frage kommenden Arbeitsmarkt nicht Fuß fassen konnten. Dass es „damals“ weniger Chancen gab, hat man dann weitgehend vergessen.

Generell gilt: Das Angebot ist aber sehr viel besser als Arbeitslosigkeit. Daran besteht nun überhaupt kein Zweifel.

Mir fehlen Auslandspraxis und perfektes Englisch

Frage: *Ich bin langjährig als Führungskraft tätig und habe mehrere Betriebsübergänge durch Fusion bzw. Firmenverkauf erleben dürfen. Angefangen hatte ich bei einem deutschen Energieversorger, jetzt gehöre ich einer internationalen Telekommunikationsgesellschaft an.*

Ich bin froh über diese Entwicklung, da mich die Aufgaben herausfordern und mir meist Freude bereiten, auch wenn der Stress und die Arbeitszeiten stark zugenommen haben. Jetzt jedoch merke ich öfter, dass mir das „Jahr im Ausland“ fehlt. Insbesondere auch die perfekte Beherrschung der englischen Sprache (Feinheiten).

Sehen Sie Möglichkeiten, die Lücke – außer durch Sprachkurse – noch zu schließen? Ansonsten kann ich wahrscheinlich die jetzt größer gewordenen beruflichen Chancen nicht nutzen!

Antwort: Das Beispiel unterstreicht meine ständige Mahnung: Ohne Englisch geht es in Zukunft nicht mehr! Selbst wenn man treu und brav bei einem deutschen, nur auf den nationalen Markt ausgerichteten Unternehmen anfängt, ist man nicht dagegen gefeit, sich eines Tages bei einem internationalen Konzern wiederzufinden.

Und da läuft dann alles in Englisch! Jede Positionsbezeichnung, jede Arbeitsanweisung, jedes größere Meeting (die wissen schon gar nicht mehr, dass sie in „Besprechungen“ sitzen), zahllose Telefonate, Berichte etc. Vorgesetzte, Kollegen, Arbeitspartner sind entweder Menschen mit Englisch als Muttersprache oder anderweitige Ausländer, die kaum Deutsch sprechen. Von Kunden auf internationalen Märkten gar nicht zu reden.

Also gilt insbesondere für Leser, die noch jung genug dazu sind: Nutzen Sie jede Möglichkeit, in der Schule (Schüleraustausch) oder im Studium (Auslandssemester) die Sprache im englischsprachigen Ausland so perfekt wie möglich zu lernen. Das gilt selbstverständlich auch für berufliche Entsendungen ins Ausland, insbesondere in den ersten Jahren nach dem Studium (mit zwei schulpflichtigen Kindern und einem eigenen Haus wird das schon schwieriger).

Und für Sie, geehrter Einsender, gilt: Die üblichen Sprachkurse, so einmal abends an der Volkshochschule, helfen Ihnen nicht mehr. Und für eine längere berufliche Entsendung ins Ausland sind Sie fast schon zu alt (die Reintegration in den deutschen Arbeitsmarkt wäre schwierig). Aus meiner Sicht bleiben diese Möglichkeiten:

Opfern Sie einmal einen Jahresurlaub für ein Intensiv-Sprachtraining in Großbritannien. Als Ergänzung dazu oder notfalls alternativ können Sie privaten Sprachunterricht durch entsprechend vorgebildete Muttersprachler vorsehen, mit denen Sie sich im Rahmen Ihrer zeitlichen Möglichkeiten verabreden. Inserieren Sie einmal in der örtlichen Tageszeitung, da ergibt sich ganz sicher etwas (sogar in meiner Familie bietet jemand derartige individuelle Sprachschulungen als Muttersprachler an – in einer anderen Region, also soll das hier auch keine Werbung sein).

Ich will ins Ausland

Frage: *Ich habe fast zehn Jahre Berufserfahrung als Maschinenbauingenieur im Bereich Produktionsplanung/AV. Derzeit bin ich Abteilungsleiter mit Personalverantwortung.*

Mein Wunsch ist es, für ca. drei Jahre (eventuell auch länger) im Ausland (weltweit) eine entsprechende Tätigkeit aufzunehmen. Da mein Arbeitgeber mir keine Möglichkeit dazu bieten kann, habe ich mich bei verschiedenen größeren, international tätigen Unternehmen beworben, ohne Erfolg.

Ich möchte ungern meine derzeitige Stelle, mit der ich sehr zufrieden bin, aufs Spiel setzen und bei der Rückkehr mit leeren Händen dastehen.

Antwort: Ihrem Vorhaben liegt zunächst ein grundlegender Systemverstoß zugrunde: Die Regel lautet: Keine beruflichen Schritte aus regionalen Gründen! Das Prinzip: Die Aufgabe entscheidet; wo der Dienstsitz ist, spielt erst danach eine Rolle. Man soll also nicht vorrangig nach Hamburg, nicht nach Passau und nicht „ins Ausland" wollen.

Ihr Zeitpunkt ist im Übrigen ungünstig gewählt: Sie sind schon Abteilungsleiter, waren vermutlich noch nie in jenem Land, in das Sie kommen würden – und wollen (ja müssen!) dort Mitarbeiter führen. Ich würde hier auch keinen Inder oder Franzosen, der noch nie hier gearbeitet hat, so einfach deutsche Mitarbeiter führen lassen. Auslandspraxis erwirbt man am besten in ganz jungen Jahren (kurz nach dem Studium) oder immer dann, wenn der eigene Arbeitgeber entsprechenden Bedarf hat.

Ihre heutige Position müssten Sie durch Kündigung endgültig aufgeben. Sie würden dann Angestellter des neuen Arbeitgebers. Wenn der Ihnen einen Entsendungsvertrag gibt, holt er Sie auch wieder zurück – hat dann aber vermutlich keinen adäquaten Job für Sie. Wie so viele vor Ihnen müssten Sie dann wieder selbst in Deutschland eine angemessene Position suchen.

Dann aber hätten Sie die letzten Jahre Mitarbeiter im Ausland geführt und müssten sehr darum kämpfen, das nun hier wieder tun zu dürfen. Mit „kämpfen" meine ich den Wettbewerb mit Gleichaltrigen, die ähnlich qualifiziert sind wie Sie heute, aber die letzten drei Jahre als Abteilungsleiter im Inland tätig waren.

Ich würde das Vorhaben aufgeben, als Abteilungsleiter unbedingt an irgendeinen Ort (wie immer Sie den definieren) gehen zu wollen. Spätestens auf diesem Niveau sollte vorrangig die Aufgabe entscheiden.

Aus dem Ausland nach Deutschland zurück

Frage: *Vor ca. vier Jahren bin ich mit meiner Frau nach Norwegen übergesiedelt. Ich arbeite dort in der Konstruktion eines Industrieunternehmens, das zu einer großen Firmengruppe gehört.*

Häufige Reisen sowie direkte Kommunikation mit Kollegen, Lieferanten und Kunden in zahlreichen europäischen Ländern gehören zum Tagesgeschäft. Seit etwa einem Jahr bin ich Leiter der Konstruktion.

Irgendwann aber soll es zurück nach Deutschland gehen.

Mir graust es jetzt schon vor der deutschen Arbeitswelt. Manchmal fühle ich mich fast verdorben für den dortigen Arbeitsmarkt. Hier ist der Umgangston so völlig anders. Selbstverständlich duzt man seinen Chef. Sehr angenehm. Es ist völlig normal. Man stellt sich mit dem ganzen Namen vor und geht im nächsten Satz zum Vornamen über. Ein Gespräch mit dem Boss, dem Personalchef? Kein Problem. Jederzeit.

Ein Chef, dem man ständig Rechenschaft ablegen muss. Unbekannt. Das Projekt allein bestimmt den Tagesablauf.

Es kann durchaus sein, dass ich das Arbeitsleben hier im Norden idealisiere ...

Wie sieht „man" den Wechsel vom Ausland heim „ins Reich" (da wir keine Niederlassung in Deutschland haben, kann der Wechsel nicht intern geschehen)? Wird man als Fremdkörper angesehen, der andere Arbeits-/Umgangsformen gewohnt ist? Oder eher als Bereicherung? Gibt es dafür eine Altersgrenze (bzw. da es sie sicher gibt: wo liegt sie?). Welche Fußangeln erwarten mich sonst noch?

Meine wichtigsten Daten: Ende 30, Abitur, gewerbliche Lehre, 3 Jahre „Wanderjahre" im Fach, dann Studium mit Examen zum Dipl.-Ing. FH, 3 Jahre bei einer Engineering-Gesellschaft in D, seit 4 Jahren in Norwegen.

Antwort: „Was zu beweisen war", sagt der Lateiner (im Original auf Latein): Das Ausland kann einen Arbeitnehmer für eine Tätigkeit im Heimatland verderben. Oder anspruchsvoller ausgedrückt: Längere Auslandspraxis kann die anschließende Reintegration in den deutschen Arbeitsmarkt außerordentlich erschweren – oder macht sie irgendwann unmöglich.

Und Sie wandeln schon auf der „Grenze", wie Sie selbst erkannt haben. Also Vorsicht: Sie stellen jetzt Weichen, die daraus resultierende Fahrtrichtung Ihres „Laufbahnzuges" ist dann nur schwer wieder zu ändern. Nicht ohne Grund taucht dieses Grundthema „Auslandseinsatz + Reintegration in D" in dieser Serie so oft auf.

1. Zeitangaben: Zwei Jahre Ausland gelten in diesem Sinne als ungefährlich. Bei einem derart befristeten Einsatz überwiegt der positive Aspekt der Auslandspraxis deutlich. Der Mitarbeiter hatte genügend Gelegenheit, sich auf ein (welches, spielt nur eine geringe Rolle) fremdes Land einzustellen und seine Fähigkeiten zu beweisen, dort zu überleben. Er hat gelernt, dass dort vieles „anders" ist und dass man sich anpassen muss, will man nicht untergehen. Er hat den Umgang mit Menschen trainiert, die einem (etwas) anderen Kulturkreis angehören und andere Traditionen haben. Und er bringt das Wissen mit nach Deutschland, dass man Dinge auch anders regeln kann als hier. Eines Tages mag ihm das nützen. Und seine Fähigkeit zur Zusammenarbeit mit internationalen Partnern (auch mit solchen aus völlig anderen Ländern) wurde deutlich verbessert. Prinzip: Wer zwei Jahre in Brasilien war, kann auch mit Eskimos umgehen, beliebige andere Beispiele inbegriffen.

Ein wirklich intimes Kennenlernen eines Landes wird im Normalfall gar nicht angestrebt! Daher sind zwei Jahre genug, drei Jahre ziemlich problemlos.

Was darüber hinausgeht, wird langsam kritisch. Eben weil man sich gewöhnt an Dinge im fremden Land und weil die Reintegration im Heimatland schwierig wird. Fünf Jahre Ausland gelten als äußerste Obergrenze für die Einstufung „problemlos". Dies wird verschärft, wenn die Auslandspraxis beginnt, die Inlandspraxis zu dominieren (wie bei Ihnen). Irgendwann gilt ein solcher Bewerber als „auslandsverdorben".

2. Da ein anderes Land zwangsläufig in vielem „anders" ist (von den Umgangsformen über die Bierpreise bis zum Wetter/Klima), sind selbstverständlich viele Details dort schlechter als zu Hause – ebenso selbstverständlich aber nach individuellem Empfinden viele auch „besser". Da man meist nur eine begrenzte Zeit in einer ganz bestimmten Phase seines Lebens im Ausland ist, kann es durchaus sein, dass man dabei Umstände antrifft, die man insgesamt als „toll" empfindet – ohne eventuell auch vorhandene Nachteile überhaupt erlebt zu haben.

So mag, wer keine Kinder hat, sich auch nicht daran stoßen, dass dieselben im zufällig gegebenen fremden Land eine deutlich schwächere Allgemeinbildung vermittelt bekommen als hier. Wer nur zur Miete wohnt, muss keinen Anstoß an extrem schwierigen Wegen zum Hauskauf nehmen, wer in der kurzen Zeit nicht ernsthaft krank wird, erspart sich die Konfrontation mit dem maroden Gesundheitssystem (das sind allgemeine Beispiele!).

Bekannte von mir waren für längere Zeit in Asien. Sie hatten dort völlig problemlos und selbstverständlich einen eigenen „Boy" nur für das Ausführen des Hundes. Wer dafür anfällig ist, lässt sich faszinieren (davon oder von anderen Details).

Nach meinen Erfahrungen, die auf Schilderungen ehemals im Ausland tätiger Bewerber und Beratungsklienten beruhen, gibt es kein rundum „besseres" Land. Es gibt nur Länder, die manche Menschen – vorübergehend – so empfinden.

Nehmen wir Ihre kurzen Beispiele aus Norwegen: Ich mag nicht geduzt werden, jedenfalls nicht von fremden Leuten. Und ich weiß, dass ich damit nicht ganz allein stehe. Es soll ja ein skandinavisches Möbelhaus geben, in dessen deutscher Niederlassung sich auch alle Angestellten duzen. Dort würde ich allein aus diesem Grund niemals arbeiten (sturer Deutscher, der ich nun einmal bin). Ihnen mag es ja gefallen, dass man jederzeit zum Boss gehen kann. Ob das aber jedem deutschen Boss gefallen würde, ist eine offene Frage. Der deutsche Chef, dem gegenüber man „ständig" Rechenschaft ablegen muss: Er muss Ihre Arbeitsergebnisse verantworten – vielleicht empfände es ja sogar Ihr heutiger Vorgesetzter als hilfreich, er erführe des öfteren etwas über Ihre Arbeitsfortschritte etc.

Schließlich könnte es sich in dem wirtschaftlich kleineren Land als schwieriger erweisen, eine neue, angemessene Position in Ihrem Fachgebiet zu finden. Die von Ihnen schon vermutete „Idealisierung" der Umstände dort könnte(!) also durchaus zutreffen.

3. Fazit: Sie kommen also jetzt schnell zurück oder Sie bleiben. Die Alternative: Sie bleiben noch ein bisschen und gehen dann in andere ferne Länder. Das geht auch (Regel: „Einmal Ausland, immer Ausland").

Und bitte gehen Sie vorsichtig bis zurückhaltend mit dem Begriff „heim ins Reich" um. Letzteres ist lange vor Ihrer Geburt untergegangen, gerade auch Norwegen hat teilweise ausgesprochen schlechte Erfahrungen damit machen müssen. Konkret: Der Begriff ist historisch anderweitig belegt.

Überfordert im heutigen Job?

Frage: *Zum besseren Verständnis meines Problems vorab meine Berufslaufbahn in Stichpunkten:*

Nach dem Maschinenbaustudium ca. vier Jahre beim ersten Arbeitgeber als Konstrukteur und anschließend ca. zehn Jahre beim zweiten Arbeitgeber als Entwicklungsplaner, Projektleiter und Gruppenleiter Betriebsdatenerfassung. Danach ca. vier Jahre arbeitslos (inkl. Weiterbildung und ABM-Tätigkeit). Jetzt seit drei Jahren beim dritten Arbeitgeber im Bereich Projektabwicklung als Kalkulator tätig.

Meine Arbeit bereitet mir nicht sehr viel Freude. Ich vermute die Ursachen in nach meiner Meinung nicht hundertprozentigem Fachwissen (Kalkulationskenntnisse nur selbst angeeignet, zusätzlich Besuch dreier Seminare), weshalb ich mich in meiner Arbeit teilweise unwohl fühle und auch schon einmal Schlafprobleme hatte.

Ich erledige meinen Job halt so gut ich kann. Mein Jahresgehalt beträgt ca. 47.000 EUR. Nach meiner langen Arbeitslosigkeit war ich sehr froh, überhaupt wieder eine feste Anstellung zu finden (begonnen hatte ich beim jetzigen Arbeitgeber mit einem auf zwei Jahre befristeten Vertrag).

In Kürze werde ich 48 Jahre alt. Ist es ratsam, jetzt noch einmal zu wechseln oder soll ich nicht doch besser versuchen, mich noch stärker zu profilieren und beim derzeitigen Arbeitgeber bis zum Rentenalter zu bleiben? Wenn ich doch noch wechseln würde, welche Gehaltsforderung könnte ich realistisch betrachtet stellen?

Antwort: Jeder Mensch sollte eine ziemlich klare Vorstellung über seine Stärken und Schwächen haben. Nur so kann er Berufswege und wichtige private Entscheidungen planen – und Misserfolge richtig deuten.

Falls Sie ein Beispiel wollen: Ich habe während des Maschinenbaustudiums festgestellt, dass ich kein räumliches Vorstellungsvermögen habe: „Zwei Kegel von der und der Größe durchdringen sich, ihre Achsen sind 27° gegeneinander geneigt und um 13 mm gegeneinander versetzt. Zeichne die Drauf- und Seitenansicht" – das bringt mich an den Rand des Wahnsinns. Und, für mich damals höchst verblüffend (weil mich sonst fast alles interessierte, was so geboten wurde): Es ist mir vollständig gleichgültig, wie die unmöglichen Kegel ... Ich kann auch keine technischen Zeichnungen lesen; bis ich weiß, wo ein in der Draufsicht erkennbarer Träger in der Seitenansicht steckt, vergehen Stunden.

Aus der Traum vom begnadeten Konstrukteur, den man als Student so träumt. Konsequenz: Wirtschaftsingenieurwesen mit Volks- und Betriebswirtschaft, Kostenrechnung und solchen Sachen. Es gibt auch ein Leben ohne Kegel – und wenn gar nichts anderes bleibt, kann man immer noch Berater ...

Soviel zu mir, damit Sie sehen, dass auch andere Leute so ihre Probleme mit Begabungsschwächen haben. Die zu lösen sind (als Aussage und als Imperativ gleichermaßen gemeint).

Nun zu Ihnen:

1. Es fehlt Ihnen am Blick für das Wesentliche, z. B. der für den Inhalt eines Paketes unter lauter Verpackung. Ihre ganze Darstellung schreit doch geradezu „WARUM?“ (sind Sie arbeitslos geworden). Was war da los, wie viel davon verantworten Sie, was steht in Ihrem Zeugnis, das damals nach zehnjähriger Betriebszugehörigkeit entstand? Sie legen den Lebenslauf bei, der Ihre verbale Darstellung stützt, aber lassen dieses alles entscheidende Zeugnis weg, geben keine Erklärung – weil Sie nicht erkennen, dass sie eine unverzichtbare Basis wäre für jeden, der Sie jetzt beraten soll. Das sind Ihre „Kegel“, die sich irgendwo durchdringen.

2. Im engsten Zusammenhang damit: Warum fanden Sie als bis dahin problemlos aussehender Ingenieur (es sei denn: Zeugnis!) von damals 40 Jahren vier lange Jahre lang keinen Job? Was haben Sie unternommen, wie viele Bewerbungen haben Sie geschrieben, wie oft wurden Sie eingeladen, wie oft gab es Vertragsangebote oder Absagen?

Nun auf meiner etwas schwachen Informationsbasis dennoch der Versuch einer Empfehlung: Ihr beruflicher Werdegang ist stark angeschlagen. Allein die extrem lange Arbeitslosigkeit rechtfertigt diese Feststellung. Vom neuen Job fühlen Sie sich ein bisschen überfordert. Ihre Diagnose im Hinblick auf das fehlende Fachwissen teile ich nicht: Nach drei Jahren in einer Tätigkeit weiß man „alles“ darüber.

Ich sehe die Ursachen Ihrer Schlaflosigkeit in der Arbeitslosigkeit bzw. in den Umständen, die dazu geführt haben. Das alles hat Ihr Selbstbewusstsein untergraben, hat Zweifel in Ihnen gesät, zu Unsicherheiten geführt. Als Erklärung haben Sie sich nun zurechtgelegt: „Ich bin auf dem Gebiet nicht ausgebildet.“ Das glaube ich so nicht, ich sehe die Ursachen allein im psychologischen Bereich. Setzen Sie dort an, lassen Sie sich gegebenenfalls fachkundig medizinisch helfen.

Was die „Freude“ an der Arbeit angeht: Nirgends steht, dass jeder das Recht auf Freude an der Arbeit hat – es gibt noch nicht einmal ein Recht auf Arbeit überhaupt. Mit vier Jahren Arbeitslosigkeit im Gepäck und 48 Lebensjahren sollten Sie sich eher über den Job an und für sich freuen und mit den Arbeitsinhalten Ihren Frieden machen (Sie stehen jetzt viele Stufen über der früheren Langzeit-Arbeitslosigkeit – durchaus ein Grund, Spaß am täglichen Tun zu haben).

„Freude an der Arbeit" ist zum Teil auch eine Lebenseinstellung. „Was ich mache, tue ich gut", ist eine nachahmenswerte Maxime, „was ich mache, macht mir auch Freude" kommt gleich danach und ist überwiegend eine Frage der inneren Einstellung – die auch ich noch nicht vollständig, aber doch weitgehend gelöst habe. Wie sehr viele andere auch. Der häufig vertretene Typ des Arbeitnehmers, der über seinen Job klagt und sich ständig beschwert, ist demgegenüber eigentlich bedauernswert.

Also nach so langer Arbeitslosigkeit sollte doch „Ich darf arbeiten" das „Der Job ist nicht mein theoretisches Ideal" deutlich überstrahlen.

Zum Wechseln: Ich rate dringend ab. Das würde ich schon wegen des Alters tun. Bei Ihnen kommt hinzu, dass wegen der Belastung des Werdeganges die Marktchancen eher schlecht sind. Damit steigt die Gefahr, dass Sie keinen erst-, sondern nur einen zweitklassigen Job bekommen. Dann begänne alles von vorn. Scheitern Sie dort, stecken Sie in einer existenzgefährdenden Situation. Dagegen ist Ihr heutiger Job eher ein Anlass, freudig zur Arbeit zu gehen. Und so schlimm ist Kalkulation doch auch nicht.

Die Frage nach der Gehaltsforderung sollten Sie vergessen. Das ist nun wirklich nicht Ihr Problem.

Eine Laufbahnkatastrophe in mehreren Phasen: Was habe ich falsch gemacht?

Frage: *(Anmerkung des Autors: Die Fallschilderung dieses Einsenders ist sehr interessant, aber auch sehr lang. Ich zerlege die – ohnehin gekürzte – Fassung in einzelne Abschnitte, die ich dann jeweils kommentiere. So werden das Problem und meine Kommentare sehr viel übersichtlicher.)*

Frage/1: *Nach meinem Studium war ich zunächst bei Firma A einige Jahre als Konstrukteur tätig. Zuletzt leitete ich eine Projektgruppe.*

Vor etwa elf Jahren wechselte ich zu einer GmbH mit etwa 2.000 Mitarbeitern (Firma B). Ich übernahm die Leitung der Konstruktionsabteilung einer Sparte. Nach insgesamt fünf Jahren wurde die Sparte verkauft. Dem Vertriebsleiter und mir wurde mit Entlassung gedroht, falls wir nicht zum Käufer wechseln würden (das Mitgehen der Know-how-Träger war eine Bedingung des Übernahmevertrags). Natürlich sollten wir auch finanzielle Einbußen in Kauf nehmen. Ich hatte mir kurz vorher eine Eigentumswohnung gekauft und monatliche Abzahlungen zu leisten, die ich gerade so aufbringen konnte.

Antwort/1: Bis hierhin lief alles „normal". Die Geschichte der letzten Phase bei Firma B klingt nur so kompliziert. Sie waren als Konstruktionsleiter einer Sparte auf ein Produkt spezialisiert, das Ihr Arbeitgeber dann nicht mehr führte. Wären Sie nicht zum Käufer gegangen, hätte man Sie aus – berechtigten – betrieblichen Gründen entlassen müssen.

Die Sache mit der Eigentumswohnung ist Pech – vom zeitlichen Ablauf her. Natürlich ist es äußerst gewagt, sich mit Hypothekenzahlungen so zu belasten, dass keinerlei Spielraum mehr bleibt. Es kann, so lehrt die Lebenserfahrung, immer etwas „passieren" – bei Ihnen war es eine Gehaltseinbuße.

Frage/2: *Im Jahr des Spartenverkaufs machte ich die Bekanntschaft eines Geschäftsführers einer Gesellschaft meiner Branche mit etwa 100 Mitarbeitern (Firma C) in einer weit entfernten Großstadt. Ich wurde als Konstruktionsleiter mit sieben Mitarbeitern eingestellt, meine Bezüge verbesserten sich erheblich. Dieser Geschäftsführer wurde wenige Wochen nach meiner Einstellung entlassen. Mit dem Nachfolger gab es zunächst keine Probleme.*

Der Ärger begann mit der CAD-Einführung. Bereits eine Woche, nachdem die ersten zwei Systeme aufgestellt worden waren, sollten auf Druck des Geschäftsführers die ersten Aufträge per CAD abgewickelt werden. Ich hielt das wegen fehlender diverser Voraussetzungen für unmöglich; er bestellte mich Woche für Woche zum Rapport und vertrat die Meinung, dass mit den teuren CAD-Systemen nun alles schneller gehen müsste und wir kurzfristig Personal einsparen könnten. Wir rasselten nun immer wieder aneinander. Ich konnte kurzfristig kein Einsparpotenzial bieten (kein Mitarbeiter hatte CAD-Erfahrung, zwei waren 55 und hatten nie am Computer gearbeitet, hunderte alter Brettzeichnungen mussten neu erstellt werden).

Begleitend zu den Vorwürfen, dass in meiner Abteilung alles viel zu lange dauern würde, wurde mir permanent mit Entlassung gedroht. Zudem drohte der Geschäftsführer verschiedentlich mir und anderen damit, uns gewisse männliche Körperteile abzureißen, wenn wir nicht nach seiner Pfeife tanzen würden.

Antwort/2: Hier baut sich ein großes existenzbedrohendes Problem auf. Sie waren durch Ihre private finanzielle Situation im Arbeitsverhältnis bei Firma B unter hausgemachten Entscheidungsdruck geraten. So konnten oder wollten Sie nicht abwarten, ob der Käufer Ihrer damaligen Sparte, der ja Sie als Know-how-Träger unbedingt hatte haben wollen(!), Ihnen nicht hervorragende Arbeitsbedingungen geboten hätte.

Geld ist nicht alles, wie Sie bald feststellen durften. Man kann an Ihrer Motivation für den Wechsel zu C geradezu fühlen, wenn man liest, wie stolz Sie auf die höheren Bezüge dort verweisen. Was ist eigentlich aus jener Eigentumswohnung geworden, die Sie als Ursache für diesen Wechsel herausstellen? Nach dem Start bei C in einer sehr entfernten Stadt konnten Sie dort ja doch nicht mehr wohnen bleiben.

Im Weggang von B liegt bereits ein erster größerer Fehler vor. Vermutlich, die Lebenserfahrung lehrt das, hatten Sie sich mit der Vermengung diverser Argumente so in eine Ablehnung des Wechsels zum Spartenkäufer hineingesteigert, dass Sie von „bloß weg hier" geleitet wurden und weniger von „da will ich unbedingt hin".

Dann war C sehr deutlich kleiner als B. Sagen wir es einmal so: Großunternehmen bieten meist ein eher durchschnittliches Umfeld, sie sind selten Paradies, aber auch selten Fegefeuer. Ganz kleine Firmen sind sehr viel öfter entweder Himmel oder Hölle und eher selten einfach nur Durchschnitt.

Dass der Sie einstellende Geschäftsführer kurz nach Ihrem Dienstantritt ging, war Pech – das man nicht zu oft haben sollte im Leben. Der neue Geschäftsführer war vermutlich kein Techniker und verstand nichts von CAD. Seine Forderungen an Sie sind typisch für den logisch denkenden Laien.

Übrigens „rasselt" man als angestellter Abteilungsleiter nicht mit seinem Geschäftsführer aneinander. Das ist ähnlich weltfremd als würde ein Autofahrer sagen: „Ich entschloss mich an einer Stelle zu einer Linkskurve, an der die Straßenbauer eine durchgehende Leitplanke gezogen hatten. Als sich die Qualmwolke verzogen hatte ..."

Sie als Untergebener (der Sie auch dann bleiben, wenn man das nicht mehr so nennt) haben im Rahmen der Ziele und Weisungen Ihres Chefs zu funktionieren, sonst gar nichts. Und Sie hatten nicht „funktioniert". Zusammenrasseln kann man nur auf gleicher Ebene, z. B. mit Kollegen. Kein Autofahrer sagt: „Mein Fahrzeug und ich haben ständig Meinungsverschiedenheiten über das morgendliche Anspringen, da rasseln wir ständig zusammen." Sondern er, der Käufer des Fahrzeugs und Träger von dessen laufenden Unterhaltskosten, raunzt: „Das verdammte Ding (das in meiner Rangordnung weit unter mir steht), funktioniert nicht." So denken auch Geschäftsführer über „motzige" Abteilungsleiter.

Vermutlich hatten Sie es versäumt, Ihren neuen Chef sehr sorgfältig über Risiken und Chancen einer CAD-Einführung aufzuklären. Wie so viele Techniker vor Ihnen haben Sie sich auf Ihre Sachaufgaben konzentriert und nicht gemerkt, was für ein Gewitter sich über Ihrem Kopf zusammenbraute. Sie haben das taktische Element unterschätzt.

Die Drohung mit der Entlassung gegenüber einem Angestellten ist äußerstes, letztes, absolut ernstzunehmendes Warnsignal. Aber Sie trieben es (siehe 3) noch weiter.

Die Sache mit dem angedrohten Abreißen bestimmter Körperteile ist unangemessen, spricht gegen das Niveau des Chefs, dürfte von den Gesellschaftern nicht geduldet werden, gilt aber unter Männern grundsätzlich als eher harmlose Entgleisung. Konkret: Abgerissen hat noch nie jemand.

Ein Geschäftsführer sagt übrigens niemals, man müsse nach seiner Pfeife tanzen. Er meint hingegen, man müsse seine Erwartungen erfüllen, seine Weisungen umsetzen. Und das darf er ziemlich uneingeschränkt. Nur Untergebene prägen diesen Spruch mit der „Pfeife". Sie sind damit zwar „auf dem falschen Dampfer", fühlen sich aber dabei besser. Das alles gilt auch, wenn der Geschäftsführer objektiv im Unrecht (schwer zu beweisen) oder ein Idiot (noch schwerer ...) sein sollte. Hat man einen solchen, kündigt man stillschweigend – bevor der Konflikt eskaliert.

Frage/3: *Bei einem dieser Gespräche habe ich mich dazu verleiten lassen, mich seinem Sprachniveau anzupassen. Einen Tag später wurde ich Knall auf Fall von meiner Arbeit freigestellt, mir wurde Hausverbot erteilt. Dann bekam ich die ordentliche Kündigung, schaltete einen Anwalt ein, erhielt dann die fristlose Entlassung. Hintergrund: Ich hatte einmal erfolglos versucht, meine Kollegen zu überzeugen, wegen der ständigen Drohungen und Beleidigungen sich bei der Muttergesellschaft zu beschweren. Dieses Gespräch wurde von einem Kollegen an den Geschäftsführer verraten.*

Nach langem Hin und Her bekam ich ein Zeugnis mit sehr guter Benotung und eine Abfindung, war aber meinen gut dotierten Arbeitsplatz los. Des Weiteren ist während dieser Zeit meine Ehe in die Brüche gegangen und ich beschloss, aufgrund der drohenden Arbeitslosigkeit meine Eigentumswohnung zu verkaufen.

Antwort/3: Na da taucht sie ja doch noch einmal auf, die mit auslösende Eigentumswohnung. Und sonst? Soll ich jetzt formulieren a) man droht Chefs nicht mit dem Abreißen gewisser männlicher Körperteile und b) Anführer von Meutereien, Revolutionen etc. werden stets zuerst erschossen? Lieber nicht. Übrigens: Sich selbst und ganz offen bei den Gesellschaftern zu beschweren, wäre korrekt (wenn auch dumm) gewesen. Einen gemeinsamen Aufstand anzuzetteln, ist jedoch tödlich – solche Leute müssen weg, sofort, um jeden Preis.

Frage/4: *Noch während der laufenden Freistellung bei C fand ich vor etwa drei Jahren eine Anstellung als Leiter einer Konstruktionsgruppe mit drei Mitarbeitern in einer wiederum anderen größeren Stadt (Firma D, ca. 100 Mitarbeiter). Die Firma wurde von mehreren Inhabersöhnen geleitet. Der Vater meines Vorgesetzten mischte sich immer wieder ein. Wenn der Junior aus dem Haus war, kam der Senior, um nach dem Rechten zu sehen. Konstruktionen, die ich mit dem Junior besprochen hatte, wurden vom Senior über den Haufen geworfen. Ich habe aufgrund der Erfahrungen bei C meinen Mund gehalten. An eine Arbeit als Gruppenleiter war aber so nicht zu denken. Ich war knapp 40 Jahre alt und wollte mich nicht mit der Situation abfinden. Ich ging nach etwa einem Jahr.*

Antwort/4: Der Einstieg bei D als kleiner Gruppenleiter war für Sie ein Schritt zurück, Ihr Werdegang zeigte jetzt eine negative Tendenz – ausgelöst durch den Druck, unter dem Sie bei C gestanden hatten. Die Konstruktion mit den diversen Junioren und dem Senior in dem kleinen Privatbetrieb war hochexplosiv – das ist nichts für Manager, die aus größeren Firmen kommen.

Außerdem ist es stets, unabhängig von der Firmenstruktur, höchst problematisch, einen bisherigen Abteilungsleiter als Gruppenleiter mit weniger Leuten einzusetzen. Wahrscheinlich verdienten Sie auch weniger – damit hatten Sie jetzt etwas akzeptiert, dessen Ablehnung bei B die ganze Misere ausgelöst hatte. Wäre diese Akzeptanz einige Jahre früher gekommen, wäre Ihnen viel erspart geblieben (und der damalige Rückschritt beim Geld wäre im Lebenslauf nicht einmal aufgefallen).

Frage/5: *Vor etwa zwei Jahren übernahm ich dann beim Unternehmen E die Leitung einer Kundendienst-Niederlassung mit einigen Mitarbeitern in einer anderen Stadt. Ich hatte Grund zur Annahme, das Unternehmen sei solide und innovativ. Mir wurden sehr positive Zahlen auch für meine Niederlassung genannt.*

Bei Dienstantritt folgte eine böse Überraschung: Die Mitarbeiter hatten keine Arbeit, die angekündigten Aufträge waren nicht in Sicht. Mein direkter Vorgesetzter hatte sich krank gemeldet, der Geschäftsführer war in Kur, sein Stellvertreter riet mir, Personal zu entlassen.

Nicht zuletzt wegen der kurzen Betriebszugehörigkeit bei D entschied ich mich, mich der Aufgabe zu stellen. Ich konnte den Umsatz langsam steigern, aber keine Kostendeckung erzielen. In anderen Bereichen des Hauses brachen die Umsätze ein. Der Geschäftsführer, der mich eingestellt hatte, ging zu einem größeren Unternehmen (F). Mehrere Mitarbeiter, darunter ich, wurden entlassen.

Nachdem ich mich zwischenzeitlich mehrfach erfolglos beworben hatte, nahm ich ein Angebot an, bei Firma F als Ingenieur für die Abwicklung von Reparaturaufträgen und Reklamationen tätig zu sein. Ich bin damit nicht zufrieden, da ich keine Kompetenzen und keine Personalverantwortung habe. Meine physische und psychische Verfassung hat gelitten, ich leide unter Schlafstörungen, bin öfter krank, nervös, mache Fehler.

Antwort/5: Die Misere in fortgeschrittenem Stadium: Zwang zur Annahme von Jobs in fachfremden Bereichen, Hereinfallen auf haltlose Versprechungen, Übernahme von Positionen, die andere nicht haben wollten, Krankheit. Es findet wegen der sich überschlagenden Katastrophen keine Planung der Laufbahn mehr statt – man schiebt nicht mehr, man wird nur noch geschoben.

Frage/6: *a) Wie hätte ich diesen Werdegang vermeiden können? b) Soll ich mich mit dem neuen Arbeitsplatz abfinden, sollte ich intern ein Gespräch suchen oder besser warten, bis eine anspruchsvollere Position bei F frei wird? c) Habe ich bei meinem Werdegang noch eine Chance, mich noch einmal neu zu bewerben? d) Ist mein Werdegang eine Ausnahme oder müssen Arbeitnehmer sich heute auf häufige und ungewollte Firmenwechsel einstellen?*

Antwort/6: Zu a) Durch die Situation bei B und Ihre (trotzige) Reaktion darauf wurde eine Lawine losgetreten, die immer schneller zu Tal rutschte und aus der Sie sich nicht mehr befreien konnten. Massive Fehler führten dann zum Ende bei C, der Rest war reine Kettenreaktion.

Zu b) Ihr Problem sind Werdegang **und** physischer und psychischer Zustand. Versuchen Sie, den jetzigen Job zu halten (arbeitslos wäre noch schlimmer) und zuerst die Gesundheit komplett in Ordnung zu bringen. Eine Theorie wie „gebt mir einen guten Job, dann bin ich gesund", führt zu nichts.

Zu c) Jetzt, so schnell nach dem Wechsel und bei dem Gesundheitszustand sehe ich kaum realistische Chancen.

Zu d) Alles, was Ihnen geschehen ist, kommt vor. Aber, dies als klarer Trost für Jüngere: Die Häufung in einem einzigen Werdegang ist selten, damit müssen Sie nicht rechnen. Dies alles ist nur ein – negatives – Extrembeispiel. Und vieles davon war durchaus vermeidbar!

Bleiben oder gehen?

Frage: *Seit Abschluss des Maschinenbaustudiums bin ich im Produktmanagement der ...industrie tätig. Nach den ersten Jahren als Sachbearbeiter bei Arbeitgeber A bin ich zu einem kleineren Wettbewerber (B) als Abteilungsleiter gewechselt. Kurz darauf wurden dort aufgrund wirtschaftlicher Schwierigkeiten mehrere Abteilungen aufgelöst, u. a. meine.*

Ich hatte Glück im Unglück, da mir mein alter Arbeitgeber A eine Stelle als Abteilungsleiter in meinem Metier anbot. Seit mehreren Jahren bin ich jetzt wieder hier tätig. Inzwischen kam eine weitere Produktgruppe in mei-

nen Zuständigkeitsbereich, auch die Mitarbeiterzahl in meiner Abteilung wuchs nennenswert an.

Für mich stellt sich die Situation wie folgt dar:

a) Die Arbeit im Produktmanagement macht mir Spaß.

b) Vernachlässigen wir die kurze Stippvisite bei B, habe ich bisher ausschließlich Erfahrungen bei einem Arbeitgeber gesammelt, damit auch nur in einer Branche (aber mit sehr breitem Produktspektrum).

c) Während meiner acht Berufsjahre habe ich bereits zwei Mal den Arbeitgeber gewechselt.

d) Es gibt bei meinem Arbeitgeber erste Anzeichen für eine Dezentralisierung. Für den Fall würde das von mir zu verantwortende Produktspektrum kleiner, die Anzahl der zu führenden Mitarbeiter würde sinken.

e) In Branchen wie meiner ist Produktmanagement vielfach mit Ingenieuren besetzt. Dies wird sich nach meiner Einschätzung in Zukunft ändern, ich erwarte bessere Berufsaussichten für Betriebswirte oder Ingenieure mit betriebswirtschaftlicher Zusatzqualifikation.

Ich denke über folgende Alternativen nach:

1. Ich könnte mich durch ein Fernstudium zum Wirtschaftsingenieur qualifizieren, wäre dann aber 36 oder 37. Diese Alternative bietet mir die Möglichkeit, für zwei bis drei Jahre beim jetzigen Arbeitgeber zu bleiben. Mein Lebenslauf wäre nicht mit dem dritten Stellenwechsel binnen acht Jahren belastet. Weiterhin bieten sich mir mit der Zusatzqualifikation eventuell bessere Karrierechancen.

2. Oder ist ein Arbeitgeber- und ggf. ein Branchenwechsel die bessere Alternative? Welche Kriterien wären bei der Auswahl der neuen Tätigkeit zu beachten?

3. Als weitere Option gibt es eine Möglichkeit, beim jetzigen Arbeitgeber eine andere Tätigkeit anzustreben. Da die Position meines Vorgesetzten besetzt ist, bliebe eine leitende Position im Vertrieb. Da mir meine heutige Tätigkeit Spaß macht, habe ich dies bisher nicht forciert.

Antwort: Ich glaube, die Geschichte mit den „Alternativen" ist rein sprachlich etwas anders zu sehen: Eigentlich ist eine Alternative immer nur eine Wahlmöglichkeit neben einer „Hauptrichtung". Sie beispielsweise können danach in Ihrer Situation nicht alle überhaupt denkbaren Möglichkeiten als Alternativen bezeichnen. Irgendwie verlangt der Begriff ein „zu" hinter sich (z. B. „dazu"). Es gibt also stets eine Hauptrichtung und „dazu" Alternativen, gern mehrere. Konkret: Als „Alternative" bezeichnet man die zweite und eventuelle weitere Möglichkeiten – aber nicht die erste. Und wenn man einfach mehrere ziemlich gleichberechtigt nebeneinanderstehende Varianten aufzählen will, passt das Wort „Alternativen“ als Überschrift nicht mehr.

(Für neu hinzugekommene Leser: Belehrende Ausführungen wie diese hier bilden eine der „Säulen“, auf denen meine Beliebtheit ruht – in den Augen mancher Betrachter ist diese Säule allerdings etwas brüchig.)

Jetzt zur konkreten Situation:

Zu b: Das ist ein Problem, das man in der Tat beachten muss. Hinzu kommt, dass Ihre Branche (Details dazu habe ich aus der Frage herausgenommen) in der Tat recht speziell und nicht allzu groß ist. Gegenbeispiel wäre „Kfz-Technik“, dort gäbe es einige Hersteller-Konzerne und zahlreiche unterschiedlich große Zulieferer. Eine einseitige Branchenprägung wäre dort nicht schädlich. Das breite Produktspektrum in Ihrem Fall mildert das Problem, wiegt aber die Risiken nicht auf – es geht immer wieder um die XY-Technik, der sich nur wenige Hersteller widmen.

Wenn man etwa zehn Jahre in einer Branche tätig ist und branchenspezifisch arbeitet (Gegenbeispiel: Fertigungsleiter), gilt man so langsam als geprägt. Branchenwechsel werden dann immer schwieriger. Allerdings wird man für die anderen Firmen der Branche oft besonders interessant – es kommt halt darauf an, wie viele das überhaupt sind (je mehr, desto besser).

Zu c: Dieser Aspekt taucht öfter in Ihrer Darstellung auf. Vergessen Sie ihn einfach. Für den Leser Ihrer Bewerbung ist das grundsätzlich ein Arbeitgeber – mit einer mehrmonatigen Besonderheit mittendrin. Über die Probleme einer Rückkehr zum alten Arbeitgeber habe ich hier hinreichend oft geschrieben. Sie bestätigen meine Erfahrung, dass man danach nur selten auf Dauer dort bleibt (warum auch immer). Sie sind ein Sonderfall, der Pech gehabt hat, aber hören Sie auf, unter diesen Umständen Ihre Arbeitgeberwechsel „technokratisch“ zu zählen, das belastet Sie nur unnötig.

Zu d: Das ist ein Zentralproblem. So etwas geschieht heute ständig. Betroffene wie Sie lösen das Problem meist, indem sie den Arbeitgeber verlassen. „Wegfall der Geschäftsgrundlage“ nennen die Juristen die Begründung dafür.

Heute ist der jeweilige Arbeitgeber, auch wenn er groß und berühmt ist, meist nur noch Lebensabschnitts-, nicht mehr Ehepartner. Und man muss ein waches Auge darauf haben, wann der Abschnitt vorbei ist, ab wann sich die Partner auseinanderentwickeln.

Sehen Sie das ganz nüchtern: Wer jung ist und weiter nach vorn will, kann kein Unternehmen als Partner gebrauchen, das die eigene Position zurückentwickelt. Also enden hier die Gemeinsamkeiten.

Zu e: Selbst wenn das so ist – und es gäbe ja gute Gründe dafür – betrifft das vorwiegend den künftigen Nachwuchs, nicht die bereits im Metier etablierten Führungskräfte. Beim Sachbearbeiter, der sich bewirbt, sollten Ausbildung und Erfahrung den Erwartungen an das Ideal möglichst entsprechen. Je höher der Bewerber im Management schon aufgestiegen ist, desto unwichtiger wird, welche Fachrichtung er früher einmal studiert hatte, das erfolgreiche Tun in den letzten Jahren dominiert seinen Marktwert.

Dass betriebswirtschaftliche Zusatzkenntnisse jeden Ingenieur schmücken und beim Produktmanager uneingeschränkt empfehlenswert sind, steht auf einem anderen Blatt.

Sie aber würden nicht mehr an einem falschen Studium scheitern (könnten aber im Tagesgeschäft wegen fehlender kaufmännischer Kenntnisse oder fehlenden Verständnisses für Marketingfragen Schwierigkeiten bekommen).

Zu 1: Ich glaube, zwischen den Zeilen zu lesen, dass Sie gern das Argument nutzen würden, um auf diesem Wege noch ein wenig im vertrauten Umfeld bleiben zu können. Dafür bin ich nicht zu gewinnen. Vor allem: Was ist mit der Gefahr der Dezentralisierung? Isoliert gesehen (ohne die drohende Degradierung) käme es auf zwei oder drei weitere Jahre nicht an.

Zu 2: Dafür spricht einiges, am besten wechseln Sie dann auch gleich die Branche (um nicht einseitig zu werden). Sie brauchen eine Position als Leiter Produktmanagement eines Industrieunternehmens (oder einer Division davon), das erklärungsbedürftige technische Produkte herstellt. Ihr Verantwortungsumfang (betreuter Umsatz, unterstellte Mitarbeiter) sollte gleich groß oder besser größer sein als heute. Als Grund geben Sie die drohende Dezentralisierung an, das versteht jeder.

Zu 3: Das würde bedeuten: Arbeitgeber bleibt, Branche bleibt, Tätigkeit ändert sich. Sie würden also weiter einseitig auf diese Branche fixiert – und hätten ein Problem: Etwa die nächsten drei Jahre wären Sie „nicht Fisch noch Fleisch", nicht mehr Produktmanager (der redet über Umsatz und macht ihn möglich) und noch nicht erfahrener Vertriebsleiter (der macht Umsatz). Sollten Sie in dieser Zeit wechseln wollen oder müssen, dürfte das nicht einfach werden – jedenfalls, wenn Sie dann auch noch die Branche wechseln möchten!

PS: Warum haben Sie nicht darauf geachtet, dass Ihr Zeugnis von B (mit der nur Monate dauernden Dienstzeit) zwar gut sein sollte (ist es), aber keinerlei Bestätigung Ihrer Aussage zum unausweichlichen Grund für das Ausscheiden enthält (Auflösung Ihrer Abteilung)? Jetzt steht da nur, dass Sie auf eigenen Wunsch gehen, um woanders eine neue Aufgabe zu übernehmen. Damit ist Ihre Version unbestätigt. Das ist keine Katastrophe, aber unschön.

Zurück zur alten Firma?

Frage: *Ich bin bei einem mittelständigen Betrieb in der Ebene unterhalb der Geschäftsleitung angestellt. Vorher war ich fast zehn Jahre beim XY-Konzern tätig.*

Im Laufe meiner derzeitigen Tätigkeit tauchen immer wieder die gleichen Probleme auf: Die „Chemie" zwischen dem Geschäftsführer und mir stimmt nicht und bedingt durch die sehr große Traditionsverbundenheit des Unternehmens stoße ich immer wieder auf Grenzen, ich kann nichts bewegen.

Ich habe jetzt meinen früheren Chef von der Konzerngesellschaft getroffen. Er hat mich gefragt, ob ich wieder bei seinem Unternehmen anfangen wolle.

Schadet so etwas der Karriere? Ist das ein Zeichen, dass man den damaligen Wechsel nicht geschafft hat?

Antwort: Ich „schreibe" seit 1975. Und, das muss gesagt werden, man schreibt letztlich viel, um wenig zu verändern. Gelegentlich fragt man sich, was wohl bleibt, wenn man eines Tages auf sein Lebenswerk zurückschaut. Und bisher hatte ich die Hoffnung, da gäbe es etwas, das mir niemand nehmen könne: Ich war der Mann, der dem deutschen Akademiker vermittelt hat: **ES GIBT KEINE MITTELSTÄNDIGEN FIRMEN!**

Das galt bis eben, dann las ich Ihren Brief.

Also muss ich noch einmal ran:

- „mittelständig" ist ein Begriff, der aus der Botanik kommt und irgendetwas mit der Anordnung von Stempeln und Staubgefäßen in Blüten zu tun hat. Diese Erklärung ist nicht erschöpfend, reicht aber für unsere Zwecke;
- „mittelständisch" meint „den Mittelstand betreffend" – und solche Firmen gibt es;
- was der deutsche Akademiker ist oder tut, muss er richtig schreiben können (wie auch „Akquisition"), u. a. in Bewerbungen.

Hier, liebe Ingenieure, meine Drohung: Auf jedes „mittelständig", das in Briefen an mich falsch gebraucht wird (und da wir hier nie über Botanik reden, ist es immer falsch!), antworte ich mit „Schraubenziehern" und „Löchern", die man in ein Werkstück „hineinmacht". Und wenn das alles nichts nützt, gehe ich „ein Kilo Kartoffeln" kaufen – dann versinkt die Welt im Chaos (langjährige Leser erinnern sich vielleicht an frühere diesbezügliche „Aufstände"). Bitte, ruinieren Sie mir nicht das bisschen Lebenswerk, das man so hat.

Sie, geehrter Einsender, können eigentlich nichts dafür, dass ich mich so echauffiere – den Fehler haben einfach zu viele vor Ihnen schon gemacht. Aber er ist doch seltener geworden in den letzten Jahren. Vielleicht liest dies alles ja doch so mancher in stiller Stunde.

Zur Frage: Wir haben nun das Internet und gehen nicht mehr ohne Not zu Brieftaube und handgestöpseltem Telefon zurück. Das letzte Wort dieser Aussage ist es, auf das es ankommt: Wir streben vorwärts, blicken nach vorn, suchen den Fortschritt. Das hat die Menschheit so an sich. Unabhängig davon, wie man dazu steht: Man kann ohnehin nichts dagegen tun. Alles, was mit dem Wort „zurück" zu tun hat, gilt demgegenüber als grundsätzlich negativ. Wir gehen nicht zurück auf die Schule, kehren nicht zu unserem Einkommen aus vergangenen Zeiten zurück und träumen nicht von der Vergangenheit und ihren „besseren Tagen".

Ganz banal: Das Leben ist wie eine endlos lange Rolltreppe (ich weiß, dass Fachleute einen anderen Begriff verwenden, den sonst aber „kein Mensch" benutzt). Sie können auf Ihrer Stufe stehen bleiben, dann trägt die Treppe Sie ohne Ihr Zutun langsam weiter. Oder Sie gehen darauf aktiv vorwärts, dann verändert sich Ihr Umfeld schneller. Aber wenn Sie zurückgehen wollten, bekämen Sie Probleme – die anderen murrten, Ihr Tun wäre gegen die Spielregeln.

Nun ist diese Erklärung für lebenserfahrene Praktiker bereits ausreichend (ein Zurück widerspricht unserer Lebensphilosophie), mag aber jüngeren Lesern noch nicht als Beweis reichen. Daher also noch Zusatzargumente:

- Wir sind eine Erfolgsgesellschaft, nur positive Resultate zählen. Die im Lebenslauf spontan ins Auge fallende Rückkehr zum alten Arbeitgeber ist das unübersehbare Eingeständnis, dass der damalige Wechsel ein Misserfolg war.
- Statistisch gesehen hat der Rückkehrer keine guten Karten: Man sieht in Lebensläufen sehr deutlich, dass die zweite Beschäftigung beim früheren Arbeitgeber meist nur sehr kurz ist (das droht auch Ihnen!).
- Eine Verbindung, die man schon einmal gelöst hatte, löst man nach dem erneuten Knüpfen schneller: Das Band des „Urvertrauens", das Arbeitgeber und Arbeitnehmer verbinden sollte, ist dann nur geflickt, es zerreißt eher als ein neues!
- Eine Rückkehr sogar in die frühere Position verschärft die Bedenken drastisch, der erneute Einstieg in eine deutlich ranghöhere Hierarchieposition (als damals) mildert sie etwas. Extrembeispiel: Als Sachbearbeiter zu gehen und zwanzig Jahre später als Geschäftsführer wiederzukommen, wäre völlig problemlos.

- Man verliert für einige Jahre das Recht auf Kündigung beim neuen alten Arbeitgeber. Juristisch dürfte man schon, aber in der Praxis machte man sich ja lächerlich – auch bei Bewerbungsempfängern. Ein Angestellter sollte aber die Kündigungsmöglichkeit, seine einzige „Waffe" im Existenzkampf, nie aus der Hand geben.

Ein solcher Schritt will also gut überlegt sein, seine Nachteile überwiegen generell deutlich.

Ihre Probleme im heutigen Unternehmen rühren übrigens von einem Verstoß gegen eine der „goldenen Regeln" der Berufswegplanung her: Man wechselt den Unternehmenstyp, wenn man bei dem „alten" Arbeitgeber Probleme hatte – in der Hoffnung, in dem völlig anders gelagerten Unternehmen besser zurechtzukommen. Man behält jedoch den Unternehmenstyp beim Arbeitgeberwechsel bei, wenn man beim „alten" Arbeitgeber gut zurechtkam (und z. B. nur wegen fehlender konkreter Aufstiegschancen ging).

Da der einzelne Mensch eher ein „Schlüssel" ist, der zu einem bestimmten „Schlosstyp" passt als etwa ein Dietrich, mit dem man fast alle Schlösser aufbekommt, sollte man sich schon Gedanken über seinen Arbeitgeber-„Idealtyp" machen. Als besonders ausgeprägte, den Unternehmenstyp kennzeichnende Kriterien gelten:

- die Rechtsform (Kapitalgesellschaft oder inhabergeführtes Privatunternehmen),
- die Größe (Konzern oder Mittelstand),
- die nationale Prägung (deutsches oder ausländisch geprägtes Unternehmen, wenn diese Prägung stark ist),
- das Leistungsspektrum (Ingenieurbüro/Engineeringunternehmen im Unterschied zum produzierenden Industriebetrieb),
- die Branche (Großserie oder Anlagen-/Sondermaschinenbau; Kfz-Zulieferer oder Medizintechnik etc.).

Allein Ihr Wechsel vom Konzern zum mittelständischen Privatunternehmen war so dramatisch, dass Ihre heutigen Probleme den Fachmann nicht überraschen. Dies vor allem, weil Sie vor dem Wechsel ganz offensichtlich keine Probleme mit dem Typ Ihres früheren Unternehmens hatten. Also war der Wechsel in dieser Hinsicht unüberlegt und risikoreich.

Gingen Sie jetzt zum früheren Arbeitgeber zurück, würden Sie schon wieder etwas tun, bei dem ein späteres Scheitern den Fachmann nicht überrascht. Wechseln Sie doch zu einem dritten Unternehmen (des ersten Typs). Dagegen spricht überhaupt nichts.

Außerdem müssten Sie nach einer Rückkehr zum alten Arbeitgeber dort wieder fünf Jahre bleiben – das ergäbe fünfzehn Dienstjahre dort, fast schon gefährlich viel.

Wechsel zur direkten Konkurrenz

Frage: *Mir geht es um die Modalitäten bei einem Wechsel zur direkten Konkurrenz. Ich bin im Management eines Großunternehmens tätig. In nächster Zeit steht voraussichtlich eine interne Veränderung an. Aus meiner Sicht ist dies eine gute Gelegenheit, nicht nur ein anderes Arbeitsfeld oder einen anderen Konzern-Standort kennen zu lernen – sondern eben auch andere Unternehmenspolitik zu „erleben".*

Erstaunlich ist, dass die meisten Wechsel von und zur Konkurrenz auf Tarif- oder auf Vorstandsebene stattfinden. Woran liegt das?

Mein Vertrag sieht eine beiderseitige Kündigungsfrist von neun Monaten zum Quartalsende vor. Wird von Unternehmensseite üblicherweise daran festgehalten – oder bestehen zwischen den Unternehmen „Gentlemen's Agreements", die einen kurzfristigen Ausstieg ermöglichen?

Der Vertrag enthält weiterhin Geheimhaltungsvereinbarungen, die zeitlich unbegrenzt sind. Der Fall „Lopez" ist sicher kein Maßstab. Wie ernst sind die Formulierungen zu nehmen? Mein „Marktwert" ist nicht allein bestimmt durch meine Fähigkeiten – sondern basiert natürlich auch auf meinem Wissen.

Meine Stellung – oder auch mein Ruf – ist gegründet auf Offenheit und Zuverlässigkeit. Hier ist darüber hinaus Diplomatie gefragt. Mein Ziel ist es, so zu gehen, dass ich jederzeit „mit offenen Armen" empfangen werde. Das ist möglich. Wie sind hier die Spielregeln?

Antwort: 1. Sie sprechen hier zunächst das Thema „Karriere bei einem der großen Konzerne" grundsätzlich an. Nun sind diese Unternehmen trotz ihrer irgendwo vergleichbaren Größe untereinander nicht völlig gleich. Dennoch gilt insbesondere bei den ganz großen Namen hierzulande etwa:

a) Es ist schon der Normalfall, dass man bei einem dieser Arbeitgeber nach dem Studium eintritt, dort aufsteigt – und bleibt (mit dem Risiko, eines Tages siebzehn Dienstjahre zu haben und für fremde Arbeitgeber nicht mehr interessant zu sein).

Man stellt bevorzugt junge Hochschulabsolventen ein – nimmt aber überwiegend nicht sehr gern beispielsweise Abteilungsleiter und höherrangigere Kandidaten als Seiteneinsteiger „von draußen". Einer der Gründe liegt in den vielen jungen Nachwuchsleuten, die man hat und die alle etwas werden wollen – es fehlt der „Leidensdruck", unter dem beispielsweise auch große Mittelständler stehen: Es muss dringend eine gehobene Position besetzt werden – und es gibt einfach intern keine geeigneten Bewerber! Ein anderer, besonders gewichtiger Grund liegt in den fehlenden internen Kontakten („Netzwerk") und in den fehlenden Kenntnissen der hausinternen

Gepflogenheiten des von draußen kommenden Seiteneinsteigers. Der Vertreter des Personalwesens eines der ganz großen Häuser in Deutschland hat mir erzählt: „Mit Seiteneinsteigern im Führungsbereich haben wir schlechte Erfahrungen gemacht. Bevor die verstanden, wie die Dinge hier laufen, hatten sie entscheidende Fehler gemacht und waren wieder draußen."

Schauen Sie sich doch in Ihrem Konzern aufmerksam um: Wieviele Managementkollegen sind denn – als Führungskräfte – von anderen, konkurrierenden Großunternehmen gekommen? Und dann unterstellen Sie einfach, bei anderen Arbeitgebern dieser Art und Größe sei es ähnlich.

Damit ist Ihre erste Frage beantwortet: Die große Masse der Führungskräfte kommt folgerichtig nicht vom Wettbewerb, sondern diese Manager sind „Eigengewächse".

b) Vorstände und Tarifangestellte sind lediglich „Ausreißer" an den äußersten Rändern des Spektrums. Lassen wir die Vorstandsmitglieder hier einmal weg. Tarifangestellte nun werden vorzugsweise über ihre fachliche Qualifikation definiert. Und da kann es auch dem größten Haus passieren, dass für einen plötzlich auftretenden Bedarf keine eigenen Leute mehr in geeigneter Anzahl zur Verfügung stehen. Dann sucht man händeringend fach-, branchen- und konzernerfahrene Kandidaten. Woher nehmen, wenn nicht vom Wettbewerb? Und störende Kündigungsfristen o. ä. (s. 4.) hat dieser Personenkreis noch nicht.

2. Innerhalb gewisser Branchen sind, ich deute hier bewusst nur vage an, im Einzelfall auch vertrauliche Sonderabsprachen (oder auch nur feste „Gepflogenheiten") denkbar, eher keine(!) Bewerber vom direkten Wettbewerb einzustellen. Meist gibt es darüber unter altgedienten Kollegen irgendwelche Gerüchte oder Vermutungen. Und Sie können durch die Analyse der Verhältnisse in Ihrem Konzern ganz gut auf das Verhalten der anderen schließen: Solche „Gepflogenheiten" sind fast immer gegenseitig. Haben Sie also viele Kollegen, die früher beim Wettbewerb tätig waren, dann ist auch dorthin ein Wechsel problemarm möglich. Oder eher nicht.

3. Wir müssen im Arbeitsvertrag unterscheiden zwischen

a) einer bindenden Wettbewerbsvereinbarung („Konkurrenzklausel"), die Ihnen für einen begrenzten Zeitraum die Aufnahme eines Beschäftigungsverhältnisses beim Wettbewerb verbietet und dafür einen finanziellen Ausgleich vorsieht und

b) einer allgemeinen, oft „ewig" geltenden grundsätzlichen Geheimhaltungs-/Vertraulichkeitsvereinbarung. Damit wird generell nicht die Anwendung Ihrer inzwischen erworbenen Fähigkeiten, Ihres Fachwissens und -könnens behindert. Aber Sie sollen keine Details über die Herstellkosten des neuesten Modells Ihres alten Arbeitgebers oder über die Pläne zur Einführung völlig neuer Produkte ausplaudern, keine Unterlagen „mitgehen lassen", nichts über geheime strategische Konzepte verlauten lassen etc. Bitte holen Sie im Detail und vor allem im Zweifelsfall juristischen Rat ein. Bei Ihnen scheint es sich aber „nur" um die allgemeine Geheimhaltungsklausel zu handeln. Diese behindert Firmenwechsel grundsätzlich nicht.

4. Ihre scheinbar so harmlose Vereinbarung zur Kündigungsfrist schützt nicht nur Sie vor plötzlichem Einkommensverlust (oder erhöht bei Entlassungen die Abfindung), sie ist auch der eigentliche Hebel, mit dem der (heutige) Arbeitgeber steuern kann, welcher seiner Führungskräfte wohin wechselt:

a) Meist gibt es zur Frage „Lässt mein Unternehmen wechselwillige Angestellte, die deutlich vor Ablauf ihrer Kündigungsfrist ausscheiden wollen, vorzeitig gehen?" hausinterne Gepflogenheiten und damit Erfahrungen aus früheren Fällen. Seien Sie dabei vorsichtig: Sie können nie völlig sicher sein, dass man eines Tages auch bei Ihnen so verfährt. Ließe man jeden vorzeitig gehen, könnte man ja gleich etwas dazu in den Vertrag schreiben.

b) Sie bewerben sich. Niemand wartet (fast) ein Jahr auf einen neuen Mitarbeiter, auch Ihr potenzieller neuer Arbeitgeber nicht. Also bietet er Ihnen einen Vertrag an mit einem Eintrittsdatum in, sagen wir, sechs Monaten. Den können Sie noch nicht unterschreiben! Also reden Sie dann mit Ihrem heutigen Arbeitgeber über dessen mögliche Bereitschaft, Sie vorzeitig gehen zu lassen. Darüber entscheidet der dann in aller Ruhe – und dies gegebenenfalls unter Berücksichtigung der Position, die Sie anstreben (und natürlich des Arbeitgebers, zu dem Sie wollen).

c) Sollte der heutige Arbeitgeber Ihren Wunsch ablehnen, sitzen Sie zwischen zwei Stühlen: Er weiß von Ihrer Kündigungsabsicht – aber der Vertrag mit dem potenziellen neuen Arbeitgeber kommt nicht zustande.

Und auch dies ist ein Grund, warum so wenige Manager zwischen konkurrierenden Großunternehmen wechseln. Und warum eine so lange Kündigungsfrist gut ist für Mitarbeiter über 50, aber schlecht für dynamische Aufsteiger von Ende 30.

5. Wenn Sie also Ihr Wechselvorhaben weiter verfolgen, brauchen Sie Informationen. Offizielle werden Sie kaum bekommen, aber auf informellen Wegen lässt sich immer etwas machen. Kernfrage muss sein, ob schon oft Manager diesen Wechsel konkret zu dem von Ihnen anvisierten Hause vollzogen haben. Ist das nicht der Fall, wissen Sie jetzt auch, warum das vermutlich so ist.

Notizen aus der Praxis

„Antworten", die dem Autor wichtig sind, auch wenn gerade keine passenden Fragen vorliegen

Erkennen Sie Ihre Karriere-Grenzen

Nun sind die Führungspositionen in der Wirtschaft keineswegs genormt. Auch wenn zwei davon gleich benannt sind, unterscheiden sich die Anforderungsprofile in Details voneinander. Aber ähnlich sind die Positionen des gleichen Tätigkeitsbereichs auf vergleichbarer Hierarchieebene bei Firmen derselben Branche in vergleichbarer Größenordnung schon.

Und auch die Beschäftigung mit Bewerbern für durchaus verschiedene Kundenunternehmen zeigt: Bei aller Verschiedenheit im Denken wollen die Arbeitgeber doch für die einzelnen Positionstypen recht ähnliche Kandidaten für die Besetzung. Bestes Beispiel: Der Spitzenkandidat in einem Fall hat meist sehr schnell Alternativangebote; wenn man selbst einen Bewerber für weniger geeignet hält, sehen das viele andere suchende Unternehmen ähnlich.

Diesen Effekt können Sie nutzen bei der schwer zu findenden Antwort auf eine Kernfrage jeder Karrieregestaltung: Wie weit nach oben reicht eigentlich meine Kapazität – wo liegen meine Grenzen?

Eines vorab: Sie selbst sind, so lehrt die Erfahrung, ein schlechter Gutachter in eigener Sache. Selbstüberschätzung kommt ebenso häufig vor wie der Hang zu unbegründeten Zweifeln.

Aber der Markt hilft Ihnen! Nutzen Sie die Unternehmen mit ihren ja letztlich doch so nahe beieinander liegenden Anforderungen.

Im Anfang, in den ersten Berufsjahren, ging es meist ebenso schnell wie reibungslos mit dem Aufstieg. Dann beginnt es – individuell höchst verschieden – irgendwann schwieriger zu werden mit dem Erreichen der nächsten Stufe. Da war intern eine Chance, bei der ein anderer den Zuschlag bekam. Dann sehen Sie sich extern um, schreiben Bewerbungen. Vielleicht bekommen Sie noch viele Einladungen zu Gesprächen – ein Zeichen, dass die Unterlagen in Ordnung sind. Es gibt auch noch das eine oder andere zweite Gespräch, aber mit Vertragsangeboten wird es doch – gegenüber früher – bedenklich dünn.

Das sind Warnsignale, die Sie sehen müssen! Vielleicht hat es ja dann doch noch geklappt, man darf schließlich nicht vorzeitig aufgeben. Aber wenn es deutlich schwieriger wird mit dem Erringen der jeweils angestrebten Position, dann wissen Sie, dass Sie sich einer (Ihrer) Grenze nähern. Niemand ist grenzenlos begabt – das Geheimnis liegt darin, die eigenen Beschränkungen vor den anderen zu erkennen und dort aufzuhören, wo man sich noch jederzeit Alternativen auf dem Markt erarbeiten kann. Die nämlich braucht man – mitunter plötzlich –, wenn die aktuelle Position gefährdet ist. Aber wenn es schon sehr, sehr schwierig war, das Rennen um die heutige Position zu gewinnen, dann sollten Sie abwägen, ob es nicht an der Zeit wäre, weitere Bemühungen um noch eine Aufstiegsposition einzustellen. Ein Scheitern als Vorstand trifft härter als eine planmäßige Pensionierung als souveräner Bereichsleiter, beispielsweise.

Wie ein Auto ohne Rückwärtsgang

Hat es gegeben, solche Autos. Ein Freund von mir hatte in seinen Studententagen eines. Man konnte es notfalls quer in eine Parklücke heben (wenn man ausgestiegen war), aber rückwärts zu fahren war nicht drin. Es ging, wenn der Motor denn lief, immer nur weiter vorwärts – oder man hielt an.

So ähnlich funktioniert Karriere auch. Wo Sie auch sind, wohin Sie auch kommen: Sie bleiben entweder da oder Sie fahren bald. Aber ein Zurück gibt es nicht. Und Ihre „Straße" trägt das Schild „Einbahn": Wenden verboten.

Das wäre ja alles nicht so schlimm, würde das Zurückfahren nicht immer wieder versucht. Da ist jemand ganz stolz auf den Allein-Geschäftsführer einer kleinen Gesellschaft – und bewirbt sich nun um die Ressort-Geschäftsführung einer nur wenig größeren. Was vom Rang her das Einlegen eines „Rückwärtsganges" bedeutete – doch den gibt es nicht! Man kann das natürlich auch begründen: „Allein" für „alles" zuständig gewesen zu sein, ist etwas anderes, als sich jetzt im Team mit anderen Geschäftsführern abstimmen und auf einen Vorsitzenden hören zu müssen. Und nicht automatisch auch die Fragen regeln zu können, die bisher zum Tagesgeschäft gehörten, jetzt aber Teil des eifersüchtig bewachten Ressorts eines Kollegen sind.

Oder Ressort-Geschäftsführer gewesen zu sein und jetzt – warum auch immer – „nur" noch Bereichsleiter werden zu wollen: Da befürchtet der potenzielle neue Chef (Geschäftsführer) doch glatt: „Dem fehlt es vielleicht an Respekt vor Geschäftsführern – der war ja selbst schon ein solcher."

Auch beim Einkommen darf die Entwicklung zwar vorwärts laufen oder auf der Stelle treten, aber nicht zurück. Wegen drohender Frustration und fehlender Motivation.

Wer also beim Fahren mit dem „Wagen ohne Rückwärtsgang“ ein Ziel hat, muss aufpassen, dass er nicht darüber hinaus schießt.

Dies als Warnung. Aber ein bisschen Hoffnung bleibt! Zwar kann man nicht rückwärts fahren – aber aussteigen und rückwärts schieben, das geht. Wer das schon einmal gemacht hat, kennt die Tücken dieser Art von Fortbewegung. Vor allem im Regen, bei Dunkelheit oder gar auf Schlaglochwegen. Mit viel Aufwand aber ist etwas zu machen.

„Schieben“ heißt in der Bewerbungspraxis eben auch, sich ungewöhnlich anzustrengen und Ungewöhnliches zu tun. Beispielsweise nicht zu schreiben: „... bin ich heute Allein-Geschäftsführer der ..., zuständig für alle unternehmerischen Aktivitäten von der Unternehmensstrategie über den Vertrieb, die Entwicklung, die Produktion bis hin zu allen kaufmännischen Funktionen inkl. Bankenkontakt und Jahresabschluss.“ Und sich dann um den Ressort-Geschäftsführer „Technik“ zu bewerben.

Stattdessen schreibt man ganz gezielt, etwa so: „... habe ich heute die Leitung des Produktbereichs X, der innerhalb der Gruppe in einer eigenen kleinen Einheit zusammengefasst ist. Aufgabenschwerpunkt ist die Technik mit Entwicklung, Produktion und technischem Vertrieb.“ Und dann steht harmlos in Klammern dahinter (und hat ebenso viel Schweiß und Demut gekostet wie das Schieben des eigenen Autos unter den spöttischen Augen diverser Passanten): „(formaljuristisch wird die Einheit als GmbH geführt, ich bin als alleiniger Geschäftsführer eingetragen; dem kommt aber gruppenintern keine Bedeutung bei, da ich mich ständig mit den Fachbereichsleitern der Hauptverwaltung abstimme und den Weisungen des Geschäftsführungs-Vorsitzenden der Holding unterliege)“. Man hängt dabei die heutige Position „tief“ und ist nicht auch noch erkennbar stolz auf hier störende Ränge und Titel.

Rechtzeitig zu bremsen ist die bessere Lösung: Wenn ich später einmal Ressort-Geschäftsführer werden will, vermeide ich es möglichst, vorher irgendwo anders bis zum Allein-Geschäftsführer vorzustoßen. So wie ich in der Einbahnstraße besser nicht erst bei Haus Nr. 180 anhalte, wo ich doch eigentlich bei Nr. 156 parken will. Das Schieben zurück ist mühsam.

Der von „draußen“ kommende Manager unter dem Inhaber setzt sich auf einen heißen Stuhl

Vielleicht kommen geschäftsführende Gesellschafter des Mittelstands mit den ihnen seit Jahren unterstellten Managern ebenso gut oder schlecht aus wie Chefs in Konzernen mit ihren Leuten auch. Fest steht nur: Mit neu von draußen eingestellten Führungskräften klappt es bei Inhabern sehr oft nicht.

Die Frage nach dem Grund dafür ist eine echte Herausforderung für den Fachmann. Ich glaube, den Ursachen und einer Lösung nach vielen Jahren der Beobachtung und Analyse näher gekommen zu sein:

1. Konzerne haben systembedingt das Problem seltener

Sehr große Konzerne kennen oft keine Probleme mit neu eingestellten Managern – weil sie Führungspositionen in der Regel mit internen Aufsteigern besetzen. Sie ziehen sich einen Pool von Berufsanfängern heran, die als Führungsnachwuchs deklariert werden. Wer also aufsteigt, ist seit Jahren bekannt, war zahlreichen „Prüfungen" unterworfen, wurde nach Konzernstandard geschult; „schwierige" Kandidaten sind längst aussortiert worden – der Rest „passt" mit hoher Wahrscheinlichkeit.

2. Konzerne ähneln sich untereinander

Je größer ein Unternehmen, desto mehr sind seine Strukturen, seine Manager, seine Unternehmenskultur und sein Führungsstil den Gegebenheiten bei anderen großen Häusern vergleichbar. Deshalb soll beispielsweise ein Mitarbeiter, der bei Konzern A nicht zurecht kam, möglichst nicht zu Konzern B wechseln – wer einen kennt, kennt alle.

Zusätzlich ist in großen Organisationen viel standardisiert – vom Aufgabenumfang bis zum Anforderungsprofil.

Konsequenz aus beidem: Stellt ein Konzern doch einmal einen Manager aus einem anderen Großunternehmen ein, so findet der Kandidat zwar ein anderes, in den Strukturen jedoch vertrautes Umfeld vor. Ähnlich ergeht es dem Chef der neuen Führungskraft – auch er hat es mit einem vertrauten „Typ" zu tun.

3. Mittelständler sind – und können nicht – anders

Je kleiner ein Unternehmen, desto stärker seine individuelle Ausrichtung. Je stärker die Person an der Spitze prägend wirkt, desto „spezieller" ist jedes Unternehmen. Für mittelständische inhabergeführte Häuser gilt beides.

Aber diese Firmen können nicht auf die Einstellung von Managern als „Seiteneinsteiger von draußen" verzichten – intern fehlt das Potenzial an geeigneten Nachwuchskräften.

Daraus ergibt sich: Das Problem der Integration von außen eingestellter Manager ist für Häuser, die von geschäftsführenden Gesellschaftern geführt werden, weitgehend „systemimmanent".

4. Fehler auf Inhaberseite

Der Mittelstand überzeugt auf allen Gebieten durch Flexibilität, durch konsequentes Eingehen auf individuelle Gegebenheiten. Dieses Prinzip hält er auch in der Mitarbeiterführung durch: Inhaber wie angestellte Manager dort

gehen weitgehend auf individuelle Stärken und Schwächen unterstellter Führungskräfte ein – wenn sie dieselben seit längerem kennen: Sie fördern und fordern hier, stützen bzw. übernehmen selbst an anderer Stelle. Nicht zuletzt deshalb wirkt das Management der zweiten und dritten Ebene oft so überaus „individuell" auf Außenstehende, hat es auf den ersten Blick so gar nichts vom Einheitsbild der Führungsetagen in Konzernen.
Dieses individuelle Eingehen auf Stärken und Schwächen unterstellter Manager funktioniert bei der zweiten Ebene gegenüber der dritten auch bei neueingestellten Führungskräften. Nur an der Spitze versagt es zu oft: Inhaber, die teilweise seit langem höchst individuelle „Eigengewächse" unter sich dulden, geben sich gegenüber dem von draußen kommenden Neuling plötzlich kompromisslos, bestehen auf der Durchsetzung ihrer individuellen Vorstellungen und Realisierung ihrer speziellen Erwartungen. Das Resultat: Oft ist dessen Job mit einem Schleudersitz ausgestattet.

5. Der Lösungsansatz

Der geschäftsführende Gesellschafter ist aufgerufen, trotz seiner Machtfülle das mittelständische Erfolgsprinzip auch in diesem Bereich hochzuhalten. Gegenüber neu hinzukommenden Managern vom Markt sollte das – sonst so bewährte und stets befolgte – Prinzip gelten: Die Stärken des Mitarbeiters nutzen, die Schwächen organisatorisch ausgleichen oder im Rahmen der Möglichkeiten tolerieren („Schwäche" ist eine reine Definitionssache!).

Und für den wechselnden Manager gilt es, sich noch intensiver auf Erwartungen, Vorbehalten und Gepflogenheiten (inkl. eventueller „Marotten") des neuen Chefs einzustellen. Das ist oft entscheidender als das Ringen um Sachlösungen.

Ganz oben wird die Luft sehr dünn

Spitzenpositionen sind schwer zu erringen – und noch schwerer zu halten

In Positionen auf Geschäftsführungs- oder Vorstandsebene wird nicht nur am besten bezahlt, es gibt auch weniger davon. Beides unterstreicht, dass damit nur noch eine – zwangsläufig kleine – Elite angesprochen wird.

Übrigens zeigt die Praxis, dass tatsächlich nur ein kleiner Prozentsatz der Führungs- und -nachwuchskräfte vom Aufstieg in die Top-Ebene träumt. Vielen fehlt weitergehender Ehrgeiz, andere wiederum beurteilen ihr entsprechendes Potenzial zurückhaltend-realistisch.

Der Manager an der Spitze ist letztlich auch nur eine angestellte Führungskraft wie die Abteilungs- und Bereichsleiter darunter: Er ist (in der Regel) nicht Eigentümer, hat einen Vertrag, der „von oben" gekündigt werden kann, seine Position ist schnell gefährdet, er muss stets bemüht sein, auf dem Arbeitsmarkt so begehrt zu sein wie nur möglich. In der Praxis hat er „Chefs" über sich, die ihn ernennen müssen und entlassen können. Er hat zwar sehr viel Macht, aber diese ist „geborgt", konkret: auf Zeit und bis zum Widerruf verliehen.

Aber er ist gleichzeitig „mehr" und in jedem Fall „anders" zu sehen als die Führungskräfte unter ihm: Er ist Organ seiner Gesellschaft, muss im Handelsregister eingetragen sein, Zuständigkeiten und Verantwortung sind in eigenen Gesetzen festgelegt. Besonders deutlich wird bei ihm eine etwas schwierige Mischfunktion: Morgens ist er „der Arbeitgeber" (einen anderen gibt es in Kapitalgesellschaften nicht) für alle Mitarbeiter des Unternehmens, quasi also die letzte Instanz in allen Fragen – abends geht er in eine Beirats- oder Aufsichtsratssitzung und hofft (bangt darum), dass sein eigener Vertrag verlängert und er nicht „auf die Straße gesetzt" wird.

Wer ihn ernennt, vertritt die Interessen der Eigentümer. Der Vorstand oder Geschäftsführer „verwaltet anderer Leute Geld" – mit hochgesteckten Renditezielen. Und diese Leute können äußerst „pingelig" sein, bevor sie jemandem ihr Geld anvertrauen. Deshalb gilt hier besonders, was schon auf

Abteilungsleiterebene gilt: Ein Teil des Gehalts ist Risikoprämie. Nur ist deren Anteil hier größer.

Leser fragen, der Autor antwortet

GF einer ausgegründeten Konzerngesellschaft

Frage: *Ich bin promovierter Dipl.-Ingenieur, Mitte 40, meine Berufserfahrungen liegen im Wesentlichen beim derzeitigen Arbeitgeber, einem sehr großen Konzern. Ich war dort u. a. Gruppenleiter in der Entwicklung, war bei einer Auslandsgesellschaft, habe eine Fertigung geleitet. Heute bin ich Abteilungsleiter in der Entwicklung, zuständig für innovative Produktprogramme und Erschließung neuer Marktsegmente außerhalb des Stammgeschäfts. Ich führe „einige zehn" Mitarbeiter.*

Ich beschäftige mich intensiv mit der Vorbereitung der Ausgründung einer unserer vielversprechenden Aktivitäten aus unserem Großkonzern als GmbH. Sie würde vom Konzern mit Venture Capital versorgt werden und zunächst die Konzernmutter als alleinigen Gesellschafter haben. Motivation der Ausgründung ist es, mehr Fokus auf das attraktive Geschäftsumfeld zu lenken, Vorgänge in einer kleineren unabhängigen Einheit zu beschleunigen und so den Eintritt in neue Märkte zu erleichtern.

Die Rolle des GF dieser GmbH würde mir zusagen. Ich erhoffe mir persönlich davon insbesondere noch mehr unternehmerische Freiheit als im Großkonzern, Gestaltungsspielraum und Erfolg beim Aufbau eines schnell wachsenden ertragreichen Unternehmens.

1. Passt dieser neue Schritt auf Ihren ersten Blick in meinen Lebenslauf? Was können Sie mir als guten Rat mit auf den Weg geben? Worauf muss ich achten?

2. Was ist bei meinen persönlichen Vertragsverhandlungen als GF mit der Konzernmutter zu berücksichtigen? Kann ich ein deutlich höheres Gehalt/Gewinnbeteiligung verhandeln?

3. Rein hypothetisch: Was spricht für und was gegen eine spätere Rückkehr in eine Aufgabe im Großkonzern – mit der ganzen Erfahrung, die ich als Unternehmer und GF der GmbH gewonnen habe?

Antwort: Zu 1: Beginnen wir mit „gutem Rat" und „worauf ist zu achten". Dazu fällt mir ein:

a) Frisch ernannte, erstmals in dieser Funktion tätige Geschäftsführer neigen schon einmal dazu, ihre neue Stellung zu überziehen: Sie sehen sich als die Spitze der Gesellschaft und fühlen sich berufen, nun vorwiegend selbst festzulegen, wie und in welche Richtung zu „marschieren" ist, was am besten für die Gesellschaft ist, wie das Wachstum optimal gestaltet werden sollte etc.

In Wirklichkeit verfolgt der Konzern mit Gründung der Gesellschaft ein konkretes Ziel, hegt er ziemlich konkrete Erwartungen. Sie als GF bekommen einen konkreten Auftrag(!) – den haben Sie zu erfüllen. Sprechen Sie den mit Ihren künftigen vorgesetzten Dienststellen so präzise wie möglich ab. Legen Sie immer wieder schriftliche Entwicklungspläne für Ihre Gesellschaft vor, die Sie sich absegnen lassen. Sie sind „Erfüllungsgehilfe" des Gesellschafters, zwar auch Motor der Idee und sogar Fahrer des „Autos", aber neben Ihnen sitzt jemand, der bestimmt, wo es langgeht.

Beispiel: Am Stammtisch macht es sich gut, wenn Sie eines Tages erzählen können, Sie hätten schon nach zwei Jahren 10 Millionen EUR Umsatz erzielt und würden bereits im dritten Jahr die Gewinnschwelle erreichen. Hatte man „höheren Orts" jedoch nach zwei Jahren schon 20 Millionen erwartet und Gewinne schon im zweiten Jahr, haben Sie bereits „versagt".

b) Überschätzen Sie die Freiheit an der Spitze einer Konzern-GmbH nicht – Sie bleiben Teil des Konzernmanagements. Der „Stil des Hauses" (dem ja Ihre neuen Vorgesetzten auch unterliegen) gilt weiter, Sie sind eingebunden in das Konzern-Controlling- und -Berichtssystem etc. Dennoch ist Ihr Spielraum etwas größer als er es als Hauptabteilungsleiter eines operativen Geschäftsbereichs wäre. Aber: Letzterer hat für eventuelle Misserfolge meist gute Ausreden, der GF hängt enger an der persönlichen Verantwortung, da zählen Erfolge, keine Erklärungen für „Pleiten, Pech und Pannen".

c) Kaufen Sie sich zumindest eines der Taschenbücher über „Rechte und Pflichten eines GmbH-Geschäftsführers". Es kann eines Tages übrigens durchaus Konflikte geben zwischen dem, was Sie lt. Gesetz tun müssen und dem, was der Konzern im Detail von Ihnen erwartet. Ich will den Punkt nicht dramatisieren, Sie aber doch auf diesen Aspekt hinweisen. Was das für Sie bedeutet? Sie wissen dann, wofür der GF ein so gutes Gehalt bezieht – ein Teil ist Risikoprämie.

d) Konzerne gelten generell in diesen Fragen als unberechenbar: Heute mag jemand „höheren Orts" Spaß an der Idee haben, morgen fällt jemandem ein, dass dies entweder doch nicht zur „Kernkompetenz" gehört – oder dass eine Minigesellschaft mit 9 Millionen in einer Konzernbilanz von 90 Milliarden lächerlich ist und schon von daher verkauft gehört. Wenn dann – ob durch Ihre Schuld oder durch „unvorhersehbare Marktentwicklung" bedingt, spielt keine Rolle – noch enttäuschte Erwartungen hinsichtlich der geschäftlichen Entwicklung dazukommen, ist Ihr Schicksal schnell besiegelt.

Nun zu Ihnen, den neuen Anforderungen und Ihren zu vermutenden Fähigkeiten: Sie sind Dr.-Ing., „von Hause aus" Entwickler und auch heute noch in diesem Fachbereich tätig. Erst seit recht kurzer Zeit(!) weist Ihre Tätigkeit (in der Entwicklung!) Elemente aus wie „Ausweitung eines innovativen Produktprogramms" und „Erschließung neuer Marktsegmente". Gemessen an Ihrer gesamten Berufspraxis ist also die kundenorientierte Komponente, Ihre Ausrichtung speziell auf den Markt, recht gering. Inwieweit Sie bisher über direkte Verkaufs-(Akquisitions-)Erfahrungen verfügen, ist offen.

Die spätere Gesellschaft ruht auf drei Säulen:

- Vertrieb, Vertrieb, Vertrieb (Umsatz ist die Basis jedes Erfolgs),
- Technik (Entwicklung, Produktion),
- Betriebswirtschaft (Kalkulation, Rechnungswesen, Controlling).

Als GF einer kleinen, frisch gegründeten Gesellschaft sind Sie erst einmal für „alles" verantwortlich. Die Technik beherrschen Sie, das Kaufmännische lernen Sie. Dreh- und Angelpunkt ist jedoch der Markterfolg – für den Sie (nicht im juristischen Sinne) „haften".

Damit stehen und fallen Sie. Sie müssen entscheiden, ob Sie sich das zutrauen. Es geht nicht darum, ob sich Ihre Produkte „verkaufen lassen", sondern ob Sie die Verantwortung für den Verkauf übernehmen können. Selbst wenn Sie eine eigene Verkaufsmannschaft bekommen, sind Sie – wie ein hausinterner Geschäftsbereichsleiter – auf diesem Sektor gefordert. Dem typischen Entwicklungsleiter liegt dieses Feld eher weniger(!).

f) Ob diese Position in Ihren Lebenslauf passt? Sie müssten diesen Job fünf Jahre erfolgreich ausfüllen – dann sind Sie über 50. Entweder Sie haben Erfolg, dann bleiben Sie dort, qualifizieren sich im Konzern vielleicht sogar weiter – oder Sie scheitern, dann sind Sie im Konzern und außerhalb „angeschlagen", Ihr Marktwert ist stark beschädigt. Als Entwicklungsleiter will Sie (den Ex-GF) dann niemand mehr, eine neue GF-Chance gibt Ihnen auch niemand.

Mit der Annahme dieser Position übernehmen Sie eine Aufgabe, die eine tolle Chance einschließt – und zum Ausgleich ein sehr großes Risiko. Keine Chance ohne Risiko – wenn Sie aus dem richtigen Holz geschnitzt sind, greifen Sie zu! Man kann, siehe oben, aus dem bisherigen Lebenslauf Ihre Begabung dazu nicht mit Sicherheit ablesen – wie es hinterher aussieht, kann speziell Ihnen fast gleichgültig sein.

Zu 2: Ihr Konzern dürfte zahlreiche GF-Verträge für die vielen Töchter abgeschlossen haben, also gibt es Standards. Sie können vermutlich grundsätzlich unterschreiben oder ablehnen, allenfalls in Details sind „Verhandlungen" möglich. Sie werden schon ein deutlich höheres Gesamteinkommen erzielen können als heute – vorausgesetzt, Sie erfüllen die detaillierten Konzern-Vorgaben, vielleicht beteiligt man Sie auch einfach am Gewinn (als Tantieme, zusätzlich zum Fixgehalt). Variable Einkommensbestandteile in nennenswerter Größenordnung sind absolut üblich.

Wichtig ist aus meiner Sicht vor allem ein Punkt: Erstrebenswert für Sie wäre es, Angestellter des XY-Konzerns zu bleiben und in die neue Gesellschaft delegiert zu werden oder doch zumindest für den Fall des Falles eine Rückkehrgarantie zu haben. Geht Ihr Arbeitsverhältnis hingegen ganz oder allein auf die neue Gesellschaft über, stehen Sie bei einer Insolvenz (die ohnehin nicht „gut" ist für einen GF) oder auch beim Verkauf „im Regen".

Zu 3: Ich sehe zwei Möglichkeiten:

a) Sie sind als GF erfolgreich. Dann wollen Sie die größeren Gestaltungsspielräume nicht mehr missen, bleiben da und wachsen mit „Ihrem" Unternehmen. Für den Mutterkonzern sind Sie dann (nach fünf Jahren „draußen") weitgehend verdorben. Natürlich gäbe es auch die theoretische Möglichkeit, alternativ konzernintern aufzusteigen, z. B. in die Leitung eines – größeren – Geschäftsbereichs. Aber das sind Träume.

b) Sie sind nicht erfolgreich. Dann wird man Sie als GF ablösen. Im Konzern will Sie auch so recht niemand, Sie bekommen einen der üblichen „Druckposten" (Direktor für Sonderprojekte).

Fazit: Rational könnte es klüger, vermutlich auch langfristig sicherer sein, in Ihrem Alter die Berufung abzulehnen. Aber: Wenn Sie je Ehrgeiz hatten und noch „Feuer" in Ihnen ist, dann greifen Sie mit beiden Händen zu! Wenn Sie das jetzt ablehnen, erklären Sie sich selbst für „tot".

Der GF zahlt einen hohen Preis

Frage: *Ich bekomme als 40-jähriger gerade zum wiederholten Male in meinem Leben einen GF-Job angeboten, nachdem ich mit viel Mühe und unter zum Teil extremen Schwierigkeiten vor sechs Jahren nach knapp 10-jähriger erfolgreicher Geschäftsführung auf eigenen Wunsch und ohne Druck der Gesellschafter den Weg zurück ins „ruhige" Dasein als leitender Angestellter gefunden habe.*

Bei mir fand die gesamte Entwicklung in kleineren Unternehmen statt, die sicherlich im Vergleich zu Konzernen dynamischer sind. Trotzdem kann ich jedem nur raten, sich den Schritt zum Geschäftsführer sorgfältig zu überlegen, da es wirklich kein Zurück gibt und man die Dynamik der Position sehr leicht unterschätzt.

Sie haben in früheren Beiträgen die drei Schlüsselaufgaben (Vertrieb, Technik/Produktion, Verwaltung) sehr exakt benannt. Wer kein „geborener Verkäufer" ist, sollte der zweifellos großen Versuchung eher widerstehen, da dies die einzige kaum delegierbare Funktion des GF ist.

Ich möchte meine GF-Zeit nicht missen, aber ich habe einen hohen Preis bezahlt. Angefangen von Nächten, in denen ich nicht schlafen konnte, weil ich z. B. nicht wusste, wie ich das Geld für die 30 Gehälter zusammenbekommen sollte, bis hin zum Druck durch Kunden – gegen die jeder Chef geradezu ein Engel ist.

Die Position eines GF ist also keine neue Arbeitsstelle, sondern eine neue Lebensweise, die weitgehend Ihr Leben und das Ihrer Familie verändern kann. Das muss man wollen, sonst sollte man besser die Finger davon lassen. Ich neige übrigens dazu, das neue an mich herangetragene Angebot unter klar definierten Bedingungen – im Sinne Ihrer Antwort zur früheren Frage – anzunehmen.

Antwort: Danke für diesen Erfahrungsbericht. Zur Information der Leser noch einige Klarstellungen:

1. In eher kleinen Gesellschaften gibt es den „Allein-GF", er steht allein in dieser Verantwortung und ist für alles zuständig vom Umsatz (Vertrieb!) bis hin zum letzten Euro in der Kostenrechnung oder zur Steuerzahlung ans Finanzamt.

Damit es schwerer wird: Bei kleinen Töchtern von Konzernen oder Unternehmensgruppen ist oft noch ein zweiter Manager aus der Hauptverwaltung als Geschäftsführer mit eingetragen, sitzt aber an anderem Ort und ist nur zu besonderen Anlässen in der Gesellschaft, um die es hier geht, anwesend.

Damit wird aus dem GF dieses kleinen Unternehmens, der ja dann formal nicht mehr „allein" in der Geschäftsführung sitzt, ein „Quasi-Allein-GF" (ein besonders schönes, zum Glück nur inoffiziell gebrauchtes Wort).

Dieser heutige Einsender bezieht sich auf diese Allein-Geschäftsführung („Mädchen für alles"). Demgegenüber ist man in etwas größeren Unternehmen z. B. „Ressort-GF" und etwa nur für Technik (und nicht für Vertrieb) zuständig. Allerdings steht man auch da irgendwie oder sogar ganz klar definiert in der Mit-/Gesamtverantwortung für das Unternehmen, kann sich aber im Tagesgeschäft auf „sein" Fachgebiet konzentrieren.

2. Die Regel lautet: „Einmal GF, immer GF" – ein Zurück ist wirklich extrem schwierig bis nicht möglich.

3. Kunden, von denen jedes Unternehmen abhängig ist, übertreffen oft jeden Chef hinsichtlich Kaltschnäuzigkeit, Brutalität (nicht physisch ge-

meint, sie hauen nicht) und völligem Desinteresse am Schicksal des Lieferanten.

4. Wer aus dem richtigen Holz geschnitzt ist, wird sich nicht von seinem Ziel „GF" abbringen lassen („Nur nicht ängstlich", sprach der Hahn zum Regenwurm – und fraß ihn).

5. Versöhnlich ist der Schlusssatz des Einsenders. Er neigt dazu, das neue Angebot dann doch wieder anzunehmen. Der Sportler will aufs Siegertreppchen, der Fußballclub wäre nur zu gern deutscher Meister. Und wer als Angestellter Karriereambitionen hat, krönt diese ebenso gern mit einer Position als GF. „Zum Teufel mit den Torpedos" (Churchill, in schwerem Fahrwasser als Kriegspremier).

Wechsel in eine Geschäftsführerposition

Frage: *Nach mehr als zwanzig Jahren Berufserfahrung als angestellter Ingenieur in Unternehmen mit etwa 1.000 Mitarbeitern habe ich jetzt die Chance, eine Geschäftsführerposition (kein Gesellschafter) in einem kleineren, sehr stabilen Unternehmen (über 100 Mitarbeiter) anzutreten.*

Dieser Wechsel ist von der Aufgabenstellung reizvoll – andererseits birgt er Risiken. Derzeit bin ich in einer herausragenden Stabsposition tätig und aufgrund verschiedenster Regelungen nahezu unkündbar. Der Wechsel würde natürlich alle bekannten Risiken mit sich bringen, angefangen von der zeitlichen Befristung bis hin zur persönlichen Haftung.

1. Welche Fehler sollte man bei einem erstmaligen Wechsel in den Geschäftsführerstatus möglichst vermeiden, um nicht später böse Überraschungen zu riskieren?

2. Gelten bei Bewerbungen bzw. Vorstellungsgesprächen um Geschäftsführerpositionen andere Spielregeln?

3. Wie stellt sich eine derartige Position in einem Lebenslauf dar, wenn man später wieder in eine verantwortungsvolle Linienposition in einem anderen Unternehmen möchte?

4. Gibt es für Geschäftsführer eigentlich Zeugnisse und wenn ja, wer stellt diese aus und in welcher Form?

5. Wann ist der richtige Zeitpunkt, um eine Vertragsverlängerung bei einem befristeten Vertrag zu erwirken?

6. Welche sozialversicherungsrechtlichen Fragen stellen sich primär?

Antwort: Der angestellte Geschäftsführer hat eine ganz besondere Funktion im Unternehmen, bei deren Betrachtung höchst unterschiedliche Aspekte gesehen werden müssen:

a) Er ist „Organ“ der Gesellschaft (GmbH), übernimmt also auch im Gesetz festgelegte Funktionen und trägt eine bestimmte Verantwortung (es gibt in jeder gut sortierten Buchhandlung diverse Bücher über diesen Themenbereich). Er spricht und handelt verbindlich im Namen der Gesellschaft. Für Außenstehende „ist“ er die Firma.

b) Für die Mitarbeiter der Gesellschaft ist er die Personifizierung des Arbeitgebers.

c) Gegenüber den ihm direkt unterstellten Führungskräften ist er Chef wie andere Manager auch.

d) Im Hinblick auf seine eigene Karriere/berufliche Existenz ist er „auch bloß ein Angestellter“, der von „anderen Menschen, die ihm Weisungen geben können, abhängig ist“. Dieser Aspekt wird besonders gern übersehen. Konkret: Geschäftsführer werden mindestens(!) ebenso oft gefeuert wie andere Manager auch.

e) Der Geschäftsführerstatus gilt allgemein als Krönung der Angestellten-Karriere, ist also bei aufstrebenden, ehrgeizigen Managern sehr begehrt (so wie ein Fußballprofi gern in der Bundesliga spielen, ein Leichtathlet gern an einer Olympiade teilnehmen oder ein Berufsoffizier gern General werden möchte).

f) Ein Geschäftsführer verwaltet das Geld „anderer Leute“, der Gesellschafter. Deren Erwartungen muss er entsprechen, deren Vorgaben und Weisungen muss er folgen, sie sind Eigentümer des Unternehmens, bei dem er angestellt ist. Leute, die Geld haben, können äußerst anspruchsvoll sein!

Pauschal kann man über Gesellschafter nur sagen, dass sie Anteile an der Gesellschaft halten – im Übrigen repräsentieren sie das gesamte Spektrum menschlicher Existenzen: Sie sind fähige, hochkarätig unternehmerisch begabte, eindrucksvolle Persönlichkeiten oder naive, unfähige, bösartige Erben – mit allen Abstufungen dazwischen. Sie ziehen entweder an einem Strang oder hassen sich untereinander bis aufs Blut (wer der Freund einer Gruppe ist, ist der Feind der anderen).

Eine GmbH kann z. B. der Witwe des Firmengründers gehören oder Konzerntochter sein. Im letzteren Falle hat der GF als Gesellschafter schlicht das Management der Muttergesellschaft und unterliegt Konzernregelungen wie ein Abteilungsleiter auch.

Auch für Geschäftsführer gilt mein Kernsatz über Angestellte: „Ein guter Geschäftsführer ist jemand, den seine Gesellschafter dafür halten.“ Formal dient der Geschäftsführer den Interessen der Gesellschaft, in Wirklichkeit denen der Gesellschafter. Beide können erheblich(!) auseinander klaffen. Ebenso können sich Differenzen ergeben zwischen den gesetzlichen Pflichten des Geschäftsführers und dem Willen der Gesellschafter. Jeder Geschäftsführer-Kandidat ist also sehr gut beraten, sich seine künftigen Gesellschafter noch viel sorgfältiger anzuschauen als ein normaler Bewerber seine Vorgesetzten.

g) Ein Geschäftsführer kann recht einfach und ohne große Möglichkeit zum Einspruch von seinem Amt entbunden (entlassen) werden. Wenn die Gesellschafter ihm das Vertrauen entziehen, ist er draußen. Es gibt weder Sozialauswahl, noch Kündigungsschutzgesetze, noch Betriebsratsmitwirkungen. Alles ist nur eine Frage der Höhe der Abfindung. Diese kann allerdings beträchtlich sein (u. a. steht die Auszahlung der Bezüge aus der restlichen Laufzeit z. B. des Mehrjahresvertrages an, der nicht zwingend, aber üblich ist und den Sie in Ihrer Frage „befristet" nennen).

Selbstverständlich werden die Gesellschafter mit dem Instrument „Entlassung" sehr zurückhaltend umgehen, schon im eigenen Interesse. Aber wenn man sie sehr enttäuscht oder ärgert, könnten sie jederzeit die Trennung herbeiführen.

h) Der Geschäftsführer führt die gesamte Firma oder sein Ressort (je nachdem, ob er Allein-GF oder Ressort-GF ist), er hat also sehr große interne Macht und einen sehr großen Gestaltungsspielraum. Das ist der besonders interessante Aspekt einer solchen Spitzenfunktion.

i) Die meist recht „anständigen" Gesamtbezüge, die stets auch eine variable Komponente in beträchtlicher Höhe enthalten, sind teilweise auch Risikoprämie für den „heißen" Stuhl, auf dem der GF sitzt.

j) Bewusst zuletzt genannt, in der Aufzählung formal allerdings ganz nach oben gehörend: Aufgabe des Geschäftsführers ist es, im Rahmen der Vorgaben der Gesellschafter das Unternehmen so zu führen, dass auf Dauer ein möglichst hoher Gewinn erzielt wird, dass also das eingesetzte Gesellschafterkapital eine möglichst hohe Verzinsung erzielt.

Der GF ist also nicht mehr nur Manager (das ist er auch), er ist Unternehmer! Er braucht, vor allem als Allein-GF, ein solides Gespür für Märkte, für Vertrieb, für Kunden und ein recht solides kaufmännisches Wissen. Er muss mit Investitionen umgehen, mit Banken verhandeln, sich mit Steuerberatern/Wirtschaftsprüfern auseinandersetzen und die Bilanz verantworten (ohne im Detail Fachmann sein zu müssen). Und er trifft jeweils die letzte Fachentscheidung (geht ein neues Produkt im Serie, engagieren wir uns auf diesem neuen Gebiet, erhöhen wir nun auf breiter Front die Preise, schlagen wir den Gesellschaftern die Produktionsverlagerung ins Ausland vor, kaufen wir das Wettbewerbsunternehmen?).

Diese Aufzählung von a bis j ist immer noch nicht vollständig, soll Ihnen aber einen ersten Abriss geben. Für den dafür „richtigen Mann" gibt es keine grundsätzlichen Bedenken: Er will eines Tages GF werden, die Frage ist allenfalls, wo das sein wird. Ihm macht es Spaß, an der Spitze zu stehen – und Macht auszuüben(!). Im Übrigen gilt für ihn: Ohne Risiko kein Geschäft – und dass tief fallen kann, wer hoch hinaus will, ist eine Binsenweisheit, mehr nicht.

Und jetzt, geehrter Einsender, unterhalten wir uns darüber, ob Sie der ideale Kandidat dafür sind: Sie führen ins Feld, heute nahezu unkündbar zu sein, sprechen von einer heutigen Aufgabe in „herausragender Stabsposition", Ihnen missfällt die Besonderheit der Drei- oder Fünfjahresverträge, Sie beschäftigen sich schon jetzt mit der Frage, „später wieder" Nicht-GF zu werden.

Nein, ich meine, Sie sollten es nicht tun. Nehmen wir eine Kleinigkeit: Der ideale GF-Typ ist mit Mitte 40 kein Stabsmann (mehr), seine Welt ist die Linie.

Zu den Detailfragen:

Zu 1: Der Werdegang sollte zielstrebig auf die GF-Position hinführen, damit man nicht bei späteren Bewerbungen (nach einem eventuellen Scheitern) den Eindruck hervorruft, dass das ja gar nicht gut gehen konnte. Und man sollte ganz sicher sein, mit den Gesellschaftern zu harmonieren. Es kann nicht schaden, wenn das die jeweiligen Ehepartner einschließt.

Zu 2: Grundsätzlich nicht. Es gibt keine dramatischen Unterschiede zwischen der Mittelstands-Bereichsleiter-Bewerbung und der Mittelstands-GF-Bewerbung. Vorstandspositionen in Konzernen jedoch werden nach etwas anderen Verfahren besetzt, das aber ist hier nicht unser Thema.

Zu 3: Es gibt kaum ein Zurück: einmal GF – immer GF. Spätere Bewerbungsempfänger, die meist GF sind, mögen als unterstellte Bereichsleiter niemanden, der früher selbst GF war – es könnte ihm an Respekt vor Geschäftsführern fehlen, beispielsweise.

Zu 4: Es sind in diesem Rahmen Zeugnisse üblich, die aussehen wie andere auch; sie werden von den Gesellschaftern, ggf. vom Vorsitzenden des Beirats, formuliert.

Zu 5: Im positiven Fall haben die Gesellschafter ein primäres Interesse daran, diesen tollen GF nicht zu verlieren und legen rechtzeitig vor Vertragsablauf ein neues Angebot vor. Im anderen Fall sollten Sie so zwölf bis neun Monate vor Vertragsablauf selbst die Frage aufwerfen.

Zu 6: Dazu kann ich leider gar nichts beitragen, davon verstehe ich zu wenig. Aber das zentrale Problem dürfte nicht in diesem Bereich liegen.

Vertriebsleiter, selbstständig, GF und zurück?

Frage: *Es hat den Anschein, als ob ich mich bzw. meine Karriere in eine Sackgasse manövriert habe. Ich war Geschäftsführer eines Maschinenbauunternehmens, suche eine vergleichbare Position und frage mich, ob es als*

Alternative den Weg zurück in die Position des Vertriebsleiters gibt bzw. wo ich die größeren Chancen auf Erfolg habe.

Die Sackgasse sehe ich, weil
- ich 50 Jahre alt bin;
- ich zwar jahrelang leitende Positionen im Vertrieb von Maschinen hatte, jedoch einsehe, dass eine reine Vertriebsposition mit der damit üblicherweise verbundenen Reisetätigkeit oft nur Jüngeren zugetraut wird;
- ich erfolgreicher angestellter Geschäftsführer eines Maschinenbauunternehmens war, das so attraktiv wurde, dass es von dem Branchenführer gekauft wurde – der dann leider mich und den kaufmännischen GF entließ, um eigene Mitarbeiter als GF einzusetzen;
- ich bereits vor der Übernahme der Geschäftsführung eine eigene Firma geleitet hatte und ab Übernahme der Position weiter geleitet habe, welche die Verwertung eines Patentes zum Zweck hatte. Wegen Kapitalmangels gelang das nicht, diese Aktivität wird beendet.

Gegen die Sackgassentheorie spricht, dass
- ich kürzlich ein nebenberufliches Zweitstudium zum MBA abgeschlossen und so neben dem Dipl.-Ing. TU eine deutliche Zusatzqualifikation für die Position eines GF habe;
- ich das Maschinenbauunternehmen nachweislich sehr erfolgreich (trotz der parallel geführten eigenen Firma) geführt habe.

Antwort: Listen wir erst einmal die Probleme auf, die Sie heute bei Ihren – vermutlich erfolglosen – Bewerbungsaktionen haben:

1. Das Alter von 50 Jahren. Damit wird es im unteren Hierarchiebereich (Sachbearbeiter, Team-/Gruppenleiter, Abteilungsleiter) sehr schwierig, weiter oben (GF) „nur" schwierig.

2. Sie waren ein erfolgreicher (Sie begründen das engagiert) GF – wollen jetzt aber beispielsweise „nur" Vertriebsleiter werden. Das ist unlogisch, verstößt gegen die allgemeine Regel „vorwärts immer, rückwärts nie" und gegen die spezielle Regel „einmal GF, immer GF".

3. Sie hatten vor und später während Ihrer Tätigkeit als GF und haben vermutlich sogar noch heute (was erst beendet „wird", existiert derzeit noch) eine eigene Firma. Das hat Ihr alter Arbeitgeber irgendwie akzeptiert – aber der hat dann ja auch ohne Rücksicht auf Sie das Unternehmen verkauft und Sie damit dem Entlassungsrisiko ausgesetzt, nehmen Sie den also nicht als Maßstab.

Auch wenn potenzielle neue Arbeitgeber darauf vertrauten, dass Sie in Zukunft nicht mehr anderweitigen auf Erwerb gerichteten Interessen neben Ihrer Haupttätigkeit huldigen (weil Ihre eigene Firma aufgelöst ist), so haben Sie doch gegen diesen Grundsatz verstoßen: „Ein Angestellter war besser niemals selbstständig." Denn Sie zeigen ja mit Ihrer Bewerbung ganz deutlich, dass die jetzt von Ihnen angestrebte Position in Ihren Augen nur „II. Wahl" ist – eigentlich wollten Sie als Ihr eigener Herr oder Chef groß herauskommen. So hat Ihre Bewerbung in der Sie – wie ich Sie einschätze – die Selbstständigkeit groß und ausführlich darstellen, den Charme eines schriftlichen Heiratsantrages an Luise mit dem Text: „Eigentlich wollte ich Hannelore, aber mit diesem Vorhaben bin ich gescheitert. Nun habe ich beschlossen, dich zu wollen – irgendwie muss es ja weitergehen." Luise wird das nicht mögen, fürchte ich (ja, die Dinge sind oft so einfach „gestrickt").

4. Ihr MBA ist ja nicht schlecht. Aber einem 50-jährigen Bewerber hilft dieser Abschluss bei Bewerbungen um eine GF-Position nur marginal. In dem Alter hat man entweder die Qualifikation und kann auf GF-Erfolge verweisen oder nicht. Der zusätzliche MBA-Abschluss gibt Ihnen viel weniger Bonus als die anderen Punkte dieser Aufstellung Abzüge bedingen. Je mehr Sie auf den MBA vertrauen, desto weiter entfernen Sie sich vom Bewerbungserfolg.

Daraus resultiert folgende Empfehlung:

a) Mit 50 vermarkten Sie, was Sie sind oder zuletzt waren, aber nicht Ihre Fähigkeit, etwas anderes zu tun. Sie waren zuletzt – erfolgreich, wie Sie sagen – GF eines Maschinenbauunternehmens. Genau darum müssen Sie sich bewerben (hoffentlich ist das Zeugnis aus der Phase sachlich sehr gut, spricht von messbaren Erfolgen und gutem Verhältnis zum Eigentümer). Es gibt kaum ein Zurück zum reinen Vertriebsleiter.

b) Die eigene Firma stört sehr. Wenn sie einziges Betätigungsfeld vor Ihrer GF-Zeit war, muss sie für diese Zeit(!) im Lebenslauf bleiben. Aber parallel zur GF-Tätigkeit sollte es sie besser nicht gegeben haben. Bedenken Sie, dass es hier nicht nur um Interessenkonflikte zwischen Ihren Eigeninteressen und denen Ihres Arbeitgebers ging, Sie sind auch mit einem gescheiterten Projekt „belastet". Manager aller Art sollen gefälligst erfolgreich sein, Misserfolg drückt ihren Marktwert. Auf die Schuldfrage kommt es kaum an.

c) Hängen Sie den MBA-Abschluss in der Bewerbung eher tief als hoch. Wenn Sie den Eindruck hinterlassen sollten, Sie glaubten wirklich, dass das in dem Alter(!) Ihre Qualifikation im Hinblick auf eine GF-Position deutlich(!) verbessern würde, nur weil Sie einen zusätzlichen akademischen Grad erwerben, müssten Sie mit dem Vorwurf rechnen, naiv zu sein.

Fazit: Ihre Chancen stehen und fallen mit der GF-Position: von wann bis wann lief sie, wie gut ist das Zeugnis, welche Erfolge (zu denen es auch zählt, von den Eignern „geliebt" zu werden) können Sie glaubhaft machen?

Diesen Aspekt müssen Sie vermarkten, alles andere ist nur eine Randerscheinung – die im Falle der eigenen Firma sogar negativ durchschlägt.

Ich werde zwischen zwei Firmeneignern zerrieben

Frage: *Ich möchte Ihnen gern ein Problem vorlegen, an dem Sie vermutlich mehr Spaß haben als ich.*

Ich bin Mitte 40, promovierter Ingenieur, verheiratet (2 Kinder), katholisch, Nichtraucher und auch sonst eine finanzielle und moralische Stütze der Gesellschaft.

Vor mehreren Jahren wechselte ich zu einem mittelständischen inhabergeführten Zulieferer, um dort eine ...-Abteilung aufzubauen. Diese Aufgabe konnte ich mit nachweisbarem Erfolg und zur Zufriedenheit des Inhabers erfüllen. Dann kam es zur Fusion meines Arbeitgebers mit einem ähnlich strukturierten Wettbewerber. Dessen Inhaber war (und ist es noch immer) erheblich jünger als der meines ursprünglichen Arbeitgebers. Mit der Fusion wurde also auch, vermutlich sogar hauptsächlich, die Absicht verfolgt, das Nachfolgeproblem meines früheren Firmeneigners zu lösen.

Noch im Fusionsprozess konnte ich mir auch das Vertrauen des neuen Partners erwerben. Mit dem Resultat, dass ich heute als Geschäftsführer einen Teilbereich leite. So weit, so gut!

Während der letzten Jahre hat sich die anfangs heiße Liebe zwischen den beiden Besitzern stark abgekühlt, die „Chemie" stimmt nicht, über die Ziele herrscht Uneinigkeit, man ist enttäuscht voneinander! Der jüngere Partner verfolgt bezüglich der Inhaberkonflikte die Strategie des „coolen Aussitzens" und fordert mich zum „Mitsitzen" auf. Dafür stellt er mir später eine Firmenbeteiligung in Aussicht. Der ältere Partner rüstet zum letzten Gefecht und plant, sich mit aussichtsreichen Neuentwicklungen abzusetzen und in irgendeiner Form nochmals ein eigenes paralleles Geschäft aufzubauen. Selbstverständlich erwartet auch er meine Loyalität und stellt mir eine Beteiligung an den „enormen Gewinnen" in Aussicht.

Inzwischen ist der Konflikt so weit gediehen, dass mich beide Partner (in anständiger und diplomatischer Form) zur teilweisen Illoyalität gegenüber der anderen Seite auffordern (unvollständige Informationen, verdeckte Prioritäten etc.).

Sehen Sie eine Chance, mit heiler Haut davonzukommen? Hier die Optionen:

a) Ich versuche weiterhin, beiden Inhabern treu zu dienen und hoffe, dass alles gut ausgehen wird.

b) Ich versuche aktiv, an der Konfliktlösung mitzuwirken.

c) Ich folge dem Junior (obwohl ich eher wie der Senior denke).

d) Ich folge dem Senior (aber sein Projekt ist riskant).

e) Ich wechsele den Arbeitgeber (Aber warum eigentlich? Ich fühle mich wohl, habe Erfolg, werde von allen geschätzt).

Das erste Wort an Ihre Leser würde ich Ihnen noch gerne aus dem Mund nehmen: „Das kommt davon, wenn man 15 Jahre die Ratschläge von Herrn Mell befolgt."

Antwort: Na schön, fangen wir damit an. Wenn Sie, liebe Leser, also die Ratschläge von Herrn Mell befolgen, sind Sie mit Mitte 40 Geschäftsführer, erfolgreich, allseits beliebt und geachtet, von Firmeninhabern umworben. Ist das nichts?

Auch für einen gesellschaftsstützenden katholischen Nichtraucher ist das doch schon eine ganze Menge. Vor allem, wenn er inzwischen herausgefunden hat, dass der Altersunterschied zwischen zwei Menschen, in absoluten Einheiten gemessen, auf ewig unverändert bleibt.

Nun aber im Ernst: Alles lief toll bis zur Fusion. Die war unvorhersehbar – eine Art Naturereignis wie ein Hagelsturm, der einem Obstbauern die Kirschen vom Baum fegt. Das Leben ist Kampf (mit gelegentlichen Ruhepausen dazwischen). Kampf bedeutet immer auch Risiko. Das hat nichts mit inhabergeführten Unternehmen zu tun – auch Konzerne fusionieren, werden gekauft, verschwinden vom Markt. Ich hatte kürzlich noch die Holding eines Konzerns mit 85.000 Mitarbeitern als Kunden. Und dann? Fusioniert, gekauft, jedenfalls völlig verschwunden, die Funktionen wurden irgendwohin in den neuen Konzern verlagert, die früher verantwortlichen Leute sind weg, die Beziehungen tot. So ist die Realität – in jeder denkbaren Firmengrößenordnung zu beobachten. Zu den Details fällt mir ein:

1. Die beiden Inhaber können nicht miteinander. Das ist die Folge der früheren Selbstständigkeit dieser Menschen, die vorher allein alles entscheiden konnten und sich nun nicht an ständige Abstimmungsprozesse und an die dafür erforderliche Kompromissbereitschaft gewöhnen können oder wollen. Sie, geehrter Einsender, haben damit so ganz nebenbei den Grund für die Abwehrhaltung von Firmen gegen die Rückkehr ehemals Selbstständiger in Angestellten-Positionen entdeckt.

2. Inhaber mögen mitunter ihre Tücken oder Besonderheiten haben. Ich arbeite viel mit ihnen und bin selbst auch einer. Aber zwei, möglichst auch noch gleichberechtigte, Inhaber pro Firma sind oft „die Hölle". Nicht ohne Grund hat ein Schiff **einen** Kapitän und kein Team auf der Brücke („Auf jedem Schiff, ob's dampft, ob's segelt, gibt's **einen**, der die Sache regelt").

3. Die vom Angestellten zwingend geforderte Loyalität hat nicht dem Unternehmen, sondern seinen Eigentümern zu gelten. Das Unternehmen ist nur ein „dummes Stück Papier im Handelsregister“, das völlig handlungsunfähig ist. Nur die Eigentümer handeln (wie hier) oder sie ernennen Menschen, die in ihrem Auftrag handeln (das Management). Aber mit der oft versuchten Haltung „Meine Loyalität gilt den Interessen des Unternehmens, daran richte ich mein Handeln aus“, kommt man nicht weit (oder besser: im vorliegenden Fall zu zwei Todfeinden). Als Warnung: Dumme Stücke Papier haben gar keine Interessen – nur die Eigentümer sind dazu überhaupt in der Lage.

Damit es komplizierter wird: Offiziell spricht man dennoch als Manager und schon gar als kleiner Angestellter immer nur von den Interessen des Unternehmens – meint aber die der Eigentümer! Dass dies ein Unterschied sein kann, merkt man früher oder später. Gerade merken Sie es.

4. Damit ist b tot! Denn Sie könnten zwar mit beiden reden, die „Interessen des Unternehmens“ zur Sprache bringen, an Einsicht, Vernunft etc. appellieren und dann hoffen. Aber das kann nicht funktionieren – da es ja gar keine Interessen des Unternehmens gibt (das ist mein voller Ernst), nur divergierende Interessen der beiden Inhaber.

5. Und damit ist auch klar: Da beide Inhaber jeweils eine völlig andere Verhaltensweise von Ihnen einfordern, einander dabei eifersüchtig belauern und da Sie mit jedem Schritt, mit dem Sie auf einen der beiden zugehen, den jeweils anderen zum Feind bekommen, gibt es keine Lösung. Jedenfalls keine, die mit „dabeibleiben, weiterlavieren und hoffen“ zu tun hat. Denn um einen angestellten Geschäftsführer „kaputt zu machen“, der sich – echt oder vermeintlich – auf die Seite des „Gegners“ geschlagen hat, reicht die Macht eines jeden Gesellschafters völlig aus.

6. Also müssen Sie jetzt, wo es für Sie noch machbar ist, nach neuen Ufern schauen. „Warum eigentlich“, fragen Sie. Die Antwort ist ganz einfach: Weil der so toll aussehende Picknickplatz, den Sie ausgewählt hatten, sich plötzlich als Minenfeld entpuppt. Sie müssen da weg, bevor es knallt. Und das, obwohl Ihre Kinder gerade das falsche Alter haben, die Immobilie gerade schlecht zu verkaufen ist usw. (wie Sie mir an anderer Stelle mitteilen). Dieses Risiko ist systemimmanent, es gehört zur von Ihnen gewählten Berufslaufbahn des angestellten Managers. Wie es zum Risiko des Selbstständigen gehört, dass sich Hauptverwaltungen von Top-Konzernen in Luft auflösen.

Auch für die Inhaber ist das alles nicht so furchtbar schön. Aber: Die beiden sind wie gepanzerte Ritter in schwerer Rüstung, beide jeweils mit einem Degen bewaffnet, mit denen sie sich ununterbrochen attackieren. Aber ihre Rüstung schützt sie – sie können sich gegenseitig nichts Ernsthaftes tun. Diese „Rüstung" ist der Inhaberstatus. Zwar können sie sich ärgern, aber nicht verwunden, niemand von beiden kann den anderen hinauswerfen oder entmachten. Aber wenn die beiden mit ihren Waffen gemeinsam auf Sie losgehen, sind Sie „tot" – und wenn es nur einer macht, sind Sie auch tot. Denn Sie haben nur Ihre Jacke: keine Rüstung, keine Waffe.

Damit sind wir denn doch noch einmal bei Ihrem Punkt b. Sie könnten beiden gemeinsam gut zureden. Sie an ihre Verpflichtung erinnern, sich für das Wohl des Unternehmens einzusetzen (Vorsicht, das Unternehmen, dessen Wohl Sie da im Munde führten, hilft Ihnen dabei nicht, denn wie gesagt, es ist nur ein dummes Stück Papier im ...). Dann könnten Sie sie bitten, sich zu einigen, am besten gleich darüber, wer in Zukunft denn nun das Sagen hat. Und unausgesprochen(!) drohen: „Sonst gehe ich."

Das wird erst den einen Gesellschafter ärgern und dann den anderen. Weil Sie nicht loyal zu ihm waren und nicht für ihn Stellung bezogen haben. Und dann kratzen die beiden etwas mit ihren Degen an der Rüstung des anderen herum, was nichts bringt. Aber dann fällt ihnen schlagartig ein, was sie beide dennoch bei ihren unterschiedlichen Empfindungen und Reaktionen verbindet: Dieser angestellte Geschäftsführer macht Ärger, so viel ist klar. Und wenn der Bursche nicht wäre, hätten sie weniger Probleme. Und eine „Rüstung" hat der auch nicht – also auf ihn, wozu hat man seine Waffen. Und dann?

Ich versichere Zweiflern, so es sie gibt unter den Lesern: So ist es – und kaum ein amtierender Geschäftsführer wird das bezweifeln. Und mit „Wirtschaft" hat das auch nur teilweise zu tun. Meinen Sie etwa, in der Politik sei das anders oder gar besser?

Mit-leitend im großen oder „Boss" im kleinen Haus?

Frage: *Seit langem lese ich Ihre „Karriereberatung". War ich anfangs sehr kritisch gegenüber Ihren Erklärungen, kann ich nach fast zwanzig Berufsjahren sagen, dass Ihre Beiträge den „Nagel auf den Kopf" treffen: eine Pflichtlektüre für alle, welche sich dem Thema Karriere verschrieben haben. Ihre Hintergrundinformationen, Erklärungen und Ratschläge verwende ich nicht nur für mich, sondern vielfach bei Personalgesprächen mit meinen Mitarbeitern.*

Mein bisheriges Berufsleben hat sich positiv entwickelt: Ich bin Leitender Angestellter bei einem großen Unternehmen mit P&L-Verantwortung und ich genieße das Vertrauen meiner Führungskräfte. Details entnehmen Sie bitte meinem beigefügten Lebenslauf.

Ich wurde angesprochen, um die Aufgabe des Vorstandsvorsitzenden eines kleinen Unternehmens zu übernehmen. Dieses Unternehmen hat seinen

Schwerpunkt in der gleichen Industrie, in der ich momentan tätig bin und die Aktien werden öffentlich gehandelt.

An dieser Aufgabe würde mich reizen, dass ich hier mein „eigenes" Unternehmen leiten könnte und mich mit allen Belangen eines Aktienunternehmens auseinandersetzen könnte.

Kann es im Hinblick auf die weitere Karriereentwicklung überhaupt zielführend sein, ein solch kleines Unternehmen zu übernehmen?

Antwort: Zunächst einige – vorsichtige, um die Diskretion nicht zu gefährden – Informationen für die anderen Leser:

1. Die P&L-Verantwortung bedeutet, dass man am Gewinn seiner Einheit gemessen wird. Es geht dann nicht mehr vorrangig darum, dieses oder jenes Detail falsch oder richtig gemacht zu haben, es geht darum, mit den zugeordneten Ressourcen einen Ertrag in Höhe der Erwartungen seiner Vorgesetzten zu erzielen. Gelingt das nicht, wackelt der Stuhl. Wie vielfach üblich, sind hier Vertrieb, Entwicklung und Produktion einer Unternehmens-Division unterstellt.

2. Der Einsender ist Ingenieur und hat sich über die Technik und dann über umfassende Vertriebsverantwortung in die heutige Position hineinentwickelt. Er ist etwa Mitte 40, hat also noch einige Jahre vor sich, in denen er planen und die eigene Karriere gestalten kann. Sein heutiger Konzern ist wirklich sehr groß, sein direkter Arbeitgeber (Konzerntochter) ist immer noch recht groß. Die ihm zur Leitung angebotene neue Unternehmung ist, an diesen Dimensionen gemessen, geradezu winzig. Die Gesamtverantwortung dort läge etwa bei einem Drittel seiner heutigen – aber als Vorstandsvorsitzender würde er die gesamte Unternehmenspolitik einer selbstständigen Gesellschaft gestalten, ohne direkten Chef, ohne Muttergesellschaft, das Einkommen läge vermutlich deutlich höher.

3. „Meine Führungskräfte" sind vermutlich nicht „seine" unter, sondern „seine" über ihm. In vielen Unternehmen sagt man nicht mehr „mein Chef", sondern nennt diese Person „meine Führungskraft" – die nach wie vor Chef ist und bleibt, es ist alter Wein in neuen Schläuchen. Man muss es nur wissen.

4. Die Anführungszeichen bei „eigenes" (Unternehmen) gegen Schluss der Frage sind unbedingt erforderlich. Viele Vorstandsvorsitzende vergaßen schon, dass es Aktionäre gibt, denen der Laden gehört sowie Aufsichtsräte, die auch noch Macht haben – und mussten gehen.

5. Die Einsendung hat ein – bisher nicht abgedrucktes – PS: „Ich bin vor allem gespannt, welche Form-, Ausdrucks- und Rechtschreibfehler Sie mir ankreiden werden." Nun, ich bin Berater und kein Mensch, der mit scharfen Handgranaten jongliert. Nachher, geehrter Einsender, nehmen Sie das An-

gebot noch an und ich habe dann einen Vorstandsvorsitzenden öffentlich kritisiert. Nein, das riskiere ich nicht! Allenfalls würde ich mir, wenn es denn Ihr Wunsch ist, mit äußerster Zurückhaltung erlauben, darauf hinzuweisen, dass

- man statt „genieße" nicht „geniese" schreiben darf (im Abdruck korrigiert),
- „in der gleichen Industrie" irgendwie unschön ist; man sagt besser nicht „diese Industrie" und „jene Industrie", für Ihren Zweck benutzt man z. B. „Branche", eventuell „industrielle Branche" – und dann könnte man noch diskutieren, ob es „die gleiche" oder „dieselbe" Industrie oder Branche wäre,
- man in der Praxis mehr „Aktiengesellschaft" als „Aktienunternehmen" sagt,
- im vorletzten Satz die zweite Verwendung von „könnte" unschön ist – man lässt hier einfach das erste dieser Wörter weg.

Aber sonst ist alles tadellos, insbesondere das Lob am Anfang finde ich überzeugend und perfekt formuliert. Danke dafür. Mein PS (der Duden will es ohne Punkte, nun ja): Ich habe niemanden gebeten, in meinen Ausführungen nach Fehlern zu suchen, dies zur Klarstellung.

Nun in vollem Ernst zum Kern des Problems:

Die mögliche neue Aufgabe würde Sie in eine neue Dimension beruflichen Tuns hineinbringen: Mehr Gestaltungschancen, mehr Macht, mehr strategisch-konzeptionelle Freiheiten, keine Rücksichtnahme auf den Konzern, eine tolle Positionsbezeichnung auf der Visitenkarte. Das macht Spaß, gibt Erfüllung. Dafür kennt das neue Haus in der Öffentlichkeit vermutlich „kein Mensch". Sie wären unberechenbaren Aktionären und Börsenkursen verpflichtet, verantwortlich auch für Katastrophen, für die Sie gar nichts können. Sagen wir es so: Chancen und Risiken stünden in einem ausgewogenen Verhältnis.

Aber: Ab sofort wäre Ihre (ganz andere) Welt die dieser „kleinen Unternehmen". Entweder gehen Sie dort in Pension oder Sie wechseln nach fünf oder zehn wirtschaftlich erfolgreichen Jahren in ein Unternehmen der nächst größeren Dimension. Als Vorstandsvorsitzender, denn eine andere Funktion kommt dann nie mehr in Frage!

Daraus folgt auch: Ihre heutige Berufswelt wäre Ihnen weitgehend versperrt. Da ist die geringe Firmengröße, die Sie für Konzerne uninteressant macht. Aber vor allem: Niemand will einen Ex-Vorstandsvorsitzenden auf einer Position als Ressortmanager im Konzern. Der Job verdirbt Sie im Hinblick auf das Einordnen in irgendwelche Teams.

Wer klare Chancen sähe, im heutigen Konzern immer noch sehr viel weiter aufzusteigen, wäre zurückhaltend gegenüber dem externen Angebot.

Wer befürchten muss, jetzt oder in Kürze intern stecken zu bleiben, griffe vermutlich zu.

Aber: Eine Vorstufe zum Konzernvorstand ist das ganz sicher nicht!

Vorstand werden: Ist der Preis zu hoch?

Frage/1: *Ich bin Dr.-Ing. (2. Hälfte 40, promoviert auf einem Spezialgebiet der Verfahrenstechnik), seit über fünfzehn Jahren bei meinem ersten Arbeitgeber tätig. Es handelt sich dabei um einen weltweiten Top-Konzern (AG) der Herstellung von Endverbraucher-Produkten auf meinem Fachgebiet. Derzeit bin ich dort Werkleiter mit etwa tausend Mitarbeitern. Die Aufgabe ist vielseitig und anspruchsvoll, das Verhältnis zu meinen Vorgesetzten gut, ich bin von meinen Mitarbeitern anerkannt, finanziell kann ich mich nicht beklagen und dennoch mehren sich aus meiner Sicht die Gründe für einen Wechsel:*

- Ein Aufstieg in eine GF-Position wurde mir zwar grundsätzlich in Aussicht gestellt, aber die Anzahl der operativen Konzerngesellschaften wird immer weiter verkleinert, so dass ich einen Beförderungsstau erwarte. Da ich als Fernziel eine Vorstandsposition anstrebe, sehe ich es als problematisch an, jetzt eine undefinierte „Wartezeit" zu riskieren. Außerdem steht der Konzern vor einem weltweiten Bereinigungsprozess größeren Ausmaßes. Den kann ich zwar inhaltlich mittragen, werde aber den Verdacht nicht los, dass die Firma jahrelang stark mit sich selbst beschäftigt sein wird (unter Vernachlässigung von – ohnehin nicht flächendeckend vorhandenen – Karriereplänen für Mitarbeiter).

- Personelle Veränderungen an der Spitze führen zu merkwürdigen Veränderungen im Umgang miteinander: Bisher absolute Tabus wie Seilschaften oder Mobbing scheinen plötzlich toleriert oder gar gefördert zu werden. Zwar bin ich selbst nicht negativ betroffen, aber ich sehe mit Sorge, dass die Energien mancher Mitarbeiter in der Zentrale statt in die eigentliche Arbeit in derartige „Spielchen" gesteckt werden.

Bisher wollte ich die Karriere in diesem Konzern fortsetzen. Ich weiß, dass Sie immer wieder darauf hingewiesen haben, einen Arbeitgeberwechsel rechtzeitig und strategisch ins Auge zu fassen. Nun sitze ich sowohl von der Firmenzugehörigkeit als auch vom Alter her so langsam in der „Falle".

Dennoch habe ich Angebote von „Headhuntern" (GF-Positionen in gewachsenen Familienbetrieben) auch in jüngster Zeit immer abgelehnt, da mir ein Umsteigen vom internationalen Konzern in einen Familienbetrieb mit sehr begrenztem Produktportfolio erstens gefährlich und zweitens wenig attraktiv erschien.

Antwort/1: Handeln wir das Thema erst einmal bis hierhin ab, sonst wird allein die Problemschilderung zu lang – die Leute mögen das nicht (die heranwachsende Generation wird künftig wohl überhaupt nur noch Informationen in den begrenzten Längen von SMS-Botschaften aufnehmen können).

Sie, geehrter Einsender, sind der typische Konzern-Mann: nie bei einem anderen Unternehmen gewesen, dort lückenlos aufgestiegen, eigentlich weitgehend zufrieden. Wäre da nicht der Wunsch, Vorstand zu werden. Dazu zunächst so viel:

a) Das Ziel zu haben, ist legitim, ohne jede Einschränkung. Aber es ist „außerhalb fassbarer Erfüllungsquoten" angesiedelt. Um Konzern-Vorstand zu werden, braucht man mehr als Können und perfekte Vorbereitung. Dazu gehört auch im richtigen Moment die „passende" Konstellation, die Zugehörigkeit zur richtigen Gruppierung innerhalb des Hauses, der richtige Todesfall oder der Sturz des Vorgängers im entscheidenden Moment – die Realisierung entzieht sich der konkreten Planung des einzelnen Managers. Unabdingbar ist etwas, das ich schwer definieren kann; sagen wir: Sie dürfen kein Pech haben. Mit Glück allein hat das nichts mehr zu tun. Aber Ihr langjähriger Förderer, dessen Parteigänger Sie sind, darf nicht im falschen Augenblick in Ungnade fallen, der Markt gerade für Ihr Produkt darf nicht im falschen Augenblick zusammenbrechen, Ihre Aktionäre dürfen nicht im falschen Augenblick kurzfristige Gewinnsucht über langfristige Verantwortung und wirtschaftliche Vernunft stellen und, und, und.

Vielleicht müssen fünfzig, vielleicht hundert Jungmanager antreten, um im Konzern ganz nach oben kommen zu wollen – damit es einer dann schafft. Somit ist es kein Scheitern, nicht Vorstand geworden zu sein – nur das Sahnehäubchen auf der Karriere ist versagt geblieben. Also konkret: Den Vorstand gewollt und die Ebene darunter erreicht zu haben, ist bereits ein tolles, solides Ergebnis.

b) Sie sind in der zweiten Hälfte 40 und, wenn ich das richtig sehe, noch zwei Stufen unterhalb Ihrer Zielebene. Das wird auch zeitlich eng. Denn einige Jahre uneingeschränkt erfolgreicher Super-Bewährung brauchten Sie ja auch noch in der Position des GF einer Ihrer operativen Gesellschaften, bevor man Sie erneut befördern würde. Dann wären Sie so etwa 53, 54 Jahre alt. Mit ein bisschen Pech entscheidet gerade dann der Aufsichtsrat, dass „eine Verjüngung des Konzernvorstandes unbedingt angesagt ist" – und zieht Ihnen einen jener „rüstigen Enddreißiger" vor, denen man gelegentlich begegnet. Der hat dann zwar 25 Jahre ohne Aufstiegschancen vor sich, aber das tröstet Sie nicht.

c) Mit etwa 45 tritt ein Mann vor den Spiegel und stellt sich die zentrale Frage: „War das schon alles?" Und dann tut er etwas Unüberlegtes. Hüten

Sie sich vor dem Effekt, es haben schon ganz andere Leute anschließend ziemlich große Dummheiten begangen. Ich erinnere mich noch sehr gut, wie viel Überwindung es mich seinerzeit gekostet hat, dem Spiegelbild erst ein schüchternes, dann ein immer selbstbewussteres „Ja" auf jene Frage hin entgegenzuschleudern. Seitdem lebe ich ganz vernünftig mit der Erkenntnis, dass dem wohl tatsächlich weitgehend so ist – es war schon fast „alles" gewesen.

Was die „merkwürdigen Veränderungen" in Ihrem beruflichen Umfeld einschließlich der Beschäftigung des Konzerns mit sich selbst oder der Manager mit „Spielchen" angeht: Willkommen in der Realität der Moderne; genau das ist wenn schon nicht Fortschritt, so doch ähnlich unaufhaltsam. Sie haben dort bloß jahrelang in einer Art vergessener Enklave gelebt. Und sagen Sie bloß nicht, man hätte mit dem früheren Stil aber doch Geld verdient: Na und? Führungskultur und Unternehmenserfolg sind ganz offensichtlich nicht miteinander verzahnt, einer dieser Aspekte scheint nicht den anderen zu beeinflussen, Sie finden in der Praxis jede denkbare Kombination.

Bleiben die Headhunter, die hier ja nur für eine Alternative „da draußen" stehen: Diesen Wechsel vom Konzern in den Mittelstand vollziehen dann viele Ihrer Kollegen (eins runter in der Firmengröße, eins rauf dafür in der Hierarchie), um die Karriere mit einem Geschäftsführer-Rang zu krönen und zu beschließen. Achtung: Die Umstellung ist enorm, aber noch machbar. Der – nicht sehr vornehme – Fachausdruck aus der Sicht des Mittelstands für Sie lautet „konzernversaut". Wer Formulierungen analysieren und interpretieren kann, der findet im letzten Absatz Ihrer „Frage/1" mehrere Anzeichen für die „Arroganz der Größe", die Konzernleute oft unbewusst zur Schau stellen und die eine erfolgreiche Integration in den Mittelstand nach allzu vielen Dienstjahren so oft verhindert.

Frage/2: *Jetzt erhalte ich über eine Personalberatung ein interessantes Angebot aus einem europäischen Nachbarland: Eine Vorstandsposition bei einem größeren Hersteller von Anlagen (also kein Unternehmen, das wie mein heutiger Konzern mit Hilfe solcher Anlagen Endverbraucher-Produkte erstellt). Das Unternehmen wird gründlich umgebaut, es wurde bisher vom Eigentümer geführt, der sich in den Aufsichtsrat zurückzieht, jetzt gibt es einen externen CEO (Vorstandsvorsitzer).*

In der angebotenen Position wäre ich Chef einer eigenverantwortlichen Division mit einem Führungsumfang in der Größe meiner heutigen Aufgabe, wobei Verkauf und Produktion in Einheiten außerhalb der Division wahrgenommen werden. Künftig ist auch an die Herstellung und Eigenver-

marktung von Endprodukten gedacht, was erklären könnte, dass eine Besetzung aus meiner heutigen Branche heraus erwogen wird.

Es gibt nach den ersten Gesprächen eine Reihe von Aspekten, die ich positiv sehe: die reizvollen, größeren Gestaltungsspielräume; die stabile und wachstumsfähige Firma; die sympathische Person des CEO (direkter Vorgesetzter); der Bezug zur Verfahrenstechnik, die mir aufgrund meines Studiums und einiger Projektaufgaben beim heutigen Arbeitgeber nicht fremd ist.

Probleme/Fragen, die sich mir stellen: Ändern sich zu viele Dinge gleichzeitig? Ist der Sprung vom Werkleiter zum Vorstand zu groß? Ist der Branchensprung zu verkraften? Gibt es erforderliche Kenntnisse, die nicht so rasch erlernbar wären (Betriebswirtschaft etc.)? Ist die Position schlicht eine Nummer zu groß für mich?

Der potenzielle neue Arbeitgeber beurteilt mich grundsätzlich positiv, traut mir das zu, sieht aber mangelnde Kenntnisse in der Projektarbeit/-bewertung als kritisch an. Daher bietet er mir ein Training on the job (etwa sechs Monate aktive Einbindung in geeignete Projekte und dann erst Übernahme der Vorstandsposition). Wie bewerten Sie das?

Wenn die Sache schief ginge, wäre ich fast 50 und hätte höchstwahrscheinlich ein ernstes Problem.

Antwort/1: Wohl war.

Ich liste Ihnen einmal die Probleme aus meiner Sicht auf:

1. Ich mache mir allergrößte Sorgen um die Zukunft Ihres sympathischen CEO. Eine der schwierigsten Aufgaben, die in unserem System zu vergeben sind, besteht in der externen Nachfolge eines Inhabers, der langjährig an der Spitze des Hauses gestanden hatte – und weiterhin präsent ist. Ich versuche bei Besetzungsaufträgen dieser Art immer, dem „alten" Inhaber die „Bahama"-Frage zu stellen („Gehen Sie ab sofort dauerhaft auf die Bahamas?"). Bekomme ich ein „Ja", hat die Sache eine Chance, bleibt der Eigentümer im Hause, werden meist zwei oder drei Manager „verschlissen", bevor der nächste dann nicht mehr gefeuert wird.

Es ist ohnehin immer schwierig (auch wenn kein Eigentümer im Spiel ist), als Nachfolger seines künftigen Chefs zu glänzen, der jede „Schraube" im Hause kennt und bisher alle Entscheidungen nach seinem Geschmack getroffen hat. Kommt der Machtfaktor Eigentum noch hinzu, wachsen die Schwierigkeiten.

Scheitert der CEO, scheitern auch seine Konzepte – und seine Personalkonstellationen. Damit wären auch Sie „tot".

2. Es würden sich für Sie tatsächlich sehr viele Dinge gleichzeitig ändern. Ein Teil davon ist beim Wechsel „systemimmanent". Hier hätten Sie

es zusätzlich mit der gewaltigen Umstellung von der Produktion einer breiten Palette stückzahlintensiver, geringwertiger Einzelprodukte zum völlig anders gelagerten Anlagenbau zu tun. Das erforderte nicht nur von Ihnen ein komplett neues Denken – Ihre ganze Umgebung dort denkt anders, vom Chef über die Kollegen bis zum „letzten Mitarbeiter".

In diesem traditionsreichen Unternehmen fänden Sie mit absoluter Sicherheit einen völlig anderen Führungsstil vor – und Sie bewegten sich fachlich auf absolutem Neuland. Das ist ein bisschen viel.

3. Der Sprung vom rein produktionsverantwortlichen Werkleiter zum ergebnis- und umsatzverantwortlichen Divisionleiter und Unternehmensvorstand ist tatsächlich gewaltig. Eine Weiterbildung hilft Ihnen da auf die Schnelle auch nicht. In Ihrem Alter zählt „erfahren", nicht „erlernt".

4. An der Organisation im potenziellen neuen Unternehmen gefällt mir nicht, dass Sie in Ihrem Geschäft zwar für alles verantwortlich sind, aber nur eine sehr begrenzte Zuständigkeit für die beiden „Säulen" Produktion und Vertrieb haben. Das funktioniert zwar heute auch – aber unter Leuten, die damit umzugehen gewohnt sind.

5. Die sechs Monate Training on the job sind sachlich vernünftig (aus der Sicht des Unternehmens), für Sie aber eine zusätzliche Probezeit unter erschwerten Bedingungen. Man will Sie dabei „testen", so viel ist klar. Das ist mit Mitte 30 in Ordnung, mit fast 50 jedoch gewagt. Sie geben ja immerhin etwas auf, wenn Sie kündigen.

Mein Rat: Fixieren Sie sich nicht auf das Ziel „Vorstand", konzentrieren Sie sich auf die Geschäftsführung einer operativen Gesellschaft, vorzugsweise in Ihrem Konzern, sonst auch draußen. Im heutigen Konzern könnten Sie eher ein fachliches Risiko eingehen als draußen (hätte Ihr Haus diese Anlagenbau-Division gekauft, würde ich Ihnen zuraten), bleiben Sie aber bei einem Arbeitgeberwechsel in diesem Alter auf halbwegs vertrautem Gelände. Sie haben stets Ihre Endverbraucher-Produkte entwickelt und hergestellt – in einer Position auf dem unvertrauten Gebiet des Anlagenbaus könnten Sie sich wie ein „Fisch auf dem Trockenen" fühlen.

In meinen Augen würden Sie hier sehr viel riskieren, nur um – vielleicht (nach Bewährung im Training on the job) – endlich „Vorstand" geworden zu sein. Das hieße, einen sehr hohen Preis zu zahlen. Oder einfacher: Geschäftsführer sind auch Menschen (was nicht heißt, dass ich Ihren Traum etwa nicht verstehen würde ...). Als Test: Sie bekamen ein Angebot, wurden angesprochen. Hätten Sie sich auf eine Anzeige hin beworben, mit der genau diese Vorstandsposition ausgeschrieben wurde? Wissen Sie, ob der Berater gezielt bei Endverbraucherprodukt-Herstellern gesucht hat – oder erst, als die Anlagenbau-Firmen ergebnislos „abgegrast" waren und sich dort niemand gefunden hatte?

Angestellter Unternehmer oder selbstständig?

Frage: *Ich bin seit mehr als zehn Jahren bei meinem heutigen Arbeitgeber tätig, der Tochtergesellschaft eines internationalen Konzerns. Dort habe ich viele Höhen und Tiefen erlebt und es nicht zuletzt Ihrer Karriereberatung zu verdanken, dass ich immer noch dort bin.*

Meine Chance:

Um Einzelergebnisse besser kontrollieren zu können, sollen nun auch bei uns kleine eigenverantwortliche Geschäftseinheiten (GEs) eingeführt werden. Dafür werden aus verschiedenen zuarbeitenden Abteilungen Mitarbeiter abgezogen, die dann unter einem GE-Leiter, der aus dem Vertrieb kommt, als Team ein gemeinsames positives Ergebnis erwirtschaften.

Mir hat man jetzt eine solche GE-Leitung mit eigenen Mitarbeitern und einer nennenswerten Umsatzverantwortung angeboten. Der Umsatz liegt in der auch heute von mir verantworteten Größenordnung, man verspricht sich jetzt jedoch (oder erwartet von mir) eine Verbesserung der Rendite.

Aus meiner Sicht ist diese Neuorganisation mit Sicherheit ein sinnvoller und notwendiger Schritt in die richtige Richtung. Auch meine zukünftigen Mitarbeiter begrüßen die Umstrukturierung und tragen sie mit. Einschränkend ist lediglich die zögerliche Haltung unserer Geschäftsleitung – und die Tatsache, dass alle Führungskräfte aus der bisherigen Organisation, die das neue System nicht befürworten, in der einen oder anderen maßgeblichen Position weiter vorhanden sind. Jeder wird Gründe finden, warum hier und da gebremst werden muss. Und wenn etwas schief geht, dann ist per Definition die Schuld beim GE-Leiter (also bei mir) zu suchen.

Dennoch betrachte ich die Position als neue Herausforderung, der ich mich durchaus stellen möchte, gäbe es da nicht

die Alternative:

Vor einigen Jahren hat sich ein früherer Vorgesetzter mit einem eigenen Unternehmen selbstständig gemacht. Damals habe ich diesen Schritt aus finanziellen Gründen (Nachwuchs, Haus) nicht gewagt. Inzwischen beschäftigt die Gesellschaft eine Handvoll Leute, ist erfolgreich am Markt etabliert und betreibt in erster Linie ein Nischengeschäft.

Jetzt hat mir dieser frühere Vorgesetzte eine Stelle dort als stellvertretender Geschäftsführer und Teilhaber angeboten. Er ist Mitte 50 und er möchte seine Aktivitäten bis zum Rentenalter stufenweise zurückschrauben. Die Teilhaberschaft kann erworben werden durch Anteilsüberschreibung als Teil des Gehalts.

Fachlich traue ich mir das zu, auf der persönlichen Schiene verstehen wir uns sehr gut. Die Risiken sind hier plötzliche längere Krankheit und Verschlechterung der persönlichen Beziehung.

Ich würde mich freuen, wenn ich Ihre Gedanken zu diesem Thema lesen dürfte.

Antwort: Zu der Gesamtsituation kann man Ihnen nur gratulieren: eine tolle Beförderung beim bisherigen Arbeitgeber und alternativ die Chance zum Sprung in die Selbstständigkeit.

Zur Beförderung: Das ist, noch im überschaubaren Rahmen, aber immerhin, die Weichenstellung in die unternehmerische Laufbahn. Eine solche Geschäftseinheit ist ein bisschen wie eine „Firma in der Firma". Ihre bisher stets nur auf eine Tätigkeit beschränkte Zuständigkeit und Verantwortung (z. B. Vertrieb) wird plötzlich ausgeweitet auf andere Funktionen, die für den Gesamterfolg eines Produktes ebenfalls wichtig sind (z. B. Entwicklung/Konstruktion, Produktion etc.).

Wenn Sie das überzeugend hinbekommen, sind Sie in vier bis fünf Jahren in- oder extern „reif" für eine noch größere GE oder für eine Geschäftsführung. Die erfolgreiche Leitung einer Geschäftseinheit ist die perfekte Basis für den Sprung vom leitenden Spezialisten zum Generalisten, zum (späteren) gesamtverantwortlichen Leiter eines Unternehmens.

Was geschieht, wenn Sie scheitern – das darf man nicht jedes Mal fragen, wenn man vor einer solchen Chance steht. Natürlich sind die Erwartungen an Sie hoch und Probleme gibt es genug, aber das müssen Sie riskieren. Ein aufstiegsorientierter Angestellter muss da einfach mit beiden Händen zupacken!

Es sei denn, er findet noch etwas Besseres. Sehen wir uns die Alternative an:

Ob die Selbstständigkeit dem Angestellten-Dasein generell vorzuziehen ist, müssen Sie selbst entscheiden. Es kommt dabei auch auf den Typ an: Im Falle einer drohenden Firmenpleite (beispielsweise) sieht sich der Angestellte nach einer alternativen Anstellung um und überbrückt etwaige Risiken mit seinem Anspruch auf Arbeitslosenbezüge. Der Selbstständige wird stattdessen überlegen, eine Hypothek auf sein privates Haus aufzunehmen, um sein Unternehmen zu retten. Damit will ich nicht etwa sagen, einer von beiden hätte es leichter, ich will nur auf die andere Denkungsart hinweisen.

Sehen Sie auch bitte den Weg in die Selbstständigkeit vorsichtshalber als endgültig an – die Rückkehr ins Angestelltendasein ist sehr schwierig.

Aber in den ganz speziellen Details Ihres Angebots liegen noch zusätzliche Stolpersteine:

Ein Teilhaber ist erst einmal eine Art weisungsgebundener Juniorpartner. Was er davon hat und welche Probleme damit verbunden sein können, hängt entscheidend von der Person des bestimmenden Hauptgesellschafters ab! „Teilhaberschaft" taugt eher nur als Zwischenstufe zum Mehrheitsgesellschafter, sonst weniger.

Das „stufenweise Zurückschrauben" der Aktivitäten eines Inhabers ist eines der Zentralprobleme überhaupt. Schön, Ihrer ist jetzt ganz sicher guten Willens – aber ob er mit 65 nicht meint, bis 75 oder 85 könne er durchaus noch weitermachen (bei reduzierter eigener Arbeit, aber bei voller bisheriger Entscheidungsgewalt) ist eine ganz andere Frage. Hier helfen nur glasklare, verbindliche, schriftliche Absprachen/Vereinbarungen mit Prozenten, Jahreszahlen, Euro-Beträgen etc. (am besten vor dem Notar).

Ein weichender Inhaber gibt Geld und Macht ab – dummerweise sind das genau die Kriterien, an denen das Herz von Inhabern hängen muss, sonst hätten sie diese Funktion nie überzeugend ausfüllen können. (Ich weiß, wovon ich spreche. Ich bin auch Inhaber, habe mich dahin vorarbeiten müssen und muss auch irgendwann mehr und mehr an Macht und Geld abgeben.)

Als Trend-Aussage: Gerade in kleinen Unternehmen muss gelten, dass der bestimmt, der verantwortlich das Geschäft macht. Suchen Sie also eine vertragliche Regelung, die dem Rechnung trägt. Dabei muss wiederum der heutige Inhaber das Recht haben, bis zu einem Tag X auch entscheiden zu können, dass Sie seinen Vorstellungen nicht entsprechen und dass er Ihnen sein Lebenswerk nicht anvertrauen mag. Dann muss er Ihnen die bis dahin erworbenen Anteile wieder abkaufen dürfen – das läuft auf eine Art zwei- bis dreijährige „Probezeit" hinaus (allerdings keine mit Kündigungsfrist von vier Wochen zum Monatsende). Schließlich müssen Sie sich in der neuen Funktion erst einmal bewähren (nicht jeder eignet sich zum Selbstständigen).

Mein Rat: Sprechen Sie einmal mit dem Inhaber. Tragen Sie ihm die Probleme vor – und sehen Sie einmal, was er sagt. Und dann entscheiden Sie. Die Wahl nimmt Ihnen niemand ab, auch ich nicht.

Als Trost: Beide Möglichkeiten sind grundsätzlich attraktiv. Treffen Sie, wenn alles Sachliche geklärt ist, die letzte Entscheidung „im Bauch". Das muss nicht richtiger sein, aber Sie fühlen sich dann besser.

Als Geschäftsführer am Punkt der höchsten Inkompetenz angelangt

Frage: *Nach dem Abitur mit 3,6 erreichte ich einen Notendurchschnitt im Hauptdiplom von 1,9. Bei meinem ersten Arbeitgeber wurde ich befördert, ohne dass ich es gesucht hätte: Betriebsingenieur, Betriebsleiter, Niederlassungsleiter und Gebietsleiter, alles in nur fünf Jahren. Eigentlich wollte ich keine Karriere machen, aber nein sagen, wenn mehr Geld winkt, wollte ich auch nicht. Ich hatte immer Bauchschmerzen und war getrieben von der Angst, etwas falsch zu machen. Wohl dadurch war ich etwas besser als andere.*

Dann bot man mir eine Geschäftsführerposition (über 300 Mitarbeiter) in einem aufgekauften ehemaligen Familienunternehmen an. Die Philosophie des Hauses hat mich begeistert und mir neuen Mut gegeben, in diesem Umfeld eigene Vorstellungen zu realisieren.

Auf der kaufmännischen Seite hatte ich einen Kollegen, der die 50 überschritten, 30 Jahre in dem Familienunternehmen gearbeitet und den Berufsausstieg vor Augen hatte. Alle Warnungen von Freunden und wohlwollenden Kollegen habe ich in den Wind geschlagen. Für mich galt: Auch mit dem komme ich zurecht. Ich bin es nicht!

Ich habe Fehler gemacht: kein Netzwerk aufgebaut, die falschen Leute (Vorgesetzte im Konzern) vor den Kopf gestoßen. Einziger Halt waren der Vorstandsvorsitzende, der mich in diese Gesellschaft beordert hatte und ein Berater. Als die beiden weg waren, wurde mein befristeter Vertrag nicht mehr verlängert.

Richtig böse, traurig oder enttäuscht war ich nicht. Eher befreit von einer Last. Ich hatte mich den Aufgaben nicht gewachsen gefühlt, war am Punkt der höchsten Inkompetenz angelangt. Diese Einschätzung war und ist niederschmetternd.

Andererseits: Warum hatte man mir immer größere Aufgaben übertragen? Waren die Entscheider alle blöd? Es gab doch auch Erfolge! Bei einem Einzel-Assessment für eine neue Stelle – wieder als GF eines entsprechend großen Unternehmens – habe ich nach Aussage des Personalberaters am besten von allen Kandidaten abgeschlossen (zu einer Einstellung kam es nicht). War ich etwa der einzige Kandidat?

Arbeit habe ich inzwischen wieder gefunden. Für einen großen internationalen Konzern baue ich ein neues Dienstleistungsgeschäft auf – als Einzelkämpfer. Auch hier glaube ich eher, dass ich der einzige Kandidat war, der bereit war, sich auf diese heikle Angelegenheit einzulassen.

Ich bin jetzt 40. Die Frage ist, wie gestalte ich die kommenden Jahre, ohne dabei zugrunde zu gehen? Beworben habe ich mich bereits auf Stellen mit Sachbearbeiter-Charakter oder als Abteilungs-/Niederlassungsleiter kleinerer Einheiten. Der Erfolg war mehr als bescheiden. Entweder hat man Angst, dass da einer kommt, der kurze Zeit später den ganzen Laden umkrempelt oder unzufrieden wird. Oder man befürchtet die gescheiterte Existenz, die ausgebrannt und nicht mal zum Hofkehren zu gebrauchen ist.

Wie kommt man aus einer Geschäftsführerposition wieder in ein „normales" Angestelltenverhältnis? Wie kann in der aus eigener Kraft nicht zu beurteilenden Situation eine tragfähige Entscheidung herbeigeführt werden? Bei mir funktioniert der Mechanismus der Selbsteinschätzung und den? Bei mir funktioniert der Mechanismus der Selbsteinschätzung und -kritik nicht.

Antwort: Teilen wir den Komplex einmal in Kapitel auf. Soviel vorab: Hier geht es um mehr als das „Herunterkommen" von GF-Höhen:

1. Schlechtes Abitur + gutes Examen = potenzielle Konfliktbasis

Mir gefällt die Ausgangssituation mit dem Abitur 3,6 und dem Hauptdiplom 1,9 nicht.

Sie schreiben im – oben von mir nicht abgedruckten – Detail zum Abitur: „Leistungsfächer: Mathematik, Kunst, Erdkunde und Sport. Danach wollte ich der Welt(?) zeigen, dass es auch ohne Sport gegangen wäre. Von zwölf Vordiplomklausuren habe ich fünf erst im zweiten Anlauf geschafft. Nachdem ich die Erwartungen an mich deutlich heruntergeschraubt hatte, stieg der Notendurchschnitt vom Vordiplom 3,4 im Hauptdiplom auf 1,9."

Bis hin zum Alter von 19 Jahren (Abitur) findet eine wesentliche Prägung der Persönlichkeit des jungen Menschen statt. Danach ist vieles sehr weitgehend festgelegt – oder es erfordert einen unverhältnismäßig großen Aufwand, um (bei kleinen Erfolgsaussichten) noch etwas zu verändern. Und 3,6 im Abitur ist so unendlich tief „unten"! Der entsprechende Schüler ist mit Sicherheit die ganzen Jahre auf diesem hundsmiserablen Niveau gewesen, so dass dies für ihn persönlichkeitsprägend wird. Er hat keine Erfolgserlebnisse, er lernt keine vernünftige Relation zwischen Leistung und Erfolg kennen, sein diesbezügliches Selbstbewusstsein entwickelt sich nicht richtig. Es fehlt die Einstimmung auf „Ich bin ein Erfolgstyp".

Ich rate dringend davon ab. Vor allem rate ich Menschen davon ab, die irgendwie das Talent haben, später ein Examen mit 1,9 abzulegen.

So waren Sie zum Examenszeitpunkt etwa in folgender Situation: Vorgeprägt in Kindheit und Jugend durch einen Leistungsstandard an der untersten überhaupt möglichen Grenze, dazu passendes niedriges Selbstbewusstsein in diesem geistig dominierten Leistungsbereich (Gegenbeispiel: Sport); gleichzeitig war ein offenbar in Ihnen „schlummerndes" Leistungsvermögen in der kurzen Zeit des Hauptstudiums plötzlich brutal hochgepuscht worden, das hatte dann zum überraschenden Examen von „Eins-Komma" geführt. In den Augen der Umwelt hatten Sie ein tolles, superstabiles Haus gebaut (was es ab Oberkante Keller auch war), nur gab es kein dazu passendes Fundament! Das aber wusste niemand außer Ihnen.

2. Fehlstart wegen unzureichender Voraussetzungen

Und so traten Sie dann auf den Markt hinaus. Ihr Arbeitgeber kannte nur das tolle Examen; vermutlich hatte er nicht nach der Abiturnote gefragt (ich frage immer!). Sie hatten sicher – wie alle „Drei-Komma-Leute“ – dieses „inzwischen völlig veraltete Dokument“ nicht der Bewerbung beigefügt.

Da standen Sie nun. Intelligent, toller Ausbildungsabschluss – nur Ihr Ehrgeiz und Ihr Selbstbewusstsein, die ein Top-Abiturient ohne nachzudenken meist entwickelt, „hinkten“ hinterher. Diese gewaltige, für Sie völlig ungewohnte Anstrengung hin zum guten Examen war Ihnen eigentlich Ziel gewesen. Jetzt aber, für Ihre Chefs, war das nur ein erster kleiner Wegabschnitt. Ihre Vorgesetzten beförderten den, der offensichtlich konnte – Sie waren der, der gar nicht mehr so weitermachen wollte. Aber Sie galten als Leistungsträger, den man forderte und vorwärts trieb, auch weil zufällig das Umfeld danach war. Sie konnten das immer auch für eine kurze Zeit bringen, aber es war nicht Ihr selbstverständlicher Standard.

3. Der Aufsteiger muss seine Grenzen kennen!

Jetzt wurden Sie befördert. Schüchtern meldete sich aus Ihrem Inneren eine Stimme: „Ich will das alles gar nicht.“ Die war ein ernstzunehmendes Signal! Karrierepositionen zu übernehmen, denen man eigentlich nicht gewachsen ist, obwohl man sie will, mag schlimm sein – funktioniert aber, siehe Praxis, oft ganz gut. Aber Verantwortung zu tragen, die man nicht will, ist extrem gefährlich! Und dann knallt es irgendwann. Nahezu zwangsläufig.

4. Ursachenanalyse hilft

Die Katastrophe war also allein auf Ihre Fehler zurückzuführen! Mehr Anstrengungen in der Schule oder weniger temporärer Extremehrgeiz beim Examen (was in eine „harmlosere“ Laufbahn geführt hätte) und/oder ein kritischerer Blick für Ihre eigenen Grenzen hätten das Scheitern verhindern können. Man muss Beförderungen, die man nicht durchstehen würde, notfalls auch ablehnen.

Ich lege stets großen Wert auf eine klare „Schuldzuweisung“ im Sinne des Betroffenen. Wenn er anerkennt – und akzeptiert –, dass er selbst Hauptverursacher ist, wird er erfahrungsgemäß besser mit den Problemen fertig. Sonst hadert er nur mit den Mächten des Schicksals oder mit den ihn ernannt habenden Entscheidungsträgern („waren die alle blöd?“). Letztere waren nicht blöd, geehrter Einsender, die hatten eben nur von Ihrem „Haus“ gesehen, was man von außen oder als normaler Besucher von innen sieht. Sie hätten diese durchaus kundigen „Gutachter“ eben mal in Ihren „Keller“ führen sollen, dann wären die zu ganz anderen Resultaten gekommen.

5. Chancen auf dem Markt

Einem gescheiterten Geschäftsführer (was man spätestens aus dem Abstieg in die heutige Position erkennt) gibt man so leicht keine zweite Chance auf

GF-Ebene. Andererseits lautet eine „goldene Regel“: „einmal Geschäftsführer, immer Geschäftsführer“.

Für Sie wäre nach meinem Empfinden eine mittlere Führungsposition (Abteilungs-/Niederlassungsleiter) ideal. Auch, um dort in Ruhe zu sich selbst zu finden, ein solides Selbstbewusstsein aufzubauen, Ihre Grenzen und Möglichkeiten ohne allzu großen Druck zu testen.

Nun geht das „eigentlich“ gar nicht, siehe die erwähnte „goldene Regel“. Der Ausweg: Sie müssen in der Bewerbung „tiefstapeln“, Ihre früheren Erfolge und Positionen „tiefer hängen“, einen Lebenslauf präsentieren, der möglichst gut zur jeweiligen Zielposition passt. Es gibt zwar Hochstapler in unseren Gefängnissen, Tiefstapler jedoch eher nicht (dennoch, das muss hier gesagt sein, sollen Bewerbungen stets nur die Wahrheit ...).

Wie man das macht? Etwa so:

„01.04.98–31.10.01: delegiert in die technische Leitung des gerade von unserer Gruppe aufgekauften kleineren ehemaligen Familienunternehmens ‚Müller & Sohn‘, Hauptaufgaben dort ..., ..., ... (aus formaljuristischen Gründen war die Position mit einer Eintragung als Geschäftsführer verbunden, das war jedoch gruppenintern ohne Bedeutung, ich galt intern als ‚technische Führungskraft‘).“

Das ist nicht ganz sauber, es ist auch Ihr Risiko – aber einen anderen Weg sehe ich nicht. Natürlich steht dann im Zeugnis nur „Geschäftsführer“. Aber wenn der Bewerber selbst schon sagt, das hätte nichts zu bedeuten (wo die Kandidaten sonst doch eher hochstapeln) ...

Notizen aus der Praxis

„Antworten“, die dem Autor wichtig sind, auch wenn gerade keine passenden Fragen vorliegen

Mit dem Hute in der Hand ...

... kommst du durch das ganze Land, ist eine alte Volksweisheit. Und da heute nur noch wenige Menschen Hüte tragen, muss man das vermutlich erst einmal erläutern: Es geht dabei um Männer, die ja zum Grüßen „den Hut ziehen“, also abnehmen, ihn dann in der Hand halten. „Kommst du durch das ganze Land“, heißt einfach: „... kommst du überall zurecht.“ Wer also höflich ist, entsprechend freundlich auf die Leute zugeht, wird keine Schwierigkeiten haben, mit anderen Menschen auszukommen.

Nun, dies wird kein Versuch, etwa junge Menschen nachträglich entsprechend zu „erziehen“. Außerdem steht der Artikel unter der Überschrift „Karriere“. Der Hintergrund ist ein ganz anderer:

Wenn jemand Bundeskanzler werden möchte (oder ein Amt in der nächsten oder übernächsten Ebene darunter anstrebt), dann kann es keinesfalls schaden, sich damit zu beschäftigen, wie denn bisherige Bundeskanzler so sind oder waren. Findet man Übereinstimmungen, könnte es sich dabei ja um wesentliche Erfolgsvoraussetzungen handeln. Nun ist der Anspruch dieser Serie nicht so, dass wir über die Wege in Spitzenämter der Politik reden wollen. Aber Spitzenämter in der Wirtschaft, das wäre es doch.

Dabei ist mir aufgefallen, dass alle Spitzenmanager der allerersten Ebene, die ich kennen lernen durfte – also Vorstandsvorsitzender, Vorsitzende der Geschäftsführung, Alleingeschäftsführer von Unternehmen der Industrie und ähnlicher Branchen –, mindestens eine Gemeinsamkeit zeigten und zeigen: Sie sind im direkten Kontakt zu ihren Besuchern meist von vollendeter Höflichkeit. Geht man mit ihnen essen – als ihr Gast, wohlgemerkt und in meinem Fall immer als „Lieferant“, nie etwa als Kunde –, darf man sich ihrer fürsorglichen Aufmerksamkeit unter allen Umständen sicher sein. Das gilt gleichermaßen für rangniedere Mitarbeiter, die eventuell zum Gast gehören (und von denen ich ja früher auch einmal einer war).

Man darf sich nicht täuschen: Diese Top-Manager sind keinesfalls etwa nur nett – damit allein wird man nicht Vorsitzender. Sie diktieren nach dem netten Essen knallhart mörderische Vertragskonditionen oder beenden eine langjährige Geschäftsbeziehung per Federstrich. Aber so lange man ihr Gast ist, wird man nach allen Regeln der Kunst umsorgt und darf sich der unbedingten Aufmerksamkeit sicher sein.

Was Sie mit dieser Information anfangen sollen?

Nun, falls Sie selbst entsprechende Ambitionen auf ein Spitzenamt haben, wissen Sie jetzt, was Sie außer einem bisschen Unternehmensführung auch noch können müssen, um nicht durch das Raster zu fallen.

Viel wichtiger jedoch ist etwas anderes: Wer als Chef eine Kunst beherrscht, ist empfindlich gegenüber plumpen Formfehlern bei Mitarbeitern. Sollten Sie also oft „in diesen Kreisen" verkehren, so hoch in der Hierarchie aufsteigen wollen, dass Arbeits- und vor allem Bewirtungskontakte mit Managern dieser Ebene winken (oder drohen, wie Sie wollen), dann sollten Sie gerüstet sein. Und sicher eine akzeptable Vorspeise zum Hauptgang wählen, einen passenden Wein aus der Karte heraussuchen und sich auch sonst gewandt bewegen können. Niemand verlangt Wunder oder erwartet den Perfektionismus eines erfahrenen Oberkellners. Aber es gibt auch auf diesem Terrain die klare „Chance", in Jahren aufgebaute Hoffnungen während einer Minute in Illusionen zu verwandeln. Weil Menschen, die etwas souverän beherrschen, Stümper auf diesem Gebiet verachten.

Das Leben ist bunt: Sonderfälle und spezielle Fragen

Themen, die nicht in die anderen (Standard-)Kategorien passen, aber für die Betroffenen große Bedeutung haben

Von der Frage, ob die Einhaltung ausnahmslos aller Regeln durch eine Person überhaupt möglich ist oder ob nicht manche im Widerspruch zueinander stehen, über die denkbare Selbstständigkeit bis hin zum anonymen Angriff, dem man ausgesetzt sein kann, reicht eine Palette von etwas ausgefallenen Themen. Sie alle gehören in eine solche Sammlung, die dieses Buch darstellt. Zwar wird nicht jeder von all diesen speziellen Problemen betroffen, aber wenn das der Fall ist, sind die Risiken groß.

Zu dem Glück, das man für eine erfolgreiche Karriere zweifelsfrei braucht – auch wenn es letztlich das Glück des Tüchtigen ist, gehört auch, bestimmten Schwierigkeiten nie begegnet zu sein ...

Leser fragen, der Autor antwortet

Regeln können miteinander kollidieren

Frage: *Ist meine Annahme richtig, dass sich in manchen Situationen einige Ihrer Regeln/Empfehlungen widersprechen können?*

Antwort: Ja, das ist völlig richtig. Wie im übrigen Bereich des Lebens auch, gilt es dann, einen ausgewogenen Kompromiss zu suchen – oder schlicht Prioritäten zu setzen. Man kann auch sagen: Wählen Sie das kleinere Übel.

So soll man nur eine Position antreten, die zur bisherigen Laufbahn und zur beruflichen Zielsetzung passt. Wenn Sie aber schon längere Zeit arbeitslos sind, würden Sie mit der Annahme einer nicht optimal passenden Stelle zwar gegen eine Regel verstoßen, aber die größere Katastrophe vermeiden.

Solche Konflikte zwischen einzelnen Regeln gibt es ja im Leben auf allen Ebenen: Sie sollen pünktlich zur Arbeit kommen, Sie müssen aber auch einem Unfallopfer helfen, das vor Ihnen auf der Straße liegt.

Letztlich geht es darum, im „Kollisionsfall" eine klare Entscheidung zu treffen. Das lernen manche Leute übrigens nie! Andere wiederum haben damit nicht das geringste Problem. Vielleicht hilft es Ihnen, mit den Widersprüchen fertig zu werden, wenn Sie lesen: die gehören dazu.

Ist die soziale Herkunft wichtiger als Zeugnisse und Leistungen?

Frage: *Ihre Reihe „Karriereberatung" lese ich seit Anfang an. Ich bin von Ihren Antworten immer wieder begeistert, ganz besonders freue ich mich über Ihren Umgang mit der deutschen Sprache. In der Tageszeitung „Westfalenpost" fand ich beiliegenden Artikel. Ich glaube, dass er Sie interessieren wird.*

Antwort: Der Beitrag passt sehr gut zu unserer Serie. Ebenso gern diskutiere ich darüber.

Es geht um eine Studie der Technischen Universität Darmstadt. Dort hat Professor Michael Hartmann (beschrieben als Soziologe und Elitenforscher) die berufliche Laufbahn von 6.500 promovierten Akademikern analysiert. Sein Ergebnis: Die richtige Familie als Ausgangspunkt der persönlichen und beruflichen Entwicklung sei das entscheidende Kriterium, sie verschaffe ggf. künftigen Führungskräften einen uneinholbaren Vorsprung. Auch heißt es in dem Zeitungsartikel, die Chancen für Mittelstandskinder würden immer schlechter.

Ausgewertet wurden die Lebensläufe sämtlicher Studenten, die in bestimmten Jahren in Jura, Wirtschaftswissenschaften und Ingenieurwesen einen Doktortitel erworben hatten. Dabei stellte sich heraus, dass harte Fakten wie die Geschwindigkeit des Studiums oder die Qualität des Abschlusses wenig gegen die „Soft-Faktoren" aus der Biografie zählten. „Der wirklich maßgebende Erfolgsfaktor war die soziale Herkunft", betont Hartmann.

Die Forscher stellten fest, das Prinzip wirke desto stärker, je größer die Unternehmen seien.

Auch der Verfasser der Studie glaubt übrigens nicht, dass es um eine simple „Bevorzugung" von Leuten gehe, die etwa zur eigenen Familie oder zu der von Bekannten gehörten. Er kennt jedoch von Entscheidungsträgern in Personalfragen Argumente wie: „Das Auftreten, der Habitus, eine natürliche Souveränität sind entscheidend." Die Soziologen gehen davon aus, dass man diese Fähigkeiten im Elternhaus mitbekommt und später nicht mehr erwerben kann.

So viel zum mitgesandten Artikel, nun meine Einschätzung dazu: Zunächst muss ich mich bei allen reinen Wissenschaftlern entschuldigen – man analysiert keine anspruchsvollen wissenschaftlichen Studien auf der Grundlage eines darüber geschriebenen Zeitungsartikels. Im Rahmen dieser Serie bearbeiten wir jedoch Einsendungen privater Leser und nehmen diese hier einfach einmal als den üblichen Denkanstoß.

Nicht so recht deutlich wird, warum ausschließlich promovierte Kandidaten untersucht werden. Vermutlich unterstellt hier jemand, dort seien die Karriereambitionen besonders groß und vielleicht die Karrieregrundlagen besonders fundiert. Das würde ich so pauschal nicht nachvollziehen wollen.

In der Aussage folge ich der Studie unbedingt. Ich sehe ja nun selbst sehr viele Bewerber um unterschiedliche Führungspositionen in unterschiedlichen Unternehmen. Dabei fällt immer wieder auf, dass Kandidaten aus relativ einfach strukturierten Elternhäusern (ich frage jeden Bewerber nach dem Beruf der Eltern) sehr oft am Anfang ihres Berufslebens bestimmte Kardinalfehler machen. Diese zeigen, dass die Bewerber noch am Ende des Studiums überhaupt keine Vorstellungen von den Regeln haben, nach denen das Berufsleben funktioniert.

Eltern, die selbst keine anspruchsvollen Hierarchiepositionen in der Wirtschaft einnehmen, die kein Studium haben und vielleicht in dem völlig anders ausgerichteten gewerblichen Bereich tätig sind, verfügen einfach selbst nicht über Kenntnisse und Fähigkeiten im hier angesprochenen Rahmen, die sie vermitteln könnten.

Das beginnt bereits beim Schulbesuch: Für entsprechend nicht akademisch gebildete Eltern ist es häufig bereits eine positive Leistung allerersten Ranges, dass ein Kind aus ihrer Familie überhaupt das Gymnasium besucht. Da bleibt für Fragen wie Fächerwahl oder das rechtzeitige Eingreifen bei schlechter werdenden Noten kaum eine Basis. Dass das Kind nicht sitzen geblieben ist, gilt bereits als erfreulicher Tatbestand – dass damit später bei einer angestrebten Karriere nicht einmal die Mindestvoraussetzungen erfüllt werden, wissen diese Eltern schlicht nicht. Außerdem darf man nicht vergessen, dass entsprechend gebildete Eltern ihren Kindern auch sehr viel praktische Hilfe angedeihen lassen können, was wiederum einen kurzfristigen Einfluss auf die Noten oder sogar einen langfristigen auf die Motivation des Schülers zur Leistung etc. hat.

Wenn Sie Beispiele wollen (obwohl ich in gar keiner Weise etwa eine Familie repräsentiere, die mit Macht, Bildung und Einfluss gesegnet ist und daher ihren Kindern optimale Startpositionen geben könnte): Selbstverständlich hätte ich bei meinen Kindern Leistungskurse wie Erdkunde und Religion niemals geduldet. Glücklicherweise konnte meine Frau, die aus ihrer Schulzeit ein großes Latinum mitbrachte, den Kindern bei den Lateinhausaufgaben helfen. Und ich habe wiederum versucht, die Söhne rechtzeitig mit den Leistungsanforderungen der Wirtschaft vertraut zu machen: Schrieben sie beispielsweise in Mathematik eine 2, habe ich spontan gesagt, wir müssten uns einmal mit den Fehlern beschäftigen, die sie ganz offensichtlich in der Arbeit gemacht hätten. Im späteren Leben könne man auch nicht bei jeder einzelnen Arbeit ständig irgendwelche Fehler einbauen, das toleriere dort niemand. Das hat keineswegs etwa Musterabschlüsse zur Folge gehabt. Aber die Kinder wurden auf die Weise schon in der Schulzeit mit Dingen vertraut gemacht, die sie in manchen anderen Familien niemals hören können (es ist erlaubt, „Gott sei Dank“ zu seufzen).

Dies ist aber nur ein kleiner Teil des hier angesprochenen Problems. Es ist absolut nachvollziehbar, dass Kinder aus – nennen wir es einmal so – sozial hochstehenden Familien eine besondere Art des Auftretens, des Umgangs, des Selbstbewusstseins mitbekommen, die andere im vergleichbaren Alter nicht haben. Da beide Gruppen ab Berufseinstieg dazulernen, die erstgenannte Gruppe aber die besseren Startbedingungen hat und damit auch auf das interessantere Lernumfeld trifft, da sie weiterhin bereits von früher Kindheit an sensibilisiert ist für entsprechende Probleme – wächst ihr Vorsprung vor der anderen Gruppe eigentlich laufend weiter an.

Hinzu kommt noch ein Aspekt, den man auch sehen muss: Natürlich, da stimme ich den Autoren der Studie unbedingt zu, bevorzugt kein großes Unternehmen wirklich Menschen aus bestimmten Familien, ob man diese nun kennt oder nicht. Aber niemand kann sich völlig von folgendem Effekt freisprechen: Legt man den Entscheidungsträgern eine Bewerbung vor, auf der entweder ein bekannter Name prangt oder aus der eine hohe Position der Eltern hervorgeht, erwartet er bei diesem Kandidaten bestimmte, vom Elternhaus vermittelte Werte. Und er lädt – vielleicht – diesen Bewerber besonders gern ein.

Es ist eine goldene Regel unseres Metiers, dass wir z. B. bei der Besetzung einer Position „Vorstandsassistent“ sehr gerne auf Kinder heutiger oder ehemaliger Vorstandsmitglieder etc. zurückgreifen. Dort wird eine gewisse Grundbildung über die Schule hinaus unterstellt, dort werden Umgangsformen vorausgesetzt, dort hat man in der Familie Hierarchieprobleme, Beförderungen und Degradierungen, Firmenverkäufe etc. mitbekommen – das ist eine hochinteressante Ausgangsbasis gerade für eine solche Position.

Dass große Unternehmungen für Überlegungen dieser Art anfälliger sind als kleine, ist völlig richtig: In großen Organisationen ist es von Anfang an sehr viel wichtiger, neben den reinen Fachkenntnissen über interessante Persönlichkeitsmerkmale zu verfügen. Mit Fachqualifikation allein ist eine Karriere dort niemals zu machen. Außerdem, die Trägheit großer Organisationen steht dafür, lässt man den jungen Anfänger in den ersten Jahren ohnehin nicht an entscheidende Weichen im fachlichen Bereich heran, er darf irgendwo mitwirken, aber nichts bestimmen. Also sind auch die Profilierungschancen gar nicht so furchtbar groß, wenn man nur fachliche Fähigkeiten mitbringt.

Mittelständische Unternehmen sind für diesen Aspekt meist weniger anfällig – ganz im Gegenteil kann es dort sogar geschehen, dass man eine entsprechende Bewerbung aus „hochstehenden Kreisen“ als „für uns weniger geeignet“ einstuft. Man vermutet, der entsprechende Kandidat würde das Spielen auf einem Feld beherrschen, das es hier gar nicht gibt.

Welche Konsequenzen ziehen wir nun aus der Studie und den entsprechenden Überlegungen? Einmal wird unterstrichen, was hier in dieser Serie ja seit vielen Jahren gesagt wird: Die fachliche Qualifikation ist im Hinblick auf die Karriere nur ein mehr oder minder kleiner Teil eines größeren Komplexes, Persönlichkeitsfaktoren dominieren im Hinblick auf die Karriere gegenüber reiner Fachqualifikation deutlich, für angehende junge Akademiker (also Studenten) gibt es mehr zu lernen als an der Hochschule gelehrt wird. Außerdem leben wir in einer Marktwirtschaft, in der die Verpackung stark über den Verkaufserfolg des Produktes entscheidet. So kann ein hochkarätiges technisches, äußerst komplexes Produkt wie ein neues Automodell letztlich am Markt total scheitern, weil das Design dem Käufergeschmack nicht entspricht. Da helfen dann keinerlei technische Daten über den Misserfolg hinweg. So ist auch bei jungen Bewerbern in der Startphase das richtige Auftreten, das angemessene – nicht etwa in Arroganz umschlagende – Selbstbewusstsein in Verbindung mit einnehmenden Umgangsformen eine sehr gute Empfehlung.

Haben wir es hier – wieder einmal – mit einer jener Ungerechtigkeiten zu tun, die das Leben so reichhaltig austeilt? Ich glaube nicht! Einmal muss man das Ganze aus der Sicht der jeweiligen Eltern sehen (ich wiederhole, dass ich nicht zu dem erlauchten Kreis gehöre, der in der Studie angesprochen wird): Sie haben sich etwas aufgebaut, davon möchten sie auch ihren Nachwuchs profitieren lassen. Das ist nun absolut legitim – jeder kleine Reihenhausbesitzer möchte seine Immobilie eines Tages weitervererben, warum soll nicht jeder hochkarätige Manager in der Industrie einen Teil davon, was er sich erarbeitet hat, auch an die nächste Generation weitergeben? Vor allem wird hier ja niemandem etwas weggenommen: Während man bei der Anhäufung von Immobilienvermögen noch sagen könnte, dass dieses Land anderen nun nicht mehr zur Verteilung zur Verfügung steht, ist das bei den hier diskutierten Eigenschaften und Fähigkeiten ja nun absolut nicht der Fall. Wenn jemand sich ein positives Auftreten aneignet, steht es anderen doch absolut frei, sich ebenfalls ein solches zu erarbeiten. Natürlich fällt diesen anderen das wesentlich schwerer, keine Frage. Wenn aber ein Vater Vermögen hat und dieses dem Nachwuchs vererbt, empfinden wir das ja auch als eine völlig natürliche Geschichte – wobei jeder Nicht-Erbe wiederum die Möglichkeit hat, sich selbst ein eigenes Vermögen aufzubauen und das nun an seinen Nachwuchs weiterzugeben.

Geht ein junger Mensch mit kritischen Augen durch die Welt (und immerhin ist er mit achtzehn Jahren volljährig), dann kann er rechtzeitig erkennen, dass es da Dinge gibt, die vielleicht später für den beruflichen Erfolg entscheidend sind, ihm aber fehlen. Und er kann eine Menge tun, um hier herkunftsbedingte Defizite auszugleichen. Nicht umsonst wird Studenten immer wieder geraten (und schon Schüler können damit beginnen), sich gesellschaftlich zu engagieren, Verantwortung in Organisationen zu übernehmen, von der Jugendorganisation einer Partei bis hin zur Studentenverbindung etc. Das umfasst die Tätigkeit im sozialen Bereich ebenso wie die in reinen Institutionen zur Machterringung. Auch ein Benimm-Kurs kann nicht schaden.

Ein Kind aus dem Hause nichtakademischer Eltern, die keinerlei Führungspositionen einnehmen, kann es heute durch besonderen Einsatz und Ehrgeiz (und sicher auch mit viel erforderlichem Talent) zum Vorstandsmitglied größerer Firmen oder doch zum Geschäftsführer mittelständischer Unternehmen bringen. Seine Kinder haben dann schon wieder eine bessere Basis.

Irgendwie habe ich den Verdacht, dass dieses Thema nicht jedem Leser gefallen wird. Dabei handelt es sich hier in letzter Konsequenz um eine Lebensweisheit, die jeder von uns irgendwo täglich vor Augen hat: Was man von zu Hause mitbekommt, muss man nicht selbst erarbeiten. Dass nicht alle Menschen gleich sind, hat man ja irgendwie schon geahnt, außerdem erlebt man es täglich. Zum Glück aber sind wir doch eine relativ offene Gesellschaft, in der man zwar statistisch bessere Chancen für bestimmte Gruppen nachweisen kann, ganz ohne jeden Zweifel. Aber letztlich lassen sich bei jeder noch so ungünstigen Ausgangsvoraussetzung hinreichend viele Beispiele dafür finden, dass es auch junge Menschen gibt, die es später auch ohne die spezielle Schule des „passenden" Elternhauses geschafft haben.

Was vielleicht mehr hilft als jede utopische Forderung nach größerer Gleichmacherei: Vermitteln wir dem heranwachsenden Nachwuchs die Erkenntnis, dass bei besonderen Ansprüchen die geforderten Leistungen in Schule und Studium nur eine lächerliche Mindestvoraussetzung sind. Der Karriereerfolg hängt von Eigenschaften ab, die in der Ausbildung nur sehr bedingt vermittelt und fast gar nicht angesprochen werden.

Schließlich muss das Ergebnis dieser Studie so interpretiert werden: Weiter oben wird die Luft immer dünner. Wer dort hinaufgelangen will, muss Bergsteigen üben von Kindesbeinen an. Dabei ist es nützlich, aus einer Familie von Bergsteigern zu kommen.

Ich habe vor sehr vielen Jahren eine interessante Umfrage gelesen: Eine Zeitung hatte insbesondere amerikanische Topmanager gefragt, worauf sie den Umstand zurückführen, dass sie jetzt an der Spitze dieses Unternehmens säßen. Die Antworten reichten von seitenlangen Darstellungen überragender persönlicher Eigenschaften und Fähigkeiten bis hin zu eher sachlichen Aufzählungen. Einer der Kandidaten ist mir im Gedächtnis geblieben, weil er die Dinge auf den Punkt brachte: „Ich sitze hier, weil meinem Vater die meisten Aktien gehören."

Sind Jobs in kleinen Unternehmen „zweite Wahl"?

Frage: *Gestatten Sie mir, neben meiner Anerkennung für Ihre Arbeit (Sie reden Klartext und das ist auch gut so!) auf einen Punkt hinzuweisen, der mir etwas bedenklich erscheint:*

Wenn ich Ihre Antworten Revue passieren lasse, so bemerke ich Ihre Vorliebe für die klassische „Karriereleiter" eines Angestellten (möglichst in einem großen Unternehmen, gut abgesichert). Das mag für viele Menschen in Ordnung sein, aber ich befürchte, dass (zu) viele jungen Menschen diesen klassischen Weg anstreben, weil er ihnen bequemer erscheint (gewissermaßen als eine Art „öffentlicher Dienst" in der Wirtschaft).

Ist die Arbeit in den ganz kleinen Unternehmen oder gar die Selbstständigkeit nur „zweite Wahl"? Was würden die Gründer von heutigen großen Unternehmen wohl dazu meinen?

Ansonsten aber: Begleiten Sie uns weiter mit Ihren (nicht nur lehrreichen, sondern auch unterhaltsamen) Tipps!

Antwort: Nichts freut mich mehr als die Anerkennung, dass meine Schreiberei in dieser Zeitung auch als unterhaltsam empfunden wird. Über den reinen Informationswert hinaus auch solche Elemente einzubringen, das war von Anfang an mein Ziel. Sonst wäre diese Serie nach so langer Laufzeit wohl auch längst an Langeweile eingegangen.

Zum Kern Ihrer Frage: Tatsache ist, dass es heute die „gute Absicherung" im großen Unternehmen, die noch vor zwanzig, dreißig Jahren ein wichtiger Aspekt bei der Arbeitgeberwahl war, nicht mehr gibt. Konzerne fusionieren, werden aufgekauft, stellen nicht zum Kerngeschäft passende Aktivitäten ein, schließen Bereiche, eliminieren ganze Führungsebenen, bauen pauschal Personal ab. Nein, in diesem Lande kann kein Großunternehmen klassischer Art mehr als eine Art „öffentlicher Dienst" der Privatwirtschaft gelten.

(Wobei diese Anmerkung natürlich geeignet ist, Angehörige des öffentlichen Dienstes auf den Plan zu rufen, die Wert auf die Feststellung legen, dass diese Art von Arbeitgebern keinesfalls etwa ... Hier aber geht es nur um das, was die Leute **denken**. Und viele gehen natürlich in den öffentlichen Dienst, weil sie denken, dort seien sie optimal versorgt, nach zehn Jahren unkündbar und überhaupt. Das zumindest bestreite man bitte nicht.)

Diese „Karriereberatung" ist, dessen bin ich mir ganz sicher, nicht großbetriebslastig (wenn wir diese Unternehmensart einmal bei etwa tausend Mitarbeitern aufwärts einordnen). Recht haben Sie, wenn Sie die spezielle Situation in den „ganz kleinen" Unternehmen vermissen. Nur: „Karriere" ist eine erfolgreiche, von hierarchischem Aufstieg geprägte Berufslaufbahn mit periodisch steigender Verantwortung für Sachen und Mitarbeiter. Und diese Karriere ist in den „ganz kleinen" (so etwa unter 50 Mitarbeitern) Firmen kaum möglich. Da ist ein Inhaber, dem unterstehen entweder alle oder er hat noch einen oder zwei „Unterführer". Aus. Auf dieser Basis ist die gezielte Planung und Realisierung einer Karriere klassischen Stils kaum möglich. Arbeiten kann man dort uneingeschränkt ebenso gut wie woanders, aber das ist – siehe auch die mir in dieser Serie gestellten Fragen – nicht unser vorrangiges Thema.

Und der Selbstständige? Der lebt mit seiner Firma, stellt Leute ein oder entlässt sie, verdient (hoffentlich) sein Geld. Oder er ist und bleibt ein Ein-Mann-Betrieb. Aber eine Karriere im obigen Sinne ist das nicht – oder sagen wir es vorsichtshalber so: Wir definieren Karriere im Zusammenhang mit der Berufslaufbahn eines Angestellten. Und das allein ist ja schon ein abendfüllendes Thema.

Und, seien Sie gewarnt: Selbstständigkeit erwägt man als Angestellter nicht einfach „nur so" als beliebige Handlungsalternative. Es ist – nicht ganz, aber fast – ein „Weg ohne Wiederkehr", den man da ginge (aus der Sicht des Angestelltendaseins).

Schwerbehindert/krank

Frage: *Mein Sohn studiert derzeit an der TH .... Er ist seit seinem 12. Lebensjahr Diabetiker und besitzt daher einen Schwerbehindertenausweis mit einem Behinderungsgrad von 50 %. Er hat seine Diabetes gut im Griff, d. h. er hat niemals irgendwelche Ausfallerscheinungen gehabt.*

Der Behindertenausweis läuft im nächsten Jahr ab und müsste gegebenenfalls neu beantragt werden. Ist das überhaupt ratsam oder kann das für die Karriereplanung ein entscheidender Nachteil sein? Zu denken gibt mir auch die Tatsache, dass – auch in den VDI nachrichten – immer wieder Stellen angeboten werden, bei denen es heißt, dass Schwerbehinderte bei gleicher Eignung bevorzugt werden, so z. B. für Professorenstellen.

Antwort: Ich bin ganz sicher kein Fachmann für dieses Thema, will mich aber auch der Frage nicht entziehen, schon im Interesse der vielen Betroffenen. Also auf dieser Basis:

1. Unstrittig ist, dass schon das Leben allgemein nicht in einer für uns nachvollziehbaren Form gerecht ist. Schicksalsschläge treffen Begabte und Unbegabte, wertvolle Menschen und andere gleichermaßen. Darauf aufbauend versucht das System unserer Wirtschaft gar nicht erst, irgendeinen Gerechtigkeitsanspruch zu erheben. Das Wort kommt überhaupt nirgends vor. Die Konsequenz: Ein Ausspruch wie „Das ist aber doch ungerecht" wäre also völlig sinnlos.

2. Die Unternehmen der freien Wirtschaft sind vom System her gnadenlos auf die Erzielung maximalen Profits getrimmt. Diesem Prinzip muss sich jeder einzelne Betrieb unterwerfen, sonst geht er im Wettbewerb unter. Dies hat zur Folge, dass jedes Unternehmen auf äußerste Effizienz und Leistungskraft hin ausgerichtet sein muss. Jegliche erkannte Schwachstelle

ist auszumerzen, jede denkbare(!) Schwachstelle ist im Ansatz zu verhindern.

3. Viele Firmen sind dennoch in Teilbereichen sehr sozial eingestellt und leisten sich erhebliche Aufwendungen für soziale Zwecke. Darunter auch solche, die nicht nur ihrem Image und letztlich der Erhöhung der Leistungskraft ihrer Mitarbeiter dienen. Aber pauschal lässt sich sagen: Soweit in Wirtschaftsunternehmen eine solche soziale Einstellung vorhanden ist, gilt sie vorrangig den eigenen, schon vorhandenen Mitarbeitern. Konkret: Viele Unternehmen unterstützen in der einen oder anderen Form ihre Mitarbeiter, sofern diese Probleme haben oder bekommen. Aber mir fällt auf Anhieb kein Beispiel dafür ein, dass ein solches Unternehmen etwa geworben hätte: „Bewerber, die ihr Schwierigkeiten habt, weniger leistungsfähig seid, euch mit Belastungen aller Art herumschlagt, kommt zu uns – wir machen das schon irgendwie."

4. Daher ist damit zu rechnen, dass Unternehmen der freien Wirtschaft sehr deutlich zurückzucken, wenn sie erfahren, dass ein externer Bewerber z. B. durch eine Krankheit belastet oder behindert ist. Sie werden, vorsichtig gesagt, einer Einstellung sehr(!) skeptisch gegenüberstehen. Mit dem Schwerbehindertenstatus hat das zunächst gar nichts zu tun. Konkret: Man stellt für „dasselbe Geld" dann lieber einen Mitbewerber ein, bei dem keine Belastungen bekannt sind.

Dabei muss man bedenken, dass die Einstellbevollmächtigten durchweg medizinische Laien sind – und mit ihren Festlegungen gern auf der „sicheren Seite" bleiben. Die wollen keine Gutachten lesen oder hören, dass man die Krankheit im Griff habe, dass es in den letzten Jahren keine Ausfälle gegeben habe – die denken laienhaft pragmatisch: „Und wenn die Krankheit schlimmer wird? Und wenn dieser Bewerber eine andere Krankheit hinzubekommt? Und wie wird das bei steigendem Alter? Darf ich einen solchen Mann überhaupt voll belasten, was ist mit Dienstreisen oder einer Versetzung nach Polen?"

Und dann haben sie mindestens Zweifel – und entscheiden sich traditionell im Zweifelsfall gegen den Bewerber. Mit Argumenten wird man kaum dagegen ankommen.

5. Liegt eine Schwerbehinderung (mit Ausweis) vor, kommt in den Augen der Entscheidungsträger in Unternehmen der freien Wirtschaft ein weiteres Argument hinzu: Schwerbehinderte genießen einen deutlich erhöhten Kündigungsschutz, man wird sie also im Ernstfalle kaum wieder los. Soweit ich informiert bin (Verwaltungsdetails sind nicht mein Metier) braucht man zu einer Entlassung zusätzlich die Zustimmung der „Hauptfürsorgestelle" und ist dann eben auch noch auf die „Gnade" einer Behörde angewiesen. Nein, dann lässt man von einer Einstellung lieber ganz die Finger. Ich weiß,

dass viele Hauptfürsorgestellen ganz sachlich entscheiden und gar nicht „so schlimm" sind – aber das Vorurteil gegen jede Art von Behörde steckt tief in den Knochen.

6. Die Aussage, dass Schwerbehinderte bei gleicher Eignung bevorzugt würden, steht m. W. ausschließlich in Stellenangeboten des öffentlichen Dienstes – wie Ihr Professorenbeispiel zeigt. Ich weiß nicht, ob alle diese Institutionen tatsächlich danach verfahren – das Problem ist die „gleiche Eignung". Es gibt niemals eine wirklich gleiche Qualifikation zweier Menschen, es kommt da also auf die innere Einstellung der jeweiligen Entscheidungsträger an.

Aber auch ich rate Schwerbehinderten, sich im Falle von Bewerbungen sehr um Arbeitgeber im öffentlichen Dienst zu bemühen. Auch im späteren Verlauf der Beschäftigungen erfährt nach allgemeiner Auffassung der Angestellte im öffentlichen Dienst eine weit bessere Absicherung im Krankheitsfalle als in der freien Wirtschaft.

7. Rufen Sie doch die Personalabteilung einer Institution des öffentlichen Dienstes, die später als Arbeitgeber in Frage käme, einfach einmal an und fragen Sie nach Details. Vielleicht empfängt Sie jemand zu einem persönlichen Gespräch – bei dem fast immer offener geredet wird als am Telefon.

8. Zumindest erwogen werden sollte auch ein späterer Weg in die Freiberuflichkeit/Selbstständigkeit. Mich hat in 35 Beraterjahren noch kein Kunde gefragt, ob ich irgendwie krank oder schwerbehindert bin.

Woher soll ich wissen, dass ich etwas nicht will ...

Frage: *Ich bin in der zweiten Hälfte meines dritten Lebensjahrzehnts (die komplizierte Umschreibung ist durch meine Anonymisierung entstanden, d. Autor) und seit mehreren Jahren als Projektleiter im Bereich Maschinen- und Anlagenbau tätig. Dabei ist man mit den verschiedensten Aufgaben befasst, die mal mehr in den einen Bereich, z. B. Entwicklung oder Produktion, mal mehr in den Bereich Vertrieb fallen. In allen diesen Bereichen ergeben sich interessante Aufgaben.*

Nun sind Stellenausschreibungen ja konkret auf eine ganz bestimmte Aufgabe hin zugeschnitten – aber teilweise findet man ja auch gleich zwei oder drei Stellenausschreibungen eines interessanten Unternehmens. Für mich wäre es dabei im Grunde genommen zweitrangig, ob ich z. B. als Projektleiter, Vertriebsingenieur oder auch in der Entwicklung oder der Produktion arbeiten würde. Aber man hat ja selber ein ungutes Gefühl, sich derart unspezifisch zu bewerben.

Dabei bin ich, vielleicht naiv, eigentlich der Meinung, dass zwar jede Position ihre spezifischen Anforderungen hat, aber es doch vor allem darauf ankommt, mit welcher Methodik und Einstellung und Denkweise man die täglichen Aufgaben im Sinne des Unternehmens bzw. der Kunden erfüllt.

Ist es sinnvoll, eine Bewerbung so unspezifisch (pauschal auf mehrere Positionen gerichtet) zu halten, weil das den Eindruck erweckt, dass man nicht weiß, was man will? Woher soll ich wissen, dass ich etwas nicht will, wenn ich es noch nicht getan habe, aber die Aufgabe an sich reizvoll finde?

Ich kann mir jedenfalls genauso interessante Tätigkeiten in der Produktion oder Entwicklung wie auch in der Projektleitung oder im Vertrieb vorstellen. Und der Leser einer Bewerbung weiß doch besser, welche Funktionen im Unternehmen vielleicht noch zu besetzen sind außer dieser gerade heute ausgeschriebenen Position.

Ich finde es irgendwie albern, sich und dem potenziellen Arbeitgeber einzureden, dass genau diese eine und keine andere Aufgabe einzig seligmachend ist. Man hat als Mensch und Ingenieur doch vielseitige Fähigkeiten und Interessen oder ist das kategorisch unerwünscht? Um nicht missverstanden zu werden: Dahinter steckt nicht der Wunsch, egal wie einfach nur seine Brötchen irgendwie zu erwerben. Im Gegenteil, wenn die Arbeit Spaß machen und erfolgreich sein soll, dann ist sie auch nicht egal.

Antwort: Sie werden bestimmt nicht der einzige Leser sein, der solchen Gedanken nachhängt, dies als Trost. Es klingt ja auch vieles ganz überzeugend, was Sie schreiben. Ich glaube aber, dass es so nicht geht. Nun muss ich das nur noch begründen:

1. Ich bin irgendwann auf die verrückte Idee gekommen, die Kontaktanbahnung einschließlich des ganzen Bewerbungsprozesses zu vergleichen mit der Kontaktanbahnung zu Partnern des anderen Geschlechts. Da gibt es tatsächlich viele Gemeinsamkeiten, insbesondere was fehlende Logik, unübersehbare Unzulänglichkeiten des Verfahrens oder nur auf der emotionalen Schiene verständliche Merkwürdigkeiten angeht.

Da läuft also ein junger Mann durch – sagen wir – Köln und trifft irgendwann eine große blonde Traumfrau, lernt sie näher kennen, bleibt bei ihr. Wenn er eines Tages wieder klar denkt, sagt er sich: Zwar wären keinesfalls alternativ alle anderen auch in Frage gekommen. Aber, realistisch gesehen, wenn er zum richtigen Zeitpunkt die richtige kleine Schwarzhaarige mit den gewünschten persönlichen und anderen Attributen getroffen hätte, wäre auch diese Verbindung möglich gewesen. Und selbst wenn es denn unbedingt „groß + blond" sein muss: Wer garantiert denn, dass von den Vertreterinnen dieses Typs aus Regensburg oder Leipzig eine nicht noch viel besser gepasst hätte und dass mit jener nicht eine noch viel glücklichere Verbindung entstanden wäre? Aber damit muss man leben.

Dieses Prinzip, sich entscheiden zu müssen, ohne „alles“ kennen gelernt zu haben, gilt auch, wenn Sie eine Wohnung oder ein Haus auswählen und bei vielen anderen Entscheidungen im täglichen Leben ebenso. Es ist unvollkommen, aber praktikabel.

Als Test könnte unser junger Beispielmann ja auf eine Gruppe von drei jungen Damen zugehen, die alle aus seiner Sicht passabel aussehen und das Ansinnen stellen, er möchte sich gleich parallel bei allen bewerben, sie sollten ihn doch gemeinsam testen und anschließend wisse man, zu welcher er am besten passe. Und wenn eine etwas skeptisch schauen sollte, dann könnte er ja argumentieren: „Wie soll ich wissen, dass ich etwas nicht will, wenn ich es noch nicht getan habe, aber die Aufgabe an sich reizvoll finde?“ Das ginge alles nur, wenn er die Kandidatinnen nacheinander beglückte und dabei kennen lernte – aber am besten in drei verschiedenen Aktionen bei Damen, die einander nicht kennen. Und wenn er während des Prozesses jeweils verdeutlichte, genau diese Kandidatin sei sein Traum (und eher nicht laut verkündete, neben ihr kämen auch noch ganz andere in Frage).

Ich habe nicht gesagt, alle diese Spielregeln seien jeweils rational erklärbar, aber so sind sie nun einmal.

2. Die zentrale innerbetriebliche Institution, die alle denkbaren Positionen im Unternehmen kennt, die bei solchen Bewerbungen pauschaler Art zentral entscheidet, wo der Kandidat besser hinpasst und den Vorgang in diesem Sinne steuert, gibt es meist gar nicht.

Die eigentliche Entscheidung über eine Bewerbung, über die Einladung zur Vorstellung oder gar über die spätere Einstellung trifft der jeweilige Fachvorgesetzte, also der Vertriebsleiter für den Vertrieb, der Entwicklungsleiter für die Entwicklung usw. Die Personalabteilung koordiniert und begleitet den Prozess, sie erbringt Serviceleistungen für die Fachabteilungen.

Problemarm ist die Bewerbung eines Projektleiters, der erklärt, er wolle jetzt in den Vertrieb. Den legt die Personalabteilung, nachdem sie u. a. eine Eingangsbestätigung geschrieben hat, dem Vertriebsleiter vor. Der trifft eine Entscheidung, die führt das Personalwesen dann aus. Später nimmt ggf. einer ihrer Mitarbeiter am Vorstellungsgespräch teil und hat dort beratende Funktion.

Problemreicher ist die Bewerbung eines Kandidaten, der da schreibt, er wolle dies **oder** das **oder** jenes. Welchem Abteilungsleiter legt die Personalabteilung nun die Bewerbung vor – oder welchem zuerst?

Die Unterlagen zu vervielfältigen, ist aufwändig und nicht empfehlenswert. Dann bekommen zwar alle drei Abteilungsleiter die Bewerbung gleichzeitig, aber: A braucht vier Wochen für die Auswahl. Bis er sich entschieden hat, ist dieser Bewerber durch B schon eingeladen worden. A ärgert sich, gibt diese Kritik an die Personalabteilung weiter, dann ärgert die sich – und beschließt: Nie wieder beschäftigen wir uns mit Bewerbern, die nicht wissen, was sie wollen.

Und kommen Sie bloß nicht auf die Idee, der Personalleiter müsste sich in solch einem Fall mit allen drei Abteilungen an einen Tisch setzen, gemeinsam eine Auswahl treffen und am besten ein gemeinsames Vorstellungsgespräch mit allen drei möglichen Chefs arrangieren. Das klappt aus verschiedenen Gründen nie, schon weil der Aufwand unvertretbar hoch wäre.

3. Auch psychologisch hat die „Schrotschuss-Bewerbung" ihre Tücken. Jeder betroffene Abteilungsleiter sieht etwas missmutig, dass der Kandidat nicht vorrangig zu ihm, sondern nur „unter Umständen eventuell auch" zu ihm möchte. Das bremst seine Begeisterung und reduziert in seinen Augen die Erfolgschancen seiner möglichen Bemühungen um diesen Bewerber. Also zuckt er die Schultern.

4. Jeder Fachvorgesetzte ist ganz wild auf Bewerber, die genau auf das Gebiet spezialisiert sind, dort „hauptamtlich" gearbeitet haben und möglichst noch heute arbeiten, um das es bei ihm geht. Ein „Schrotschuss-Bewerber" erfüllt das nicht! Er hat vertriebsnah gearbeitet – aber nicht verkauft. Er war entwicklungsnah tätig – hat aber nicht konstruiert. Und so weiter. So furchtbar interessant ist er also für keinen der drei Abteilungsleiter!

5. Entwicklung, Produktion und Vertrieb als „hauptamtliche" Tätigkeiten unterscheiden sich in den Details der Tätigkeit erheblich, im Anforderungsprofil an den idealen Stelleninhaber sehr erheblich! Als pauschales, natürlich nicht immer und überall passendes Bild:

Der Entwickler geht tief in die sachlich-technischen Details hinein. Er hat – und braucht – sehr fundierte technische Fachkenntnisse; oft hat er eine gewisse „tüftlerische" Ader, er geht den Dingen auf den Grund, ist sorgfältig auch in Kleinigkeiten – schließlich kann ein Auto für 100.000 EUR stehen bleiben, weil ein Kabel für 5 Cent bricht o. ä. Oft ist er eher intro- als extravertiert. Meist hat er gute bis sehr gute Studiennoten.

Der Vertriebsmann muss nach außen gerichtet sein – kontaktstark, extravertiert. Meist steht er etwas souverän über den Details. Er liebt den Kontakt mit seinen Kunden – und geht noch freundlich auf sie ein, wenn sie Unsinn reden oder bösartige Forderungen stellen. Er neigt gegenüber Kunden zu Versprechungen, die Entwicklung und Produktion seines Hauses nur zähneknirschend halten können. Sehr oft hat er durchschnittliche Studiennoten.

Schenken wir uns die „handfeste", auf Stückzahlen, Qualität und Fertigungskosten ausgerichtete Produktion im Detail, die dann auch noch mit der Führung gewerblichen Personals verbunden ist: Sie ist wiederum „anders".

In der Praxis nimmt die Entwicklungsabteilung sehr ungern Kandidaten aus dem Vertrieb, dafür gehen Entwickler ebenso ungern in den Sales-Bereich.

Fazit: Schnittstellenfunktionen sind gefährlich. Man schnuppert überall hinein – und denkt, man könne das alles eigentlich auch. Es gibt aber nur wenige „Universalgenies", die auch im Detail mit Spezialisten ihres jeweiligen Fachs mithalten können. Auch Beförderungen sind in den einzelnen „Linien" leichter zu erreichen. Sie, geehrter Einsender, werden noch etwas „tiefer graben" und sich dann vorher entscheiden müssen.

Mitten im Berufsweg umplanen?

Frage: *Sie wiesen mehrfach auf das Problem „Elternhaus" bei der Studien- und Karriereplanung sowie deren Umsetzung hin. Konkret: Das Elternhaus formt nachhaltig gewisse Charakter- und Ansichtsweisen, die mit Ursache sein können, ob man zum Vorstand oder lebenslangen einfachen Ingenieur „taugt und wird".*

Ich kann diese Aussagen teilweise aus persönlicher Erfahrung bestätigen; die Herkunft macht sehr viel aus. Das betrifft nicht nur die aktive Unterstützung des Nachwuchses durch Beziehungen, auch Sichtweisen und Lebenseinstellungen werden oft positiv, teils aber auch negativ geprägt. Wichtige Entscheidungen, z. B. Studien- und Arbeitgeberwahl, werden maßgeblich (bewusst oder unbewusst) beeinflusst.

Irgendwann sind diese „durch ein falsches Elternhaus Benachteiligten" an einer Stelle im Leben angelangt, an der dieser Umstand selbstständig erkannt wird und Handlungsbedarf entsteht.

Meine Fragen: Welche Spielräume geben Sie hinsichtlich der Karriereplanung etwaigen Korrekturen in der Berufsweggestaltung? Dabei geht es um persönlich als notwendig erkannte, teilweise radikale Veränderungen.

Diese können von einem Promotionsvorhaben mit Anfang 30 über Berufswechsel und neues Studium reichen.

Ist man nicht bei der gestiegenen Lebenserwartung und den bekannten demografischen Entwicklungen („Arbeiten bis 70") und dem Mangel an Fachkräften geradezu verpflichtet, sein Leben radikal ändern zu können, auch unkonventionelle Lösungen und Wege zu suchen – um seine Erwartungen an ein sinnerfülltes Leben mit allen Konsequenzen zu erfüllen?

Wiegen nicht 40 Jahre zukünftiger Tätigkeit, in welchen Bereichen und Umständen auch immer, mehr als Abitur und fünf Jahre Studium mit Anfang 20? Sind nicht gerade auch in den Personalabteilungen Korrekturen der gegenwärtigen Beurteilungsmaßstäbe gefragt (oder sie werden kommen), um zukunftsfähige Unternehmensstrukturen und dazu passende Mitarbeiter zu gewährleisten? Hat nicht schon immer derjenige leichter überlebt, der neue Wege gehen und sich ändernden Bedingungen anpassen kann?

Ich bin 30 Jahre alt, seit vier Jahren als angestellter Ingenieur tätig, habe einige Höhen und Tiefen der Berufswelt erlebt und beziehe die Frage, vermutlich für Sie offensichtlich, auf meine Person.

Antwort: Lassen Sie mich mit dem Elternhaus beginnen:

1. Prägende Grundeinflüsse aus diesem Bereich sind unbestreitbar. Aber zum Glück gibt es zahlreiche Beispiele dafür, dass trotz eines sozial auf hoher Ebene angesiedelten elterlichen Umfeldes „nichts“ und trotz einer Herkunft aus der entgegengesetzten Ecke „alles“ erreicht wurde. Das heißt: Dem wahren Talent, der ausgeprägten Begabung, dem energischen Kämpfer schadet – fast – nichts, dem Unbegabten hilft ein Start- Anschub kaum etwas.

Größere Auswirkungen sehe ich bei Menschen, die eher „mittel“ talentiert, überwiegend im Durchschnittsbereich angesiedelt sind. Wenn jemand labil ist, „auf der Kippe“ steht, bewirkt ein kleiner „Schubs“ in irgendeine Richtung schon viel.

2. Erfreulicherweise leben wir in einem doch recht offenen, durchlässigen System. Wer etwas wirklich will und den erforderlichen Preis (Einsatz, Freizeitverlust etc.) zu zahlen bereit ist, kann extrem viel erreichen. Ein Heranwachsender aus einfacherem Hause kann in die Bibliothek gehen und sich ein Buch über Umgangsformen ausleihen, ein junger Mensch mit unzureichender Schulbildung kann in Abendkursen das Abitur nachholen, wer sich ein Tagesstudium nicht leisten kann, absolviert neben dem Beruf ein Fernstudium – es gibt Bildungswege vom Hauptschulabgänger zum promovierten Akademiker.

3. Da es ohnehin keine umfassende Gerechtigkeit auf der Welt gibt, muss auch für diese These Raum sein: Wenn die Eltern A in ihrem Leben rastlos, schwer und lange gearbeitet haben, bis sie es beispielsweise zum Vorstandsmitglied und zur niedergelassenen Ärztin gebracht haben – warum sollen sie nicht einen Teil des erworbenen Wissens und Könnens an ihre Kinder weitergeben? Beim Immobilien- und Geldvermögen ist das doch auch geltendes Prinzip.

Vielleicht – keinesfalls immer, aber durchaus manchmal – haben die Eltern B es sich sehr viel leichter gemacht in ihrem Leben, sich nie um Bildung bemüht (die auf der Straße liegt), entsetzt jedes Bemühen um eine gehobene, mit Überstunden (unbezahlten, man denke bloß) verbundene Tätigkeit abgelehnt, jede Verantwortung von sich gewiesen und sich kaum je aktiv um die Zukunft ihrer Kinder gekümmert.

So lange das System so weitgehend offen ist wie unseres, muss man anerkennen, dass es in der großen Mehrzahl aller Fälle jungen Menschen möglich ist, vorhandenen Talenten zum Durchbruch zu verhelfen. Das Elternhaus bestimmt allerdings mitunter den Aufwand, der dafür dann zu leisten ist. Im übrigen bin ich sicher nicht der erste, der erkannt hat: Man kann in der Wahl seiner Eltern nicht vorsichtig genug sein.

Nun zum zweiten Teil Ihres Themas. Der kann allgemeingültig ganz für sich allein stehen und hat mit dem Elternhaus eher nichts zu tun: Menschen möchten das, was sie sind und haben, oft radikal verändern. Ob nun die Eltern am vorhandenen Status eine „Mitschuld" tragen oder nicht.

Daher lautet mein Rat bis dahin: Akzeptieren Sie erst einmal, was Sie heute sind und halten Sie sich nicht mit der Frage auf, ob das Elternhaus damit etwas zu tun hat. Sie waren Ingenieur mit 26 – da gibt es zunächst nichts zu klagen. Damit können Sie Bundespräsident werden, reich heiraten, es zum Geschäftsführer bringen oder mit Finanztransaktionen ein Vermögen scheffeln. Das ist doch alles schon ganz nett.

Jetzt aber möchten Sie irgendetwas ganz anderes tun – leider geben Sie keinen konkreten Hinweis, was das sein sollte – und beklagen sich darüber, dass man Ihnen diesen Schritt so schwer macht. Das aber stimmt so überhaupt nicht! Die vielen Menschen so furchtbar streng erscheinenden Regeln und Vorschriften des Berufslebens betreffen doch nur ein ganz spezielles Spektrum: Sie gelten ausschließlich für Angestellte im Bereich größerer Wirtschaftsunternehmen mit Schwerpunkt Industrie!

Aber es gibt eine völlig andere Welt mit vollständig anderen Gegebenheiten, in der die hier „bei uns" kolportierten Regeln völlig unbekannt sind. Da gilt: neue Chancen, neues Glück!

Ein paar Beispiele:

a) Machen Sie sich selbstständig: Niemand interessiert sich ab sofort mehr für alte Zeugnisse, Dienstzeiten pro Arbeitgeber, „rote Fäden" in Laufbahnen etc. Es zählt nur noch Ihre Fähigkeit, sich mit Ihrem Angebot im Markt durchzusetzen. Eröffnen Sie eine Dachrinnenreinigung, eine Papierhandlung oder einen Betreuungsservice für Formel I-Fahrer. Sie können auch eine Lohnfertigung für Koffergriffe aufmachen oder Kaminbrennholz in Säcken anbieten.

Seit ich Berater bin, hat noch nie ein Kunde wissen wollen, wann ich mein Studium abgeschlossen habe, welche Examensnote ich vorweisen kann, wie lange ich wann arbeitslos war und was ich zwischen dem 31. und 38. Lebensjahr gemacht habe.

b) Tauchen Sie ein, ob angestellt oder selbstständig, in ein völlig anderes Umfeld, sprengen Sie den bisherigen Rahmen:

Heuern Sie als Aushilfskellner in einem Restaurant an, werden Sie Schriftsteller oder freier Künstler, arbeiten Sie als Verkäufer für irgendetwas und sei es im Versicherungsaußendienst. In vielen dieser Bereiche lässt sich durch erfolgreiches Tun eine neue Karriere aufbauen. Vielleicht übernimmt ein tüchtiger Kellner achtzehn Jahre später die ganze Kneipe oder das 3 Sterne-Restaurant.

Als Warnung: Am schwierigsten ist es, in den Zwängen des bisherigen Umfeldes bleiben und dort etwas Neues machen zu wollen. Also vom Ingenieur in der Industrie nach vier Berufsjahren über ein neues Studium zum Kaufmann in der Industrie. Dann sind Sie wieder diesen Regeln ausgeliefert – und einfach „alt" für einen Kaufmann-Anfänger.

Oder wenn Sie ein vorhandenes Ingenieur-Studium durch ein zweites, spät angefangenes und noch später abgeschlossenes ersetzen: Wie wollen Sie mit den anderen Anfängern in dem neuen Fachgebiet mithalten, die etwa 25 Jahre alt sind, während Sie dann mit 35 so langsam anfangen? Wobei absolut nicht sicher ist, dass Sie das neue Ziel auch erreichen – und dass Sie damit Ihr persönliches Glück auch finden.

Die Argumente gegen eine spät begonnene Promotion sind ähnlich: Nebenberuflich ginge das grundsätzlich schon (sofern Sie einen geneigten „Doktorvater" finden). Aber hauptberuflich? Als wissenschaftlicher Assistent in fortgeschrittenem Alter? Und, auch hier wieder: als altgewordener Frischpromovierter den Neuanfang suchen?

Also mit Sicherheit ist das alles nicht der Königsweg. Und Argumente wie: „Die Wirtschaft müsste doch eigentlich ..." helfen nicht weiter.

Ich will meine Empfehlung an Sie mit zwei Argumenten abschließen:

1. Ein „ungeliebter Job" ist oft auch eine Frage der inneren Einstellung. Es gibt Menschen, die gewinnen jeder Tätigkeit positive Aspekte ab, andere sind fast nie zufrieden und meinen stets, gerade sie habe das Schicksal benachteiligt und ihnen Chancen vorenthalten. Sie haben eine Ausbildung zum Ingenieur. Damit steht Ihnen die Welt offen. Krempeln Sie die Ärmel auf und stellen Sie etwas auf die Beine.

2. Wenn jemand im fortgeschrittenen Alter meint, er müsse trotz aller gegenteiligen Ratschläge doch noch einmal den Neuanfang suchen und beispielsweise mit 35 ein Medizinstudium beginnen oder mit 40 an die Uni zum Zwecke der Promotion zurückgehen, wenn er weiß, dass dafür ein hoher Preis gezahlt werden muss und er ihn zahlen will – dann soll er es tun. Denn sonst schlägt er sich den Rest seines Lebens mit Formulierungen herum, die mit „hätte ich doch damals bloß ..." beginnen. Aber eine „Lizenz zum Glücklichwerden" ist das nicht!

Ist im Schwabenland alles anders?

Frage: *Kann z. B. in Niedersachsen etwas die Karriere fördern, was sich z. B. in Baden Würtenberg (Schwabenland) eher hinderlich für die berufliche Entwicklung auswirkt? Ist dies vielleicht auch der Grund, warum sehr viele Menschen sich beruflich nicht in anderen Bundesländern orientieren und engagieren wollen, weil dort andere ungewohnte Mentalitäten herrschen?*

Antwort: Zunächst: Das bedeutende, schöne Bundesland heißt „Baden-Württemberg". Ziehen Sie nicht dorthin, bevor Sie es richtig schreiben können, ist meine erste Empfehlung. Nun die zweite: Ihre Klammer hinter dem Bundesland sieht so aus, als würden Sie unterstellen, Baden-Württemberg sei Schwabenland. Das ist nicht nur auch falsch, das ist sogar gefährlich! Ich bin absolut kein Anhänger provinzieller Detailbetrachtung und finde beispielsweise Ortsschilder furchtbar kleinkariert, auf denen man etwa liest „Größte Kreisstadt im südlichen Oberfranken" oder so ähnlich.

Aber in Baden-Württemberg, soviel weiß ich, gibt es – mindestens – Schwaben und Badener. Letztere leiden unter irgendetwas, das man ihnen bei einer Länderneuordnung angetan hat, man darf nicht „Badenser" und schon gar nicht „Gelbfüßler" zu ihnen sagen – und keinesfalls „Schwab". Sonst aber sind sie alle furchtbar nett, ich habe – das wird sie erfahrungsgemäß besänftigen – schon viel Geld in diesem meinem bevorzugten Urlaubsland gelassen.

Aber nun im Ernst: Ich halte es durchaus für möglich, dass nicht jeder deutsche Arbeitnehmer in jeder denkbaren landsmannschaftlichen Umgebung absolut gleichermaßen glücklich wird. Aber, das weiß ich aus meinen außerordentlich zahlreichen Kontakten mit Bewerbern und sonstigen Gesprächspartnern: Ein Problem, über das man reden müsste, ist es nicht.

Für den großstädtischen Raum gilt ohnehin eine etwas größere landsmannschaftliche „Durchmischung" und/oder eine entsprechend größere Toleranz im beruflichen Kontakt. Und selbst ein Unternehmen im dörflichen Umfeld hat heute so viele tägliche Beziehungen zu Kunden, Lieferanten, Bewerbern etc. aus „fremden" Regionen, dass es sich intern eine übermäßige Engstirnigkeit gar nicht mehr leisten kann. Und wenn der Zugereiste dann noch seinerseits eine gewisse Toleranz und Anpassungsbereitschaft mitbringt, klappt das im Regelfall (wir reden bisher nur vom Arbeitnehmer im beruflichen Umfeld).

Auch die Grundeigenschaften, die vom qualifizierten und/oder leitenden Angestellten gefordert werden, sind praktisch deckungsgleich, schaut man auf die einzelnen deutschen Regionen.

Lässt man einmal die allerkleinsten Einheiten in Extremlagen beiseite und konzentriert sich auf Industriebetriebe von einigen hundert Mitarbeitern aufwärts, dann beantworte ich Ihre erste Frage mit Nein. Das kann, soll und darf im Zeitalter der Globalisierung letztlich auch nicht anders sein. Ausnahmen ergeben sich vor allem, wenn der „Neue“ selbst extrem landsmannschaftlich geprägt ist, seine Eigenarten (Dialekt!) auslebt und den „permanenten Fremdkörper“ spielt. Das aber wäre ein Sonderfall, sonst „klappt es mit den Nachbarn“ durchaus sehr gut.

Und doch gibt es ein Aber. Es sind nicht die Arbeitnehmer selbst, die fremde Bundesländer fürchten – es sind ihre Ehepartner und anderen Familienmitglieder. Die von Ihnen zitierten „sehr vielen Menschen“, die nicht in andere Bundesländer ziehen wollen, haben dafür generell keine beruflichen, sondern sie haben im Privatbereich liegende Gründe.

Da gibt es natürlich einmal die verständliche Neigung, überhaupt nicht wegzuwollen aus dem heimischen Umfeld. Dann folgt die Abneigung gegen bestimmte Regionen, in die man schon grundsätzlich keinesfalls will: „Nein, meine Frau geht nicht nach Norddeutschland“, sagt der typische Stuttgarter, wenn er am Telefon erfährt, dass der Dienstsitz der ihn durchaus interessierenden Position Köln wäre. Es lohnt dann keine Diskussion über „Norden“ und andere geographische Begriffe: Sie will halt nicht, was wollen Sie machen.

Schließlich haben manche(!) Familien angeblich Schauderhaftes bis Unerträgliches in der „Fremde“ erlebt, das ihre Rückkehr vermeintlich erforderlich machte. Führungskräfte geben gelegentlich ihre Positionen auf, weil die Familie einfach nicht zurecht kommen konnte im fremden Umfeld. Man hört das so gut wie nie von Leuten, die ins Ausland gehen, eher von Familien, die von Nordrhein-Westfalen in das kleinstädtisch-schwäbische Umfeld ziehen (willkürliches Beispiel). Dabei wohnt dort in der Gegend auch die eine oder andere Million Menschen und kommt mit ihrem Umfeld zurecht, irgendwie.

Wir schicken heute unsere Kinder zum Schüleraustausch für längere Zeit ins Ausland. Vielleicht hätten wir mit einem Bundesland-Austausch beginnen müssen. Damit später einige junge Erwachsene nicht den Umzug fürchten wie der Teufel das Weihwasser.

Dabei gilt ganz klar: Ein Akademiker, der die durch sein Studium vorgegebenen beruflichen Möglichkeiten ausschöpfen will und vielleicht sogar noch Karriereehrgeiz hat, muss in gewissen Abständen zum Ortswechsel bereit sein. Das schließt mehr und mehr das Ausland mit ein („Globalisierung“), bezieht sich aber in jedem Fall auf Deutschland. Es kann nicht schaden, so etwas schon bei der Partnerwahl oder einer endgültigen Bindung mit in die Überlegungen einzubeziehen.

Wichtig ist, dass man sich als „Fremder" auch wirklich integrieren will, an seiner Anpassung arbeitet und einige „Marotten" der neuen Umgebung – notfalls schulterzuckend – mitmacht oder doch akzeptiert. Im Laufe der Zeit lernt man dann, gelassener damit umzugehen.

Als Schlussbemerkung dazu: Wir sind ein freies Land, jeder kann umziehen oder es bleiben lassen. Ist letzterer Fall gegeben, will niemand die Gründe wissen. Schildern Sie also auch bitte mir nicht die besonderen Umstände, die gerade Ihnen jetzt einen Ortswechsel unmöglich machen. Aber wenn Sie ein anspruchsvolles Studium aufnehmen, sollten Sie in dem Augenblick schon wissen: Eine pauschale Umzugsverweigerung wäre etwa so als kauften Sie einen Sportwagen und legten gleichzeitig den Schwur ab: niemals über 80 km/h.

Problemhäufung: Rückkehr zum alten Arbeitgeber, Selbstständigkeit und Krankheit

Frage: *Nach meinem Studium habe ich in der deutschen Niederlassung einer internationalen AG angefangen, die sich als Weltmarktführer ihrer Branche sieht.*

Ich bekam interessante Projektaufgaben, die ich erfolgreich lösen konnte. Kurz nach meinem Einstieg wurde mir durch die Muttergesellschaft im europäischen Ausland die Ausbildung zum alleinverantwortlichen Projektleiter für Großprojekte angeboten – ich nahm an.

Dort entpuppten sich die Versprechungen wie Einarbeitung, Unterstützung, finanzieller Ausgleich, Personal als leer, die Arbeitszeit als horrend (zeitweise 100 Std. pro Woche ohne zusätzliche Bezahlung). Trotz aller Widrigkeiten wurde das Projekt ein voller Erfolg. Weitere Projekte lehnte ich dankend ab, da mir die Geschäftsleitung die früheren Zusagen auch für künftige Projekte nicht garantieren wollte.

Dann bot man mir eine andere verantwortliche Funktion in der deutschen Niederlassung an, die ich annahm. Ein Jahr später wurde die durchaus rentabel arbeitende NL in Deutschland geschlossen. Ich erhielt eine mündliche Zusage der Weiterbeschäftigung in noch zu definierendem Rahmen.

Leider konnte man sich drei Monate später an diese Zusage nicht mehr erinnern, auf eine vernünftige Lösung wollte man sich nicht einigen, wir sahen uns vor Gericht wieder.

Mit der Abfindung, jugendlichem Leichtsinn und sehr viel Mut machte ich mich selbstständig – in der gleichen Branche. Nach einigen Anlaufproblemen besteht meine Firma nun fünf Jahre.

Vor zwei Jahren kam es zum Desaster: Ich erkrankte an Krebs. Durch Unterstützung meiner Frau gelang es uns, die profitablen Projekte durchzuziehen. Im letzten Jahr kam der Rückfall – ich werde erst wieder in einem Jahr in der Lage sein, meinen Beruf auszuüben. Zur Zeit bin ich 80 % schwerbehindert, daran wird sich so schnell nichts ändern.

Mein Büro läuft erst mal weiter, meine Berufsunfähigkeitsversicherung zahlt. Ich überlege, ob ich mein Büro verkaufen oder eingehen lassen soll, um den eigentlich „unmöglichen" Rückschritt in das Angestelltenverhältnis anzustreben. Lautet aber nicht eine „Weisheit" etwa so „Einmal selbstständig, immer selbstständig"?

Nun hat mein alter Arbeitgeber (nach Wechsel im Management der Mutter) schon während der ersten Phase meiner Krankheit angefragt, ob ich nicht wieder für ihn tätig werden möchte, wenn ich wieder als ganz gesund gelte. Zeit spielt keine Rolle, man will langfristig planen. Die Niederlassung in Deutschland will man wieder eröffnen und auf zehn Mitarbeiter ausbauen, dort soll ich Geschäftsführer werden.

Soll ich nach den alten Querelen dort tatsächlich wieder anfangen? Probleme hätte ich damit nicht, mein Arbeitgeber auch nicht (lt. Aussage des neuen Managements).

Was für Chancen habe ich generell, wenn ich mich wieder anstellen lassen will, z. B. in einem branchenfremden Unternehmen?

Wie wirkt sich die Erkrankung auf die Chancen aus? Kann ich die Schwerbehinderung bei einem neuen Arbeitgeber einfach unter den Tisch fallen lassen? Inwieweit muss ich auf Nachfragen offen antworten?

Antwort: Der Wert dieser Serie, das ist sogar für mich völlig zweifelsfrei, liegt durchaus nicht nur in meinen Kommentaren. Allein die ständigen Schilderungen aus der Praxis enthalten Informationen und Orientierungshilfe zuhauf für die Leser. So auch hier.

Dieser komplexe Fall enthält mehrere getrennt zu sehende Aspekte. Folgt man dem, ist er Lehrstück für diverse Problembereiche. Behandelt man ihn „am Stück", ließe sich mit dem berechtigten Hinweis „seltener Einzelfall ohne Belang für andere" Langeweile kaum vermeiden. Splitten wir ihn daher auf, jeder Teilbereich enthält eine völlig eigenständige Geschichte, aus der sich allgemeingültige Empfehlungen ableiten lassen:

1. Zurück zum alten Arbeitgeber (grundsätzlich)

Man soll es generell nicht tun, die Erfahrungen damit sind überwiegend schlecht, wie zahlreiche Lebensläufe zeigen (der nächste Wechsel kommt bestimmt). Man ist dort einmal nach Enttäuschungen gegangen, man geht viel leichter zum zweiten Male, weil man von Anfang an immer wieder zweifelnd fragt: „War es richtig, wiederzukommen?" Es fehlt eben das „Urvertrauen". Aber: Man könnte im „Ernstfall" nicht schnell genug wieder weggehen, man machte sich ja lächerlich, vor allem gegenüber späteren Bewerbungsempfängern („rin in die Kartoffeln, raus aus die Kartoffeln"). Und nie sollte ein Angestellter etwas tun, das ihm seine schärfste und einzige Waffe im Existenzkampf, die Möglichkeit zur Kündigung, aus der Hand schlägt. Ihr „neues Management" erinnert fatal an „alten Wein in neuen Schläuchen" – so lange die Eigentümer bleiben, bleibt auch der Stil.

2. Zurück zum alten Arbeitgeber, mit dem man vor Gericht gezogen ist

Das also nun bestimmt nicht! Unter juristischen Laien ist „Klagen vor Gericht" schlimmer als eine verbale Beleidigung. Das steht dort in Ihren Akten, irgendwann stößt sich jemand daran (wer weiß, wie lange die Manager auf ihren Stühlen bleiben, die jetzt „macht nix" sagen).

3. Aus der Selbständigkeit zurück

Von „rück" zu „Rückschritt" ist es nicht weit – sprachlich wie sachlich. Außerdem darf man nicht vergessen: Der Selbstständige wollte ja „frei" sein, keinen Chef mehr haben, die Regeln seines Tagesgeschäfts selbst bestimmen. Das steckt drin in seiner Persönlichkeit, das will er letztlich immer noch („Sie tun es immer wieder"). Und er war jetzt, darüber gibt es nichts zu diskutieren, mehrere Jahre vom Status des „abhängig Beschäftigten" (offizielle Definition des Angestellten) entwöhnt – die Reintegration des Selbstständigen gilt als schwierig (und ist es auch).

Schließlich ist er auch noch gescheitert – sonst käme er ja nicht.

Für den, der diesen „Rückschritt" dennoch plant oder tun muss: Je mehr man einbringen kann an Fach- und Branchenkenntnissen in ein neues Arbeitsverhältnis, desto besser. Ausgangsbasis ist dabei stets die frühere Angestelltenposition – nicht die Selbstständigkeit. Beispiel: Herr X war bis vor vier Jahren Abteilungsleiter in Branche A. Dann hat er sich mit einer kleinen Firma selbstständig gemacht und wurde „Geschäftsführender Gesellschafter" in Branche A. Nun will er zurück.

Variante I: Da er in A Schiffbruch erlitt, möchte er einmal „ganz etwas Neues" anfangen und zielt auf Branche B. Und da er zuletzt Geschäftsführer war, zielt er auf eine GF-Position. Resultat: Niemand stellt ihn ein (von der Zielbranche versteht er nichts, das reicht schon, von den „sonstigen Belastungen" ganz zu schweigen).

Variante II: Er zielt auf A, aber „natürlich" als Geschäftsführer. Letztere verwalten das Geld anderer Leute. Und Leute mit Geld können ungeheuer pingelig sein, wenn sie ihr Vermögen in fremde Hände geben sollen: „Was, Geschäftsführer will er werden? Der ist doch eben erst mit seinem eigenen

Laden Pleite gegangen. Und jetzt will er unser Geld in den Sand setzen?" Aus.

Variante III: Er bewirbt sich als Abteilungsleiter in A – und ist so vorsichtig, die Selbstständigkeit „tief zu hängen". Also kein protziger Briefkopf „Max Müller, Geschäftsführender Gesellschafter", sondern an allen Stellen, auch im Lebenslauf, hübsch bescheiden auftreten. Der Sprung in die Selbstständigkeit war ein Fehler, das sieht er ein.

Variante III funktioniert manchmal, keinesfalls immer. Es kommt hier tatsächlich auf das Herunterspielen der Inhaber-Funktion an. Sie ist in so einem Fall das störende Element – und ein solches macht man eher klein und hässlich als es groß und strahlend herauszustellen.

4. Bewerbungen nach mehr oder weniger überwundener Schwersterkrankung

Jeder Entscheidungsträger, der im Regelfall medizinischer Laie ist, geht von weiterhin bestehenden unkalkulierbaren Restrisiken aus. Vor allem: Erkrankt ein solcher Bewerber nach Einstellung, sagen alle: „Das war doch zu erwarten." Erkrankt ein bis dahin Gesunder, heißt es: „Das passiert eben."

Ich rate dringend ab, die gesamte Situation bei einer Einstellung zu verschweigen (einschl. Schwerbehinderten-Status) – und fürchte, bei offener Darstellung haben Sie keine reale Einstellchance (jedenfalls keine, die statistisch relevant wäre). Auf die rechtlichen Vorteile des Schwerbehinderten können Sie, soweit ich informiert bin, keinesfalls verzichten. Der Arbeitgeber muss die sehr restriktiven Vorschriften beachten – auch wenn Sie auf Ihre Rechte keinen Wert legen würden.

5. Angebot Ihrer alten Firma

Im Bereich der „freien Wirtschaft" sehe ich wegen der Dreifachbelastung „im Krach beim früheren Arbeitgeber ausgeschieden", „selbstständig gewesen" und „mit einer Schwersterkrankung belastet sowie schwerbehindert lt. Gesetz" keine vernünftige Chance. Außer jener, die vom „neuen Management beim alten Arbeitgeber" offeriert wird. Also ist das mehr oder minder der Strohhalm, zu dem Sie greifen müssen – unter souveräner Missachtung meiner Aussagen zu 1. bis 4. Allerdings bleibt das Problem, dass Sie dort nicht oder kaum wieder weggehen könnten, sofern das notwendig werden sollte.

Also: Es ist ein Angebot ohne Auffangnetz für den Fall eines Scheiterns – aber welche Alternativen hätten Sie?

Kein Zurück aus der Selbstständigkeit

Frage: *Nach dem Studium des Maschinenbaus (gut) war ich in einer Stabsabteilung beim technischen Geschäftsführer eines namhaften Unternehmens tätig (Investitionsplanung, Joint-Venture-Projekte). Zuletzt hatte ich als Sonderaufgabe die Leitung eines Projektteams, das einen Werksumzug umsetzte. Ich war dort insgesamt vier Jahre tätig.*

Nach der letztgenannten Aufgabe stand ich im Unternehmen ein wenig im Regen. Nach langer Überlegung beschloss ich, diesen Arbeitgeber zu verlassen und als Selbstständiger den völlig fachfremden Betrieb meiner Eltern weiterzuführen. Das war ein großer Fehler.

Nach nunmehr sieben Jahren (ich bin 41) suche ich den Weg zurück in die Industrie. Als „pessimistischer Realist" schätze ich meine Lage dabei kritisch ein.

Welche Wege außer den herkömmlichen wie Bewerbung, Initiativbewerbung, Arbeitsamt kann ich noch beschreiten? Bisher führe ich meinen Betrieb noch und lebe von ihm, dadurch ist aber auch die Zeit begrenzt, die ich für Bewerbungen aufwenden kann. Soll ich das Risiko eines weiteren Lebenslaufmakels, nämlich der Arbeitslosigkeit, eingehen, damit ich mich intensiv um eine neue Stelle kümmern kann?

Antwort: Auch hier werden wieder mehrere Aspekte angesprochen:

1. Die Übernahme der Leitung des Werks-Umzugsprojekts war ein großes, aber erkennbares Risiko! Was wird ein Umzugs-Projektleiter, wenn der Umzug – vorhersehbar – abgeschlossen ist? „Ober-Umzugs-Projektleiter"? Wohl nicht, eher wird er „überflüssig".

Es gilt die „goldene Regel": Man bedenke bei Übernahme jeder hauptamtlichen Funktion, was in halbwegs logischer Konsequenz „danach" kommt. Gibt es darauf keine eindeutige Antwort, sei man äußerst vorsichtig. Nicht immer kann man Chef-Bitten („Müller, Sie machen das") abschlägig bescheiden. Aber dann muss man sich eben rechtzeitig um eine Nachfolgeposition kümmern – und darf sich nicht dadurch blenden lassen, dass man vorübergehend(!) zu einem der wichtigsten Leute im Hause wird, der für einige Monate im Zentrum des allgemeinen Interesses steht.

Es ist also kein Wunder, dass Sie nach (hoffentlich erfolgreicher, allseits gelobter) Durchführung des Umzugsprojektes „im Regen" standen. Dort stehen oft auch Mitarbeiter, die „dringend" ins Ausland geschickt werden, um irgendwo „Feuerwehr" zu spielen, nach zwei Jahren zurückkommen – und sich dann ziemlich überflüssig fühlen.

Merke: Eine „Feuerwehr" braucht man nur, wenn es brennt – und danach nur, wenn neue „Brände" drohen. Wer aber ein Problem gelöst hat, das vermutlich nie wieder in dieser Form auftritt, riskiert, mit allen „Orden und Ehrenzeichen“ nach Hause geschickt zu werden.

Das Prinzip dahinter: Mitarbeiter dürfen nicht erwarten, dass ihre Arbeitgeber ihnen für in der Vergangenheit erbrachte Leistungen dankbar sind. Sie müssen hingegen für zukünftige Pläne ihres Unternehmens wichtige Aktivposten sein!

2. Die Übernahme des elterlichen Betriebs geht noch an, wenn beispielsweise der für seine Studienfinanzierung dankbare Sohn dem Ruf des erkrankten (ist hinterher nicht nachprüfbar und wird geglaubt) Vaters folgt und vorübergehend im elterlichen Betrieb einspringt. Aber dann darf er höchstens etwa zwei Jahre brauchen, um

a) einen externen Nachfolger zu finden oder

b) dem inzwischen genesenen Vater die Leitung wieder zu übergeben oder

c) zu erkennen, dass ihn dieses Metier nicht glücklich macht.

Sieben Jahre sind dafür diskussionslos zu viel! Jetzt waren Sie nicht nur zuletzt selbstständig, Sie waren dies auch so lange, dass man als Leser Ihrer Bewerbung stets vermuten wird, diese Selbstständigkeit (ohne Chef, ohne ständige Anpassungsvorschriften) hätte Ihrer wahren Natur entsprochen – und jetzt kämen Sie nur wieder zurück, weil das Geschäft schlecht liefe.

3. Die Geschichte mit dem bewussten Hineinsteuern in die Arbeitslosigkeit, um Zeit für Bewerbungen zu haben, ist eine Schnapsidee! Machen Sie das bloß nicht!

4. Eine denkbare Alternative für Sie wäre eine „andere“ Selbstständigkeit, also auf anderem Gebiet. Sie dürfen ab morgen – bei völlig „sachfremdem“ beruflichem Vorleben – Immobilienmakler oder Unternehmensberater werden. Es geht nur darum, ob Sie hinreichend viele Kunden/Aufträge gewinnen/erringen können. Ich rate keinesfalls dazu, diesen Schritt leichtsinnig oder unüberlegt zu gehen, ich will nur auf diese Alternative zur Rückkehr in die Welt des Angestellten hinweisen.

5. Sofern Sie sich aber doch wieder in der Industrie bewerben, gilt:

a) Sie passen zu keinem Anforderungsprofil, also können Sie auch nicht auf die gezielte Einzelbewerbung auf eine konkrete Position setzen. Nur die „Schrotschuss-Aktion“ (viele kleine Kügelchen) kann zum Erfolg führen.

b) Je unbeliebter bei den vielen in diesen Tagen zu erwartenden Mitbewerbern der Standort, die Branche oder die Tätigkeit bei einer Position sein dürften, desto eher findet Ihre Zuschrift Gehör bzw. Beachtung. Einen Preis zahlen Sie für den siebenjährigen „Umweg“ in jedem Fall, eine der begehrten Top-Positionen werden Sie jetzt nicht erringen. Kleinere, z. B. inhabergeführte Unternehmen sind eher offen für ungewöhnliche Qualifikationen; Großbetriebe denken in Rastern, durch die fallen Sie hindurch.

c) Sie waren zuletzt (angestellter) Projektleiter, leider nie fachlich hochqualifizierter Projektmitarbeiter. Dennoch wird Ihnen jetzt niemand eine Projektmanager-Position anbieten, nicht nach so langer Abstinenz vom Metier.

d) Entscheidend wird auch Ihre Argumentation im Anschreiben sein. In der kritischen Frage empfehle ich Versuche etwa mit einem solchen Ansatz:

„... Nach erfolgreichem Abschluss dieses Umzugsprojekts stand für mich – in- oder extern – ohnehin zwangsläufig eine Neuorientierung an. In dieser Phase erreichte mich der Wunsch meiner erkrankten Eltern, zumindest vorübergehend die Leitung ihres für mich völlig artfremden Geschäftes zu übernehmen, um dort langfristig die Nachfolgeregelung einleiten zu können. Ich folgte dieser Bitte, musste aber feststellen, dass ich in diesem für mich ungewohnten Metier nur mit vollem Engagement etwas bewirken konnte. Meine Hoffnung auf einen kurzfristig zu vollziehenden Ausstieg zerschlugen sich immer wieder, teils aus geschäftlichen, teils aus familiären Gründen. Erst jetzt habe ich eine endgültige Lösung gefunden, die meinen Ausstieg ermöglicht. Ich weiß, dass ich nach dieser langen Zeit keinen leichten Wiedereinstieg in meinen Beruf finden kann. Bitte gehen Sie davon aus, dass ich zu überdurchschnittlichem Engagement in jeder Hinsicht ebenso bereit bin wie zu einem Kompromiss z. B. in der Frage des Einstiegsgehalts. Ich bin für eine Chance zum Neubeginn dankbar und sicher, dass ich Sie nicht enttäuschen werde. Selbstverständlich akzeptiere ich zum Einstieg auch einen befristeten Vertrag o. ä."

Probieren Sie einmal Ihr Glück – und bedenken Sie, dass nicht „das Schicksal" zugeschlagen hat, sondern dass Sie selbst vor sieben Jahren bestimmte Entscheidungen getroffen haben – die eigentlich auf einen „Weg ohne Wiederkehr" führen, wie allgemein bekannt sein sollte.

Die Abfindung ist „teuer" verdient

Frage: *Ich arbeite seit vier Jahren bei einem namhaften Großunternehmen. Als sich die schwierige Situation des ...-Marktes bzw. unseres Unternehmens abzuzeichnen begann, fing ich an, mich nach einem möglichen neuen Arbeitgeber umzusehen. Ein erstes adäquates Vertragsangebot liegt mir bereits vor.*

In der Zwischenzeit wurden wir von unserer Betriebsleitung darüber informiert, dass an unserem Standort 20 % der Mitarbeiter betriebsbedingt gekündigt werden sollen. Um einen Sozialplan zu vermeiden, wird jedem Mitarbeiter, der freiwillig gehen möchte, ein Aufhebungsvertrag mit Abfindung angeboten. Ich könnte nach meinen Informationen mit ca. 20.000 EUR (abzüglich Steuern) rechnen.

Ich hatte vor, nach endgültiger Annahme des oben erwähnten Vertragsangebots gegenüber der Personalabteilung mein Interesse an einem Aufhebungsvertrag plus Abfindung zu erklären. Dabei war ich der Meinung, dass z. B. beim nächsten Arbeitgeberwechsel in fünf Jahren dieser Makel im Arbeitszeugnis (Ausscheiden „im gegenseitigen Einvernehmen") keine besondere Bedeutung mehr hätte, insbesondere, da ich dann den „damaligen" Personalabbau aus wirtschaftlichen Gründen erwähnen könnte. Auch wäre ich nahtlos in ein neues Angestelltenverhältnis eingetreten.

Ihre Ausführungen („Abfindungen sind generell das 'am teuersten verdiente' Geld des Berufslebens" in einer früheren Frage lassen mich mein geplantes Vorgehen nun aber überdenken.

Wäre es vielleicht doch besser, wenn ich von mir aus kündige und somit auf eine mögliche Abfindung verzichte?

Bei allen bereits durchgeführten Bewerbungen sprach ich stets von einer Kündigung meinerseits. Wie reagiert der neue Arbeitgeber, wenn er plötzlich von dem Aufhebungsvertrag erfährt?

Auf die Idee mit dem Aufhebungsvertrag kam ich nur durch das Angebot der Firma. Mich interessiert nur die Abfindung.

Antwort: Zum Hintergrund: Ein Unternehmen will oder muss in großem Stil Kosten sparen. Das geht am besten über Kopfzahlsenken, also Personalreduzierungen. Das wiederum ist auf kollektivem Wege (Sozialplan) langwierig, schwierig und in seinen Auswirkungen vorher schwer abzuschätzen. Da dafür der Betriebsrat als Partner unterschreiben muss und vorher dessen Gewerkschaft Einfluss nehmen wird, kommt Machtpolitik ins Spiel. Außerdem bringen Sozialpläne ein schlechtes Image in der Öffentlichkeit.

Einzeln kündigen kann man so vielen Mitarbeitern nicht, da gibt es gesetzliche Vorschriften, die dem entgegenstehen (und die in einem solchen Fall den Sozialplan vorschreiben). Außerdem hat eine arbeitgeberseitige Kündigung stets den besonderen Charme einer Zeitbombe. Der Arbeitnehmer kann noch einige Zeit später widersprechen, also Kündigungsschutzklage erheben. Deren Ausgang ist ungewiss – Arbeitsgerichte gelten generell als arbeitnehmerfreundlich. Außerdem vermeiden Unternehmen prinzipiell Arbeitsgerichtsprozesse bzw. die Gefahr solcher Auseinandersetzungen – sie sind schlecht für das Image.

Mit Gewalt ist es also schwierig – aber freiwillig geht es völlig problemlos. Wenn der Arbeitnehmer gemeinsam mit dem Arbeitgeber ein Papier unterschreibt, dass der bestehende Arbeitsvertrag zum ... aufgelöst ist, dann ist alles in Ordnung. Dagegen kann auch nicht mehr geklagt werden, mit der Unterschrift beider Partner ist das angestrebte Ziel erreicht.

Jetzt muss man den Arbeitnehmer nur noch dazu bringen, freiwillig richtig zwingen kann man ihn nicht, nur mit alternativer Entlassung drohen) diesen Vertrag zur Aufhebung des bestehenden Arbeitsvertrages zu unterschreiben. Wobei die Initiative stets vom Arbeitgeber ausgeht – juristisch hat man sich „geeinigt", in der Praxis wollte der Arbeitgeber den Mitarbeiter loswerden (wie jeder spätere Bewerbungsempfänger weiß!). Denn wenn der Arbeitnehmer selbst hätte gehen wollen, hätte er ja nur zu kündigen brauchen, dazu wiederum ist eine zustimmende Unterschrift des Arbeitgebers nicht erforderlich, schon gar kein Aufhebungsvertrag.

Das entscheidende Argument, mit dem man den Arbeitnehmer zur Unterschrift unter den Aufhebungsvertrag bringen kann, ist Geld, die „Abfindung". Dafür gibt es Erfahrungswerte, die üblicherweise gebotene Summe hängt von der Dienstzeit dort und vom Gehalt ab (die von Ihnen genannte Summe scheint mir recht hoch zu sein, aber lassen wir das).

Eine Zwischenbemerkung: Wenn das ein mit dem Thema vertrauter Volljurist liest, könnte er ob der vielen Vereinfachungen graue Haare bekommen. Aber für den hier angestrebten Zweck mag es angehen – die perfekte Ausarbeitung „Die Abfindung in der Rechtsprechung und in der betrieblichen Praxis" würde sicher ein Buch füllen (wobei ich verspreche, das nicht zu schreiben).

Und jetzt kommt das Problem: Winkt man dem Durchschnittsarbeitnehmer mit so viel Geld, verliert er leicht die kühle Überlegung. Und lässt sich zu Schritten hinreißen, die sich später (wenn das Geld ausgegeben ist) als „böse Falle" entpuppen könnten.

In Ihrem Fall kommt hinzu, dass Ihr Arbeitgeber Sie persönlich ja gar nicht loswerden wollte. Also ist es ungeheuer riskant, sich berufslebenslang das Stigma (ein wenig davon hat es immer) des Gefeuerten anhängen zu lassen, nur um etwas Geld „mitzunehmen".

Das Problem ist, dass wir nicht wissen, was die Zukunft Ihnen bringt. Aber Sie müssen damit rechnen, in achtzehn Monaten schon wieder zum Wechsel gezwungen zu sein (auch Ihr jetziger Arbeitgeber schien doch wie ein „Felsen im Meer der Wirtschaft" zu stehen, als Sie dort anfingen). Dann wären Sie vom ersten Arbeitgeber gefeuert worden und würden auch vom zweiten entlassen. Was übrigens durchaus ein drittes Mal passieren kann. Nun begründen Sie einmal im Bewerbungsprozess, dass Sie in allen zwei oder gar drei Fällen Top-Leistungsträger der Unternehmen gewesen seien und dass diese Firmen nur aus unerfindlichen Gründen ihre besten Leute zuerst entlassen hätten.

Darüber hinaus besteht immer noch die Gefahr, dass Sie sich jetzt zu schnell für das erstbeste Angebot eines neuen Arbeitgebers entscheiden, nur um diese Abfindung mitzunehmen (das Angebot Ihrer Firma wird nicht zeitlich unbegrenzt gelten).

Ich gebe zu, die Versuchung ist schier übermächtig, aber ich rate Ihnen entschieden ab.

Damit kein Missverständnis aufkommt: Wenn ein bestimmter Mitarbeiter ohnehin entlassen werden soll, dann ist der Aufhebungsvertrag mit Abfindung eine absolut seriöse, grundsätzlich akzeptable Problemlösung (wobei es auf die Details der Vereinbarung ankommt).

Weiter geht es: Wer einen Aufhebungsvertrag unterschrieben hat, dem ist zwar nicht formal gekündigt worden – aber er darf sich keinesfalls als „in ungekündigtem Arbeitsverhältnis stehend" bezeichnen. Das wäre eine Irreführung des neuen Chefs.

Ganz wichtig ist ein Aspekt, nach dem Sie auch gefragt haben: Wer bei einem neuen Arbeitgeber eintritt, will und muss mit diesem ein Vertrauensverhältnis aufbauen. Dazu gehört, dass er den neuen Partner vor Vertragsunterschrift über seine Situation informiert, soweit diese für seine Anstellung relevant ist. Die Tatsache, dass Sie einen Aufhebungsvertrag unterschreiben (oder bereits unterschrieben haben), ist eine solche relevante Information!

Sie sollten das unbedingt auch dann angeben, wenn man Sie nicht danach fragt. Denn generell gilt eben (siehe oben): Aufhebungsverträge bekommen Mitarbeiter, die der Arbeitgeber loswerden wollte, das Papier ist nur eine andere Form der arbeitgeberseitigen Kündigung. Und dass Ihr alter Arbeitgeber viel Geld gezahlt hat, damit Sie bloß gehen – ist eine Information, die der neue Arbeitgeber gern gehabt hätte, bevor der Arbeitsvertrag mit Ihnen geschlossen wurde.

Es ist gut möglich, aber nicht sicher, dass er eine betriebliche Kündigung als Entlastungsargument problemlos akzeptiert hätte. Aber es muss unbedingt damit gerechnet werden, dass er „stocksauer" wird, wenn er nach Dienstantritt erfährt (aus Ihrem Zeugnis, z. B.), Sie seien damals gar nicht aus ungekündigtem Arbeitsverhältnis gekommen, sondern hätten dort einen Aufhebungsvertrag unterschrieben (egal, wann das war).

Natürlich könnten Sie dann zwei „Ausreden" versuchen:

1. Man habe Ihnen gar nicht kündigen wollen, es sei ein pauschales Angebot an die Belegschaft gewesen, Sie hätten es halt angenommen.

2. Als Sie den Vertrag bei ihm unterschrieben, seien Sie sehr wohl in ungekündigtem Arbeitsverhältnis gewesen, den Aufhebungsvertrag hätten Sie erst später unterschrieben, quasi als Ersatz einer Kündigung.

Aber beides hätte den Nachteil aller „Ausreden". Glauben muss der neue Chef das nicht, und in der Probezeit könnte er Ihnen problemlos kündigen. In solch eine Situation bringt man sich besser nicht, auch nicht für größere Summen.

Fazit: Der anzustrebende Normalfall ist die durch keinerlei weitere Begleitumstände getrübte einseitige Kündigung durch den Mitarbeiter. Der Aufhebungsvertrag ist nur ein erwägenswertes Instrument (aus Arbeitnehmersicht), wenn sonst die arbeitgeberseitige Kündigung gedroht hätte. Und vergessen Sie nie: Eine Zeugnisformulierung „Ausscheiden im gegenseitigen Einvernehmen“ steht stets für eine arbeitgeberseitige Kündigung. Bei tatsächlich gutem Einvernehmen steht „er schied aus auf eigenen Wunsch“ und „wir bedauern das sehr“ (beispielsweise).

Gefahr durch anonyme Angriffe

Frage: *Ich bin von einem Vorgang betroffen, welcher von seiner Dimension her neu ist und – so mein Kenntnisstand – von Ihnen noch nicht behandelt wurde.*

Vor achtzehn Monaten habe ich die XY AG verlassen und bin zum ABC-Konzern nach ... gewechselt. Ich bin dort als ...-Manager beschäftigt, mehr als zehn Mitarbeiter berichten an mich.

Mein neuer Vorgesetzter hat mich jetzt auf ein anonymes Schreiben aus dem Umfeld meines ehemaligen Arbeitgebers angesprochen und mir eine Kopie ausgehändigt.

Meine Frage an Sie ist nun, wie aus Ihrer Sicht meine Reaktion aussehen könnte und welche Reaktion Sie meinem neuen Arbeitgeber empfehlen.

Antwort: Meinen Sie (im letzten Satz) wirklich „... Reaktion Sie meinem Arbeitgeber empfehlen“ (liest der diese Beiträge denn?) oder sollte es heißen „... Reaktion Sie gegenüber meinem neuen ...“? Nun egal, ich werde beides abzudecken versuchen.

Zuerst Zitate aus zwei Dokumenten:

1. Ihr Zeugnis vom alten Arbeitgeber: „Bereits nach 1,5 Jahren übertrugen wir ihm die Leitung der Gruppe ...; ... leitete er verschiedene Entwicklungs- und Kundenprojekte im europäischen Umfeld; ... auf internationalen Konferenzen oblag ihm die repräsentative Außendarstellung des Unternehmens; ... sein ausgeprägtes Vorbildbewusstsein ... und seine Fähigkeit, Mitarbeiter und Kollegen mit fachlichen Argumenten zu motivieren, ...; ... erledigte er die ihm übertragenen Aufgaben stets zu unserer vollen Zufriedenheit; wegen seines hilfsbereiten, höflichen und couragierten Verhaltens wurde Herr ... von Vorgesetzten, Kollegen und Mitarbeitern geschätzt; ... seines verbindlichen Auftretens ... ein anerkannter Gesprächspartner; ... verlässt unser Unternehmen auf eigenen Wunsch ...; ... bedauern sein Ausscheiden, bedanken uns für seine Mitarbeit ...“

2. Der anonyme Brief (ohne Datum): „An die Personalleitung – persönlich –; Sehr geehrte Geschäftsführung, mit Freuden haben wir festgestellt, dass uns ein sehr ungeliebter Kollege verlässt, ... Sie haben sich dieses Übel an Land gezogen. ... Ihnen die ‚Stärken' des Herrn aufzuzeigen: Mobbing ..., nicht fähig zur Mitarbeit im Team, führen von Grabenkämpfen ..., denunzieren von Vorgesetzten, starke fachliche Lücken ..., unmögliches äußeres Auftreten bei Kunden und Lieferanten.

... greifen Sie frühzeitig zu Gegenmaßnahmen, bevor Ihr gesamtes Betriebsklima vergiftet ist. Es hat sehr lange gedauert, bis wir Herrn ... losgeworden sind. Erst die Androhung, sich nach einem anderen Arbeitsplatz umzuschauen oder gekündigt zu werden, hat dieses Problem gelöst. Herr ... drangsaliert und mobbt seine Mitarbeiter und Kollegen ... Er hat ... ungefähr die Arbeitskraft von drei Kollegen durch seine Grabenkämpfe verbraten und verheizt. ... ist die Aufsässigkeit in Person ...

Ein genervter Kollege

PS. Falls Sie denken, dieser Brief ist ein Spaß, möchte ich Ihnen versichern, dass dies die reine Wahrheit ist. Legen Sie sich diesen Brief in Ihren Schreibtisch und erinnern Sie sich nach den ersten Vorkommnissen an diese Warnung!"

Nun mein Kommentar:

Über das Verwerfliche dieses anonymen Tuns brauchen wir nicht zu diskutieren. Hier betreibt jemand gezielt den Versuch, eine Existenz zu vernichten. Und er hätte noch nicht einmal Vorteile davon, außer vielleicht dem Gefühl von Rache und Genugtuung.

Sie, geehrter Einsender, haben nun das Problem – und müssen etwas tun. Wer daran die Schuld trägt, spielt – wie immer im Leben – keine Rolle.

Zunächst zur Sache selbst: Wie oft so etwas vorkommt, weiß ich nicht. Da Denunziation eine solide Tradition hat, ist hier eine erhebliche Dunkelziffer denkbar. Als Trost für Ängstliche: Regelfall ist dies nicht. Im Normalfall sind auch Intim-Feinde zufrieden, wenn der Gegner das Feld räumt (und die Firma verlässt) und geben dann erst einmal Ruhe. Bis man sich irgendwann einmal wieder trifft. Das aber war hier ja wohl nicht der Fall.

Entweder also steckt in Ihrer früheren Abteilung ein Psychopath – oder aber Sie haben einen Menschen dort derart gereizt, geärgert, zutiefst verletzt, gedemütigt oder was auch immer, dass er über die Grenzen menschlichen Normverhaltens hinausgegangen ist. Da dieser Mensch keinen Vorteil hat, wenn Ihnen jetzt Böses geschieht und er letzteres vielleicht noch nicht einmal erfahren würde, ist sein Handeln rational nicht mehr fassbar. Hass aber käme in Frage, dieses Motiv wäre eine ausreichende Erklärung.

Meine Analyse des anonymen Briefes (bewusst sage ich nicht, worauf meine jeweiligen Vermutungen beruhen): Der Schreiber ist fachlich kompetent und mehrjährig berufserfahren (kein Anfänger), nimmt aber keine herausgehobene Stellung in der Hierarchie ein. Er ist es nicht gewohnt, Geschäftsbriefe zu schreiben und mit höheren Ebenen zu korrespondieren, organisatorische Strukturen sagen ihm wenig. Er könnte eitel sein und / oder sehr viel auf Äußerlichkeiten (Kleidung) geben. Er gehörte eher nicht direkt zu Ihrer unterstellten Gruppe. Es ist denkbar, dass er ein Gruppenleiter-Kollege war.

Eine Schlüsselbemerkung ist das „Denunzieren von Vorgesetzten". Abgesehen von der Ironie, die dem Schreiber entgeht (ein Denunziant beschimpft einen anderen Menschen als Denunziant), fällt diese Bemerkung im Textumfeld irgendwie auf. Gleich mehrere Vorgesetzte werden erwähnt, was auch auffällig ist. Merkwürdig: Etwa betroffene Mitarbeiter (deren Chef Sie waren) kümmern sich eigentlich nicht um das, was der Vorgesetzte mit seinem Vorgesetzten anstellt, sie pflegen sich eher über ihren eigenen „Leidensweg" dort zu beschweren.

Wenn es aber Vorfälle dieser Art (Denunziation von Vorgesetzten) gab, dann wären doch exakte Details dazu geeignet gewesen, Sie bei Ihrem neuen Chef so richtig anzuschwärzen: „Siehe, er verpfeift seine Vorgesetzten bei den höchsten Stellen" – das hätte den neuen Chef doch viel mehr elektrisiert als die zwangsläufig nebulöse Bemerkung über die verheizte Arbeitskraft von drei Leuten.

Zu dieser Frage passt die „Aufsässigkeit". Sie wird als Begriff ausschließlich für Auffälligkeiten im Verhältnis zu Vorgesetzten gebraucht! Wem also lag das Wohl Ihrer Chefs so am Herzen, dass er sich maßlos über Ihr Auftreten diesen Autoritäten gegenüber(!) geärgert hat? Ein Betroffener, ein Ranghöherer oder ein rangälterer Kollege, dem die Vorgesetzten-Ebene näher stand als Sie?

Hierhin gehört die klare Feststellung, dass dies alles Spekulationen sind. Ich kann mich auch irren – aber solche Briefe, auch das soll gezeigt werden, lösen zwangsläufig derartige Überlegungen aus.

Kritischer Punkt der gesamten Geschichte ist Ihr heutiger Chef. Der könnte ein Engel sein – und hätte doch den Stachel im Fleisch stecken: Ob da etwas dran ist? Ist nicht stets auch Feuer, wo Rauch ist? Selbst wenn er das Machwerk angewidert in den Papierkorb würfe (hat er nicht), bliebe etwas haften: Er beobachtet Sie kritischer; wenn Sie irgendwie auffällig werden, sind Sie schneller „dran" als ohne diesen Brief. Im Extremfall werden Sie irgendwann sogar gefeuert für eine Geschichte, die sonst mit einem Tadel abgegolten worden wäre. Und: Der Brief ist über andere Stellen des Hauses an Ihren Chef geraten, mehrere Leute wissen darum. Fallen Sie irgendwie auf, hört sich der Chef auch noch Vorwürfe an: „Sie waren doch gewarnt."

Aber entlassen werden Sie allein wegen des Briefes nicht, dafür verachtet man allgemein zu sehr solche anonymen Schmierereien. Die ja auch frei erfunden sein können!

Aber Sie sollten etwas tun, um sich so weit wie möglich vom Verdacht zu reinigen. Alles abzustreiten ist sinnlos, das beweist gar nichts.

Wäre ich an Ihrer Stelle und guten Gewissens, ginge ich zu meinem früheren Vorgesetzten und zu etwa drei, vier ehemaligen Mitarbeitern und Kollegen dort. Denen erzählte ich von dem Brief und bäte sie um eine schriftliche Erklärung: Sie wären von dann bis dann in der und der Funktion dort tätig gewesen und würden gern bestätigen, dass nach ihrer Kenntnis nichts an diesen Vorwürfen „dran" wäre. Im Gegenteil, Sie wären ihnen als allgemein geschätzter und angesehener Mitarbeiter der Abteilung bekannt, die aufgeworfenen Vorwürfe seien vollständig haltlos.

Ob Ihr früherer Vorgesetzter das unterschreibt (wenn, dann auf privatem Briefbogen, die Firma wird er dort nicht hineinziehen wollen, die hat ja bereits das offizielle Zeugnis ausgefertigt), ist offen. Aber ein bisschen moralische Mitschuld hat er. Schließlich kann der anonyme Denunziant nur aus seiner Abteilung stammen, er muss ihm unterstellt sein.

Ihrem neuen Chef sollte eine solche Bestätigung helfen, die Sache zu vergessen, den Original-Anschwärzungsbrief zu vernichten und zur Tagesordnung überzugehen.

Natürlich ist dieser Weg nur gangbar, wenn nicht doch Feuer war, wo jetzt Rauch aufsteigt ... (wenn sich also frühere Chefs und Mitarbeiter finden, die gern bestätigen, ...).

Ich habe sorgfältig überlegt, ob es sinnvoll ist, diesen Fall an die Öffentlichkeit zu bringen. Schließlich könnten Nachahmer erst auf die Idee gebracht werden. Aber letztlich schien mir die Verpflichtung zur Information schwerer zu wiegen. Nur wenn die Leser alle denkbaren Vorkommnisse kennen, können sie z. B. in eigener Angelegenheit fundierte Ursachenforschung betreiben. Und eines lernt man auch: Es gilt, während einer Beschäftigungszeit nicht nur an bösartige Chefs zu denken, die eines Tages Zeugnisse schreiben, sondern auch an bösartige Kollegen, die möglicherweise ... Aber ich versichere noch einmal: Standardverhalten ist das nicht, also bloß keine Panik. Und jeder potenzielle Täter muss damit rechnen, selbst auch Opfer zu werden, vielleicht bremst ihn das.

Schließlich müsste er mit straf-, mindestens jedoch mit zivilrechtlichen Folgen rechnen, wenn er als Urheber identifiziert wird. Seien Sie sicher: Ihre Initiative gemäß meiner Anregung würde eine Menge Staub in jener Abteilung aufwirbeln und dort viele Hobby-Detektive auf den Plan rufen. Das hätten Sie nicht gewollt – aber auch das käme noch auf das Schuldkonto des Denunzianten. Um Ihre Haut zu retten, muss Ihnen das erlaubt sein – sofern tatsächlich kein Feuer war, wo es jetzt so stark qualmt.

Notizen aus der Praxis

„Antworten", die dem Autor wichtig sind, auch wenn gerade keine passenden Fragen vorliegen

Einmal etwas ganz anderes machen

Sie kennen Überlegungen dieser Art? Es beginnt mit „man müsste" – einer noch deutlich abgegrenzten Vorstufe von „ich will". Ausgelöst werden solche Wünsche oft durch einschneidende, eher nach Niederlage denn nach Sieg schmeckende äußere Ereignisse wie Jobverlust, Scheidung oder anderweitig bedingten Verlust des Partners, durch sich unaufhaltsam nähernde Altersgrenzen oder schlicht durch eher allgemeine Frustrationen. Manchen überkommt auch ohne äußeren Anstoß die Sehnsucht, den totalen beruflichen Neuanfang zu suchen.

Ob so etwas überhaupt funktioniert – ist dabei nicht das Problem, dessen wir uns hier annehmen müssten. Denn ob jemand Sie „etwas ganz anderes" machen lässt, merken Sie ja am Erfolg Ihrer Bemühungen; Sie brauchen es nur auszuprobieren, dann wissen Sie es.

Die Probleme beginnen, wenn ein solcher Schritt gelungen ist; etwas reduziert gilt das auch bei radikalen Tätigkeitswechseln, die Sie beim bisherigen Arbeitgeber vollziehen. Jeder Wechsel ist ein „Drahtseilakt", man kann dabei durchaus auch fallen. Kritisch ist eine Zeit von etwa sechs bis achtzehn Monaten nach dem Neubeginn. Werden Sie dann – ob ohne eigenes Verschulden oder nicht – zum erneuten Wechsel gezwungen, ist Ihre Situation nicht eben beneidenswert:

- Ihre Bewerbung liegt bei Entscheidungsträgern auf dem Tisch, die „so etwas" vermutlich nie gemacht haben, denen das Verständnis dafür fehlt oder die aus – nachvollziehbaren – sachlichen Gründen den durchgängigen „roten Faden" im Werdegang vorziehen.
- Wo wollen Sie jetzt hin? Dem „alten" Gebiet hatten Sie durch den Wechsel unübersehbar abgeschworen, es faszinierte Sie nicht mehr, war für Sie zweitklassig geworden. Und auf dem neuen sind Sie dann gerade erst gescheitert, gute „Ausreden" dafür hin oder her.
- Wer einmal alles hinwirft, was er bisher gemacht hat, kann (wird?) das wieder tun. Wer garantiert, dass Ihr jüngster Fachgebietswechsel der letzte war? Es gibt ja tatsächlich den Mitarbeitertyp, der nie zufrieden ist.

Aber stünde denn ein solcher Wechsel nicht für Flexibilität, Bereitschaft zur Akzeptanz des Neuen, für Initiative und den Mut zum Unkonventionellen? Im Prinzip durchaus, aber ich rate zum Augenmaß: Planen Sie solche Wechsel eher in jungen als in fortgeschrittenen Jahren („wie lange braucht der eigentlich, um zu merken, dass ihm das bisherige Gebiet nicht liegt – siebzehn Jahre?"). Achten Sie darauf, dass Verbindungslinien zwischen alter und neuer Tätigkeit bestehen bleiben. Positive Beispiele: Der Name des Arbeitgebers bleibt gleich, Sie behalten zumindest die Branche oder doch den Firmentyp bei.

Übrigens: Wer den Sprung in die Selbstständigkeit wagt, ist hier freier. Kunden sind schwer zu gewinnen – fragen aber zumindest nicht konkret nach Lebensläufen und Zeugnissen, nicht nach Lückenlosigkeit im Werdegang und zweifelsfreier Konsequenz desselben.

Für Angestellte aber lautet das Fazit: Wenn jeder völlige Neuanfang so schwer ist, muss man von Anfang an sorgfältig planen. Und schon die ersten zwei Jahre nach dem Studium prägen den Werdegang stark, die nächsten fünf prägen ihn entscheidend und die anschließenden fünf fixieren ihn nahezu endgültig. Das soll Sie nicht ängstigen, im Gegenteil: Wenn Sie den radikalen Sprung vermeiden, an den „roten Faden" denken, wenn Branche und Tätigkeit sich folgerichtig und ohne brutale Neuanfänge weiterentwickeln, dann sind Sie als Bewerber auf Ihrem Gebiet nach der ersten Phase gefragt, nach der zweiten begehrt – und nach der dritten über 40.

Und wenn sich erweist, dass Sie sich voller Elan auf eine Branche mit hochspeziellen Tätigkeitsgebieten geworfen haben, die dann ganz plötzlich auf der Verliererseite steht? Dann haben Sie im ständigen „Roulette des Berufslebens" auf rot gesetzt und schwarz ist gekommen. Ihnen bleibt nur: Sie sind zum Neuanfang gezwungen, haben keine Wahl, müssen da durch, sich auf fremdem Gebiet dem Wettbewerb mit diesbezüglichen Profis stellen. Man verliert halt nicht ungestraft – beim Roulette und anderswo.

Flache Hierarchie oder die Solidarität der Habenichtse

Wer nichts hat oder ist, freut sich, dass die anderen auch nichts haben oder sind. Mitunter, Naivität kommt in den besten Kreisen vor, findet er das sogar toll.

Ich weiß das, denn ich bin in der Nachkriegszeit als Flüchtling in der sowjetischen Besatzungszone und späteren DDR aufgewachsen. Wir kamen als Neulinge zwangsläufig mit „nichts" dort an, aber die Etablierten am Ort hatten auch kaum mehr. Das schweißte zusammen, irgendwie.

Aber das Gefühl hielt nicht an. Individuelle Fähigkeiten und individuelle Leistungen wecken den Wunsch, dem gemeinsamen niedrigen Niveau zu entwachsen, sich etwas zu (oder anzu-)schaffen, den eigenen Status gegenüber der Masse sichtbar zu verbessern. Fehlt dazu vom System her die Chance, schaut der Mensch sehnsuchtsvoll über die Mauer – zu denen, die es besser haben. Und wenn er kann, geht er dorthin.

Es ist schon gewagt, von hier aus einen Bogen zu schlagen zu Unternehmen, die kaum noch Hierarchieebenen ihr eigen nennen: „Wir sind total flach, die vielen Ebenen und Stufen haben wir überwunden, alle sind gleich", sagte der Geschäftsführer – und stand selbst natürlich ganz oben, so wie vor der Verflachung auch. Ich will hier ein organisatorisches Prinzip in einer freien Gesellschaft nicht wirklich mit einem unterdrückenden politischen System vergleichen, aber dennoch scheint es mir Parallelen zu geben, was die im Laufe der Entwicklung schwindende Begeisterung der Menschen für dieses Prinzip angeht: Auch die jungen Akademiker, die als Anfänger (noch) „nichts" sind, finden es toll, dass auch die anderen nichts sind und nichts haben, Titel und Ränge beispielsweise.

Dann aber zeigen viele von ihnen Leistung, heben sich aus dem großen Team der Gleichgestellten hervor – und wollen dann gern auch etwas mehr sein oder haben (z. B. Einfluss und Macht). Und sie beginnen, sich an der verordneten Flachheit der Hierarchie und der Aussage des Geschäftsführers zu stoßen: „Ich bin nach wie vor hier oben, aber unter mir sind alle gleich." Und sie ahnen auch, dass jeder Einzelne von ihnen keine statistisch relevante Chance hat, intern jemals vom einfachen „Soldaten" den direkten Sprung zum „General" zu machen – denn sie würden ja vorher niemals Führungserfahrung sammeln können.

Und da senden sie sehnsüchtige Blicke über die Mauer hin zu anderen Unternehmen, die weniger flach sind. Und sie erkennen, dass „flach" in ihrer Muttersprache nicht zwingend ein positiv belegtes Wort ist. Und gehen zu den anderen Firmen. Die „flachen" aber wundern sich: „Dauernd verlassen uns die jungen Hoffnungsträger, die besten davon sogar zuerst."

Denn der Mensch, wenn er sich ein wenig bekrabbelt hat in einer neuen Umgebung, liebt von Natur aus das Flache nicht. Er will nicht nur etwas sein, er will auch etwas werden (können). Und die anderen sollen seine beruflichen Fortschritte sehen!

Deshalb haben sogar die „flachen" Firmen, wenn sie Produkte erstellen, sorgfältig abgestimmte Modellpaletten mit dem Typ 4b, der etwas „mehr" ist als der Typ 3c, beispielsweise. Und hat nicht auch die chinesische Armee ihre schmucklos gleichen Uniformen wieder aufgegeben? Fluktuation ist teuer. Man könnte sogar sagen: „Es war schon immer etwas teurer, flach zu sein!"

Reizvoll und riskant: selbständig werden

Warum auch immer ein Angestellter sich entschließt, in die Selbständigkeit zu gehen – er sollte wissen, dass ganz bestimmte Risiken und Chancen damit verbunden sind. Darunter solche, an die konkret kaum jemand denkt:

- Es ist weitgehend ein Weg ohne Wiederkehr; Bewerbungsempfänger suchen „echte“ Angestellte, keine gescheiterten Selbständigen. Die ja, so das gängige Vorurteil, vor allem deshalb dem abhängigen Beschäftigungsverhältnis entflohen waren, weil sie Ein- und Unterordnung, Chef-Weisungen und das Befolgen komplizierter Regelwerke grundsätzlich satt hatten. Das haben sie, so unterstellt man, noch immer, auch wenn sie aus „Versorgungsgründen“ zurückstreben.
- Aber es fragt „kein Mensch“ den Selbständigen nach dem beruflichen oder gar privaten Vorleben! Chaotische Lebensläufe, geplatzte Examen, schlechte Zeugnisse, fehlende rote Fäden in Werdegängen interessieren Kunden eher nicht. Vor allem bleibt Raum für geschönte Eigendarstellungen – kein Mensch will Dokumente sehen.
- Andererseits ist in der Selbständigkeit fachliches Können recht wenig und für sich allein gar nichts – Auftragsbeschaffung hingegen ist das alles entscheidende Thema. Wer sich gut vermarktet, kommt am weitesten – für die Auftragsdurchführung kann man sich schließlich Angestellte holen. In dem, was man da tun will, einfach nur fachlich gut zu sein, genügt absolut nicht!
- Persönlicher Einsatz am Markt ist der zentrale Erfolgsbaustein für den Anfänger – vom Nutzbarmachen persönlicher Beziehungen bis zum aktiven Klinkenputzen, je nach Branche. Später erst helfen dann Referenzen, Kundenlisten, Marktanteile, Bekanntheitsgrade. Ein Schild an der Tür plus tausend Werbebriefe – das bringt gar nichts.
- Einen Chef bei Laune zu halten, ist eine Sache, das Wohlwollen anspruchsvoller Kunden dauerhaft zu bewahren, eine ganz andere. Arbeitgeber haben eine Fürsorgepflicht, Geschäftspartner nicht. Wenn Sie schon krank werden, dann lieber als Angestellter denn als kleiner Selbständiger.
- Arbeitgeber sagen wenigstens, was sie wollen, beispielsweise in Stellenanzeigen. Was Kunden wünschen, muss man aufwendig erspüren oder sogar erahnen. Und es kann sich von heute auf morgen ändern. Vor allem: Chefs entlassen nicht gleich, wenn ein zufällig hereinschneiender Bewerber sich etwas billiger anbietet als der derzeitige Stelleninhaber – Kunden sind oft von heute auf morgen beim billigsten Anbieter.

- Faule Angestellte mag es irgendwo geben, faule Selbständige in den ersten fünf Aufbaujahren garantiert nicht – sie wären längst pleite.
- Große Imperien zu führen, wirkliche Macht in volkswirtschaftlichen Dimensionen auszuüben, Herr über viele tausend Menschen zu sein – das ist als (angestelltes) Vorstandsmitglied leichter und schneller erreichbar. So groß werden eigene Firmen in einer Generation heute kaum noch (so viel zu verdienen, gelingt Selbständigen auch nur selten).
- Schon im Angestelltendasein gibt es keine Gerechtigkeit; die Märkte, auf denen Selbständige operieren und von denen sie abhängen, wissen nicht einmal, was der Begriff bedeutet.
- Vom Typ her ist man „entweder oder"; selten deckt die Persönlichkeit beides einigermaßen ab. Also gilt es rechtzeitig herauszufinden, wo die wahre Begabung steckt.
- Mit 50 Jahren ist auf dem Angestellten-Markt (fast) alles vorbei. Weil man als weniger flexibel gilt, weil Kampfgeist, Risikobereitschaft und Dynamik ihren Höhepunkt überschritten haben. Dann erst in die stark fordernde Selbständigkeit zu streben, ist nicht optimal (Idealalter: Mitte 30 bis Anfang 40).
- Direkt nach dem Studium selbständig zu werden, ist gewagt. Da nur der Weg vom Angestellten zum Inhaber problemlos funktioniert, der umgekehrte eher nicht, spricht vieles dafür, zunächst als abhängig Beschäftigter Erfahrungen zu sammeln.

Selbstständig sein, heißt Aufträge beschaffen

Aus langjähriger eigener Praxis und aus zahlreichen Gesprächen mit erfolgreichen und gescheiterten Selbstständigen ergibt sich eine Kernregel, die in ihrer Bedeutung alles andere überstrahlt:

Ob Sie sich selbstständig machen und auf welchem Gebiet mit welchem Programm sollte weniger von Ihren fachlichen Qualifikationen und Spezialkenntnissen abhängig sein als von Ihrer Fähigkeit, Aufträge in diesem Bereich zu beschaffen. Nicht „Was kann ich am besten?" ist entscheidend, sondern „In welchem Fachbereich, bei welcher fachlichen Ausrichtung bekomme ich mit der größten Wahrscheinlichkeit Aufträge?" ist das zentrale Thema aller Planungen.

Krass formuliert: Selbst wenn Sie von Ihrem künftigen Tätigkeitsbereich wenig verstehen, ist das vermutlich das kleinere Übel. Schaffen Sie es, genügend viele und immer neue Aufträge zu erhalten, stellen Sie einfach hochqualifizierte Mitarbeiter ein. Andererseits: Einer der besten Fachkönner des Landes zu sein, ein Firmenschild an den Gartenzaun zu hängen und auf „strömende" Aufträge zu hoffen, bringt gar nichts.

Unbedingt erforderlich sind betriebswirtschaftliche Grundkenntnisse und professionelle Unterstützung von Anfang an durch eine stundenweise Buchhaltungsfachkraft oder ein Steuerberatungsbüro.

Und dann brauchen Sie Geld, möglichst viel Geld. Weil boshafterweise alle Ihnen entstehenden Kosten sofort fällig werden, während Gelder von Kunden erst sehr viel später(!) oder oft auch gar nicht hereinkommen. Es wäre sehr empfehlenswert, wenn ein hoher Anteil der zunächst benötigten Summen echtes Eigenkapital wäre und nicht auch noch gegen Zinsen geliehenes Geld. So etwa drei bis sechs Monate bei vollen privaten und geschäftlichen Kosten ohne jede Einnahme (als solche gilt eingegangenes Geld, nicht etwa geschriebene Rechnungen!) sollten Sie schon durchhalten können.

Und Sie brauchen Erfahrung im Metier, nicht bloß angelerntes, aber unerprobtes Wissen. Das reicht von „Wie formuliere ich einen Geschäftsbrief?“ über „Was sind die in dieser Branche üblichen Gepflogenheiten?“ bis zu „Wozu sind Kunden fähig?“.

Auch aus diesen Gründen bin ich beispielsweise außerordentlich skeptisch, was die Selbstständigkeit direkt nach dem Studium angeht.

Dass nach einem gescheiterten Experiment dieser Art der Arbeitsmarkt nicht gerade auf Sie wartet und dass potenzielle Arbeitgeber für jede Angestellten-Position Bewerber vorziehen, die schon immer(!) Angestellte waren, dürfte sich herumgesprochen haben.

Natürlich steht auch noch etwas anderes unter „Selbstständigkeit“: Sie dürfen – insbesondere in der Aufbauphase – viel mehr und länger arbeiten und sind eigentlich immer im Dienst. Sie haben nicht nur diesen einen unmöglichen Chef, sondern fünf oder zwanzig noch viel schwierigere Kunden. Sie können zwar nicht mehr gefeuert werden, man nennt es nun stattdessen „Pleite“.

Warum einige Unentwegte es dennoch tun? Nun, finden Sie es heraus, Attraktives spricht sich stets von selbst herum. Aber denken Sie an die Sache mit den Aufträgen ... Alles andere findet sich dann schon.

Ein simples Beispiel: Wenn Sie fünf neue Kunden pro Monat gewinnen können und vier davon durch Unfähigkeit wieder verlieren – bleibt ein neuer (zusätzlicher!) pro Monat übrig. Davon träumen viele bloß. Mit dieser „Unfähigkeit“ kämen Sie weiter als ein zuverlässiger, tüchtiger (fachlich vielleicht besserer) selbstständiger Kollege, der nur seine drei Kunden halten, aber nie neue dazugewinnen kann.

„Das eben ist der Fluch der bösen Tat, ...

..., dass sie fortzeugend Böses muss gebären.“ Wie Recht Schiller doch hatte (Octavio in „Die Piccolomini“) – und wie über die Zeiten hinweg gleichbleibend doch ist, was sich im Umfeld menschlichen Tuns so abspielt. Und lange vor Schiller hatten große Geister schon Ähnliches formuliert.

Für uns interessant: Es gilt uneingeschränkt auch heute noch, nicht nur, aber eben auch im Umfeld unseres Themas. Und es zeigt einmal mehr, dass man gar nicht vorsichtig genug sein kann.

Was ist nun eine „böse Tat“ im obigen Sinne? Ein Angestellter hat, so die allgemeine Auffassung, geschmeidig und vor allem reibungslos zu „funktionieren“. Neben guter Sacharbeit, versteht sich. Um es anders auszudrücken: „Ärger“ zu haben, zu machen, in solchen verwickelt zu sein, ist verpönt.

Solcher mit dem Chef stünde an erster Stelle auf der Liste böser Taten. Und um es ganz deutlich zu sagen: Es kommt nicht darauf an, wer Recht hat. Das von Ihnen gekaufte Auto soll ja auch auf Schlüsseldreh anspringen, ob Ihr Fahrtziel nun nach höheren Maßstäben sinnvoll ist oder nicht. Sie haben bezahlt, Sie entscheiden, wo es langgeht, Sie wollen einwandfreie Funktionen. So ähnlich denkt auch Ihr Arbeitgeber (über Sie, nicht über sein Auto).

Wer als Mitarbeiter innerhalb eines laufenden Arbeitsverhältnisses jenen „Ärger“ hat, fühlt sich eigentlich schon durch die kurzfristigen Auswirkungen hinreichend gestraft dafür: entgangene Beförderungschancen, schlechte Beurteilungen mit dem Effekt, später ein schlechtes Zeugnis zu bekommen, eine blockierte Gehaltsentwicklung und sogar die schwebende Drohung einer Entlassung sind schlimm genug.

Aber sie sind allzu oft nicht alles! Probleme dieser Art können Sie noch viele Jahre später (mehr als zehn habe ich schon erlebt) wieder einholen: Da liegt Ihre Bewerbung eines Tages bei einem Unternehmen vor, bei dem Sie eine Managementposition anstreben. Und der Entscheidungsträger erinnert sich, dass er doch neulich auf einem Seminar den Geschäftsführer Ihres alten Arbeitgebers getroffen hat. Und schon ruft er den an. Der sagt dann, Sie hätten damals „eine Menge Ärger gemacht“, seien praktisch zum Wechsel gedrängt worden. Oder Sie hätten – noch subtiler – keine Leistung gezeigt, „nichts gebracht“, Ihre Vorgesetzten enttäuscht und dergleichen.

So sicher wie das Amen in der Kirche lehnt der Bewerbungsempfänger daraufhin Ihr Bemühen um den Job dort ab. Denn: Gutes über andere will der Mensch bewiesen haben, Schlechtes hingegen glaubt er sofort.

Was wiederum den Rat zur Folge hat: Sie sind frei in der Wahl Ihres Arbeitgebers. Aber wenn Sie irgendwo hingehen, übernehmen Sie im ureigenen Interesse praktisch die Verpflichtung, die Vorgesetzten dort dauerhaft für sich zu begeistern. Das ist Teil Ihrer Rolle als „abhängig Beschäftigter".

So manche unvermutet kommende Absage auf eine Bewerbung findet hier ihre Erklärung. Aber das Prinzip der „schlechten Information" über Sie schlägt auch durch, wenn Sie schon zwei Jahre dort sind und sich alter und neuer Chef beim Golf treffen. Plötzlich sieht letzterer Sie mit ganz anderen, kritischeren Augen. Mit den üblichen Konsequenzen.

Natürlich gilt zusätzlich: Je enger die Branche, desto enger die Kontakte auf höchster Ebene über Firmengrenzen hinweg. Sehen Sie also zu, dass sich in Ihrem Keller möglichst keine „Leichen" stapeln.

Gott vergibt – Django nie

Plötzlich fällt es einem wie Schuppen von den Augen – eine Erkenntnis drängt sich auf und man wundert sich, warum man sie nicht schon seit Jahren hat. So ging es mir mit diesem Thema, mit dem ich seit Jahrzehnten umgehe – und bei dem ich stets auf der Suche nach eindringlichen Bildern und Beispielen bin:

Wir sind im Strafrecht verhältnismäßig gnädig mit Menschen, die gegen Regeln verstoßen haben. Viele kleinere Vergehen und Verstöße werden irgendwann aus den Akten getilgt, die Weste des Bürgers wird nach bestimmten Fristen und unter bestimmten Umständen wieder fleckenlos. Was heute im polizeilichen Führungszeugnis noch unangenehm auffällt, steht ein paar Jahre später gar nicht mehr drin. Die Göttin Justizia, Verkörperung der Gerechtigkeit, vergibt, zumindest wenn es sich um kleinere Sünden handelt.

Anders im berufsrelevanten Teil des täglichen Lebens: Gnadenlos frisst sich jede Auffälligkeit, jeder Fehler, jedes Versagen in die Akten – und bleibt auf ewig da drin. Sie haben mit 22 ein Studium erfolglos abgebrochen und ein anderes angefangen? Noch mit 52 steht das in Ihrem Lebenslauf, geben Sie im Vorstellungsgespräch dazu Erklärungen ab, sehen sich unangenehmen Fragen ausgesetzt. Und so geht es Ihnen 2017 mit der viermonatigen Arbeitslosigkeit aus 2003 oder 2021 mit der viel zu kurzen Dienstzeit aus 2005. Was immer Sie tun, es gräbt sich ein in Ihre „Papiere" – kein gnädiges Vergeben alter Sünden nach x oder y Jahren.

Nun führt ein lange Zeit zurückliegendes Ereignis dieser Art nicht immer gleich zum Aus aller Ihrer Karriere- oder Bewerbungsbemühungen. Aber es reduziert Chancen, kostet Punkte. Wir nennen das nicht so, aber der negativ Aufgefallene ist etwas „vorbestraft", spätere Vorkommnisse dieser Art addieren sich verschärfend zu früheren hinzu:

Wer 2012 in einer Personalreduzierungsaktion freigesetzt wird, hat Erklärungsprobleme genug, wenn er sich bewirbt. Aber wehe, wenn derselbe Mensch schon 2006 und 2009 von seinen damaligen Arbeitgebern auf die Liste der entbehrlichen Mitarbeiter gesetzt wurde, was aus Zeugnissen und/oder Lebensläufen unschwer abzulesen ist.

Fazit: Sie sollten die Regeln des beruflichen Systems besser kennen als beispielsweise den Verkehrssünderkatalog, weil Eintragungen, die mit Justizia zu tun haben, „durch ein schöneres Leben" (Jürgen von Manger, aus dem Gedächtnis zitiert nach seinem „Schwiegermuttermörder") leichter wieder loszuwerden sind. Wir jedoch, die Bewerbungsanalysierer, gewähren keine Löschung. Allerhöchstens tolerieren wir einen früheren Verstoß. Denken Sie daran, wenn Sie beruflich planen und handeln.

PS. Die Überschrift klingt arg martialisch. Es handelt sich um eine in den Sprachgebrauch eingegangene Redensart, die zurückgeht auf eine der berühmten Film-Western-Figuren (Franco Nero 1966).

Druck: Krips bv, Meppel
Verarbeitung: Stürtz, Würzburg